图 6-13 切换 Color Mode 为深色模式

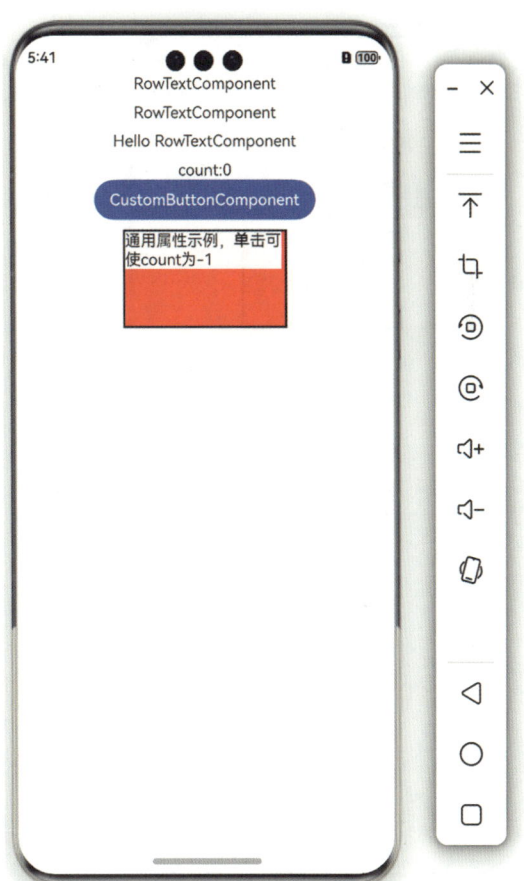

图 6-19 UseComponentPage 页面（增加自定义属性）

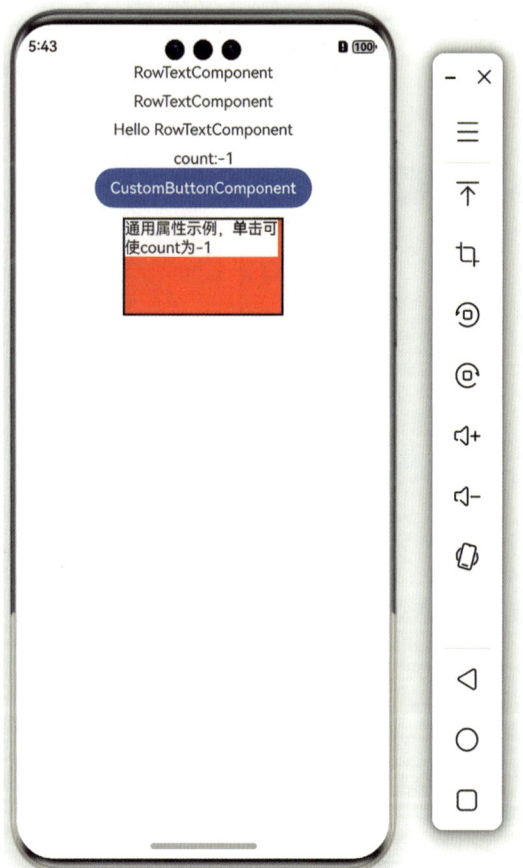 

图 6-20　响应自定义属性事件　　　　图 7-5　页面布局分层结构

图 7-6 增加实现布局组成的 Row 组件

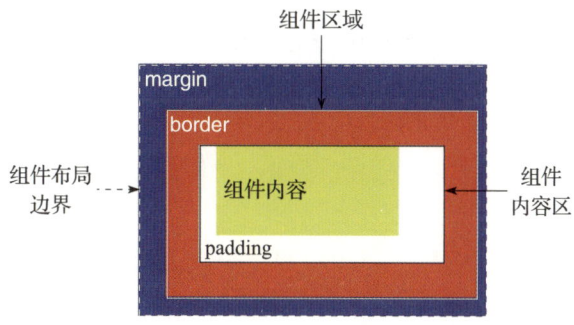

图 7-7 进一步划分 Row 组件

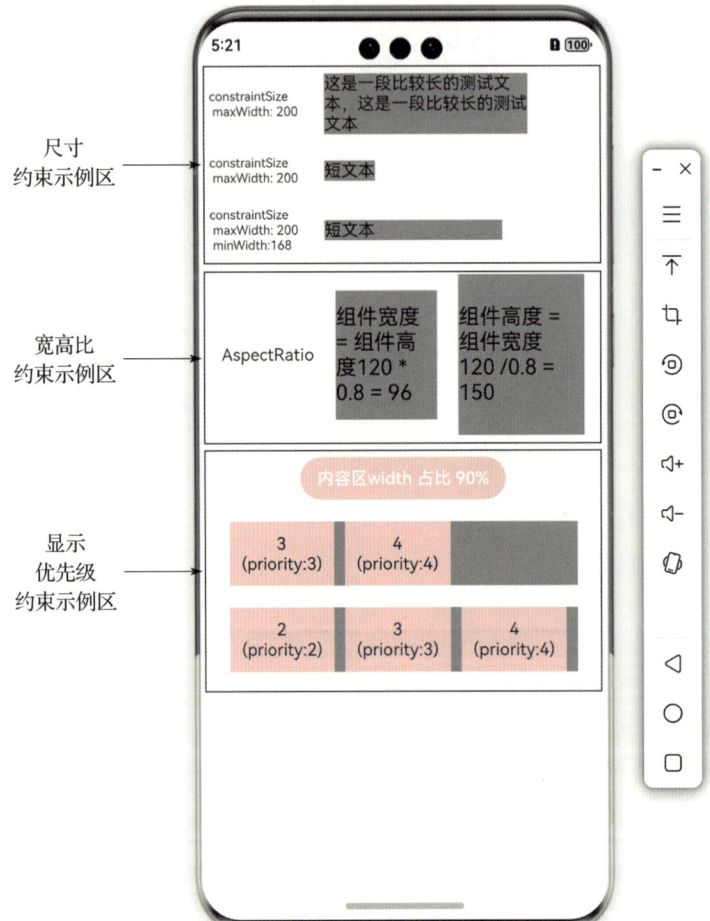

图 7-8 布局约束示例

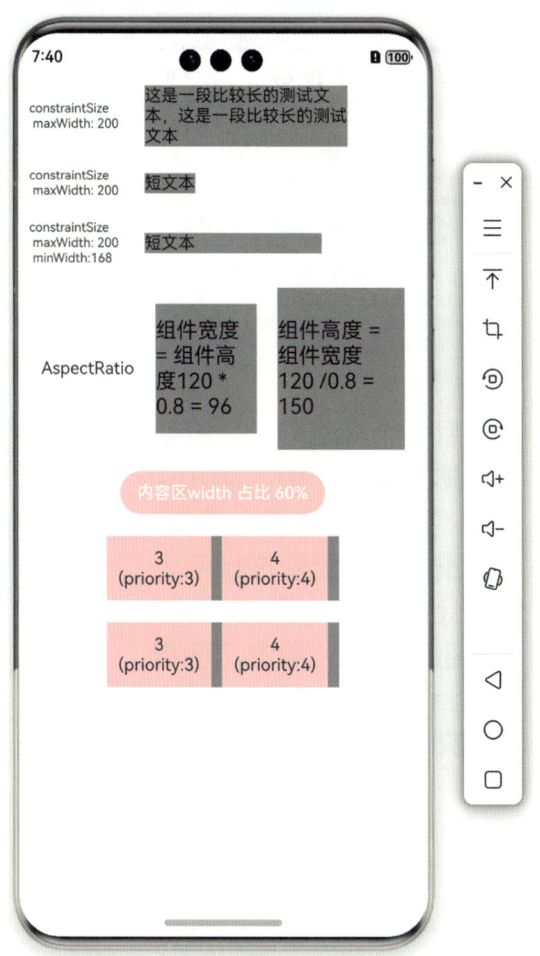 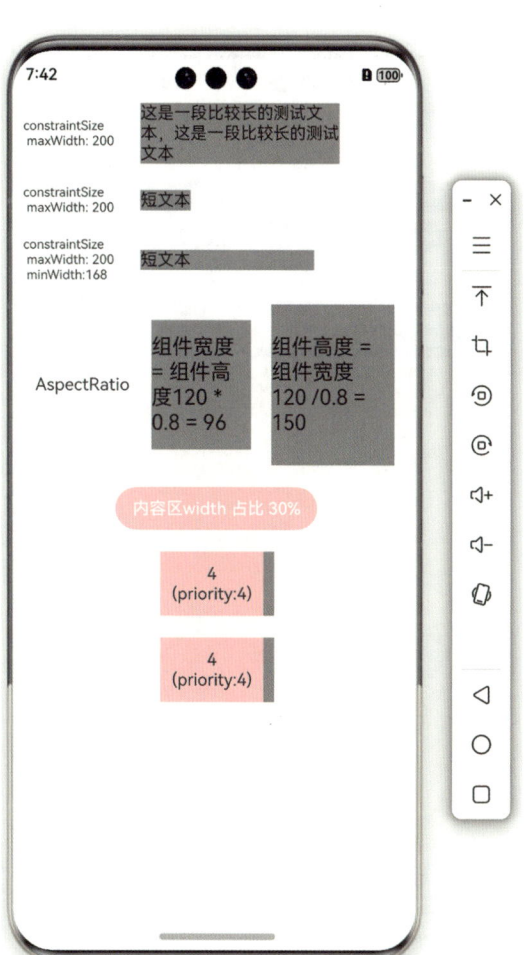

图 7-9　优先级约束示例区占比 60%　　　图 7-10　优先级约束示例区占比 30%

图 11-7　展示 HTMLData

图 11-11　调用 JavaScript 与网页通信

图 11-12　传递 JavaScript 与网页通信

renderMode-Original原色

renderMode-Template黑白

图 12-6　渲染模式效果

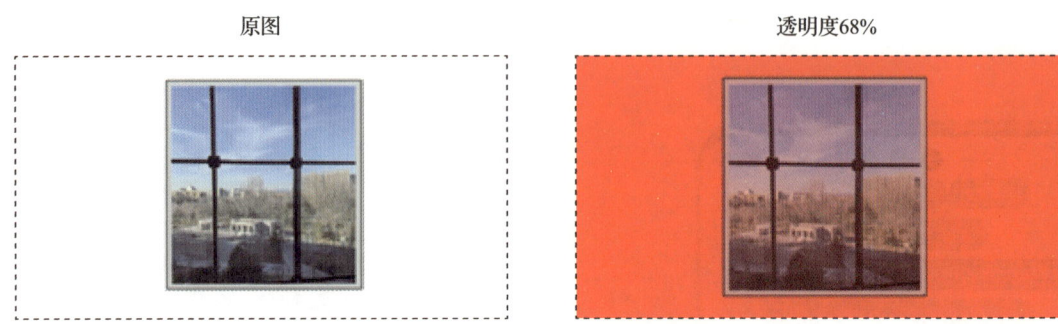

图 12-14　设定图片透明度

图 16-14　TabContent 与 TabBar 的页签关系

鸿蒙技术与应用丛书

精 通
HarmonyOS NEXT

鸿蒙App开发入门与项目化实战

刘俊启 著

图书在版编目（CIP）数据

精通 HarmonyOS NEXT：鸿蒙 App 开发入门与项目化实战 / 刘俊启著. -- 北京：机械工业出版社，2025. 8. （鸿蒙技术与应用丛书）. -- ISBN 978-7-111-78778-5

I. TN929.53

中国国家版本馆 CIP 数据核字第 2025M6S973 号

机械工业出版社（北京市百万庄大街 22 号　邮政编码 100037）
策划编辑：孙海亮　　　　　　　　　责任编辑：孙海亮
责任校对：颜梦璐　张慧敏　景　飞　责任印制：刘　媛
三河市宏达印刷有限公司印刷
2025 年 9 月第 1 版第 1 次印刷
186mm×240mm・35 印张・4 插页・781 千字
标准书号：ISBN 978-7-111-78778-5
定价：139.00 元

电话服务　　　　　　　　　网络服务
客服电话：010-88361066　　机 工 官 网：www.cmpbook.com
　　　　　010-88379833　　机 工 官 博：weibo.com/cmp1952
　　　　　010-68326294　　金 书 网：www.golden-book.com
封底无防伪标均为盗版　　　机工教育服务网：www.cmpedu.com

Preface 前言

为什么要写本书

在 2023 年的华为开发者大会（HDC）上，华为正式推出 HarmonyOS NEXT 开发者预览版，之后我所在的团队（百度 App 搜索方向）成立了学习调研小组，作为其中的一员，我开启了 HarmonyOS NEXT 的学习之旅。

经过一段时间的学习和实践，我深切体会到使用 HarmonyOS 开发 App 时的显著优势。例如：拥有丰富 API，可助开发者快速实现各类功能；支持跨平台，能一次开发、多端部署，适配不同设备；生态环境开放，开发者可交流合作，共享资源；提供从设计、研发到发布的一体化工具链，使企业及个人开发者实现高效率开发。

最值得一提的是，HarmonyOS NEXT 是完全自研的操作系统。这体现了华为强大的技术实力和自主创新能力。自研的操作系统意味着开发者可以深入了解系统的底层架构，进行更优化的开发，充分发挥系统的性能优势。同时，自研的操作系统能更好地保障国家的信息安全和技术主权，为我国的科技发展注入强大动力，这也是操作系统级软件的发展趋势。

2024 年我从无到有，设计及实现了一款在 HarmonyOS NEXT 中运行的 App，并在华为应用商店成功将其上架。在这个过程中，我遇到了诸多问题，通过不断地与华为开发者支持团队进行沟通和确认，最终得到有效的方案。因此，我决定写一本书，将我近二十年的 App 研发经验及在 HarmonyOS 中的实践分享给大家。

读者对象

本书以实践为主，重点介绍 HarmonyOS NEXT 的 App 研发的基础知识。无论你是独立开发者还是企业中的研发人员，无论你要研发超级 App 还是普通 App，本书都将为你提供有价值的知识和实用的指导。本书特别适合以下人员阅读。

- 新手开发者：刚刚接触鸿蒙开发领域，对 HarmonyOS NEXT 充满好奇，但缺乏相关知识和实践经验。本书可以作为入门指南，帮助新手开发者了解 HarmonyOS NEXT 的基本概念、开发环境的搭建、开发工具的使用等基础知识，为进一步实践打下坚实基础。

- 有经验的移动开发者：熟悉 Android 或 iOS 开发，想要拓展自己的技术栈，并进入鸿蒙开发领域。本书可以帮助有经验的移动开发者快速掌握 HarmonyOS NEXT 的特有开发技术，实现从其他开发领域到鸿蒙开发领域的平滑过渡。
- 行业从业者：对行业从业者而言，本书是基于 HarmonyOS NEXT 的 App 研发的实用宝典。本书全面涵盖了 HarmonyOS NEXT 的 App 研发所需的各项关键内容，从基础的开发环境配置，到 App 框架及生命周期管理，再到基本 API 的使用方法，均有细致入微的讲解。此外，本书还聚焦 App 上架环节，详细介绍了上架过程中所需的配置要点，并且以实际项目为载体，深入剖析可上架 App 应遵循的完整流程与规范，以助力开发者顺利将自己的 App 推向市场。

本书特色

我拥有多年移动研发经验，曾负责过多款重量级 App 的研发工作，具备在 HarmonyOS NEXT 中从 0 到 1 构建 App 并成功上架的实战经验。我将这些经验全部融入本书中，以下是本书的主要特色。

- 产研思维：揭秘 App 从 0 到 1 的秘诀，涵盖关键技术、流程和标准。在技术方面，讲解实用开发工具与方法；在流程方面，明晰从构思到上线的具体操作；在标准方面，阐明功能、性能、安全等要求，助力读者打造可上架的 App。
- 实践导向：围绕基础 App 的构建来编排内容，让读者在实践中掌握知识。除了在讲解每项技术时进行实践外，最后还通过单独的一章以一个完整的 App 作为示例进行讲解。
- 实例支撑：各个内容节点均配有实例，且在 HarmonyOS NEXT（API 12）开发环境下成功运行，增强了实操性。
- 模块独立：实例之间相互独立，可直接复用，方便读者灵活运用。
- 内容完整：介绍、实现过程以及最终效果的呈现很完整，便于随时学习。

本书内容

本书共 16 章，分为三篇。

基础篇（第 1~3 章）简要介绍 HarmonyOS 的基本概念、开发环境配置及 DevEco Studio 使用指南，帮助读者了解基础知识，为学习后续内容做铺垫。

高级篇（第 4~14 章）根据构建一个 App 的基本需要，围绕 ArkTS 语言基础、App 框架、ArkUI 框架、UI 布局及交互、数据持久化、基础能力、网络通信、网页浏览、多媒体使用、安全管理、Module 化及复用，着重讲解构建 App 的基础技术及其在 HarmonyOS NEXT 中的实践。

项目实践篇（第 15 章和第 16 章）重点介绍如何在华为应用市场中发布及管理 App，以一个项目产品化的过程作为实践，将前两篇介绍的知识加以整合运用，打造一个功能完备、架构完整的项目。通过实际的项目构建过程，帮助读者深入理解各个知识点在鸿蒙 App 开发实践中的作用与具体实现。

如果你之前有过 HarmonyOS 的研发经验，可以直接从高级篇开始阅读。但如果你是初学者或者仅有 iOS 或 Android 平台的研发经验，请一定从基础篇开始学习。

获取本书配套源码

在微信中搜索公众号"创心思考"，关注后回复"NEXT 源码"即可获取本书源码下载地址。

致谢

首先，感谢百度这个平台，百度的良好技术氛围，使我得以较早地接触 HarmonyOS NEXT 的研发。

其次，我要向华为在线工单处理团队、上线服务助手团队以及商务合作团队致以最诚挚的谢意。正是这些团队的专业支持与积极配合，使得本书内容更加丰富翔实、精准可靠，这为本书增添了不可或缺的价值。

最后，衷心感谢我的妻子和女儿在我写书期间对我的理解与支持。她们一直站在我身后，给了我继续下去的动力。

目录 Contents

前言

基 础 篇

第 1 章　概述 ································ 2
1.1　基本概念及关系 ···················· 2
1.2　HarmonyOS 的系统特性 ········ 3
  1.2.1　硬件互助，资源共享 ········ 3
  1.2.2　一次开发，多端部署 ········ 6
  1.2.3　统一 OS，弹性部署 ········ 7
1.3　学习 HarmonyOS 研发的意义 ···· 7
  1.3.1　系统可控角度 ················ 8
  1.3.2　生态角度 ······················ 8
  1.3.3　需求角度 ······················ 9
  1.3.4　发展趋势角度 ················ 10
  1.3.5　收益角度 ······················ 10

第 2 章　开发环境配置 ············· 11
2.1　开发与上架 App 的主要步骤 ······ 11
2.2　成为开发者 ························ 12
2.3　安装 DevEco Studio ············ 12
  2.3.1　Windows 环境下安装 ······ 12
  2.3.2　macOS 环境下安装 ········ 13
2.4　安装 HarmonyOS SDK ········ 14
2.5　安装模拟器 ························ 15
2.6　验证开发环境 ···················· 20

  2.6.1　创建第一个鸿蒙 App ······ 20
  2.6.2　工程配置 ······················ 22
  2.6.3　运行工程 ······················ 23
  2.6.4　常见问题及其解决方法 ···· 23

第 3 章　DevEco Studio 使用指南 ······ 30
3.1　DevEco Studio 基本介绍 ······ 30
  3.1.1　菜单区介绍 ···················· 30
  3.1.2　工具区介绍 ···················· 31
  3.1.3　工程区介绍 ···················· 31
  3.1.4　代码编辑区介绍 ·············· 32
  3.1.5　预览区介绍 ···················· 32
  3.1.6　通知区介绍 ···················· 32
3.2　常用操作说明 ···················· 32
  3.2.1　文件操作 ······················ 33
  3.2.2　代码编写 ······················ 36
  3.2.3　运行调试 ······················ 40
  3.2.4　预览 ···························· 43

高 级 篇

第 4 章　ArkTS 语言基础 ········ 48
4.1　ArkTS 概述 ······················ 48
  4.1.1　ArkTS、TypeScript、JavaScript 的关系 ························ 48
  4.1.2　ArkTS 的优点 ················ 49

		4.1.3 ArkTS 的学习建议	49
4.2	基本语法		50
	4.2.1	基本元素	50
	4.2.2	数据类型	52
	4.2.3	运算符	56
	4.2.4	控制语句	56
4.3	函数		61
	4.3.1	函数声明	61
	4.3.2	函数调用	62
	4.3.3	可选参数	62
	4.3.4	rest 参数	62
	4.3.5	返回类型	63
	4.3.6	Lambda 函数	63
	4.3.7	闭包	64
	4.3.8	函数重载	65
4.4	类		65
	4.4.1	字段	66
	4.4.2	方法	68
	4.4.3	继承	70
	4.4.4	构造函数	72
	4.4.5	可见性修饰符	73
	4.4.6	对象字面量	74
4.5	接口		74
	4.5.1	接口实现	75
	4.5.2	接口继承	75
4.6	空安全		76
	4.6.1	非空断言运算符	76
	4.6.2	空值合并运算符	77
	4.6.3	可选链	77
4.7	模块		78
	4.7.1	准备	78
	4.7.2	模块导出	79
	4.7.3	模块导入	80

第 5 章 App 框架详解 ········ 83

5.1	基本概念		83
	5.1.1	应用模型	83
	5.1.2	Module	83
	5.1.3	Stage 模型的基本概念	85
5.2	创建示例工程		87
	5.2.1	项目工程组成介绍	88
	5.2.2	AbilityStage 简介	90
5.3	项目配置文件概述		93
	5.3.1	App 配置文件	93
	5.3.2	Module 配置文件	95
5.4	UIAbility 及 WindowStage 简介		100
	5.4.1	UIAbility 组件生命周期	101
	5.4.2	WindowStage 及相关事件	102
	5.4.3	UIAbility 的启动模式	104
5.5	Context 简介		119
	5.5.1	获取上下文	119
	5.5.2	Context 的典型使用场景	120
5.6	App 生命周期事件概览		124
	5.6.1	启动 App	125
	5.6.2	启动新的 UIAbility	126
	5.6.3	退出启动的 UIAbility	127
	5.6.4	退出 App	128

第 6 章 ArkUI 框架详解 ········ 129

6.1	简介		129
	6.1.1	ArkUI 框架	129
	6.1.2	声明式开发范式	130
	6.1.3	声明式 UI 语法组成	131
6.2	准备		135
	6.2.1	创建示例工程	135
	6.2.2	主体 UI 框架	136
6.3	资源管理		137
	6.3.1	资源分类	137
	6.3.2	创建资源目录和资源文件	139
	6.3.3	使用资源	142
6.4	自定义组件		145

  6.4.1 自定义组件的分类及与页面的关系 ········ 145
  6.4.2 自定义组件的基本结构 ········ 146
  6.4.3 build() 函数执行机制及限制规则 ········ 149
  6.4.4 使用自定义组件 ········ 151
 6.5 页面跳转及组件生命周期 ········ 157
  6.5.1 页面路由方式实现页面跳转 ··· 157
  6.5.2 Navigation 组件 ········ 167
  6.5.3 生命周期 ········ 175

第 7 章　UI 布局及交互 ········ 181
 7.1 准备 ········ 181
 7.2 基础数据类型介绍 ········ 181
  7.2.1 像素 ········ 181
  7.2.2 Length 类型 ········ 187
 7.3 构建布局 ········ 187
  7.3.1 布局结构 ········ 187
  7.3.2 选择布局组件 ········ 190
  7.3.3 基本布局组成 ········ 191
  7.3.4 布局约束 ········ 193
  7.3.5 布局位置 ········ 198
 7.4 构建交互 ········ 202
  7.4.1 事件响应 ········ 203
  7.4.2 手势处理 ········ 212
 7.5 状态管理 ········ 224
  7.5.1 @State（组件内状态）········ 225
  7.5.2 @State 和 @Prop（父子单向同步）········ 226
  7.5.3 @State 和 @Link（父子双向同步）········ 228
  7.5.4 @Provide 和 @Consume（多级双向同步）········ 231
 7.6 渲染控制 ········ 236
  7.6.1 条件渲染语句 ········ 237
  7.6.2 循环渲染语句 ········ 239

第 8 章　数据持久化 ········ 243
 8.1 准备 ········ 243
  8.1.1 创建示例工程 ········ 243
  8.1.2 主体 UI 框架 ········ 243
 8.2 首选项数据存储 ········ 246
  8.2.1 约束原则 ········ 246
  8.2.2 接口说明 ········ 247
  8.2.3 开发实践 ········ 247
 8.3 键值数据库存储 ········ 252
  8.3.1 基本概念和约束原则 ········ 252
  8.3.2 接口说明 ········ 254
  8.3.3 开发实践 ········ 254
 8.4 关系数据库存储 ········ 259
  8.4.1 约束原则 ········ 259
  8.4.2 接口说明 ········ 259
  8.4.3 开发实践 ········ 260
 8.5 文件读写 ········ 266
  8.5.1 基本概念 ········ 266
  8.5.2 接口说明 ········ 267
  8.5.3 开发实践 ········ 267

第 9 章　基础能力 ········ 273
 9.1 准备 ········ 273
  9.1.1 创建示例工程 ········ 273
  9.1.2 主体 UI 框架 ········ 273
 9.2 剪贴板 ········ 276
  9.2.1 接口说明 ········ 276
  9.2.2 开发示例 ········ 277
  9.2.3 跨设备剪贴板的要求 ········ 279
 9.3 日志 ········ 279
  9.3.1 接口说明 ········ 279
  9.3.2 开发示例 ········ 280
  9.3.3 日志分析 ········ 282
 9.4 定时器 ········ 288
  9.4.1 setTimeout ········ 288
  9.4.2 setInterval ········ 289

9.5 地理位置 ··············· 291
9.5.1 接口说明 ············ 291
9.5.2 约束与限制 ·········· 291
9.5.3 开发示例 ············ 294
9.6 公共事件 ··············· 299
9.6.1 接口说明 ············ 299
9.6.2 使用示例 ············ 299

第 10 章 网络通信 ············ 304
10.1 准备 ··················· 304
10.1.1 创建示例工程 ······· 304
10.1.2 增加网络权限 ······· 304
10.1.3 主体 UI 框架 ········ 306
10.2 HTTP 数据请求 ·········· 308
10.2.1 http 模块接口说明 ··· 308
10.2.2 使用 request 接口进行数据通信 ·············· 308
10.2.3 使用 requestInStream 接口进行数据通信 ···· 309
10.3 WebSocket 连接 ········· 311
10.3.1 webSocket 模块接口说明 ··· 312
10.3.2 webSocket 通信示例 ······ 312
10.4 Socket 连接 ············· 315
10.4.1 接口说明 ··········· 315
10.4.2 使用 TCP 进行通信 ··· 316
10.4.3 使用 UDP 进行通信 ·· 319
10.5 网络连接管理 ············ 321
10.5.1 接口说明 ··········· 321
10.5.2 接收指定网络的状态变化通知 ·················· 323
10.5.3 主动获得系统激活的网络类型 ··············· 325

第 11 章 网页浏览 ············ 327
11.1 准备 ··················· 327
11.1.1 创建示例工程 ······· 327
11.1.2 增加网络权限 ······· 327
11.1.3 主体 UI 框架 ········ 329
11.2 使用 Web 组件加载网页 ··· 331
11.2.1 加载远端网页 ······· 332
11.2.2 加载本地网页 ······· 332
11.2.3 加载 HTML 格式的文本数据 ···················· 333
11.3 管理网页跳转及浏览记录导航 ···················· 334
11.3.1 历史记录导航 ······· 335
11.3.2 网页刷新 ··········· 335
11.3.3 页面跳转 ··········· 335
11.3.4 跨应用跳转 ········· 338
11.4 应用侧与网页的通信 ······ 339
11.4.1 应用侧通过 Java Script 与网页通信 ············ 339
11.4.2 网页调用应用侧实例方法 ···················· 342
11.4.3 建立应用侧与网页之间的数据通路 ············ 345
11.5 默认 UserAgent 定义 ····· 349

第 12 章 多媒体使用 ··········· 351
12.1 准备 ··················· 351
12.1.1 创建示例工程 ······· 351
12.1.2 主体 UI 框架 ········ 352
12.2 图像基础操作 ············ 354
12.2.1 Image 组件 ·········· 354
12.2.2 PixelMap ············ 356
12.2.3 图像操作示例 ······· 359
12.3 选取照片及视频 ·········· 365
12.3.1 图库选择器 ········· 365
12.3.2 相机选择器 ········· 368
12.4 音频播放 ··············· 371
12.5 视频播放 ··············· 382
12.5.1 Video 组件播放视频 ·· 382

12.5.2　AVPlayer 播放视频 386

第 13 章　安全管理 397

13.1　准备 397
　　13.1.1　创建示例工程 397
　　13.1.2　主体 UI 框架 398
13.2　用户资产保护 399
　　13.2.1　应用沙盒 399
　　13.2.2　应用权限管控 400
　　13.2.3　安全访问机制 413
　　13.2.4　隐私保护 418
13.3　研发资产保护 420
　　13.3.1　代码混淆 420
　　13.3.2　应用加密 427

第 14 章　Module 化及复用 428

14.1　准备 428
　　14.1.1　创建示例工程 428
　　14.1.2　主体 UI 框架 428
14.2　Feature 类型的 Module 431
　　14.2.1　约束限制 431
　　14.2.2　Feature 类型 Module 的基本使用 431
　　14.2.3　开发 434
　　14.2.4　调试 436
14.3　Static Library 类型的 Module 436
　　14.3.1　约束限制 436
　　14.3.2　Static Library 类型 Module 的基本使用 436
　　14.3.3　开发 439
　　14.3.4　调试 Static Library 类型的 Module 451
14.4　Share Library 类型的 Module 451
　　14.4.1　约束限制 451
　　14.4.2　创建 Share Library 类型的 Module 451

　　14.4.3　开发 454
　　14.4.4　调试 Share Library 类型的 Module 464
14.5　App 组成及程序包概览 464
　　14.5.1　开发态 App 结构 465
　　14.5.2　编译态 App 结构 465
　　14.5.3　发布态包结构 466

项目实践篇

第 15 章　App 发布与管理 470

15.1　真机调试及打包配置 470
　　15.1.1　准备 471
　　15.1.2　配置真机调试环境 477
　　15.1.3　配置发布打包环境 483
15.2　发布 HarmonyOS 应用 485
　　15.2.1　创建应用 485
　　15.2.2　配置应用信息 487
　　15.2.3　配置版本信息 490

第 16 章　项目实践 504

16.1　项目介绍 504
16.2　页面关系及实现 506
　　16.2.1　根页面实现 507
　　16.2.2　待办页面实现 509
　　16.2.3　记录页面实现 513
　　16.2.4　设置页面实现 522
　　16.2.5　任务配置页面实现 526
16.3　基础能力介绍及实现 532
　　16.3.1　基础数据类型 532
　　16.3.2　基础工具类 535
　　16.3.3　通用管理类 539
　　16.3.4　特定管理类 541
16.4　配置及资源 549
　　16.4.1　配置 549
　　16.4.2　资源文件 550

基 础 篇

- 第 1 章 概述
- 第 2 章 开发环境配置
- 第 3 章 DevEco Studio 使用指南

第 1 章

概　　述

本章重点介绍 HarmonyOS 的相关概念、系统特性、系统架构，以及从开发者的角度来看为什么需要学习基于 HarmonyOS NEXT 的研发。

1.1 基本概念及关系

在学习本书内容之前，先要了解鸿蒙的基本概念。在鸿蒙生态中，有三个概念经常会被提到，分别是 OpenHarmony、HarmonyOS 和 HarmonyOS NEXT。三者相互关联，共同构成了丰富多彩的鸿蒙生态。这三个概念也经常会被弄混，本节将介绍它们以及它们之间的主要区别。

- OpenHarmony 是鸿蒙生态的底层内核系统，是一个由开放原子开源基金会运营并孵化的完全开源项目。OpenHarmony 的目标是为各种智能终端设备提供一个统一的操作系统解决方案，以促进物联网设备之间的互联互通。由于具有开源特性，OpenHarmony 吸引了广泛的硬件制造商和开发者社区参与，这些力量共同推动了它的发展和完善。
- HarmonyOS 是基于 OpenHarmony 和 AOSP（Android Open Source Project）打造的手机系统，包含用户界面（UI）和与安卓生态绑定的应用生态。HarmonyOS 主要应用于华为生态系统的设备，如智能手机、智能家居、智能穿戴设备及车机等。HarmonyOS 通过分布式架构实现了多设备协同工作，提供了高性能、低延迟的操作体验以及强大的安全保障机制。然而，HarmonyOS 在商用方面主要服务于华为自家的设备和生态，虽然部分组件开源，但整体上是一个封闭的商用系统。

- HarmonyOS NEXT（鸿蒙星河版）是 HarmonyOS 的最新迭代版本（HarmonyOS 5.0），是一款完全自主研发的操作系统。在 HarmonyOS 的基础上，它剔除了 **AOSP** 和 **Linux 内核代码**，成了一款全新的、仅支持**鸿蒙内核**和鸿蒙生态应用的手机系统。HarmonyOS NEXT 的应用生态是全新的，华为正在积极吸引更多的 App 商家进驻以丰富其生态。由于 HarmonyOS NEXT 不再兼容安卓应用，所以开发者原先发布在 HarmonyOS 系统上且基于安卓生态的 App 必须重新开发，只有这样才能实现与 HarmonyOS NEXT 的适配。华为提供了全链路工具，以助力开发者开发出适配 HarmonyOS NEXT 的 App。

综上所述，OpenHarmony、HarmonyOS 以及 HarmonyOS NEXT 共同构成了丰富多彩的鸿蒙生态。OpenHarmony 是底层内核系统，注重设备兼容性和底层通信能力；HarmonyOS 是一个商用的系统，注重与安卓生态保持兼容性；HarmonyOS NEXT 是鸿蒙生态的未来发展方向，注重原生体验和创新。这三个概念相互关联又各具特色，共同推动了鸿蒙生态的发展。

1.2 HarmonyOS 的系统特性

现阶段，互联网中的设备不仅有手机和个人计算机，还有各种智能硬件以及物联网设备。随着时间的流逝，越来越多的设备接入互联网，其形态愈发多样化，服务形态也将持续演变。HarmonyOS 的定位在于实现万物互联，以应对不断发展变化的互联网设备生态，从而为用户带来更加便捷、智能的使用体验。它具有以下三大特征："**硬件互助，资源共享**""**一次开发，多端部署**""**统一 OS，弹性部署**"。

1.2.1 硬件互助，资源共享

HarmonyOS 把各终端硬件的功能虚拟成可共享的功能资源池，支持应用通过系统调用其所需要的硬件功能。在这个架构下，硬件功能类似于活字印刷术中的一个个单字字模，可以被无限次重复使用。简单来说，各终端实现了硬件互助、资源共享，应用拥有了调用远程终端的能力（就像调用本地终端一样方便），用户收获了一个由多设备组成的超级终端。

那么 HarmonyOS 是如何实现硬件互助、资源共享的呢？它主要通过**分布式软总线**、**分布式设备虚拟化**、**分布式数据管理**、**分布式任务调度**等关键技术来实现。

1. 分布式软总线

分布式软总线是多设备终端的统一基座，为设备间的无缝互联提供了统一的分布式通信能力，它能够快速发现并连接设备，高效地传输任务和数据。开发者只需聚焦业务逻辑的实现，而无须关注组网方式与底层协议。图 1-1 为分布式软总线示意图。

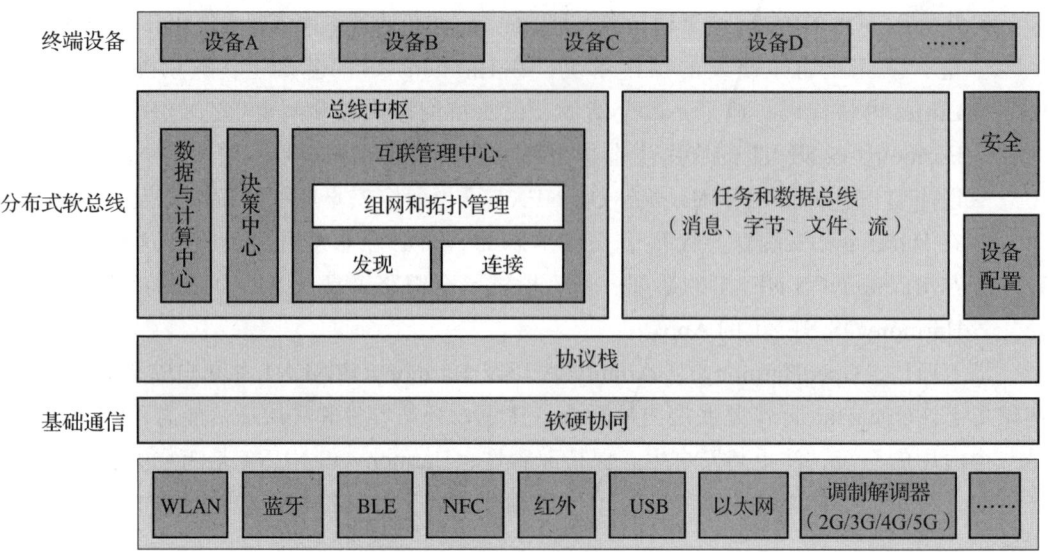

图 1-1 分布式软总线示意图

分布式软总线的典型应用场景如下：
- 智能家居：在烹饪时，手机可以通过碰一碰的方式和烤箱连接，并将自动按照菜谱设置烹调参数，以此控制烤箱来制作菜肴。同样，油烟机、空气净化器、空调、灯、窗帘等都可以在手机端显示并通过手机控制。分布式软总线使设备即连即用，无须进行烦琐的配置。
- 多屏联动课堂：老师通过智慧屏授课、与学生互动以及营造课堂氛围，学生通过平板电脑完成课程学习和随堂问答。分布式软总线提供了统一、全连接的逻辑网络，可确保传输通道的高带宽、低时延、高可靠性。

2. 分布式设备虚拟化

分布式设备虚拟化可以实现不同设备的资源融合、设备管理、数据处理，将周边设备作为手机能力的延伸，以共同形成一个超级虚拟终端。针对不同类型的任务，为用户匹配并选择能力合适的执行硬件，让业务在不同设备间连续流转，充分发挥不同设备的能力优势，如显示能力、摄像能力、音频能力、交互能力以及传感器能力等。图 1-2 为分布式设备虚拟化示意图。

分布式设备虚拟化的典型应用场景如下：
- 视频通话：我们在做家务时可能会接到视频电话，通过将手机与智慧屏连接，并将智慧屏的屏幕、摄像头与音箱虚拟化为本地资源，替代手机自身的屏幕、摄像头、听筒与扬声器，就可以实现一边做家务，一边通过智慧屏和音箱来视频通话。
- 玩游戏：在智慧屏上玩游戏时，可以将手机虚拟化为遥控器，借助手机的重力传感器、加速度传感器、触控能力，获得更便捷、更流畅的游戏体验。

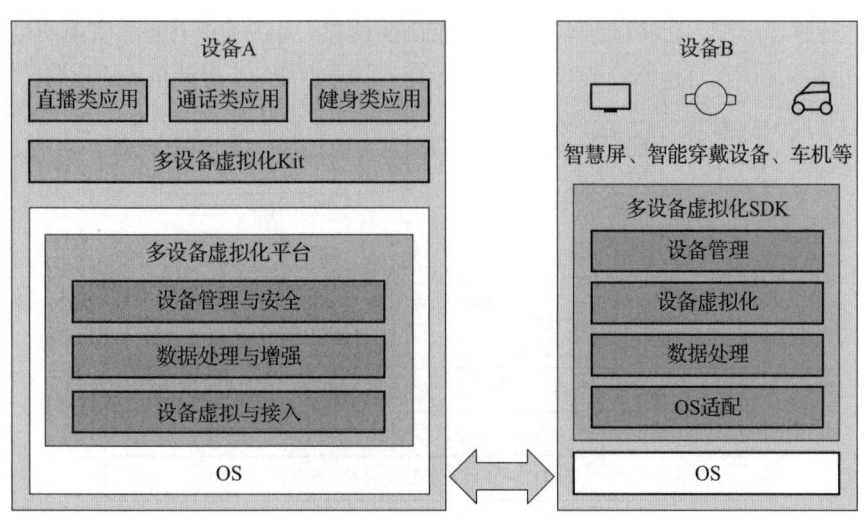

图 1-2　分布式设备虚拟化示意图

3. 分布式数据管理

分布式数据管理是基于分布式软总线之上的能力，实现了应用程序数据和用户数据的分布式管理。用户数据不再与单一物理设备绑定，业务逻辑与数据存储分离，在应用跨设备运行时数据可以无缝衔接，为打造一致、流畅的用户体验创造了基础条件。图 1-3 为分布式数据管理示意图。

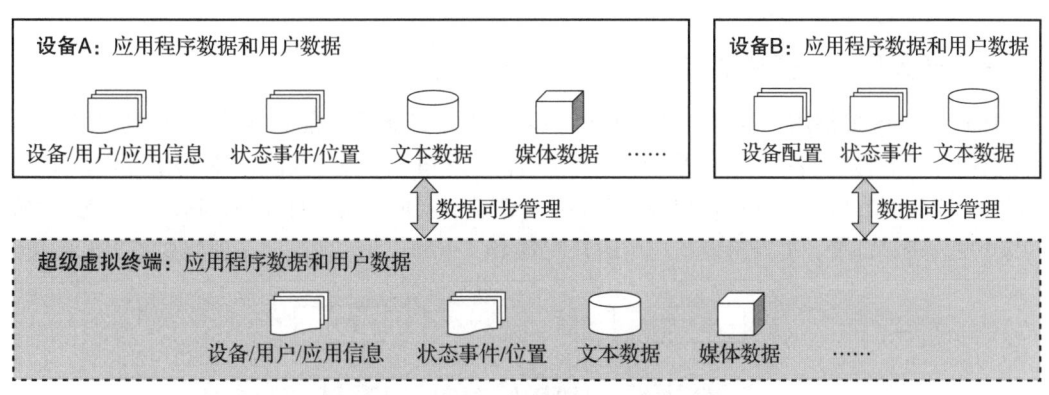

图 1-3　分布式数据管理示意图

分布式数据管理的典型应用场景有协同办公，比如将手机上的文档投屏到智慧屏，在智慧屏上对文档执行翻页、缩放、涂鸦等操作，文档的最新状态可以在手机上同步显示。

4. 分布式任务调度

分布式任务调度是基于分布式软总线、分布式数据管理等技术特性构建的统一分布式服务管理（发现、同步、注册、调用）机制。它支持对跨设备的应用进行远程启动、远程调用、绑定/解绑、迁移等操作，能够根据不同设备的能力、位置、业务运行状态、资源使用情况并结合用户的习惯和意图，选择最合适的设备运行分布式任务。图1-4为分布式任务调度示意图。

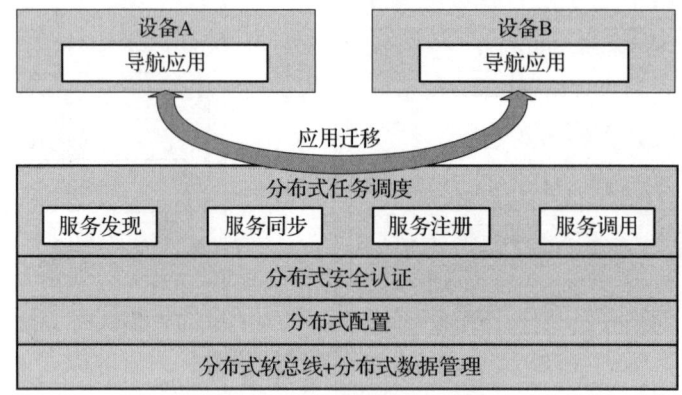

图1-4 分布式任务调度示意图

分布式任务调度的典型应用场景如下：
- 导航：如果用户驾车出行，在上车前，就可以在手机上规划好导航路线；在上车后，导航就自动迁移到车机；在下车后，导航就自动迁移回手机。如果用户骑车出行，就可以在手机上规划好导航路线，在骑行时手表可以继续导航。
- 外卖：在手机上点外卖后，可以将订单信息迁移到手表上，以随时查看外卖的配送状态。

1.2.2 一次开发，多端部署

HarmonyOS提供用户程序框架、Ability框架以及UI框架，能够保证开发的应用在多终端运行时保持一致。多终端软件平台API（应用程序接口）具备一致性，确保用户程序的运行兼容性。支持对在应用开发过程中多终端的业务逻辑和界面逻辑进行复用，这能够实现应用的一次开发、多端部署，提升跨设备应用的开发效率。一次开发、多端部署框架如图1-5所示。

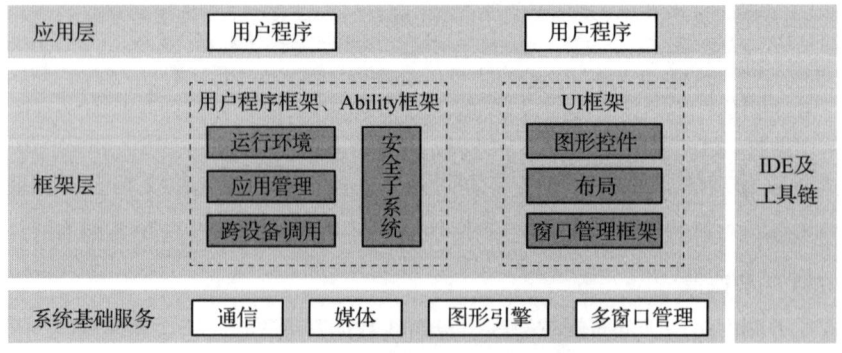

图1-5 一次开发、多端部署框架

其中，UI框架支持Java和JavaScript语言（HarmonyOS NEXT支持ArkUI及JavaScript语言），并提供丰富的多态控件，可以在手机、平板电脑、智能穿戴设备、智慧屏、车机上显示不同的UI效果。它采用业界主流的设计方式，提供多种响应式布局方案，支持栅格化布局，以满足不同屏幕的界面适配能力。

1.2.3 统一OS，弹性部署

HarmonyOS通过组件化和组件弹性化等设计方法来做到硬件资源的合理分配，在多种终端设备间按需弹性部署，覆盖了ARM、RISC-V、x86等各种CPU，从百KiB到GiB级别的RAM。

通过软总线连接构建设备之间的数据交互通路，打造1+8+N即1部手机、8种设备（车机、音箱、耳机、手表/手环、平板、智慧屏、PC和VR/AR设备）、N种IoT（Internet of Things，物联网）设备（如图1-6所示）的智慧生活全场景，实现汇聚各形态终端设备的能力。

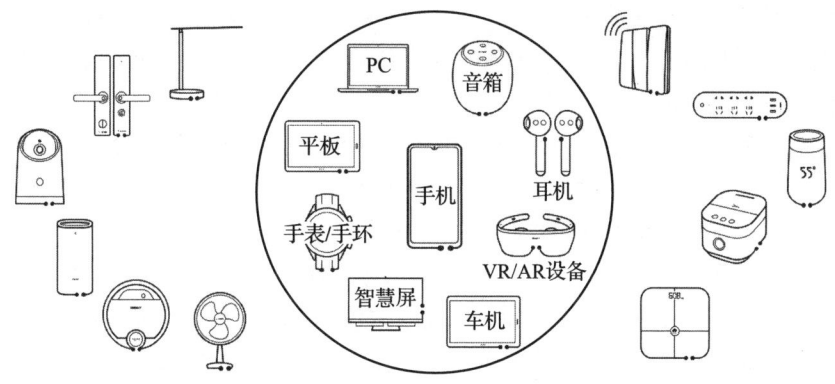

图1-6　1+8+N示意图

HarmonyOS支持通过编译链自动生成组件化的依赖关系，形成组件树依赖图，以支持产品系统的便捷开发，降低硬件设备的开发门槛。它带来的好处主要有以下三点：

- 支持各组件的选择（组件可有可无）：可以根据硬件的形态和需求选择所需的组件。
- 支持组件内功能集的配置（组件可大可小）：可以根据硬件的资源情况和功能需求选择配置组件中的功能集。例如，选择配置图形框架组件中的部分控件。
- 支持组件间依赖的关联（组件自动关联）：可以根据编译链自动生成组件化的依赖关系。例如，在选择图形框架组件后，将会自动选择依赖的图形引擎组件。

1.3 学习HarmonyOS研发的意义

本节将从系统可控、生态、需求、发展趋势和收益这5个角度来说明为什么现阶段需要学习HarmonyOS研发。本节内容为个人观点，仅供参考。

1.3.1 系统可控角度

众所周知，操作系统是计算机系统中的一种软件，是一组控制和管理计算机硬件以及为用户提供各种服务的应用程序集合。操作系统的作用主要体现在以下五个方面：

- 资源管理：操作系统负责管理计算机的硬件资源，包括处理器、内存、磁盘、输入/输出设备等。它通过调度算法和内存管理机制有效地分配这些资源，以满足不同程序的运行需求。
- 提供用户界面：操作系统为用户提供图形用户界面（GUI）或命令行界面（CLI），使用户可以与计算机进行交互。用户可以通过操作系统来运行程序、管理文件、设置系统参数等。
- 文件系统管理：操作系统负责管理计算机上的文件系统，包括文件的存储、组织、检索和保护。它提供了文件的操作接口，使用户和应用程序可以方便地进行文件的读写和管理。
- 进程管理：操作系统负责管理计算机上正在运行的进程。它通过进程调度算法控制进程的执行顺序，以实现多任务的并发执行，同时它提供进程间通信和同步机制，以保证进程之间的有效协作。
- 设备驱动程序：操作系统包含各种设备驱动程序，这些驱动程序用于管理和控制计算机的硬件设备，包括输入/输出设备、网络设备、存储设备等。它们提供了对硬件设备的统一接口，使程序可以与其进行交互。

总的来说，操作系统如同计算机系统的大管家，统筹安排各种资源，以确保计算机系统能够稳定、高效地运行，满足用户和应用程序的各种需求。目前，拥有自主研发的操作系统对于国家的信息安全和产业发展至关重要。操作系统可以自主研发，这说明基于操作系统的应用程序的运行过程是可控的。只有在操作系统的层面实现了可控，基于操作系统运行的软件层面才能实现真正的安全及可定制。这意味着国产操作系统（包括 HarmonyOS NEXT）将迎来更多机遇，能够获得更多的资源支持、涉足更多的领域。

1.3.2 生态角度

生态角度主要来自两个方面：应用生态和研发生态。从用户的视角来看，应用生态至关重要，它涵盖了用户在使用各类设备和操作系统的过程中所接触到的应用程序的方方面面。从开发者的视角来看，研发生态提供的支持可以起到事半功倍的效果。

1. 应用生态

一个全新的操作系统被推出，如果在其之上没有应用程序（App）来为用户提供服务，那么它实际上就未能为用户创造价值。用户从其他操作系统迁移至新操作系统时，所获得的服务是有所减少的，这种服务的减少会对使用新操作系统的设备的增长速度产生影响。用户在选择操作系统时，往往会考虑其所能提供的应用服务的丰富程度和质量。

如果新操作系统缺乏各类能够满足用户需求的 App，那么用户在使用过程中会感到不便，这可能会降低他们对新操作系统的接受度和使用意愿，进而会阻碍新操作系统在市场上的推广，使得搭载该新操作系统的设备增长速度放缓，影响其在市场中的占有率和发展前景。所以，对于一个新操作系统来说，丰富的应用生态是至关重要的，它直接关系到用户体验和设备普及。

参考 2024 年 10 月 22 日原生鸿蒙之夜暨华为全场景新品发布会中的数据，目前有 15000 款鸿蒙原生（基于 HarmonyOS NEXT）应用和元服务成功上架，其中包括微信、京东、美团、抖音、支付宝等国民级 App，以及国外的 Grob、阿联酋航空等 App。而且对于同一 App 的核心功能，鸿蒙平台已与其他平台基本对齐。

这表明，全新的 HarmonyOS 在发展进程中不会受到应用生态的制约。众多主流应用纷纷推出鸿蒙原生版本，这意味着 HarmonyOS 已经吸引了广泛的开发者关注和支持。这不仅有助于提升用户对 HarmonyOS 的接受度和忠诚度，也为 HarmonyOS 的持续发展和市场拓展奠定了坚实的基础，使其在激烈的操作系统竞争中具备了强大的竞争力，能够更加从容地应对各种挑战，不断推动自身生态的发展。

2. 研发生态

在研发方面，华为为开发者提供了多个维度的支持，这主要体现在工具支持、技术支持和发布支持三个层面。

- 在工具支持层面，华为提供了功能强大的 DevEco Studio。它为开发者提供一站式服务，涵盖从工程创建到发布的全流程，能够帮助开发者大幅提高开发效率。同时，它具备强大的调试功能，方便开发者快速定位和解决问题。它还提供丰富的模拟仿真资源，包括多种设备模拟器和多场景构造，从而降低对实体设备的依赖，节省开发成本与时间成本。
- 在技术支持层面，华为提供了丰富的技术文档、在线教程和培训课程。开发者可以通过这些资源深入学习 HarmonyOS 的技术架构、开发规范和新特性。华为还设有技术论坛和社区，开发者能在这里与同行交流经验、探讨技术难题，并获取华为技术专家的指导和建议。此外，针对开发者在开发过程中遇到的具体技术问题，华为提供及时的在线客服和技术支持热线，以确保问题得到快速解决。
- 在发布支持层面，华为提供了 AGC（AppGallery Connect），它为开发者开辟了产品变现的渠道。AGC 提供一系列的服务，如应用分发、数据分析、运营管理等。开发者可以通过 AGC 将应用推广给全球用户，借助数据分析了解用户行为和应用性能，优化应用运营策略。同时 AGC 为开发者提供了多种盈利模式，如应用内购买、广告展示等，为开发者提供了更多的发展机遇和可能，进一步激发开发者的创新热情和积极性。

1.3.3 需求角度

截至 2024 年 10 月 22 日原生鸿蒙之夜暨华为全场景新品发布会召开之时，华为拥有超过10亿台鸿蒙生态设备，这些设备覆盖平板电脑、手机、穿戴、座舱等不同类型的终端。

在现有的各类设备中，仅有部分设备完成了向HarmonyOS NEXT的升级，仍有相当数量的设备尚未进行这一升级操作。然而，随着技术的持续发展与推广，后续将会有越来越多的设备选择升级到HarmonyOS NEXT，HarmonyOS NEXT的应用范围和普及程度有望得到显著扩大或提升。

如此庞大数量的设备意味着巨大的需求，既需要开发全新的应用来满足不断变化的用户需求和拓展新的功能场景，也需要将其他系统中的应用迁移至鸿蒙生态中，以提升鸿蒙生态的应用多样性。

这些工作均需要由具备相关经验的开发者来完成，场景不限于移动智能设备。可以说，HarmonyOS NEXT为开发者提供了更广阔的发展空间和创新舞台。

1.3.4 发展趋势角度

发展趋势会受到很多因素影响，下面从内因和外因两个维度来分析，个人观点，仅供参考。

- 内因：HarmonyOS NEXT是华为最新发布的自主研发操作系统，一些关键技术指标有着质的变化，部分新出的机型已经搭载新版操作系统，并得到了正向反馈。华为需要自主研发的操作系统，结合国产的芯片，以软硬件融合的方式为用户提供更好的服务。
- 外因：国产操作系统可能会得到政策上的倾斜，进而推动相关产业围绕国产操作系统进行布局和发展，加大研发投入，培养专业人才，建立完善的生态体系。同时，因为国际环境的变化，企业会更愿意将资源投入到自身应用程序对国产操作系统的适配和优化上，这会促进更多优质应用程序的诞生，进一步丰富国产操作系统的应用场景，提升其市场竞争力和用户体验，从而形成一个良性循环，推动国产操作系统不断向前发展，在全球操作系统领域中占据一席之地。

1.3.5 收益角度

在鸿蒙生态里，设备种类丰富多样，覆盖PC、手机、手表/手环、汽车以及智能家居等诸多领域。得益于HarmonyOS的一次开发、多端部署的特性，对于开发者来说，投入精力去学习鸿蒙生态的相关技术，能够获得更为丰厚的收益，并且这种收益将更加多元化。开发者可以凭借一次开发成果，以较低的成本实现在不同的设备终端上的布局，从而极大地提高开发效率。同时，开发者能够接触到各个领域的设备开发需求，拓展自己的技术视野。

基于上述5个角度的分析，对于开发者来说，投入精力学习HarmonyOS研发可谓一个极具前瞻性的选择。随着科技的不断进步和市场需求的持续演变，个人或团队在HarmonyOS研发方面的产出势必会随着大环境的变化而显著增大。

本书内容将围绕**HarmonyOS NEXT（鸿蒙星河版）**展开，在后文中以HarmonyOS或鸿蒙系统代指HarmonyOS NEXT（鸿蒙星河版），示例代码主要以ArkTS实现，基于DevEco Studio（NEXT Developer Release版）开发及编译，可在HarmonyOS NEXT Release版中运行。

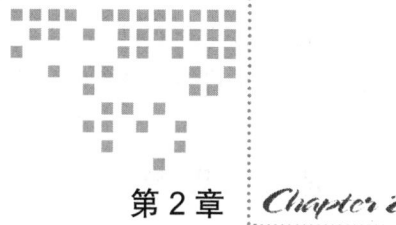

第 2 章 Chapter 2

开发环境配置

孔子曰:"工欲善其事,必先利其器。"这句话的意思是,工匠若想把工作做好,就必须先确保自己的工具锋利且准备妥当。在鸿蒙系统的开发中,为了助力开发者开发出在鸿蒙系统中良好运行的产品,华为官方提供了一系列工具。本章将着重介绍 HarmonyOS 的 App 开发环境配置,以便开发者能够充分利用这些工具,高效地进行 HarmonyOS 的产品开发。

2.1 开发与上架 App 的主要步骤

一个 App 从最初构思到交付至用户手中,涉及诸多的关键节点。从研发角度出发,若要研发一款可在 HarmonyOS 中运行并上架到华为应用市场的 App,至少需历经以下三个步骤:

- 开发环境准备:包括注册并认证华为开发者账号、下载、安装及配置 DevEco Studio(IDE)、SDK、模拟器等 HarmonyOS 开发包相关工具。具体内容将在本章介绍。
- 研发应用:开发者根据产品或技术的实际需求,借助鸿蒙生态相关的研发工具,进行应用的功能开发。它涵盖了应用的工程创建、代码编写、重构、运行、调试以及调优等多个关键阶段,每个阶段都有着不可忽视的重要性。第 3 章将介绍如何使用 DevEco Studio,第 4~14 章将对构建一个 App 依赖的基础能力进行介绍及详细阐述。
- 发布应用:当应用开发完成之后,接下来需要做的就是将该应用打包并发布至华为应用市场。需要注意的是,发布到华为应用市场的应用,务必使用发布证书进行签名。至于如何对应用进行签名以及怎样将其上架至华为应用市场等具体操作流程,将会在第 15 章进行详细介绍。

其中,第一步和第三步所需投入的精力相对较少。开发环境在一次配置完成后,几乎无须再进行调整。发布应用也仅仅是在应用需要上线的时候才进行操作。然而,第二步的工作通常与产品需求紧密相关。研发工作与调试、测试等工作相辅相成,并且往往需要反复进行迭代。本章的内容围绕第一步展开,重点介绍开发环境的配置。

2.2 成为开发者

要想开发在 HarmonyOS 上运行的 App,首先需要在华为开发者平台上注册一个账号,并进行认证。这就像是获取了进入华为应用开发世界的"通行证",只有通过认证,才能获得相关的开发权限和资源支持。

若要完成注册工作,需前往华为开发者联盟官网。首先打开浏览器,在地址栏中输入 https://developer.huawei.com/,进入该官网页面。接着,在页面右上角找到并单击"注册"按钮,按照系统提示逐步填写相关信息,即可完成注册流程。

2.3 安装 DevEco Studio

DevEco Studio 是华为推出的用于 HarmonyOS 应用开发的集成开发环境,具有一站式开发环境、智能代码编辑、高效编译构建系统和强大调试功能等特点。

DevEco Studio 与华为生态系统集成,如与 AGC(华为推出的为开发者提供的一站式应用服务平台,在第 15 章介绍)紧密集成,以便应用发布。

成为注册开发者之后,打开 https://developer.huawei.com/consumer/cn/download/,进入下载中心,下载 DevEco Studio。在下载中心中,可以选择不同运行环境版本的 DevEco Studio(如图 2-1 所示),单击下载,下载完成之后,安装 DevEco Studio。

图 2-1 下载中心,选择 DevEco Studio 版本

2.3.1 Windows 环境下安装

Windows 环境是指微软 Windows 操作系统的计算机系统环境。

1. 运行环境要求

在 Windows 环境中，为保证 DevEco Studio 正常运行，建议计算机配置满足如下要求：

- 操作系统：Windows 10 64 位、Windows 11 64 位。
- 内存：推荐 16GB 及以上，最小 8GB。
- 硬盘：100GB 及以上。
- 分辨率：1280×800 像素及以上。

2. 安装 DevEco Studio

Windows 版安装包下载完成后，双击下载的 deveco-studio-xxxx.exe 文件，进入 DevEco Studio 安装向导。单击"下一步（N）"按钮，进入选择安装位置界面（如图 2-2 所示），在此界面选择安装路径，默认安装于 C:\Program Files 路径下，也可以单击"浏览（B）..."按钮指定其他安装路径，然后单击"下一步（N）"按钮。

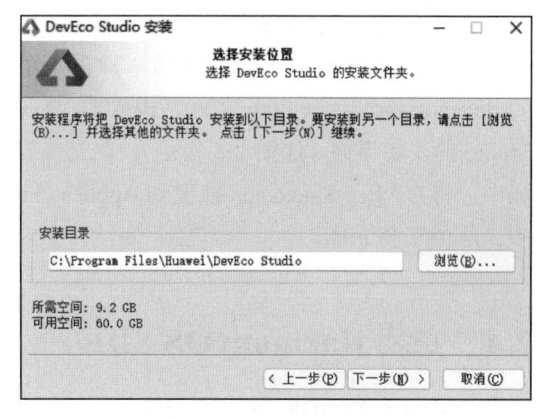

图 2-2 选择安装位置界面

之后进入安装选项界面（如图 2-3 所示），在安装选项界面勾选"DevEco Studio"勾选框后，单击"下一步（N）"按钮，DevEco Studio 开始安装，直至安装完成。

安装完成后，安装向导提示"DevEco Studio 安装程序结束"（如图 2-4 所示），这时单击"完成（F）"按钮完成安装。

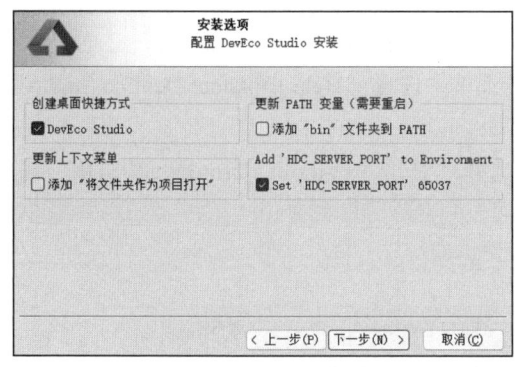

图 2-3 安装选项界面

图 2-4 安装完成界面

2.3.2 macOS 环境下安装

macOS 环境是指 macOS 操作系统的计算机系统环境。

1. 运行环境要求

在 macOS 环境中，为保证 DevEco Studio 正常运行，建议计算机配置满足如下要求：

- 操作系统：macOS(X86) 10.15/11/12/13/14，macOS(ARM) 11/12/13/14。
- 内存：推荐 16GB 及以上，最小 8GB。
- 硬盘：100GB 及以上。
- 分辨率：1280×800 像素及以上。

2. 安装 DevEco Studio

macOS 版安装包下载完成后，双击下载的 deveco-studio-xxx.dmg 文件，进入 DevEco Studio 的安装界面（如图 2-5 所示），在安装界面中，将 DevEco-Studio.app 拖曳到 Applications 中，等待安装完成。

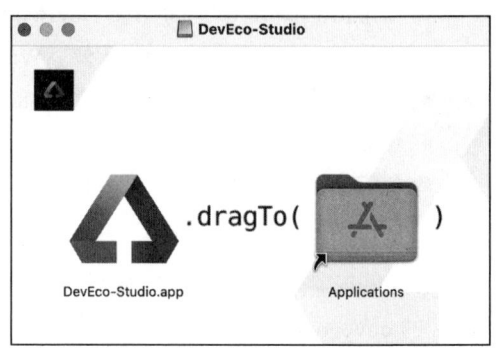

图 2-5　DevEco Studio 安装界面

2.4　安装 HarmonyOS SDK

HarmonyOS SDK 包含了开发应用所需的各种库、API（应用程序编程接口）等资源，是实现应用功能的基础。

从 DevEco Studio NEXT Developer Beta1（DevEco Studio 5.0.3）版开始，SDK 已经内置在 IDE 中，包括系统、DevEco Studio、SDK 等依赖的工具，开发者无须再自行下载和单独安装这些工具，这极大地简化了开发环境的搭建过程。

在每一个版本中，配套的工具及版本信息略有不同，以 HarmonyOS NEXT Developer Beta1 为例，如图 2-6 所示，其中：

- 系统版本：可以通过设备的"设置→关于手机→操作系统"进行查询。
- DevEco Studio 版本：可以从 DevEco Studio 菜单中选择"Help → About DevEco Studio"进行查询。
- SDK 版本：可以从 DevEco Studio 菜单中选择"Help → About HarmonyOS SDK"进行查询。

HarmonyOS NEXT Developer Beta1

软件包	发布类型	版本号	Build Version	发布时间
系统	Developer Beta	HarmonyOS NEXT Developer Beta1	NEXT.0.0.26(SP8*******)	2024/06/21
DevEco Studio	Developer Beta	DevEco Studio NEXT Developer Beta1	5.0.3.404 5.0.3.403	2024/07/10 2024/06/21
SDK	Developer Beta	HarmonyOS NEXT Developer Beta1 SDK	基于OpenHarmony SDK Ohos_sdk_public 5.0.0.25 (API 12 Beta1)	2024/06/21

图 2-6　HarmonyOS NEXT Developer Beta1 中的软件及版本信息

2.5 安装模拟器

安装 DevEco Studio 之后,在开发过程中进行应用的测试和调试时,可使用模拟器或真机。模拟器能够模拟不同类型的设备环境,让开发者在没有真机的情况下也能开展应用的测试和调试工作,方便快捷地检查应用在不同设备上的运行效果。本节重点介绍如何安装模拟器,而关于真机调试的环境配置,则在本书的 15.1.2 小节介绍。

打开 DevEco Studio,在菜单区中选择"Tools → Device Manager"进入设备管理界面(如图 2-7 所示)。

在第一次进入 Device Manager 时,会有隐私声明(如图 2-8 所示),需要单击"Agree"按钮才能进入主界面。

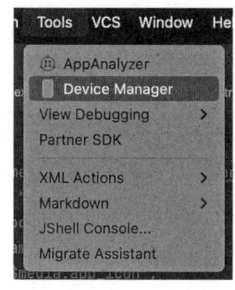

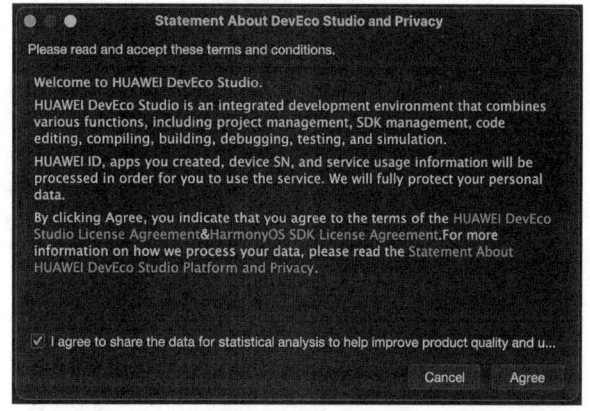

图 2-7 从菜单区中进入设备管理界面   图 2-8 隐私声明

在下载鸿蒙模拟器之前,需要授权,图 2-9 为 Device Manager 主界面(待登入态)。

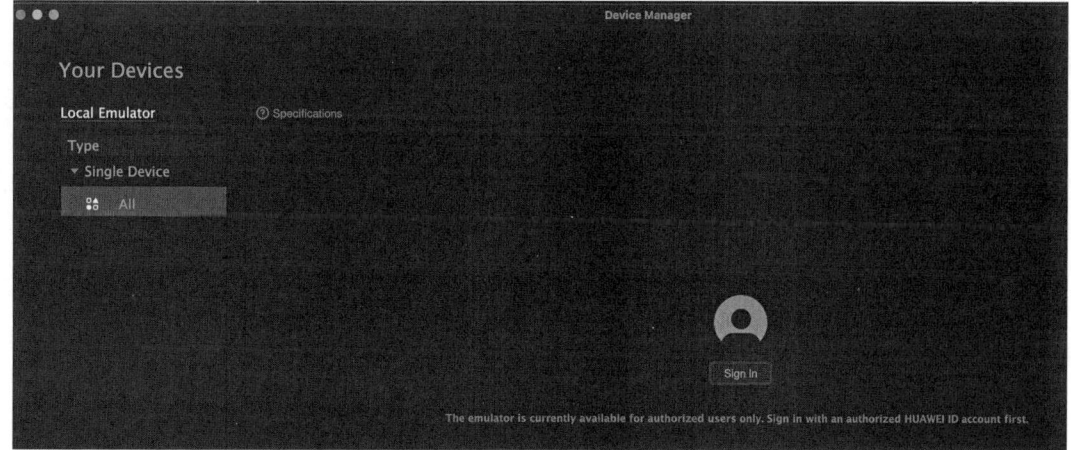

图 2-9 Device Manager 主界面(待登入态)

单击"Sign In"按钮,打开登录页面,这时可使用已经登录的账号进行授权,登录授权页如图 2-10 所示。

图 2-10　登录授权页

单击"允许"按钮后,在页面中显示登录成功的相关提示(如图 2-11 所示),之后回到无模拟器的 Device Manager 主界面(如图 2-12 所示)。

图 2-11　登录成功提示

这时本机还没有安装模拟器,单击右下方的"＋New Emulator"按钮,进入 Select Virtual Device 界面(如图 2-13 所示)。

在 Select Virtual Device 界面中,显示了所有可用的模拟器设备。此时界面中的模拟器还没有安装,单击界面中模拟器对应的"download"按钮,下载该模拟器。

第 2 章 开发环境配置 ❖ 17

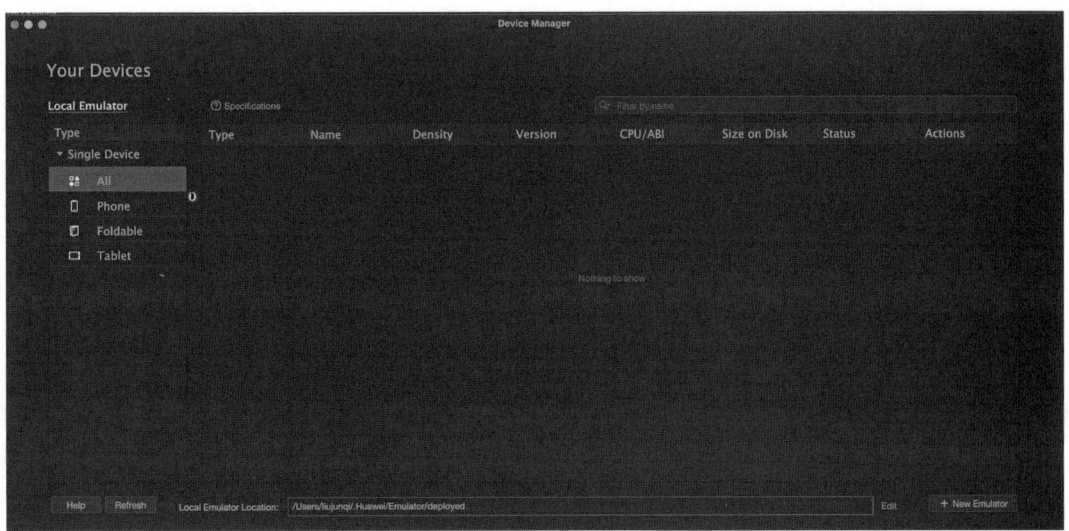

图 2-12 Device Manager 主界面（无模拟器）

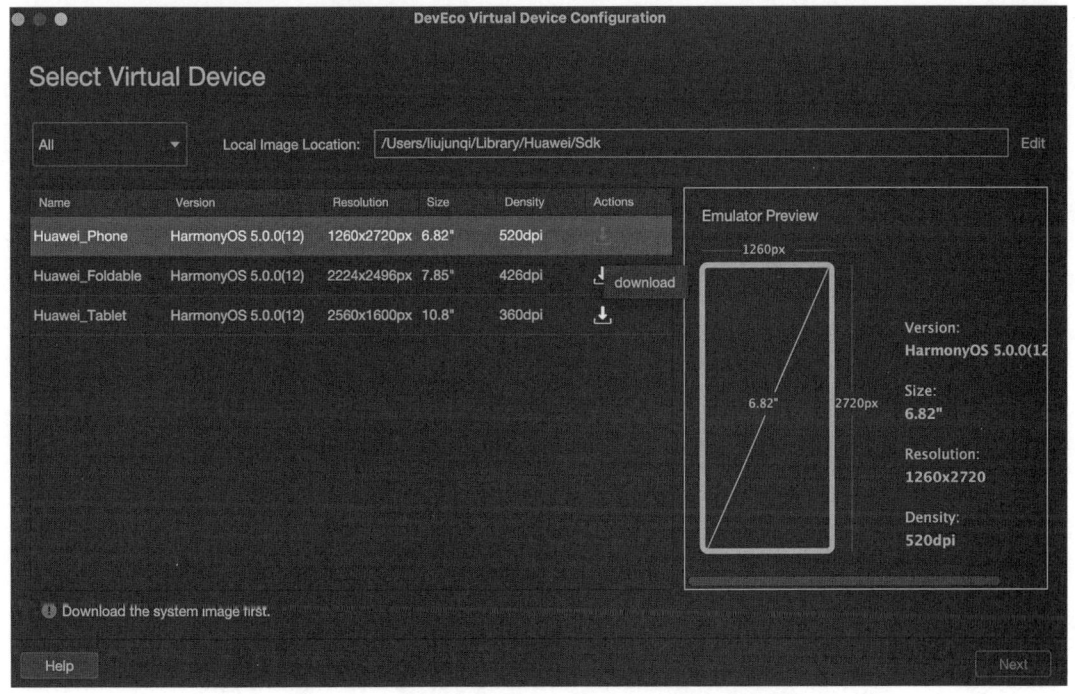

图 2-13 Select Virtual Device 界面（模拟器未安装）

之后进入下载界面，等待下载，直到下载完成（如图 2-14 所示），单击"Finish"按钮，回到 Select Virtual Device 界面（如图 2-15 所示），这时该模拟器已安装，单击"Next"按钮进入 Virtual Device Configure 界面。

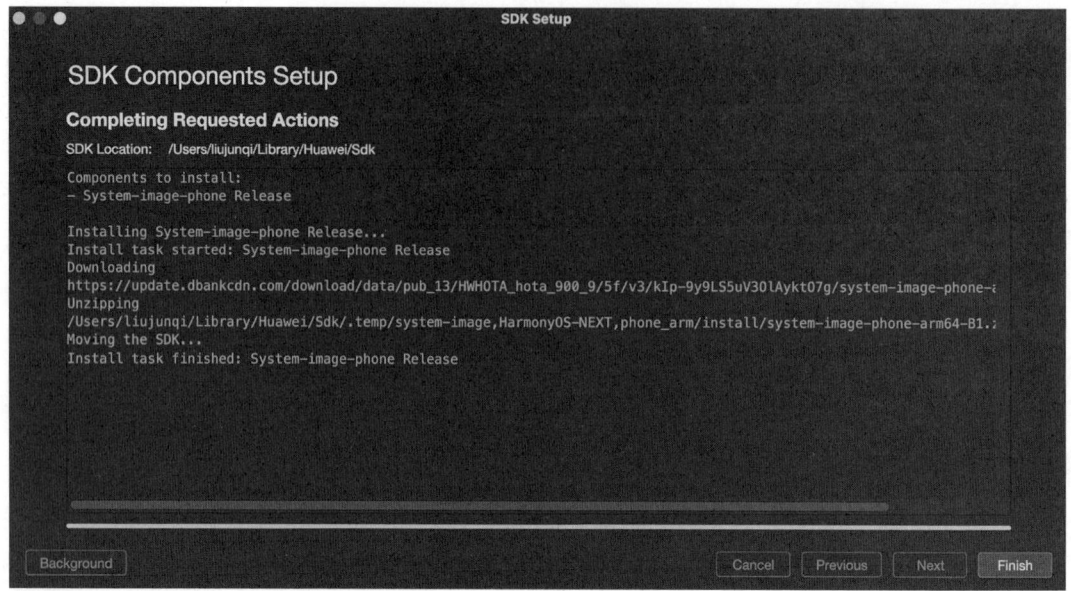

图 2-14　模拟器安装完成

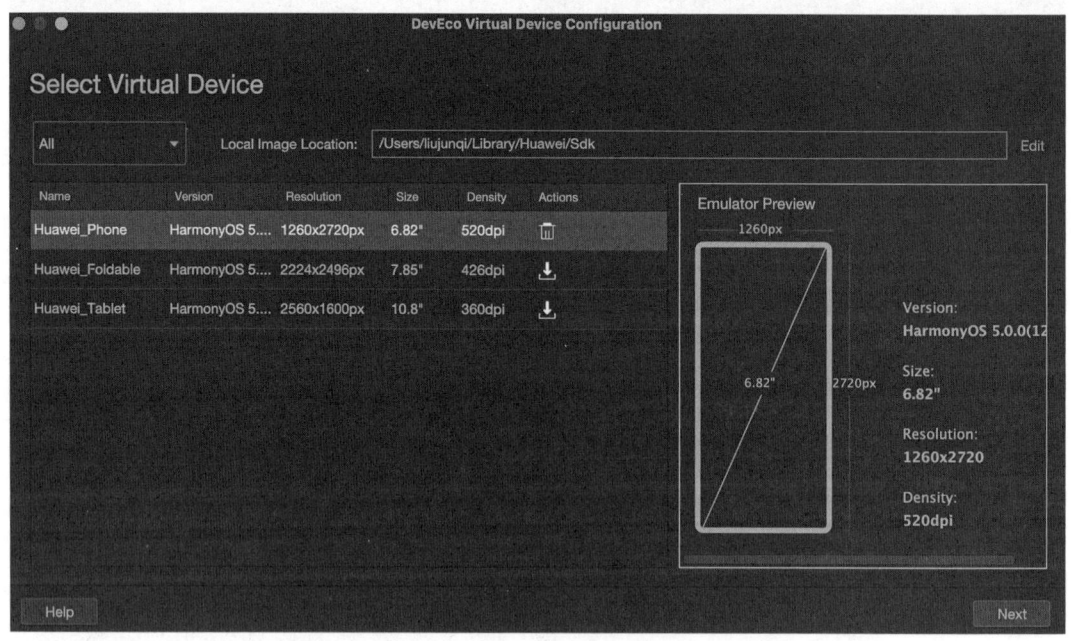

图 2-15　Select Virtual Device 界面（模拟器已安装）

如图 2-16 所示，在 Virtual Device Configure 界面，开发者可以配置该模拟器的 Name、Memory 及 Storage，配置完成后单击"Finish"按钮，系统提示模拟器创建成功（如图 2-17 所示）。

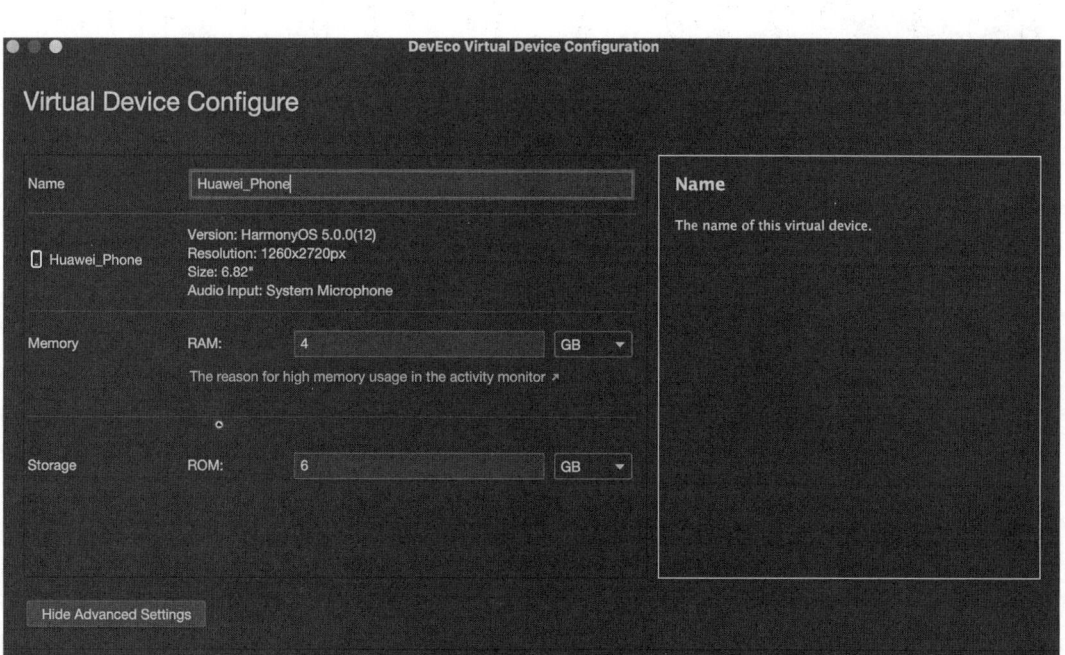

图 2-16　Virtual Device Configure 界面

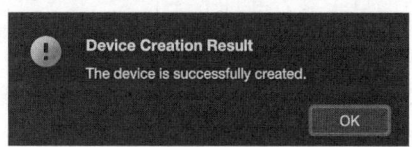

图 2-17　模拟器创建成功提示

这时，Device Manager 的设备列表会显示刚刚安装的模拟器设备，如图 2-18 所示。

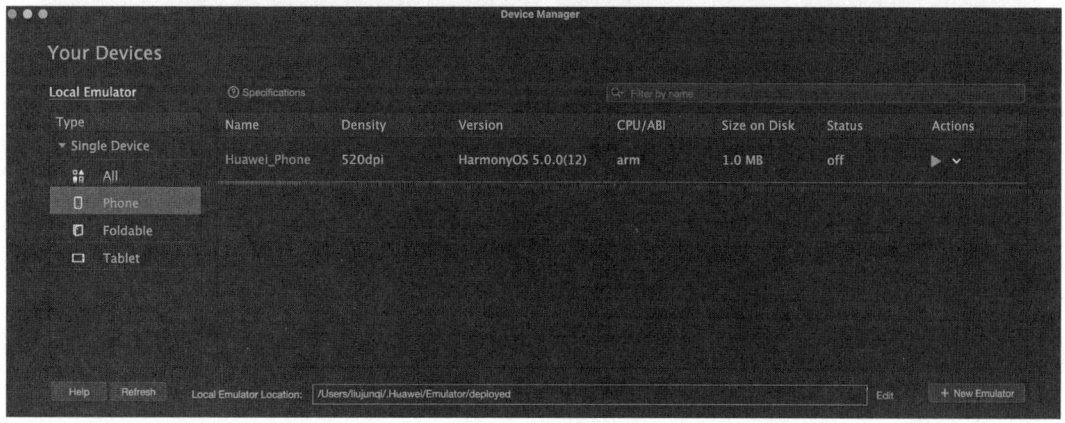

图 2-18　设备列表

单击运行按钮（如图 2-18 右侧 Actions 下方的三角形）启动模拟器（如图 2-19 所示），开发者可使用模拟器在电脑上进行日常的研发及调试工作。

2.6 验证开发环境

当完成上述的工作后，鸿蒙系统的 App 开发环境已经配置完成，接下来创建第一个鸿蒙 App，以验证开发环境是否成功配置。

2.6.1 创建第一个鸿蒙 App

DevEco Studio 支持多种类型的应用/服务开发，预置了丰富的工程模板，可以根据工程创建向导轻松创建适应于各类设备的工程，并自动生成对应的代码和资源模板。同时，DevEco Studio 还提供了多种编程语言，以供开发者进行应用/服务开发，包括 ArkTS、JavaScript 和 C/C++。

在 DevEco Studio 中，使用工程创建向导创建第一个鸿蒙 App。打开工程创建向导主要有两种方式。

- 如果当前 DevEco Studio 未打开任何工程，那么可以在 DevEco Studio 的欢迎页，单击"Create Project"按钮开始创建一个新工程（如图 2-20 所示）。

图 2-19 启动模拟器

图 2-20 从欢迎页创建工程

- 如果当前 DevEco Studio 已经打开了工程，那么可以在菜单栏中选择"File → New → Create Project"来创建一个新工程（如图 2-21 所示）。

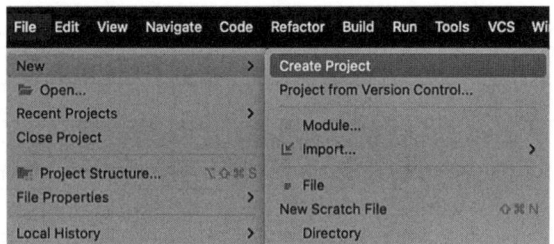

图 2-21 从"File"菜单中创建工程

在单击"Create Project"按钮后,这时会打开工程创建向导界面,如图 2-22 所示。根据工程创建向导,选择创建 Application 或 Atomic Service,再选择需要的 Ability 工程模板。

> **注意** Ability 是 HarmonyOS 应用程序能力的抽象。Ability 是应用程序的基础单元,一个应用程序可以有多个能力(Ability),这些能力共同协作,实现了应用程序的各种功能。

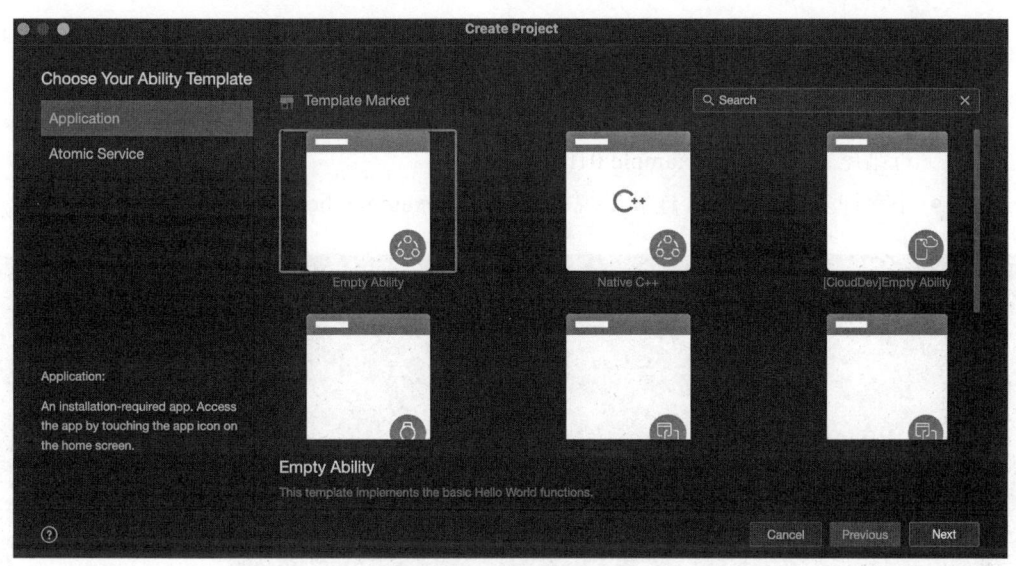

图 2-22 工程创建向导界面

常见的工程模板说明见表 2-1,选择创建 Empty Ability,单击"Next"按钮,进入工程配置界面。

表 2-1 常见的工程模板说明

模板名称	说明
Empty Ability	用于 Phone、Tablet、2in1 设备的模板,展示了基础的 Hello World 功能
Native C++	用于 Phone、Tablet、2in1 设备的模板,作为应用调用 C++ 代码的示例工程,界面显示"Hello World"

（续）

模板名称	说明
[CloudDev]Empty Ability	用于端云一体化开发的通用模板
[Lite]Empty Ability	用于 Lite Wearable 设备的模板，展示了基础的 Hello World 功能。可基于此模板，修改设备类型及 RuntimeOS，进行小型嵌入式设备开发
Flexible Layout Ability	用于创建跨设备应用开发的三层工程结构模板。三层工程结构包含 common（公共能力层）、features（基础特性层）、products（产品定制层）

2.6.2 工程配置

工程配置的界面如图 2-23 所示，在工程配置界面，需要根据向导配置工程的基本信息，主要配置的说明如下：

1) Project name：工程的名称，可以自定义，由大小写字母、数字和下划线组成。
2) Bundle name：标识应用的包名，用于标识应用的唯一性，应用包名要求如下：

- 长度为 7~128 个字符。
- 必须为以点号（.）分隔字符串，且至少包含三段，每段中仅允许使用英文字母、数字、下划线（_），如 "com.example.helloworld_1"。
- 首段以英文字母开头，非首段以数字或英文字母开头，每一段以数字或者英文字母结尾，如 "com.example.01helloworld"。
- 不允许多个点号（.）连续出现，如 "com.example..helloworld"。

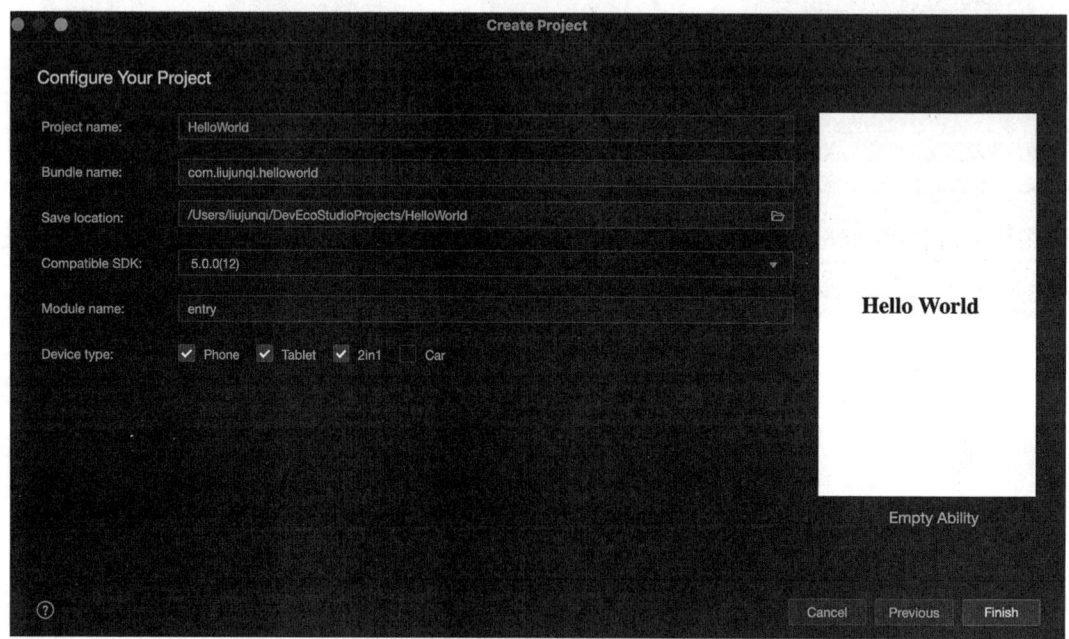

图 2-23　工程配置界面

3）Save location：工程文件本地存储路径，由大小写字母、数字和下划线等组成，不能包含中文字符。

4）Compatible SDK：应用/服务的目标 API Version，在编译构建时，DevEco Studio 会根据指定的 Compatible API 版本进行编译打包。如需开发 API 12 的应用/服务，请选择 5.0.0(API 12) 及以上版本。

5）Module name：模块的名称。

6）Device type：该工程模板支持的设备类型。

在工程配置界面的"Project name"项输入"HelloWorld"，"Bundle name"项输入"com.xxx.helloworld"，其他项使用默认值，之后单击"Finish"按钮。HelloWorld 项目自动生成，包括项目的配置、资源及源码等。

2.6.3 运行工程

接下来，需要编译运行 HelloWorld 项目，确定开发环境是否配置正常。先单击 DevEco Studio 的右上角工具区域中的第二个下拉菜单（如图 2-24 所示），之后选择"Device Manager"选项，进入 Device Manager 界面中启动模拟器。

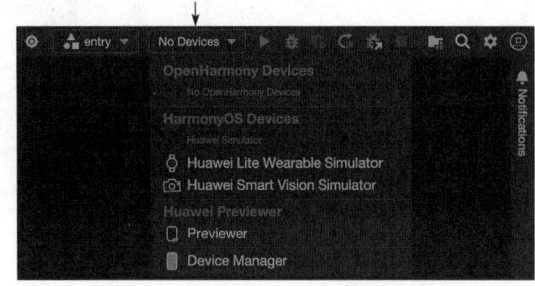

图 2-24　从界面进入 Device Manager

当模拟器启动之后，DevEco Studio 的右上角区域的第二个下拉菜单显示的内容已从原"No Devices"自动切换为当前运行的模拟器（如图 2-25 所示，Huawei_Phone），单击右侧的向右三角形图标按钮，运行 HelloWorld 项目（如图 2-26 所示），当 HelloWorld 项目在模拟器上运行，说明开发环境已经配置成功，开发者可以基于该环境，进行应用的开发及调试。

图 2-25　模拟器切换

2.6.4 常见问题及其解决方法

在 DevEco Studio NEXT Developer Beta1（DevEco Studio 5.0.3）版之前，SDK 及依赖的工具都需要单独下载及安装配置，这个过程的出错概率较高，DevEco Studio 的开发环境配置失败的可能性也较大。在这个版本之后，开发者无须再自行下载和单独安装这些工具及 SDK，极大地简化了开发环境的搭建过程，提升了一次安装开发环境即可使用的概率。

DevEco Studio 提供了开发环境诊断的功能，以帮助开发者识别当前开发环境是否完备。开发者可以在菜单栏单击"Help → Diagnostic Tools → Diagnose Development Environment"进行诊断（如图 2-27 所示）。

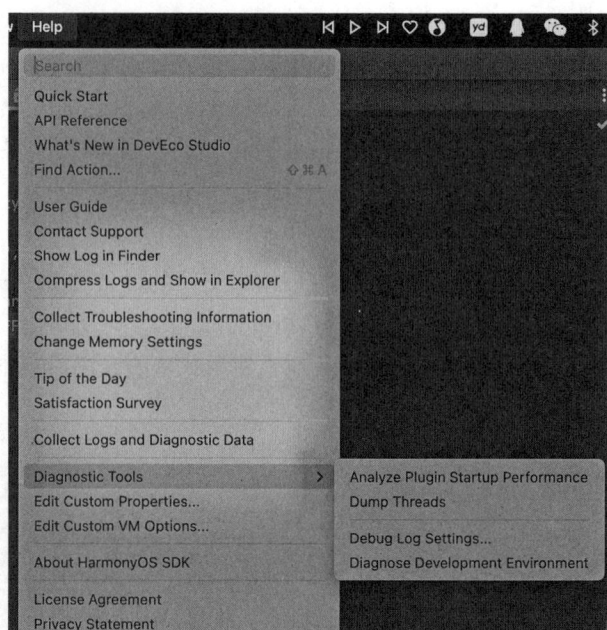

图 2-26　HelloWorld 项目运行成功　　图 2-27　Diagnose Development Environment 入口

如图 2-28 所示，DevEco Studio 开发环境诊断项包括电脑的配置（Computer Configuration）、网络的连通情况（Network Connection）、依赖的工具（Basic Configurations）和 SDK 等。如果检测结果为未通过，那么请根据检查项的检测异常提示进行处理（如图 2-29 所示）。

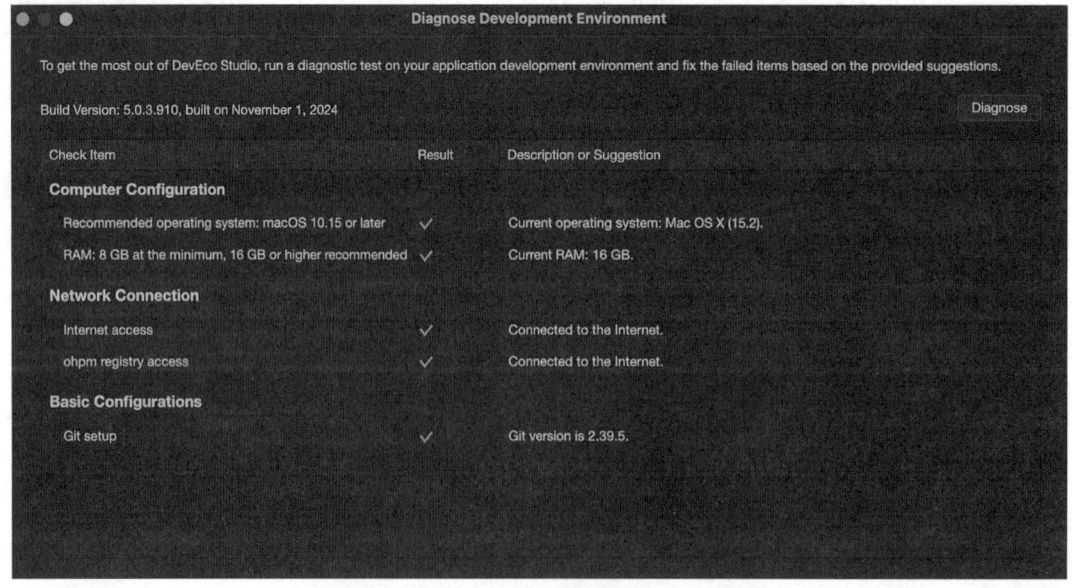

图 2-28　DevEco Studio 开发环境诊断项

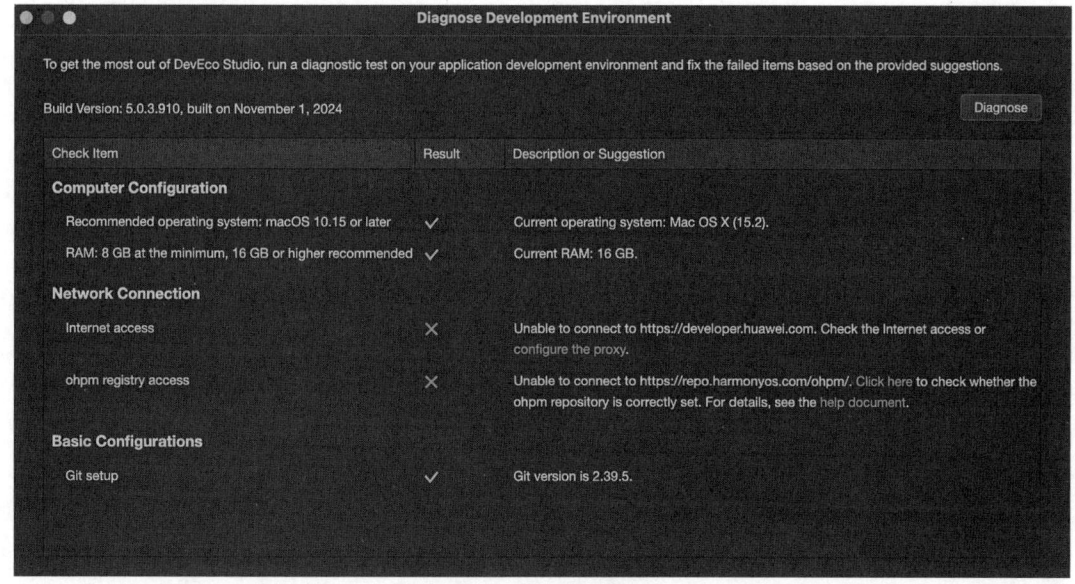

图 2-29　环境检测异常提示

当模拟器启动过程出现异常时，通常会弹框以说明问题（如图 2-30 所示），并提供 Troubleshooting Guide（故障排除指南），这时可单击"Troubleshooting Guide"查看解决方法。下面的内容列出了一些常见问题及其解决方法。

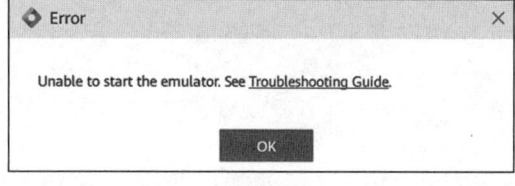

图 2-30　启动模拟器异常提示

1. 启动模拟器失败，提示磁盘空间不足

启动模拟器失败，提示磁盘空间不足（如图 2-31 所示）。本地模拟器默认安装在 C:\Users\Users\AppData\Local\Huawei\HarmonyOSEmulator\deployed 目录（macOS 则默认安装在 /Users/ 用户名 /.Huawei/HarmonyOSEmulator/deployed 目录）。建议磁盘可用空间大于 8GB，或者重新创建模拟器，并选择其他存储路径。

2. 启动模拟器失败，提示无法启动模拟器

启动模拟器失败，提示无法启动模拟器（如图 2-32 所示）。

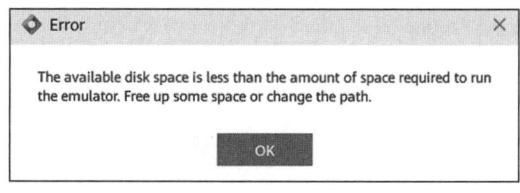

图 2-31　磁盘空间不足提示

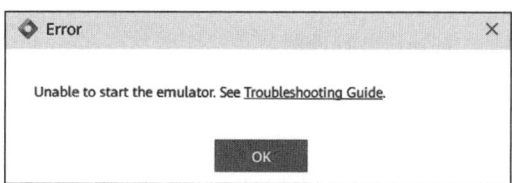

图 2-32　无法启动模拟器提示

这时可以在设备列表窗口，单击设备的 Actions 项中的按钮（如图 2-33 所示），在弹出的菜单项中选择"Wipe User Data"清除模拟器数据（如图 2-34 所示），然后重新启动模拟器。如果还不可以启动模拟器，则需要重新安装模拟器。

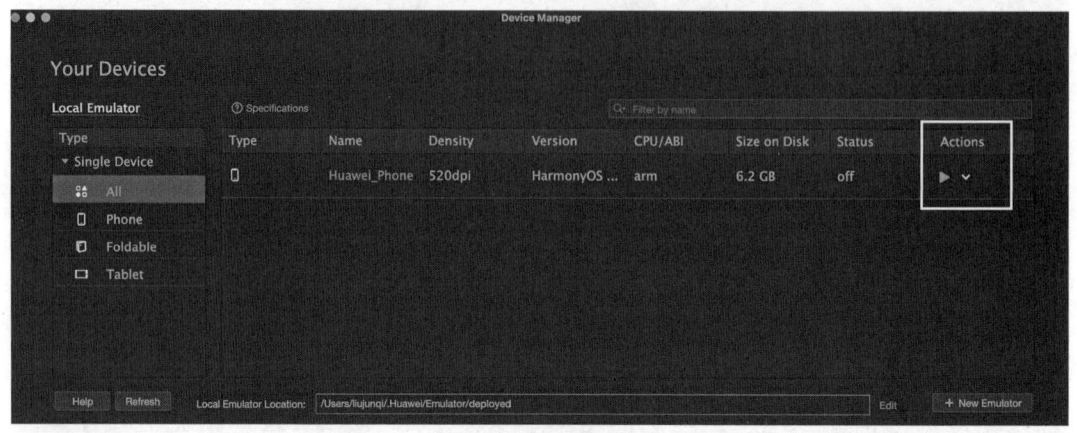

图 2-33　Actions 项

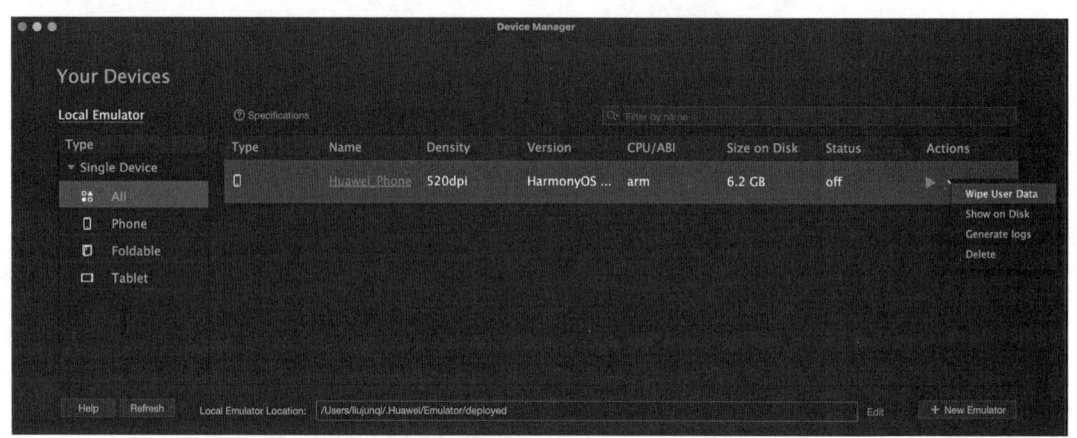

图 2-34　弹出的菜单项

3. 启动模拟器失败，提示无法安装 HAXM

在 Intel CPU 的 Windows 系统计算机下，启动模拟器失败，提示无法安装 HAXM（如图 2-35 所示）。

打开任务管理器，在"性能"（Performance）选项，检查 CPU 虚拟化选项是否已经启用（如图 2-36 所示）。如果未启用，则需要进入计算机的 BIOS 中，将 CPU 的"Virtualization"选项开启。

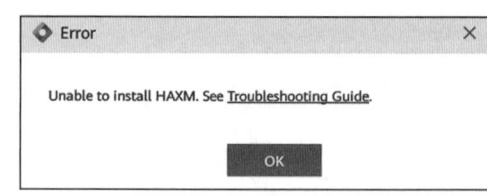

图 2-35　无法安装 HAXM 提示

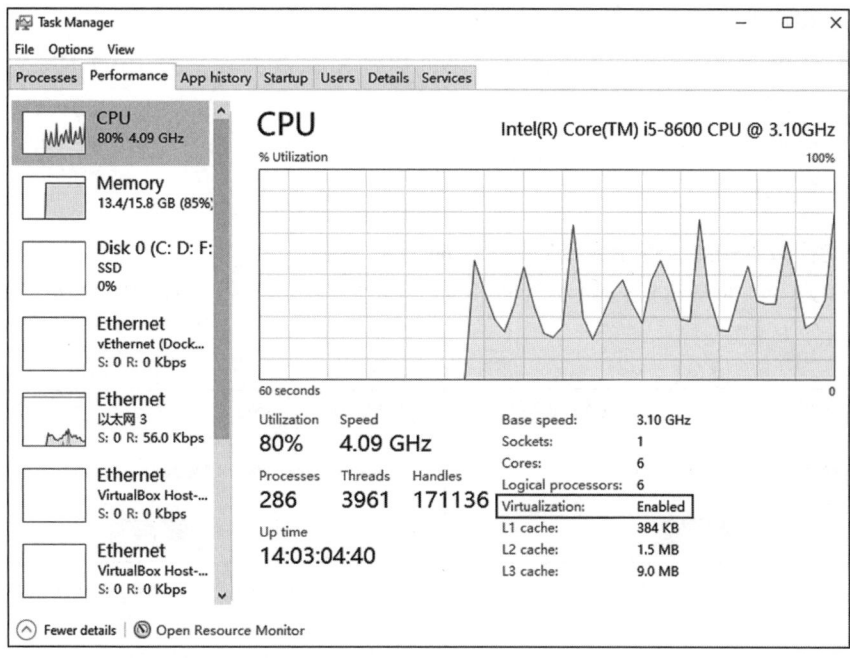

图 2-36　检查 CPU 虚拟化选项

之后再次进入 Windows 系统，打开"控制面板→程序→程序与功能→启动或关闭 Windows 功能"，找到并开启"Hyper-V"（如图 2-37 所示），单击"OK"按钮并重启计算机及模拟器。

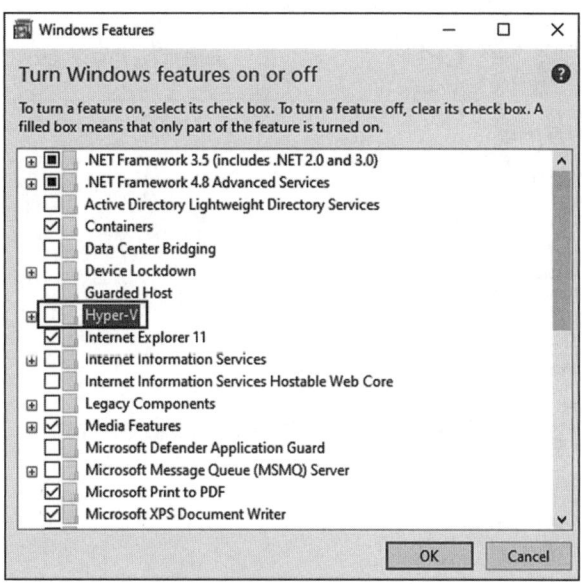

图 2-37　开启"Hyper-V"

4. 启动模拟器失败，提示 VT/NX 不可用

在 Intel CPU 的 Windows 系统计算机下，启动模拟器失败，提示 VT/NX 不可用（如图 2-38 所示）。

如果遇到该问题，则需要进入计算机的 BIOS 中，将 CPU 的"VT/NX"选项开启，然后重新启动模拟器。

5. 启动模拟器失败，提示无法安装 GVM

在 AMD CPU 的 Windows 系统计算机下，启动模拟器失败，提示无法安装 GVM（如图 2-39 所示）。

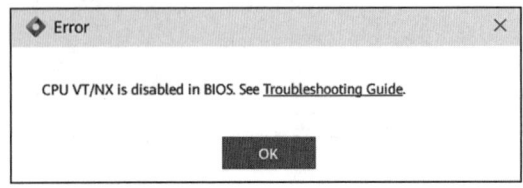

图 2-38　VT/NX 不可用提示

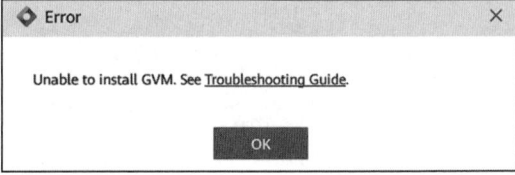

图 2-39　无法安装 GVM 提示

打开任务管理器，在"性能"（Performance）选项，检查 CPU 虚拟化选项是否已经启用（如图 2-40 所示）。如果未启用，则需要进入计算机的 BIOS 中，将 CPU 的"Virtualization"选项开启。

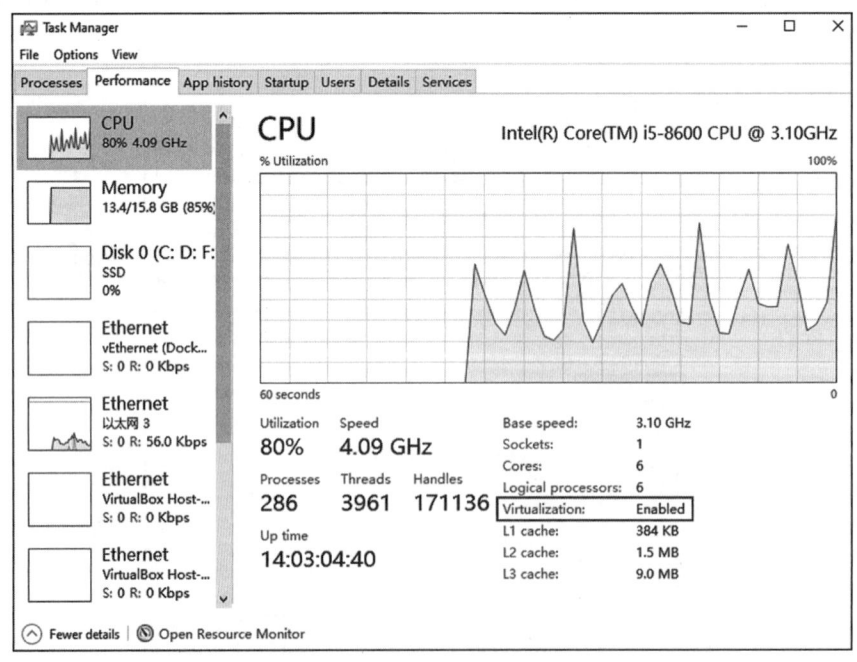

图 2-40　检查 CPU 虚拟化选项

之后再次进入 Windows 系统，打开"控制面板→程序→程序与功能→启动或关闭 Windows 功能"，找到并开启"Hyper-V"（如图 2-41 所示），单击"OK"按钮并重启计算机及模拟器。

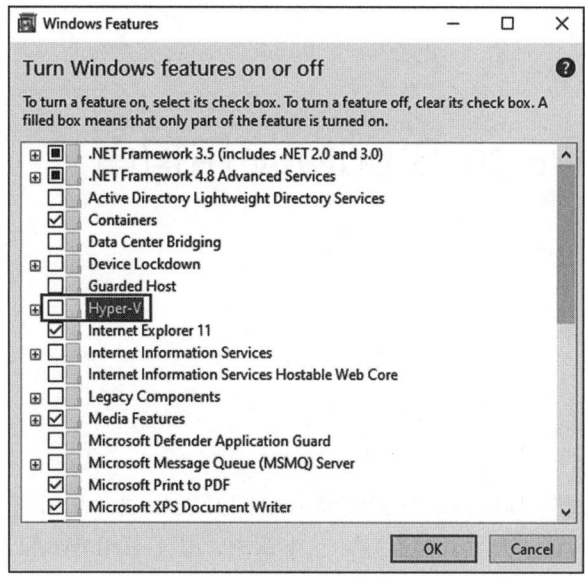

图 2-41　开启"Hyper-V"

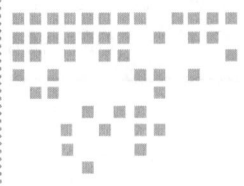

Chapter 3 第 3 章

DevEco Studio 使用指南

在上一章中，介绍了如何安装配置鸿蒙 App 的开发环境，并创建了一个鸿蒙 App 的项目工程 HelloWorld，验证了开发环境有效。在本章中，基于 HelloWorld 项目对 DevEco Studio 的使用进行介绍。

3.1 DevEco Studio 基本介绍

DevEco Studio 的界面主要可以分为六个区域，如图 3-1 所示，分别为菜单区、工具区、工程区、代码编辑区、预览区及通知区。

3.1.1 菜单区介绍

菜单区位于 DevEco Studio 界面的顶部，包含了各种操作命令的菜单选项。主要包括：
- 文件操作：提供了新建项目、打开项目、保存项目、关闭项目等基本的文件管理操作。例如，通过"文件"菜单中的"新建"选项可以创建新的 HarmonyOS 项目。
- 编辑功能：提供了与代码编辑相关的操作，如复制、粘贴、撤销、重做等，还可以进行代码格式化、查找和替换等操作，以提高代码编写的效率和质量。
- 视图操作：提供了不同视图模式的切换，如切换到分析视图、代码视图、调试视图等。开发者可以根据自己的需求选择合适的视图来进行开发工作。
- 运行和调试：提供了启动 App、调试 App、停止 App 等操作命令。通过这些命令，开发者可以方便地进行 App 的运行和调试工作。
- 工具选项：提供了与开发工具相关的设置和操作，如安装插件、设置开发环境、管理项目依赖等。

第 3 章　DevEco Studio 使用指南　31

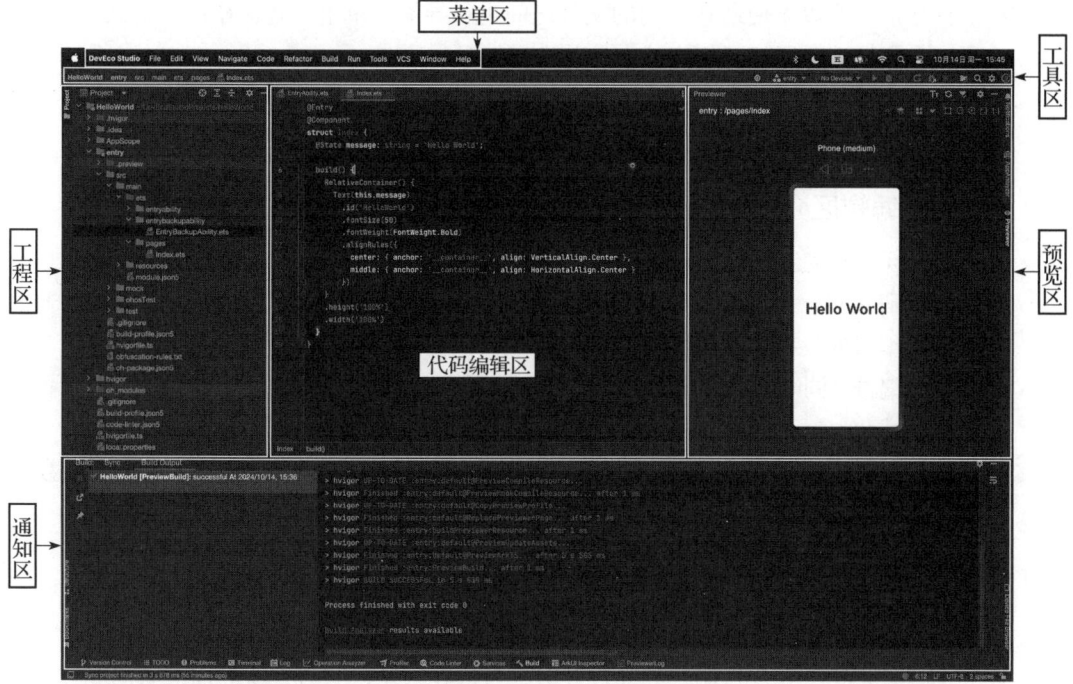

图 3-1　DevEco Studio 界面

3.1.2　工具区介绍

工具区通常位于菜单区下方或两侧，提供了一些常用的开发工具和快捷操作按钮。主要包括：

- 构建和运行按钮：用于快速构建项目和运行 App。开发者可以单击这些按钮来编译代码，并在模拟器或真实设备上启动 App。
- 调试工具按钮：提供了启动调试、设置断点、继续执行等调试操作的快捷按钮，以方便开发者在调试过程中快速进行操作。
- 版本控制操作按钮：如果项目使用了版本控制系统（如 Git），那么工具区可能会提供相关的版本控制操作按钮，如提交代码、拉取代码、推送代码等。
- 其他工具按钮：可能还包括一些其他常用的工具按钮，如代码折叠/展开按钮、查找引用按钮等。

3.1.3　工程区介绍

工程区位于界面的左侧，用于展示项目的结构和文件组织。主要包括：

- 项目结构展示：可以展示项目的目录结构，包括源代码文件、资源文件、配置文件等。开发者可以通过工程区快速浏览和管理项目中的各个文件。

- 文件导航：可以方便地在不同的文件之间进行导航。单击工程区中的文件或文件夹，可以在代码编辑区打开相应的文件并进行编辑。
- 项目管理：可以进行项目的创建、删除、重命名等管理操作，还可以添加新的文件或文件夹，以及对项目的依赖进行管理。

3.1.4 代码编辑区介绍

代码编辑区是开发者进行代码编写的主要区域。主要包括：
- 智能代码编辑：提供了代码自动补全、语法高亮、错误提示等功能，帮助开发者提高代码编写的效率和准确性。
- 多文档编辑：同时打开多个文件，方便开发者在不同的代码文件之间进行切换和编辑。
- 代码格式化：对代码进行格式化，使代码风格更加统一和规范。
- 代码导航：通过快捷键或菜单命令，可以快速跳转到代码中的特定位置，如函数定义、变量声明等。

3.1.5 预览区介绍

预览区位于代码编辑区的右侧，用于实时展示 App 的界面效果。主要包括：
- 界面设计预览：在进行用户界面设计时，可以在预览区实时查看界面的布局和样式。
- 设备模拟预览：可以模拟不同设备上的 App 运行效果。开发者可以选择不同的设备类型和分辨率，在预览区查看 App 在不同设备上的显示效果。
- 交互效果预览：对于一些具有交互功能的 App，可以在预览区模拟用户操作，查看交互效果。例如，可以通过单击按钮、滑动列表等来观察 App 的响应情况。

3.1.6 通知区介绍

通知区位于界面的底部，用于显示开发过程中的各种通知信息。主要包括：
- 编译和构建通知：在项目编译和构建过程中，通知区会显示编译进度、错误信息和警告信息等。开发者可以根据这些信息及时了解项目的构建情况，并解决出现的问题。
- 调试通知：在调试过程中，通知区会显示与调试相关的信息，如断点命中通知、变量值变化通知等，以帮助开发者更好地进行调试工作。
- 其他通知：通知区还可能显示一些其他的通知信息，如版本控制通知、插件安装通知等。开发者可以通过通知区了解开发环境的各种状态变化。

3.2 常用操作说明

前面的内容对 DevEco Studio 进行了基本介绍。现在，将介绍实际研发工作中经常使用的功能。如果你没有相关研发经验，那么建议先进行简单了解，以便知晓 DevEco Studio 所提供的这些能力。

3.2.1 文件操作

文件作为项目中最小的可操作单元，犹如构建大厦的基石。它是一个独立的、承载特定内容的、可编辑的实体。在鸿蒙App的项目中，有着多种多样的文件，这些文件各自发挥着独特的作用，并且拥有特定的用途和格式。本部分内容将介绍DevEco Studio支持文件的基本操作。

1. 打开文件

如果需要编辑文件，首先就需要将其打开。在DevEco Studio中，打开一个文件通常是在工程区进行操作。只需双击某个文件，此时该文件的内容就会在代码编辑区中展示出来。对于之前从事过iOS研发的同学来说，可能会有些不习惯，因为在Xcode中，单击文件即可打开。

2. 新建文件

如果项目中现有的文件无法满足技术实现的需求，则需要创建新的文件来构建新的功能。

在DevEco Studio中，可以通过"文件"（File）菜单中的"新建"（New）选项来创建不同类型的文件（如图3-2所示），比如新的源代码文件、资源文件或配置文件等。当选择新建文件类型后，会弹出相应对话框，开发者可在此输入文件名称。DevEco Studio会在当前工程区所选中的文件上级目录或所选中的目录中新建文件。

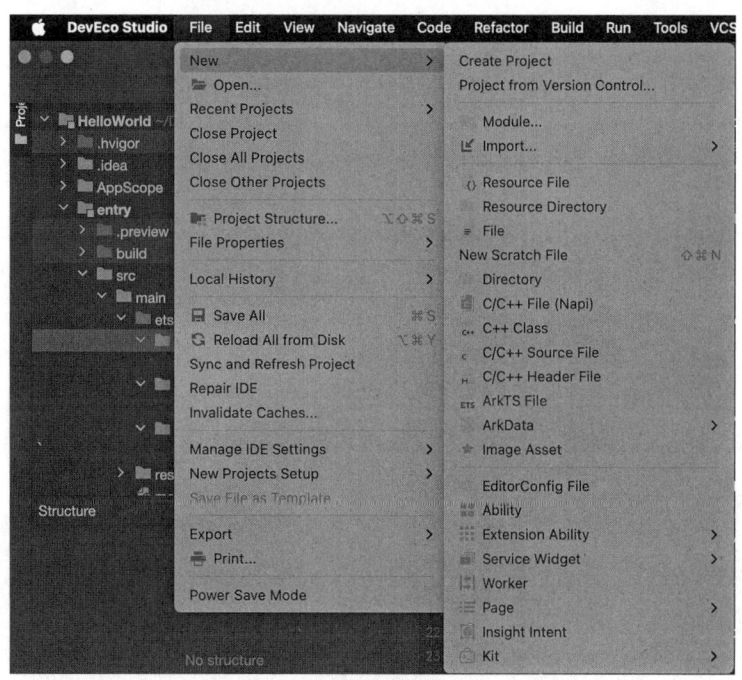

图3-2　从菜单区新建文件

另外，也可以在工程区的特定目录（若选中的是文件，则目录为该文件的上级目录）上右键单击，然后选择"新建"（New）来创建文件（如图 3-3 所示），输入文件名后即可直接在需要创建文件的位置进行操作。

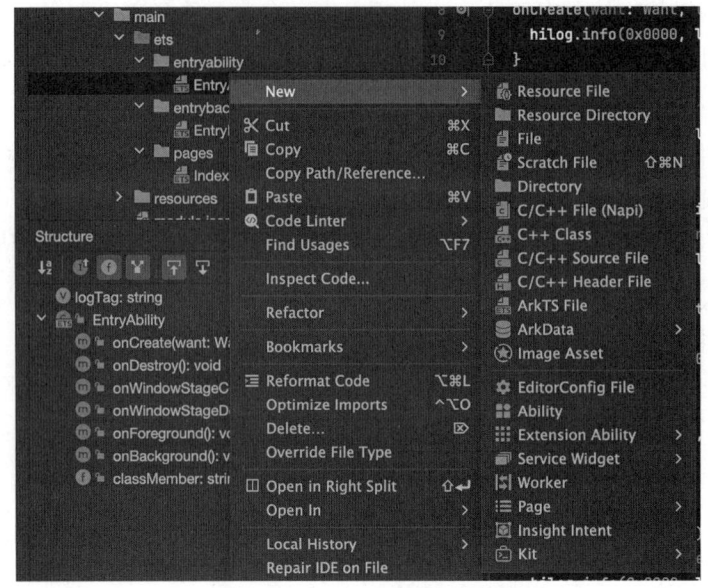

图 3-3　从工程区新建文件

无论采用哪种方式创建文件，都必须确保文件的命名规范且存储位置合理，这样才能便于后续的开发和管理工作。

3. 复制文件名及路径

在研发过程中，引用文件、项目配置及项目运行调试时，会用到文件名及路径信息。

在 DevEco Studio 的工程区中，使用快捷键（在 Windows 系统中是 <Ctrl + C>，在 macOS 系统中是 <command + C>），可直接复制所选择的文件或目录。

右键文件及目录，选择" Copy Path/Reference..."（如图 3-4 所示），之后会出现文件路径复制操作弹框提示（如图 3-5 所示），可选择复制绝对路径（Absolute Path）、文件名（File Name），以及相对于项目路径的绝对路径（Path From Content Root）。

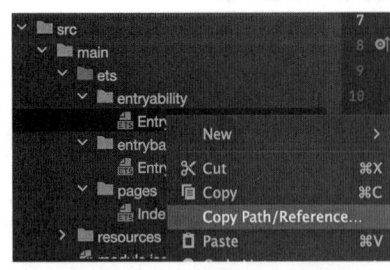

图 3-4　右键弹出菜单

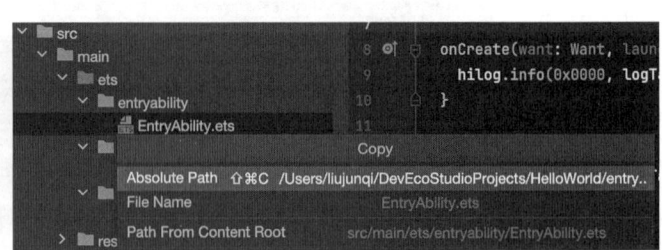

图 3-5　文件路径复制操作弹框提示

4. 移动文件（或目录）

在研发过程中，如果需要移动文件（或目录），那么可以在工程区直接拖拽文件至所需位置，这时 DevEco Studio 会弹出"Move"对话框（如图 3-6 所示），在"Move"对话框的"To directory"选项中输入目录或单击"..."选择指定的目录（默认为拖拽操作的目标目录）。勾选"Search for references"选项，可查找并更新工程中对该文件的引用。这时单击"Refactor"按钮，可将当前文件移动至该目录下，同时也重新建立了文件的引用关系。

图 3-6　"Move"对话框

这一功能极大地提高了开发效率，避免了开发者在移动文件后还需手动调整依赖关系的烦琐操作。开发者可以更加专注于项目的开发和创新，而不必担心文件移动带来的潜在问题。无论是调整项目结构还是优化文件布局，这种自动重新绑定依赖关系的移动方式都为开发者提供了可靠的保障。

5. 删除文件（或目录）

在研发过程中，若需要删除文件（或目录），则直接在工程区选择该文件，并按下 <Delete> 键即可执行删除操作。在删除文件时，DevEco Studio 会弹出"Delete"对话框（如图 3-7 所示），DevEco Studio 支持安全删除（Safe delete）文件的能力，当在"Delete"对话框中勾选了"安全删除"[Safe delete(with usage search)] 时，DevEco Studio 会检查文件中的代码标识符对象（变量、函数或类等）是否被使用。

如果该文件还存在被使用的情况，则不执行删除操作并提示弹框（如图 3-8 所示）。这时，可以单击"View Usages"按钮查看使用该文件及文件中代码标识符对象的地方（如图 3-9 所示），或者可以单击"Delete Anyway"按钮直接删除。

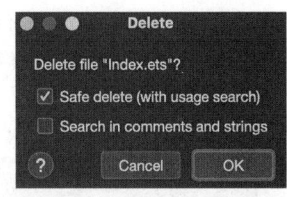

图 3-7　"Delete"对话框

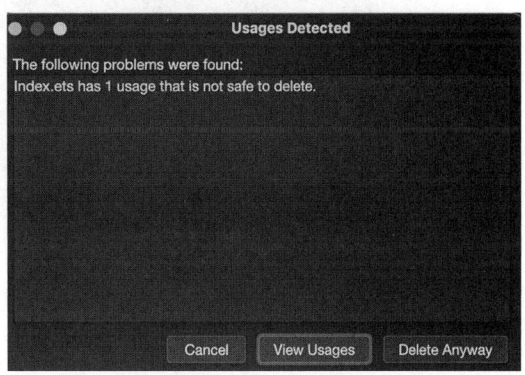

图 3-8　文件被使用提示

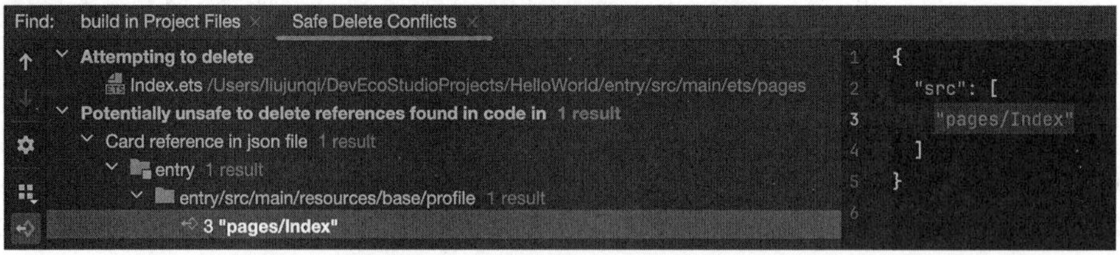

图 3-9　文件被使用情况查看

这种安全删除的功能为开发者提供了一种保障，避免了因误删文件而导致的代码错误和项目问题。它使开发者在进行文件删除操作时更加谨慎，同时也提供了便捷的方式来查看文件的使用情况，以做出更优的决策。

3.2.2　代码编写

在研发过程中，开发者通过编写代码来实现各种功能和业务逻辑。代码是将设计理念转化为实际可运行程序的关键载体。

DevEco Studio 提供了丰富的代码辅助编写功能。这些功能为开发者带来了极大的便利，支持高效且有效地编写高质量的代码。

1. 快速查阅 API 接口及组件参考文档

在开发过程中，当在编辑器中调用 ArkTS/JavaScript API 或组件时，鼠标悬停在所需查阅的接口或组件上，DevEco Studio 会弹窗显示当前接口或组件在不同 API 版本下的参数信息（如图 3-10 所示）。若单击弹窗右下角的"Show in API Reference"按钮，则能够让开发者迅速查阅到更详细的 API 文档（如图 3-11 所示），进一步了解该接口或组件的具体用法、功能特性以及可能的应用场景。

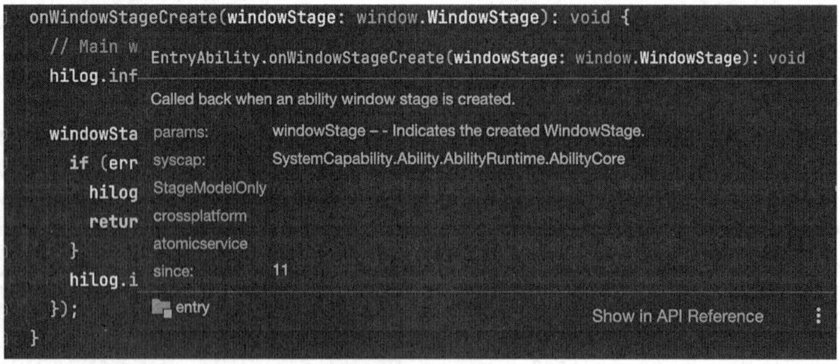

图 3-10　显示参数信息

2. 快速注释

注释在代码编写中是一种常用方法，其作用在于增强代码的可读性与可维护性，能为开发者自身以及其他阅读代码的人提供关于代码功能、逻辑以及实现细节的解释说明。

图 3-11　显示 API 文档

DevEco Studio 支持对选定的代码段进行快速注释，选中代码之后，在 Windows 系统中可使用快捷键 <Ctrl + />（在 macOS 系统中为 <command + />）实现快速注释。对于已经注释的代码段，再次使用相同的快捷键可取消注释。

3. 代码跳转

在浏览代码时，代码跳转功能可帮助开发者快速查看相关代码、梳理代码的层次关系。在代码编辑区中，若是在 Windows 系统中按住 <Ctrl> 键（在 macOS 系统中按住 <command> 键），鼠标单击代码中引用的类、方法、参数、变量等名称，就可自动跳转到定义处。

若单击定义处的类、变量等名称，当仅有一处引用时，则可直接跳转到引用位置。若有多处引用，则会弹出一个窗口（如图 3-12 所示），在其中可以选择想要查看的具体引用位置，这样开发者可以针对性地了解该元素在不同地方的具体应用情况，从而更好地理解代码结构和逻辑关系，提高代码审查和维护的效率。

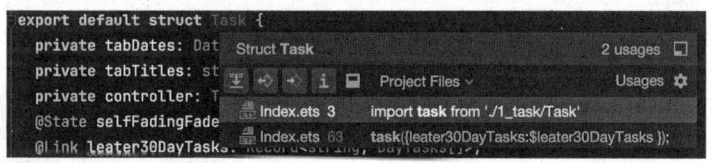

图 3-12　多处引用

4. 代码格式化

代码格式化功能可以帮助开发者快速调整和规范代码格式，提升代码的美观度和可读性。默认情况下，DevEco Studio 已预置了代码格式化的规范，开发者也可以个性化地设置各个文件的格式化规范，设置方式如下：Windows 系统是 File → Settings → Editor → Code Style（macOS 系统是 DevEco Studio → Preferences → Editor → Code Style），在 Code Style

下,选择需要定制的文件类型,如图 3-13 所示,以 ArkTS 为例,DevEco Studio 中预置了默认的格式化规范,开发者也可以自行定义。

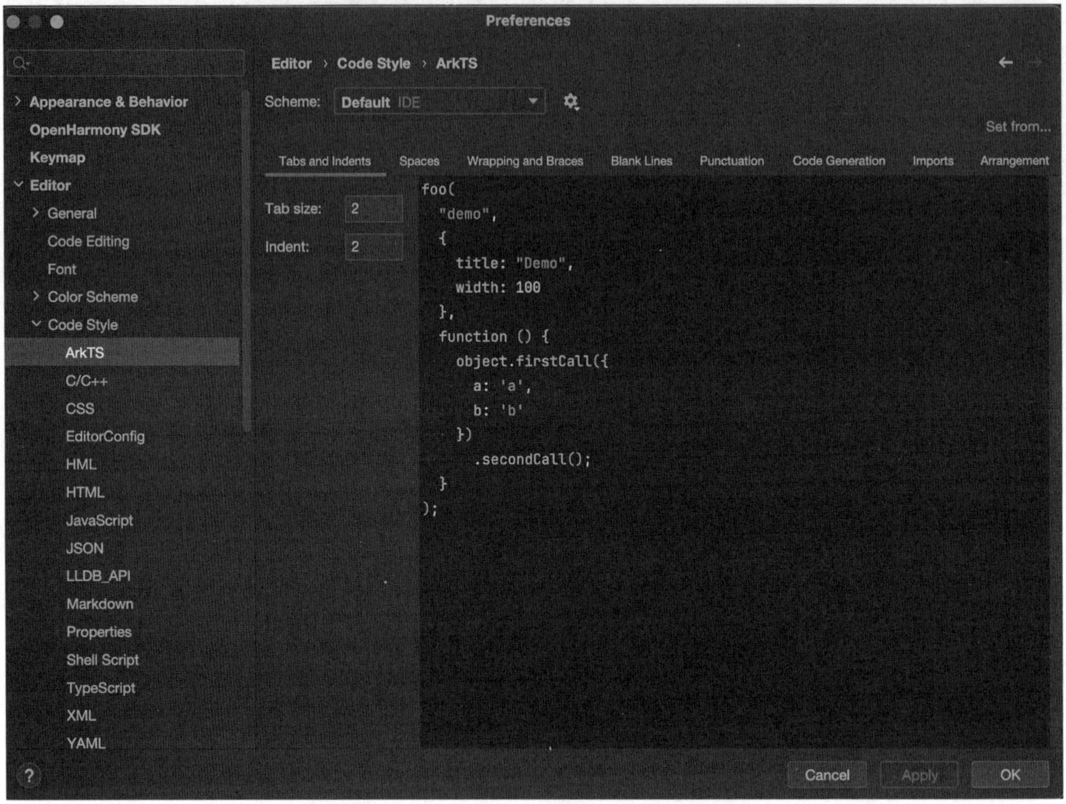

图 3-13　修改 ArkTS 文件的 Code Style

在使用代码格式化功能时,在 Windows 系统中可使用快捷键 <Ctrl + Alt + L>(在 macOS 系统中可使用 <option + Shift + command + L>)快速对选定范围的代码进行格式化。

选中需要格式化的代码,按下快捷键,这时弹出重新格式化文件对话框,如图 3-14 所示。在该对话框中,可以选择是对选中的代码(Selected text)进行重新格式化,还是对整个文件(Whole file)进行重新格式化。优化操作主要分为三种,如下所示,可按需选择。

- Optimize imports 选项:移除未使用的导入、添加缺失的导入或者整理导入语句。
- Rearrange code 选项:重新排列代码,根据代码风格设置中指定的排列规则重新排列代码。

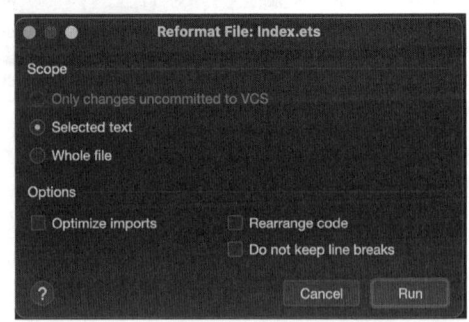

图 3-14　重新格式化文件对话框

- Do not keep line breaks 选项：不保留换行符，根据代码风格设置重新格式化换行符。

5. 代码引用查找

在开发过程中，代码引用查找功能很常用。比如，在代码重构时，可通过该功能让开发者快速查看对象被引用之处，以便准确调整和优化代码；在排查错误或异常时，可通过该功能追踪可能影响对象的代码片段；在维护大型代码库时，可通过该功能梳理复杂代码结构，快速找到需修改或扩展的代码。

DevEco Studio 提供了代码引用查找功能（Find Usages），它帮助开发者快速查看某个对象（变量、函数或者类等）被引用的地方，用于后续的代码重构，这可以极大地提升开发者的开发效率。

使用方法为：在要查找的对象上，单击鼠标右键并找到代码引用查找功能（如图 3-15 所示）或使用快捷键（在 Windows 系统中是 <Alt + F7>，在 macOS 系统中是 <option + F7>），之后可在通知区看到关于选择代码的使用情况，包括导入及方法调用，如图 3-16 所示。

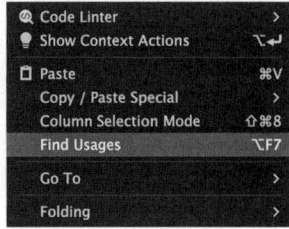

图 3-15　代码引用查找功能

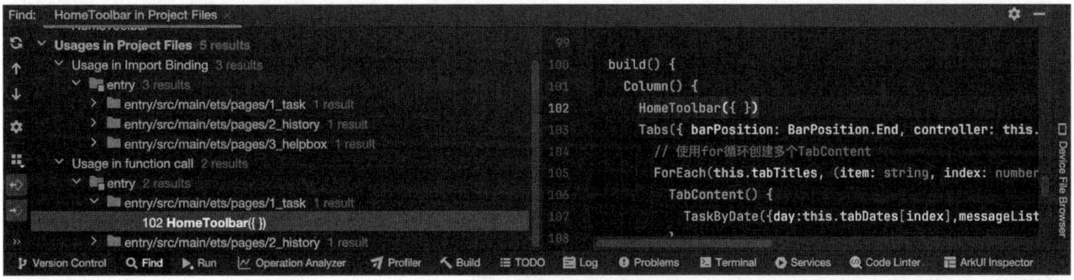

图 3-16　显示使用情况

6. 查看代码结构树

在开发过程中，当需要了解代码的实现结构或者快速定位某个代码片段时，就会用到代码结构树功能。

在 DevEco Studio 中，可以通过快捷键（在 Windows 系统中是 <Alt + 7> 或 <Ctrl + F12>，在 macOS 系统中是 <command + 7>）打开当前代码编辑区正在编辑文件的代码结构树。如图 3-17 所示，在文件代码的结构树中可以看到全局变量和函数、类成员变量和方法等，并且通过双击可以直接跳转到对应的代码行。

7. 代码重命名

在研发过程中，经常会遇到对已有的代码标识符对象（变量、函数或类等）进行重新命名的情况，以使得代码具有更好的可读性及可维护性。DevEco Studio 支持对代码重命名，可以快速更改变量、方法、对象属性等相关标识符的名称，并同步到整个工程中对其进行引用的位置。

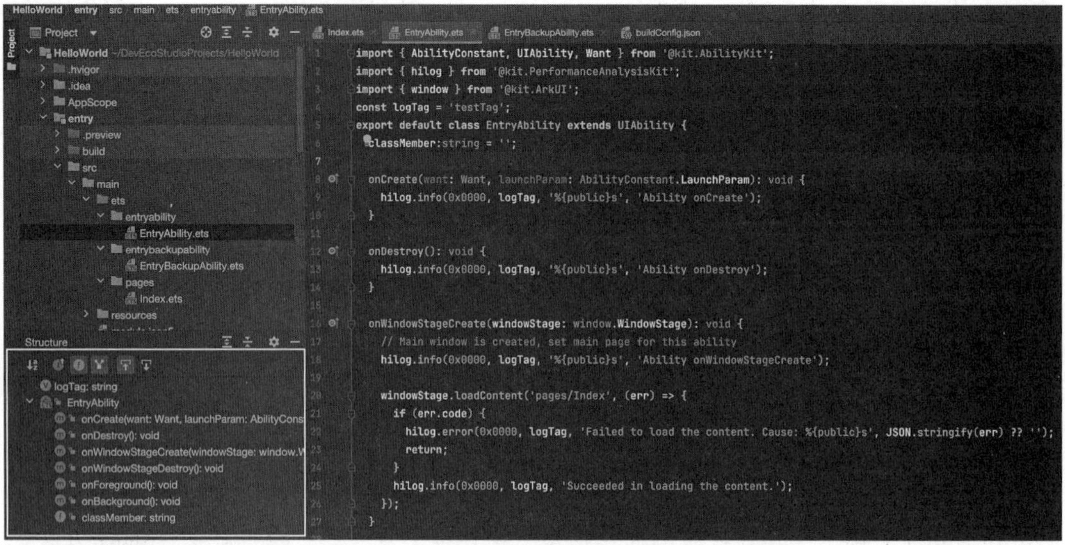

图 3-17　显示代码结构树

使用方式为：首先选中需要重新命名的标识符（变量、类、接口、自定义组件等），使用快捷键 <Shift + F6> 或右键单击"Refactor"按钮，选择"Rename..."（如图 3-18 所示），再在重新命名弹框中输入新的标识符名称（如图 3-19 所示），并在"Scope"选项中选择替换的范围，最后单击"Refactor"按钮完成重新命名。

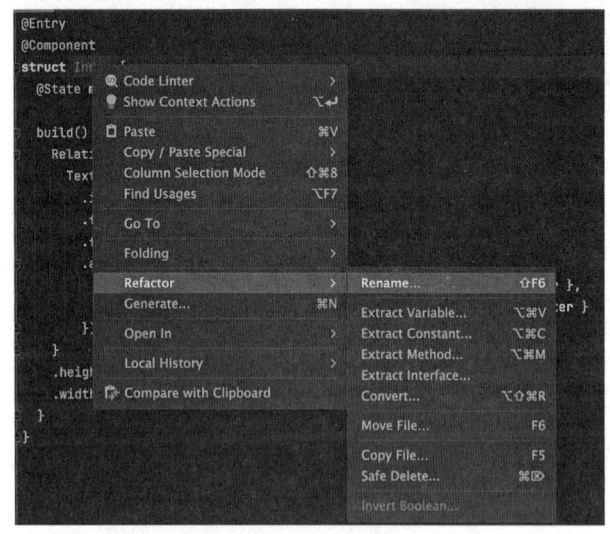

图 3-18　"Rename"入口

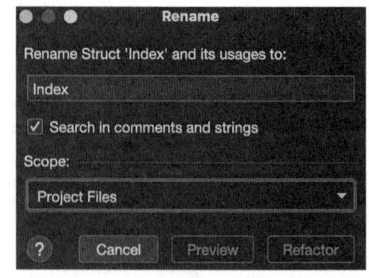

图 3-19　重新命名弹框

3.2.3　运行调试

在 DevEco Studio 中，要想运行或调试项目，需要有设备连接（模拟器启动或真机调试)，模拟器的设置及启动在第 2 章中已经介绍，真机调试在第 15 章中进行介绍。本部分内容使用模拟器进行项目的运行及调试，先启动模拟器，再进行本部分的内容。

1. 运行项目

模拟器启动成功之后，在 DevEco Studio 的工具区中，单击“Run”按钮（图 3-20 中的向右三角形）或使用快捷键（在 Windows 系统中是 <Shift + F10>，在 macOS 系统中是 <control +R>)，编译项目并在模拟器上运行项目。

entry
Huawei_Phone
Previewer
Run 'entry' ^R
1

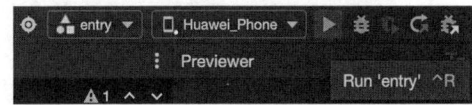

图 3-20　“Run”按钮示意图

2. 调试项目

如需要调试项目，则在 DevEco Studio 的工具区中，单击“Debug”按钮（图 3-21 中的“Run”按钮的右侧按钮）或使用快捷键（在 Windows 系统中是 <Shift + F9>，在 macOS 系统中是 <control + D>)，编译项目并在模拟器上调试项目。

entry
Huawei_Phone
Previewer
Debug 'entry' ^D
1
App

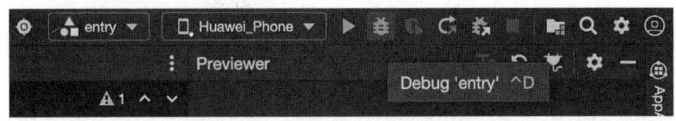

图 3-21　“Debug”按钮示意图

3. 增加及删除断点

在调试项目时，如果需要查看特定变量的值、了解代码执行流程或者检查程序状态等，那么可以设置断点来进行调试。首先找到需要暂停的代码片段，再单击该代码行的左侧边线，或将光标置于该行上并按快捷键（在 Windows 系统中是 <Ctrl + F8>，在 macOS 系统中是 <command + F8>)。如图 3-22 所示，第 8 行为增加的断点。单击该断点，或将光标置于该行上并按快捷键即可删除该断点。

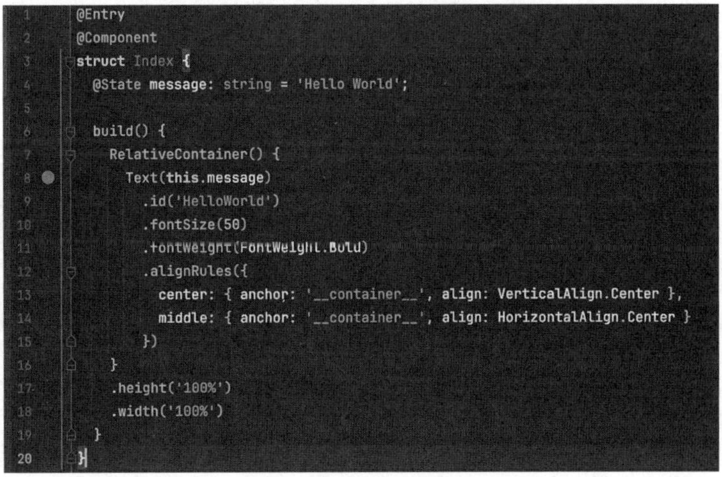

1 @Entry
2 @Component
3 struct Index {
4 @State message: string = 'Hello World';
5
6 build() {
7 RelativeContainer() {
8 Text(this.message)
9 .id('HelloWorld')
10 .fontSize(50)
11 .fontWeight(FontWeight.Bold)
12 .alignRules({
13 center: { anchor: '__container__', align: VerticalAlign.Center },
14 middle: { anchor: '__container__', align: HorizontalAlign.Center }
15 })
16 }
17 .height('100%')
18 .width('100%')
19 }
20 }

图 3-22　增加断点

4. 使用调试器

在调试项目时，通知区默认会切换至调试界面（Debug 界面），当代码执行至断点处时，调试界面如图 3-23 所示。

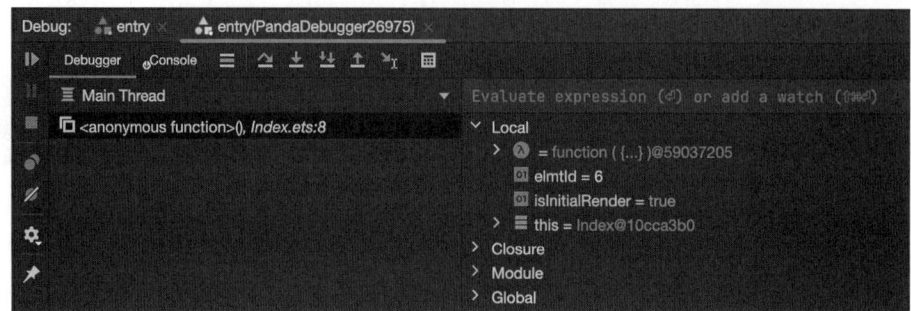

图 3-23　调试界面

在调试器界面的上方有两个 tab 页，分别是"entry"和"entry(PandaDebugger)"，第一个 tab 页"entry"用于展示安装包推送到目标设备的安装过程，如图 3-24 所示。

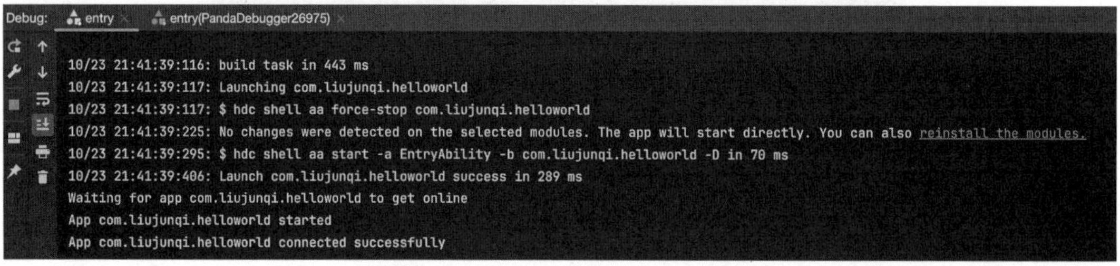

图 3-24　"entry" tab 页的调试器视图

第二个 tab 页"entry(PandaDebugger)"是调试器，用于支持项目的调试，如图 3-25 所示。在调试器中显示两个独立的子视图，其中，左侧的为 Frames 视图，当程序运行至断点时，Frames 视图会显示当前代码所引用的代码位置；右侧为 Variables 视图，用于展示当前的变量信息。

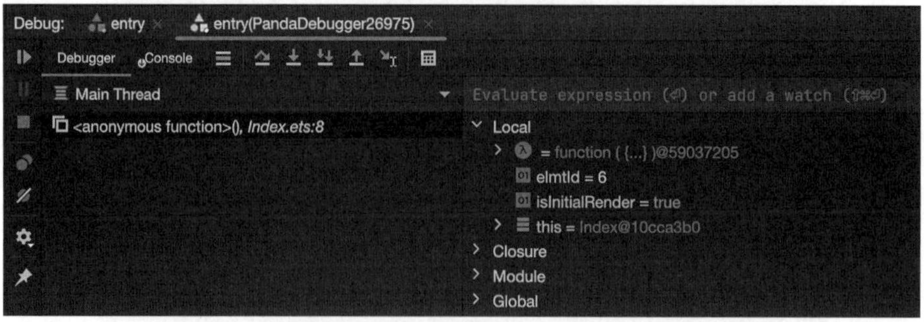

图 3-25　"entry（PandaDebugger）" tab 页的调试器视图

在调试器的 tab 页中有多个按钮，这些按钮为开发者调试程序提供了便捷操作。表 3-1 是调试器 tab 页常用按钮说明，开发者可借此控制程序执行、暂停及单步执行等，高效定位和解决代码问题。

表 3-1 调试器 tab 页常用按钮说明

按钮	名称	快捷键（Windows/macOS）	功能
▶	Resume Program	F9/option + command + R	当程序执行到断点时暂停执行，单击此按钮程序继续执行，如果遇到新的断点则暂停执行
↷	Step Over	F8/F8（需要按 Fn 键）	单步调试，如果当前行有函数调用，则不会进入子函数内，程序直接执行到下一行
↓	Step Into	F7/F7（需要按 Fn 键）	单步调试，如果当前行有函数调用，则程序进入子函数并继续执行
↧	Smart Step Into	Shift + F7/Shift + F7	单步调试，如果当前行有多个函数调用，单击该按钮，则在代码编辑区中会高亮每一个函数调用，单击想要进入的函数进行调试
↑	Step Out	Shift + F8/Shift + F8	在单步调试执行到子函数内时，单击该按钮会执行完子函数的剩余部分，并跳出且返回到上一层函数
■	Stop	Ctrl + F2/command + F2	停止调试
↳	Run To Cursor	Alt + F9/option + F9	断点执行到光标停留所在行

5. 查看日志

查看日志是常用的调试分析方法，在 DevEco Studio 通知区的下方，单击"Log"标签可进入日志界面查看日志，如图 3-26 所示。关于日志的输出及查看分析，在后续介绍。

图 3-26 日志界面

3.2.4 预览

在研发过程中，经常会涉及 UI 界面的开发、多设备的适配、主题及样式的调整等工作，每次编译及运行 App 的成本较高。DevEco Studio 提供了"预览"（Previewer）功能，这一功能支持实时查看界面或 UI 组件的效果，对于开发者来说，在与 UI 界面相关的开发阶段，它可以用于实时查看界面效果，帮助验证界面的正确性和美观性，以及调试布局问题，这极大地提高了开发效率，降低了开发成本。

> **注意** 在 DevEco Studio 中，预览与运行 App 是存在区别的。例如，因为在预览时不会运行 Ability 的生命周期，所以如果预览的界面依赖于 Ability 生命周期，那么呈现的效果就会有所不同。此外，Richtext、Web、Video、XComponent 等组件是不支持预览的。

1. 界面预览

界面预览的入口位于预览区右侧，如图 3-27 所示。在 Index 界面中，打开 "Previewer" 后默认为界面预览状态。如果对界面元素进行修改，则将该文件进行保存，"Previewer" 会自动刷新。

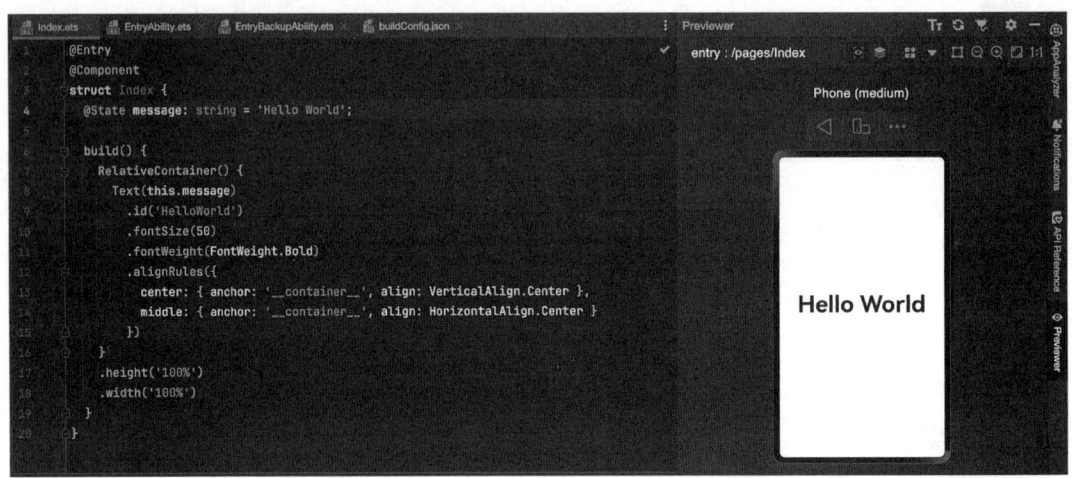

图 3-27　界面预览的入口

2. UI 组件预览

ArkTS 支持 UI 组件预览。具体的做法为：在 UI 组件前添加注解 "@Preview"，之后单击 UI 组件预览按钮（如图 3-28 所示）。在单个源文件中，最多可以使用 10 个 "@Preview" 装饰自定义组件。

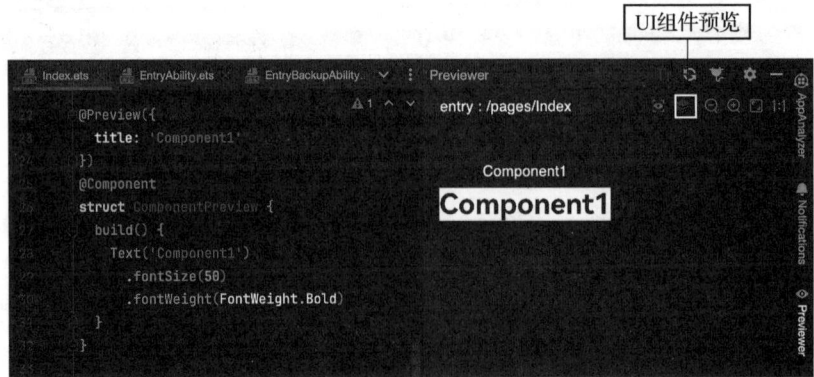

图 3-28　UI 组件预览按钮示意图

3. 横竖屏切换

在预览区，单击"Orientation"按钮，可切换设备的横竖屏状态，图 3-29 为切换至横屏状态。

图 3-29　切换至横屏状态

4. 多设备切换

DevEco Studio 的预览功能支持多设备切换，单击预览区的顶部中间的按钮（图 3-30 中的

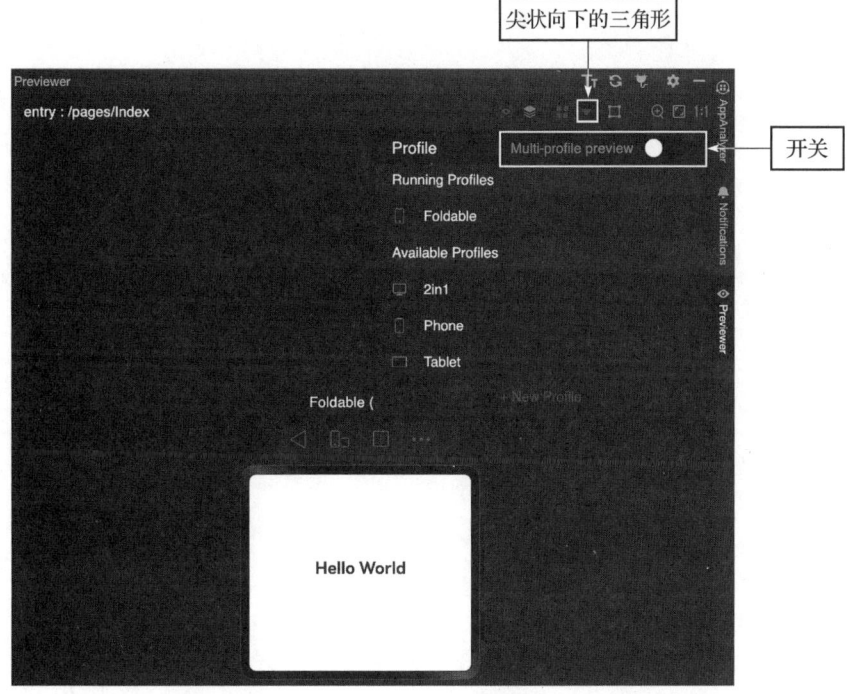

图 3-30　切换设备

尖状向下的三角形），可选择设备。它也支持多设备同时预览，打开"Multi-profile preview"开关，这时可以同时预览多个设备的页面内容，如图 3-31 所示。

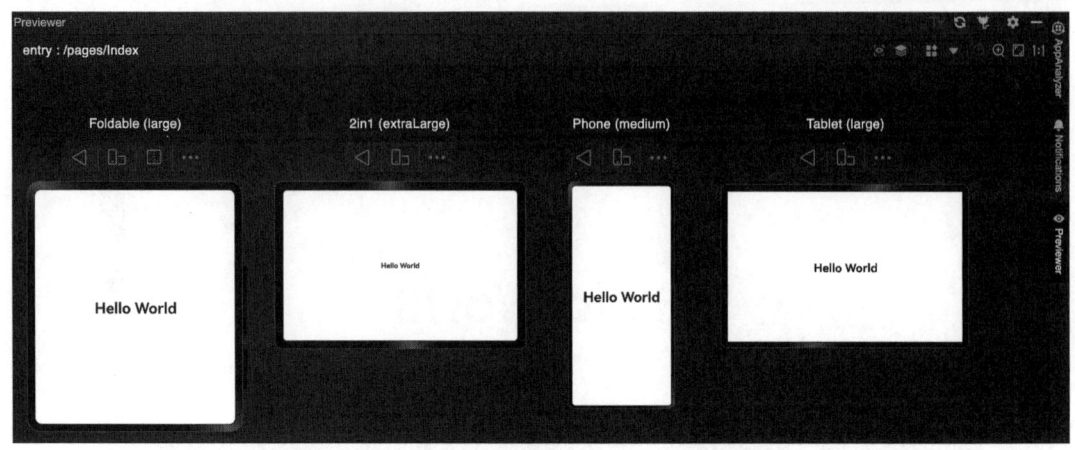

图 3-31　多设备预览

高级篇

- 第 4 章 ArkTS 语言基础
- 第 5 章 App 框架详解
- 第 6 章 ArkUI 框架详解
- 第 7 章 UI 布局及交互
- 第 8 章 数据持久化
- 第 9 章 基础能力
- 第 10 章 网络通信
- 第 11 章 网页浏览
- 第 12 章 多媒体使用
- 第 13 章 安全管理
- 第 14 章 Module 化及复用

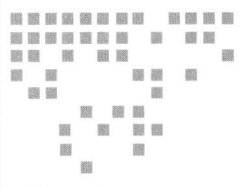

第 4 章

ArkTS 语言基础

上一章介绍了鸿蒙系统 App 的开发工具——DevEco Studio 的使用,本章将聚焦 ArkTS 语言及其基础应用。通过深入学习本章内容,读者将能够建立起对 ArkTS 语言的基本认识,并掌握其核心语法,从而为进一步理解和应用后续的知识打下坚实基础。

4.1 ArkTS 概述

ArkTS 是鸿蒙系统优先选用的 App 开发语言,它基于 TypeScript(TS)进行扩展,并保留了 TypeScript 的基本语法特性。通过引入一系列规范和强化静态检查与分析机制,ArkTS 显著提升了代码的稳定性和执行性能。更重要的是,ArkTS 与鸿蒙系统的 ArkUI 框架适配,不仅继承了 TypeScript 的优势,还扩展了声明式 UI、状态管理以及渲染控制等能力。这使开发者能够以更加简洁、直观的方式,轻松地进行跨平台 App 的开发。

4.1.1 ArkTS、TypeScript、JavaScript 的关系

要理解 ArkTS,首先要了解它和 TypeScript、JavaScript 之间的联系。以下是关于 ArkTS、TypeScript、JavaScript 的关系的详细阐述:

- JavaScript 是一种高级脚本语言,主要应用于 Web 应用开发,开发者借助它能够轻松地为网页添加各式各样的动态功能,如实现页面元素的交互效果、数据的实时更新展示等,进而为用户营造出更为流畅、美观的浏览体验。
- TypeScript 是 JavaScript 的一个超集。TypeScript 在语法上对 JavaScript 进行了扩展,通过添加静态类型来定义这一特性,使代码在编写阶段就能进行更严格的类型检查,

这有助于发现早期的错误，提升代码的质量和可维护性。
- ArkTS 与 TypeScript 紧密相关，它兼容 TypeScript 语言，并结合鸿蒙系统应用开发的特点和需求对 TypeScript 进行扩展，旨在帮助开发者以更加简洁、自然的方式去开发跨端应用，尤其是针对鸿蒙生态的多端应用开发场景，它发挥着重要作用。

如图 4-1 所示，总的来说，JavaScript 是基础，TypeScript 对其进行扩展形成超集，而 ArkTS 又在 TypeScript 的基础上再次扩展，三者层层递进，为不同场景下的开发提供了多样化的选择，并且在功能和应用范围上有着逐步拓展、细化的关联关系。

4.1.2　ArkTS 的优点

在鸿蒙生态中，使用 ArkTS 进行 App 开发，具备以下优势：

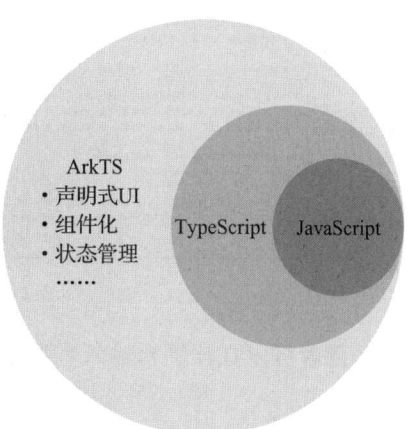

图 4-1　JavaScript、TypeScript 与 ArkTS 的关系

- 语言基础层面：ArkTS 基于 TypeScript 语言进行扩展，融入了声明式 UI 语法与轻量化并发机制，还增添了语法糖功能，使跨端界面开发以及并行化任务开发变得更高效、简洁。
- 状态管理层面：ArkTS 具备响应式多维状态管理能力。开发者仅需定义一个状态，系统便能智能捕捉状态的变化，并在组件之间、不同页面乃至整个 App 范围内自动触发相应更新与响应动作。这种模式极大地精简了状态管理流程，让定制化操作更加容易。
- 跨平台层面：ArkTS 语言与 JavaScript、TypeScript 语言的生态相互兼容，开发者能够充分利用已有的丰富知识储备与海量代码资源。与此同时，结合声明式 UI 语法，可实现一次开发、多端部署，让开发鸿蒙系统 App 变得顺畅便捷。
- UI 开发层面：App 的界面由众多页面构成，ArkTS 依托 ArkUI 框架，以声明式开发范式来开发界面。声明式 UI 构建页面实际就是组合组件的过程，其核心思想体现在描述 UI 的呈现结果，无须关注具体构建过程，同时依靠状态管理驱动视图来更新。

4.1.3　ArkTS 的学习建议

本章重点介绍 ArkTS 的基础语法及标准，也就是与 TypeScript 语言兼容的部分。如果您已经有 TypeScript/JavaScript 的开发经验，那么建议您选择性地阅读本章。关于 ArkTS 语言的扩展特性，如声明式 UI、组件化、状态管理等，会在第 6 章和第 7 章介绍。

本章所列出的示例代码，既可以在 DevEco Studio 上编译，也可以在 TypeScript 开发环境中编译。对于 ArkTS 语言的初学者，建议使用线上 TypeScript Playground 在线平台来练习，这样可以减少一些不必要的、重复性的练习环境搭建工作。TypeScript Playground 在线平台的网址为 https://www.typescriptlang.org/play/，如图 4-2 所示。

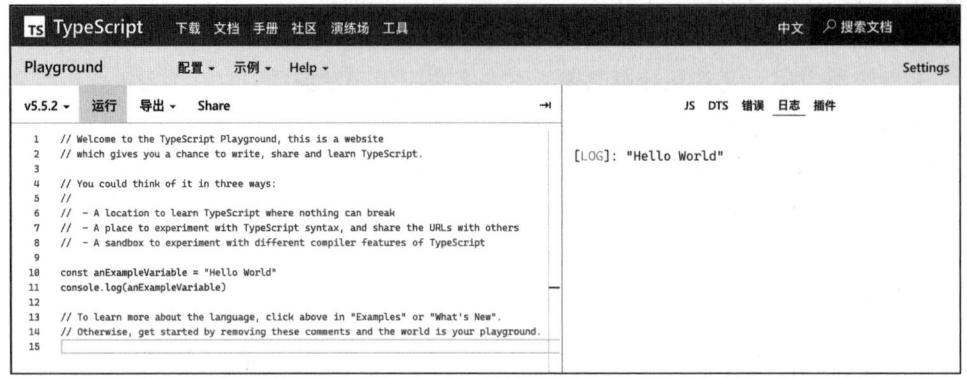

图 4-2　TypeScript Playground 在线平台

读者可以在该平台输入本章中的代码进行练习，单击"运行"按钮，可查看代码的执行结果。

4.2　基本语法

ArkTS 语言的基本语法与主流的编程语言很相似，有其他平台研发经验的开发者上手会相对容易。

4.2.1　基本元素

在学习 ArkTS 语言之前，先对 ArkTS 语言中的基本元素进行介绍。这些基本元素在代码编写过程中经常会用到，且适用于不同的代码场景，是了解一门编程语言的基础。

1. 常量声明

常量以关键字 const 开头进行声明。常量声明方式为：

```
const 常量名：类型 = 值；
```

ArkTS 声明常量的方式与 C++、Java 及 Objective-C 不太一样，而与 Swift 及 Kotlin 比较相似，如下示例为定义一常量。

```
const constCount: number = 0;    // constCount = 0，不允许二次赋值
```

2. 变量声明

变量以关键字 let 开头进行声明，变量声明方式为：

```
let 变量名：类型 = 值；
```

ArkTS 声明变量的方式也与 C++、Java 及 Objective-C 不太一样，而与 Swift 及 Kotlin

比较相似，如下示例为定义一变量。

```
let count: number = 0;      // count = 0
count = 98;                 // count = 98
```

 关于变量的声明，ArkTS 与 JavaScript 还是有一定区别的，在 JavaScript 中采用 var 声明变量的方式，在 ArkTS 中统一使用 let。

3. 自动类型推断

在声明变量及常量时可以不指定类型，但是由于 ArkTS 是一种静态类型语言，因此所有数据的类型都必须在编译阶段确定。

如果在声明变量或常量时指定了类型，那么该变量或常量的类型在整个生命周期内就不能改变。如果在声明变量或常量时没有指定类型，但是为其指定了初始值，那么在编译阶段 ArkTS 会基于初始值推断出该变量或常量的类型，该变量或常量的类型同样不能改变。以下示例中，两条声明语句都是有效的，两个变量都是 string 类型。

```
let hello: string = 'hello';              // hello 是 string 类型
let helloWorld = 'hello, world';          // hello 是 string 类型（自动类型推断）
helloWorld = 1;                           // 报错，类型不符
helloWorld = '1';                         // 正确，类型相符
```

4. 标识符

ArkTS 对于标识符的要求与 C++、Java、Objective-C、Swift 及 Kotlin 等语言几乎相同，主要为以下三点：

- 标识符区分大小写，同一语义但大小写有别的标识符，如 myVariable 和 myvariable，会被当作不同的标识符。
- 标识符可以包含数字、字母、下划线（_）和美元（$）字符，不能包含其他特殊字符。注：C++ 早期版本不支持美元（$）字符。
- 标识符不能以数字开头。

下面为一些正确的标识符及错误的标识符示例。

```
// 正确标识符
let value = 10;
// 正确标识符
let $value = 10;
// 错误标识符
let 1value = 10;
// 错误标识符
let !value = 10;
```

5. 语句结束符

在 C++、Java 及 Objective-C 等语言中，分号是语句结束符，即在编写每条语句时，在

该语句结束处必须加分号。而对于 ArkTS，在编写语句时，在该语句结束处加分号是可选的：若在一行中只有一条语句，则其后可以加分号，也可以不加；若在一行中有多条语句，则这些语句需要使用分号进行分隔。示例代码及说明如下。

```
// 一行中有多条语句，使用分号进行分隔，编译成功
let count:number = 8; count++;
// 一行中有多条语句，无分号进行分隔，编译失败
let count:number = 8 count++
```

6. 注释

与 C++、Java、Objective-C、Swift 及 Kotlin 等语言一样，ArkTS 中的注释主要分为两种：单行注释和多行注释。

单行注释以双斜杠（//）开头，后跟注释内容，示例如下。

```
// 这是一行注释
```

多行注释以 /* 开始，以 */ 结束，注释内容位于两者之间，示例如下。

```
/*
 * 这是一段注释
 */
```

4.2.2 数据类型

ArkTS 是强类型语言，要求所有的变量或常量都要有明确的类型。ArkTS 支持的数据类型包括数字、布尔、字符串、数组、枚举等。

1. 数字类型

数字类型由 number 关键字定义，能够被赋值为任何整型或浮点型的数字字面量。

整型数字字面量包括以下几种：

- 由数字序列组成的十进制整数。
- 以 0x 或 0X 开头的十六进制整数，可以包含数字 0~9 和字母 a~f 或 A~F，例如 0xFFFF、0x0311、-0xF1A7。
- 以 0o 或 0O 开头的八进制整数，只能包含数字 0~7，例如 0o777。
- 以 0b 或 0B 开头的二进制整数，只能包含数字 0 和 1，例如 0b11、0b00111、-0b11。

浮点型数字字面量可由以下部分组成：

- 十进制整数，可为有符号整数（前缀为 + 或 -）。
- 小数点（.）。
- 小数部分（由十进制数字字符串表示）。
- 以 e 或 E 开头的指数部分，后跟有符号（前缀为 + 或 -）或无符号整数。

示例代码及说明如下。

```
let num = 3;                    // 十进制整型 3
```

```
let num1 = -3;              // 十进制整型 -3
let num2 = 0xFF3;           // 十六进制整型 FF3
let num3 = 0o777;           // 八进制整型 777
let num4 = 0b110;           // 二进制整型 110
let num5 = 3.14;            // 十进制浮点型 3.14
let num6 = 3.1415926;       // 十进制浮点型 3.1415926
let num7 = .5;              // 十进制浮点型 0.5
let num8 = -1e2;            // 浮点型 -100
```

2. 布尔类型

布尔类型由 boolean 关键字定义，由 true 和 false 两个逻辑值组成。

示例代码及说明如下。

```
let isOK: boolean = true;    // isOK 的值为 true
if (isOK) {
  console.log ('OK!');
}
```

3. 字符串类型

字符串类型由 string 关键字定义，字符串字面量由单引号（'）或双引号（"）之间括起来的零个（空字符串）或多个字符组成，支持转义字符。

示例代码及说明如下。

```
let s1: string= 'Hello, world!'  // 不带回车转义字符
let s2 = 'Hello, world!\n';      // 带回车转义字符 '\n'
```

另外，ArkTS 的字符串字面量还有一种特殊表示形式，即模板字面量，它使用反引号（`）包裹字符串内容，并且能通过 ${expression} 的形式在字符串里嵌入变量或常量。具体来说，${expression} 是一个特殊的占位符，其中的 expression 可以是一个已经定义好的变量或常量，当程序运行到包含这个模板字面量的代码时，就会将 expression 的值替换到这个位置中。

在如下示例中，s1 的值为 'Hello, world!'，s3 使用模板字面量 `This is string ${s1}` 赋值，s3 实际值是 'This is string Hello, world!'。

```
let s1: string= 'Hello, world!'
let s3 = `This is string ${s1}`; // 模板字面量, This is string Hello, world!
```

4. 数组类型

数组类型由 Array 关键字定义，在 Array 关键字后面增加 < 数据类型 >，表示声明对象为该数据类型的数组，如 Array<string> 表示声明对象为 string 类型的数组。

数组可由数组复合字面量（用方括号括起来的零个或多个表达式的列表，其中每个表达式为数组中的一个元素）来赋值。

示例代码及说明如下。

```
let beijing:string = '北京';
let address:Array<string> = [beijing, '上海', '广州'];   // 创建包含 3 个元素的数组
```

```
console.log (address[0]);                          // 北京，数组中第一个元素的索引为 0
console.log (address.length.toString());           // length 为 3
```

另外，数组类型还有一种表示方法，即在数据类型后面加 []，表示声明对象为该类型的数组。如下所示，address1 是 string 类型的数组。

```
let address1:string[] = ['北京','上海','广州'];    // 创建包含 3 个元素的数组
```

 在 ArkTS 中，数组中第一个元素的索引为 0。

5. 枚举类型

枚举类型由 enum 关键字定义，常见的语法为：

```
enum 枚举类型名称 { 枚举常量，…，枚举常量 };
```

示例代码及说明如下。

```
enum Color {
  Red,                            // 枚举常量，隐式设置值，默认从 0 依次递增
  Green,
  Blue
};
let color: Color = Color.Red;     // 使用枚举常量时必须以枚举类型名称为前缀

enum ColorSet {
  White = 0xFF,                   // 枚举常量的值可以显式设置
  Grey = 0x7F,
  Black = 0x00
};
let colorSet: ColorSet = ColorSet.Black;
```

枚举类型具有以下特点，当多个数据项相关且有明确的取值及有限的范围时，建议优先使用枚举类型。

- 可读性高：使用枚举值的名称可以使代码更具可读性和可维护性。相比使用数字或字符串常量，枚举值的名称能够更清晰地表达其含义。
- 类型安全：编译器可以检查枚举值的使用是否正确，确保只使用预定义的枚举值，从而提高代码的安全性。
- 有限集合：枚举类型定义了一个有限的常量集合，这有助于防止错误的输入和意外的值。

6. Aliases 类型

Aliases 类型是一种特殊的数据类型，可为已有的数据类型（数组、函数、对象字面量等）创建一个新的名称，其目的是提高代码的可读性、可维护性以及表达特定的语义。它相当于 C、C++ 中的 typedef，以及 Swift、Kotlin 中的 typealias。

Aliases 类型由 type 关键字定义，常见的语法为：

```
type 自定义别名 = 现有类型；
```

示例代码及说明如下。

```
type Matrix = number[][];        // 定义了一个名为 Matrix 的类型别名，表示一个二维数字数组
```

7. 联合类型

联合（union）类型是一种特殊的数据类型，可以使一个变量存储多种类型值。联合类型使用管道符号（|）来连接不同的数据类型，常见的语法为：

```
let 变量: 类型1 | 类型2 | 类型3 = 值；
```

示例代码及说明如下。

```
let myLuckNum: string | number;
myLuckNum = 'six';               // 可以将联合类型的变量赋值为任何其组成类型的有效值
myLuckNum = 6;                   // 可以将联合类型的变量赋值为任何其组成类型的有效值
```

也可以使用 type 定义联合类型的别名，常见的语法为：

```
type 别名 = 类型1 | 类型2 | 类型3 ;
```

示例代码及说明如下。

```
type StrOrNum = string | number;
let myLuckNum1: StrOrNum;
myLuckNum1 = 'six';              // 可以将联合类型的变量赋值为任何其组成类型的有效值
myLuckNum1 = 6;                  // 可以将联合类型的变量赋值为任何其组成类型的有效值
```

8. Object 类型

在 ArkTS 语言中，Object 类型是所有引用类型的基本类型。任何值，包括基本类型的值（它们会被自动装箱），都可以直接被赋给 Object 类型的变量。由于 Object 类型宽泛，因此编译器无法进行准确的类型检查和提示。下面示例中的不同用法均可编译通过，这会增加出错的风险。在研发过程中，可根据实际需要选择使用 Object 类型。

示例代码及说明如下。

```
// 以 Object 类型作为方法参数，可以接收各种类型的值（引用类型或基本类型）
function printObject(obj: Object) {
  console.log(obj);
}

printObject("This is a string");          // 输出 "This is a string"
printObject(3.14);                        // 输出 3.14
printObject({hobby: "Reading"});          // 输出 { "hobby": "Reading" }
```

 感兴趣的读者可以使用 typeof 查看不同变量是基本类型还是引用类型，如下方代码所示。

```
let num:number = 3.14;
let numObj:Number = new Number(3.14);
console.log(typeof num);            // "number" 基本类型
console.log(typeof numObj);         // "Object" 引用类型
```

9. 其他类型

除了前面提到的数据类型，其他常见的类型如下：

- void 类型：表示该函数没有返回值。
- null 类型：表示一个空值或无效的值。
- undefined 类型：表示未初始化的变量或没有明确赋值的变量。它表示一个变量被声明了，但尚未被赋予一个明确的值。

示例代码及说明如下。

```
function noReturnValue(): void {    // 函数不返回任何值
  console.log('Hello');
}
let emptyVar = null;                // 明确设置为空
let uninitializedVar;               // 此时 uninitializedVar 的值为 undefined
```

4.2.3 运算符

ArkTS 中的运算符包括算术运算符、位运算符、比较运算符、逻辑运算符及赋值运算符等，其用法与其他编程语言中的运算符类似，由于篇幅原因，下面只进行简单介绍。

- 算术运算符包括加（+）、减（-）、乘（*）、除（/）、求余（%）、自增（++）和自减（--）。
- 比较运算符包括等于（==）、不等于（!=）、大于（>）、小于（<）、大于或等于（>=）、小于或等于（<=），以及用于判断类型及值都相同的强等于（===）和用于判断类型及值都不相同的强不等于（!==）。
- 逻辑运算符包括逻辑与（&&）、逻辑或（||）和逻辑非（!）。
- 位运算符包括位与（&）、位或（|）、取反（~）、异或（^）、左移（<<）、右移（>>）、无符号位移（>>>）。
- 赋值运算符包括赋值（=）、复合加赋值（+=）、复合减赋值（-=）、复合乘赋值（*=）、复合除赋值（/=），以及 %=、<<=、>>=、>>>=、&=、|=、^= 等。

4.2.4 控制语句

控制语句用于控制程序执行的流程和顺序，决定在不同条件下执行哪些代码段，以及是否重复执行某些代码段。

1. if 语句

if 语句的格式如下所示。

```
if (condition1) {                   // condition1 是逻辑条件表达式
```

```
    ...                // 代码分支 1，如 condition1 为 true，则执行
} else if (condition2) {   // 可选，可以嵌套新的逻辑条件
    ...                // 代码分支 2，如 condition1 为 false, condition2 为 true，则执行
} else {               // 可选
    ...                // else 代码分支，如 condition1 为 false, condition2 为 false，则执行
}
```

示例代码及说明如下。

```
let strHello = 'World';
if (strHello.length != 0) {
  console.log(strHello);      // 打印 'World'
}
```

2. switch 语句

switch 语句是一种多分支选择执行语句，当一个表达式有多值时，每个值都可以当作一个 case 进行匹配。switch 语句的格式如下所示。

```
switch (expression) {        // expression 是要匹配的表达式
  case label1:               // 如果 expression 与 label1 匹配，则执行
    ...                      // 代码分支 1
    break;                   // 可省略
  case label2:
  case label3:               // 如果 expression 与 label2 或 label3 匹配，则执行
    ...                      // 代码分支 2
    break;                   // 可省略
  default:
    ...                      // 默认语句
}
```

switch 语句的整体执行原则如下：
- 如果 switch 语句的值等于某个 label 的值，则执行相应的语句。
- 如果没有任何一个 label 的值与表达式值相匹配，并且 switch 语句具有 default 子句，则程序会执行 default 子句对应的代码段。
- break 语句（可选的）支持跳出 switch 语句并继续执行 switch 语句之后的语句。如果没有 break 语句，则执行 switch 语句中的下一个 label 对应的代码段。

示例代码及说明如下。

```
enum Color {                 // 这段代码在枚举类型中有示例，可以直接复用
  Red,
  Green,
  Blue
}

function printColorName(color: Color): void {
  switch (color) {
    case Color.Red:
      console.log('Red');
      break;
```

```
    case Color.Blue:
      console.log('Blue');              // 没有break, default: 分支的代码也会执行
    default:
      console.log('input error');       // 当color为Blue时会执行
  }
}
printColorName(Color.Red);              // 输出'Red'
printColorName(Color.Green);            // 输出'input error'
printColorName(Color.Blue);             // 依次输出'Blue'和'input error'
```

3. 条件表达式

条件表达式（问号表达式）的格式如下所示。

```
condition ? expression1 : expression2;
```

对应的条件表达式执行流程为：如果 condition 为真值（转换后为 true 的值），则使用 expression1 作为该表达式的结果；否则，使用 expression2 作为该表达式的结果。

示例代码及说明如下。

```
let isValid:boolean = true;
let message:string = isValid ? 'Valid' : 'Failed'; //message = 'Valid'
```

4. for 语句

for 语句的格式如下所示。

```
for ([init]; [condition]; [update]) {
  ...;                                  // 循环体代码段
}
```

for 语句的执行流程如下。

- 执行 init 表达式（如有）。此表达式通常初始化循环计数器。
- 计算 condition。如果它为真值（转换后为 true 的值），则执行循环主体的语句；如果它为假值（转换后为 false 的值），则 for 语句终止。
- 执行循环体代码段中的代码。
- 如果有 update 表达式，则执行该表达式。
- 回到步骤 2。

示例代码及说明如下。

```
let sum = 0;
for (let i = 0; i < 10; i++) {
  sum += i;
}
```

5. for-of 语句

for-of 语句是 for 语句在处理数组、字符串等类型数据时的优化版本，主要用于遍历数组或字符串。在遍历过程中，会依次获取数组或字符串中每一个元素的值，并在循环体代码

段中对其进行处理，直到所有元素都被遍历完，整个循环才会结束。这种循环结构使得对数组和字符串的遍历更加简洁和直观，减少了可能出现的错误，提高了代码的可读性和可维护性。

for-of 语句的格式如下所示。

```
for (forVar of allVar) {   // allVar 是所有元素，forVar 是 allVar 中从头开始依次遍历的每个元素
    ...                    // 循环体代码段
}
```

示例代码及说明如下。

```
let arr: Array<number> = [1, 2, 3];
// for-of
for (const item of arr) {
  console.log(item);      // 依次输出 1, 2, 3
}
// for
for (let i = 0; i < arr.length; i++) {
  console.log(arr[i]);
}
```

6. while 语句

while 语句的格式如下。

```
while (condition) {
    ...                    // 循环体代码段
}
```

while 语句在执行时会先对条件表达式 condition 进行判断。如果 condition 的值经过转换后为真值，那么就会执行对应的循环体代码段中的代码，并且持续重复这一过程，直至 condition 的值转换后变为假值。

示例代码及说明如下。

```
let whileN = 0;
let whileX = 0;
while (whileN < 3) {
  whileX += whileN;
  whileN++;
}
```

7. do-while 语句

do-while 语句的格式如下。

```
do {
    ...                    // 循环体代码段
} while (condition)
```

do-while 语句先执行循环体代码段中的代码，然后判断条件表达式 condition 的值。若 condition 为真值，则重复执行循环体代码段中的代码。若 condition 为假值，则 while 语句

不执行代码段，而 do-while 语句会先执行一次循环体代码段中的代码。

示例代码及说明如下。

```
let doWhileN = 0;
let doWhileX = 0;
do {
  doWhileX += doWhileN;
    doWhileN++;
} while (doWhileN < 3)
```

8. break 语句

break 语句是一种用于控制流程的语句，主要用于中断循环（如 for 语句、while 语句、do-while 语句）或 switch 语句的执行。当需要终止代码的执行时，在相应的位置添加 break; 即可。

示例代码及说明如下。

```
let numX = 0;
while (true) {
  numX++;
  if (numX > 5) {
    break;              // 如 numX 大于 5，则循环终止
  }
}
```

9. continue 语句

continue 语句是一种用于控制流程的语句。在循环语句（如 for 语句、while 语句、do-while 语句）中，continue 语句会停止本轮循环的执行，和 break 语句不一样的是，continue 语句不会终止整个循环，仅是让当前这一轮循环停止执行。

示例代码及说明如下。

```
let sum100 = 0;
// 使用 continue
for (let x = 1; x < 100; x++) {
  if (x % 2 == 0) {
    continue;            // 停止本轮循环
  }
  sum100 += x;           // x = 1, 3, 5, ..., 99 等奇数时执行
}
sum100 = 0;

// 使用 break
for (let x = 1, sum100 = 0; x < 100; x++) {
  if (x % 2 == 0) {
    break;               // 终止循环
  }
  sum100 += x;           // x = 1 时执行
}
```

10. throw 和 try 语句

throw 语句用于主动抛出异常或错误，例如 throw new Error('this error');。

try 语句用于尝试执行可能会引发异常或错误的代码段，并通过 catch 来捕获和处理异常。try 语句也可配合 finally 语句使用，无论 try 代码段中是否发生异常，也无论 catch 代码段是否成功处理了异常，finally 语句都会被执行。finally 语句的主要用途是释放 try 代码段中获取的资源，或者执行一些无论是否有异常都必须执行的清理操作。

try 语句的格式如下。

```
try {
  // 可能发生异常的语句块
} catch (e) {
  // 异常处理
} finally {
  // 异常产生时必要的清理工作
}
```

在下面的示例中，当 num 为 0 时，抛出异常。当 catch 捕获到异常时，记录异常，并在 finally 代码段中处理异常。

```
function processData(num: number) {
  let error: Error | null = null;
  try {
    if (num == 0)
      throw new Error('Zero div error');        // 抛出异常
  } catch (e) {
    error = e as Error;                         // 保存异常
  } finally {                                   // 不论异常是否产生，都会执行
    if (error!= null) {                         // 异常产生时相关逻辑处理
      console.log(`异常产生：input=${num}, message=${error.message}`);
    }
  }
}
processData(0)                                  // 产生异常
processData(1)
```

4.3 函数

函数是一段被命名的、可重复使用的代码，用于执行特定的任务或计算并返回结果。

4.3.1 函数声明

函数声明通过 function 关键字定义一个函数，包含其名称、参数列表、返回类型和函数体，格式如下。

```
function 函数名(参数：参数类型，参数：参数类型)：返回类型 { 函数体 }
```

在 C++、Java、Objective-C 语言中，返回类型写在函数名的前面，初次接触需要刻意调整一下编码习惯。以下示例是一个简单的函数，包含两个 string 类型的参数，返回类型为 string。

```
function strJoin(x: string, y: string): string {
  let result: string = `${x} ${y}`;        // 模板字面量连接两个字符串
  return result;
}
```

4.3.2 函数调用

函数调用是通过使用函数名并传递相应的参数来实现的。进行函数调用后，程序会执行该函数的函数体部分。在这个过程中，实际传入的参数值（实参）会被赋值给函数定义中所声明的参数（形参），从而使函数能够依据这些参数值进行特定的运算和处理。

以 strJoin 函数为例，此函数的调用需要函数名及两个 string 类型的参数。

```
let strJoinResult = strJoin ('Hello','world!');
console.log(strJoinResult);                 // 输出 "Hello world!"
```

4.3.3 可选参数

在函数声明中，必须为每个参数标记类型。如果参数为可选参数，那么允许在调用函数时省略该参数。可选参数的格式如下。

```
name?: Type;              // name 为参数名，Type 为类型，? 标记 name 参数为可选
```

在函数内部实现，需要对可选参数的有效性进行验证，示例代码及说明如下。

```
function sayHello(name?: string) {
  if (name == undefined) {                  // 如果 name 没有定义
    console.log('Hello!');
  } else {                                  // 如果 name 有值
    console.log(`Hello, ${name}!`);
  }
}
sayHello('world');                          // 输出 "Hello, world!"
sayHello();                                 // 输出 "Hello!"
```

可选参数的另一种形式为设置该参数的默认值。如果在函数调用时没有明确指定这个参数，就会自动使用其默认值作为实参进行传递，示例代码及说明如下。

```
function greet(name = "Guest") {            // name 默认为 "Guest"
  console.log(`Hello, ${name}!`);
}
greet();                                    // 输出 " Hello, Guest!"
greet("Alice");                             // 输出 " Hello, Alice!"
```

4.3.4 rest 参数

rest 参数是一种特殊的语法，主要用于函数定义。它的作用是让函数能够接收数量不确

定的多个参数,并把这些参数收集到一个数组中。在 ArkTS 语言中,函数只有最后一个参数可以被设定为 rest 参数。在函数定义时,通过 ... 来表示这是个 rest 参数,它能够接收任意数量的剩余参数,然后把这些参数组合成一个数组的形式。

例如,function myFunction(...args){...} 中的 args 就是 rest 参数。使用了 rest 参数后,函数就可以接收任意数量的实参传入。如下示例所示,sumAll 函数可以接收多个参数。

```
function sumAll(...numbers:number[]) {
  let total = 0;
  for (let num of numbers) {
    total += num;
  }
  return total;
}

console.log(sumAll(1, 2, 3, 4, 5));     // 输出 15
console.log(sumAll(10, 20, 30));        // 输出 60
```

4.3.5 返回类型

函数的返回类型指的是函数执行完毕后返回值的类型。在 ArkTS 语言中,函数可以明确指定返回类型,也可以通过函数体中的逻辑由编译器或解释器自动推断返回类型(从可读性的角度考虑,建议明确指定函数的返回类型)。

下面的示例明确指定了函数的返回类型,food 函数的返回值是 string 类型。

```
function food(): string {                // string 为返回类型
  return 'food';
}
console.log(food());                     // 输出 "food"
```

4.3.6 Lambda 函数

Lambda 函数,又被称作匿名函数或者箭头函数,主要用于创建简短且通常为一次性使用的函数。在编程中,它常常被用于以下场景:当需要把函数当作参数传递给其他函数的时候,例如某些高级函数接收一个函数作为参数来执行特定的操作;在进行循环操作时,可使用 Lambda 函数来定义循环内部的特定行为;在执行特定操作的情境下,Lambda 函数可以快速定义一个临时的函数来满足特定需求。

以下示例将 Lambda 函数赋值给 sumFun,这个 Lambda 函数接收两个参数 x 和 y,它们的类型都是 number,并且返回值的类型也被指定为 number。之后,可以通过 sumFun 来调用这个函数,就像调用一个普通的命名函数一样。例如,可以使用 sumFun(6, 6) 来传入参数并获得函数的返回值。

```
let sumFun = (x: number, y: number): number => {
  return x + y;
}
```

```
console.log("sumFun: ", sumFun(6, 6));           // "sumFun: ",  12
```

箭头函数的返回类型可以省略，当省略时，返回类型通过函数体推断。可以指定表达式为箭头函数，使表达更简短，以下两种写法是等价的。

```
let sumFun1 = (x: number, y: number) => { return x + y; }
let sumFun2 = (x: number, y: number) => x + y;
// 调用方式没有变化
console.log("sumFun1: ", sumFun1(6, 6));         // "sumFun1: ",  12
console.log("sumFun2: ", sumFun2(6, 6));         // "sumFun2: ",  12
```

4.3.7 闭包

闭包是一种特殊的结构，由一个函数以及声明这个函数的环境共同组成。这个环境包含在闭包被创建时刻所处作用域内的所有局部变量。

闭包的这种特性使函数可以"记住"并访问其创建时的环境状态，即使在该环境已经不存在的情况下，函数仍然能够通过闭包访问那些局部变量。这为编程带来了很大的灵活性，可以实现一些高级的编程模式，比如数据隐藏、函数工厂等。

在下面的示例中，定义了一个名为 createClosure 的函数。createClosure 函数的主要作用是创建并返回一个闭包。这个闭包能够实现对局部变量 count 的访问和操作，同时将这个变量隐藏在函数内部，使之不被外部直接访问，从而实现了一定程度的数据封装和保护。

```
// 定义一个名为 createClosure 的函数，该函数返回一个函数
function createClosure(): () => number {
  // 定义一个名为 count 的变量，并将其初始化为 0。这个变量的作用域仅限于 createClosure 函数内部
  let count = 0;
  // 定义一个名为 increment 的 Lambda 函数（箭头函数），实现递增 count 变量的值，并返回递增后的结果
  // 由于 count 变量是在 createClosure 函数内部定义的，所以在 Lambda 函数内可以访问它
  let increment = (): number => {
    count++;
    return count;
  };
  // 返回 increment 函数，外部调用者可以通过调用返回的函数来间接访问和操作 count 变量
  return increment;
}

// 调用 createClosure 函数，并将返回的函数赋值给 incrementFun 变量
let incrementFun = createClosure();                // increment
// 调用 incrementFun 函数，输出 1
console.log(incrementFun());                       // 1
// 再次调用 incrementFun 函数，输出 2
console.log(incrementFun());                       // 2
```

increment 函数能够访问并修改其外部函数 createClosure 中定义的 count 变量，即使 createClosure 函数已经执行完毕，但 increment 函数保留了对 count 变量的访问权，从而形成了闭包。

4.3.8 函数重载

与 C++、Java、Swift、kotlin、Objective-C 等编程语言不同，在 ArkTS 语言中，函数重载的实现方式是针对同一个函数，创建多个拥有相同名称但参数签名存在差异的函数头，并在其后实现函数。下面以 console.log 封装为例，代码及说明如下。

```
// 声明一个名为 printLog 的函数，接收参数 log，类型为 number
function printLog(log: number): void;
// 再次声明一个名为 printLog 的函数，接收参数 log，类型为 string
function printLog(log: string): void;
// 真正实现 printLog 函数，接收参数 log，类型可以是 number 或 string
function printLog(log: number | string): void {
  // 调用原有的 console.log 输出 log 的值
  console.log(log);
  // 按参数类型进行差异化实现
  if (typeof log === 'string') {
    console.log('log is string');
  } else if (typeof log === 'number') {
    console.log('log is number');
  }
}

// 调用 printLog 函数，传入数字 1，此时会执行 printLog 函数针对 number 类型参数的逻辑
printLog(1);
// 调用 printLog 函数，传入字符串 '1'，此时会执行 printLog 函数针对 string 类型参数的逻辑
printLog('1');
```

4.4 类

与 C++、Java、Swift、Kotlin 等编程语言相同，在 ArkTS 中也是通过 class 关键字定义类。在以下示例中，定义了 Person 类，该类具有 name 字段、age 字段、构造函数和 info 方法。

```
class Person {
  name: string = '';                              // 字段
  age: number = 0;                                // 字段
  constructor (name: string, age: number) {       // 构造函数
    this.name = name;
    this.age = age;
  }
  info(): string {                                // 方法
    return 'Name:' + this.name + '. age:' + this.age;
  }
}
```

定义类后，可以使用 new 关键字创建实例。

```
let person = new Person('Junqi', 18);
console.log(person.info()); // "name:Junqi. age:18"
```

4.4.1 字段

在 ArkTS 中，字段是直接在类中声明的某种类型的变量。类可以具有实例字段（成员变量、属性）或者静态字段（静态成员变量、静态属性）。

1. 实例字段

实例字段存在于类的每个实例上。每个实例都有自己的实例字段集合。要访问实例字段，需要使用类的实例。

在类的内部，使用 this（要注意，Objective-C 里使用 self）加上"."作为前缀来访问该类的字段。在类的外部，使用类的实例加上"."作为前缀来访问该实例的字段。如下示例定义 PersonInstanceMember 类，实现了如何在类的内部及外部调用实例字段。

```
class PersonInstanceMember {
  name: string = '';
  age: number = 0;
  constructor (name: string, age: number) {
    // 内部调用
    this.name = name;                         // this.name 是类的字段，name 是参数
    this.age = age;                           // this.age 是类的字段，age 是参数

  }
  info(): string {
    return 'Name:' + this.name + '. age:' + this.age;  // this.name this.age
  }
}

let personInstanceMember = new PersonInstanceMember('Tom', 25);
// 外部调用
console.log(personInstanceMember.name);       // 'Tom'
```

2. 静态字段

静态字段属于类本身，同一个类的全部实例共享一个静态字段。使用 static 关键字能够将字段声明为静态。

在访问静态字段时，需要将类名加上"."作为前缀。以下示例定义 PersonStaticMember 类，实现了在类的内部及外部调用静态字段。

```
class PersonStaticMember {
  static numOfStudent = 0;                    // 静态字段
  name: string = '';
  age: number = 0;
  constructor (name: string, age: number) {
    this.name = name;
    this.age = age;
    if (age < 24 && age > 7) {
      // 内部调用
      PersonStaticMember.numOfStudent++;      // 访问静态字段
    }
```

    }
}
// 外部调用
console.log('Student num:' + PersonStaticMember.numOfStudent);
```

### 3. 字段初始化

为了减少运行时的错误和获得更好的执行性能，ArkTS 要求所有字段在声明时或者在构造函数中显式初始化。

以下代码中 name 如果没有被初始化，即 undefined，则在使用 name 时会出现异常，因为 name 是 undefined。

```
class PersonMemberNotInit {
  name: string;  // undefined
  setName(name:string): void {
    this.name = name;
  }
  getName(): string {
    // 使用 string 作为返回类型，这隐藏了 name 可能为 undefined 的事实
    // 更合适的做法是将返回类型标注为 string | undefined，以告诉开发者这个 API 所有可能的返回值
    return this.name;
  }
}
let tom = new PersonMemberNotInit();
// 假设代码中没有对 name 赋值，例如调用 tom.setName('Tom')
tom.getName().length;              // 运行时异常：name is undefined
```

如要该字段的值不允许为 undefined，则需要对其进行初始化，示例代码及说明如下。

```
class PersonMemberHasInit {
  name: string = '';              // 初始化
  setName(name:string): void {
    this.name = name;
  }
  getName(): string {
    return this.name;             // 定义时初始化，类型为 string
  }
}
let jerry = new PersonMemberHasInit();
// 假设代码中没有对 name 赋值，例如调用 jerry.setName('Jerry')
jerry.getName().length;           // 0，没有运行时异常
```

如果要允许 name 的值为 undefined，则需要使用可选操作符（?）进行修饰。在下面的示例中，name 属性是可选的（可能为 undefined）。getName 方法用于返回 name 属性的值，其返回类型为 string | undefined，以匹配 name 属性不存在的情况。

在使用 tom2.getName()?.length 时，如果 tom2.getName() 返回 string 对象，则会尝试使用 length；如果 tom2.getName() 为 undefined，则整个表达式直接返回 undefined，而不会引发运行时错误。这样可以避免在访问不存在的属性时出现错误。
```

```
class PersonMemberOptional {
  name?: string;                          // 可能为 undefined
  setName(n:string): void {
    this.name = n;
  }
  // 编译时错误：name 可以是 undefined，返回类型不对
  getNameWrong(): string {
    return this.name;
  }
  getName(): string | undefined {         // 返回类型匹配 name 的类型
    return this.name;
  }
}
let tom2 = new PersonMemberOptional();
// 假设代码中没有对 name 赋值，例如调用 tom2.setName('Tom')
// 编译时错误：编译器认为下一行代码有可能会访问 undefined 的属性，报错
tom2.getName().length;                    // 编译失败
tom2.getName()?.length;                   // 编译成功，没有运行时错误
```

4. 访问器

访问器（包括 setter 和 getter）能够对实例字段的访问与修改进行更加灵活且可控的管理。它们由 set 和 get 关键字进行修饰。通过访问器，可以在获取或设置实例字段的值时执行特定的逻辑，从而实现对数据的封装和更精细的控制。

在下面的示例中，setter 用于禁止将 age 字段设置为无效值。

```
class PersonTestGetSetter {
  name: string = '';
  // 定义一个私有字段 _age，类型为 number，初始值为 0
  private _age: number = 0;
  // 定义 age 的 getter 访问器，用于获取 _age 的值
  get age(): number { return this._age; }
  // 定义 age 的 setter 访问器，用于设置 _age 的值
  set age(x: number) {
    // 如果设置的年龄值小于 0，则抛出错误
    if (x < 0) {
      throw Error('Invalid age argument');
    }
    this._age = x;
  }
}

let pgg = new PersonTestGetSetter();
pgg.age;                                  // 访问 pgg 的 age 属性，输出 0
pgg.age = -42;                            // 设置无效 age 值会抛出错误
```

4.4.2 方法

方法属于类，它们代表了一组能够执行的操作或功能。类可以定义实例方法或者静态

方法。静态方法属于类本身，只能访问属于类本身的静态字段。而实例方法既可以访问静态字段，也可以访问实例字段，包括类的私有字段。方法的格式如下。

```
class 类名 {
    函数名 ( 参数 : 参数类型 , 参数 : 参数类型 ) : 返回类型 { 函数体 }
}
```

1. 实例方法

实例方法是属于类的特定实例（对象）的方法。实例方法的调用也分内部调用和外部调用，与实例字段的调用方式相同。以下示例定义了 PersonTestInstanceMethod 类，实现了在类的内部及外部调用实例方法。

```
class PersonTestInstanceMethod {
  name: string = '';
  age: number = 0;
  constructor (name: string, age: number) {
    this.name = name;
    this.age = age;
    // 类内部调用
    console.log(this.info());           // 'Tom'
  }
  info(): string {
    return 'Name:' + this.name + '. age:' + this.age;
  }
}
// 必须通过类的实例调用实例方法
let pti = new PersonTestInstanceMethod('Tom', 25);
// 类外部调用
console.log(pti.info());
```

2. 静态方法

静态方法归属于类本身，而非类的实例，只能访问静态字段。使用 static 关键字可以将方法声明为静态方法。静态方法通常用来定义类整体的公共行为。它的调用方式与静态字段相同。

以下示例定义了 PersonTestStaticMethod 类，实现了在类的内部及外部调用静态方法。

```
class PersonTestStaticMethod {
  static numOfStudent = 0;              // 静态字段
  name: string = '';
  age: number = 0;
  constructor (name: string, age: number) {
    this.name = name;
    this.age = age;
    PersonTestStaticMethod.numOfStudent++;
    // 类内部调用
    console.log(PersonTestStaticMethod.numOfStudentDes());
  }
  info(): string {
```

```
    return 'Name:' + this.name + '. age:' + this.age;
  }
  static numOfStudentDes(): string {
    return 'Num of student:' + PersonTestStaticMethod.numOfStudent;
  }
}
let pts = new PersonTestStaticMethod('Tom', 25);

// 类外部调用
console.log(PersonTestStaticMethod.numOfStudentDes());
```

4.4.3 继承

在 ArkTS 语言中，一个类（称为子类或派生类）可以继承另一个类（称为父类或基类）的属性和方法。一个类能够继承多个接口，并且这些接口需要在子类当中予以实现。典型的语法格式如下所示，其中：SubClass 为子类；BaseClassName 为父类，由 extends 关键字描述；listOfInterfaces 为接口类，由 implements 关键字描述。

```
class SubClass [extends BaseClassName] [implements listOfInterfaces] {
  // ...
}
```

继承类继承基类的字段和方法，但不继承构造函数。继承类可以新增定义字段和方法，也可以覆盖其基类定义的字段和方法。如下所示，实现一个 BasePerson 基类，之后基于该基类创建一个继承自 BasePerson 的 Employee 子类，Employee 类继承了 BasePerson 类的 name 字段和 getAge 方法，同时新增了 salary 字段和 calculateTaxes 方法。

```
class BasePerson {
  name: string = '';
  private _age = 0;
  get age(): number {
    return this._age;
  }
}
class Employee extends BasePerson {
  salary: number = 0;
  calculateTaxes(): number {
    return this.salary * 0.35;
  }
}
```

1. 访问父类

通过 super 关键字可访问父类的实例字段、实例方法和构造函数。在实现子类功能时，可以通过该关键字从父类中调用所依赖接口。下面的示例中，FilledRectangle 子类继承于 RectangleSide，在构造函数和 draw 函数中，先调用父类的函数，再执行子类的代码逻辑。

```
class RectangleSide {
```

```
  height: number = 0
  width: number = 0
  sideColor: string = ''
  constructor (h: number, w: number, c: string) {
    this.height = h;
    this.width = w;
    this.sideColor = c;
  }

  draw() {
    console.log('绘制边框');
    //...
  }
}

class FilledRectangle extends RectangleSide {
  fillColor:string = ''
  constructor (h: number, w: number, c: string) {
    super(h, w, 'black');              // 父类构造函数的调用
    this.fillColor = c;
  }

  draw() {
    super.draw();                      // 父类方法的调用
    console.log('绘制填充颜色');
  }
}
```

2. 方法重写

子类能够对其父类所定义的方法予以重新编写。被重写方法的参数类型一定要与原始方法完全相同，并且返回类型要与原始方法相同或是原始方法的返回类型派生出来的类型。

下面的示例中，DogClass 子类重写了 AnimalClass 的 makeSound 方法，在 DogClass 类实例调用 makeSound 方法时，调用的是 DogClass 子类的 makeSound 方法。

```
class AnimalClass {
  makeSound(): string {
    return "Some generic animal sound";
  }
}

class DogClass extends AnimalClass {
  // 重写父类的 makeSound 方法
  makeSound(): string {
    return "Woof woof";
  }
}

let myDog = new DogClass();
console.log(myDog.makeSound());        // 输出 "Woof woof"
```

3. 方法重载签名

与函数重载相同，类中的方法也支持重载，具体的实现方式是，针对同一个方法，创建多个拥有相同名称但参数签名存在差异的函数头，并在其后实现函数。

下面的代码以 console.log 封装为例，分别声明了参数为 number 和 string 的 out 方法，实现了参数为 number 或 string 的 out 方法，并在该方法中对不同类型的参数执行不同的逻辑。

```
class Log {
  out(log: number): void;                      // 声明 log 是 number 类型
  out(log: string): void;                      // 声明 log 是 string 类型
  out(log: number | string): void {            // 函数实现，可接收 number 或 string 的参数
    console.log(log);
    if (typeof log === 'string') {             // 可以用来进行差异化代码逻辑执行
      console.log('log is string');
    } else if (typeof log === 'number') {
      console.log('log is number');
    }
  }
}
let log = new Log();
log.out(123);                                  // 输出 123 \n log is number
log.out('aa');                                 // 输出 'aa' \n log is string
```

4.4.4 构造函数

在 ArkTS 中，constructor 方法是类的构造函数（与 C++、Java、Swift 及 Objective-C 不同），用于初始化对象的属性和方法。

构造函数定义如下。

```
constructor ([parameters]) {
  // ...
}
```

如果未定义构造函数，则 ArkTS 编译器会自动创建具有无参数列表的默认构造函数。例如，以下代码中 Point 类没有实现默认构造函数，在使用 new Point 实例时，也没有指定参数，这是因为编译器自动创建具有无参数列表的默认构造函数。

```
class Point {
  x: number = 0;
  y: number = 0;
}
let point = new Point();                       // 在这种情况下，x = 0, y = 0
```

1. 派生类的构造函数

在派生类的构造函数中，可以使用 super 关键字来显式调用直接父类的构造函数。如下所示，在 Square 子类中，通过 super(side, side) 调用父类的构造函数。

```
class Rectangle {
```

```
    height: number = 0;
    width: number = 0;
    constructor (h: number, w: number) {
      this.height = h;
      this.width = w;
    }
  }
  class Square extends Rectangle {
    constructor(side: number) {
      super(side, side);                    // 调用父类的构造函数
    }
  }
```

2. 构造函数重载签名

构造函数也支持重载，具体方法为，为同一个构造函数写入多个同名但签名不同的构造函数头，构造函数实现紧随其后。

在下面的代码中，ColorTool 类的构造函数支持将数字或字符串作为参数，可用来初始化 color 字段，当参数为字符串时，将其转换为对应的 RGB 值。

```
  class ColorTool {
    color: number = 0x000000;
    constructor(c: number);                 // c 为 number 类型
    constructor(c: string);                 // c 为 string
    constructor(c: number | string) {       // 实现
      console.log(c);
      if (typeof c === 'string') {          // 可以用来进行差异化代码逻辑执行
        if (c == 'black') {
          this.color = 0x000000;
          console.log(this.color);
        }
      } else if (typeof c === 'number') {
        this.color = c;
        console.log(this.color);
      }
    }
  }

  let c1 = new ColorTool(0xffffff);
  let c2 = new ColorTool('black');
```

4.4.5 可见性修饰符

ArkTS 中的可见性修饰符与其他语言中的相似，包括 public（公共的）、private（私有的）和 protected（受保护的）。默认可见性为 public。可见性修饰符的写法为，写在要修饰的字段和方法前。

- public 修饰的类成员（字段、方法、构造函数）在程序的任何可访问该类的地方都是可见的。

- private 修饰的成员不能在声明该成员的类之外访问。
- protected 修饰符的作用与 private 修饰符非常相似，不同点是 protected 修饰的成员允许在派生类中访问。

在以下示例中，Point_Base 类中的 x 字段为受保护的，y 字段为私有的，在 Point_Derived 派生类中可以访问 x，但如果访问 y，则会在编译阶段报错。

```
class Point_Base {
  protected  x: number = 0;
  private y: number = 0;
  set_y (y: number) {
    this.y = y;                 // 正常，因为 y 在类本身中可以访问
  }
  get_y(): number {
    return this.y
  }
  private set_x(x: number) {    // 外部不可用
    this.x = x;
  }
}
class Point_Derived extends Point_Base {
  test() {
    this.x = 6;                 // 可访问受保护成员
    this.y = 5;                 // 编译时错误，y 不可见，因为它是私有的
  }
}
```

4.4.6 对象字面量

对象字面量是一个表达式，可用于创建类实例并提供一些初始值。ArkTS 是静态类型语言，对象字面量能在可以推导出该字面量类型的上下文中使用。在一些场景中可以用对象字面量来代替 new 表达式。

对象字面量的表示方式是：封闭在花括号对（{}）中的"属性名：值"的列表。如下方代码中 {x: 66, y: 58} 就是一个 Point_w 类的对象字面量。

```
class Point_w {
  x: number = 0;
  y: number = 0;
}

let p_w: Point_w = {x: 66, y: 58};
```

4.5 接口

接口可以看作一种特殊的类，但它与普通的类有所不同。接口用于定义对象的结构和

行为规范，它规定了一个类如果要实现这个接口，就必须包含接口中定义的所有属性和方法。在 ArkTS 中通过 interface 关键字定义接口。

下面是一个接口的示例，它包含一个属性和一个方法。

```
// 定义一个接口
interface IUser {
  name: string;            // 属性
  sayHello(): void;        // 方法
}
```

4.5.1 接口实现

4.4.3 小节介绍了类的继承，一个类可以继承一个接口，并实现其结构及行为。下面为实现接口的类的示例代码及说明，需要注意，包含 implements 子句的类必须实现列出的接口中定义的所有方法，但使用默认实现定义的方法除外。

```
// 实现接口的类
class User implements IUser {
  name: string;
  constructor(name: string) {
    this.name = name;
  }
  sayHello(): void {
    console.log(`Hello, my name is ${this.name}`);
  }
}

// 使用示例
let user = new User('Junqi');
user.sayHello();           // 输出 "Hello, my name is Junqi"
```

4.5.2 接口继承

接口可以被其他接口继承，继承后的接口包含被继承接口的全部属性和方法，并且能添加新的属性和方法，即接口能够基于其他接口进行扩展。

如以下示例所示，在 IBaseInterface 中定义 method1 方法，ISubInterface 继承自 IBaseInterface，同时定义 method2 方法。SubClass 继承接口类 IBaseInterface 时，需要实现 method1 和 method2 方法。

```
// 定义基础接口
interface IBaseInterface {
  method1(): void;
}

// 继承基础接口的子接口
interface ISubInterface extends IBaseInterface {
```

```
  method2(): void;
}

// 实现子接口的类
class SubClass implements ISubInterface {
  method1(): void {
    console.log('Executing method1');
  }

  method2(): void {
    console.log('Executing method2');
  }
}

let instance = new ImplementingClass();
instance.method1();
instance.method2();
```

4.6 空安全

在默认情况下，ArkTS 中的所有类型都是不可为空的，因此类型的值不能为空。在下面的示例中，所有行都会导致编译时错误。

```
let nonNullNum: number = null;          // 编译时错误
let nonNullStr: string = null;          // 编译时错误
let nonNullArr: number[] = null;        // 编译时错误
```

将可以为空值的变量定义为联合类型 T | null，这时该变量就可以为 null。如下方代码所示，allowNullNum 变量可以为 number 和 null 两种类型之一，在使用 allowNullNum 时，需要使用 if 语句判断是否为 null 之后，再执行相关的代码逻辑。

```
let allowNullNum: number | null = null;
allowNullNum = 1;                       // 正常
allowNullNum = null;                    // 正常
allowNullNum ++;                        // 报错
if (allowNullNum != null) {
  allowNullNum ++;                      // 正常
}
```

4.6.1 非空断言运算符

非空断言运算符（Non-null Assertion Operator）是一些编程语言中用于断言某个表达式的值不为空（既不是 null，也不是 undefined）的操作符。

在 ArkTS 中，非空断言操作符是!，它可以用于断言操作对象是非 null 和非 undefined 类型。它的语法是在变量名或表达式的末尾添加一个!。当非空断言运算符应用于空值时，运算符将抛出错误。

如下方代码所示，分别使类实例、类字段为可空，在使用时根据其取值，产生的结果会有所不同。

```
class AllowNullClass {
  value: number | null = 1;
}

let allowNullc: AllowNullClass | null = null;
allowNullc = new AllowNullClass();
let tempNum: number;
tempNum = allowNullc!.value + 1;        // 编译时错误：无法对可空值做加法
tempNum = allowNullc!.value! + 1;       // 正常，值为2
allowNullc = null;
tempNum = allowNullc!.value! + 1;       // 运行时错误
```

4.6.2　空值合并运算符

空值合并运算符（??）用于检查左侧表达式的求值结果是否等于 null 或者 undefined。其运算规则是：如果左侧的操作数为 null 或者 undefined，则返回右侧操作数；否则，返回左侧操作数。

在一些语句中，a ?? b 等价于三元运算符 (a != null && a != undefined) ? a : b。

在以下示例中，如 userName 变量有值，使用 user 值，如没有，则使用匿名值。

```
let userName;
let result = userName?? "匿名";
console.log(result);                    // 输出："匿名"（userName 未定义）

userName = "junqi";
result = userName?? "匿名";
console.log(result);                    // 输出："junqi"（userName 已定义）
```

另外，出于安全原因，ArkTS 禁止将空值合并运算符（??）与逻辑与运算符（&&）、逻辑或运算符（||）直接一起使用，除非使用括号明确指定了优先级。如下面代码的第一行会触发语法错误，第二行则可正常运行。

```
let x = 1 && 2?? 3;                     // 会触发语法错误
let x = (1 && 2)?? 3;                   // 正常运行，输出2
```

4.6.3　可选链

可选链（Optional Chaining）是一种在访问可能为空或不存在的对象属性或方法时，避免出现运行时错误的简便语法。它使用问号（?）来表示。

可选链的主要作用是在访问对象的嵌套属性或调用可能不存在的方法时，不必显式地进行空值检查。如果对象为空（null 或 undefined），则使用可选链不会抛出错误，而是直接返回 undefined。可选链可以任意长，也可以包含任意数量的 ?. 运算符。

在以下示例代码中，TestOptionalChainingClass 类有可为空的 occ 字段。在使用 occ 字段时，可使用可选链，当 occ 为 null 或 undefined 时，输出 undefined。

```
class OptionalChainingClass {
  value: number = 1;
  constructor(value: number) {
    this.value = value;
  }
}

class TestOptionalChainingClass {
  occ?: OptionalChainingClass | null | undefined;
  constructor() {
    this.occ = null;
  }
}

let tOCC:TestOptionalChainingClass = new TestOptionalChainingClass();
// let value = tOCC.occ?.value      // 这行代码等效于
// let value = (tOCC.occ === null || tOCC.occ === undefined) ?
// undefined :
// tOCC.occ.value;
let value = tOCC.occ?.value;
console.log(value);                 // value = undefined
tOCC.occ = new OptionalChainingClass(6);
value = tOCC.occ?.value;
console.log(value);                 // value = 6
```

4.7 模块

在软件研发中，模块化是一种常见的方法。通过模块化，应用可以被划分成多组编译单元或模块。每个模块都有其特定的作用域，在一个模块中创建的变量、函数、类等声明，在该模块之外通常是不可见的，除非被特意导出。相应地，从其他模块导出的变量、函数、类、接口等，只有先被导入当前模块中，才能够被使用。

4.7.1 准备

本部分将介绍如何将导入模块及其他模块如何使用它。在开始前，需要先创建一个示例工程，以支持功能实现。

在 DevEco Studio 的菜单栏中依次选择"File → New → Create Project → Empty Ability"，在出现的如图 4-3 所示的创建新工程界面中单击"Next"按钮。

在"Project name"文本框中输入工程名"ArkTS"，如图 4-4 所示，其他项使用默认选项，之后单击"Finish"按钮。该示例工程即创建完成。

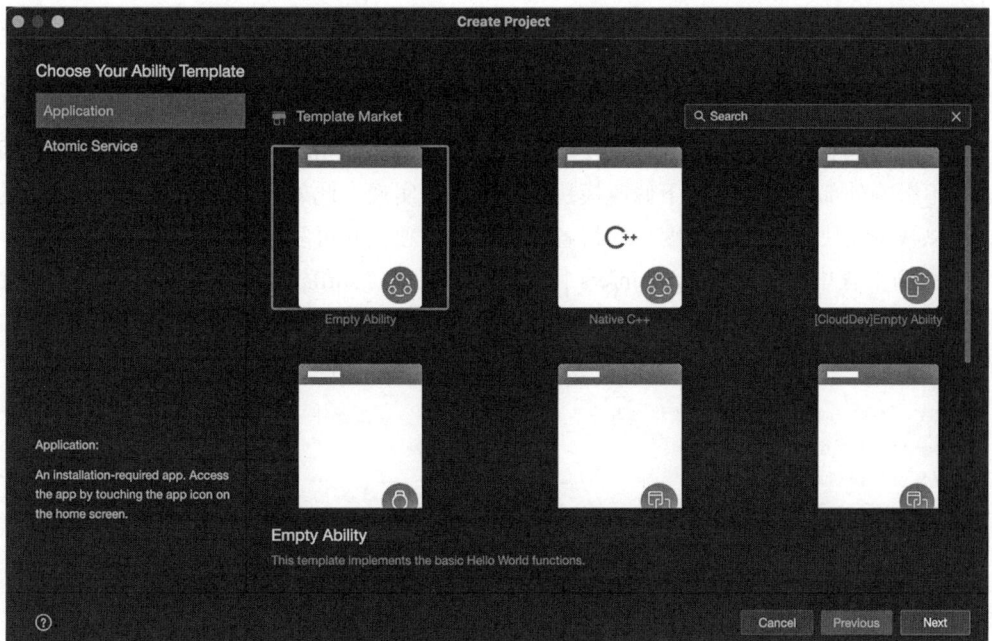

图 4-3　创建新工程

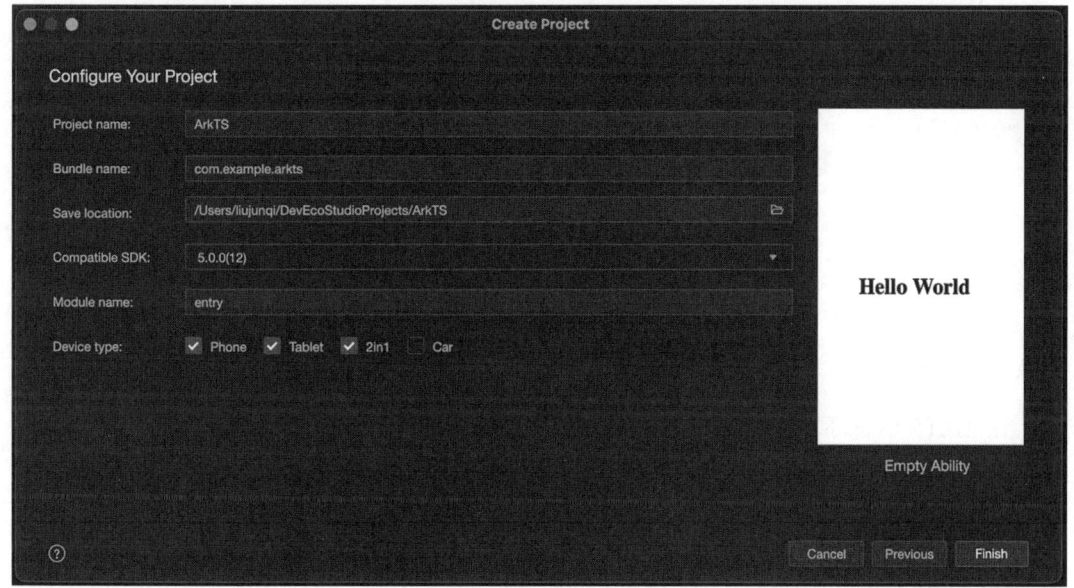

图 4-4　输入工程名

4.7.2　模块导出

在模块中,可被外部使用的内容需要使用 export 关键字导出顶层的声明。这里的顶层声明是指在模块的最外层直接编写的声明语句，这些语句不被包裹在任何函数、类、块级作用域中。未导出的声明名称被视为私有名称，只能在声明该名称的模块中使用。

这种机制使得模块的接口更加清晰明确，开发者可以清楚地知道哪些部分是对外公开的，哪些部分是内部实现细节。同时，它也有助于提高代码的可维护性和可扩展性，因为可以在不影响外部使用的情况下修改模块内部的私有实现。此外，通过合理地控制导出的内容，可以减少模块之间的耦合度，使得各个模块更加独立和可复用。

在示例工程中的 entry/src/main/ets 目录下，创建一个 utils 目录，在该目录下新建文件 Point.ets，在该文件中定义 Point 类，创建 Point 类的 origin 实例，实现可对两个 Point 实例求距离的函数，并导出。

```
// 定义一个名为 Point 的类，并将其导出，这个类表示一个点在二维平面上的坐标
export class Point {
  // x 坐标，初始值为 0
  x: number = 0;
  // y 坐标，初始值为 0
  y: number = 0;
  // 构造函数，用于创建 Point 实例，接收 x 和 y 坐标作为参数
  constructor(x: number, y: number) {
    this.x = x;
    this.y = y;
  }
}

// 导出一个名为 origin 的变量，它是一个 Point 类型的实例，表示原点坐标 (0, 0)
export let origin = new Point(0, 0);

// 导出一个名为 distance 的函数，用于计算两点之间的距离
export function distance(p1: Point, p2: Point): number {
  // 根据两点之间的距离公式计算距离，即 ((x2 - x1)^2 + (y2 - y1)^2) 的平方根
  return Math.sqrt((p2.x - p1.x) * (p2.x - p1.x) + (p2.y - p1.y) * (p2.y - p1.y));
}
```

4.7.3 模块导入

在 ArkTS 语言环境中，导入声明机制发挥着重要作用，它能够实现从其他模块引入已导出的各类实体（涵盖类、函数、变量等），并在当前模块内建立相应绑定，以供后续使用。它的语法遵循以下格式。

```
import 导入绑定 from 模块说明符；
```

其中，导入绑定用于定义导入的模块中的可用实体集和使用形式（限定或不限定使用）。主要有以下 3 种方式。以 4.7.2 小节导出的模块为例。

- 方式一：导入绑定为 * as X，其中，X 表示绑定名称，通过 X.name 可访问从导入路径指定的模块导出的所有实体。

这种方式可能会导入过多不需要使用的模块，占用过多资源，请谨慎使用。

```
import * as Utils from '../utils/PointUtils'
Utils.Point          // 表示来自 PointUtils 中的 Point
```

- 方式二：导入绑定为 {ident1, ..., identN}，它表示将导出的实体与指定名称绑定，该名称可以作为简单名称直接使用。

```
import { Point } from '../utils/PointUtils'
Point                // 表示来自 PointUtils 的 Point
```

- 方式三：如果标识符列表定义了 ident as alias，则 ident 实体将绑定在 alias 名称下。

```
import { Point as P } from '../utils/PointUtils'
P                    // 表示来自 Utils 的 Z
Point                // 编译时错误：'Point' 不可见
```

其中的模块说明符是字符串字面值，它表示导入模块的路径，说明符一共有 3 种类型，分别是相对路径、绝对路径和 bare（裸）模式。

- 相对路径，如 '../utils/Point'。
- 绝对路径，如 '/Users/liujunqi/ArkTS/entry/src/main/ets/utils/Point'。
- bare 模式，常用于引用系统库或第三方库，如 '@ohos.app.ability.UIAbility'。

下面以 4.7.2 小节导出的模块为例，在示例工程的 entry/src/main/ets/pages/Index.ets 文件中实现以上 3 种导入绑定方式的导入，代码及说明如下。

```
// Index.ets
import { Point, distance, origin } from '../utils/PointUtils'
import * as Utils from '../utils/PointUtils'
import { Point as P } from '../utils/PointUtils'

@Entry
@Component
struct Index {
  // 第一种方式
  p1:Utils.Point = new Utils.Point(3,4);
  d1:number = Utils.distance(this.p1, Utils.Origin);
  @State message1: string = 'Utils.distance = ' + this.d1;
  // 第二种方式
  p2:Point = new Point(3,4);
  d2:number = distance(this.p2, Origin);
  @State message2: string = 'distance = ' + this.d2;
  // 第三种方式
  p3:P = new P(3,4);
  d3:number = distance(this.p3, Origin);
  @State message3: string = 'distance Point as P = ' + this.d3;

  build() {
```

```
  Column() {
    Text(this.message1)
      .fontSize(26)
      .fontWeight(FontWeight.Bold)
      .height("25%")

    Text(this.message2)
      .fontSize(26)
      .fontWeight(FontWeight.Bold)
      .height("25%")

    Text(this.message3)
      .fontSize(26)
      .fontWeight(FontWeight.Bold)
      .height("25%")
  }
  .height('100%')
  .width('100%')
}
}
```

完成上述代码之后,编译示例工程,运行示例 App,主界面输出这 3 种方式的调用执行结果相同,如图 4-5 所示。

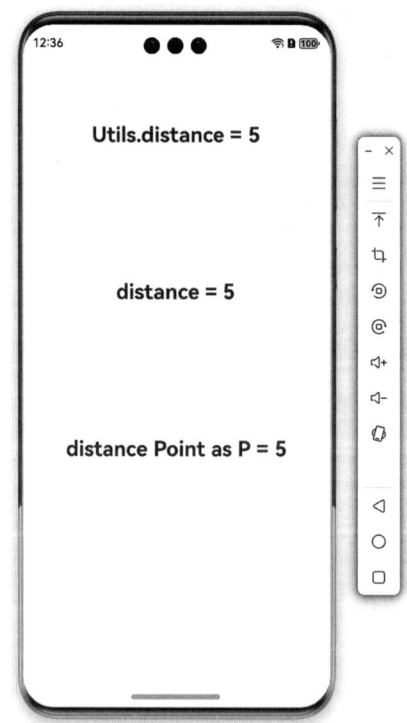

图 4-5　模块导入及调用

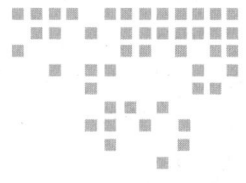

第 5 章 App 框架详解

在前面的章节中，介绍了 HarmonyOS 基本知识、开发环境的搭建、开发工具的使用及 ArkTS 语言。本章内容将介绍一款 HarmonyOS 的 App 是如何组成及运行的，了解本章内容是开发鸿蒙 App 的基础。

5.1 基本概念

在本章内容开始之前，先介绍一些鸿蒙系统中的基本概念及关系，以便于更好地理解本章内容。

5.1.1 应用模型

应用模型是系统为开发者提供的应用程序所需能力的抽象提炼，其作用在于为应用程序提供必备的组件以及运行机制。对于开发者而言，基于这样的应用模型，能够以相对较低的成本，迅速地构建出 App 框架，并实现应用的各项功能。这就如同为建筑者提供了一套标准化的建筑蓝图和建筑材料，使得他们可以高效地搭建各种建筑物。应用模型为开发者提供了一种便捷的开发方式，减少了开发过程中工作的重复性和复杂性，提高了开发效率和质量。

在鸿蒙系统中为开发者提供了两种应用模型，分别为 FA（Feature Ability）模型和 Stage 模型，由于 Stage 模型是鸿蒙系统中主推且会长期演进的模型，因此本章内容将基于 Stage 模型构建的 App 框架展开，并对这个 App 框架的组成部分以及运行机制进行详细介绍。

5.1.2 Module

Module 是应用的基本功能单元，包含了源代码、资源文件、第三方库及应用 / 服务配置文件，每一个 Module 都可以独立进行编译和运行。一个 HarmonyOS 应用 / 服务通常会包含一个或多个 Module，因此，可以在项目工程中创建多个 Module。在开发过程中，我们可以将每个功能模块作为一个独立的 Module 进行开发，这种模块化、松耦合的模块管理方式有助于应用的开发、维护与扩展。

Module 按照使用场景主要分为两种类型，即 Ability 类型的 Module 和 Library 类型的 Module。

1. Ability 类型的 Module

在鸿蒙系统的开发架构中，Ability 代表一种能力单元，是应用所具备能力的抽象，可以独立完成一个特定功能。Ability 类型的 Module 用于实现应用的功能和特性。每编译一个 Ability 类型的 Module 后，会生成一个以 .hap 为后缀的文件，我们称其为 HAP（Harmony Ability Package）包。HAP 包可以独立安装和运行，是应用安装的基本单位。一个 App 可以包含一个或多个 HAP 包，主要分为 Entry 类型的 Module 和 Feature 类型的 Module。

- Entry 类型的 Module：应用的主模块，包含应用的入口界面、入口图标和主功能特性，编译后生成 Entry 类型的 HAP。每一个应用分发到同一类型设备上的应用程序包，只能包含唯一一个 Entry 类型的 HAP。
- Feature 类型的 Module：应用的动态特性模块，编译后生成 Feature 类型的 HAP。一个应用中可以包含零个或多个 Feature 类型的 HAP。

2. Library 类型的 Module

Library 类型的 Module 用于实现代码和资源的共享。同一个 Library 类型的 Module 可以被其他的 Module 多次引用，合理地使用该类型的 Module，能够降低开发和维护成本。Library 类型的 Module 分为 Static 和 Shared 两种类型，编译后会生成共享包。

- Static Library：静态共享库，在编译时实现共享。编译后会生成一个以 .har 为后缀的文件，即静态共享包（HAR）。
- Shared Library：动态共享库，在运行时实现共享。编译后会生成一个以 .hsp 为后缀的文件，即动态共享包（HSP）。

表 5-1 以编译和运行方式及发布和引用方式对比说明 HAR 与 HSP 两种共享包的主要区别。在应用程序包（安装包）中，这两种共享包的形态如图 5-1 所示，可以看出，在应用程序包中，HAR 已被编译到其他依赖该模块的 HAP 或 HSP 中。然而，HSP 作为独立的个体依然会存在，其代码和资源可在运行时被其他模块复用，减少了内存占用和重复代码的问题。

表 5-1 共享包对比

共享包类型	编译和运行方式	发布和引用方式
HAR	HAR 中的代码和资源跟随使用方编译，如果有多个使用方，则它们的编译产物中会存在多份相同拷贝	HAR 除了支持应用内引用，还支持独立打包发布，供其他应用引用
HSP	HSP 中的代码和资源可以独立编译，运行时在一个进程中代码也只会存在一份	HSP 一般随应用进行打包，当前只支持应用内和集成态 HSP

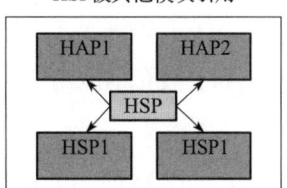

图 5-1　两种共享包在应用程序包中的形态

3. 不同类型的 Module 编译产物在应用程序包中的组成

当不同类型的 Module 经过编译打包之后，应用程序包的组成如图 5-2 所示，即在每个应用程序包中，只能有一个 HAP（Entry 类型的）、0 个或多个 HAP（Feature 类型的）、0 个或多个 HSP，HAR 会被打包至所有依赖该 Module 的 HAP 或 HSP 中。

在设计应用程序的项目工程时，为了确保编译产物的有效性和可用性，应该遵循上述结构，重点关注项目的组织、Module 间的依赖及编译配置。

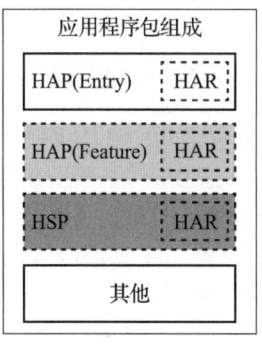

图 5-2　应用程序包的组成（按 Module 产物划分）

5.1.3　Stage 模型的基本概念

图 5-3 为基于 Stage 模型构建的 App 运行概念图，其中，AbilityStage、UIAbility、ExtensionAbility、WindowStage 以及 Context 等一系列关键概念共同构成了 Stage 模型的核心要素。这些要素协同作用，形成了应用组件和生命周期管理的核心框架，该框架用于指导和规范 App 在鸿蒙系统中的开发。

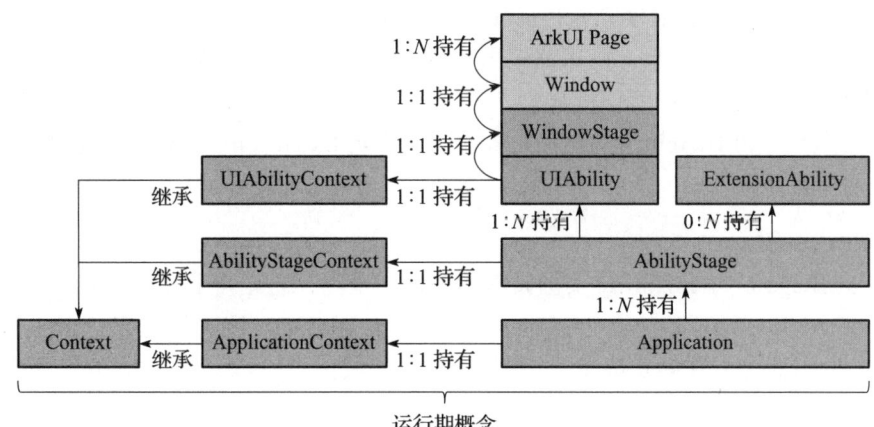

图 5-3　基于 Stage 模型构建的 App 运行概念图

本部分内容基于图 5-3，对这些构成 Stage 模型的概念展开详细描述，目的在于让开发者能够更透彻地理解它们各自在鸿蒙系统应用开发过程中所发挥的重要作用，从而更好地运用这些概念进行高效且符合规范的应用开发工作。

1. AbilityStage

AbilityStage 是 HarmonyOS 的一个重要的类，每个 Entry 类型或者 Feature 类型的 HAP 在运行时都有一个 AbilityStage 类实例。

当 HAP 中的代码首次被加载到系统进程中时，系统会为该 HAP 创建一个 AbilityStage 实例。这个实例负责管理和协调该 HAP 中所有 Ability 的生命周期和状态变化。开发者可以使用 AbilityStage 获取该 HAP 中 UIAbility 实例的运行信息。

2. UIAbility 和 ExtensionAbility

在前文中提到 Ability 是应用所具备能力的抽象。在 Stage 模型中提供的 Ability 分为 UIAbility 和 ExtensionAbility，在 App 实现时都有具体的类承载。

- UIAbility 类型的 Ability 包含用户界面，主要用于和用户交互。它主要负责与用户界面相关的功能。在 UIAbility 中创建和管理应用中的用户界面，处理用户与界面元素之间的交互事件，如用户单击按钮、滑动屏幕等操作。同时，它也能够在生命周期内合理地管理和更新界面状态，如在应用启动、暂停、恢复或者关闭等不同阶段，正确地显示或隐藏界面元素、加载或释放相关资源等。
- ExtensionAbility 类型的 Ability 主要面向特定场景的应用，开发者不直接从 ExtensionAbility 派生，而是使用其派生类。目前有用于卡片、输入法、闲时任务等场景的多种派生类，它们都基于特定场景提供。例如，用户创建应用卡片需从 FormExtensionAbility 派生并实现回调函数及配置。ExtensionAbility 派生类实例由用户触发创建且系统管理生命周期，在 Stage 模型上，普通应用开发者不能开发自定义服务，需通过 ExtensionAbility 的派生类并根据业务场景实现。所有 ExtensionAbility 类型的 Ability 均不能被应用直接启动，而是由相应的系统管理服务拉起，以确保其生命周期受系统管控，使用时拉起，使用完销毁，即 ExtensionAbility 是 Stage 模型中的一部分，但在运行时有独立的管理机制。

本章会重点介绍 UIAbility 的相关内容，读者知晓 ExtensionAbility 的概念及在 Stage 模型中所处的位置即可。

3. WindowStage

WindowStage 是与 UIAbility 实例紧密相关的一个类，它充当了应用进程内的窗口管理器。每个 UIAbility 实例都会与一个 WindowStage 实例绑定，该实例包含一个主窗口，为 ArkUI（方舟 UI 框架，在第 6 章介绍）提供了绘制区域。

4. Context

在 Stage 模型中，Context 及其派生类为开发者提供了在运行时访问各种资源和能力的接口。UIAbility 和 ExtensionAbility 的派生类都拥有不同的 Context 类，这些类都继承自 Context 基类，但根据所属组件的不同，提供了特定于该组件的功能和资源访问能力。

5.2 创建示例工程

本节以实例的方式进行讲解。在客户端新建一个全新的工程，基于该工程，进行与 App 框架相关流程及功能的实践。

在 DevEco Studio 的菜单栏中，依次单击"File → New → Create Project → Empty Ability"，在接下来出现的如图 5-4 所示的界面中单击"Next"按钮。

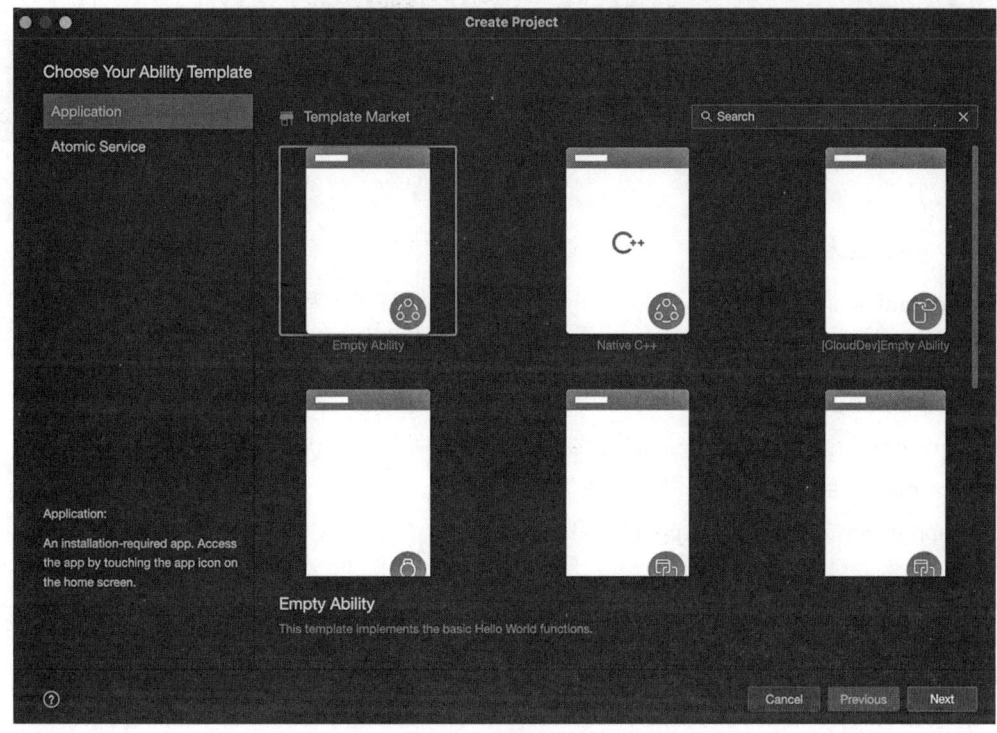

图 5-4　创建新工程

在"Project name"文本框中输入工程名"AppFramework"，如图 5-5 所示，其他项使用默认值，之后单击"Finish"按钮。AppFramework 工程创建完成。

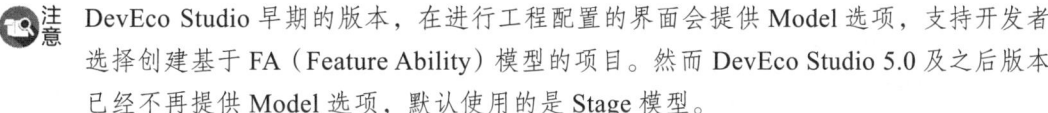

注意　DevEco Studio 早期的版本，在进行工程配置的界面会提供 Model 选项，支持开发者选择创建基于 FA（Feature Ability）模型的项目。然而 DevEco Studio 5.0 及之后版本已经不再提供 Model 选项，默认使用的是 Stage 模型。

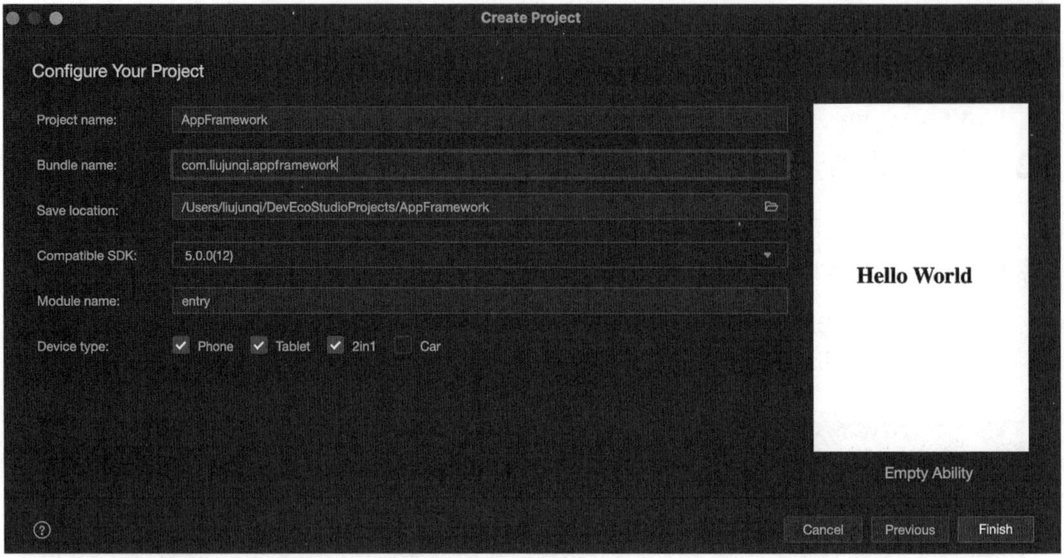

图 5-5 输入工程名

5.2.1 项目工程组成介绍

AppFramework 项目创建完成之后,项目的工程信息在工程区显示,本部分以示例工程为例,对项目工程的结构进行介绍,工程主目录如图 5-6 所示。

1. AppScope 目录

AppScope 目录存放的是全局的公共类型资源文件。
- resources 目录:存放公共类型资源文件。
- app.json5 文件:存放 App 的全局配置信息。

2. entry 目录

entry 是当前工程中的一个 Module,一个工程允许包含一个 Entry 类型的 Module 和多个 Feature 类型的 Module,前者是应用的主模块,后者是应用的动态特性模块。该目录下包含了这个 Module 所有的代码、文本、多媒体、图片、配置等各种资源。在新建项目中,默认设定该 Module 是 Entry 类型的 Module。

1) src → main → ets 目录:用于存放 ArkTS 源码,该目录下存在以下几种目录:
- entryability 目录:默认存放应用 / 服务的入口文件,该文件名默认为 EntryAbility.ets,实现了 EntryAbility 类,该类继承自 UIAbility。
- entrybackupability 目录:默认存放提供备份恢复能力的文件,该文件名默认为 EntryBackupAbility.ets,类型为 backup 的 ExtensionAbility。
- pages 目录:默认存放应用 / 服务包含的页面,在示例工程中默认创建了 Index.ets 文件,实现了将 "HelloWorld" 字符串绘制在屏幕。

2）src → main → resources 目录：用于存放应用/服务模块用到的资源文件，如图形、多媒体、字符串、布局文件等。其中该目录下存在以下几种目录：

- base → element 目录：默认存放字符串、整型数、颜色、样式等资源的 json 文件，每类资源均以 json 格式定义，例如：
  - boolean.json：布尔型。
  - color.json：颜色。
  - float.json：浮点型。
  - intarray.json：整型数组。
  - integer.json：整型。
  - pattern.json：样式。
  - plural.json：复数形式。
  - strarray.json：字符串数组。
  - string.json：字符串值。
- base → media 目录：默认存放多媒体文件，如图形、视频、音频等文件，支持的文件格式包括 .png、.gif、.mp3、.mp4 等。
- rawfile 目录：默认存放任意格式的原始资源文件，不会根据设备的状态去匹配不同的资源，需要指定文件路径和文件名进行引用。

3）src → main → resources → module.json5 文件：默认存放 Stage 模型的 Module 的配置信息，主要包含 HAP 的配置信息、应用在具体设备上的配置信息以及应用的全局配置信息。

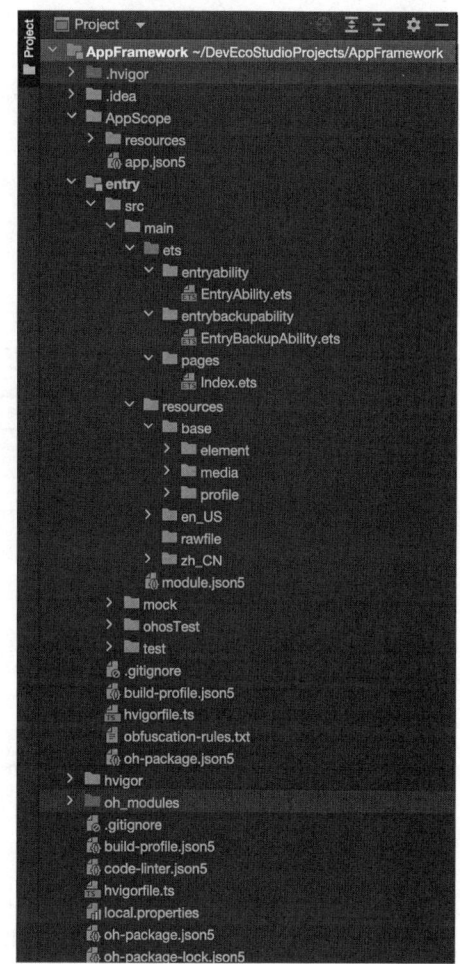

图 5-6 工程主目录

4）entry → main → build-profile.json5 文件：默认存放当前的 Module 信息、编译信息配置项，包括 buildOption、targets 配置等。

5）entry → main → hvigorfile.ts 文件：默认存放模块级编译构建任务脚本。

6）entry → main → oh-package.json5 文件：默认存放配置三方包声明文件的入口及包名。

3. 其他目录及文件

- oh_modules 目录：默认存放三方库依赖信息，包含应用/服务所依赖的第三方库文件。
- build-profile.json5 文件：默认存放应用级配置信息，包括签名、产品配置等。
- hvigorfile.ts 文件：默认存放应用级编译构建任务脚本。

5.2.2 AbilityStage 简介

AbilityStage 是一个 Module 级别的组件容器,其位置关系图如图 5-7 虚线部分所示,AbilityStage 由 Application 持有,一个 App 中可以有多个 AbilityStage。AbilityStage 与 AbilityStageContext 是 1∶1 持有的关系、与 UIAbility 是 1∶N 的持有关系、与 ExtensionAbility 无持有关系,AbilityStage 相当于是这个 Module 的根。AbilityStageContext 在 5.5.2 小节中介绍,UIAbility 在 5.4 节中介绍。

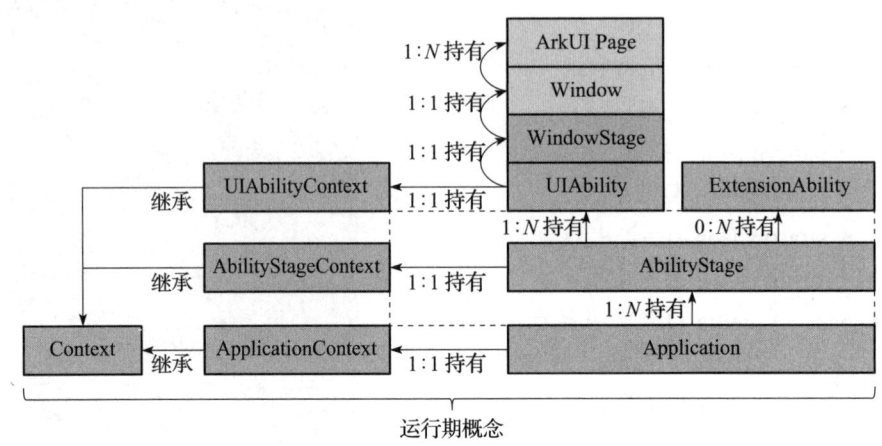

图 5-7 AbilityStage 位置关系图

应用的 HAP 在首次加载时会创建一个 AbilityStage 实例,在 App 中可以通过实现 AbilityStage 的子类来响应 AbilityStage 的相关事件,以完成对应的工作。AbilityStage 拥有 onCreate()、onDestroy() 生命周期回调和 onAcceptWant()、onConfigurationUpdate()、onMemoryLevel() 等事件回调。

- onCreate() 生命周期回调:在开始加载对应 Module 的第一个 UIAbility 实例之前会先创建 AbilityStage,并在 AbilityStage 创建完成之后执行其 onCreate() 生命周期回调。AbilityStage 模块在 Module 加载的时候提供,以通知开发者,可以在此进行该 Module 的初始化(如资源预加载、线程创建等)。
- onDestroy() 生命周期回调:在应用销毁时调用。注意,此方法将在正常的生命周期中调用,当应用程序异常退出或被终止时,将不会调用此方法。
- onAcceptWant() 事件回调:在指定实例模式的 UIAbility 组件启动时触发的事件,用于处理来自系统的各种事件请求,如页面跳转、参数传递等。
- onConfigurationUpdate() 事件回调:在系统全局配置发生变更时触发的事件,颜色主题、语言、字体大小等配置项目前均定义在 Configuration 类中。
- onMemoryLevel() 事件回调:在系统调整内存时触发的事件,如,当该 App 在后台运行且没有足够的内存来运行尽可能多的后台进程时可以使用。

1. 创建 AbilityStage

DevEco Studio 生成的默认工程中并没有自动生成 AbilityStage，如果需要使用 AbilityStage，就需要手动新建一个 AbilityStage 文件，并将其设定为 Module 的入口源文件，主要需要以下四步。

第一步，在 Entry Module 对应的 ets 目录下，右键选择"New → Directory"，新建一个目录并命名为"myabilitystage"。

第二步，在 myabilitystage 目录下，右键选择"New → ArkTS File"，新建一个文件并命名为"MyAbilityStage.ets"。

第三步，打开 MyAbilityStage.ets 文件，实现 MyAbilityStage 类，代码如下。

```
// entry/src/main/ets/myabilitystage/MyAbilityStage.ets
import { AbilityConstant, AbilityStage, Want } from '@kit.AbilityKit';
import { hilog } from '@kit.PerformanceAnalysisKit';
import { Configuration } from '@kit.AbilityKit';

export default class MyAbilityStage extends AbilityStage {
  onCreate(): void {
    hilog.info(0x0000, 'testTag', '%{public}s', 'MyAbilityStage onCreate');
    // 主动获取系统配置信息，可与 onConfigurationUpdate 回调组合使用
    hilog.info(0x0000, 'testTag', '%{public}s', `MyAbilityStage curConfig:
      ${JSON.stringify( this.context.config)}`);
  }

  // 指定实例模式的 UIAbility 组件启动时触发的回调函数
  onAcceptWant(want: Want): string {
    hilog.info(0x0000, 'testTag', '%{public}s', `MyAbilityStage onAcceptWant:
      ${want.abilityName}`);
    return 'MyAbilityStage';
  }

  onConfigurationUpdate(newConfig: Configuration) {
    hilog.info(0x0000, 'testTag', '%{public}s', `MyAbilityStage
      onConfigurationUpdated: ${JSON.stringify(newConfig)}`);
    // 下面是一些常见的配置项
    let language = newConfig.language;
    let colorMode = newConfig.colorMode;
    let direction = newConfig.direction;
    let screenDensity = newConfig.screenDensity;
    let displayId = newConfig.displayId;
    let hasPointerDevice = newConfig.hasPointerDevice;
    let fontSizeScale = newConfig.fontSizeScale;
    let fontWeightScale = newConfig.fontWeightScale;
    let mcc = newConfig.mcc;
    let mnc = newConfig.mnc;
  }

  onMemoryLevel(level: AbilityConstant.MemoryLevel): void {
    hilog.info(0x0000, 'testTag', '%{public}s', 'MyAbilityStage onMemoryLevel');
```

```
        if (level === AbilityConstant.MemoryLevel.MEMORY_LEVEL_CRITICAL) {
            hilog.info(0x0000, 'testTag', 'The memory of device is critical, please
                release some memory.');
        }
    }

    onDestroy(): void {
        hilog.info(0x0000, 'testTag', '%{public}s', 'MyAbilityStage onDestroy');
    }
}
```

第四步，在 module.json5 配置文件中，配置 Module 的 srcEntry 参数，并将其指定为 MyAbilityStage.ets 文件对应的代码路径，以作为该 HAP 加载的入口。

```
// entry/src/main/module.json5
{
    "module": {
        "name": "entry",
        "type": "entry",
        // 增加
        "srcEntry": "./ets/myabilitystage/MyAbilityStage.ets",
        ...
    }
}
```

2. 查看 AbilityStage 生命周期及事件回调

在示例工程中添加上述代码及配置之后，编译及运行该工程，以查看 AbilityStage 提供的事件。

在示例工程 App 运行时，Log 视图输出日志 MyAbilityStage onCreate，在退出该示例工程 App 时，Log 视图输出日志 MyAbilityStage onDestroy，这说明在 MyAbilityStage 中收到了 AbilityStage 的生命周期回调。

再次启动该 App，之后将该 App 切到后台，进入设置，选择"显示和亮度"（更改显示模式如图 5-8 所示），之后再点击"深色模式"，将深色模式打开。这时将该 App 切到前台，在 DevEco Studio 的 Log 视图中输出日志：MyAbilityStage onConfigurationUpdated: {"language": "zh-Hans","colorMode":0,"direction":0,"screenDensity": 640,"displayId":0,"hasPointerDevice":false,"fontSizeScale":1, "fontWeightScale":1,"mcc":"","mnc":""}，其中，colorMode 取值为 0 表示为 DARK 模式，取值为 1 表示为 LIGHT 模式。在 MyAbilityStage 中，可使用 this.context.config 获取当前的系统配置信息。

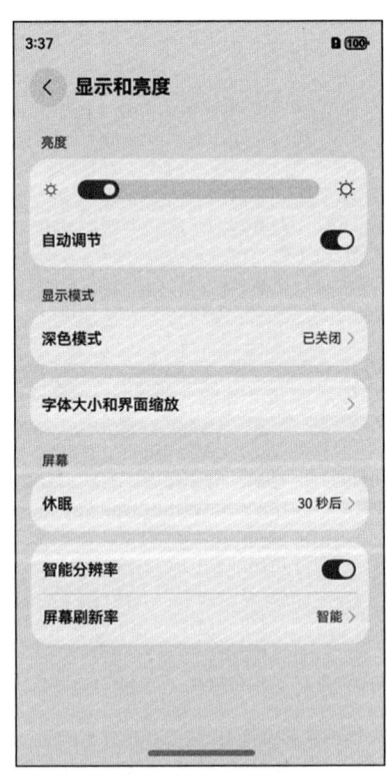

图 5-8　更改显示模式

5.3 项目配置文件概述

在 Stage 模型中,与项目配置有关的文件主要有两个:一个为 App 的配置文件(AppScope/app.json5),一个为 Entry 类型的 Module 配置文件(entry/src → main → module.json5)。在本节中,重点对这两个配置文件中的基本配置进行介绍。

5.3.1 App 配置文件

app.json5 配置文件主要包含两部分内容。一是应用的全局配置信息,涵盖了应用的 Bundle 名称,是应用独特的标识,如同人的身份证用于区分个体;开发厂商信息,明确了应用的来源出处;版本号,反映了应用的更新历程。二是特定设备类型的配置信息,其作用是使应用能针对不同设备,如手机、平板或可穿戴设备等,进行适配性配置,确保应用在各类设备上都能稳定且良好地运行,为用户提供优质的体验。

下面代码为示例工程的 app.json5 配置文件内容,格式为 JSON5(JSON 格式的一个超集,允许使用注释、尾逗号等特性,便于提高配置文件的可读性和可维护性),app.json5 配置文件包含多种属性(或 tag),部分属性可以缺省,主要的属性及说明如表 5-2 所示,也可以将鼠标停留在属性名之上,DevEco Studio 会弹出说明信息。

```
{
  "app": {
    "bundleName": "com.liujunqi.appframework",
    "vendor": "liujunqi",
    "versionCode": 1000000,
    "versionName": "1.0.0",
    "icon": "$media:app_icon",
    "label": "$string:app_name"
  }
}
```

表 5-2 app.json5 文件中的属性说明

属性名称	含义	数据类型	是否可缺省
bundleName	标识应用的 Bundle 名称,用于标识应用的唯一性。格式在 2.6.2 小节中有介绍	字符串	不可缺省
icon	标识应用的图标,取值为图标资源文件的索引	字符串	不可缺省
label	标识应用的名称,取值为字符串资源的索引,字符串长度不超过 63 字节	字符串	不可缺省
description	标识应用的描述信息。取值为长度不超过 255 字节的字符串,内容为描述信息的字符串资源索引	字符串	可缺省,缺省值为空
vendor	标识对应用开发厂商的描述,取值为长度不超过 255 字节的字符串	字符串	可缺省,缺省值为空

（续）

属性名称	含义	数据类型	是否可缺省
versionCode	标识应用的版本号，取值为小于 2^{31} 的正整数。此数字仅用于确定某个版本是否比另一个版本更新，数值越大表示版本越高。但必须确保应用的新版本都使用比旧版本更大的值	数值	不可缺省
versionName	标识向用户展示的应用版本号。取值为长度不超过 127 字节的字符串，仅由数字和点构成，推荐采用"A.B.C.D"四段式的形式。四段式推荐的含义如下所示： 第一段：主版本号 /Major，范围为 0～99，表示重大修改的版本，如实现新的大功能或重大变化 第二段：次版本号 /Minor，范围为 0～99，表示实现较突出的特点，如新功能添加或大问题修复 第三段：特性版本号 /Feature，范围为 0～99，表示标识规划的新版本特性 第四段：修订版本号 /Patch，范围为 0～999，表示维护版本，如修复 bug	字符串	不可缺省
minCompatible-VersionCode	标识应用能够兼容的最低历史版本号，用于应用跨设备兼容性判断。范围为 0～2147483647	数值	可缺省，缺省值等于 versionCode 标签值
minAPIVersion	标识应用运行需要的 SDK 的 API 最小版本。范围为 0～2147483647	数值	应用编译构建时由 build-profile.json5 中的 compatibleSdkVersion 自动生成
targetAPIVersion	标识应用运行需要的 API 目标版本。范围为 0～2147483647	数值	应用编译构建时由 build-profile.json5 中的 compileSdkVersion 自动生成
cloudFileSync-Enabled	标识当前应用是否启用端云文件同步能力： - true：当前应用启用端云文件同步能力 - false：当前应用不启用端云文件同步能力	布尔值	可缺省，缺省值为 false
configuration	标识当前应用字体大小跟随系统配置的能力。该标签是一个 profile 文件资源，用于指定描述应用字体大小跟随系统变更的配置文件	字符串	可缺省，缺省时 configuration 使用跟随系统默认设定
accessible	标识应用是否能访问应用的安装目录，仅针对 Stage 模型的系统应用和预置应用生效	布尔值	可缺省，缺省值为 false
tablet	标识对 tablet 设备做的特殊配置，可以配置的属性字段有上文提到的 minAPIVersion。如果使用该属性对 tablet 设备做了特殊配置，则应用在 tablet 设备中会采用此处配置的属性值，并忽略在 app.json5 公共区域配置的属性值	对象	可缺省，缺省时 tablet 设备使用 app.json5 公共区域配置的属性值
tv	标识对 tv 设备做的特殊配置，可以配置的属性字段有上文提到的 minAPIVersion。如果使用该属性对 tv 设备做了特殊配置，则应用在 tv 设备中会采用此处配置的属性值，并忽略在 app.json5 公共区域配置的属性值	对象	可缺省，缺省时 tv 设备使用 app.json5 公共区域配置的属性值

（续）

属性名称	含义	数据类型	是否可缺省
wearable	标识对 wearable 设备做的特殊配置，可以配置的属性字段有上文提到的 minAPIVersion。如果使用该属性对 wearable 设备做了特殊配置，则应用在 wearable 设备中会采用此处配置的属性值，并忽略在 app.json5 公共区域配置的属性值	对象	可缺省，缺省时 wearable 设备使用 app.json5 公共区域配置的属性值
car	标识对 car 设备做的特殊配置，可以配置的属性字段有上文提到的 minAPIVersion。如果使用该属性对 car 设备做了特殊配置，则应用在 car 设备中会采用此处配置的属性值，并忽略在 app.json5 公共区域配置的属性值	对象	可缺省，缺省时 car 设备使用 app.json5 公共区域配置的属性值
default	标识对 default 设备做的特殊配置，可以配置的属性字段有上文提到的 minAPIVersion。如果使用该属性对 default 设备做了特殊配置，则应用在 default 设备中会采用此处配置的属性值，并忽略在 app.json5 公共区域配置的属性值	对象	可缺省，缺省时 default 设备使用 app.json5 公共区域配置的属性值

5.3.2 Module 配置文件

module.json5 文件是在鸿蒙操作系统中用于描述应用模块的配置文件。module.json5 文件通常位于应用模块的根目录下，用于定义模块的基本信息、版本号、依赖关系、组件声明等。在 DevEco Studio 中，当安装或更新模块时，会读取这个文件来理解模块的结构和运行要求。

本部分内容将结合示例工程进行配置文件的介绍，下面代码为 AppFramework 项目的 module.json5 配置文件内容。module.json5 配置文件中包含多种属性，部分属性可以缺省，主要的属性及说明如表 5-3 所示，注意标粗的内容，与 5.1 节中所述的概念有相关性。

```
// entry/src/main/module.json5
{
  "module": {
    "name": "entry",
    "type": "entry",
    "srcEntry": "./ets/myabilitystage/MyAbilityStage.ets",  // AbilityStage
    "description": "$string:module_desc",
    "mainElement": "EntryAbility",
    "deviceTypes": [
      "phone",
      "tablet",
      "2in1"
    ],
    "deliveryWithInstall": true,
    "installationFree": false,
    "pages": "$profile:main_pages",
```

```
      "abilities": [
        {
          "name": "EntryAbility",
          "srcEntry": "./ets/entryability/EntryAbility.ets",   //UIAbility
          "description": "$string:EntryAbility_desc",
          "icon": "$media:layered_image",
          "label": "$string:EntryAbility_label",
          "startWindowIcon": "$media:startIcon",
          "startWindowBackground": "$color:start_window_background",
          "exported": true,
          "skills": [
            {
              "entities": [
                "entity.system.home"
              ],
              "actions": [
                "action.system.home"
              ]
            }
          ]
        }
      ],
      "extensionAbilities": [
        {
          "name": "EntryBackupAbility",
          "srcEntry": "./ets/entrybackupability/EntryBackupAbility.ets",
          // ExtensionAbility
          "type": "backup",
          "exported": false,
          "metadata": [
            {
              "name": "ohos.extension.backup",
              "resource": "$profile:backup_config"
            }
          ]
        }
      ]
    }
  }
```

表 5-3　module.json5 文件中的属性说明

属性名称	含义	数据类型	是否可缺省
name	标识当前 Module 的名称，确保该名称在整个应用中唯一。命名规则如下： －由字母、数字和下划线组成，且必须以字母开头 －最大长度为 31 字节 应用升级时允许修改该名称，但需要应用适配 Module 相关数据目录的迁移，详见文件管理接口	字符串	不可缺省

（续）

属性名称	含义	数据类型	是否可缺省
type	标识当前 Module 的类型。支持的取值如下： - entry：应用的主模块 - feature：应用的动态特性模块 - har：静态共享包模块 - shared：动态共享包模块	字符串	不可缺省
srcEntry	标识当前 Module 入口所对应的代码路径，取值为长度不超过 127 字节的字符串	字符串	可缺省，缺省值为空
description	标识当前 Module 的描述信息，取值为长度不超过 255 字节的字符串，可以采用字符串资源索引格式	字符串	可缺省，缺省值为空
mainElement	标识当前 Module 的入口 UIAbility 名称或者 ExtensionAbility 名称，取值为长度不超过 255 字节的字符串	字符串	可缺省，缺省值为空
deviceTypes	标识当前 Module 可以运行在哪类设备上	字符串数组	不可缺省
deliveryWithInstall	标识当前 Module 是否在用户主动安装的时候安装，即该 Module 对应的 HAP 是否跟随应用一起安装： - true：主动安装时安装 - false：主动安装时不安装	布尔值	不可缺省
installationFree	标识当前 Module 是否支持免安装特性： - true：支持免安装特性，且符合免安装约束 - false：不支持免安装特性 说明： 当 bundleType 为元服务时，该字段需要配置为 true。反之，该字段需要配置为 false	布尔值	不可缺省
pages	标识当前 Module 的 profile 资源，用于列举每个页面信息，取值为长度不超过 255 字节的字符串	字符串	在有 UIAbility 的场景下，不可缺省
metadata	标识当前 Module 的自定义元信息，可通过资源引用的方式配置 distributionFilter、shortcuts 等信息。只对当前 Module、UIAbility、ExtensionAbility 生效	对象数组	可缺省，缺省值为空
abilities	标识当前 Module 中 UIAbility 的配置信息，只对当前 UIAbility 生效	对象数组	可缺省，缺省值为空
extensionAbilities	标识当前 Module 中 ExtensionAbility 的配置信息，只对当前 ExtensionAbility 生效	对象数组	可缺省，缺省值为空
requestPermissions	标识当前应用运行时需向系统申请的权限集合	对象数组	可缺省，缺省值为空
dependencies	标识当前模块运行时依赖的共享库列表	对象数组	可缺省，缺省值为空
targetModuleName	标识当前包所指定的目标 Module，确保该名称在整个应用中唯一。取值为长度不超过 31 字节的字符串，不支持中文。配置该字段的 Module 具有 overlay 特性。仅在动态共享包（HSP）中适用	字符串	可缺省，缺省值为空

表 5-3 中 metadata、abilities、extensionAbilities、requestPermissions 以及 dependencies 属性的数据类型均为对象数组，这意味着它们可以包含多个对象。其中，在 abilities 属性及 extensionAbilities 属性中，对象所包含的属性及其相应说明在表 5-4 及表 5-5 中详细介绍，关于 abilities 属性及 extensionAbilities 属性的使用示例，可以参考本小节中所提及的 module.json5 文件内容，其他属性在本书的其他章节中介绍。

表 5-4 abilities 属性的对象属性说明

属性名称	含义	数据类型	是否可缺省
name	标识当前 UIAbility 组件的名称，确保该名称在整个应用中唯一。取值为长度不超过 127 字节的字符串，不支持中文	字符串	不可缺省
srcEntry	标识入口 UIAbility 的代码路径，取值为长度不超过 127 字节的字符串	字符串	不可缺省
launchType	标识当前 UIAbility 组件的启动模式，支持的取值如下： - multiton：多实例模式，每次启动创建一个新实例 - singleton：单实例模式，仅第一次启动创建新实例 - specified：指定实例模式，运行时由开发者决定是否创建新实例 - standard：multiton 的曾用名，效果与多实例模式一致 具体使用在本章 5.4.3 小节中介绍	字符串	可缺省，该标签缺省为"singleton"
description	标识当前 UIAbility 组件的描述信息，取值为长度不超过 255 字节的字符串。要求采用描述信息的资源索引，以支持多语言	字符串	可缺省，缺省值为空
icon	标识当前 UIAbility 组件的图标，取值为图标资源文件的索引	字符串	可缺省，缺省值为空。如果 UIAbility 被配置为 MainElement，那么该标签必须配置
label	标识当前 UIAbility 组件对用户显示的名称，要求采用该名称的资源索引，以支持多语言。取值为长度不超过 255 字节的字符串	字符串	可缺省，缺省值为空。如果 UIAbility 被配置为 MainElement，那么该标签必须配置
permissions	标识当前 UIAbility 组件自定义的权限信息。当其他应用访问该 UIAbility 时，需要申请相应的权限信息。一个数组元素为一个权限名称。通常采用反向域名格式（不超过 255 字节），取值为系统预定义的权限	字符串数组	可缺省，缺省值为空
metadata	标识当前 UIAbility 组件的元信息	对象数组	可缺省，缺省值为空
exported	标识当前 UIAbility 组件是否可以被其他应用调用： - true：可以被其他应用调用 - false：不可以被其他应用调用，包括无法被 aa 工具命令拉起应用	布尔值	可缺省，缺省值为 false

（续）

属性名称	含义	数据类型	是否可缺省
skills	标识当前 UIAbility 组件或 ExtensionAbility 组件能够接收的 Want 特征集，为数组格式 配置规则： - 对于 Entry 类型的 HAP，应用可以配置多个具有入口能力的 skills 标签（即配置了 ohos.want.action.home 和 entity.system.home） - 对于 Feature 类型的 HAP，只有应用可以配置具有入口能力的 skills 标签，而服务不允许配置	对象数组	可缺省，缺省值为空
startWindowIcon	标识当前 UIAbility 组件启动页面图标资源文件的索引，取值为长度不超过 255 字节的字符串	字符串	不可缺省
startWindowBackground	标识当前 UIAbility 组件启动页面背景颜色资源文件的索引，取值为长度不超过 255 字节的字符串 取值示例：$color:red	字符串	不可缺省

表 5-5 extensionAbilities 属性的对象属性说明

属性名称	含义	数据类型	是否可缺省
name	标识当前 ExtensionAbility 组件的名称，确保该名称在整个应用中唯一，取值为长度不超过 127 字节的字符串	字符串	不可缺省
srcEntry	标识当前 ExtensionAbility 组件所对应的代码路径，取值为长度不超过 127 字节的字符串	字符串	不可缺省
description	标识当前 ExtensionAbility 组件的描述，取值为长度不超过 255 字节的字符串，可以是对描述内容的资源索引，用于支持多语言	字符串	可缺省，缺省值为空
icon	标识当前 ExtensionAbility 组件的图标，取值为资源文件的索引。如果 ExtensionAbility 组件被配置为 MainElement，那么该标签必须配置	字符串	可缺省，缺省值为空
label	标识当前 ExtensionAbility 组件对用户显示的名称，取值为该名称的资源索引，以支持多语言，字符串长度不超过 255 字节。如果 ExtensionAbility 被配置为当前 Module 的 mainElement 时，那么该标签必须配置，且要确保应用内唯一	字符串	可缺省，缺省值为空
type	标识当前 ExtensionAbility 组件的类型，有数十项，不作详细介绍。AppFramework 项目中的 type 为 backup，它是数据备份的 ExtensionAbility	字符串	不可缺省
permissions	标识当前 ExtensionAbility 组件自定义的权限信息。当其他应用访问该 ExtensionAbility 时，需要申请相应的权限信息。一个数组元素为一个权限名称。通常采用反向域名格式（最大 255 字节），取值为系统预定义的权限	字符串数组	可缺省，缺省值为空

(续)

属性名	含义	数据类型	是否可缺省
skills	标识当前 ExtensionAbility 组件能够接收的 Want 的特征集 配置规则：entry 包可以配置多个具有入口能力的 skills 标签（配置了 ohos.want.action.home 和 entity.system.home）的 ExtensionAbility，其中第一个配置了 skills 标签的 Extension-Ability 中的 label 和 icon 作为服务或应用的 label 和 icon 说明： – 服务的 Feature 包不能配置具有入口能力的 skills 标签 – 应用的 Feature 包可以配置具有入口能力的 skills 标签	数组	可缺省，缺省值为空
metadata	标识当前 ExtensionAbility 组件的元信息 说明： 该标签在 type 为 form 时，不可缺省，且必须存在一个 name 为 ohos.extension.form 的对象值，其对应的 resource 值不能缺省，为卡片的二级资源引用	对象	可缺省，缺省值为空
exported	标识当前 ExtensionAbility 组件是否可以被其他应用调用： – true：可以被其他应用调用 – false：不可以被其他应用调用，包括无法被 aa 工具命令拉起应用	布尔值	可缺省，缺省值为 false

5.4 UIAbility 及 WindowStage 简介

UIAbility 组件是 HarmonyOS 中一种包含 UI 界面的组件，主要用于与用户进行交互。它是系统调度的基本单元，为应用提供绘制界面的窗口。在一个应用中，可以有一个或多个 UIAbility 组件。每一个 UIAbility 组件实例（运行态）对应着系统任务列表（可快速查看和管理当前设备上运行的所有任务或应用）中的一个任务。

UIAbility 及 WindowStage 位置关系图如图 5-9 所示，UIAbility 由 AbilityStage 持有，一个 AbilityStage 可以持有多个 UIAbility。UIAbility 与 UIAbilityContext 是 1∶1 持有的关系、与

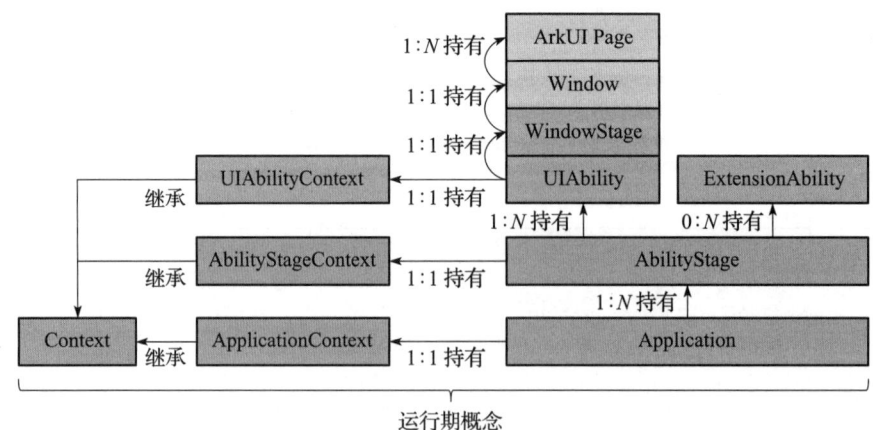

图 5-9 UIAbility 及 WindowStage 位置关系图

WindowStage 是 1∶1 的持有关系、间接地与 ArkUI Page 是 1∶N 的持有关系。UIAbilityContext 的相关内容在后文介绍，ArkUI Page 的相关内容在第 6 章中介绍。

5.4.1 UIAbility 组件生命周期

在项目工程中，UIAbility 组件是通过子类的形式呈现的。当新建一个工程时，其默认设定的类名是 EntryAbility。这个 EntryAbility 类在 entry/src/main/ets/entryability/EntryAbility.ets 实现。

在实际的开发应用过程中，通常会在这个 EntryAbility 类里完成两项重要的操作。一方面，要对 UIAbility 的生命周期事件做出响应，以便能够精准把控组件在不同阶段的状态变化及相应行为。另一方面，借助 UIAbilityContext 实例来进行资源管理方面的工作，从而实现对各类资源的有效调配与合理运用，确保项目的顺利运行。

UIAbility 的生命周期包括四个状态：Create、Foreground、Background、Destroy。在不同的状态之间转换时，系统会调用相应的生命周期回调函数。

- Create 状态：Create 状态在 UIAbility 实例创建完成时触发，系统调用 onCreate() 回调。在该回调中可以进行应用初始化操作，如变量定义、资源加载等，为后续的 UI 界面展示做准备。
- Foreground 状态：Foreground 状态在 UIAbility 的 UI 可见之前时触发，如 UIAbility 切换至前台。系统调用 onForeground() 回调。在该回调中可以申请系统需要的资源，或者重新申请在 onBackground() 中释放的资源。
- Background 状态：Background 状态在 UIAbility 的 UI 完全不可见之后时触发，如 UIAbility 切换至后台。系统调用 onBackground() 回调。在该回调中可以释放 UI 界面不可见时的无用资源。
- Destroy 状态：Destroy 状态在 UIAbility 实例销毁时触发，可以在 onDestroy() 回调中进行系统资源的释放、数据的保存等操作。

UIAbility 的这四个生命周期状态的转换过程收到的回调函数如图 5-10 所示，在示例工程的 EntryAbility.ets 文件中，实现了这四个状态对应的回调函数，在回调函数中输出日志，打印事件名称，代码如下。

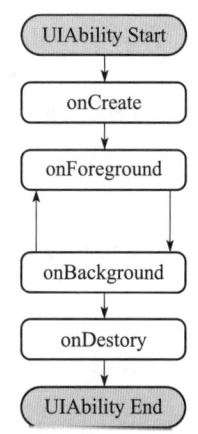

图 5-10 UIAbility 生命周期状态的回调函数

```
// entry/src/main/ets/entryability/EntryAbility.ets
import { AbilityConstant, UIAbility, Want } from '@kit.AbilityKit';
import { hilog } from '@kit.PerformanceAnalysisKit';
import { window } from '@kit.ArkUI';

export default class EntryAbility extends UIAbility {
```

```
onCreate(want: Want, launchParam: AbilityConstant.LaunchParam): void {
    hilog.info(0x0000, 'testTag', '%{public}s', 'EntryAbility onCreate');
}

onDestroy(): void {
    hilog.info(0x0000, 'testTag', '%{public}s', 'EntryAbility onDestroy');
}

onForeground(): void {
    // Ability has brought to foreground
    hilog.info(0x0000, 'testTag', '%{public}s', 'EntryAbility onForeground');
}

onBackground(): void {
    // Ability has back to background
    hilog.info(0x0000, 'testTag', '%{public}s', 'EntryAbility onBackground');
}
```

编译示例工程，启动示例 App 后，将其切换到后台，再将其切换到前台，之后再切换到后台退出示例工程 App，EntryAbility 类中接收到对应的事件。这时在 Log 视图中，App 状态及 UIAbility 事件的显示日志如图 5-11 所示，因为示例工程中只有一个 UIAbility，且 EntryAbility 为默认运行的 UIAbility，打开及退出 App 就相当于打开及退出了 EntryAbility。

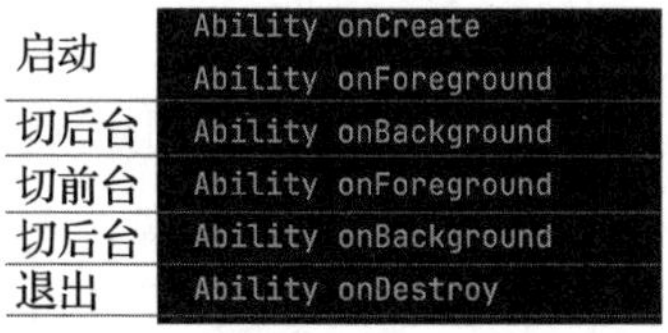

图 5-11　App 状态及 UIAbility 事件的显示日志

5.4.2　WindowStage 及相关事件

在 Stage 模型下，WindowStage 由 UIAbility 创建并维护生命周期。在 UIAbility 实例创建完成之后，进入前台之前，系统会创建一个 WindowStage。在 UIAbility 实例销毁之前，系统会先销毁该 WindowStage。对应着，为 UIAbility 实例提供了三个生命周期回调。

- onWindowStageCreate()：当 UIAbility 的窗口被创建时，UIAbility 实例会收到 onWindowStageCreate() 回调，在这个回调中默认通过 WindowStage 的 loadContent() 方法设置应用要加载的页面。
- onWindowStageWillDestroy()：当 UIAbility 的窗口将要被销毁时，UIAbility 实例会收到 onWindowStageWillDestroy() 回调，在该回调中可释放通过 WindowStage 对象获取的资源。
- onWindowStageDestroy()：当 UIAbility 的窗口被销毁时，UIAbility 实例会收到 onWindowStageDestroy() 回调，在该回调中可释放 UI 的相关资源。

当 UIAbility 在前台时，其界面相关的内容的获焦、失焦等状态由 WindowStage 负责。要想知晓这些状态，需要通过 on('windowStageEvent') 方法订阅 WindowStage 的事件来实现，在 EntryAbility.ets 中增加如下代码。

```
// entry/src/main/ets/entryability/EntryAbility.ets
export default class EntryAbility extends UIAbility {
  onWindowStageCreate(windowStage: window.WindowStage): void {
    // Main window is created, set main page for this ability
    hilog.info(0x0000, 'testTag', '%{public}s', 'EntryAbility onWindowStageCreate');
    // 设置 WindowStage 的事件订阅（获焦/失焦、可见/不可见）
    windowStage.on('windowStageEvent', (data) => {
      let stageEventType: window.WindowStageEventType = data;
      switch (stageEventType) {
        case window.WindowStageEventType.SHOWN:      // 切到前台
          hilog.info(0x0000, 'testTag', 'EntryAbility WindowStageEvent SHOWN.');
          break;
        case window.WindowStageEventType.ACTIVE:     // 获焦状态
          hilog.info(0x0000, 'testTag', 'EntryAbility WindowStageEvent ACTIVE.');
          break;
        case window.WindowStageEventType.INACTIVE:   // 失焦状态
          hilog.info(0x0000, 'testTag', 'EntryAbility WindowStageEvent INACTIVE.');
          break;
        case window.WindowStageEventType.HIDDEN:     // 切到后台
          hilog.info(0x0000, 'testTag', 'EntryAbility WindowStageEvent HIDDEN.');
          break;
        case window.WindowStageEventType.PAUSED:     // 暂停
          hilog.info(0x0000, 'testTag', 'EntryAbility WindowStageEvent PAUSED.');
          break;
        case window.WindowStageEventType.RESUMED:    // 恢复
          hilog.info(0x0000, 'testTag', 'EntryAbility WindowStageEvent RESUMED.');
          break;
        default:
          break;
      }
    });

    hilog.info(0x0000, 'testTag', 'EntryAbility begin load the content.');
    windowStage.loadContent('pages/Index', (err) => {
      if (err.code) {
        hilog.error(0x0000, 'testTag', 'EntryAbility Failed to load the content.
          Cause: %{public}s', JSON.stringify(err) ?? '');
        return;
      }
      hilog.info(0x0000, 'testTag', 'EntryAbility Succeeded in loading the content.');
    });
  }

  onWindowStageWillDestroy(): void {
    hilog.info(0x0000, 'testTag', '%{public}s', 'EntryAbility onWindowStageWillDestroy');
    this.context.windowStage.off('windowStageEvent');
  }

  onWindowStageDestroy(): void {
```

```
        //Main window is destroyed, release UI related resources
        hilog.info(0x0000, 'testTag', '%{public}s', 'EntryAbility onWindowStageDestroy');
    }
}
```

完成上面代码之后，编译和运行示例工程，App 运行显示主界面，在 DevEco Studio 的 Log 视图中 App 启动的相关事件日志如图 5-12 所示。依次收到的事件为 EntryAbility 被创建→WindowStage 被创建→EntryAbility 切前台→窗口显示→窗口获焦。

当上滑 App 显示系统任务列表时（注意，这时还没有切后台，如图 5-13 所示），Log 视图输出"WindowStageEvent PAUSED."，之后再单击一下任务列表中的示例 App，示例 App 切到前台，Log 视图输出"WindowStageEvent RESUMED."。在这个过程中，没有收到 UIAbility 相关的生命周期事件，在实际研发过程中需要合理地使用 WindowStage 及 UIAbility 提供的事件，为用户提供更自然的使用体验，如这两个事件可用于暂停当前正在进行的任务。

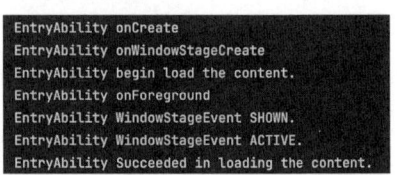

图 5-12　App 启动的相关事件日志

当 App 切回前台，退出 App 时，Log 视图输出的 App 退出的相关事件日志如图 5-14 所示。依次收到的事件为窗口暂停→窗口失焦→UIAbility 切后台→窗口隐藏→WindowStage 将要销毁→WindowStage 销毁→UIAbility 销毁。

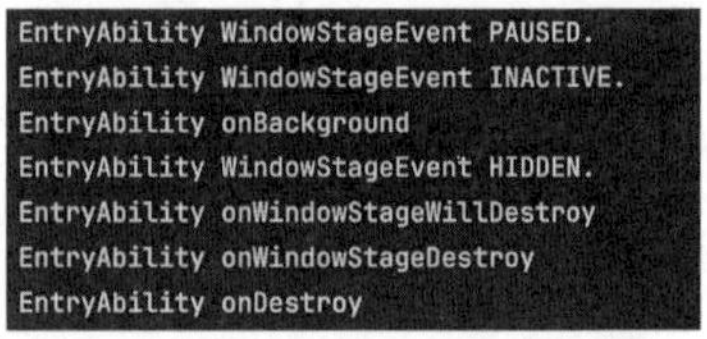

5.4.3　UIAbility 的启动模式

在 Stage 模型中，在一个 Module 中只能有一个 AbilityStage，但可以有多个 UIAbility。当在这个 Module 中有多个 UIAbility 时，在一个 UIAbility 中可以启动另外一个 UIAbility。

UIAbility 的启动模式有三种：单实例模式（singleton）、多实例模式（multiton）、指定实例模式（specified）。在本部分中分别介绍如何使用这三种模式启动 UIAbility。

图 5-13　App 显示在系统任务列表中

图 5-14　App 退出的相关事件日志

1. singleton 启动模式

singleton 启动模式为单实例模式，是默认的启动模式。当启动该 UIAbility 实例时，如果在应用进程中该类型的 UIAbility 实例已经存在，则复用该实例。

系统中只存在唯一一个该 UIAbility 实例。

本部分内容实现以单实例模式启动 UIAbility，主要工作分为五步。

第一步，在 entry/src/main/ets/pages 目录下新建一个页面文件，如图 5-15 所示，由 UIAbility 加载，用鼠标右击 entry/src/main/ets/pages 目录，依次选择"New → ArkTS File"，再输入文件名称"SingletonIndex"，之后打开 SingletonIndex.ets 文件，输入如下代码。

```
// entry/src/main/ets/pages/SingletonIndex.ets
@Entry
@Component
struct SingletonIndex {
  @State message: string = 'SingletonIndex';

  build() {
    RelativeContainer() {
      Text(this.message)
        .id('SingletonIndex')
        .fontSize(50)
        .fontWeight(FontWeight.Bold)
        .alignRules({
          center: { anchor: '__container__', align: VerticalAlign.Center },
          middle: { anchor: '__container__', align: HorizontalAlign.Center }
        })
    }
    .height('100%')
    .width('100%')
  }
}
```

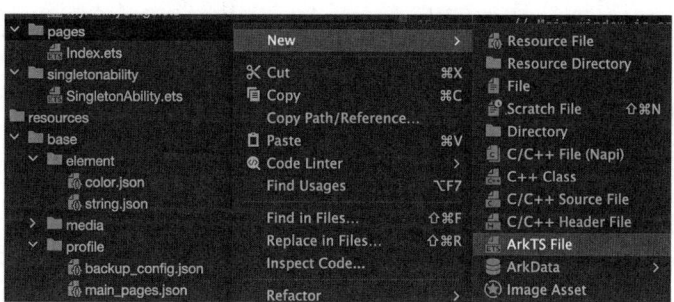

图 5-15　新建页面文件

第二步，创建一个 UIAbility，具体操作为在示例工程中，用鼠标右击"entry"目录，新建 Ability 如图 5-16 所示，依次选择"New → Ability"（在 Stage 模型中，创建的 Ability 默认为 UIAbility），之后进入"New Ability"流程，在"Configure Your Ability"界面中，"Ability name"选项中输入"SingletonAbility"（如图 5-17 所示），之后单击"Finish"按钮。

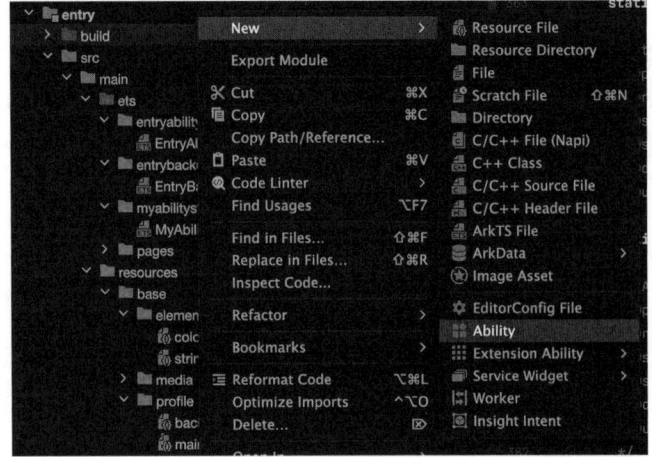

图 5-16　新建 Ability

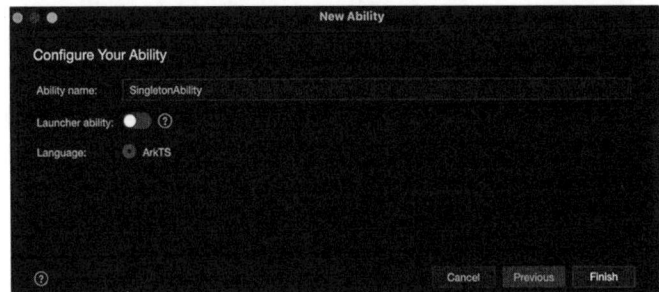

图 5-17　输入 Ability name 选项

这时 DevEco Studio 会在 entry/src/main/ets/ 目录中，新建一个 singletonability 目录，该目录包含一个 SingletonAbility.ets 文件，修改 SingletonAbility.ets 文件，响应基础 UIAbility 的事件增加日志及加载 SingletonIndex 页面，代码如下。

```
// entry/src/main/ets/singletonability/SingletonAbility.ets
import { AbilityConstant, UIAbility, Want } from '@kit.AbilityKit';
import { hilog } from '@kit.PerformanceAnalysisKit';
import { window } from '@kit.ArkUI';

export default class SingletonAbility extends UIAbility {
  onCreate(want: Want, launchParam: AbilityConstant.LaunchParam): void {
    hilog.info(0x0000, 'testTag', '%{public}s', 'SingletonAbility onCreate');
  }

  onDestroy(): void {
    hilog.info(0x0000, 'testTag', '%{public}s', 'SingletonAbility onDestroy');
  }

  onWindowStageCreate(windowStage: window.WindowStage): void {
```

```
    hilog.info(0x0000, 'testTag', '%{public}s', 'SingletonAbility onWindowStageCreate');

  // 设置 WindowStage 的事件订阅（获焦 / 失焦、可见 / 不可见）
  windowStage.on('windowStageEvent', (data) => {
    let stageEventType: window.WindowStageEventType = data;
    switch (stageEventType) {
      case window.WindowStageEventType.SHOWN:          // 切到前台
        hilog.info(0x0000, 'testTag', 'SingletonAbility WindowStageEvent SHOWN.');
        break;
      case window.WindowStageEventType.ACTIVE:         // 获焦状态
        hilog.info(0x0000, 'testTag', 'SingletonAbility WindowStageEvent ACTIVE.');
        break;
      case window.WindowStageEventType.INACTIVE:       // 失焦状态
        hilog.info(0x0000, 'testTag', 'SingletonAbility WindowStageEvent INACTIVE.');
        break;
      case window.WindowStageEventType.HIDDEN:         // 切到后台
        hilog.info(0x0000, 'testTag', 'SingletonAbility WindowStageEvent HIDDEN.');
        break;
      case window.WindowStageEventType.PAUSED:         // 暂停
        hilog.info(0x0000, 'testTag', 'SingletonAbility WindowStageEvent PAUSED.');
        break;
      case window.WindowStageEventType.RESUMED:        // 恢复
        hilog.info(0x0000, 'testTag', 'SingletonAbility WindowStageEvent RESUMED.');
        break;
      default:
        break;
    }
  });

  hilog.info(0x0000, 'testTag', 'SingletonAbility begin load the content.');
  windowStage.loadContent('pages/SingletonIndex', (err) => {
    if (err.code) {
      hilog.error(0x0000, 'testTag', 'SingletonAbility Failed to load the
        content. Cause: %{public}s', JSON.stringify(err) ?? '');
      return;
    }
    hilog.info(0x0000, 'testTag', 'SingletonAbility Succeeded in loading the content.');
  });
}

onWindowStageDestroy(): void {
  hilog.info(0x0000, 'testTag', '%{public}s', 'SingletonAbility onWindowStageDestroy');
}

onForeground(): void {
  hilog.info(0x0000, 'testTag', '%{public}s', 'SingletonAbility onForeground');
}

onBackground(): void {
  hilog.info(0x0000, 'testTag', '%{public}s', 'SingletonAbility onBackground');
}
}
```

第三步，在 entry/src/main/module.json5 文件中，增加 SingletonAbility 相关配置。

```
// entry/src/main/module.json5
{
  "module": {
    // ...
    "abilities": [
      // ...
      {
        "name": "SingletonAbility",
        "srcEntry": "./ets/singletonability/SingletonAbility.ets",
        "launchType": "singleton",                    // 注意这句，指定启动模式为 singleton
        "description": "$string:SingletonAbility_desc",
        "icon": "$media:layered_image",
        "label": "$string:SingletonAbility_label",
        "startWindowIcon": "$media:startIcon",
        "startWindowBackground": "$color:start_window_background"
      }
    ]
  }
}
```

第四步，在 main_pages.json 文件中，增加 SingletonIndex 页面路径配置项。

```
// entry/src/main/resources/base/profile/main_pages.json
{
  "src": [
    // ...
    "pages/SingletonIndex"                            // 新增
  ]
}
```

第五步，在 Index.ets 中，增加启动 SingletonAbility 的代码。

```
// entry/src/main/ets/pages/Index.ets
struct Index {
  build() {
    Column() {
      // 启动 SingletonAbility
      Button('startSingletonAbility')
        .onClick(() => {
          let context = getContext(this) as common.UIAbilityContext;
          let want: Want = {
            bundleName: 'com.liujunqi.appframework',
            abilityName: 'SingletonAbility',          // 指定 UIAbility 名称
          }
          try {
            context.startAbility(want, (err: BusinessError) => {
              if (err.code) {
                hilog.info(0x0000, 'testTag', '%{public}s', `startSingletonAbility
                  failed, code is ${err.code}, message is ${err.message}`);
                return;
              }
```

```
              hilog.info(0x0000, 'testTag', '%{public}s', 'startSingletonAbility
                succeed');
            });
          } catch (err) {
            let code = (err as BusinessError).code;
            let message = (err as BusinessError).message;
            hilog.info(0x0000, 'testTag', '%{public}s', `startSingletonAbility
              failed, code is ${code}, message is ${message}`);
          }
        })
    }
    .height('100%')
    .width('100%')
  }
}
```

在完成上述代码之后，编译示例工程，并运行示例App，如图5-18所示，查看系统的任务列表（从屏幕的底部向上滑动），这时只展示EntryAbility。之后回到示例App，单击"startSingletonAbility"按钮，再次进入系统的任务列表，这时EntryAbility及SingletonAbility均在任务列表中展示（如图5-19所示），然后回到EntryAbility，再次单击"startSingletonAbility"按钮，SingletonAbility在任务列表中只有一个实例。

图5-18　查看任务列表

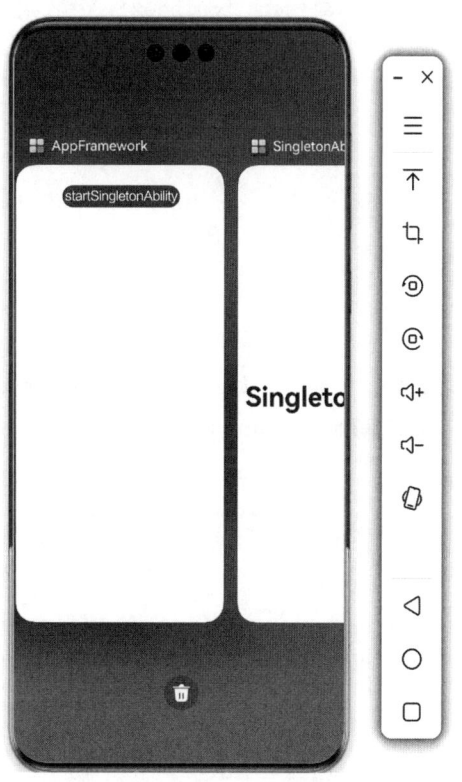

图5-19　查看任务列表（含SingletonAbility）

2. multiton 启动模式

multiton 启动模式为多实例模式,当以这种多实例模式启动该 UIAbility 时,每一次的启动操作都会在应用进程中创建一个新的该类型 UIAbility 实例,即在最近任务列表中可以看到有多个该类型的 UIAbility 实例。

多实例启动模式适用于业务流程独立及关系复杂的场景,比如实现特定的导航及返回逻辑时可为特定的页面分配 UIAbility 实例。本部分内容实现以多实例模式启动 UIAbiliy,主要工作分为五步。

第一步,在 entry/src/main/ets/pages 目录下,新建一个 MultitonIndex.ets 页面文件,页面中展示 UIAbility 类型,该文件代码实现如下。

```
// entry/src/main/ets/pages/MultitonIndex.ets
@Entry
@Component
struct MultitonIndex {
  @State message: string = 'MultitonIndex';

  build() {
    RelativeContainer() {
      Text(this.message)
        .id('MultitonIndex')
        .fontSize(50)
        .fontWeight(FontWeight.Bold)
        .alignRules({
          center: { anchor: '__container__', align: VerticalAlign.Center },
          middle: { anchor: '__container__', align: HorizontalAlign.Center }
        })
    }
    .height('100%')
    .width('100%')
  }
}
```

第二步,创建一个 UIAbility,Ability name 为 MultitonAbility。之后,修改 MultitonAbility.ets 文件,响应基础 UIAbility 的事件增加日志,并加载 MultitonIndex 页面,代码如下。

```
// entry/src/main/ets/multitonability/MultitonAbility.ets
import { AbilityConstant, UIAbility, Want } from '@kit.AbilityKit';
import { hilog } from '@kit.PerformanceAnalysisKit';
import { window } from '@kit.ArkUI';

export default class MultitonAbility extends UIAbility {
  onCreate(want: Want, launchParam: AbilityConstant.LaunchParam): void {
    hilog.info(0x0000, 'testTag', '%{public}s', 'MultitonAbility onCreate');
  }

  onDestroy(): void {
    hilog.info(0x0000, 'testTag', '%{public}s', 'MultitonAbility onDestroy');
```

```
  onWindowStageCreate(windowStage: window.WindowStage): void {
    hilog.info(0x0000, 'testTag', '%{public}s', 'MultitonAbility onWindowStageCreate');
    // 加载 MultitonIndex
    windowStage.loadContent('pages/MultitonIndex', (err) => {
      if (err.code) {
        hilog.error(0x0000, 'testTag', 'MultitonAbility Failed to load the
          content. Cause: %{public}s', JSON.stringify(err) ?? '');
        return;
      }
      hilog.info(0x0000, 'testTag', 'MultitonAbility Succeeded in loading the content.');
    });
  }

  onWindowStageDestroy(): void {
    hilog.info(0x0000, 'testTag', '%{public}s', 'MultitonAbility onWindowStageDestroy');
  }

  onForeground(): void {
    hilog.info(0x0000, 'testTag', '%{public}s', 'MultitonAbility onForeground');
  }

  onBackground(): void {
    hilog.info(0x0000, 'testTag', '%{public}s', 'MultitonAbility onBackground');
  }
}
```

第三步，在 module.json5 文件中，增加 MultitonAbility 的配置。

```
// entry/src/main/module.json5
{
  "module": {
    // ...
    "abilities": [
      // ...
      {
        "name": "MultitonAbility",
        "srcEntry": "./ets/multitonability/MultitonAbility.ets",
        "launchType": "multiton",   // 注意这句，指定启动模式为 multiton
        "description": "$string:MultitonAbility_desc",
        "icon": "$media:layered_image",
        "label": "$string:MultitonAbility_label",
        "startWindowIcon": "$media:startIcon",
        "startWindowBackground": "$color:start_window_background"
      }
    ]
  }
}
```

第四步，在 main_pages.json 文件中，增加 MultitonIndex 页面路径配置项。

```
// entry/src/main/resources/base/profile/main_pages.json
{
  "src": [
    // ...
    "pages/MultitonIndex"   // 新增
  ]
}
```

第五步,在 Index.ets 中,增加启动 MultitonAbility 的代码。

```
// entry/src/main/ets/pages/Index.ets
struct Index {
  build() {
    Column() {
      // ...
      // 启动 MultitonAbility
      Button('startMultitonAbility')
        .onClick(() => {
          let context = getContext(this) as common.UIAbilityContext;
          let want: Want = {
            bundleName: 'com.liujunqi.appframework',
            abilityName: 'MultitonAbility',
          }
          try {
            context.startAbility(want, (err: BusinessError) => {
              if (err.code) {
                hilog.info(0x0000, 'testTag', '%{public}s', `startMultitonAbility
                  failed, code is ${err.code}, message is ${err.message}`);
                return;
              }
              hilog.info(0x0000, 'testTag', '%{public}s', 'startMultitonAbility
                succeed');
            });
          } catch (err) {
            let code = (err as BusinessError).code;
            let message = (err as BusinessError).message;
            hilog.info(0x0000, 'testTag', '%{public}s', `startMultitonAbility
              failed, code is ${code}, message is ${message}`);
          }
        })
    }
    .height('100%')
    .width('100%')
  }
}
```

在完成上述代码之后,编译示例工程,并运行示例 App,单击"startMultitonAbility"按钮,进入系统的任务列表,这时 EntryAbility 及 MultitonAbility 均在任务列表中展示,回到 EntryAbility,再次单击"startMultitonAbility"按钮和进入系统的任务列表,MultitonAbility 在任务列表中有两个实例,这种多实例的情况如图 5-20 所示。

3. specified 启动模式

specified 启动模式为指定实例模式，该模式与 multiton 启动模式相似，支持多实例运行。区别在于，在指定实例模式下，若要创建 UIAbility 实例，系统会询问应用程序使用哪个字符串 ID（唯一的 key）对应的 UIAbility 实例来响应请求。

指定实例启动流程如图 5-21 所示，生成字符串 ID 的工作在 AbilityStage 的 onAcceptWant 回调函数中实现，onAcceptWant 回调函数由系统调用并传入启动 UIAbility 时携带的参数（通常生成字符串 ID 会使用该参数，这个字符串 ID 相对于参数是唯一的）。该字符串 ID 在 onAcceptWant 回调函数中返回，系统层接收后进行匹配，如果系统匹配到已经存在对应该字符串 ID 的 UIAbility 实例正在运行，那么就会直接复用这个与该字符串 ID 绑定的 UIAbility 实例，如果没有找到匹配的 UIAbility 实例，那么系统会创建一个新的 UIAbility 实例，并将其与该字符串 ID 进行关联，以便后续能够根据该字符串 ID 准确地找到并使用这个实例，以响应相关请求。

图 5-20　查看任务列表（多实例）

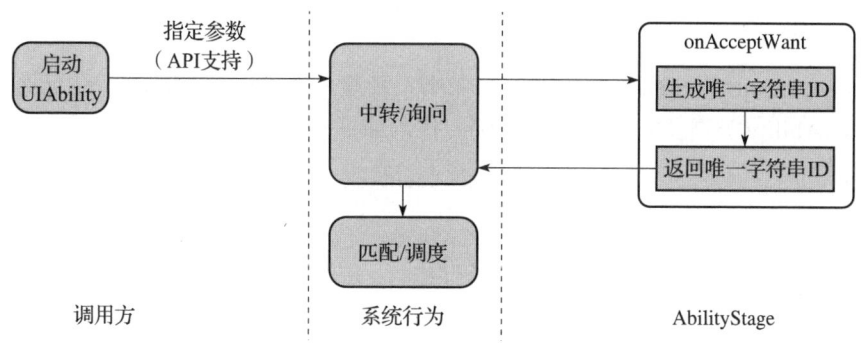

图 5-21　指定实例启动流程

指定实例启动模式适用于业务流程独立及唯一的场景，例如，在文档编辑、图片编辑时，可给每个文件分配一个 UIAbility 实例。本部分内容实现以指定实例的模式启动 UIAbiliy，主要工作分为七步。

第一步，由于示例的需要，因此在项目中要有一个能够生成唯一字符串 ID 的类。这个类应具备两个主要功能：一是支持生成字符串形式的唯一 ID，二是能够获取所生成的这个唯一 ID 的值。在 entry/src/main/ets 目录中创建 IDUtils.ets 文件，以实现该能力，代码如下。

```
// entry/src/main/ets/IDUtils.ets
class IDUtils {
  private static instance: IDUtils;
  private curID:string = '0';
  private constructor() {
    // 私有构造函数，防止外部实例化
  }

  public static getIDUtils(): IDUtils {
    if (!IDUtils.instance) {
      IDUtils.instance = new IDUtils();
    }
    return IDUtils.instance;
  }
  // 生成一个字符串 ID，用于标识 UIAbility，在实际的项目中可能是一个文件名、一个账号 ID 等
  genNewID() {
    let randomString = '';
    for (let i = 0; i < 16; i++) {
      // 假设可以生成 0-255 的随机数（这里只是模拟，实际可能需要更复杂的随机数生成方法）
      const randomByte = Math.floor(Math.random() * 256);
      randomString += randomByte.toString(16).padStart(2, '0');
    }
    this.curID = randomString;
  }
  // 获取字符串 ID
  getCurID(): string {
    return this.curID;
  }
}
export default IDUtils;
```

第二步，在 entry/src/main/ets/pages 目录下，新建一个 SpecifiedIndex.ets 页面文件，页面中展示 UIAbility 类型及关联的字符串 ID，代码如下。

```
// entry/src/main/ets/pages/SpecifiedIndex.ets
import IDUtils from '../IDUtils';

@Entry
@Component
struct SpecifiedIndex {
  // 使用 IDUtils 中生成的唯一 ID，在页面中展示，启动时调用
  message: string = 'SpecifiedIndex ID =' + IDUtils.getIDUtils().getCurID();

  build() {
    RelativeContainer() {
      Text(this.message)
        .id('SpecifiedIndex')
```

```
        .fontSize(50)
        .fontWeight(FontWeight.Bold)
        .alignRules({
          center: { anchor: '__container__', align: VerticalAlign.Center },
          middle: { anchor: '__container__', align: HorizontalAlign.Center }
        })
    }
    .height('100%')
    .width('100%')
  }
}
```

第三步，创建一个 UIAbility，Ability name 为 SpecifiedAbility，之后修改 SpecifiedAbility.ets 文件，响应基础 UIAbility 的事件及加载 SpecifiedIndex 页面，代码如下。

```
// entry/src/main/ets/specifiedability/SpecifiedAbility.ets
import { AbilityConstant, UIAbility, Want } from '@kit.AbilityKit';
import { hilog } from '@kit.PerformanceAnalysisKit';
import { window } from '@kit.ArkUI';

export default class SpecifiedAbility extends UIAbility {
  onCreate(want: Want, launchParam: AbilityConstant.LaunchParam): void {
    hilog.info(0x0000, 'testTag', '%{public}s', 'SpecifiedAbility onCreate');
  }

  onDestroy(): void {
    hilog.info(0x0000, 'testTag', '%{public}s', 'SpecifiedAbility onDestroy');
  }

  onWindowStageCreate(windowStage: window.WindowStage): void {
    hilog.info(0x0000, 'testTag', '%{public}s', 'SpecifiedAbility onWindowStageCreate');
    // 加载 SpecifiedIndex
    windowStage.loadContent('pages/SpecifiedIndex', (err) => {
      if (err.code) {
        hilog.error(0x0000, 'testTag', 'SpecifiedAbility Failed to load the
          content. Cause: %{public}s', JSON.stringify(err) ?? '');
        return;
      }
      hilog.info(0x0000, 'testTag', 'SpecifiedAbility Succeeded in loading the
        content.');
    });
  }

  onWindowStageDestroy(): void {
    hilog.info(0x0000, 'testTag', '%{public}s', 'SpecifiedAbility onWindowStageDestroy');
  }

  onForeground(): void {
    hilog.info(0x0000, 'testTag', '%{public}s', 'SpecifiedAbility onForeground');
  }

  onBackground(): void {
```

```
      hilog.info(0x0000, 'testTag', '%{public}s', 'SpecifiedAbility onBackground');
    }
}
```

第四步，修改 MyAbilityStage.ets 文件中的 onAcceptWant 回调，实现根据传入的参数生成字符串并返回，因为传入的参数是使用的唯一字符串，在这里仅为增加前缀。代码如下。

```
// entry/src/main/ets/myabilitystage/MyAbilityStage.ets
export default class MyAbilityStage extends AbilityStage {
  onAcceptWant(want: Want): string {
    hilog.info(0x0000, 'testTag', '%{public}s', `MyAbilityStage onAcceptWant:
      ${want.abilityName}`);
    // 在被调用方的 AbilityStage 中，针对启动模式为 specified 的 UIAbility 返回一个 UIAbility
    // 实例对应的一个 ID 值
    if (want.abilityName === 'SpecifiedAbility') {
      // 返回的字符串 ID 标识为自定义拼接的字符串内容
      if (want.parameters) {
        hilog.info(0x0000, 'testTag', '%{public}s', `MyAbilityStage onAcceptWant:
          ${want.abilityName},${want.parameters.instanceKey}`);
        return `SpecifiedAbilityInstance_${want.parameters.instanceKey}`;
      }
    }
    // ...
    return 'MyAbilityStage';
  }
}
```

第五步，在 entry/src/main/module.json5 文件中，增加 SpecifiedAbility 的配置，代码如下。

```
// entry/src/main/module.json5
{
  "module": {
    // ...
    "abilities": [
      // ...
      {
        "name": "SpecifiedAbility",
        "srcEntry": "./ets/specifiedability/SpecifiedAbility.ets",
        "launchType": "specified",        // 注意这句，指定启动模式为 specified
        "description": "$string:SpecifiedAbility_desc",
        "icon": "$media:layered_image",
        "label": "$string:SpecifiedAbility_label",
        "startWindowIcon": "$media:startIcon",
        "startWindowBackground": "$color:start_window_background"
      }
    ]
  }
}
```

第六步，在 main_pages.json 文件中，增加 SpecifiedIndex 页面路径配置项，代码如下。

```
// entry/src/main/resources/base/profile/main_pages.json
{
  "src": [
    // ...
    "pages/SpecifiedIndex"      // 新增
  ]
}
```

第七步，在 Index.ets 文件中，增加重新生成唯一字符串 ID 和启动 SpecifiedAbility 的代码，代码如下。

```
// entry/src/main/ets/pages/Index.ets
struct Index {
  build() {
    Column() {
      // ...
      Row(){
        // 重新生成新 ID，启动新 SpecifiedAbility 之前需要生成一个新 ID
        Button('genNewID')
          .onClick(() => {
            IDUtils.getIDUtils().genNewID();
          })
        // 启动 SpecifiedAbility
        Button('startSpecifiedAbility')
          .onClick(() => {
            let context = getContext(this) as common.UIAbilityContext;
            let want: Want = {
              bundleName: 'com.liujunqi.appframework',
              abilityName: 'SpecifiedAbility',
              parameters: {
                // 自定义 instanceKey 信息，用于区分不同实例的 UIAbility
                instanceKey: IDUtils.getIDUtils().getCurID()
              }
            }
            try {
              context.startAbility(want, (err: BusinessError) => {
                if (err.code) {
                  hilog.info(0x0000, 'testTag', '%{public}s', `startSpecifiedAbility
                    failed, code is ${err.code}, message is ${err.message}`);
                  roturn;
                }
                hilog.info(0x0000, 'testTag', '%{public}s', 'startSpecifiedAbility
                  succeed');
              });
            } catch (err) {
              let code = (err as BusinessError).code;
              let message = (err as BusinessError).message;
              hilog.info(0x0000, 'testTag', '%{public}s', `startSpecifiedAbility
                failed, code is ${code}, message is ${message}`);
```

```
          }
        })
      }
    }
    .height('100%')
    .width('100%')
  }
}
```

在完成上述代码之后，编译示例工程，并运行示例App，先单击"genNewID"按钮，之后再单击"startSpecifiedAbility"按钮，进入系统的任务列表，这时EntryAbility及SpecifiedAbility均在任务列表中展示，指定实例和复用实例的任务列表情况如图5-22所示。这时回到EntryAbility，再次单击"startSpecifiedAbility"按钮，因为ID没有改变，所以之前创建的直接SpecifiedAbility被切换到前台（Log日志输出：SpecifiedAbility onForeground）。

随后，再次单击"genNewID"按钮，之后再单击"startSpecifiedAbility"按钮，由于之前创建的UIAbility实例关联的ID与新生成的ID不同，因此这时系统会创建一个新的UIAbility实例（关联新生成的ID），这时再查看任务列表，其中会展示一个EntryAbility及两个SpecifiedAbility，但是ID不同，指定实例和新建实例的任务列表情况如图5-23所示。

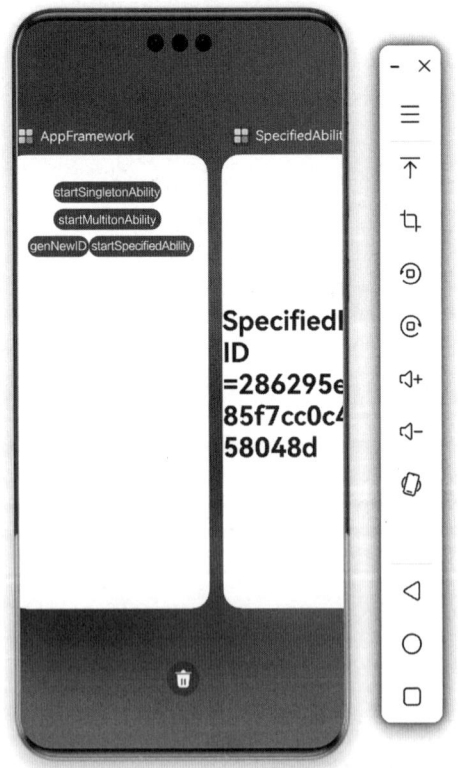 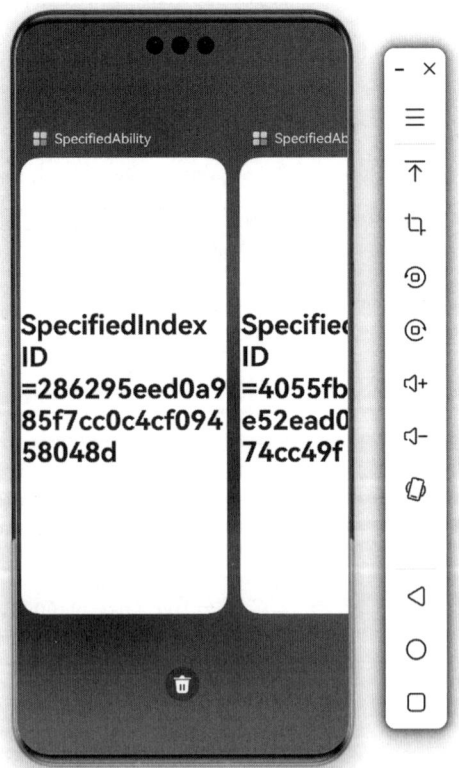

图 5-22 查看任务列表（指定实例和复用实例）　　图 5-23 查看任务列表（指定实例和新建实例）

5.5　Context 简介

应用上下文（Context）是应用程序的全局信息的接口。它是一个抽象类，提供了访问应用程序环境和资源的方法，例如资源管理（resourceManager）、当前应用信息（applicationInfo）、应用文件路径（dir）、文件分区（area）等。

在 Stage 模型中，存在三种不同的应用上下文（Context）供开发者使用（图 5-24 中虚线部分），它们分别是 ApplicationContext、AbilityStageContext 和 UIAbilityContext。这三种上下文均源自一个共同的 Context 基类，但各自提供的功能和适用范围略有差别。值得注意的是，这三种上下文分别属于不同的模块，并与模块之间保持着一一对应（1∶1）的关系，即每种上下文都专门服务于其对应的模块。这样的设计使得每个上下文能够更精确地提供所需的功能，同时保持了模块间的清晰边界。

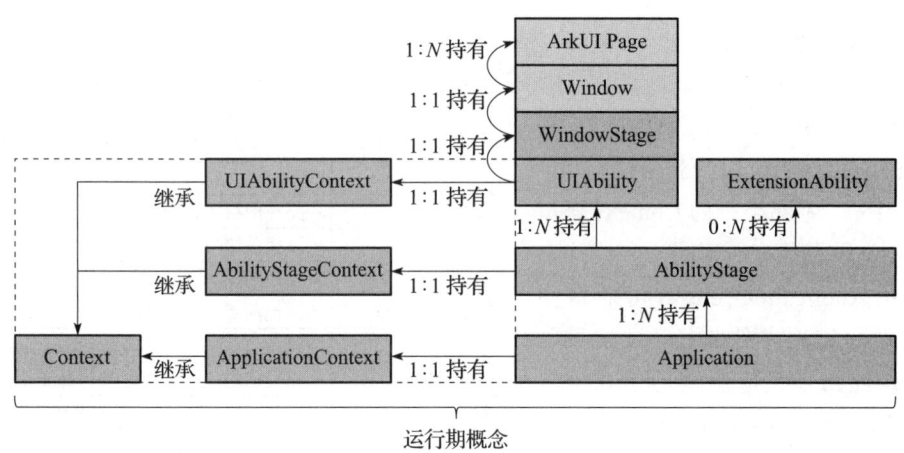

图 5-24　不同 Context 所属关系

5.5.1　获取上下文

在 App 启动后，上下文实例便会在不同模块中被创建。若要使用上下文，就必须获取其实例。在本部分，将会对 ApplicationContext、AbilityStageContext 和 UIAbilityContext 这三种上下文所具备的能力以及获取它们的方法展开介绍。

1. ApplicationContext

ApplicationContext 在 Context 基类的基础上提供了订阅应用内 Ability 的生命周期变化、系统内存变化和应用内系统环境变化的能力。

每个 App 都有一个 ApplicationContext 对象，它在整个应用程序的生命周期内都是唯一的，可全局访问。在 AbilityStage、UIAbility 中均可以通过 this.context.getApplicationContext() 来获取 ApplicationContext。

2. AbilityStageContext

AbilityStageContext 与 Context 基类相比，额外提供了 HapModuleInfo、Configuration 等信息，在 AbilityStage 中可以通过 this.context 获取 AbilityStageContext。

3. UIAbilityContext

UIAbilityContext 与 Context 基类相比，额外提供操作 Ability、获取 Ability 的配置信息、应用向用户申请授权等能力。在 UIAbility 中可以通过 this.context 获取 UIAbilityContext。

5.5.2 Context 的典型使用场景

在 5.4.3 小节中，使用了 UIAbilityContext 的 startAbility 方法启动 UIAbility，在本部分中再介绍两个常用的 Context 的场景，分别是获取应用文件路径的场景及订阅进程内 UIAbility 生命周期变化的场景。

1. 获取应用文件路径

Context 基类提供了获取应用文件路径的能力，ApplicationContext、AbilityStageContext 和 UIAbilityContext 均继承该能力。应用文件路径属于应用沙盒路径（第 8 章会介绍），不同类型的 Context 获取的应用文件路径有所不同。

使用 ApplicationContext 可获取应用级别的应用文件路径（详情见表 5-6），此路径是应用全局信息推荐的存放路径，这些文件会随应用的卸载而删除。

表 5-6 ApplicationContext 获取的应用文件路径

属性	路径
bundleCodeDir	<路径前缀>/el1/bundle
cacheDir	<路径前缀>/<加密等级>/base/cache
filesDir	<路径前缀>/<加密等级>/base/files
preferencesDir	<路径前缀>/<加密等级>/base/preferences
tempDir	<路径前缀>/<加密等级>/base/temp
databaseDir	<路径前缀>/<加密等级>/database
distributedFilesDir	<路径前缀>/el2/distributedFiles
cloudFileDir	<路径前缀>/el2/cloud

使用 AbilityStageContext、UIAbilityContext 可获取 HAP 级别的应用文件路径（详情见表 5-7）。此路径是 HAP 相关信息推荐的存放路径，这些文件会随 HAP 的卸载而删除，但不会影响应用级别路径的文件，除非该应用的 HAP 已被全部卸载。

表 5-7 AbilityStageContext 和 UIAbilityContext 获取的应用文件路径

属性	路径
bundleCodeDir	<路径前缀>/el1/bundle
cacheDir	<路径前缀>/<加密等级>/base/haps/<module-name>/cache
filesDir	<路径前缀>/<加密等级>/base/haps/<module-name>/files
preferencesDir	<路径前缀>/<加密等级>/base/haps/<module-name>/preferences
tempDir	<路径前缀>/<加密等级>/base/haps/<module-name>/temp
databaseDir	<路径前缀>/<加密等级>/database/<module-name>
distributedFilesDir	<路径前缀>/el2/distributedFiles/<module-name>
cloudFileDir	<路径前缀>/el2/cloud/<module-name>

为了能够更加直观地看出这两类文件路径之间存在的区别，在示例工程的 Index.ets 文件中，实现向 Log 视图输出通过这两类 Context 所获取到的路径信息。由于 AbilityStageContext 和 UIAbilityContext 获取的路径信息相同，因此仅实现 UIAbilityContext 基于实例的调用。代码如下：

```
// entry/src/main/ets/pages/Index.ets
struct Index {
  build() {
    Column() {
      //...
      Row(){
        // 单击，可获取不同的路径
        Button('filePath')
          .onClick(() => {
            let context = getContext(this) as common.UIAbilityContext;

            hilog.info(0x0000, 'testTag', '%{public}s', `context.cacheDir is
              ${context.cacheDir}`);
            hilog.info(0x0000, 'testTag', '%{public}s', `applica.cacheDir is
              ${context.getApplicationContext().cacheDir}`);

            hilog.info(0x0000, 'testTag', '%{public}s', `context.tempDir is
              ${context.tempDir}`);
            hilog.info(0x0000, 'testTag', '%{public}s', `applica.tempDir is
              ${context.getApplicationContext().tempDir}`);

            hilog.info(0x0000, 'testTag', '%{public}s', `context.filesDir is
              ${context.filesDir}`);
            hilog.info(0x0000, 'testTag', '%{public}s', `applica.filesDir is
              ${context.getApplicationContext().filesDir}`);

            hilog.info(0x0000, 'testTag', '%{public}s', `context.databaseDir is
              ${context.databaseDir}`);
            hilog.info(0x0000, 'testTag', '%{public}s', `applica.databaseDir is
              ${context.getApplicationContext().databaseDir}`);

            hilog.info(0x0000, 'testTag', '%{public}s', `context.bundleCodeDir is
              ${context.bundleCodeDir}`);
            hilog.info(0x0000, 'testTag', '%{public}s', `applica.bundleCodeDir is
              ${context.getApplicationContext().bundleCodeDir}`);

            hilog.info(0x0000, 'testTag', '%{public}s', `context.distributedFilesDir
              is ${context.distributedFilesDir}`);
            hilog.info(0x0000, 'testTag', '%{public}s', `applica.distributedFilesDir
              is ${context.getApplicationContext().distributedFilesDir}`);

            hilog.info(0x0000, 'testTag', '%{public}s', `context.preferencesDir
              is ${context.preferencesDir}`);
            hilog.info(0x0000, 'testTag', '%{public}s', `applica.preferencesDir
```

```
        is ${context.getApplicationContext().preferencesDir}`);

      hilog.info(0x0000, 'testTag', '%{public}s', `context.cloudFileDir
        is ${context.cloudFileDir}`);
      hilog.info(0x0000, 'testTag', '%{public}s', `applica.cloudFileDir
        is ${context.getApplicationContext().cloudFileDir}`);
    })
  }

}
.height('100%')
.width('100%')
}
}
```

完成上述代码之后，编译示例工程，并运行示例 App，单击“filePath”按钮，Log 视图的输出信息如图 5-25 所示，可以看出 UIAbilityContext 获取的路径增加了 entry 模块的标识。

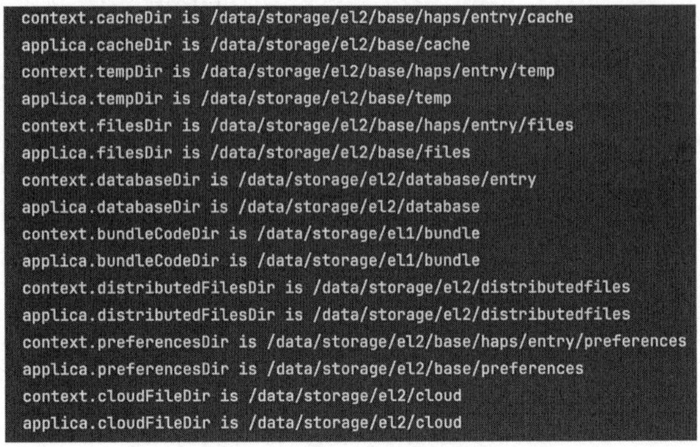

```
context.cacheDir is /data/storage/el2/base/haps/entry/cache
applica.cacheDir is /data/storage/el2/base/cache
context.tempDir is /data/storage/el2/base/haps/entry/temp
applica.tempDir is /data/storage/el2/base/temp
context.filesDir is /data/storage/el2/base/haps/entry/files
applica.filesDir is /data/storage/el2/base/files
context.databaseDir is /data/storage/el2/database/entry
applica.databaseDir is /data/storage/el2/database
context.bundleCodeDir is /data/storage/el1/bundle
applica.bundleCodeDir is /data/storage/el1/bundle
context.distributedFilesDir is /data/storage/el2/distributedfiles
applica.distributedFilesDir is /data/storage/el2/distributedfiles
context.preferencesDir is /data/storage/el2/base/haps/entry/preferences
applica.preferencesDir is /data/storage/el2/base/preferences
context.cloudFileDir is /data/storage/el2/cloud
applica.cloudFileDir is /data/storage/el2/cloud
```

图 5-25　Log 视图的输出信息

2. 订阅进程内 UIAbility 生命周期变化

在应用内部，如果要统计相应页面的停留时间、访问频率等信息，可以借助订阅进程内 UIAbility 生命周期变化这一功能来实现。通过 ApplicationContext 提供的能力，可以订阅进程内 UIAbility 生命周期变化。

具体的做法为：首先，定义一个生命周期回调对象，在这个对象中，实现那些需要对 UIAbility 生命周期变化做出响应的回调函数。接着，把这个定义好的生命周期回调对象作为参数，传入 ApplicationContext 的 on 方法中，订阅 abilityLifecycle 类型的事件。当每次调用 on 方法时，都会产生一个用于监听生命周期的 ID。当需要取消订阅时，则使用 ApplicationContext 的 off 方法，并将之前得到的 ID 值作为参数传入，完成取消订阅的操作。

订阅成功后，当进程内的 UIAbility 生命周期变化时，如创建、可见 / 不可见、获焦 / 失焦、销毁等，会触发相应的回调函数。下面的代码以在 UIAbility 中的使用为例进行说明。

```
import { AbilityConstant, AbilityLifecycleCallback, UIAbility, Want } from
  '@kit.AbilityKit';
import { hilog } from '@kit.PerformanceAnalysisKit';
import { window } from '@kit.ArkUI';

export default class EntryAbility extends UIAbility {
  // 定义生命周期事件 ID
  lifecycleId: number = -1;
  onCreate(want: Want, launchParam: AbilityConstant.LaunchParam): void {

    hilog.info(0x0000, 'testTag', '%{public}s', 'EntryAbility onCreate');
    // 定义生命周期回调对象
```

```
let abilityLifecycleCallback: AbilityLifecycleCallback = {
  // 当 UIAbility 创建时被调用
  onAbilityCreate(ability) {
    hilog.info(0x0000, 'testTag', '%{public}s', "ApplicationContext
      onAbilityCreate ability:" + Ability.context.abilityInfo.name);
  },
  // 当窗口创建时被调用
  onWindowStageCreate(ability, windowStage) {
    hilog.info(0x0000, 'testTag', '%{public}s', "ApplicationContext
      onWindowStageCreate ability:" + Ability.context.abilityInfo.name);

  },
  // 当窗口处于活动状态时被调用
  onWindowStageActive(ability, windowStage) {
    hilog.info(0x0000, 'testTag', '%{public}s', "ApplicationContext
      onWindowStageActive ability:" + Ability.context.abilityInfo.name);

  },
  // 当窗口处于非活动状态时被调用
  onWindowStageInactive(ability, windowStage) {
    hilog.info(0x0000, 'testTag', '%{public}s', "ApplicationContext
      onWindowStageInactive ability:" + Ability.context.abilityInfo.name);

  },
  // 当窗口被销毁时被调用
  onWindowStageDestroy(ability, windowStage) {
    hilog.info(0x0000, 'testTag', '%{public}s', "ApplicationContext
      onWindowStageDestroy ability:" + Ability.context.abilityInfo.name);
  },
  // 当 UIAbility 被销毁时被调用
  onAbilityDestroy(ability) {
    hilog.info(0x0000, 'testTag', '%{public}s', "ApplicationContext
      onAbilityDestroy ability:" + Ability.context.abilityInfo.name);
  },
  // 当 UIAbility 从后台转到前台时触发回调
  onAbilityForeground(ability) {
    hilog.info(0x0000, 'testTag', '%{public}s', "ApplicationContext
      onAbilityForeground ability:" + Ability.context.abilityInfo.name);
  },
  // 当 UIAbility 从前台转到后台时触发回调
  onAbilityBackground(ability) {
    hilog.info(0x0000, 'testTag', '%{public}s', "ApplicationContext
      onAbilityBackground ability:" + Ability.context.abilityInfo.name);
  },
  // 当 UIAbility 迁移时被调用
  onAbilityContinue(ability) {
    hilog.info(0x0000, 'testTag', '%{public}s', "ApplicationContext
      onAbilityContinue ability:" + Ability.context.abilityInfo.name);
  }
}
```

```
// 1. 通过 context 属性获取 applicationContext
let applicationContext = this.context.getApplicationContext();
// 2. 通过 applicationContext 注册监听应用内生命周期
this.lifecycleId = applicationContext.on("abilityLifecycle",
  abilityLifecycleCallback);
hilog.info(0x0000, 'testTag', '%{public}s', "ApplicationContext register
  callback number: " + JSON.stringify(this.lifecycleId));
}

onDestroy(): void {
  hilog.info(0x0000, 'testTag', '%{public}s', 'EntryAbility onDestroy');
  let applicationContext = this.context.getApplicationContext();
  applicationContext.off("abilityLifecycle", this.lifecycleId, (error, data) => {
    hilog.info(0x0000, 'testTag', '%{public}s', "ApplicationContext unregister
      callback success, err: " + JSON.stringify(error));
  });
}
}
```

完成上面代码之后，编译示例工程，在示例 App 启动后，将其切换到后台，再将其切换到前台，之后再切换到后台并退出示例工程 App。EntryAbility 类接收到对应的事件，这时在 Log 视图中，ApplicationContext 订阅事件日志如图 5-26 所示。

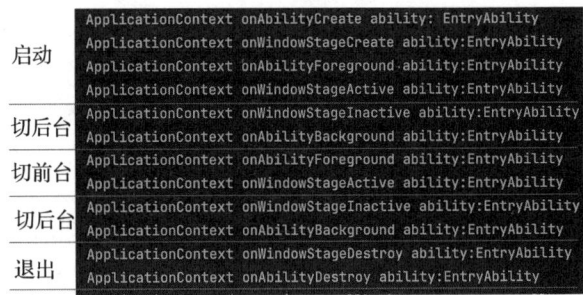

图 5-26　ApplicationContext 订阅事件日志

整体上来看，ApplicationContext 支持的订阅事件覆盖了 App 启动、切前后台及退出，与 UIAbility 中接收到的生命周期回调及使用 WindowStage 实例订阅的事件几乎相近，但使用 ApplicationContext 订阅的这种方法可以获取到进程内的事件，更适合多 UIAbility 的场景。

> 注意　在 Stage 模型构建的 App 中（同一 Bundle 名称）的所有 UIAbility、ServiceExtensionAbility 和 DataShareExtensionAbility 均默认是运行在同一个独立进程（主进程）中。

5.6　App 生命周期事件概览

前文内容主要基于 Stage 模型的 App 框架展开，分别介绍了基本概念、AbilityStage、项目配置、UIAbility、WindowStage 及 Context，重点说明了生命周期相关事件及基本能力的支持。

在本节的内容中,将 App 作为一个整体来看,基于示例工程进行运行状态分析,目的在于深入介绍不同概览之间的关系以及 App 在运行态的生命周期事件,以便读者在实际研发过程中,更好地使用 App 框架提供的基本能力。

使用到了本章中内容构建的代码,读者也可以自行运行示例 App,以查看在不同的操作时,App 的状态及行为变化。

5.6.1 启动 App

编译示例工程,并运行示例 App,在 Log 视图中看到的 App 启动过程日志如图 5-27 所示,每一行是一条日志,每一条日志的格式为分类日志详情。

可以看出在 App 启动时,MyAbilityStage 实例(继承 AbilityStage)先被创建,之后创建 EntryAbility(继承 UIAbility)实例,最后创建 WindowStage 实例。

图 5-27 App 启动过程日志

App 启动过程事件关系如图 5-28 所示,可以看出,EntryAbility 响应的回调 onCreate 与 ApplicationContext 订阅事件 onAbilityCreate、EntryAbility 响应的回调 onWindowStageCreate 与 ApplicationContext 订阅事件 onWindowStageCreate、EntryAbility 响应的回调 onForeground

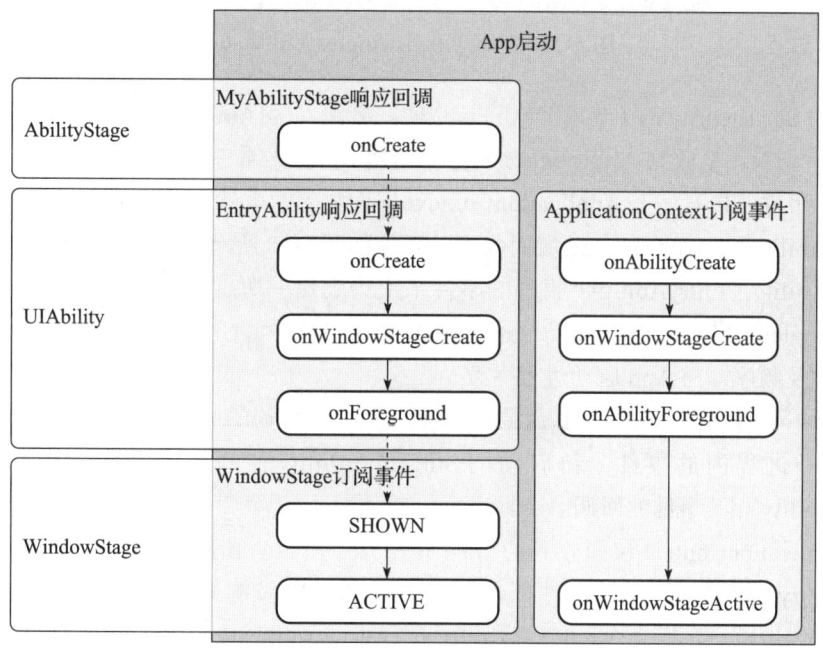

图 5-28　App 启动过程事件关系

与 ApplicationContext 订阅事件 onAbilityForeground 及 WindowStage 订阅事件 ACTIVE 与 ApplicationContext 订阅事件 onWindowStageActive 是相同的，区别在于接收事件的方式不同。开发者可按照需要在不同的模块中进行业务逻辑的研发，通常是在 onWindowStageCreate 回调中加载页面，关于页面生命周期的内容，将在本书的 6.5.3 小节中介绍。

5.6.2 启动新的 UIAbility

在一个 App 中可以有多个 UIAbility。当启动一个新的 UIAbility 时，对应的事件及关系是什么样的呢？启动示例工程 App，在主界面，单击"startSingletonAbility"按钮，在 Log 视图中看到的启动新的 UIAbility 过程日志如图 5-29 所示。

```
EntryAbility WindowStageEvent INACTIVE.
ApplicationContext onWindowStageInactive ability:EntryAbility
EntryAbility onBackground
ApplicationContext onAbilityBackground ability:EntryAbility
EntryAbility WindowStageEvent HIDDEN.
SingletonAbility onCreate
ApplicationContext onAbilityCreate ability: SingletonAbility
SingletonAbility onWindowStageCreate
SingletonAbility begin load the content.
ApplicationContext onWindowStageCreate ability:SingletonAbility
SingletonAbility onForeground
ApplicationContext onAbilityForeground ability:SingletonAbility
SingletonAbility WindowStageEvent SHOWN.
SingletonAbility WindowStageEvent ACTIVE.
ApplicationContext onWindowStageActive ability:SingletonAbility
SingletonAbility Succeeded in loading the content.
```

图 5-29 启动新的 UIAbility 过程日志

在启动 SingletonAbility（继承 UIAbility）时，会涉及 UIAbility 的切换，同一个 Module 中的 Ability 切换不会收到 AbilityStage 的生命周期事件。先看一下 UIAbility 及 WindowStage 层面收到的事件，再看一下 ApplicationContext 层面收到的事件。

在 UIAbility 及 WindowStage 层面收到的事件如图 5-30 所示。在调用启动新的 UIAbility 之后，原 Ability（EntryAbility）收到的事件依次为失焦、切后台及隐藏，然后才创建新的 Ability（SingletonAbility）。在启动 SingletonAbility 过程中，UIAbility 及 WindowStage 层面收到的事件及顺序，与 App 启动过程一致。

ApplicationContext 订阅的生命周期事件在 EntryAbility 的 onCreate 函数中实现，可监测到同一进程内的事件，新启动的 SingletonAbility 在同一进程中，因此可以收到 SingletonAbility 相关事件的回调。

在 ApplicationContext 层面收到的事件如图 5-31 所示。在启动新的 UIAbility 之后，原 Ability（EntryAbility）收到的事件依次为失焦、切后台及隐藏，然后才创建新的 Ability（SingletonAbility）。在启动 SingletonAbility 过程中，ApplicationContext 层面收到的事件及顺序，与 App 启动过程一致。

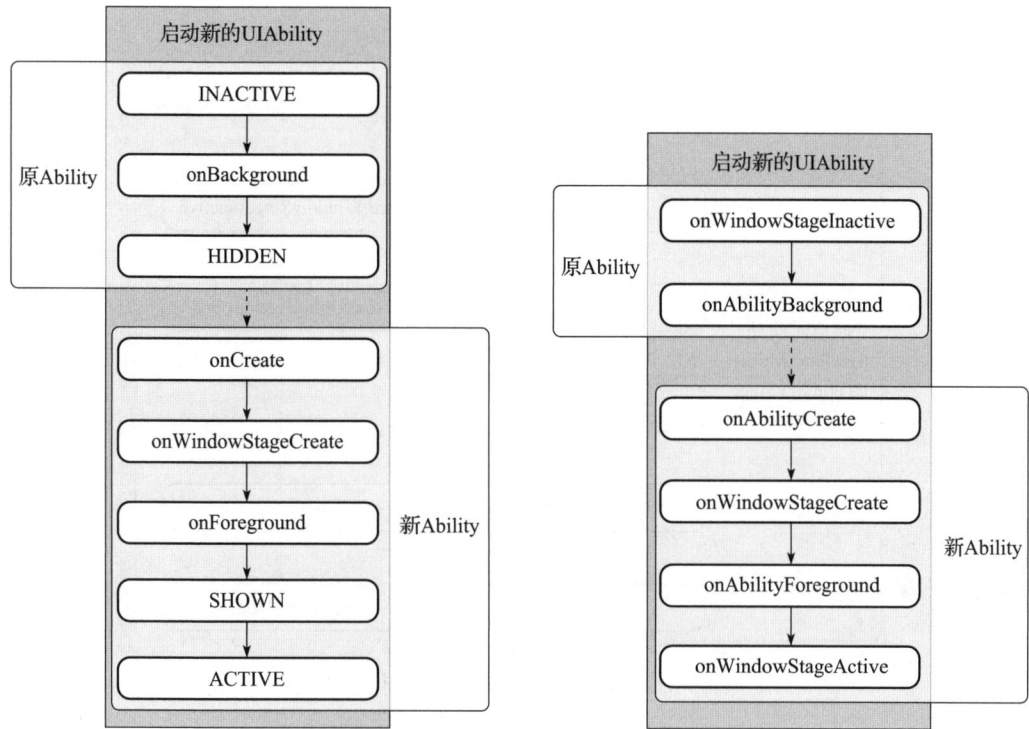

图 5-30　在 UIAbility 及 WindowStage 层面收到的事件　　图 5-31　ApplicationContext 层面收到的事件

5.6.3　退出启动的 UIAbility

当 SingletonAbility 退出时，Log 视图的退出启动的 UIAbility 过程日志如图 5-32 所示。在退出 SingletonAbility 时，如果没有特定的实现，是不会自动切回到原 Ability 的，且 EntryAbility 没有退出，因此没有收到与 EntryAbility 相关的事件及 AbilityStage 的 onDestory 事件。这时与退出 SingletonAbility 有关的事件主要为窗口暂停→窗口失焦→SingletonAbility 切后台→窗口隐藏→窗口销毁→SingletonAbility 销毁。

```
SingletonAbility WindowStageEvent PAUSED.
SingletonAbility WindowStageEvent INACTIVE.
ApplicationContext onWindowStageInactive ability:SingletonAbility
SingletonAbility onBackground
ApplicationContext onAbilityBackground ability:SingletonAbility
SingletonAbility WindowStageEvent HIDDEN.
SingletonAbility onWindowStageDestroy
ApplicationContext onWindowStageDestroy ability:SingletonAbility
SingletonAbility onDestroy
ApplicationContext onAbilityDestroy ability:SingletonAbility
```

图 5-32　退出启动的 UIAbility 过程日志

退出 Singletonability 过程事件关系如图 5-33 所示，事件的含义在之前的内容中已有介绍，读者了解事件的顺序及关系即可。

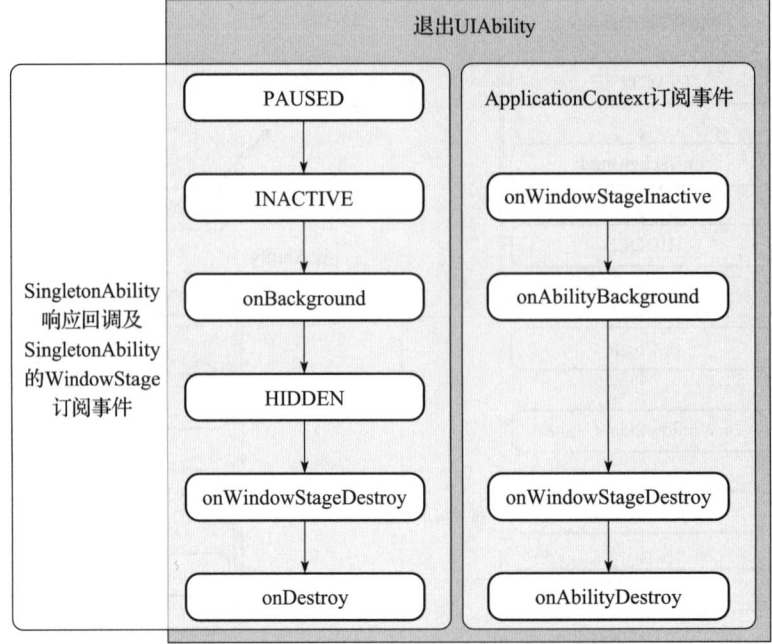

图 5-33　退出 Singletonability 过程事件关系

5.6.4　退出 App

App 退出时 Log 视图的日志如图 5-34 所示。可以看出，在 App 退出时 WindowStage 实例被销毁，之后 EntryAbility 实例被销毁、MyAbilityStage 被销毁。

```
EntryAbility onWindowStageWillDestroy
EntryAbility onWindowStageDestroy
ApplicationContext onWindowStageDestroy ability:EntryAbility
EntryAbility onDestroy
ApplicationContext onAbilityDestroy ability:EntryAbility
ApplicationContext unregister callback success, err: null
MyAbilityStage onDestroy
```

图 5-34　App 退出时 Log 视图的日志

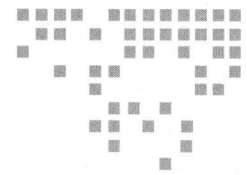

第 6 章 Chapter 6

ArkUI 框架详解

上一章介绍了 App 框架的基本组成及关系，本章内容将围绕 App 的 UI 开发框架展开。

6.1 简介

在开启本章内容之前，先对与 ArkUI（方舟 UI 框架）相关的基本概念进行介绍，以便于读者更好地理解后面的内容。

6.1.1 ArkUI 框架

ArkUI 是华为为 HarmonyOS 应用开发提供的 UI 框架，集成了简洁的 UI 语法、丰富的功能组件（如布局、动画、交互事件）及实时的预览工具，为开发者提供了全面的 UI 开发基础设施，支持可视化界面开发。

方舟 UI 框架（如图 6-1 所示）针对不同应用场景和技术背景，提供了两种开发范式：基于 ArkTS 的声明式开发范式（简称"声明式开发范式"）和兼容 JavaScript 的类 Web 开发范式（简称"类 Web 开发范式"）。除了开发范式层，其他提供支持的层级的能力相同。

其中，声明式开发范式采用由 TypeScript 声明式 UI 语法扩展而来的 ArkTS 语言，从组件、动画和状态管理三个维度提供 UI 绘制能力。类 Web

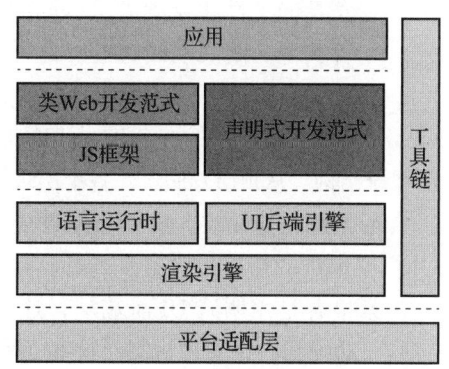

图 6-1 方舟 UI 框架

开发范式则采用经典的 HML、CSS、JavaScript 三段式开发方式，即通过 HTML 标签文件搭建布局、用 CSS 文件描述样式、使用 JavaScript 文件处理逻辑。此范式更符合 Web 前端开发者的使用习惯，便于快速将已有的 Web 应用改造成方舟 UI 框架应用。

在开发新应用时，官方推荐采用声明式开发范式，主要基于以下三点考虑：

- **开发效率方面**：以更接近自然语义的编程方式，让开发者能直观地描述 UI，无须操心 UI 绘制和渲染的具体实现过程，开发过程高效且简洁。
- **应用性能方面**：与类 Web 开发范式相比，声明式开发范式无须 JavaScript 框架进行页面 DOM 管理，渲染更新链路更为精简，占用内存更少，从而使应用性能更佳。
- **发展趋势方面**：声明式开发范式后续将作为华为主推的开发范式并持续演进，为开发者提供更丰富、更强大的功能。

总体来看，在开发一款新应用时，声明式开发范式更具有优势，是更为推荐的选择，在本书的内容中，涉及 UI 相关的内容默认以声明式开发范式来讲解及实践。

6.1.2 声明式开发范式

声明式开发范式的方舟 UI 框架是一套开发极简、高性能、支持跨设备的 UI 开发框架，该框架为开发者提供了构建应用 UI 所必需的能力，主要体现在以下四个层面。

- 在开发语言层面，ArkTS 提供了声明式 UI 描述、自定义组件、动态 UI 元素扩展、高效状态管理以及精细渲染控制等功能。特别是高效状态管理，通过多样的装饰器，清晰地展现了页面更新渲染的流程，助力开发者轻松完成数据更新与 UI 渲染。
- 在布局层面，方舟 UI 框架支持线性、层叠、弹性、相对、栅格等多种布局方式，以及复杂的列表、宫格、轮播布局，以满足多样化的页面设计需求。
- 在 UI 复用层面，框架内置了丰富的系统组件，如按钮、单选框等，支持链式调用设置渲染效果。开发者可灵活组合这些系统组件，创建自定义组件，实现页面组件化和高效复用。
- 在效果体验层面，方舟 UI 框架提供了强大的图片显示和自定义绘制能力，以满足开发者的个性化绘图需求。同时，框架还具备了丰富的动画效果和 API，以方便开发者实现自定义动画轨迹。此外，框架还支持多种交互事件，包括触摸、鼠标、键盘按键、焦点事件以及复杂的手势事件，这极大地提升了用户交互体验。

声明式开发范式的方舟 UI 框架的整体技术架构图如图 6-2 所示，它呈现了一个清晰且高效的系统结构。从顶层到底层，各个层级相互协作，共同为开发者提供了简单、高效的开发体验。

最上层是应用层，这一层是开发者最终呈现给用户的产品界面。应用层通过调用方舟 UI 框架提供的接口和功能，实现了丰富多样的用户界面和交互体验。

紧接着是声明式 UI 前端层，这一层提供了开发 UI 所需的基础语言规范、内置组件、布局、动画和状态管理机制。这些元素共同构成了用户界面的基础，并为应用开发者提供了一系列接口支持。

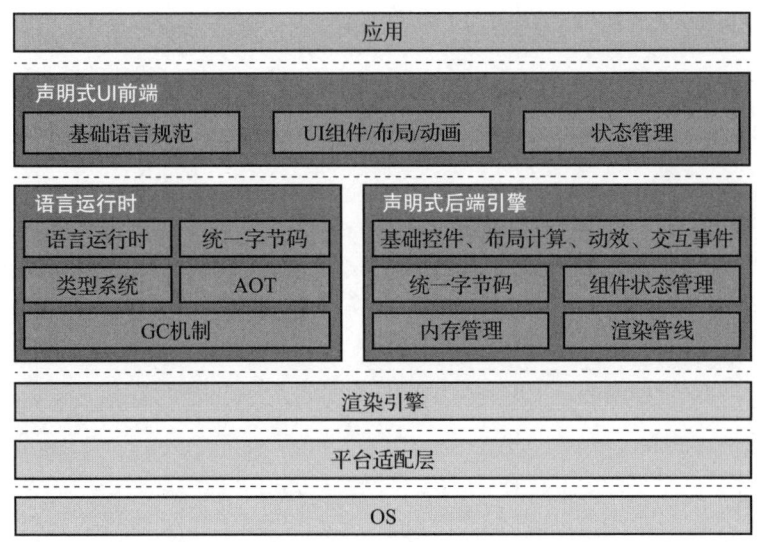

图 6-2　声明式开发范式的方舟 UI 框架的整体技术架构图

再往下是语言运行时及声明式后端引擎层。语言运行时层为方舟 UI 框架提供了高效的执行环境，支持对 UI 范式语法的解析和跨语言调用。声明式后端引擎层负责处理基础控件、布局计算、动效和交互事件等核心功能。这一层主要由 C++ 构建，在性能层面提供了有力的保障。

接下来是渲染引擎层，这一层负责将后端引擎生成的渲染指令绘制到屏幕上。渲染引擎通过高效的图形处理算法，确保了用户界面的流畅和清晰，同时，还支持多种渲染模式和优化策略，以满足不同应用场景的需求。

最底层是平台适配层，这一层提供了系统平台的抽象接口和接入能力，使得方舟 UI 框架能够跨平台运行，支持多种操作系统和设备类型，为上层提供了稳定可靠的运行环境。

基于这样的技术架构，开发者无须关心底层实现细节，只需通过声明式的方式描述用户界面和交互逻辑，即可快速构建出功能丰富、性能优越的应用程序。

6.1.3　声明式 UI 语法组成

在鸿蒙系统中，声明式开发范式为开发者提供系统 UI 组件，这些组件可通过声明方式组合与扩展，用于清晰准确地描述应用程序 UI 界面。此外，该范式还提供基本的数据绑定和事件处理机制。数据绑定使数据与 UI 元素紧密相连，当数据变化时 UI 元素自动更新。事件处理机制方便开发者为 UI 组件定义交互行为，如单击按钮、滑动屏幕等操作的逻辑，有力支持开发者实现交互逻辑，提高开发效率和质量。

声明式开发范式和声明式 UI 语法紧密相关、相辅相成。语法是实现范式的工具，范式指导语法使用方向。在介绍声明式 UI 语法之前，先实现一个示例，以介绍语法的组成。在示例的页面中实现默认展示一段"Hello World"字符串，并提供一个按钮，单击该按钮，页面展现的字符串由"Hello World"变为"Hello ArkUI"，如图 6-3 所示，代码如下。

```
// Index.ets
@Entry
@Component
struct Index {
  @State message: string = 'Hello World';

  build() {
    Column() {
      Text(this.message)
        .fontSize(50)
        .fontWeight(FontWeight.Bold)
      Button('change message')
        .onClick(() => {
          this.message = 'Hello ArkUI'
        })
        .height(66)
        .width(168)
    }.width("100%")
  }
}
```

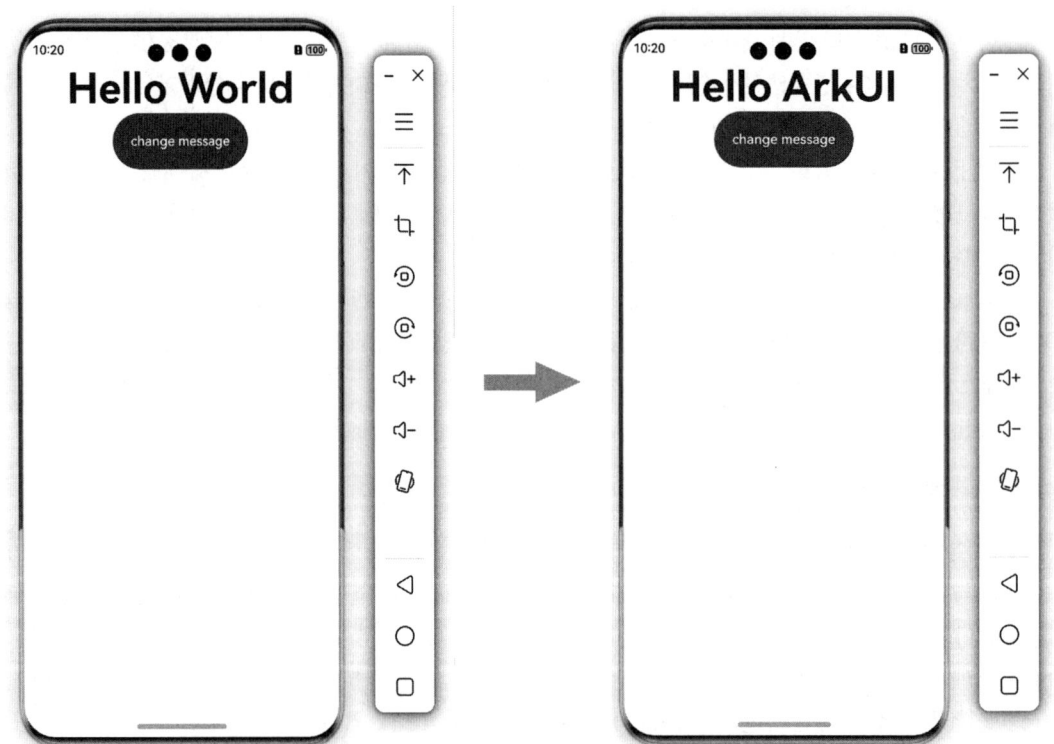

图 6-3　基本 UI 绘制及交互

上面的代码使用声明式 UI 语法实现了基本的页面绘制及交互，对应着代码的实现，声明式 UI 语法的主要构成如图 6-4 所示。

图 6-4　声明式 UI 语法的主要构成

- **装饰器**：用于装饰类、结构、方法以及变量，并赋予其特殊的含义。如上述示例中的 @Entry、@Component 和 @State 都是装饰器。在基于 ArkTS 的声明式 UI 语法中，有许多装饰器。这些装饰器都有特定的含义，并且各自适用于特定的范围。常见的装饰器及相关说明如表 6-1 所示。
- **UI 描述**：以声明式的方式来描述 UI 的结构，所有声明在 build() 函数的语句，统称为 UI 描述。
- **自定义组件**：在 ArkUI 中，UI 显示的内容均为组件，是可复用的 UI 单元，能够组合其他组件。由开发者定义的称为自定义组件，比如上述被 @Component 装饰的 struct Index。
- **系统组件**：由框架直接提供的组件称为系统组件，ArkUI 框架中默认内置多程基础组件和容器组件，可直接被其他组件调用。容器组件是用来"容纳"其他组件的组件。它提供了一种将多个子组件组合在一起的方式，使得这些子组件可以作为一个整体来进行管理和操作。常见的系统组件如表 6-2 所示，例如示例中的 Text、Divider、Button。
- **属性方法**：组件能够通过链式调用配置多项属性，比如 fontSize()、width()、height()、backgroundColor() 等。
- **事件方法**：组件可以通过链式调用配置多个事件的响应逻辑，例如跟随在 Button 后面的 onClick()。

表 6-1　常见的装饰器及相关说明

装饰器	可以装饰的内容	说明
@Component	struct	使结构体具有组件能力，但需实现 build() 函数更新 UI
@Entry	struct	使组件成为页面入口，页面加载时渲染
@Preview	struct	使自定义组件可在 DevEco Studio 预览器中预览
@CustomDialog	struct	用于装饰自定义弹窗

（续）

装饰器	可以装饰的内容	说明
@Observed	class	使类的数据变更受 UI 页面管理
@ObjectLink	被 @Observed 装饰的类的对象	关联状态数据修改时，相关组件更新 UI；被装饰的状态数据被修改时，在父组件或者其他兄弟组件内与它关联的状态数据所在的组件都会更新 UI
@Builder	方法	自定义构建函数，被装饰的方法可以在一个自定义组件内快速生成多个布局内容
@Extend	方法	为内置组件添加新属性函数，用于定义和复用自定义样式
@State	基本数据类型、类、数组	状态数据修改时触发组件 build() 函数更新 UI
@Prop	基本数据类型	与 @state 搭配使用，在父子组件间建立单向数据依赖，父组件数据修改时更新子组件 UI
@Link	基本数据类型、类、数组	与 @state 搭配使用，实现父子组件的双向数据绑定
@Provide	基本数据类型、类、数组	作为数据提供方，接收及更新子孙节点数据并触发相关组件更新
@Consume	基本数据类型、类、数组	感知及更新 @Provide 变量，触发自定义组件重新渲染
@Watch	被 @State、@Prop、@Link、@ObjectLink、@Provide、@Consume、@StorageProp、@StorageLink 等装饰的变量	监听状态变量变化，可注册回调方法

表 6-2 常用的系统组件说明

组件	类型	说明
Flex	容器组件	以弹性方式布局子组件的容器组件
Column	容器组件	沿垂直方向布局的容器组件
Row	容器组件	沿水平方向布局的容器组件
Stack	容器组件	堆叠容器，子组件按照顺序依次入栈，后一个子组件覆盖前一个子组件
RelativeContainer	容器组件	相对布局组件，用于复杂场景中元素对齐的布局
List	容器组件	列表包含一系列相同宽度的列表项，适合连续、多行呈现同类数据，例如图片和文本
Grid	容器组件	网格容器，由"行"和"列"分割的单元格组成，通过指定"项目"所在的单元格做出各种各样的布局
Scroll	容器组件	可滚动的容器组件，当子组件的布局尺寸超过父组件的布局尺寸时，内容可以滚动
Swiper	容器组件	滑块视图容器，提供子组件滑动轮播显示的能力
Button	基础组件	按钮组件，可快速创建不同样式的按钮
Checkbox	基础组件	多选框组件，通常用于某选项的打开或关闭
Radio	基础组件	单选框组件，提供相应的用户交互选择项
CalendarPicker	基础组件	日历选择器组件，提供下拉日历弹窗，可以让用户选择日期
DatePicker	基础组件	日期选择器组件，根据指定日期范围创建日期滑动选择器
TimePicker	基础组件	时间选择组件，根据指定参数创建选择器，支持选择小时及分钟

（续）

组件	类型	说明
Text	基础组件	显示一段文本的组件
TextInput	基础组件	单行文本输入框组件
TextArea	基础组件	多行文本输入框组件
RichEditor	基础组件	支持图文混排和文本交互式编辑的组件
Image	基础组件	图片组件，支持 png、jpg、jpeg、bmp、svg、webp、gif 和 heif 类型的图片格式
Blank	基础组件	空白填充组件，在容器主轴（X轴）方向上，空白填充组件具有自动填充容器空余部分的能力
Divider	基础组件	分隔器组件，分隔不同内容块 / 内容元素

6.2 准备

本章以实例的方式进行讲解。在客户端新建一个全新的工程，基于该工程，完成 ArkUI 相关能力的实践。下面介绍客户端的示例工程的准备工作。

6.2.1 创建示例工程

在 DevEco Studio 的菜单栏中依次单击"File → New → Create Project → Empty Ability"，在接下来出现的如图 6-5 所示的创建新工程界面中单击"Next"按钮。

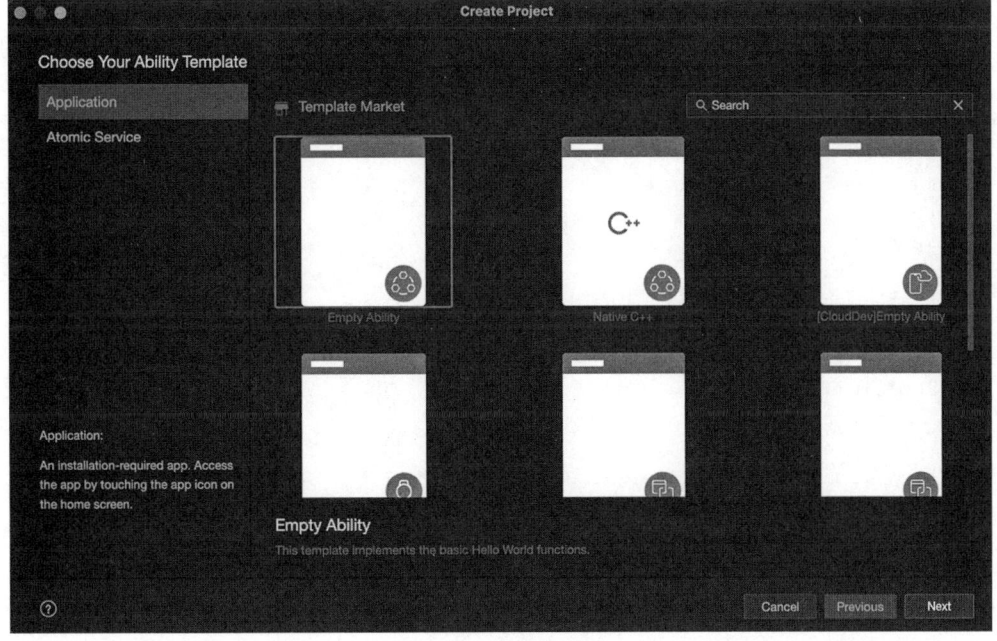

图 6-5　创建新工程

在"Project name"文本框中输入工程名"ArkUIFramework",如图 6-6 所示,其他项使用默认,之后单击"Finish"按钮。

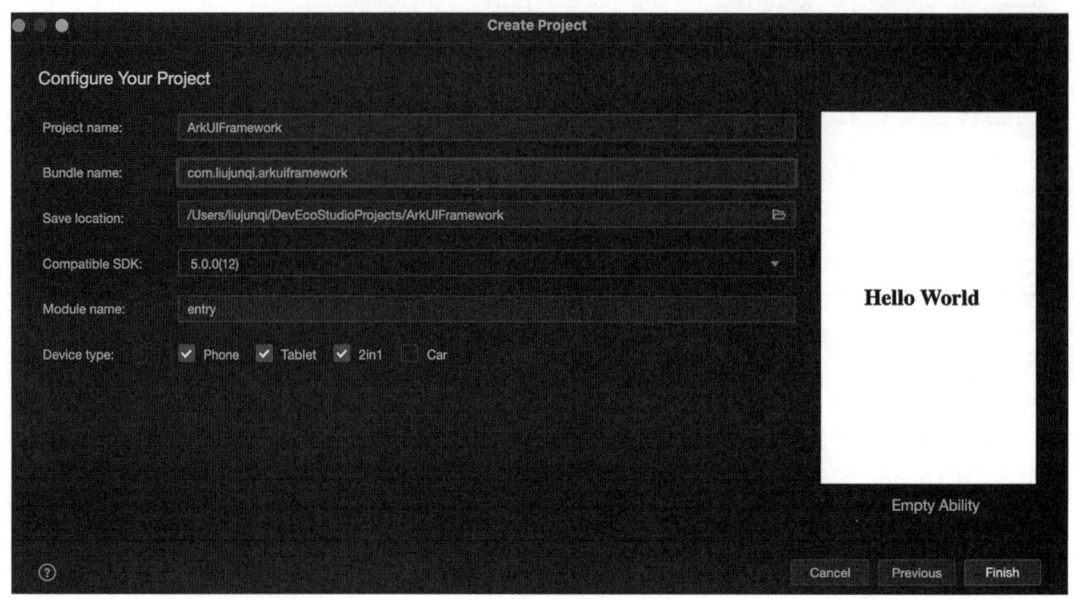

图 6-6 输入工程名

6.2.2 主体 UI 框架

整个示例工程会支持资源管理、自定义组件、页面跳转及组件生命周期相关功能的构建。因此,首先在 Index.ets 文件中提前实现与该示例有关的 UI 框架,然后在每个小节中完成具体的代码编写。Index.ets 文件的实现如下。

```
// Index.ets
@Entry
@Component
struct Index {
  @State message: string = 'Hello World';

  build() {
    Column() {
      Text(this.message)
        .fontSize(50)
        .fontWeight(FontWeight.Bold)
      // 单击后,更改 message 的值为 'Hello ArkUI'
      Button('change message')
        .onClick(() => {
          this.message = 'Hello ArkUI';
        })
        .height(66)
```

```
            .width(168)
    }.width("100%")
  }
}
```

UI 框架实现的效果如图 6-7 所示，本章的示例涉及页面的跳转，不同的示例会增加一些页面来完成，在 Index 中需要增加跳转至不同页面的按钮。

6.3 资源管理

在应用开发中，常需使用颜色、字体、间距、图片等资源，这些资源在不同设备或配置下的值可能不同。开发者可借助资源文件能力自定义应用资源，自行管理其在不同设备或配置中的表现，也可直接使用系统预置的资源（即系统资源）。

6.3.1 资源分类

在 5.2.1 小节中，我们介绍了项目工程的组成，本部分重点介绍与资源分类相关的目录及文件。

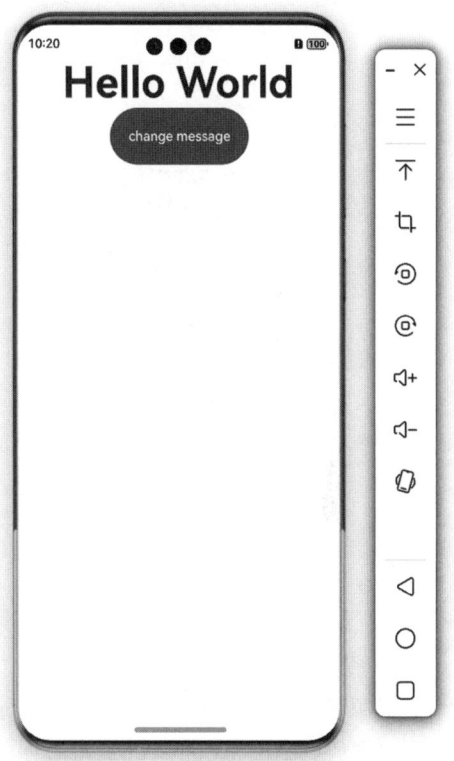

图 6-7　UI 框架实现的效果

在 DevEco Studio 的项目工程中，各类资源文件要放置在特定的子目录中进行管理。存放资源的目录分为两类，即资源目录和资源组目录。资源目录包含 base 目录、限定词目录、rawfile 目录、resfile 目录。资源组目录包含 element 目录、media 目录、profile 目录。下面为项目工程中资源的目录示例。

> **注意**　限定词目录是在 DevEco Studio 项目工程资源管理中的一种重要目录。限定词是用于适配不同设备状态的修饰词。限定词目录主要用于存放根据设备的特定配置或状态（如语言、屏幕方向、像素密度、设备类型等）而定制的资源文件。

```
resources        //资源根目录，在module的src/main目录下
|---base
|   |---element
|   |   |---string.json
|   |---media
|   |   |---icon.png
```

```
|      |---profile
|      |      |---test_profile.json
|---en_US          //限定词目录，默认存在的目录，设备语言环境是美式英文时，优先匹配此目录下资源
|      |---element
|      |      |---string.json
|      |---media
|      |      |---icon.png
|      |---profile
|      |      |---test_profile.json
|---zh_CN          //限定词目录，默认存在的目录，设备语言环境是简体中文时，优先匹配此目录下资源
|      |---element
|      |      |---string.json
|      |---media
|      |      |---icon.png
|      |---profile
|      |      |---test_profile.json
|---en_GB          //限定词目录，由开发者创建，设备语言环境是英式英文时，优先匹配此目录下资源
|      |---element
|      |      |---string.json
|      |---media
|      |      |---icon.png
|      |---profile
|      |      |---test_profile.json
|---rawfile        //其他类型文件，文件名可自定义。
```

1. 资源目录

资源目录在 module 的 src/main 目录下，是 module 的资源根目录（多个 module 共有的资源文件放到 AppScope 下的资源目录），资源文件根据需要统一存放在 module 的资源根目录或 App 的资源根目录下，以便开发者使用和维护。在资源目录中，主要包括三种类型的目录：base 目录、限定词目录、rawfile 目录。这三类目录中的资源文件在组织方式、编译方式及使用方式上略有不同，不同目录中的资源对比如表 6-3 所示。

表 6-3 不同目录中的资源对比

对比项	base 目录	限定词目录	rawfile 目录
组织方式	资源默认存放的目录，当应用的资源目录中没有与设备状态匹配的限定词目录时，会自动引用该目录中的资源文件。目录下可以有资源组目录，在资源组目录中存放不同的元素及资源	en_US 和 zh_CN 是默认创建的两个限定词目录，其余限定词目录需要开发者根据开发需要自行创建。目录名由一个或多个设备特征、应用场景名称组合。目录下可以有资源组目录，在资源组目录中存放不同的元素及资源	原始文件目录，其中的文件不会根据设备状态而匹配不同的资源。支持创建多层目录，目录名称可以自定义，文件夹内可以自由放置各类资源文件
编译方式	目录中的资源文件会被编译成二进制文件，并为其赋予资源文件 ID	目录中的资源文件会被编译成二进制文件，并为其赋予资源文件 ID	目录中的资源文件会被直接打包进应用，不经过编译，也不会被赋予资源文件 ID
引用方式	通过指定资源类型和资源名称引用	通过指定资源类型和资源名称引用	通过指定文件路径和文件名引用

2. 资源组目录

在 base 目录及限定词目录中可以创建资源组目录，资源组目录包括 element、media、profile 三种类型的目录，用于存放特定类型资源。资源组目录说明如表 6-4 所示。

表 6-4　资源组目录说明

目录类型	说明	资源文件
element	表示元素资源，以下每一类数据都采用相应的 JSON 文件来表征（目录下只支持文件类型，不允许有目录）： - boolean，布尔型 - color，颜色 - float，浮点型，范围是 $-2^{128} \sim 2^{128}$ - intarray，整型数组 - integer，整型，范围是 $-2^{31} \sim 2^{31} - 1$ - plural，复数形式 - strarray，字符串数组 - string，字符串	element 目录中的文件名称建议与下面的文件名保持一致。每个文件中只能包含同一类型的数据： - boolean.json - color.json - float.json - intarray.json - integer.json - plural.json - strarray.json - string.json
media	表示媒体资源，包括图片、音频、视频等非文本格式的文件（目录下只支持文件类型，不允许有目录）	文件名可自定义，例如：icon.png
profile	表示自定义配置文件，其文件内容可通过包管理接口获取（目录下只支持 json 文件类型）	文件名可自定义，例如：test_profile.json

6.3.2　创建资源目录和资源文件

在资源目录下，可按照限定词目录命名规则以及资源组目录支持的文件类型和说明，创建资源目录和资源组目录，添加特定类型资源。DevEco Studio 不仅支持同时创建资源目录和资源文件，也支持单独创建资源目录或资源文件。

1. 同时创建资源目录和资源文件

在资源目录上右键菜单选择"New → Resource File"，进入"New Resource File"界面（如图 6-8 所示），可同时创建资源目录和资源文件，文件默认创建在 base 目录的对应资源组目录中。如果选择了限定词，则会按照命名规范自动生成限定词和资源组目录，并将文件创建在限定词目录中。

在"New Resource File"界面中，"File name"为需要创建的文件名。"Resource type"为资源组类型，默认是 element（资源组目录）。"Root Element"为资源类型（表 6-4 中目录类型为 element 的说明列中内容）。"Avaliable qualifiers"为供选择的限定词目录，通过右边的小箭头可添加或者删除。

如图 6-9 所示，创建一个"File name"为 color、"Root Element"为 color、限定词为 dark 的资源。单击"OK"按钮，DevEco Studio 在工程目录中，自动新建一个 dark 限定词目录，element 资源组目录及 color.json 文件，如图 6-10 所示。

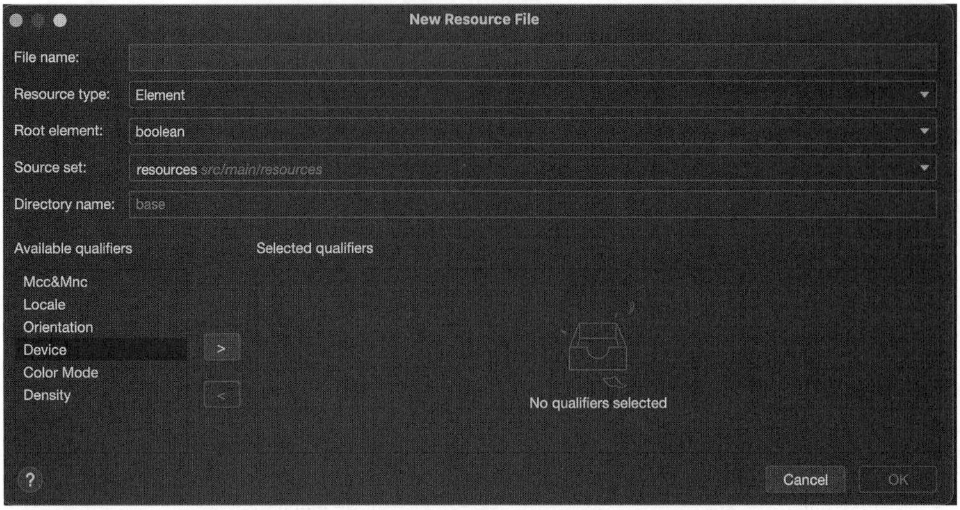

图 6-8 "New Resource File"界面

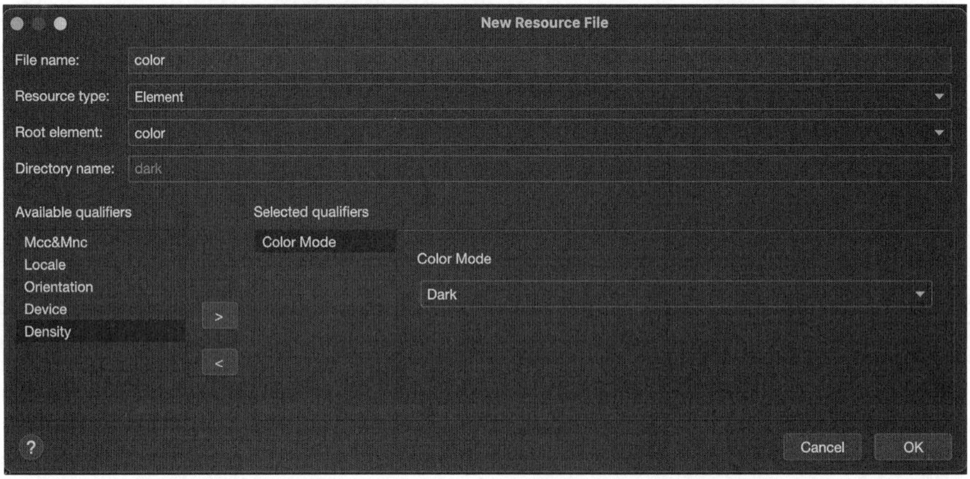

图 6-9 创建限定词资源

2. 创建资源目录

在资源目录右键菜单选择"New → Resource Directory",可进入"New Resource Directory"界面创建资源目录(如图 6-11 所示),默认创建的是 base 目录。如果选择了限定词,则会按照命名规范自动生成限定词和资源组目录。确定限定词后,选择资源组类型,当前资源组类型支持 element、media、profile,创建后生成资源目录。

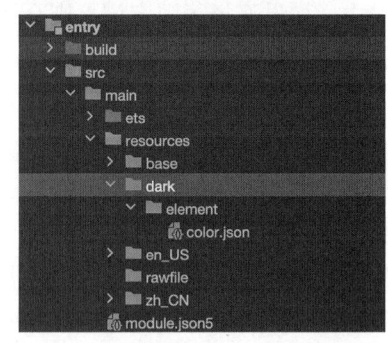

图 6-10 自动创建限定词目录及资源文件

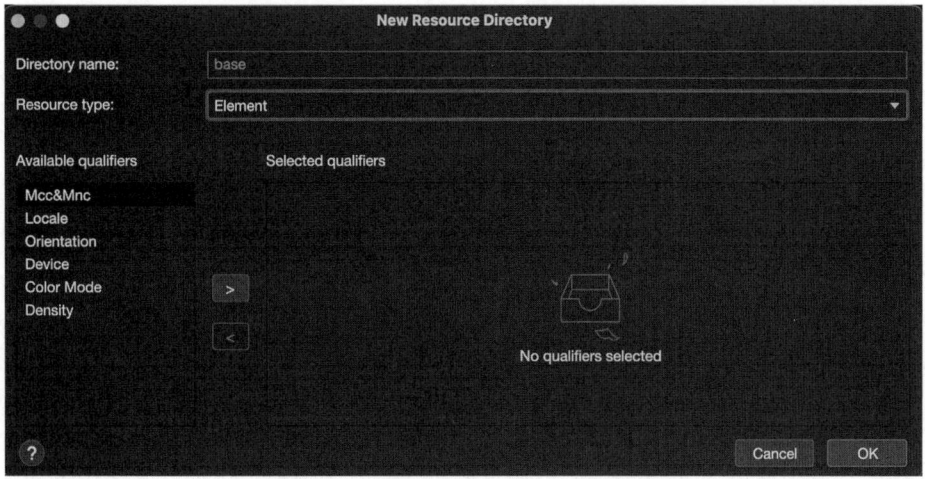

图 6-11 "New Resource Directory"界面

3. 创建资源文件

在资源目录（element、media、profile）的右键菜单选择" New → XXX Resource File"，即可创建对应资源组目录的资源文件。例如，在 element 目录下可新建 Element Resource File。

meida 目录中主要是不同类型的媒体文件，如图片、音频、视频等非文本格式的文件。profile 目录中主要是 JSON 格式的文件，不同的文件内容组织有所不同。element 目录中的资源文件内容整体上是 JSON 格式，其值是一个 JSON 的组，数组中存放的是资源项，每个资源项有两个属性，其中，name 代表该资源项的名称，value 代表该资源项的值，在实际使用时，可通过 name 获取 value。以下是常用的文件。

- color.json 文件的内容如下。

```
{
  "color": [
    {
      "name": "color_hello",
      "value": "#ffff0000"
    },
    {
      "name": "color_world",
      "value": "#ff0000ff"
    }
  ]
}
```

- string.json 文件的内容如下。

```
{
  "string":[
    {
      "name":"string_hello",
```

```
        "value":"Hello"
      },
      {
        "name":"string_world",
        "value":"World"
      }
    ]
  }
```

6.3.3 使用资源

在资源定义之后，可以在项目中使用资源，资源按照类型分为两种，即自定义资源和系统资源。

1. 使用自定义资源

在项目代码中通过 $r 或 $rawfile 引用资源，在官方文档中，这种方法叫作全局 $r 函数或全局 $rawfile 函数。

对于 color、float、string、plural、media、profile 等类型的资源，可使用全局 $r 函数引用，引为形式为 $r('app.type.name')，其中，app 为资源目录中定义的资源；type 为资源类型或资源的存放位置；name 为资源名，由开发者创建资源时确定。如下示例，引用的是 string.json 中的 name 为 module_desc 的字符串资源。

```
$r('app.string.module_desc')
```

全局 $r 函数默认返回值的类型是 Resource。如果需要将其转换为其他类型的数据，则可以首先通过 UIAbilityContext 获取 resourceManager，然后调用不同的接口来获取不同类型的数据。比如，使用 getContext().resourceManager.getStringSync($r('app.string.module_desc')) 可以获取 string 类型的数据，而 resourceManager.getColorSync($r('app.color.text_color')) 能够获取 Color 类型的数据。

全局 $r 函数支持多个参数，当引用的 string.json 中 value 含有占位符（一种特殊的符号或字符串，用于在输出格式中表示将来需要填入的值）时，可以通过传入多个参数拼成一个完整的字符串资源，将其作为返回值。

在 string.json 中有资源项定义如下。

```
{
  "name": "hellofromat",
  "value": "Hello %s "
}
```

在使用 hellofromat 时，如下示例，可返回 Hello World！字符串。

```
$r('app.string.hellofromat','Wrold!')
```

对于 rawfile 目录资源，通过 $rawfile('filename') 形式引用，其中，filename 为 rawfile 目录下文件的相对路径，文件名需要包含后缀。

下面代码为使用全局 $rawfile 函数引用 rawfile 目录中的 icon_test.png 文件资源。

```
$rawfile('icon_test.png')
```

为了更好地理解资源的使用，在示例工程中，新建一个 ResourcesPage.ets 文件，在该文件中增加对上述资源的访问，代码如下。

```
// entry/src/main/ets/pages/ResourcesPage/ResourcesPage.ets
import { common } from '@kit.AbilityKit';

@Entry
@Component
struct ResourcesPage {
  uicontext:common.UIAbilityContext = getContext(this) as common.UIAbilityContext;
  // 获取 string 类型的资源
  @State message: string = this.uicontext.resourceManager.getStringSync($r('app.
    string.module_desc'));
  // 获取 Color 类型的资源
  textColor: Color = this.uicontext.resourceManager.getColorSync($r('app.color.
    text_color'));

  build() {
    Column() {
      Text(this.message)
        .fontSize(40)
        .fontWeight(FontWeight.Bold)
        .fontColor($r('app.color.text_theme_color'))  // 直接引用资源(Color Mode)

      Text($r('app.string.hellofromat','World!'))     // 直接引用带占位符的 String 资源
        .fontSize(40)
        .fontWeight(FontWeight.Bold)
        .fontColor(this.textColor)

      Image($rawfile('icon_test.png')) // 直接引用 rawfile 目录中的图片资源
        .width(66)
    }.width("100%")
  }
}
```

在 Index 页面中，增加跳转至 ResourcesPage 页面的按钮。

```
// entry/src/main/ets/pages/Index.ets
@Entry
@Component
struct Index {
  build() {
    Column() {
      // ...
      // 跳转至 ResourcesPage
      Button('pushUrl to Resources')
        .onClick(() => {
          router.pushUrl({
```

```
                url: 'pages/ResourcesPage/ResourcesPage'
            });
        })
    }
  }
}
```

在 main_pages.json 文件中增加 ResourcesPage 的路由配置，代码如下。

```
// entry/src/main/resources/base/profile/main_pages.json
{
  "src": [
    "pages/ResourcesPage/ResourcesPage",
  ]
}
```

编译示例工程，并运行示例 App，在 Index 页面中单击 pushUrl to Resources 进入 ResourcesPage 页面，如图 6-12 所示。在示例代码中创建了与 Color Mode 相关的限定词资源，当切换 Color Mode 为深色模式时，ResourcesPage 界面中的模块描述字符串的颜色也产生了变化，效果如图 6-13 所示。

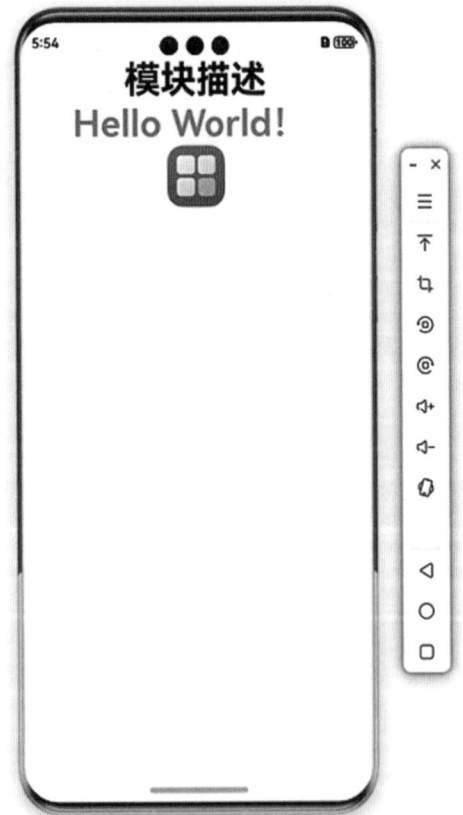

图 6-12　ResourcesPage 页面

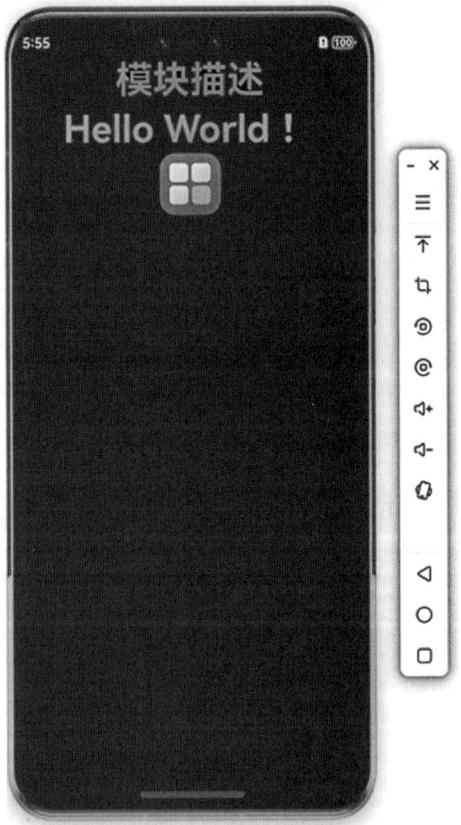

图 6-13　切换 Color Mode 为深色模式（见彩插）

2. 使用系统资源

在鸿蒙系统内部预置了一些系统资源,这些资源包含颜色、字体、字符串及图片等,使用系统资源有助于统一界面风格及代码维护。在开发过程中,可以通过 $r('sys.type.resource_id') 的形式引用系统资源,其中,sys 为系统资源;type 为资源类型,取值包括 color、float、string、media;resource_id 为资源 id。下面是引用系统资源的一些例子,代码如下。

```
// entry/src/main/ets/pages/ResourcesPage/ResourcesPage.ets
Text('Hello')
  .fontColor($r('sys.color.ohos_id_color_emphasize'))
  .fontSize($r('sys.float.ohos_id_text_size_headline1'))
  .fontFamily($r('sys.string.ohos_id_text_font_family_medium'))
  .backgroundColor($r('sys.color.ohos_id_color_palette_aux1'))

Image($r('sys.media.ohos_app_icon'))
  .border({
    color: $r('sys.color.ohos_id_color_palette_aux1'),
    radius: $r('sys.float.ohos_id_corner_radius_button'), width: 2
  })
  .margin({
    top: $r('sys.float.ohos_id_elements_margin_horizontal_m'),
    bottom: $r('sys.float.ohos_id_elements_margin_horizontal_l')
  })
  .height(200)
  .width(300)
```

6.4 自定义组件

在 UI 界面开发的过程中,简单地堆砌系统组件往往不能满足复杂的需求,因为还需要考虑代码的复用性、业务逻辑与 UI 的分离以及系统的未来可扩展性等重要因素。因此,一种常见的做法是将 UI 元素和部分业务逻辑封装成自定义组件。这些自定义组件具备以下特性。

- 可组合性:开发者能够灵活地结合系统自带的组件,以及它们的属性和方法,来构建更复杂和定制化的组件。
- 可重用性:自定义组件一旦设计完成,就可以被多次重用。它们可以作为独立的实例,在不同的父组件或容器中部署,从而提高开发效率和代码的一致性。

这种封装方式不仅提升了代码的组织性和可维护性,还使得整个开发过程更加高效和灵活。

6.4.1 自定义组件的分类及与页面的关系

自定义组件是通过 @Component 装饰器定义的 UI 单元。这种组件可以灵活地组合多个系统组件(如按钮、文本框等)或其他自定义组件,以实现 UI 元素的复用和模块化,在自定义组件中可以接收并处理组件的生命周期事件。

自定义组件还有一种特殊的类型,那就是作为页面入口的自定义组件。页面是应用程序中的 UI 界面，通常由一个或多个自定义组件或系统组件构成。其中，通过 @Entry 装饰器标记的自定义组件被指定为页面入口的自定义组件，也就是该页面的根节点。一个页面有且仅有一个作为页面入口的自定义组件，这个组件被视为页面的核心，只有这个组件才能接收并处理页面的生命周期事件。

页面与组件的关系如图 6-14 所示，每个页面都要有一个被 @Entry 装饰的自定义组件，并将其作为页面入口。在这个被 @Entry 装饰的自定义组件里，可以根据具体需求使用自定义组件或者系统组件来完成页面元素的构建。

图 6-14　页面与组件的关系

6.4.2　自定义组件的基本结构

典型的自定义组件的基本结构如下代码所示，包含 @Component、struct 和 build() 函数。

- @Component：@Component 装饰器用来装饰 struct 关键字声明的数据结构。struct 被 @Component 装饰后具备组件化的能力，一个 struct 只能被一个 @Component 装饰。
- struct：自定义组件基于 struct 定义，通常使用"struct + 自定义组件名 + {...}"的组合构成自定义组件。struct 不支持继承关系。对于 struct 的实例化，可以省略 new。
- build() 函数：build() 函数用于定义自定义组件的声明式 UI 描述，自定义组件必须定义 build() 函数。

```
@Component
struct MyComponent {
  build() {
  }
}
```

如果组件需要作为页面的入口，则在其前面增加 @Entry 装饰符进行装饰，如下代码所示，在 MyComponent 组件之前增加 @Entry，MyComponent 组件变为 @Entry 装饰的自定义组件（作为页面入口的自定义组件）。

```
@Entry
@Component
struct MyComponent {
  build() {
  }
}
```

自定义组件可以包含成员变量，struct 成员变量的写法与类中成员变量相似，区别是由于 struct 不支持继承，因此当成员变量被 protected 修饰时，编译过程会报警告；当变量被 private 修饰且由外部初始化时，编译过程也会报警告。自定义组件的成员变量支持状态管理，允许使用装饰器装饰，以实现组件的 UI 更新及数据同步。

```
@Entry
@Component
struct MyComponent {
  // 这是一个由装饰器装饰的成员变量
  @State message: string = "Hello World";
  build() {
  }
}
```

自定义组件除了必须要实现 build() 函数外，还可以实现其他成员函数，以完成特定功能的封装。如下代码中 updateMessage() 就是一个成员函数。

```
@Component
struct MyComponent {
  @State message: string = "init";
  // 成员函数
  updateMessage() {
    this.message = 'new message';
  }
  build() {
    Row() {
      Text(this.message)
        .fontSize(18)
        .onClick(() => {
          this.updateMessage();
        })
    }
  }
}
```

当组件中有需要快速生成多个布局内容的情况时，可以利用 @Builder 装饰器装饰该函数。此函数在功能和语法规范方面与 build() 函数是相同的，并且能够在 build() 函数内部被调用，如下代码所示。

```
@Component
struct MyComponent {
  @State message: string = "init";
  // 该函数用于定义组件的声明式 UI 描述
  @Builder buildText() {
    Text(this.message)
      .fontSize(18)
      .onClick(() => {
        this.updateMessage();
      })
  }
```

```
// 成员函数
updateMessage() {
  this.message = 'new message';
}
build() {
  Row() {
    Text(this.message)
      .fontSize(18)
      .onClick(() => {
        this.updateMessage();
      })

    Divider()
      .vertical(false)
      .color(Color.White)
      .strokeWidth(10)
    // 调用
    this.buildText();

    Divider()
      .vertical(false)
      .color(Color.White)
      .strokeWidth(10)
    // 调用
    this.buildText();
  }
}
}
```

在上面的代码中Divider()用于分隔Row()中的组件,每次使用都要配置相关属性。@Extend装饰器可将这些属性配置组合成自定义样式,该样式能在其他地方复用,从而提高开发效率和代码可维护性,如下代码所示。

```
// 原代码
// Divider()
// .vertical(false)
// .color(Color.White)
// .strokeWidth(10)

// 扩展新样式
@Extend(Divider)
function defaultStyle() {
  .vertical(false)
  .color(Color.White)
  .strokeWidth(10)
}

@Component
struct MyComponent {
  @State message: string = "init";
```

```
// 该函数用于定义组件的声明式 UI 描述
@Builder buildText() {
  Text(this.message)
    .fontSize(18)
    .onClick(() => {
      this.updateMessage();
    })
}
// 成员函数
updateMessage() {
  this.message = 'new message';
}
build() {
  Row() {
    // 调用 @Extend 封装的函数
    Divider().defaultStyle();
    this.buildText();
    // 调用 @Extend 封装的函数
    Divider().defaultStyle();
    this.buildText();
  }
}
```

6.4.3　build() 函数执行机制及限制规则

自定义组件的 build() 函数在组件的生命周期中有着特定的执行机制及限制规则。在初始渲染时，build() 函数会直接被调用执行，以此来完成组件的初次呈现。除此之外，当组件内部的状态发生任何改变时，build() 函数会再次被执行，从而实现组件能够根据状态变化进行相应的更新效果。

在 build() 函数中，部分类型代码的书写将会受到限制，这会在本部分中进行介绍，注意，本部分讨论的内容不包含 build() 函数中的子组件行为。

- **本地变量声明限制**：在 build() 函数内，不允许声明本地变量。如下所示的代码是反例。

```
build() {
  // 反例：不允许声明本地变量
  let x:number = 1;
}
```

- **控制台日志使用限制**：在 build() 函数内，不允许直接使用 console 及 hilog 来输出信息，但在其他方法或者函数里是允许使用的。如下所示的代码是反例。

```
build() {
  // 反例：不允许 console.info
  console.info('print debug log');
  hilog.info(0x0000, 'testTag', '%{public}s', 'print debug log');
}
```

- 本地作用域创建限制：在 build() 函数内，不允许创建本地的作用域。如下所示的代码是反例。

```
build() {
  // 反例：不允许本地作用域
  {
    // ...
  }
}
```

- 未装饰方法调用限制：在 build() 函数内，不允许直接调用没有用 @Builder 装饰的方法。不过，可以作为组件的参数。示例如下：

```
@Component
struct MyComponent {
  // 不能直接调用
  doSomeCalculations() {
  }
  // 可以作为组件参数直接调用，但不能直接调用
  calcTextValue(): string {
    return 'Hello World';
  }
  // 可直接调用
  @Builder doSomeRender() {
    Text(`Hello World`);
  }

  build() {
    Column() {
      // 反例：不能调用没有用 @Builder 装饰的方法
      this.doSomeCalculations();
      // 正例：可以调用
      this.doSomeRender();
      // 正例：参数可以为调用 TypeScript 方法的返回值
      Text(this.calcTextValue());
    }
  }
}
```

- switch 语法限制：在 build() 函数内，不允许使用 switch 语法来进行条件判断。如果需要进行条件判断，则应当使用 if 语句。示例如下。

```
build() {
  Column() {
    // 反例：不允许使用 switch 语法
    switch (expression) {
      case 1:
        Text('...');
        break;
      case 2:
        Image('...');
        break;
```

```
      default:
        Text('...');
        break;
    }
    // 正例：使用 if
    if(expression == 1) {
      Text('...');
    } else if(expression == 2) {
      Image('...');
    } else {
      Text('...');
    }
  }
}
```

- 条件表达式使用限制：在 build() 函数内，不允许直接使用条件表达式进行操作，应该使用 if 语句。如下所示的代码是反例。

```
build() {
  Column() {
    // 反例：不允许使用条件表达式
    (this.value > 10)? Text('...') : Image('...');
  }
}
```

6.4.4 使用自定义组件

在前面内容中，对自定义组件的基本信息进行了介绍，在本小节中，将实现对自定义组件的使用。首先基于示例工程，新建一个 UseComponentPage.ets 文件，在该文件中创建一个名为 RowTextComponent 的自定义组件，接着在 UseComponentPage 组件的 build() 函数中多次创建 RowTextComponent 组件，实现 RowTextComponent 组件的重用。

```
// entry/src/main/ets/pages/UseComponentPage/UseComponentPage.ets
// 扩展 Divider 样式
@Extend(Divider)
function defaultStyle() {
  .vertical(false)
  .color(Color.White)
  .strokeWidth(10)
}

// RowTextComponent 组件
@Component
struct RowTextComponent {
  message: string = ' RowTextComponent';
  build() {
    // Row 和 Text 是系统组件
    Row() {
      Text(this.message)
    }
  }
}
```

```
// UseComponentPage 组件
@Entry
@Component
struct UseComponentPage {
  build() {
    Column() {
      // 复用 RowTextComponent
      RowTextComponent();

      Divider().defaultStyle();
      // 复用 RowTextComponent
      RowTextComponent();
    }
  }
}
```

在 Index 页面中,增加跳转至 UseComponentPage 页面的按钮。

```
// entry/src/main/ets/pages/Index.ets
@Entry
@Component
struct Index {
  build() {
    Column() {
      // ...
      // 打开 UseComponentPage 页面
      Button('to UseComponentPage)
        .onClick(() => {
          router.pushUrl({
            url: 'pages/UseComponentPage/UseComponentPage
          });
        })
    }
  }
}
```

在 main_pages.json 文件中增加 UseComponentPage 的路由配置,代码如下。

```
// entry/src/main/resources/base/profile/main_pages.json
{
  "src": [
    "pages/UseComponentPage/UseComponentPage",
  ]
}
```

编译示例工程,并运行示例 App,在 Index 页面中单击 "to UseComponentPage" 按钮,进入 UseComponentPage 页面,如图 6-15 所示,页面中展示的两行文字分别是使用两个 RowTextComponent 组件的输出。

1. 指定自定义组件的数据参数

从上文的示例中,我们已经了解到,可以在 build() 函数里创建自定义组件,在创建自定义组件的过程中，可以初始化自定义组件的参数。如下所代码所示，在 UseComponentPage.ets 文件中增加创建 RowTextComponent 并指定参数的代码。

```
// entry/src/main/ets/pages/UseComponentPage/UseComponentPage.ets
// UseComponentPage 组件
@Entry
@Component
struct UseComponentPage {
  build() {
    Column() {
      // ...
      Divider().defaultStyle();
      // 指定参数，复用RowTextComponent
      RowTextComponent({message:"Hello RowTextComponent"});
    }
  }
}
```

编译示例工程，并运行示例 App，进入 UseComponentPage 页面，如图 6-16 所示，页面中展示的第三行文字为创建 RowTextComponent 组件时传入的"Hello RowTextComponent"参数。

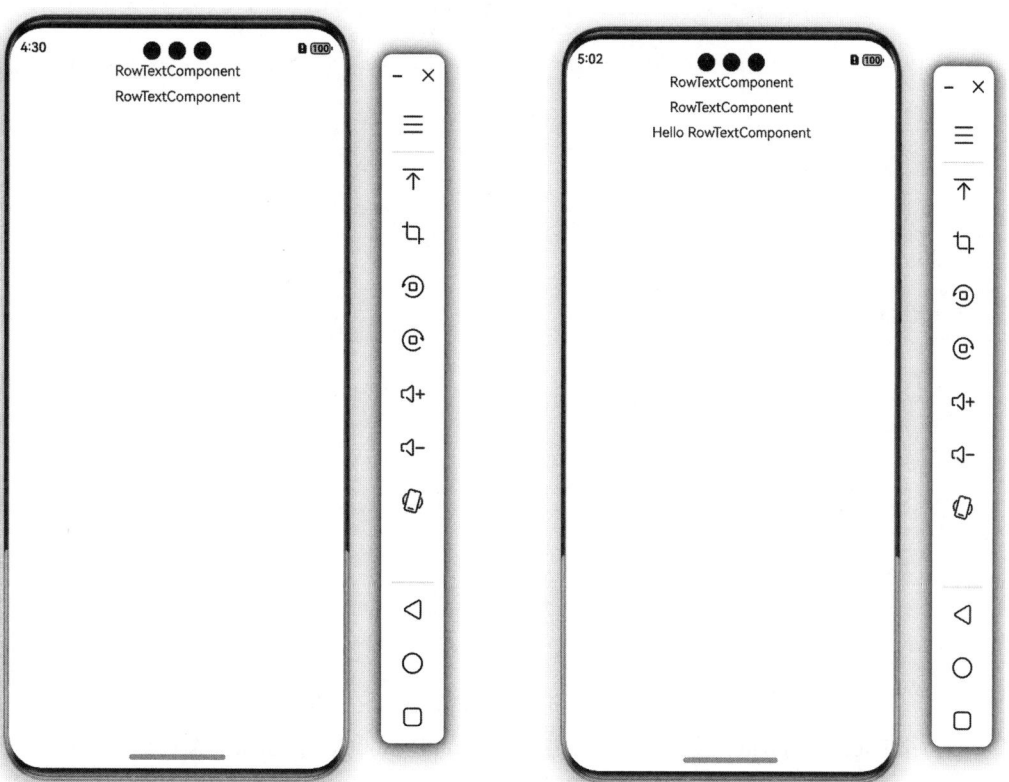

图 6-15　UseComponentPage 页面（组件复用）　　图 6-16　UseComponentPage 页面（组件复用指定参数）

2. 指定自定义组件的函数参数

在创建自定义组件时,还支持以指定回调函数作为参数,下面的示例代码实现了一个 CustomButtonComponent 组件,该组件展示了一个按钮,单击该按钮时,调用成员变量 onClickCallBack。

```
// entry/src/main/ets/pages/UseComponentPage/UseComponentPage.ets
// UseComponentPage 组件

@Entry
@Component
struct UseComponentPage {
  @State count: number = 0;
  onCustomButtonClick: () => void = () => {
    this.count++;
  }

  build() {
    Column() {
      // ...
      Divider().defaultStyle();
      Text(`count:${this.count}`);
      // 创建 CustomButtonComponent 组件,并指定 onCustomButtonClick 作为参数传入,
      // 关联 CustomButtonComponent 组件的 onClickCallBack 成员变量
      CustomButtonComponent({ onClickCallBack: this.onCustomButtonClick });
    }
  }
}


// CustomButtonComponent 组件
@Component
struct CustomButtonComponent {
  onClickCallBack?: () => void;
  build() {
    Row() {
      Button("CustomButtonComponent")
        .onClick(() => {
          // 如果 onClickCallBack 可用,则调用
          if (this.onClickCallBack) {
            this.onClickCallBack();
          }
        })
    }
  }
}
```

编译示例工程,并运行示例 App,进入 UseComponentPage 页面,如图 6-17 所示,UseComponentPage 中的 count 变量为 0,单击 "CustomButtonComponent" 按钮后,如图 6-18 所示,在 CustomButtonComponent 组件中调用了 UseComponentPage 组件的 onCustomButtonClick 函数,count 的值增加了一次。

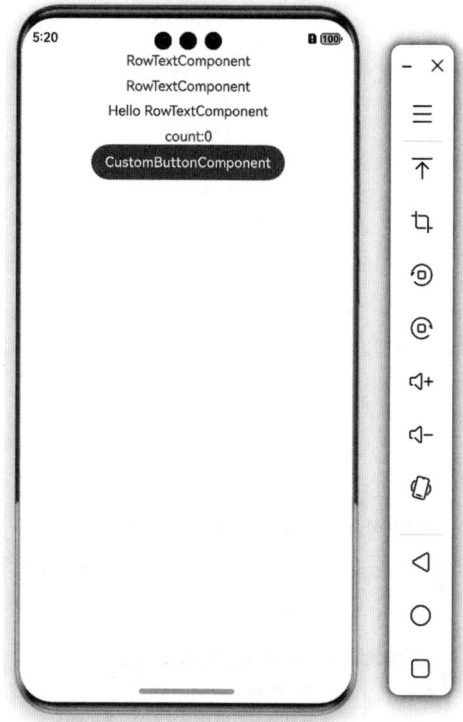

图 6-17　UseComponentPage 页面（组件复用，使用函数作为参数）

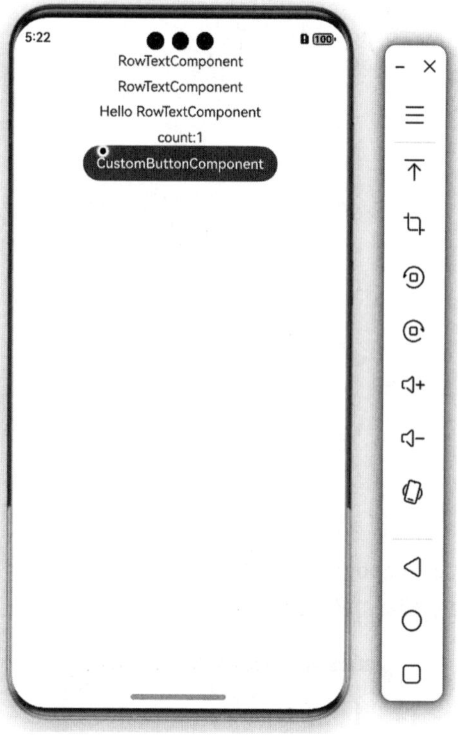

图 6-18　单击"CustomButtonComponent"按钮后的页面

3. 设定自定义组件的通用属性及事件

在 ArkUI 中，一些通用的属性（如尺寸、坐标、事件等）及事件，可以被系统组件使用，也可以被自定义组件使用，均是通过"."链式调用的形式设置。这些通用的属性及事件在本书的第 7 章进行介绍，在本小节中以自定义组件的通用属性及事件为设定进行介绍。在 UseComponentPage.ets 文件中增加 TextComponent 组件，以及对 TextComponent 组件的通用属性设定和响应单击事件，代码如下：

```
// entry/src/main/ets/pages/UseComponentPage/UseComponentPage.ets
// TextComponent 组件
@Component
struct TextComponent {
  message: string = 'TextComponent';
  build() {
    //注意，直接使用 Text
    Text(this.message)
      .backgroundColor(Color.White)
  }
}

// UseComponentPage 组件
```

```
@Entry
@Component
struct UseComponentPage {
  build() {
    Column() {
      //...
      Divider().defaultStyle();
      //设定自定义组件的通用属性
      TextComponent({message:"通用属性示例,单击可使count为-1"})
        .width(168)
        .height(98)
        .backgroundColor(Color.Red)
        .onClick(()=>{
          this.count = -1;
        })
    }
  }
}
```

编译示例工程,并运行示例 App,进入 UseComponentPage 页面,如图 6-19 所示,UseComponentPage 中的 count 变量为 0。当单击黑框区域后,count 值变为了 −1,该响应自定义属性事件如图 6-20 所示。

图 6-19　UseComponentPage 页面(增加自定义属性,见彩插)　　图 6-20　响应自定义属性事件(见彩插)

ArkUI 在给自定义组件设置样式时,相当于给 TextComponent 套了一个不可见的容器组件，而这些样式是设置在容器组件上的，而不是直接设置给 TextComponent 中的 Text 组件。通过渲染结果，我们可以看到，背景颜色红色并没有直接在 Text 上生效，而是在 Text 所处的开发者不可见的容器组件上生效。

6.5 页面跳转及组件生命周期

在基于 Stage 模型的应用开发框架中，一个应用包可以包含多个能力（Ability），每个 Ability 包含一个或多个页面，通常是一个页面对应一个 ets 文件，默认有一个 Index.ets 文件和其他页面文件。

在鸿蒙系统中，可以使用两种机制实现在多个页面之间的跳转，分别为使用路由（router）API 实现页面跳转和使用导航组件（Navigation）实现页面跳转。

- 使用路由 API 实现页面跳转：系统提供了路由接口，通过在页面上引入 router，调用 router 提供的各种接口，从而实现页面跳转的各种路由操作。
- 使用导航组件（Navigation）实现页面跳转：该组件包装了页面路由的能力，在指定页面目标（target）后，该组件内的子组件都具有路由能力，可以跳转到其他页面。

6.5.1 页面路由方式实现页面跳转

页面路由指在应用程序中实现不同页面之间的跳转和数据传递。router 模块通过不同的 url 地址，可以方便地进行页面路由，轻松地访问不同的页面。

1. 页面跳转

router 模块提供了两种跳转模式，分别是 router.pushUrl 和 router.replaceUrl。这两种模式决定了目标页面是否会替换当前页。

- router.pushUrl：目标页面不会替换当前页，而是压入页面栈。这样可以保留当前页的状态，并且可以通过返回键或者调用 router.back 方法返回到当前页。
- router.replaceUrl：目标页面会替换当前页，并销毁当前页。这样可以释放当前页的资源，并且无法返回到当前页。

同时，router 模块提供了两种实例模式，分别是 Standard 和 Single。这两种模式决定了目标 url 是否会对应多个实例。

- Standard：多实例模式，也是默认情况下的跳转模式。目标页面会被添加到页面栈顶，无论栈中是否存在相同 url 的页面。
- Single：单实例模式。如果目标页面的 url 已经存在于页面栈中，则会将离栈顶最近的同 url 页面移动到栈顶，该页面成为新建页。如果目标页面的 url 在页面栈中不存在同 url 页面，则按照默认的多实例模式进行跳转。

本小节示例分别以 Standard 和 Single 模式调用 router.pushUrl 和 router.replaceUrl，以实现页面的跳转，这主要分为四步。

第一步，基于示例工程创建 SecondPage 页面，在 SecondPage 页面中实现四个按钮，分别以 Standard 和 Single 模式调用 router.pushUrl，实现到 ThirdPage 的页面跳转；分别以 Standard 和 Single 模式调用 router.replaceUrl，实现到 ThirdPage 的页面跳转，代码如下。

```
// entry/src/main/ets/pages/SecondPage.ets
import { router } from '@kit.ArkUI';

@Entry
@Component
struct SecondPage {
  @State message: string = 'SecondPage';

  build() {
    Column() {
      Text(this.message)
        .fontSize(50)
        .fontWeight(FontWeight.Bold)

      Divider()
        .vertical(false)
        .color(Color.White)
        .strokeWidth(10)
      // 以 Standard 模式调用 pushUrl 实现页面跳转至 ThirdPage
      Button('router Standard pushUrl ThirdPage')
        .onClick(() => {
          router.pushUrl({
            url: 'pages/ThirdPage' // 目标 url
          }, router.RouterMode.Standard, (err) => {
            if (err) {
              hilog.error(0x0000, 'testTag', '%{public}s', `router pushUrl failed,
                code is ${err.code}, message is ${err.message}`);
              return;
            }
            hilog.info(0x0000, 'testTag', '%{public}s', 'router pushUrl succeeded.');
          });
        })

      Divider()
        .vertical(false)
        .color(Color.White)
        .strokeWidth(10)

      // 以 Single 模式调用 pushUrl 实现页面跳转至 ThirdPage
      Button('router Single pushUrl ThirdPage')
        .onClick(() => {
          router.pushUrl({
            url: 'pages/ThirdPage' // 目标 url
          }, router.RouterMode.Single, (err) => {
            if (err) {
              hilog.error(0x0000, 'testTag', '%{public}s', `router pushUrl failed,
                code is ${err.code}, message is ${err.message}`);
              return;
            }
```

```
        hilog.info(0x0000, 'testTag', '%{public}s', 'router pushUrl succeeded.');
      });
    })

  Divider()
    .vertical(false)
    .color(Color.White)
    .strokeWidth(10)

  // 以 Standard 模式调用 replaceUrl 实现页面跳转至 ThirdPage
  Button('router Standard replaceUrl ThirdPage')
    .onClick(() => {
      router.replaceUrl({
        url: 'pages/ThirdPage' // 目标 url
      }, router.RouterMode.Standard, (err) => {
        if (err) {
          hilog.error(0x0000, 'testTag', '%{public}s', `router replaceUrl
            failed, code is ${err.code}, message is ${err.message}`);
          return;
        }
        hilog.info(0x0000, 'testTag', '%{public}s', 'router replaceUrl
          succeeded.');
      });
    })

  Divider()
    .vertical(false)
    .color(Color.White)
    .strokeWidth(10)

  // 以 Single 模式调用 replaceUrl 实现页面跳转至 ThirdPage
  Button('router Single replaceUrl ThirdPage')
    .onClick(() => {
      router.replaceUrl({
        url: 'pages/ThirdPage' // 目标 url
      }, router.RouterMode.Single, (err) => {
        if (err) {
          hilog.error(0x0000, 'testTag', '%{public}s', `router replaceUrl
            failed, code is ${err.code}, message is ${err.message}`);
          return;
        }
        hilog.info(0x0000, 'testTag', '%{public}s', 'router replaceUrl
          succeeded.');
      });
    })
  }
 }
}
```

第二步，基于示例工程创建 ThirdPage 页面，在 ThirdPage 页面中实现两个按钮，分别以 Standard 和 Single 模式调用 router.pushUrl，实现到 SecondPage 的页面跳转，代码如下。

```
// entry/src/main/ets/pages/ThirdPage.ets
import { router } from '@kit.ArkUI';
```

```
import { hilog } from '@kit.PerformanceAnalysisKit';

@Entry
@Component
struct ThirdPage {
  @State message: string = 'ThirdPage';

  build() {

    Column() {
      Text(this.message)
        .fontSize(50)
        .fontWeight(FontWeight.Bold)
      Divider()
        .vertical(false)
        .color(Color.White)
        .strokeWidth(10)

      // 以 Standard 模式调用 pushUrl 实现页面跳转至 SecondPage
      Button('router Standard pushUrl SecondPage')
        .onClick(() => {
          router.pushUrl({
            url: 'pages/SecondPage' // 目标url
          }, router.RouterMode.Standard, (err) => {
            if (err) {
              hilog.error(0x0000, 'testTag', '%{public}s', `router pushUrl
                failed, code is ${err.code}, message is ${err.message}`);
              return;
            }
            hilog.info(0x0000, 'testTag', '%{public}s', 'router pushUrl succeeded.');
          });
        })

      Divider()
        .vertical(false)
        .color(Color.White)
        .strokeWidth(10)
      // 以 Single 模式调用 pushUrl 实现页面跳转至 SecondPage
      Button('router Single pushUrl SecondPage')
        .onClick(() => {
          router.pushUrl({
            url: 'pages/SecondPage' // 目标url
          }, router.RouterMode.Single, (err) => {
            if (err) {
              hilog.error(0x0000, 'testTag', '%{public}s', `router pushUrl
                failed, code is ${err.code}, message is ${err.message}`);
              return;
            }
            hilog.info(0x0000, 'testTag', '%{public}s', 'router pushUrl succeeded.');
          });
        })
    }
  }
}
```

第三步，在 main_pages.json 文件中增加 SecondPage 和 ThirdPage 的路由配置，代码如下。

```
// entry/src/main/resources/base/profile/main_pages.json
{
  "src": [
    "pages/SecondPage",
    "pages/ThirdPage"
  ]
}
```

第四步，在 Index 页面中实现两个按钮，分别以 Standard 和 Single 模式调用 router.pushUrl，实现到 SecondPage 的页面跳转，代码如下。

```
// entry/src/main/ets/pages/Index.ets
import { router } from '@kit.ArkUI';
import { hilog } from '@kit.PerformanceAnalysisKit';

@Entry
@Component
struct Index {
  build() {
    Column() {
      // ...
      // 以 Standard 模式调用 pushUrl 实现页面跳转至 SecondPage
      Button('router Standard pushUrl SecondPage')
        .onClick(() => {
          router.pushUrl({
            url: 'pages/SecondPage' // 目标 url
          }, router.RouterMode.Standard, (err) => {
            if (err) {
              hilog.error(0x0000, 'testTag', '%{public}s', `router pushUrl
                failed, code is ${err.code}, message is ${err.message}`);
              return;
            }
            hilog.info(0x0000, 'testTag', '%{public}s', 'router pushUrl succeeded.');
          });
        })

      Divider()
        .vertical(false)
        .color(Color.White)
        .strokeWidth(10)
      // 以 Single 模式调用 pushUrl 实现页面跳转至 SecondPage
      Button('router Single pushUrl SecondPage')
        .onClick(() => {
          router.pushUrl({
            url: 'pages/SecondPage' // 目标 url
          }, router.RouterMode.Single, (err) => {
            if (err) {
              hilog.error(0x0000, 'testTag', '%{public}s', `router pushUrl
                failed, code is ${err.code}, message is ${err.message}`);
              return;
            }
```

```
                hilog.info(0x0000, 'testTag', '%{public}s', 'router pushUrl succeeded.');
            });
        })
    }
  }
}
```

完成上述代码，编译示例工程，并运行示例 App。先看一下在以 Standard 模式调用 pushUrl 实现页面跳转时不同页面之间的关系。在 Index 页面单击"router Standard pushUrl SecondPage"按钮，这时页面跳转至 SecondPage 页面（如图 6-21 所示），单击"router Standard pushUrl ThirdPage"按钮，这时页面跳转至 ThirdPage 页面（如图 6-22 所示），单击"router Standard pushUrl SecondPage"按钮，回到 SecondPage 页面。

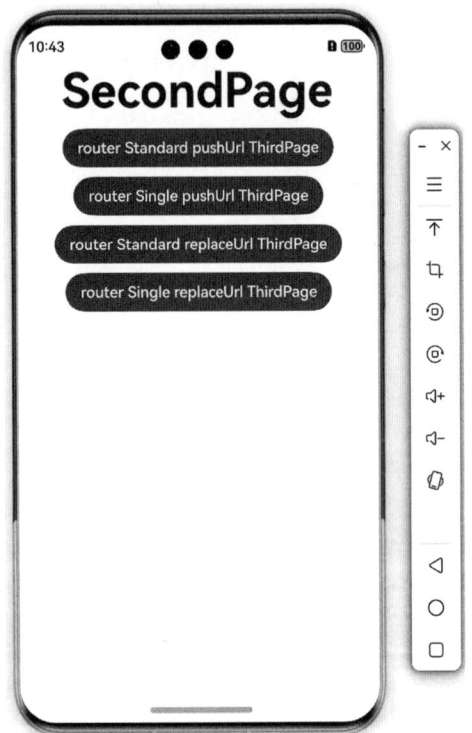

图 6-21　SecondPage 页面

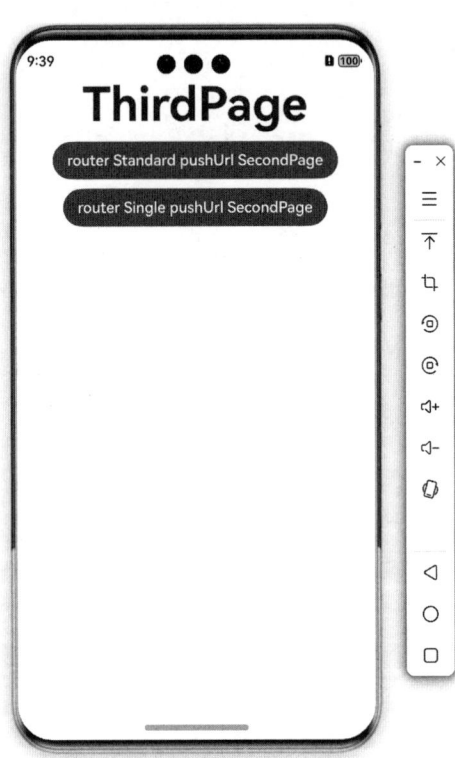

图 6-22　ThirdPage 页面

这时页面栈中的页面从栈底至栈顶的关系为 Index → SecondPage → ThirdPage → SecondPage，依次返回上一个页面，直到回到 Index 页面。

接下来看一下在以 Single 模式调用 pushUrl 实现页面跳转时不同页面之间的关系。在 Index 页面中，单击"router Single pushUrl SecondPage"按钮这时跳转至 SecondPage 页面，单击"router Single pushUrl ThirdPage"按钮，这时跳转至 ThirdPage 页面，单击"router Single pushUrl SecondPage"按钮。

这时页面栈中的页面从栈底至栈顶为 Index → ThirdPage → SecondPage，与 Standard 模式不同，SecondPage 在页面栈中只有一个实例。

以 replaceUrl 方式打开新页面时，目标页面会替换当前页，并销毁当前页。它也支持 Standard 及 Single 模式，在 Index 页面中通过 pushUrl（Standard 或 Single 模式）方式进入 SecondPage 页面，在 SecondPage 页面中单击"router Standard replaceUrl ThirdPage"按钮（或"router Single replaceUrl ThirdPage"按钮），页面栈中的页面从栈底至栈顶为 Index → ThirdPage，即目标页 ThirdPage 替换了当前页 SecondPage。

2. 页面跳转传递参数

通过路由方式跳转页面，如果在跳转时需要传递一些数据给目标页面，则可以在调用 router 模块的方法时，添加一个 params 属性，并指定一个对象作为参数。具体的做法主要分为三步：

第一步，创建一个参数类，用于存储参数数据，在 entry/src/main/ets/pages/ 目录下新建一个 SecondPageParam.ets 文件，其内容如下。

```
// entry/src/main/ets/pages/SecondPageParam.ets
export default class SecondPageParam { // 也可以使用 interface
  paramValue: string = '';
}
```

第二步，在 SecondPage.ets 文件中增加对参数的解析，如果调起方携带了参数，则将参数解析并以 Hello 字符串作为前缀，并将其作为新的字符串展示在界面中，代码如下。

```
// entry/src/main/ets/pages/SecondPage.ets
import SecondPageParam from './SecondPageParam';
import { hilog } from '@kit.PerformanceAnalysisKit';


@Entry
@Component
struct SecondPage {
  @State message: string = 'SecondPage';
  aboutToAppear() {
    if ((router.getParams() as SecondPageParam)?.paramValue)
      this.message = 'Hello ' + (router.getParams() as SecondPageParam).paramValue;
  }
}
```

第三步，在 Index.ets 文件中增加一个按钮，单击该按钮，执行页面跳转至 SecondPage 页面并携带参数，代码如下。

```
// entry/src/main/ets/pages/Index.ets
import SecondPageParam from './SecondPageParam';

@Entry
@Component
struct Index {
  build() {
```

```
        Column() {
          // ...
          // 以 Standard 模式调用 pushUrl 实现页面跳转至 SecondPage, 携带参数
          Button('router Standard pushUrl SecondPage have param')
            .onClick(() => {
              router.pushUrl({
                url: 'pages/SecondPage', // 目标 url
                params: {paramValue:'HarmonyOS NEXT'}
              }, router.RouterMode.Standard, (err) => {
                if (err) {
                  hilog.error(0x0000, 'testTag', '%{public}s', `router pushUrl
                    failed, code is ${err.code}, message is ${err.message}`);
                  return;
                }
                hilog.info(0x0000, 'testTag', '%{public}s', 'router pushUrl succeeded.');
              });
            })
        }
      }
    }
```

完成上述代码，编译示例工程，并运行示例 App，在 Index 页面中单击"router Standard pushUrl SecondPage have param"按钮，这时页面跳转至 SecondPage 页面，内容展示为 Hello HarmonyOS NEXT（如图 6-23 所示）。

3. 页面跳转 – 返回

当用户在某个页面完成操作后，常常需要返回到上一个页面或者特定的页面。此时，可以使用接口 router 模块中的 back 接口来实现这一功能，并且，在返回的过程中，back 接口还能够支持将数据参数传递给目标页面。

本小节示例实现回退至上一页、回退至指定页面及在回退指定页面时指定参数，共三步。

第一步，创建一个参数接口类，用于存储参数数据，在 entry/src/main/ets/pages/ 目录下新建一个 IndexParam.ets 文件，文件内容如下。

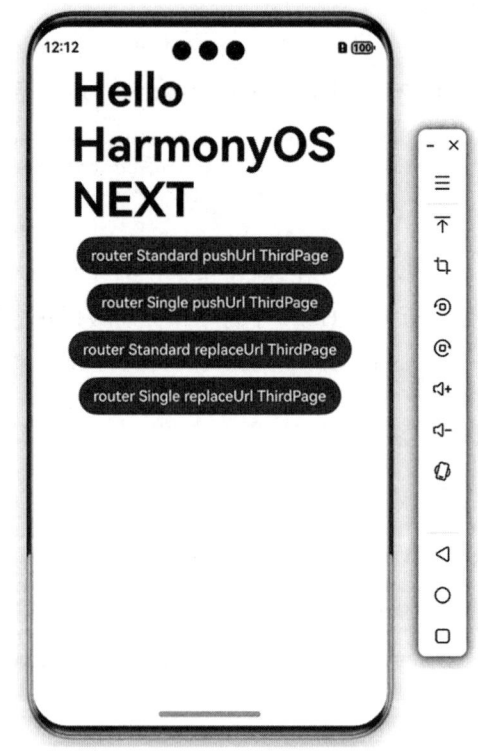

图 6-23　SecondPage 页面接收到参数

```
// entry/src/main/ets/pages/IndexParam.ets
export default interface IndexParam { // 也可以使用 class，但需要初始化属性
  info: string;
}
```

第二步，在 ThirdPage.ets 文件中增加代码，分别实现回退至上一页、回退至指定页面（Index）及在回退指定页面（Index）时指定参数，代码如下。

```
// entry/src/main/ets/pages/ThirdPage.ets
@Entry
@Component
struct ThirdPage {

  build() {
    Column() {
      // ...
      // 返回
      Button('back')
        .onClick(() => {
          router.back()
        })

      Divider()
        .vertical(false)
        .color(Color.White)
        .strokeWidth(10)
      // 回到指定页面
      Button('back to Index')
        .onClick(() => {
          router.back({
            url: 'pages/Index' // 目标url
          })
        })

      Divider()
        .vertical(false)
        .color(Color.White)
        .strokeWidth(10)
      // 回到指定页面并传递参数
      Button('back to Index have param')
        .onClick(() => {
          router.back({
            url: 'pages/Index' ,// 目标url
            params : {
              info:'from ThridPage'
            }
          })
        })
    }
  }
}
```

第三步，在 Index.ets 文件中增加对参数的解析，如调起方携带了参数，则将参数解析并展示在界面中。代码如下。

```
// entry/src/main/ets/pages/Index.ets
import IndexParam from './IndexParam';

@Entry
@Component
struct Index {
  @State message: string = 'Hello World';
```

```
// ...
onPageShow() {
  // Index 在视图栈中已存在，这需要在页面显示获取参数并更新 UI
  if ((this.getUIContext().getRouter().getParams() as IndexParam)?.info)
  {
    this.message = (this.getUIContext().getRouter().getParams() as IndexParam).info;
  }
  else {
    this.message = 'Hello World';
  }
}
```

完成上述代码，编译示例工程，并运行示例 App，在 Index 页面单击"router Standard pushUrl SecondPage"按钮，这时跳转至 SecondPage 页面，单击"router Standard pushUrl ThirdPage"按钮，这时跳转至 ThirdPage 页面（如图 6-24 所示）。

在 ThirdPage 页面中，单击"back"按钮可返回到 SecondPage 页面；单击"back to Index"按钮可返回到 Index 页面；单击"back to Index have param"按钮可携带参数返回到 Index 页面，当 Index 页面收到参数之后，页面内容如图 6-25 所示，原 Text 组件中的内容由 Hello World 变为了 from ThirdPage。

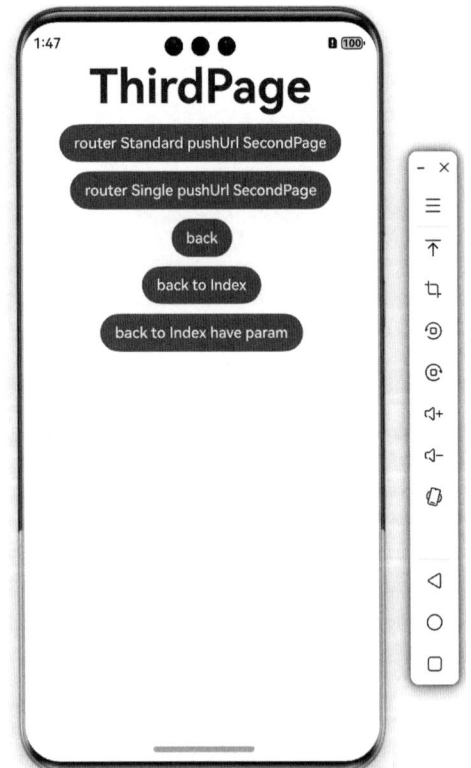

图 6-24　ThirdPage 页面

图 6-25　Index 页面（back 携带参数）

6.5.2 Navigation 组件

Navigation 是路由容器组件，一般作为首页的根容器。Navigation 组件适用于模块内和跨模块的路由切换，以及一次开发、多端部署的场景。通过组件级路由能力实现更加自然流畅的转场体验，并提供多种标题栏样式来呈现更好的标题和内容联动效果。

Navigation 组件主要包含导航页（NavBar）和子页（NavDestination）。导航页由标题栏（Titlebar，包含菜单栏 menu）、内容区（Navigation 子组件）和工具栏（Toolbar）组成。导航页和子页，以及子页之间可以通过路由操作进行切换。要实现页面路由能力，需要导航页、子页及系统路由表协同实现，本小节分别讲解如何实现导航页、子页及系统路由表，之后再以示例说明如何基于组件导航实现页面之间的跳转。

1. 导航页（主页面）

导航页是 Navigation 组件的主页面，是 Navigation 组件的根，下面的代码为在 Index.ets 文件中实现导航页主体框架的示例。

```
// entry/src/main/ets/pages/Index.ets
@Entry
@Component
struct Index {
  build() {
    Navigation(this.pageStack) {
      // ... 内容区
    }
    .title('Index')
    .menus([
      {value: "temp1", action: ()=> {}},
      {value: "temp2", action: ()=> {}},
      {value: "temp3", action: ()=> {}},
      {value: "temp4", action: ()=> {}}
    ])
    .titleMode(NavigationTitleMode.Mini)
    .toolbarConfiguration([{'value': "func1", 'icon': "", 'action': ()=> {}},
      {'value': "func2", 'icon': "", 'action': ()=> {}},
      {'value': "func3", 'icon': "", 'action': ()=> {}},
      {'value': "func4", 'icon': "", 'action': ()=> {}}])
  }
}
```

基于原 Index.ets 文件中的内容，编译示例工作，并运行示例 App，Index 页面如图 6-26 所示，页面中增加了标题栏、菜单栏及工具栏。

2. 子页

NavDestination 是 Navigation 子页面的根容器，用于承载子页面的一些特殊属性以及生命周期等。NavDestination 可以设置独立的标题栏和菜单栏等属性，使用方法与 Navigation 相同。下面为实现子页面主体框架的代码示例。

```
@Entry
@Component
struct xxxPage {
  build() {
    NavDestination() {
      //... 内容区
    }
    .title('xxxPage')
  }
}
```

3. 系统路由表

Navigation 支持以系统路由表的方式进行动态路由。各业务模块需要独立配置 route_map.json 文件，在触发路由跳转时，需要通过 NavPathStack 提供的路由方法，传入需要路由的页面配置名称，此时系统会自动完成路由模块的动态加载、页面组件构建，并完成路由跳转，从而实现了开发层面的模块解耦。主要分为三步实现。

第一步，需要在工程 resources/base/profile 目录中创建 route_map.json 文件。添加如下配置信息，配置项的说明在注释中描述。

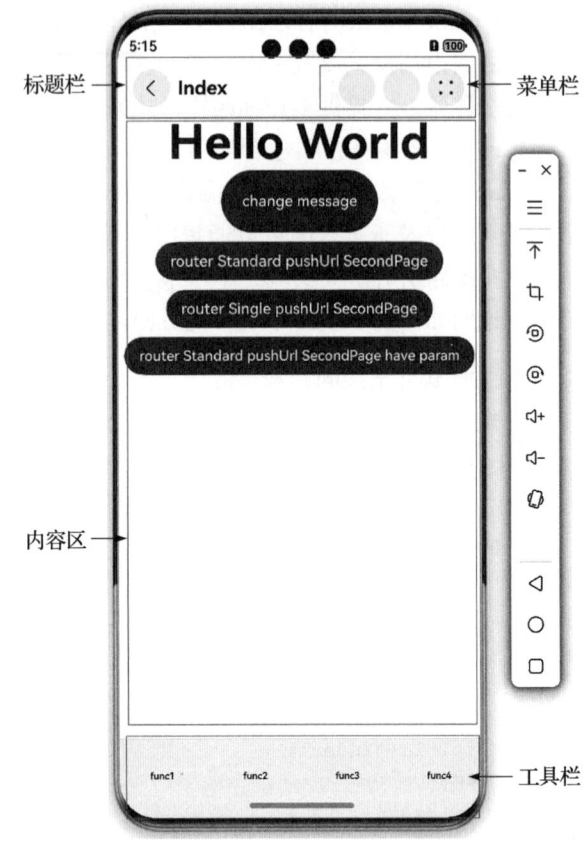

图 6-26　Index 页面（含导航）

```
{
  "routerMap": [
    {
      "name": "xxxPage", // 跳转页面名称，页面跳转时需要
      "pageSourceFile": "src/main/ets/pages/xxxPage.ets",
                       // 跳转目标页在包内的路径，相对 src 目录的相对路径
      "buildFunction": "xxxPageBuilder", // 跳转目标页的入口函数名称，必须以 @Builder 装饰
      "data": {            // 应用自定义字段。可以通过配置项读取接口 getConfigInRouteMap 获取
        "description" : "this is Page"
      }
    }
  ]
}
```

第二步，在跳转目标模块的 module.json5 配置文件中添加路由表配置。

```
// module.json5
{
  "module" : {
    "routerMap": "$profile:route_map"
  }
}
```

第三步，在跳转目标页面中，需要配置跳转页面入口函数，函数名称需要和 route_map.json 配置文件中的 buildFunction 配置项保持一致，否则在编译时会报错。

```
// 跳转页面入口函数
@Builder
export function xxxPageBuilder (name: string, param: Object) {
  xxxPage()
}


@Component
struct xxxPage {
  build() {
    NavDestination() {
    }
    .title('xxxPage')
  }
}
```

4. 路由操作示例

与 Navigation 路由相关的操作都是基于页面栈 NavPathStack 提供的方法进行的，包括页面跳转、页面返回、页面替换、页面删除、参数获取等功能。

在本小节中，基于示例工程，实现与页面跳转相关的操作，下面先对 Navigation 提供的相关接口进行介绍。

- 创建 NavPathStack 对象：导航页需要创建 NavPathStack 对象并将其作为 Navigation 的参数来管理页面，代码如下。

  ```
  @Entry
  @Component
  struct Index {
    // 创建一个页面栈对象并传入 Navigation
    pageStack: NavPathStack = new NavPathStack()
    build() {
      Navigation(this.pageStack) {
        //...
      }
      .title('Main')
    }
  }
  ```

- 页面跳转：通过页面的 name 跳转，可以携带 param，主要有两个接口，源页面中使用跳转至目标页面，使用方式如下。

  ```
  // 携带参数 xxxPage Param 跳转至 xxxPage 页面
  this.pageStack.pushPath({ name: "xxxPage", param: "xxxPage Param" })
  this.pageStack.pushPathByName("xxxPage ", "xxxPage Param")
  ```

- 页面返回：实现页面返回功能，提供多种接口，在当前页面中使用，使用方式如下。

  ```
  // 返回到上一页
  ```

```
this.pageStack.pop()
// 返回到上一个 xxxPage 页面
this.pageStack.popToName("xxxPage")
// 返回到根首页（清除栈中所有页面）
this.pageStack.clear()
```

- 页面替换：实现页面替换功能，将当前栈顶的页面替换为新的页面，主要有两个接口，在当前页面中使用，使用方式如下。

```
// 将栈顶页面替换为 xxxPage
this.pageStack.replacePath({ name: "xxxPage", param: "xxxPage Param" })
this.pageStack.replacePathByName("xxxPage", "xxxPage Param")
```

- 页面删除：实现删除页面栈中的特定页面，可以用 removeByName 接口。

```
// 删除栈中 name 为 xxxPage 的所有页面
this.pageStack.removeByName("xxxPage")
```

- 参数获取：实现获取页面的参数。

```
// 获取 xxxPage 页面的参数
this.pageStack.getParamByName("xxxPage")
```

基于上述的这些接口，本示例共分为四步：

第一步，基于示例工程创建 SecondPage_Nav 页面，在 SecondPage_Nav 页面中实现两个按钮，分别为调用 pushPathByName 跳转至 ThirdPage_Nav 页面，及调用 replacePathByName 将当前页面替换至 ThirdPage_Nav 页面，代码如下。

```
// entry/src/main/ets/pages/SecondPage_Nav.ets
// 与路由表中的定义一致
@Builder
export function SecondPageBuilder(name: string, param: Object) {
  SecondPage_Nav()
}

@Entry
@Component
struct SecondPage_Nav {
  @State message: string = 'SecondPage_Nav';
  pageStack: NavPathStack = new NavPathStack();

  build() {
    NavDestination() {
      Column() {
        Text(this.message)
          .fontSize(40)
          .fontWeight(FontWeight.Bold)

        Divider()
          .vertical(false)
          .color(Color.White)
          .strokeWidth(10)
        // 跳转至 ThirdPage_Nav 页面
```

```
        Button('nav pushPathByName ThirdPage_Nav')
          .onClick(() => {
            this.pageStack.pushPathByName('thirdPageNav', null);
          })

        Divider()
          .vertical(false)
          .color(Color.White)
          .strokeWidth(10)
        // 替换至 ThirdPage_Nav 页面
        Button('nav replacePathByName ThirdPage_Nav')
          .onClick(() => {
            this.pageStack.replacePathByName('thirdPageNav', null);
          })
      }
    }
    .title('SecondPage_Nav')
    .onReady((context: NavDestinationContext) => {
      this.pageStack = context.pathStack;
      if (this.pageStack.getParamByName("secondPageNav")[0]) {
        this.message = 'Hello ' + this.pageStack.getParamByName("secondPageNav")
          [0] as string;
      }
    })
  }
}
```

第二步，基于示例工程创建 ThirdPage_Nav 页面，在 ThirdPage_Nav 页面中实现四个按钮：通过 removeByName 移除页面栈中的 SecondPage_Nav、通过 pop 返回至 SecondPage_Nav、通过 popToName 返回至 SecondPage_Nav 及通过 clean 返回至 Index，代码如下。

```
// entry/src/main/ets/pages/ThirdPage_Nav.ets
// 与路由表中的一致
@Builder
export function ThirdPageBuilder(name: string, param: Object) {
  ThirdPage_Nav()
}

@Entry
@Component
struct ThirdPage_Nav {
  @State message: string = 'ThirdPage_Nav';
  pageStack: NavPathStack = new NavPathStack();
  build() {
    NavDestination() {
      Column() {
        Text(this.message)
          .fontSize(40)
          .fontWeight(FontWeight.Bold)
        Divider()
          .vertical(false)
```

```
          .color(Color.White)
          .strokeWidth(10)
        // 移除 SecondPage_Nev
        Button('nav remove SecondPage')
          .onClick(() => {
            this.pageStack.removeByName('secondPageNav');
          })

        Divider()
          .vertical(false)
          .color(Color.White)
          .strokeWidth(10)
        // 返回前一页面
        Button('back')
          .onClick(() => {
            this.pageStack.pop(true);
          })

        Divider()
          .vertical(false)
          .color(Color.White)
          .strokeWidth(10)
        // 返回前面的 SecondPage_Nav 页面，栈顶到栈底第一个名为 SecondPage_Nav 的子页面
        Button('back to SecondPage_Nav')
          .onClick(() => {
            this.pageStack.popToName('secondPageNav')
          })

        Divider()
          .vertical(false)
          .color(Color.White)
          .strokeWidth(10)
        // 返回到 Index 页面
        Button('back to Index')
          .onClick(() => {
            this.pageStack.clear(true);
          })

        Divider()
          .vertical(false)
          .color(Color.White)
          .strokeWidth(10)
      }
    }
    .title('ThirdPage_Nav')
    .onReady((context: NavDestinationContext) => {
      this.pageStack = context.pathStack;
    })
  }
}
```

第三步，新建路由表 route_map.json 文件及配置如下内容。

```
// entry/src/main/resources/base/profile/router_map.json
```

```json
{
  "routerMap": [
    {
      "name": "secondPageNav",
      "pageSourceFile": "src/main/ets/pages/SecondPage_Nav.ets",
      "buildFunction": "SecondPageBuilder",
      "data": {
        "description": "this is pageTwo"
      }
    },
    {
      "name": "thirdPageNav",
      "pageSourceFile": "src/main/ets/pages/ThirdPage_Nav.ets",
      "buildFunction": "ThirdPageBuilder",
      "data": {
        "description": "this is pageThird"
      }
    }
  ]
}
```

第四步，在 Index 页面增加两个按钮，分别以有参数及无参数的方式实现到 SecondPage_Nav 页面的跳转，代码如下。

```
// entry/src/main/ets/pages/Index.ets
@Entry
@Component
struct Index {
  // 创建一个页面栈对象并传入 Navigation
  pageStack: NavPathStack = new NavPathStack()

  build() {
    Navigation(this.pageStack) {
      Column() {
        // ...
        // 无参数
        Button('nav pushPathByName SecondPage_Nav')
          .onClick(() => {
            this.pageStack.pushPathByName('secondPageNav', null);
          })

        Divider()
          .vertical(false)
          .color(Color.White)
          .strokeWidth(10)
        // 携带参数
        Button('nav pushPath SecondPage_Nav have param')
          .onClick(() => {
            this.pageStack.pushPathByName('secondPageNav',  "Index" );
            // this.pageStack.pushPath({ name: "secondPageNav", param: "Index" })
          })
      }
    }
```

```
    .title('Index')
    .menus([
      {value: "temp1", action: ()=> {}},
        {value: "temp2", action: ()=> {}},
        {value: "temp3", action: ()=> {}},
        {value: "temp4", action: ()=> {}}
    ])
    .titleMode(NavigationTitleMode.Mini)
    .toolbarConfiguration([{'value': "func1", 'icon': "", 'action': ()=> {}},
      {'value': "func2", 'icon': "", 'action': ()=> {}},
      {'value': "func3", 'icon': "", 'action': ()=> {}},
      {'value': "func4", 'icon': "", 'action': ()=> {}}])
  }
}
```

完成上述代码，编译示例工程，并运行示例 App，Index 页面如图 6-27 所示。在 Index 页面单击"nav pushPathByName SecondPage_Nav"按钮，这时跳转至 SecondPage_Nav 页面（如图 6-28 所示），单击按"nav pushPath ThirdPage_Nav"按钮，这时跳转至 ThirdPage_Nav 页面（如图 6-29 所示）。

图 6-27 Index 页面

图 6-28 SecondPage_Nav 页面

在 ThirdPage_Nav 页面中,单击"back"按钮可返回到 SeconPage_Nav 页面,单击"back to SeconPage_Nav"按钮可返回到 SeconPage_Nav 页面,单击"back to Index"按钮可返回到 Index 页面。

回到 Index 页面后,单击"nav pushPath SecondPage_Nav have param"按钮,以携带参数的方式跳转至 SecondPage_Nav 页面(如图 6-30 所示),页面 Text 组件展示为"Hello + 参数(Index 是参数)"。在 SecondPage_Nav 页面中,单击"nav replacePath ThirdPage_Nav"按钮,当前页面替换至 ThirdPage_Nav 页面。

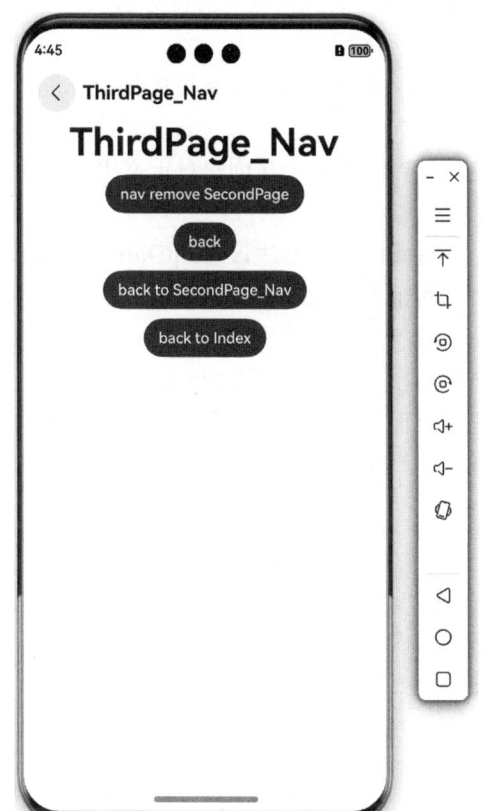

图 6-29　ThirdPage_Nav 页面

图 6-30　SecondPage_Nav 页面(有参数)

6.5.3　生命周期

页面跳转过程涉及组件的创建、显示和消失,这与组件的实例生命周期变化相关。自定义组件的生命周期回调函数是由框架在特定条件下自动调用的,开发者不能在应用程序中手动调用它们。

不过,开发者可以通过重写这些生命周期回调函数,来实现具体业务场景所需要的操作。在第 5 章的内容中介绍了 App 的生命周期及相关事件,这可以使读者对 App 运行时不同模块之间的协同有一个整体的认识。在本节的内容中，将结合 App 的生命周期及相关事件进行整体介绍，部分生命周期的代码与第 5 章相同，因此在本部分中就不做过多介绍。

在 ArkUI 框架中，生命周期回调函数分为两类，即页面生命周期回调函数和组件生命周期回调函数。

页面生命周期回调函数，只能被 @Entry 装饰的自定义组件接收到，包括以下生命周期回调：

- onPageShow：页面每次显示时触发一次，包括路由过程、应用进入前台等场景。
- onPageHide：页面每次隐藏时触发一次，包括路由过程、应用进入后台等场景。
- onBackPress：当用户单击返回按钮时触发。

组件生命周期回调函数，可被自定义组件和被 @Entry 装饰的自定义组件接收到，包括以下生命周期回调：

- aboutToAppear：在组件即将出现时回调该接口，具体时机为在创建自定义组件的新实例后，以及在执行其 build() 函数之前执行。
- onDidBuild：组件 build() 函数执行完成之后回调该接口，不建议在 onDidBuild() 函数中更改状态变量、使用 animateTo 等功能，这可能会导致不稳定的 UI 表现。
- aboutToDisappear：在自定义组件析构销毁之前执行。不允许在 aboutToDisappear 函数中更改状态变量，特别是 @Link 变量的修改可能会导致应用程序行为不稳定。

被 @Entry 装饰的自定义组件的生命周期回调包括页面生命周期回调及组件生命周期回调，图 6-31 展示的是被 @Entry 装饰的自定义组件（页面）的生命周期及与组件的关系。

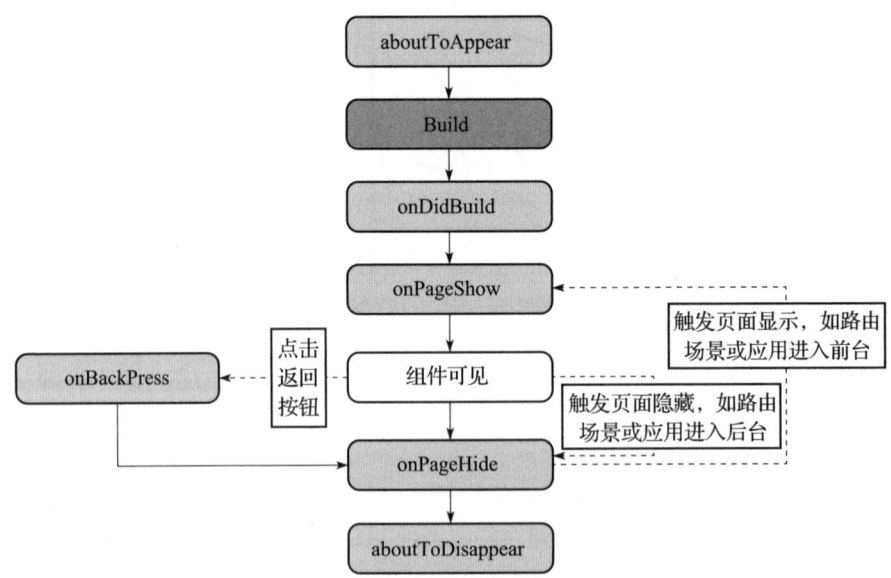

图 6-31　被 @Entry 装饰的自定义组件（页面）的生命周期及与组件的关系

根据上面的流程图，分别从自定义组件的创建、销毁、切前后台和页面间切换的角度来详细说明组件的生命周期。基于示例工程，分别在 Index.ets 文件及 SecondPage.ets 文件中增加生命周期回调函数的相关代码，其中 Index.ets 文件中的 Index 是被 @Entry 装饰的自定义组件，它作为页面的入口，实例由 ArkUI 框架创建。TextSubComponent 是自定义组件，实例由在 Index 的 build() 函数中创建。代码如下所示。

```
// entry/src/main/ets/pages/Index.ets
@Entry
@Component
struct Index {

  // 只有被 @Entry 装饰的组件才可以调用页面的生命周期
  onPageShow() {
    if ((this.getUIContext().getRouter().getParams() as IndexParam)?.info)
    {
      this.message = (this.getUIContext().getRouter().getParams() as IndexParam).info;
    }
    else {
      this.message = 'Hello World';
    }
    hilog.info(0x0000, 'testTag', '%{public}s', 'LifeCycle Index onPageShow');
  }
  // 只有被 @Entry 装饰的组件才可以调用页面的生命周期
  onPageHide() {
    hilog.info(0x0000, 'testTag', '%{public}s', 'LifeCycle Index onPageHide');
  }

  // 只有被 @Entry 装饰的组件才可以调用页面的生命周期
  onBackPress() {
    hilog.info(0x0000, 'testTag', '%{public}s', 'LifeCycle Index onBackPress');
    return true   // 返回 true 表示页面自己处理返回逻辑，不进行页面路由；返回 false 表示使用
                  // 默认的路由返回逻辑，不设置返回值按照 false 处理
  }

  // 组件生命周期
  aboutToAppear() {
    hilog.info(0x0000, 'testTag', '%{public}s', 'LifeCycle Index aboutToAppear');
    if ((router.getParams() as SecondPageParam)?.paramValue)
      this.message = 'Hello ' + (router.getParams() as SecondPageParam).paramValue;
  }

  // 组件生命周期
  onDidBuild() {
    hilog.info(0x0000, 'testTag', '%{public}s', 'LifeCycle Index onDidBuild');
  }

  // 组件生命周期
  aboutToDisappear() {
    hilog.info(0x0000, 'testTag', '%{public}s', 'LifeCycle Index aboutToDisappear');
  }
```

```
  build() {
    Navigation(this.pageStack) {
      Column() {
        //...
        TextSubComponent()
      }
    }
  }
}


@Component
struct TextSubComponent {
  @State message: string = "component lifeCycle";

  // 组件生命周期
  aboutToAppear() {
    hilog.info(0x0000, 'testTag', '%{public}s', 'LifeCycle TextSubComponent
      aboutToAppear');
  }

  // 组件生命周期
  onDidBuild() {
    hilog.info(0x0000, 'testTag', '%{public}s', 'LifeCycle TextSubComponent
      onDidBuild');
  }

  // 组件生命周期
  aboutToDisappear() {
    hilog.info(0x0000, 'testTag', '%{public}s', 'LifeCycle TextSubComponent
      aboutToDisappear');
  }

  build() {
    Row() {
      Text(this.message)
        .fontSize(18)
    }
  }
}


// entry/src/main/ets/pages/SecondPage.ets
@Entry
@Component
struct SecondPage {
  @State message: string = 'SecondPage';
  // 只有被 @Entry 装饰的组件才可以调用页面的生命周期
  onPageShow() {
    hilog.info(0x0000, 'testTag', '%{public}s', 'LifeCycle SecondPage onPageShow');
  }
```

```
  // 只有被 @Entry 装饰的组件才可以调用页面的生命周期
  onPageHide() {
    hilog.info(0x0000, 'testTag', '%{public}s', 'LifeCycle SecondPage onPageHide');
  }

  // 只有被 @Entry 装饰的组件才可以调用页面的生命周期
  onBackPress() {
    hilog.info(0x0000, 'testTag', '%{public}s', 'LifeCycle SecondPage onBackPress');
    return true    // 返回 true 表示页面自己处理返回逻辑，不进行页面路由；返回 false 表示使用
                   // 默认的路由返回逻辑，不设置返回值按照 false 处理
  }

  // 组件生命周期
  aboutToAppear() {
    hilog.info(0x0000, 'testTag', '%{public}s', 'LifeCycle SecondPage aboutToAppear');
    if ((router.getParams() as SecondPageParam)?.paramValue)
      this.message = 'Hello ' + (router.getParams() as SecondPageParam).paramValue;
  }

  // 组件生命周期
  onDidBuild() {
    hilog.info(0x0000, 'testTag', '%{public}s', 'LifeCycle SecondPage onDidBuild');
  }

  // 组件生命周期
  aboutToDisappear() {
    hilog.info(0x0000, 'testTag', '%{public}s', 'LifeCycle SecondPage aboutToDisappear');
  }

  build() {
    // ...
  }
}
```

1. 自定义组件的创建和销毁流程

编译示例工程，并运行示例 App，在控制台中输出的 App 启动时生命周期回调日志如图 6-32 所示。在 EntryAbility 成功加载 Index 页面后，才进入 Index 页面的生命周期，对应的生命周期回调函数为 aboutToAppear(Index) → onDidBuild(Index)，之后应该调用 Index 的 build() 函数开始渲染，在该函数内，创建了 TextSubComponent 实例，这时 TextSubComponent 实例接收的回调为 aboutToAppear → onDidBuild，当 TextSubComponent 渲染完成后，Index 实例收到 onPageShow 回调。

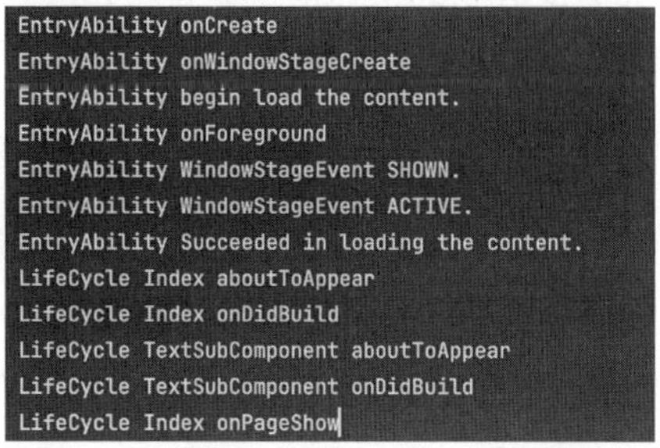

当 App 退出时，在控制台中输出的生命周期回调日志如图 6-33 所示。Index 实例依次收到 onPageHide 和 aboutToDisapper 回调，之后 TextSub-

图 6-32　App 启动时生命周期回调日志

Component 实例收到 aboutToDisappear 回调。

```
EntryAbility WindowStageEvent PAUSED.
EntryAbility WindowStageEvent INACTIVE.
EntryAbility onBackground
LifeCycle Index onPageHide
EntryAbility WindowStageEvent HIDDEN.
EntryAbility onWindowStageWillDestroy
LifeCycle Index aboutToDisappear
LifeCycle TextSubComponent aboutToDisappear
EntryAbility onWindowStageDestroy
EntryAbility onDestroy
```

图 6-33 App 退出时生命周期回调日志

在 App 退出过程中，EntryAbility 的事件与页面生命周期事件有一定的融合，可以看出在页面生命周期结束之后，WindowStage 实例才被销毁，之后 EntryAbility 实例才被销毁。

2. 自定义组件切前后台流程

切前后台流程如图 6-34 所示，在 Index 页面中，当 App 进入后台，触发 Index onPageHide。因为当前 Index 页面没有被销毁，所以并不会执行组件的 aboutToDisappear。应用回到前台，触发 Index onPageShow。

```
切后台
EntryAbility WindowStageEvent PAUSED.
EntryAbility WindowStageEvent INACTIVE.
EntryAbility onBackground
LifeCycle Index onPageHide
EntryAbility WindowStageEvent HIDDEN.

切前台
LifeCycle Index onPageShow
EntryAbility onForeground
EntryAbility WindowStageEvent SHOWN.
EntryAbility WindowStageEvent ACTIVE.
```

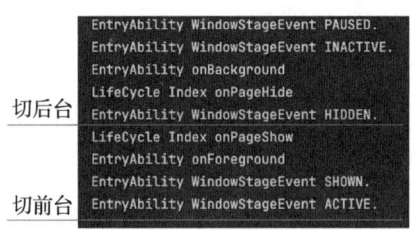

图 6-34 切前后台流程

3. 自定义组件的页面切换流程

在 Index 页面中，单击“router Standard pushUrl SecondPage”按钮，进入 SecondPage 页面，页面切换时生命周期回调如图 6-35 所示。在 App 内依次收到 aboutToAppear(SecondPage) → onDidBuild(SecondPage) → onPageHide(Index) → onPageShow(SecondPage)，TextSubcomponent 实例没有收到生命周期事件（Index 没有释放）。因为在同一个 Ability 中切换页面，所以在这个过程中也没有触发 EntryAbility 的相关事件。

```
LifeCycle SecondPage aboutToAppear
LifeCycle SecondPage onDidBuild
LifeCycle Index onPageHide
LifeCycle SecondPage onPageShow
```

图 6-35 页面切换时生命周期回调

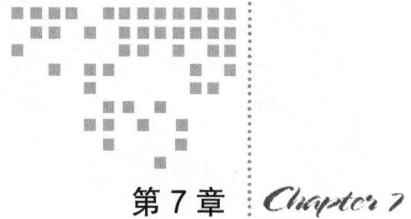

第 7 章 UI 布局及交互

上一章内容对 ArkUI 的主体框架、资源、组件以及生命周期进行了介绍，这为读者理解 ArkUI 的基本构成和运行机制奠定了基础。本章内容是上一章的延伸，聚焦页面的实现，以支持开发者实现更优质的 UI 效果和交互体验。

7.1 准备

本章以实例的方式进行讲解。在客户端新建一个全新的工程，基于该工程，完成与 UI 布局及交互相关的实践，下面介绍示例工程的准备工作。

在 DevEco Studio 的菜单栏中依次单击 "File → New → Create Project → Empty Ability"，然后，在接下来出现的如图 7-1 所示的创建新工程界面中单击 "Next" 按钮。

在 "Project name" 文本框中输入工程名 "UIComponents"，如图 7-2 所示，其他项使用默认，之后单击 "Finish" 按钮。

7.2 基础数据类型介绍

在开始本章的内容之前，先对与组件有关的基础数据类型进行介绍，这些基础数据类型是 ArkUI 布局的基础。

7.2.1 像素

像素是 UI 布局常用的单位，ArkUI 为开发者提供了 4 种像素单位，即 px、vp、lpx、fp，并且**框架默认采用 vp 为默认数据单位**。

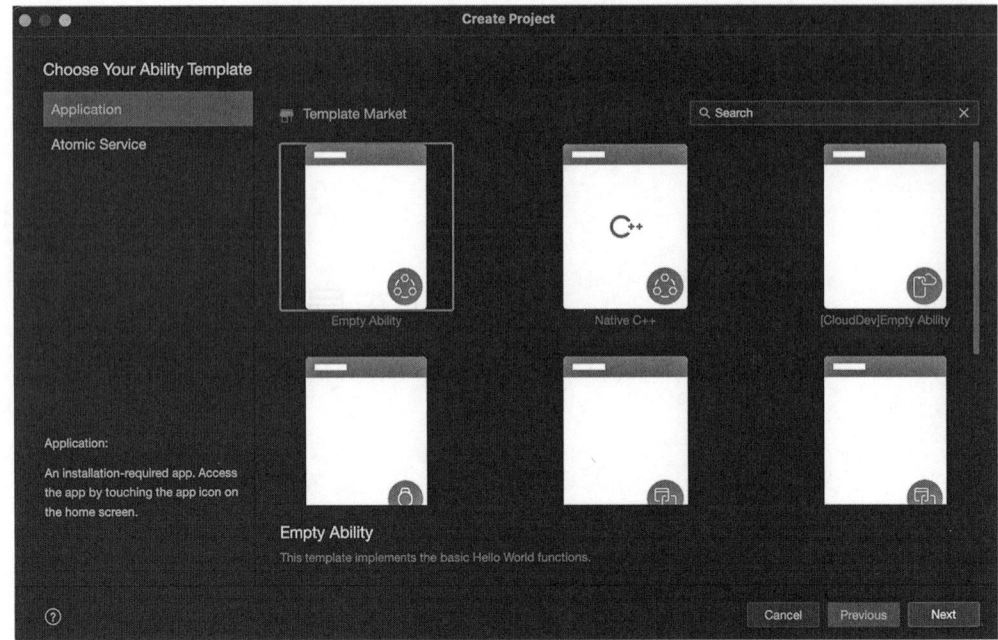

图 7-1 创建新工程界面

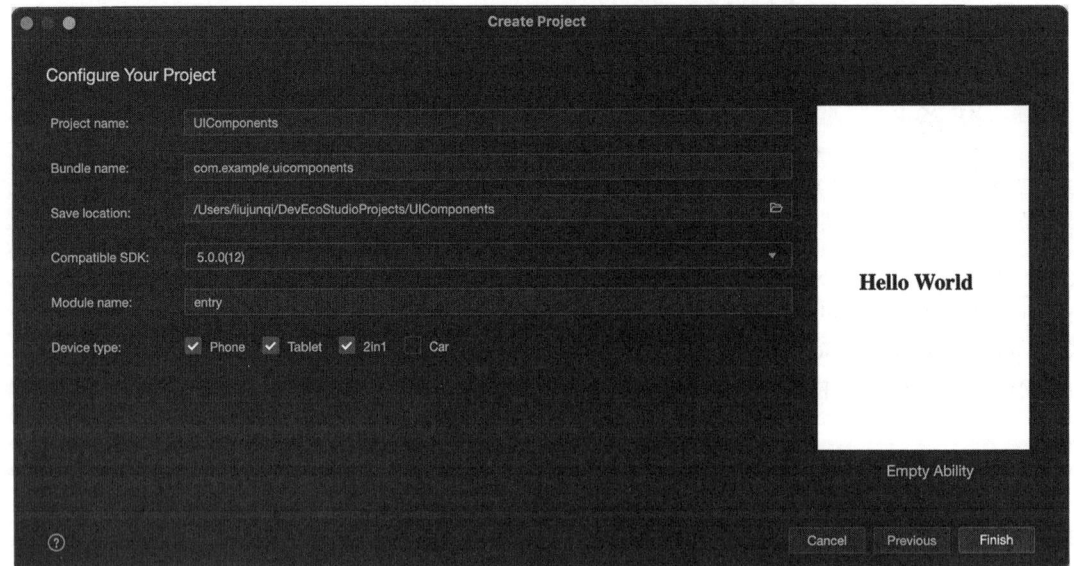

图 7-2 输入工程名

- px（Pixel）：物理像素，屏幕上的最小点，px 代表屏幕物理像素单位。
- vp（Virtual Pixel）：虚拟像素，根据屏幕像素密度转换为屏幕物理像素的单位。vp 与 px 的比例与屏幕像素密度有关。

- lpx（Logical Pixels）：逻辑像素，lpx 单位为实际屏幕宽度与逻辑宽度（通过 designWidth 属性配置，默认在 entry/src/main/resources/base/profile/main_pages.json 文件中）的比值，designWidth 默认值为 720。
- fp（Font-size Pixel）：字体像素，与 vp 类似，适用于屏幕密度变化，默认情况下，1fp 等于 1vp，随系统字体大小设置变化。

对应着，系统屏幕以物理像素作为基础单位，提供了 6 个转换函数，通过这些函数，在开发过程中可直接或间接地实现不同类型的像素转换。

- vp2px 函数：函数定义，vp2px(value : number) : number。此函数将以虚拟像素（vp）为单位的数值转换为以物理像素（px）为单位的数值。
- px2vp 函数：函数定义，px2vp(value : number) : number。此函数是 vp2px 函数的反向操作，将以物理像素（px）为单位的数值转换为以虚拟像素（vp）为单位的数值。
- lpx2px 函数：函数定义，lpx2px(value : number) : number。此函数将以逻辑像素（lpx）为单位的数值转换为以物理像素（px）为单位的数值。
- px2lpx 函数：函数定义，px2lpx(value : number) : number。此函数是 lpx2px 函数的反向操作，将以物理像素（px）为单位的数值转换为以逻辑像素（lpx）为单位的数值。
- fp2px 函数：函数定义，fp2px(value : number) : number。此函数将以字体像素（fp）为单位的数值转换为以物理像素（px）为单位的数值。
- px2fp 函数：函数定义，px2fp(value : number) : number。此函数是 fp2px 函数的反向操作，将以物理像素（px）为单位的数值转换为以字体像素（fp）为单位的数值。

为了更直观地理解这些像素的区别，在示例工程中使用同一数值的不同单位进行页面绘制，主要分为三步。

第一步，实现 PxVpFpLpx 页面，在该页面中获取屏幕的长宽参数及分别以 300 作为宽度数值显示 Text 组件，实现代码如下。

```
// entry/src/main/ets/pages/Base/PxVpFpLpx.ets
import { display } from '@kit.ArkUI';

@Entry
@Component
struct PxVpFpLpx {
  // 屏幕分辨率（像素）
  @State displayHeight: number = 0;
  @State displayWidth: number = 0;

  // 屏幕分辨率（VP）
  @State displayHeightVP: number = 0;
  @State displayWidthVP: number = 0;

  // 屏幕分辨率（LPX）
```

```
  @State displayHeightLPX: number = 0;
  @State displayWidthLPX: number = 0;

  // 字休像素分辨率 (FP)
  @State displayHeightFP: number = 0;
  @State displayWidthFP: number = 0;

  onPageShow() {
    this.getScreenInfo()
  }

  // 获取屏幕数据
  getScreenInfo() {
    const ScreenInfo = display.getDefaultDisplaySync()
    this.displayHeight = ScreenInfo.height;
    this.displayWidth = ScreenInfo.width;

    this.displayWidthVP = Math.round(px2vp(this.displayWidth));
    this.displayHeightVP = Math.round(px2vp(this.displayHeight));

    this.displayWidthLPX = Math.round(px2lpx(this.displayWidth));
    this.displayHeightLPX = Math.round(px2lpx(this.displayHeight));

    this.displayWidthFP = Math.round(px2fp(this.displayWidth));
    this.displayHeightFP = Math.round(px2fp(this.displayHeight));
  }

  build() {
    Column() {
      Flex({ wrap: FlexWrap.Wrap }) {
        Text(`屏幕分辨率 (px w*h) ${this.displayWidth}x${this.displayHeight}`)
        Divider()
          .vertical(false)
          .color(Color.White)
          .strokeWidth(10)

        Text(`屏幕分辨率 (vp w*h) ${this.displayWidthVP}x${this.displayHeightVP}`)
        Divider()
          .vertical(false)
          .color(Color.White)
          .strokeWidth(10)

        Text(`屏幕分辨率 (lpx w*h) ${this.displayWidthLPX}x${this.displayHeightLPX}`)
        Divider()
          .vertical(false)
          .color(Color.White)
          .strokeWidth(10)

        Text(`屏幕分辨率 (fp w*h) ${this.displayWidthFP}x${this.displayHeightFP}`)

        Divider()
```

```
    .vertical(false)
    .color(Color.White)
    .strokeWidth(10)

Column() {
  Text("width('300px')")
    .width('300px')
    .height(40)
    .backgroundColor(0xF9CF93)
    .textAlign(TextAlign.Center)
    .fontSize('12vp')
}.margin(5)

Column() {
  Text("width(300) defult vp")
    .width(300)
    .height(40)
    .backgroundColor(0xF9CF93)
    .textAlign(TextAlign.Center)
    .fontSize('12vp')
}.margin(5)

Column() {
  Text("width('300vp')")
    .width('300vp')
    .height(40)
    .backgroundColor(0xF9CF93)
    .textAlign(TextAlign.Center)
    .fontSize('12vp')
}.margin(5)

Column() {
  Text("width('300lpx') designWidth:720")
    .width('300lpx')
    .height(40)
    .backgroundColor(0xF9CF93)
    .textAlign(TextAlign.Center)
    .fontSize('12vp')
}.margin(5)

Column() {
  Text("width(vp2px(300) + 'px')")
    .width(vp2px(300) + 'px')
    .height(40)
    .backgroundColor(0xF9CF93)
    .textAlign(TextAlign.Center)
    .fontSize('12vp')
}.margin(5)

Column() {
```

```
            Text("width(px2vp(300))")
              .width(px2vp(300))
              .height(40)
              .backgroundColor(0xF9CF93)
              .textAlign(TextAlign.Center)
              .fontSize('12vp')
          }.margin(5)

          Column() {
            Text("width('300fp'),fontSize('12fp')")
              .width(300)
              .height(40)
              .backgroundColor(0xF9CF93)
              .textAlign(TextAlign.Center)
              .fontSize('12fp')
          }.margin(5)

        }.width('100%')
      }
    }
  }
```

第二步，在 main_pages.json 文件中增加 PxVpFpLpx 页面路由配置，实现代码如下。

```
// entry/src/main/resources/base/profile/main_pages.json
{
  "src": [
    "pages/Base/PxVpFpLpx"
  ]
}
```

第三步，在 Index 页面中增加对 PxVpFpLpx 页面的调用，使用页面路由的方式，实现代码如下。

```
// entry/src/main/ets/pages/Index.ets
import router from '@ohos.router';
@Entry
@Component
struct Index {
  build() {
    Column({ space: 10 }) {
      // ...
      Row() {
        Button('PxVpFpLpx')
          .onClick(() => {
            router.pushUrl({ url:"pages/Base/PxVpFpLpx" })
          }).fontSize(12)
      }.height('4%')
    }
  }
}
```

完成上述步骤之后，编译并运行示例工程，进入 App 后，在 Index 页面中单击"PxVpFpLpx"按钮，进入 PxVpFpLpx 页面。图 7-3 展示了当前设备的不同单位的屏幕分辨率对比，并以 300 作为宽度，来对比不同像素单位在屏幕绘制时的真实效果。

7.2.2 Length 类型

部分组件的属性会使用 Length 作为参数。Length 是一个复合类型，其定义可以是字符串类型、数字类型或者资源类型。

```
declare type Length = string | number | Resource;
```

如果是字符串类型，通常表示特定的尺寸描述字符串，例如 "50%" 表示占父容器的 50% 大小。如果是数字类型，通常表示具体的像素单位数值。而当是资源类型时，通常表示从资源文件中获取的特定尺寸数值或描述。

这种多类型的定义为开发者在设置组件属性时提供了更大的灵活性，可以根据不同的需求和场景选择合适的类型来指定组件的尺寸等属性。

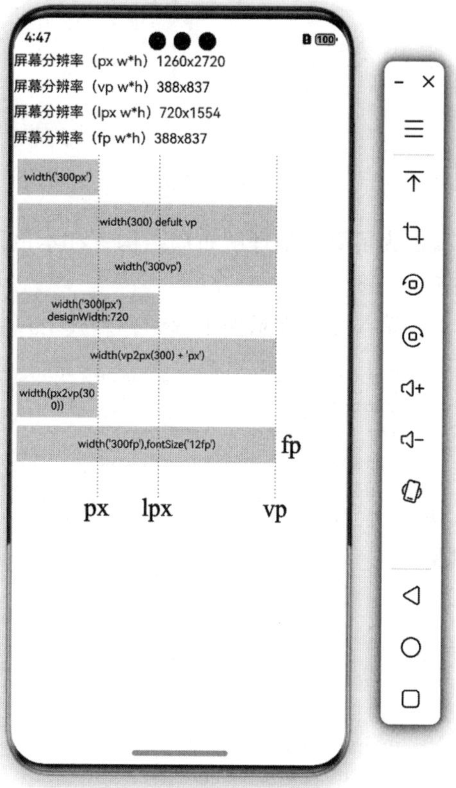

7.3 构建布局

在应用开发的过程中，页面的构建是一个将众多组件按照布局的具体要求，依次进行排列与组合的过程。在 ArkUI 中，所有的页面都是通过自定义组件来搭建完成的。在进行页面开发时，开发者可以根据自身实际的需求状况，选择与之相匹配的布局方式，有序地开展相关的开发工作。

图 7-3 不同单位的屏幕分辨率对比

7.3.1 布局结构

布局通常为分层结构，常见的页面布局分层结构如图 7-4 所示。在这样的结构中，页面的根节点通常是由 @Entry 装饰的自定义组件的 build() 函数；如 Column、Row、List 属于系统提供的布局组件，可约束子组件的布局方式；如 Button、Text 也属于系统提供的基础组件，仅提供组件相关的基础能力。没有被 @Entry 装饰的自定义组件也可以作为布局组件的子组件。

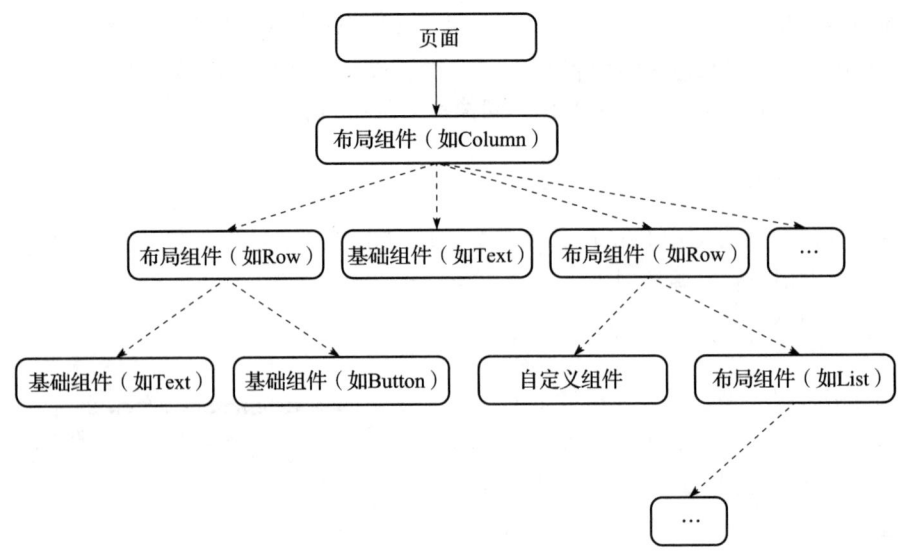

图 7-4 页面布局分层结构

为了更好地理解布局结构,在示例工程中实现如图 7-4 所示的分层结构页面,主要分为三步。

第一步,在示例工程中,新建 LayoutStruct.ets 文件,在其中实现该页面,代码如下。

```
// entry/src/main/ets/pages/LayoutStruct/LayoutStruct.ets
@Component
struct CustomsComponent {
  @State message: string = "CustomComponent";
  build() {
    Row() {
      Text(this.message)
        .fontSize(12)
    }
  }
}

@Entry
@Component
struct LayoutStruct {
  build() {
    Column() {
      Row() {
        Text('Text')
        Button('Button')
          .onClick(() => {
          })
      }.backgroundColor(Color.Gray)
      .width("100%")

      Text('Text')
```

```
      .backgroundColor(Color.White)

    Row() {
      CustomsComponent();
      List() {
        ListItem() {
          Text(' 北京 ').fontSize(24)
        }
        ListItem() {
          Text(' 杭州 ').fontSize(24)
        }
        ListItem() {
          Text(' 上海 ').fontSize(24)
        }
      }
      .backgroundColor(Color.Blue)
    }.backgroundColor(Color.Gray)
  }
 }
}
```

第二步，在 main_pages.json 文件中增加 LayoutStruct 页面路由配置，代码如下。

```
// entry/src/main/resources/base/profile/main_pages.json
{
  "src": [
    "pages/LayoutStruct/LayoutStruct"
  ]
}
```

第三步，在 Index.ets 文件中增加一个按钮，单击可跳转至 LayoutStruct 页面，代码如下。

```
// entry/src/main/ets/pages/Index.ets
import router from '@ohos.router';
@Entry
@Component
struct Index {
  build() {
    Column({ space: 10 }) {
      Row() {
        // 按钮
        Button('LayoutStruct')
          .onClick(() => {
            router.pushUrl({ url:"pages/LayoutStruct/LayoutStruct" })
          }).fontSize(12)
      }.height('4%')
    }
  }
}
```

完成上述代码之后，编译示例工程，并运行示例 App。在 Index 页面中，单击"LayoutStruct"按钮，进入 LayoutStruct 页面，页面布局分层结构如图 7-5 所示。

7.3.2 选择布局组件

针对不同的页面结构特点，ArkUI 提供了各式各样的布局组件，以助力开发者达成相应的布局效果。这些布局组件如下所示，开发者可结合实际应用场景来选择合适的布局进行页面开发。

- 线性布局（Row、Column）：以行或列进行线性布局，如果布局内的子组件数量超过 1 个，并且这些子组件需要以某种线性方式排列，那么推荐使用此布局。
- 层叠布局（Stack）：当组件需要呈现出堆叠效果时，推荐使用此布局。层叠布局的堆叠效果不会占用或者影响同一容器内其他子组件的布局空间。比如，当 Panel 作为子组件弹出并覆盖其他组件时，在外层使用层叠布局就更为合理。
- 弹性布局（Flex）：与线性布局较为相似，但其区别在于弹性布局默认能够使子组件进行压缩或拉伸。在子组件需要计算拉伸或压缩比例时，推荐使用此布局，这样可以让多个容器内的子组件在视觉上实现更好的填充效果。

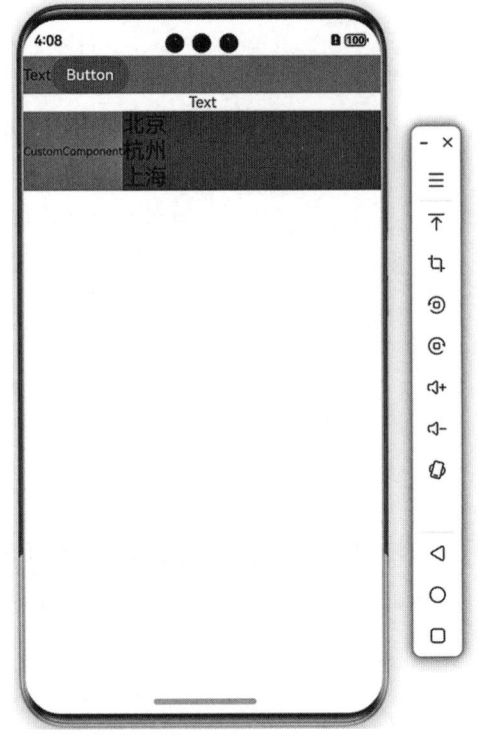

图 7-5　页面布局分层结构（见彩插）

- 相对布局（RelativeContainer）：一种在二维空间里的布局方式，它无须遵循线性布局的规则，布局方式更为自由。通过在子组件上设置锚点规则（AlignRules），子组件能够将自己在横轴、纵轴中的位置与容器或者容器内其他子组件的位置对齐。所设置的锚点规则能够天然支持子组件进行压缩、拉伸、堆叠或者形成多行效果。在页面组件分布复杂或者通过线性布局会导致容器嵌套层数过深时，推荐使用此布局。
- 列表（List）：使用列表能够高效地显示结构化、可滚动的信息。在 ArkUI 中，列表具备垂直和水平布局能力以及在自适应交叉轴方向上排列个数的布局能力，当超出屏幕时，可以滚动。列表适合用于呈现同类数据类型或数据类型集，例如图片和文本。
- 轮播（Swiper）：通常用于实现广告轮播、图片预览等功能。
- 选项卡（Tabs）：能够在一个页面内快速实现视图内容的切换，一方面可以提升查找信息的效率，另一方面能够精简用户单次获取到的信息量。
- 网格（Grid）：拥有较强的页面均分能力以及子组件占比控制能力。它可以控制组件所占的网格数量、设置子组件横跨几行或者几列，并且当网格容器尺寸发生变化时，所有子组件以及间距都会等比例调整。在需要按照固定比例或者均匀分配空间的布局场景下，推荐使用此布局，比如计算器、相册、日历等应用场景。
- 栅格（GridRow、GridCol）：是多设备场景下通用的辅助定位工具，能够将空间分割为有规律的栅格。与网格布局不同的是，栅格布局的空间划分并非固定不变，它可以实现不同设备下的不同布局，空间划分更为自由，从而显著降低适配不同屏幕尺寸的设计与开发成本，使得整体设计和开发流程更有秩序和节奏感，同时也能保证在多设备上应用显示的协调性和一致性，提升用户体验。当内容相同但布局不同时，推荐使用此布局。

7.3.3 基本布局组成

针对不同的页面结构特点，ArkUI 提供了各式各样的布局组件，以助力开发者达成相应的布局效果。开发者可结合实际应用场景来选择合适的布局进行页面开发，在实际的开发过程中，每个组件都包含一些通用的属性，这些属性影响该组件实际布局的效果。这些通用的属性包括宽度、高度、尺寸、内边距、外边距、边框等等，下面进行简单的介绍。

- 宽度：使用 **width(value: Length)** 属性方法来设置组件自身的宽度，其中参数类型 Length 是一个复合类型，可以是字符串类型、数字类型或者资源类型。
- 高度：使用 **height(value: Length)** 属性方法来设置组件自身的高度，在缺省时使用组件自身内容需要的高度。
- 尺寸：使用 **size(value: SizeOptions)** 属性方法来设置高、宽尺寸，其中参数类型 SizeOptions 中包含 width 和 height 两个属性。
- 内边距：使用 **padding(value: Padding | Length | LocalizedPadding)** 属性方法来设置组件的内边距，其中 Padding 和 LocalizedPadding 为内边距类型，用于描述组件不同方向的内边距，其区别在于描述的方式不同。
- 外边距：使用 **margin(value: Margin | Length | LocalizedMargin)** 属性方法来设置组件的外边距，其中 Margin 和 LocalizedMargin 为外边距类型，用于描述组件不同方向的外边距，其区别在于描述的方式不同。

下面的示例实现了绘制一个 Row 组件，分别指定该组件的宽度、高度、尺寸、内边距、外边距、边框等属性，为了查看该组件实际布局的效果，需要在 LayoutStruct.ets 文件中增加以下代码。

```
// entry/src/main/ets/pages/LayoutStruct/LayoutStruct.ets
@Entry
@Component
struct LayoutStruct {
  build() {
    Column() {
      // ...
      Divider()
        .vertical(false)
        .color(Color.White)
        .strokeWidth(10)
```

```
        Text('布局组成')
        Column() {
          // 要看Row组件的布局组件组成
          // 实际Row的在布局时占用的区域size,为设定的size加上上下左右的外边距
          Row() {
            // 指定Text的width及height均填充父容器的内容区,并设为黄色
            // Row的内容区size为设定的size减去上下左右的内边距,和边框的宽度
            Text("内容区").size({ width: '100%', height: '100%' }).
              backgroundColor(Color.Yellow)
          }
          .width(168)                  // 宽
          .height(98)                  // 高
          .padding({ top: 0, left: 10, bottom: 15, right: 25 })
                                       // 上下左右的内边距分别为0、10、15、25(白色区域)
          .border({ width: 18 })       // 边框,红色
          .margin({ top: 25, left: 15, bottom: 10, right: 5 })
                                       // 上下左右的外边距分别为25、15、10、5(蓝色区域)
          .backgroundColor(Color.White)
          .borderColor(Color.Red)
        }.backgroundColor(Color.Blue)  // 背景色为蓝色
        .width('auto')                 // 设置auto表示自适应子组件,组合背景色可看Row的外边距
        .height('auto')                // 设置auto表示自适应子组件,组合背景色可看Row的外边距
      }
    }
}
```

完成上述代码之后,编译示例工程,并运行示例App。在Index页面中,单击"LayoutStruct"按钮,进入LayoutStruct页面,如图7-6所示的界面中增加了实现布局组成的Row组件,在该图中可清楚地看到内边距(白色)、外边距(蓝色)、边框(红色)等属性的配置对布局的影响。

组件被进一步划分为多个不同的区域,如图7-7所示,其中包括组件布局边界、组件区域、组件内容区及组件内容。

- 组件布局边界:白色虚线部分表示组件布局边界,它是该组件实际布局占用区域,当组件通过margin属性设置外边距时,其大小就是组件区域加上margin的大小。
- 组件区域:以白色实线表示组件区域,它代表着组件自身的大小,其大小可通过width、height属性来进行设置。

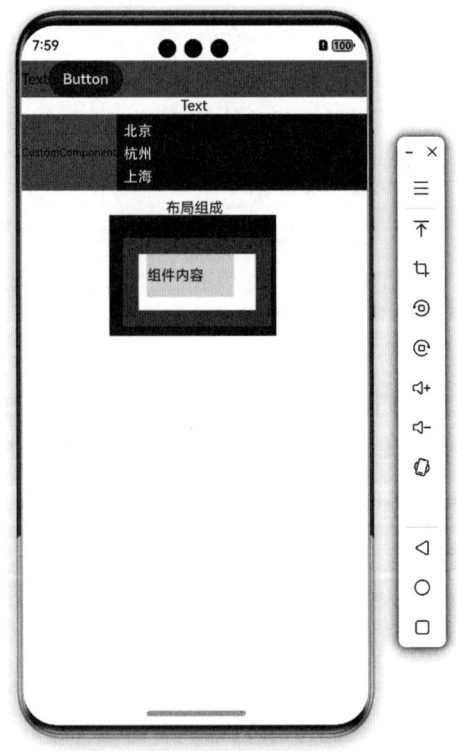

图7-6　增加实现布局组成的Row组件(见彩插)

- 组件内容区：以黑色实线表示组件内容区，它的大小是由组件区域的大小减去组件的 border 值所得。在进行布局测算时，组件内容区的大小会作为组件内容（或者子组件）测算大小的限制条件。
- 组件内容：中间黄色方框部分（在示例中，Text 组件相当于是 Row 组件的内容，设定了黄色背景色）。需要注意的是，组件内容和组件内容区不一定完全匹配。例如，当设置了固定的 width 和 height 属性时，此时组件内容的大小实际上是设置的 width 和 height 减去 padding 和 border 的值，而对于文本内容，其大小则是通过文本布局引擎测算后得到的，这有可能出现文本真实大小小于设置的组件内容区大小的情况。

7.3.4 布局约束

除了上述的这些基本的布局属性之外，ArkUI 在布局方面还提供了多种约束方式，这些约束方式用于控制组件在容器中的尺寸、比例以及显示等情况，下面分别对不同类型的布局约束进行介绍。

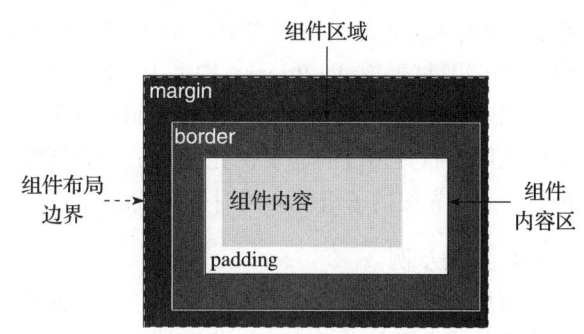

图 7-7　进一步划分 Row 组件（见彩插）

1. 尺寸约束

在一个复杂的用户界面布局中，可能有多个因素会影响组件的最终大小的情况，如需要确保组件的尺寸在规定的范围内，可以通过 **constraintSize(value: ConstraintSizeOptions)** 函数来设置约束尺寸，对组件布局时的尺寸范围加以限制。

其中，参数 value 是 ConstraintSizeOptions 类型，包含以下四个属性：

- minWidth：用于设置组件的最小宽度，类型为 Length，默认值为 0。
- maxWidth：用于设置组件的最大宽度，类型为 Length，默认值为 Infinity（无穷大）。
- minHeight：用于设置组件的最小高度，类型为 Length，默认值为 0。
- maxHeight：用于设置组件的最大高度，类型为 Length，默认值为 Infinity（无穷大）。

2. 宽高比约束

在布局过程中，当容器组件的尺寸发生变化时，子组件会根据预设的比例进行宽高的调整，并且在这个变化过程中，子组件的宽高比保持不变。这就好比一个矩形图片放在一个可以拉伸的容器里，当容器被拉伸或者压缩时，图片的宽和高会按照一定的比例同时放大或者缩小，不会出现宽放大很多但高不变，或者其他改变宽高比的情况。

通过 **aspectRatio(value: number)** 函数来指定当前组件的宽高比，使组件的宽高比处于稳定的状态，其值的计算方式为 aspectRatio = $\dfrac{\text{width}}{\text{height}}$，如当宽为 1、高为 2 时，该值为 0.5。

需要注意的是，该属性在不设置值或者设置了非法值时是不生效的。例如，当 Row 只设置了宽度且没有子组件时,如果 aspectRatio 不设置值或者设置成负数,那么此时 Row 的高度就会变为 0。

3. 显示优先级

显示优先级用于控制在容器空间有限或者布局发生变化时,哪些组件会被优先显示,哪些组件可能会被隐藏。通过 **displayPriority(value: number)** 函数来设置当前组件在布局容器中的显示优先级,其默认值为 1。

需要注意的是,此函数仅在 Row、Column、Flex(单行)容器组件中生效。参数小数点后的数字并不作优先级区分,也就是说,在区间 [n, n + 1) 内的数字都被视为相同优先级,比如 1.0 与 1.9 就是同一优先级。当子组件的 displayPriority 均不大于 1 时,优先级没有区别。当子组件的 displayPriority 均大于 1 时,displayPriority 的数值越大,优先级越高。

当父容器空间不足时,就会隐藏低优先级子组件。这种隐藏能力使得容器组件内的子组件能够按照其预设的显示优先级,随着容器组件尺寸的变化显示或隐藏。需要注意的是,相同显示优先级的子组件会同时显示或隐藏。

4. 实践示例

布局约束的内容相对来说比较抽象,下面基于示例工程,实现本部分内容的相关演示,以使读者可以更直观地理解本部分内容。主要分为三步。

第一步,创建 LayoutConstraint 页面,在该页面中实现尺寸约束、宽高比约束、显示优先级约束,代码如下。

```
// entry/src/main/ets/pages/LayoutStruct/LayoutConstraint.ets
// 扩展新样式
@Extend(Text)
function defaultStyle() {
  .width(100)
  .height(60)
  .fontSize(16)
  .textAlign(TextAlign.Center)
  .backgroundColor(Color.Pink)
}

@Entry
@Component
struct LayoutConstraint {
  // 显示容器大小
  private container: string[] = ['90%','60%','30%'];
  @State currentIndex: number = 0;

  build() {
    Column({ space: 20 }) {
      Row() {
        Text('constraintSize \n maxWidth: 200  ').fontSize(12).width("30%")
        Text(' 这是一段比较长的测试文本,这是一段比较长的测试文本 ')
```

```
      .constraintSize({ maxWidth: 200 })
      .backgroundColor(Color.Gray)
}.width('100%')

Row() {
  Text('constraintSize \n maxWidth: 200  ').fontSize(12).width("30%")
  Text(' 短文本 ')
    .constraintSize({ maxWidth: 200 })
    .backgroundColor(Color.Gray)
}.width('100%')

Row() {
  Text('constraintSize \n maxWidth: 200 \n minWidth:168 ').fontSize(12).
    width("30%")
  Text(' 短文本 ')
    .constraintSize({ maxWidth: 200, minWidth: 168 })
    .backgroundColor(Color.Gray)
}.width('100%')


Row({ space: 20 }) {
  Text('AspectRatio')
  // 组件宽度 = 组件高度 120 *0.8 = 96
  Text(' 组件宽度 = 组件高度 120 * 0.8 = 96')
    .backgroundColor(Color.Gray)
    .fontSize(20)
    .aspectRatio(0.8)
    .height(120)

  // 组件高度 = 组件宽度 120 /0.8 = 150
  Text(' 组件高度 = 组件宽度 120 /0.8 = 150')
    .backgroundColor(Color.Gray)
    .fontSize(20)
    .aspectRatio(0.8)
    .width(120)
}

// 切换父级容器大小
Button(`内容区 width 占比 ${this.container[this.currentIndex]}`).
  backgroundColor(Color.Pink)
  .onClick(() => {
    this.currentIndex - (this.currentIndex + 1) % this.container.length;
  })

Row({ space: 10 }) {
  // Text 优先级 2
  Text('1\n(priority:2)')
    .defaultStyle()
    .displayPriority(2)
  // Text 优先级 2
  Text('2\n(priority:2)')
```

```
          .defaultStyle()
          .displayPriority(2)
        // Text 优先级 3
        Text('3\n(priority:3)')
          .defaultStyle()
          .displayPriority(3)
        // Text 优先级 4
        Text('4\n(priority:4)')
          .defaultStyle()
          .displayPriority(4)
      }.width(this.container[this.currentIndex])
      .backgroundColor(Color.Gray)

      Row({ space: 10 }) {
        // Text 优先级 1
        Text('1\n(priority:1)')
          .defaultStyle()
          .displayPriority(1)
        // Text 优先级 2
        Text('2\n(priority:2)')
          .defaultStyle()
          .displayPriority(2)
        // Text 优先级 3
        Text('3\n(priority:3)')
          .defaultStyle()
          .displayPriority(3)
        // Text 优先级 4
        Text('4\n(priority:4)')
          .defaultStyle()
          .displayPriority(4)
      }.width(this.container[this.currentIndex])
      .backgroundColor(Color.Gray)
    }.padding(10)
  }
}
```

第二步，在 main_pages.json 文件中增加 LayoutConstraint 页面路由配置，代码如下。

```
// entry/src/main/resources/base/profile/main_pages.json
{
  "src": [
    "pages/LayoutStruct/LayoutConstraint"
  ]
}
```

第三步，在 Index.ets 文件中增加一个按钮，单击可跳转至 LayoutConstraint 页面，代码如下。

```
// entry/src/main/ets/pages/Index.ets
import router from '@ohos.router';
@Entry
```

```
@Component
struct Index {
  build() {
    Column({ space: 10 }) {
      Row() {
        Button('LayoutConstraint')
          .onClick(() => {
            router.pushUrl({ url:"pages/LayoutStruct/LayoutConstraint" })
          }).fontSize(12)
      }.height('4%')
    }
  }
}
```

完成上述代码之后，编译示例工程，并运行示例 App。在 Index 页面中，单击"LayoutConstraint"按钮，进入 LayoutConstraint 页面，布局约束示例如图 7-8 所示，界面中共有三个区域，分别对应尺寸约束示例区、宽高比约束示例区，显示优先级约束示例区。

在尺寸约束示例区中，展示了三个 Text 组件（背景色为灰色），第一个 Text 组件的最大宽度为 200、第二个 Text 组件的最大宽度为 200、第三个 Text 组件的最大宽度为 200 且最小宽度为 168，通过这样的方式来限制尺寸。可以看出第一个 Text 组件中的内容超过最大宽度时，高度增加。第二个 Text 组件中的内容较少，也没有设定最小宽度约束，则实际宽度与内容相关。第三个 Text 组件中因设定了最小宽度约束，虽然内容较少，但宽度受最小宽度约束的限制。

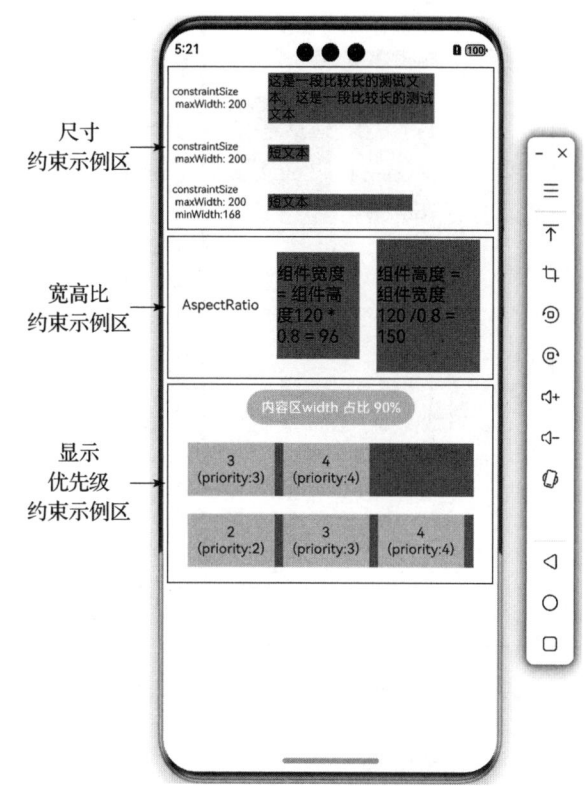

图 7-8　布局约束示例（见彩插）

在宽高比约束示例区中，展示了两个 Text 组件（背景色为灰色），宽高比均设定为 0.8，两个 Text 的区域是相同形状，但大小不同。

在显示优先级约束示例区中，第一行是按钮，用于更改内容区占屏幕的比值（分别为 90%、60%、30%），第二行显示的 Text 组件的优先级分别为 2、2、3、4，第三行显示的 Text 组件的优先级分别为 1、2、3、4，当内容区宽度占屏幕宽度的 90% 时，第二行按优先级次序同时展示优先级为 4、3、2、2 的 Text 组件，但整体内容区宽度只能显示三个 Text 组件，按照显示优先级约束，第三个组件和第四个组件的优先级都为 2，因此不显示，只显示了优先级为 4 和 3 的 Text 组件。当调整内容区的屏幕比到 60% 和 30% 时，该区显示内容的变化如图 7-9 和图 7-10 所示，在这就不做更多说明。

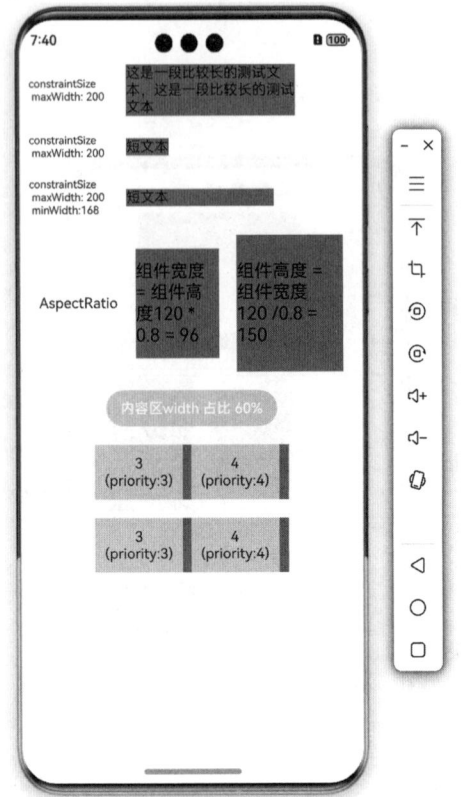
图 7-9　优先级约束示例区占比 60%（见彩插）

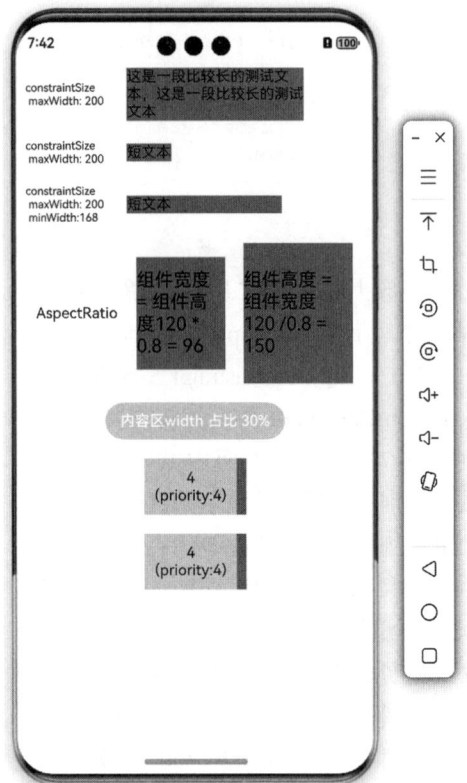
图 7-10　优先级约束示例区占比 30%（见彩插）

7.3.5　布局位置

在研发 App 的页面布局时，仅仅确定组件的布局方式是不够的，组件的布局位置也同样关键。本部分将介绍几种用于控制布局位置的属性，这些属性针对不同类型的组件以及多样化的布局场景有着不可或缺的作用。它们能够为开发者提供有力的支持，帮助开发者在页面设计过程中，精确地对组件进行定位和排列，从而实现理想的页面布局效果。

1. 位置对齐

在布局设计中，位置对齐常用于指定组件在容器内部或者相对于其他组件的位置。**align(value: Alignment)** 属性方法用于设置容器组件内子组件的对齐方式，但仅在特定组件中生效，包括 Stack、Button、Text、TextArea、TextInput、FolderStack 等。

如果想对文本相关的组件（Text、TextArea、TextInput）进行位置对齐设置，则可使用 **textAlign(value: TextAlign)** 属性方法。

2. 位置相对父组件偏移

在设定组件的位置时，可以使用 **position (value: Position | Edges | LocalizedEdges)** 属性方法来设定子组件相对于父容器的位置。在布局容器中使用该属性时，不会影响父容器的布局，仅在绘制时调整子组件位置。

参数 value 可以为多种类型，其中，Position 类型基于父组件左上角确定位置；Edges 类型基于父组件四边确定位置，通过上（top）、左（left）、右（right）、下（bottom）边距（分别表示组件各边距离父组件相应边的距离）来确定组件相对于父组件的位置；LocalizedEdges 类型同样基于父组件四边确定位置。

 当父容器为 Row、Column 或 Flex 时，设置了 position 属性的子组件不占位。在本部分的示例中单独介绍。

---

3. 位置相对自身偏移

在设定组件的位置时，还可以使用 **offset (value: Position | Edges | LocalizedEdges)** 属性方法来实现组件相对于原本的布局位置的偏移。此属性是设置组件相对于自身的偏移量，同样不会影响父容器的布局，仅在绘制时调整子组件位置。

参数 value 可以为多种类型，其中，Position 类型基于组件自身左上角偏移；Edges 类型基于组件自身四边偏移，设置的 {x: x, y: y} 与 {left: x, top: y} 效果相同；LocalizedEdges 类型同样基于自身四边确定位置。

4. 实践示例

布局位置容易受到相关组件的影响，主要是父组件及兄弟组件。在前面内容中介绍的三种与位置有关的属性均有各自的特点。下面基于示例工程，实现与本节内容相关的示例，以使读者可以更直观地理解本部分的内容。主要分为三步。

第一步，创建 LayoutPosition 页面，在该页面中实现位置对齐、位置相对父组件偏移及位置相对自身偏移，代码如下。

```
// entry/src/main/ets/pages/LayoutStruct/LayoutPosition.ets

import { LengthMetrics } from '@kit.ArkUI'

@Entry
@Component
struct LayoutPosition {
  build() {
    Column({ space: 20 }) {

      // 位置对齐，组件内容 < 组件宽高，设置内容在与组件内的对齐方式
      Stack() {
        Text('1 show in bottom end')
```

```
      .width('80%')
      .backgroundColor(Color.Pink)
      .textAlign(TextAlign.Start)
}.width('90%')
.height(50)
.backgroundColor(0xFFE4C4)
.align(Alignment.BottomEnd)
// 位置对齐，组件内容 < 组件宽高，设置内容在与组件内的对齐方式
Stack() {
  Text('2 show in top start')
      .width('80%')
      .backgroundColor(Color.Pink)
      .textAlign(TextAlign.End)
}.width('90%')
.height(50)
.backgroundColor(0xFFE4C4)
.align(Alignment.TopStart)

// 相对父组件偏移，设置子组件左上角相对于父组件左上角的偏移位置
Row() {
  Text('1').size({ width: '30%', height: '50' })
    .backgroundColor(Color.Orange)
    .border({ width: 1 })
    .textAlign(TextAlign.Center)

  Text('2 Position x:30,y:10')
    .size({ width: '60%', height: '30' })
    .backgroundColor(0xbbb2cb)
    .border({ width: 1 })
    .position({ x: 30, y: 10 })
  Text('3')
    .size({ width: '45%', height: '50' })
    .backgroundColor(Color.Orange)
    .border({ width: 1 })
    .textAlign(TextAlign.Center)
  Text('4 Position x:50%,y:70%')
    .size({ width: '50%', height: '50' })
    .backgroundColor(0xbbb2cb)
    .border({ width: 1 })
    .position({ x: '50%', y: '66%' })
  Text('5 Edges top:60%,left:16%')
    .backgroundColor(0xbbb2cb)
    .border({ width: 1 })
    .position({ top: '60%' , left: '16%'})

  Text('6 LocalizedEdges top:16vp,start:200vp')
    .size({ width: '40%', height: '60' })
    .backgroundColor(0xbbb2cb)
    .border({ width: 1 })
    .position({ top: LengthMetrics.vp(16), start:LengthMetrics.vp(200)})

}.width('90%')
```

```
      .height(150)
      .border({ width: 1, style: BorderStyle.Dashed })

    // 相对自身定位,x>0 向右偏移,反之向左,y>0 向下偏移,反之向上
    Row() {
      Text('1').size({ width: '15%', height: '50' })
        .backgroundColor(Color.Orange)
        .border({ width: 1 })
        .textAlign(TextAlign.Center)
      Text('2  Offset width:15,height:30')
        .size({ width: 120, height: '66' })
        .backgroundColor(0xbbb2cb)
        .border({ width: 1 })
        .offset({ x: 15, y: 30 })
      Text('3').size({ width: '15%', height: '50' })
        .backgroundColor(Color.Orange)
        .border({ width: 1 })
        .textAlign(TextAlign.Center)

      Text('4 Offset width:-5%, height:0%')
        .size({ width: 100, height: '66' })
        .backgroundColor(0xbbb2cb)
        .border({ width: 1 })
        .offset({ x: '-5%', y: '0%' })
    }.width('90%')
    .height(100)
    .border({ width: 1, style: BorderStyle.Dashed })
  }
  .width('100%').margin({ top: 25 })
 }
}
```

第二步,在 main_pages.json 文件中增加 LayoutPosition 页面路由配置,代码如下。

```
// entry/src/main/resources/base/profile/main_pages.json
{
  "src": [
    "pages/LayoutStruct/LayoutPosition"
  ]
}
```

第三步,在 Index.ets 文件中增加一个按钮,单击可跳转至 LayoutPosition 页面,代码如下。

```
// entry/src/main/ets/pages/Index.ets
import router from '@ohos.router';
@Entry
@Component
struct Index {
  build() {
    Column({ space: 10 }) {
      Row() {
```

```
      Button('LayoutPosition')
        .onClick(() => {
          router.pushUrl({ url:"pages/LayoutStruct/LayoutPosition" })
        }).fontSize(12)
    }.height('4%')
   }
  }
}
```

完成上述代码之后，编译示例工程，并运行示例 App。在 Index 页面中，单击"LayoutPosition"按钮，进入 LayoutPosition 页面，布局位置示例如图 7-11 所示，界面中共有三个区域，分别为位置对齐示例区、位置相对父组件偏移示例区及位置相对自身偏移示例区。

在位置对齐示例区中，通过对两个 Stack 组件及其内部 Text 组件设置的不同对齐方式，代码实现了在 UI 界面上呈现两个具有不同位置和文本排列方式的组件。

在位置相对父组件偏移示例区中，实现了在 Row 组件这个水平布局容器内，使用多种参数类型分别对这些 Text 子组件的位置相对父组件偏移进行设置，内容为"1"的 Text

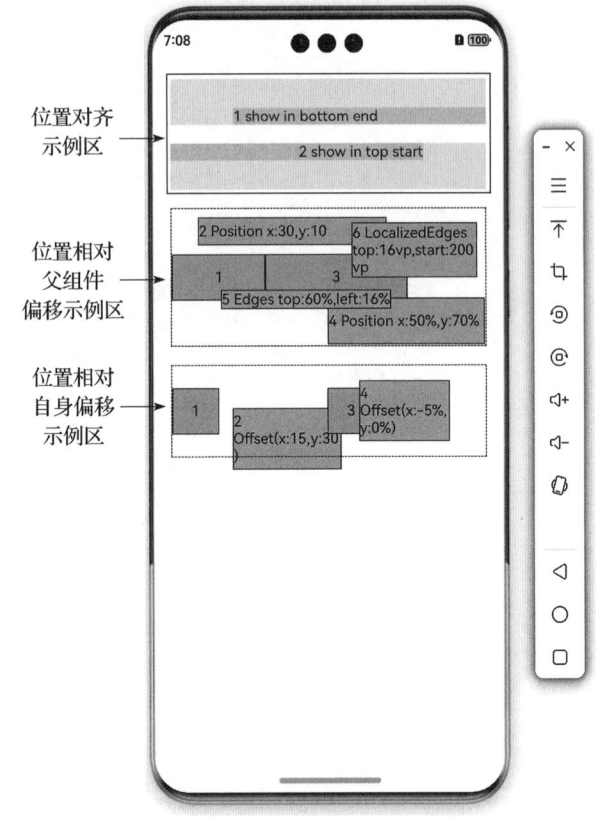

图 7-11　布局位置示例

组件与内容为"3"的 Text 组件的布局没有受到内容为"2 Position x:30, y:10"的 Text 组件的影响，可以看出，这种偏移设置方式是不占位的。

在位置相对自身偏移示例区中，实现了在 Row 组件这个水平布局容器内，对 Text 子组件的位置相对自身偏移进行设置，需要注意，这种方式**是基于该组件原本绘制的位置计算**，这会受到父组件及兄弟组件的影响。

7.4　构建交互

在上一节中对与布局相关的内容进行了介绍，这些内容包含了布局组成、通用接口及属性，开发者可以充分利用它们来构建 App 的界面。在这一节中，重点将放在与用户交互相关的内容上，这是构建 App 的一个关键部分。

7.4.1 事件响应

ArkUI 为组件提供了多种通用事件,包括单击事件、触摸事件、组件区域变化事件及组件尺寸变化事件等,每种事件都有其特定的触发条件。

1. 单击事件

单击事件在手指(或鼠标、手写笔等类似设备)做出一次完整的按下和抬起动作而产生。当发生单击事件时,会触发 **onClick(event: (event: ClickEvent) => void): T** 回调函数。其中,参数 event 是一个函数类型的参数,具体类型为 (event: ClickEvent) => void。这意味着需要传入一个函数,该函数接受一个 ClickEvent 类型的参数,并且这个传入的函数在执行时不会有返回值。

ClickEvent 类型继承于 BaseEvent,包含以下属性:

- x:类型为 number,表示单击位置相对于被单击组件左边缘的 X 坐标。
- y:类型为 number,表示单击位置相对于被单击组件原始区域左上角的 Y 坐标。
- target:类型为 EventTarget,表示触发事件的组件对象显示区域。
- windowX:类型为 number,表示单击位置相对于应用窗口左上角的 X 坐标。
- windowY:类型为 number,表示单击位置相对于应用窗口左上角的 Y 坐标。
- displayX:类型为 number,表示单击位置相对于应用屏幕左上角的 X 坐标。
- displayY:类型为 number,表示单击位置相对于应用屏幕左上角的 Y 坐标。
- preventDefault:类型为 () => void,表示阻止默认事件。此接口仅支持部分组件使用,当前支持组件为 RichEditor。

下面基于示例工程,实现监听单击事件的示例,主要分为三步。

第一步,创建 ClickExample 页面,在该页面内实现一个 Button 组件,并为这个 Button 组件绑定了 onClick 回调函数,在回调函数中,将单击事件的相关信息拼接成字符串,并赋值给 clickInfo 变量,clickInfo 变量通过 Text 组件展示,代码如下。

```
// entry/src/main/ets/pages/Event/ClickExample.ets

@Entry
@Component
struct ClickExample {
  @State clickInfo: string = ''

  build() {
    Column() {
      Row({ space: 20 }) {
        // 响应单击事件及输出
        Button('Click').width(200).height(50)
          .onClick((event?: ClickEvent) => {
            if(event){
              this.clickInfo = 'Click Point:' + '\n  windowX:' + Math.ceil(event.
                windowX) + '\n  windowY:' + Math.ceil(event.windowY)
```

```
                    + '\n  x:' + Math.ceil(event.x) + '\n  y:' + Math.ceil(event.y)
                    +'\ntarget:' + '\n  component globalPos:('
                    + Math.ceil(Number(event.target.area.globalPosition.x)) + ','
                    + Math.ceil(Number(event.target.area.globalPosition.y))
                    +')\n  width:'
                    + Math.ceil(Number(event.target.area.width)) + '\n  height:'
                    + Math.ceil(Number(event.target.area.height)) + '\ntimestamp'
                    + event.timestamp;
                }
            })
        }.margin(20)

        Text(this.clickInfo).margin(15)
    }.width('100%')
  }
}
```

第二步,在 main_pages.json 文件中增加 ClickExample 页面路由配置,代码如下。

```
// entry/src/main/resources/base/profile/main_pages.json
{
  "src": [
    "pages/Event/ClickExample"
  ]
}
```

第三步,在 Index.ets 文件中增加一个按钮,单击可跳转至 ClickExample 页面,代码如下。

```
// entry/src/main/ets/pages/Index.ets
import router from '@ohos.router';
@Entry
@Component
struct Index {
  build() {
    Column({ space: 10 }) {
      Row() {
        // 添加按钮
        Button('Click')
          .onClick(() => {
            router.pushUrl({ url:"pages/Event/ClickExample" })
          }).fontSize(12)
      }.height('4%')
    }
  }
}
```

完成上述代码之后,编译示例工程,并运行示例 App。在 Index 页面中,单击按钮"Click"按钮,进入 ClickExample 页面(如图 7-12 所示),当单击页面中的"Click"按钮之后,输出 clickInfo 之后的 ClickExample 页面如图 7-13 所示,包括坐标、时间戳等信息。

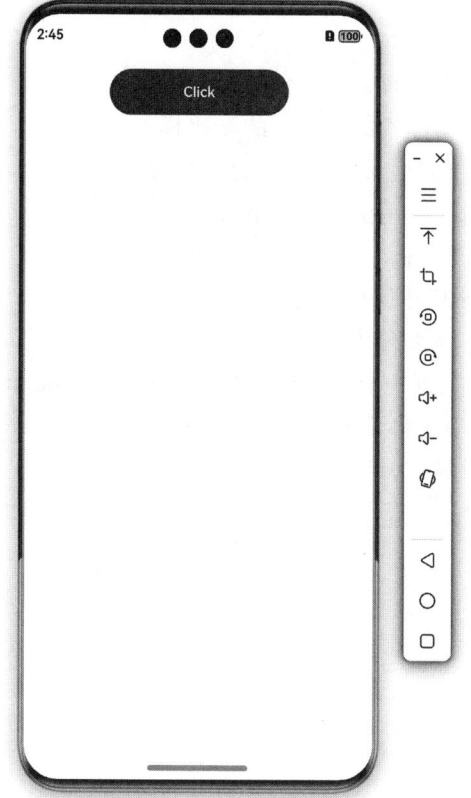 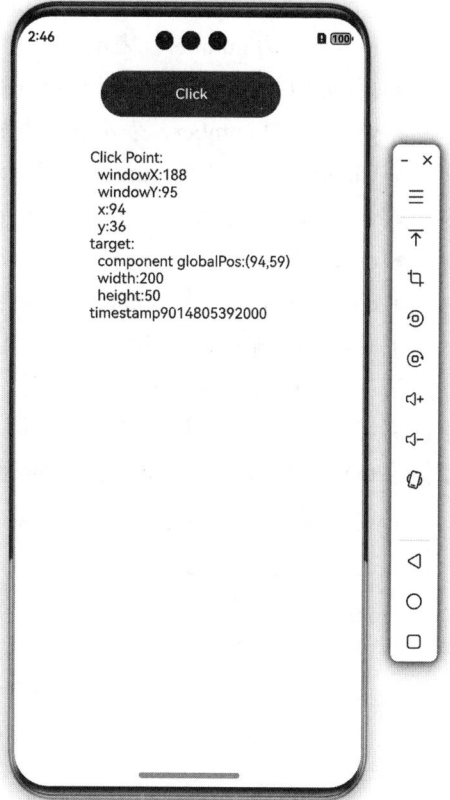

图 7-12　ClickExample 页面　　　　图 7-13　ClickExample 页面（输出 clickInfo）

2. 触摸事件

在用户使用手指触碰组件时，会产生触摸事件。触摸事件包括按下（Down）、滑动（Move）、抬起（Up）事件，当事件发生时，会触发 onTouch(event: (event: TouchEvent) => void): T 回调函数。其中，参数 event 是一个函数类型的参数，具体类型为 (event: TouchEvent) => void。这意味着需要传入一个函数，该函数接受一个 TouchEvent 类型的参数，并且这个传入的函数在执行时不会有返回值。

TouchEvent 类型继承于 BaseEvent，包含以下属性：
- type：类型为 TouchType，表示触摸事件的类型（如 Down、Up、Move 等）。
- touches：类型为 Array<TouchObject>，表示全部手指信息。
- changedTouches：类型为 Array<TouchObject>，表示当前发生变化的手指信息。
- stopPropagation：类型为 () => void，表示阻止事件冒泡。
- preventDefault：类型为 () => void，表示阻止默认事件。此接口仅支持部分组件使用，当前支持组件为无。

TouchObject 对象包含以下属性：

- type：类型为 TouchType，表示触摸事件的类型。
- id：类型为 number，表示手指唯一标识符。
- x：类型为 number，表示触摸点相对于事件响应组件的左上角的 X 坐标。
- y：类型为 number，表示触摸点相对于事件响应组件的左上角的 Y 坐标。
- windowX：类型为 number，表示触摸点相对于应用窗口左上角的 X 坐标。
- windowsY：类型为 number，表示触摸点相对于应用窗口左上角的 Y 坐标。
- displayX：类型为 number，表示触摸点相对于应用屏幕左上角的 X 坐标。
- displayY：类型为 number，表示触摸点相对于应用屏幕左上角的 Y 坐标。

下面基于示例工程，实现监听触摸事件的示例，主要分为三步。

第一步，创建 TouchExample 页面，在该页面内实现一个 Button 组件，并为这个 Button 组件绑定了 onTouch 回调函数，在回调函数中，将单击事件的相关信息拼接成字符串，并赋值给 touchInfo 变量，touchInfo 变量通过 Text 组件展示，代码如下。

```
// entry/src/main/ets/pages/Event/TouchExample.ets

@Entry
@Component
struct TouchExample {
  @State touchInfo: string = ''
  @State eventType: string = ''

  build() {
    Column() {
      //响应触摸事件及输出
      Button('Touch').height(50).width(200).margin(20)
        .onTouch((event?: TouchEvent) => {
          if(event){
            if (event.type === TouchType.Down) {
              this.eventType = 'Down'
            }
            if (event.type === TouchType.Up) {
              this.eventType = 'Up'
            }
            if (event.type === TouchType.Move) {
              this.eventType = 'Move'
            }
            //生成触摸信息
            this.touchInfo = 'TouchType:' + this.eventType + '\nDistance
              between touch point and touch element:\nx: '
              + Math.ceil(event.touches[0].x) + '\n' + 'y: ' + Math.
              ceil(event.touches[0].y) + '\nComponent globalPos:('
              + Math.ceil(Number(event.target.area.globalPosition.x)) + ','
                + Math.ceil(Number(event.target.area.globalPosition.y))
                + ')\nwidth:'
              + Math.ceil(Number(event.target.area.width)) + '\nheight:'
```

```
            + Math.ceil(Number(event.target.area.height))
        }
      })
      Text(this.touchInfo)
    }.width('100%').padding(30)
  }
}
```

第二步,在 main_pages.json 文件中增加 TouchExample 页面路由配置,代码如下。

```
// entry/src/main/resources/base/profile/main_pages.json
{
  "src": [
    "pages/Event/TouchExample"
  ]
}
```

第三步,在 Index.ets 文件中增加一个按钮,单击可跳转至 TouchExample 页面,代码如下。

```
// entry/src/main/ets/pages/Index.ets
import router from '@ohos.router';
@Entry
@Component
struct Index {
  build() {
    Column({ space: 10 }) {
      Row() {
        // 增加按钮
        Button('Touch')
          .onClick(() => {
            router.pushUrl({ url:"pages/Event/TouchExample" })
          }).fontSize(12)
      }.height('4%')
    }
  }
}
```

完成上述代码之后,编译示例工程,并运行示例 App。在 Index 页面中,单击按钮"Touch"按钮,进入 TouchExample 页面(如图 7-14 所示),当触摸页面中的"Touch"按钮松开之后,输出 TouchType 为 Up 的 touchInfo 之后的 TouchExample 页面(如图 7-15 所示),读者可以在该页中触摸"Touch"按钮,并且可以在触摸态移动,观察 touchInfo 的变化。

3. 组件区域变化事件

当组件显示的尺寸、位置等发生变化时会产生组件区域变化事件。当事件发生时,会触发 **onAreaChange(event: (oldValue: Area, newValue: Area) => void): T** 回调函数。该事件仅会响应由布局变化所导致的组件大小、位置发生变化时的回调,由绘制变化所导致的渲染属性变化(如 translate、offset)不会触发该回调。

图 7-14　TouchExample 页面

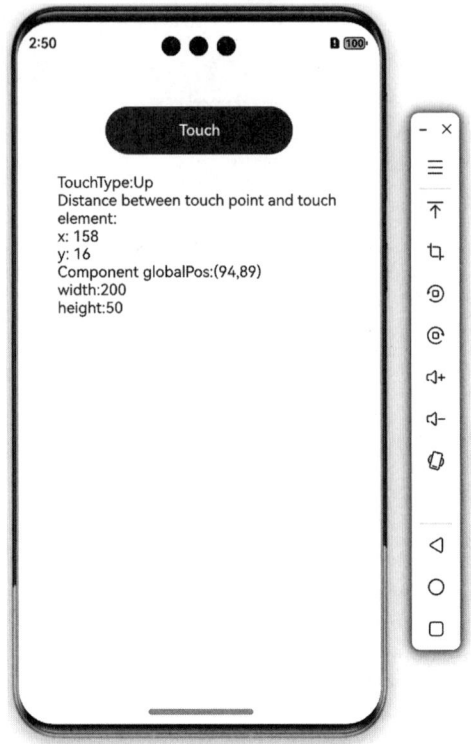

图 7-15　TouchExample 页面（输出 TouchType 为 Up 的 touchInfo）

该函数的参数包括 oldValue 和 newValue：

- oldValue：类型为 Area，表示目标组件变化之前的宽和高以及目标组件相对于父组件和页面左上角的坐标位置。
- newValue：类型为 Area，表示目标组件变化之后的宽和高以及目标组件相对于父组件和页面左上角的坐标位置。

Area 类型包含四个属性：

- width：类型为 Length，表示目标组件的宽度。
- height：类型为 Length，表示目标组件的高度。
- position：类型为 Position，表示目标组件左上角相对于父组件左上角的位置。
- globalPosition：类型为 Position，表示目标组件左上角相对于页面左上角的位置。

下面基于示例工程，实现监听组件区域变化的示例，主要分为三步。

第一步，创建 AreaChangeExample 页面，内部实现一个 Text 组件，该 Text 组件绑定了 onClick 和 onAreaChange 回调函数。在 onClick 回调函数中，改变该 Text 组件的文本内容（用于触发组件区域变化）。在 onAreaChange 回调函数中，实现将变化前后的区域信息打印到控制台，并将其赋值给 areaInfo 变量，areaInfo 变量通过 Text 组件展示。代码如下。

```
// entry/src/main/ets/pages/Event/AreaChangeExample.ets

@Entry
@Component
struct AreaChangeExample {
  @State textValue: string = 'Text'
  @State areaInfo: string = ''

  build() {
    Column() {
      Text(this.textValue)
        .backgroundColor(Color.Green)
        .margin(30)
        .fontSize(20)
        .onClick(() => {
          this.textValue = this.textValue + 'Text'
        })
        .onAreaChange((oldValue: Area, newValue: Area) => {
          console.info(`onAreaChange, oldValue is ${JSON.stringify(oldValue)}
            value is ${JSON.stringify(newValue)}`)
          this.areaInfo = JSON.stringify(newValue)

          this.areaInfo = 'onAreaChange:' + '\n  component position:('
            + Math.ceil(Number(newValue.position.x)) + ',' + Math.ceil(Number
            (newValue.position.y)) + ')\n  component globalPosition:('
            + Math.ceil(Number(newValue.globalPosition.x)) + ',' + Math.ceil
            (Number(newValue.globalPosition.y)) + ')\n  width:'
            + Math.ceil(Number(newValue.width)) + '\n height:' + Math.ceil
            (Number(newValue.height));
        })
      Text('new area is: \n' + this.areaInfo).margin({ right: 30, left: 30 })
    }
    .width('100%')
    .height('60%')
    .margin({ top: 30 })
    .backgroundColor(Color.Gray)
  }
}
```

第二步，在 main_pages.json 文件中增加 AreaChangeExample 页面路由配置，代码如下。

```
// entry/src/main/resources/base/profile/main_pages.json
{
  "src": [
    "pages/Event/AreaChangeExample"
  ]
}
```

第三步，在 Index.ets 文件中增加一个按钮，单击该按钮可跳转至 AreaChangeExample 页面，代码如下。

```
// entry/src/main/ets/pages/Index.ets
```

```
import router from '@ohos.router';
@Entry
@Component
struct Index {
  build() {
    Column({ space: 10 }) {
      Row() {
        Button('AreaChange')
          .onClick(() => {
            router.pushUrl({ url:"pages/Event/AreaChangeExample" })
          }).fontSize(12)
      }.height('4%')
    }
  }
}
```

完成上述代码之后,编译示例工程,并运行示例 App。在 Index 页面中,单击"AreaChange"按钮,进入 AreaChangeExample 页面(如图 7-16 所示),当单击"Text"组件之后,输出的 areaInfo 产生了变化,如图 7-17 所示,输出新的 width、height、position 及 globalPosition 的信息。

图 7-16　AreaChangeExample 页面　　　图 7-17　AreaChangeExample 页面(输出新的 areaInfo)

4. 组件尺寸变化事件

当组件显示的尺寸发生变化时，会产生组件尺寸变化事件，当事件发生时，会触发 **onSizeChange(event: SizeChangeCallback): T** 回调函数。该事件仅会响应由布局变化所导致的组件尺寸发生变化时的回调，由绘制变化所导致的渲染属性变化（如 translate、offset）不会触发该回调。

参数 event 的类型为 SizeChangeCallback，SizeChangeCallback 的定义为 (oldValue: SizeOptions, newValue: SizeOptions) => void，其中 oldValue 和 newValue 分别为目标组件变化之前和之后的宽和高。

下面基于示例工程，实现监听组件尺寸变化事件的示例，主要分为三步。

第一步，创建 SizeChangeExample 页面，内部实现一个 Text 组件，该 Text 组件绑定了 onClick 和 onSizeChange 回调函数。在 onClick 回调函数中，改变该 Text 组件的文本内容。在 onSizeChange 回调函数中，实现将变化前后的区域信息打印到控制台，并将其赋值给 sizeInfo 变量，sizeInfo 变量通过 Text 组件展示。代码如下。

```
// entry/src/main/ets/pages/Event/SizeChangeExample.ets

@Entry
@Component
struct SizeChangeExample {
  @State textValue: string = 'Text'
  @State sizeInfo: string = ''

  build() {
    Column() {
      Text(this.textValue)
        .backgroundColor(Color.Green)
        .margin(30)
        .fontSize(20)
        .onClick(() => {
          // 单击时，更改内容，间接触发组件的 size 变更
          this.textValue = this.textValue + 'Text'
        })
        .onSizeChange((oldValue: SizeOptions, newValue: SizeOptions) => {
          console.info(`onSizeChange, oldValue is ${JSON.stringify(oldValue)}
             value is ${JSON.stringify(newValue)}`)
          this.sizeInfo = 'onSizeChange:' + '\n  component width:'
            + Math.ceil(Number(newValue.width)) + '\n  height:' + Math.ceil
              (Number(newValue.height));
        })
      Text('new size is: \n' + this.sizeInfo).margin({ right: 30, left: 30 })
    }
    .width('100%').height('100%').margin({ top: 30 })
  }
}
```

第二步，在 main_pages.json 文件中增加 SizeChangeExample 页面路由配置，代码如下。

```
// entry/src/main/resources/base/profile/main_pages.json
{
  "src": [
    "pages/Event/SizeChangeExample"
  ]
}
```

第三步，在 Index.ets 文件中增加一个按钮，单击可跳转至 SizeChangeExample 页面，代码如下。

```
// entry/src/main/ets/pages/Index.ets
import router from '@ohos.router';
@Entry
@Component
struct Index {
  build() {
    Column({ space: 10 }) {
      Row() {
        Button('SizeChange')
          .onClick(() => {
            router.pushUrl({ url:"pages/Event/SizeChangeExample" })
          }).fontSize(12)
      }.height('4%')
    }
  }
}
```

完成上述代码之后，编译示例工程，并运行示例 App。在 Index 页面中，单击"SizeChange"按钮，进入 SizeChangeExample 页面（如图 7-18 所示），当单击"Text"组件之后，textValue 的值变更，触发 Text 组件的 size 的值也变更，输出的 sizeInfo 产生了变化，如图 7-19 所示，输出新的 width、height 的信息。

7.4.2　手势处理

在鸿蒙系统中，提供了单击、长按、拖动、捏合等多种手势的识别，也支持多种手势的组合应用及连续识别。开发者可以根据不同的应用场景需求，灵活运用与这些手势相关的接口、参数和回调来实现丰富多样的用户交互功能。

1. 基础类型

在与手势处理相关事件中，会用到 GestureEvent 及 FingerInfo 类型，在本部分中先进行介绍。

GestureEvent 类型用于描述与手势相关的事件信息，包含以下属性：

- repeat：类型为 boolean，用于长按（LongPressGesture）手势触发场景，表示是否为重复触发事件。
- offsetX：类型为 number，用于拖动（PanGesture）手势触发场景，表示手势事件偏移量 X。从左向右滑动时，offsetX 为正；从右向左滑动时，offsetX 为负。

 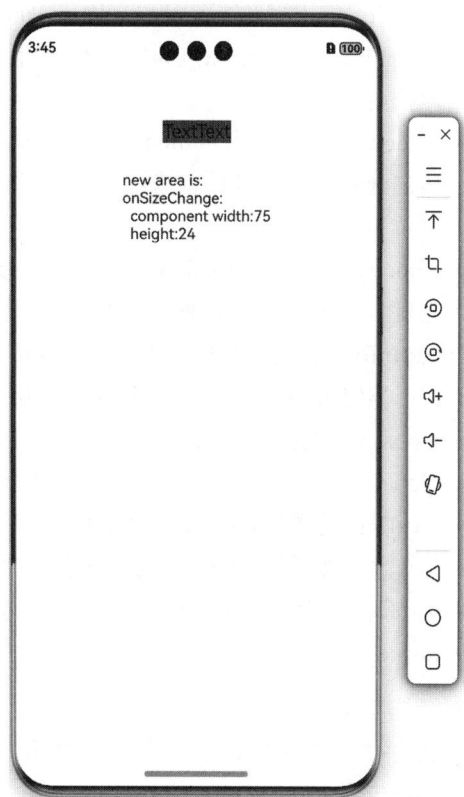

图 7-18　SizeChangeExample 页面　　　图 7-19　SizeChangeExample 页面（输出新的 sizeInfo）

- offsetY：类型为 number，用于 PanGesture 手势触发场景，表示手势事件偏移量 Y。从上向下滑动时，offsetY 为正；从下向上滑动时，offsetY 为负。
- angle：类型为 number，用于旋转（RotationGesture）手势触发场景时，表示旋转角度；用于滑动（SwipeGesture）手势触发场景时，表示滑动手势的角度，即两根手指间的线段与水平方向的夹角变化的度数。
- scale：类型为 number，用于捏合（PinchGesture）手势触发场景，表示缩放比例。
- pinchCenterX：类型为 number，用于 PinchGesture 手势触发场景，表示捏合手势中心点的 x 轴坐标。
- pinchCenterY：类型为 number，用于 PinchGesture 手势触发场景，表示捏合手势中心点的 y 轴坐标。
- speed：类型为 number，用于 SwipeGesture 手势触发场景，表示滑动手势速度，即所有手指相对当前组件原始区域滑动的平均速度。
- fingerList：类型为 FingerInfo[]，若输入源是触屏产生的手势，则在 fingerList 中会包含触发事件的所有触点信息。

- velocityX：类型为 number，用于 PanGesture 手势触发场景，表示当前手势的 x 轴方向速度。坐标轴原点为屏幕左上角，从左往右为正方向速度，反之为负方向速度，单位为 vp/s。
- velocityY：类型为 number，用于 PanGesture 手势触发场景，表示当前手势的 y 轴方向速度。坐标轴原点为屏幕左上角，从上往下为正方向速度，反之为负方向速度，单位为 vp/s。
- velocity：类型为 number，用于 PanGesture 手势触发场景，表示当前手势的主方向速度，其值为 x 与 y 轴方向速度的平方和的算术平方根，单位为 vp/s。

FingerInfo 类型用于描述与手指相关的信息，包括以下属性：

- id：类型为 number，表示手指的索引编号。
- globalX：类型为 number，表示相对于应用窗口左上角的 x 轴坐标。
- globalY：类型为 number，表示相对于应用窗口左上角的 y 轴坐标。
- localX：类型为 number，表示相对于当前组件原始区域左上角的 x 轴坐标。
- localY：类型为 number，表示相对于当前组件原始区域左上角的 y 轴坐标。
- displayX：类型为 number，表示相对于屏幕左上角的 x 轴坐标。
- displayY：类型为 number，表示相对于屏幕左上角的 y 轴坐标。

2. 单击手势

单击手势（TapGesture）支持对单击、双击和多次单击事件的识别，使用接口 **TapGesture(value?: { count?: number; fingers?: number; })** 可实现单击手势的绑定，其中参数 value 是一个可选对象类型，包含以下两个属性：

- count：识别连续单击次数，默认值为 1。当设置的值小于 1 或未设置时，会被转化为默认值。在配置多击时，上一次的最后一根手指抬起和下一次的第一根手指按下的超时时间为 300ms，并且当上次单击的位置与当前单击的位置距离超过 60vp 时，手势识别失败。
- fingers：触发单击的手指数，默认值为 1，取值范围最小为 1，最大为 10。当设置小于 1 的值或未设置时，会被转化为默认值。

当单击手势识别成功时，会触发该 **onAction(event: (event: GestureEvent) => void)** 回调函数。下面基于示例工程，实现单击手势，主要分为三步。

第一步，创建 TapGestureExample 页面，内部实现一个 Text 组件，并为其绑定单指双击手势，当手势被识别成功时，将 fingerList[0] 的信息转换为字符串，并赋值给 eventInfo 变量，eventInfo 变量通过 Text 组件展示。代码如下。

```
// entry/src/main/ets/pages/Gesture/TapGestureExample.ets

@Entry
@Component
struct TapGestureExample {
```

```
    @State eventInfo: string = ''
    build() {
      Column() {
        Text('Click there twice').fontSize(28)
          .gesture(
            TapGesture({ count: 2 })
              .onAction((event: GestureEvent) => {
                if (event) {
                  this.eventInfo = JSON.stringify(event.fingerList[0])
                }
              })
          )
        Text(this.eventInfo)
      }
      .height(200)
      .width(300)
      .padding(20)
      .border({ width: 2 })
      .margin(30)
    }
  }
```

第二步，在 main_pages.json 文件中增加 TapGestureExample 页面路由配置，代码如下。

```
// entry/src/main/resources/base/profile/main_pages.json
{
  "src": [
    "pages/Gesture/TapGestureExample"
  ]
}
```

第三步，在 Index.ets 文件中增加一个按钮，单击可跳转至 TapGestureExample 页面，代码如下。

```
// entry/src/main/ets/pages/Index.ets
import router from '@ohos.router';
@Entry
@Component
struct Index {
  build() {
    Column({ space: 10 }) {
      Row() {
        Button('Tap')
          .onClick(() => {
            router.pushUrl({ url:"pages/Gesture/TapGestureExample" })
          }).fontSize(12)
      }.height('4%')
    }
  }
}
```

完成上述代码之后，编译示例工程，并运行示例 App。在 Index 页面中，单击"Tap"

按钮，进入 TapGestureExample 页面（如图 7-20 所示），当双击 Text 组件（文字部分）之后，eventInfo 被更新，并在页面中展示，如图 7-21 所示，包括 FingerInfo 类型描述的信息。

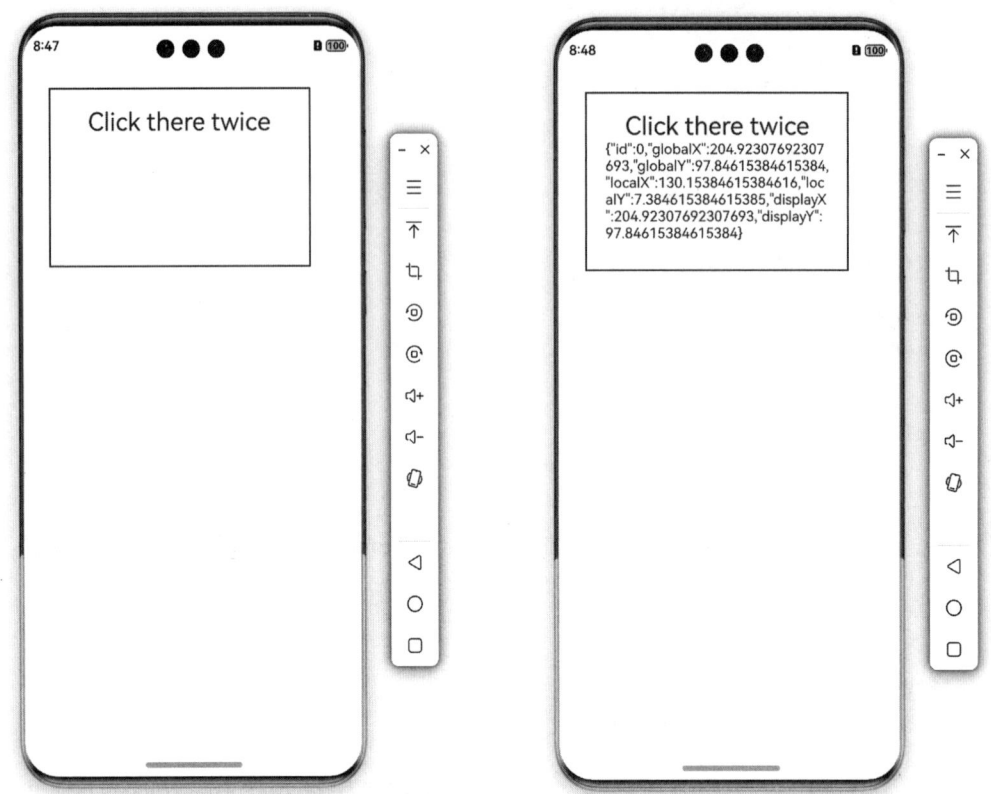

图 7-20　TapGestureExample 页面　　　图 7-21　TapGestureExample 页面（输出新的 eventInfo）

3. 长按手势

长按手势在组件被长按时触发，触发长按手势的最少手指数为 1，最短长按时间为 500ms，使用接口 **LongPressGesture(value?: { fingers?: number, repeat?: boolean, duration?: number })** 可实现组件的长按手势绑定，其中参数 value 是个可选对象，包含三个属性：

- fingers：触发长按的最少手指数，默认为 1 指，最小为 1 指，最大为 10 指。当手指按下后若发生超过 15px 的移动，则判定当前长按手势被识别失败。
- repeat：是否连续触发事件回调，默认值为 false。
- duration：触发长按的最短时间，单位为毫秒（ms），默认值为 500，当设置小于等于 0 时，按照默认值处理。

当长按手势被识别成功时，触发 **onAction(event: (event: GestureEvent) => void)** 回调函数。当长按手势被识别成功且最后一根手指抬起时，触发 **onActionEnd(event:(event: GestureEvent) => void)** 回调函数。当长按手势被识别成功且接收到触摸取消事件时，触发

onActionCancel(event: () => void) 回调函数。

下面基于示例工程，实现长按手势的示例，主要分为三步。

第一步，创建 LongPressGesture 页面，内部实现一个 Text 组件，该组件绑定单指长按手势，当手势被识别成功时，在 onAction 回调函数中，countInfo 变量自增。代码如下。

```
// entry/src/main/ets/pages/Gesture/LongPressGesture.ets

@Entry
@Component
struct LongPressGestureExample {
  @State countInfo: number = 0

  build() {
    Column() {
      Text('LongPress there onAction:' + this.countInfo).fontSize(28)
        // 单指长按文本触发该手势事件
        .gesture(
          LongPressGesture({ repeat: true })
            // 由于 repeat 设置为 true，长按动作存在时会连续触发，触发间隔为 duration（默认
            // 值 500ms）
            .onAction((event: GestureEvent) => {
              if (event && event.repeat) {
                this.countInfo++
              }
            })
              // 长按动作一结束触发
            .onActionEnd((event: GestureEvent) => {
              this.countInfo = 0
            })
        )
    }
    .height(200)
    .width(300)
    .padding(20)
    .border({ width: 2 })
    .margin(30)
  }
}
```

第二步，在 main_pages.json 文件中增加 LongPressGesture 页面路由配置，代码如下。

```
// entry/src/main/resources/base/profile/main_pages.json
{
  "src": [
    "pages/Gesture/LongPressGesture"
  ]
}
```

第三步，在 Index.ets 文件中增加一个按钮，单击该按钮可跳转至 LongPressGesture 页面，代码如下。

```
// entry/src/main/ets/pages/Index.ets
import router from '@ohos.router';
@Entry
@Component
struct Index {
  build() {
    Column({ space: 10 }) {
      Row() {
        Button('LongPress')
          .onClick(() => {
            router.pushUrl({ url:"pages/Gesture/LongPressGesture" })
          }).fontSize(12)
      }.height('4%')
    }
  }
}
```

完成上述代码之后，编译示例工程，并运行示例 App。在 Index 页面中，单击"LongPress"按钮，进入 LongPressGesture 页面（如图 7-22 所示），当在 Text 组件（文本部分）上长按时，countInfo 增加，并输出（如图 7-23 所示）。

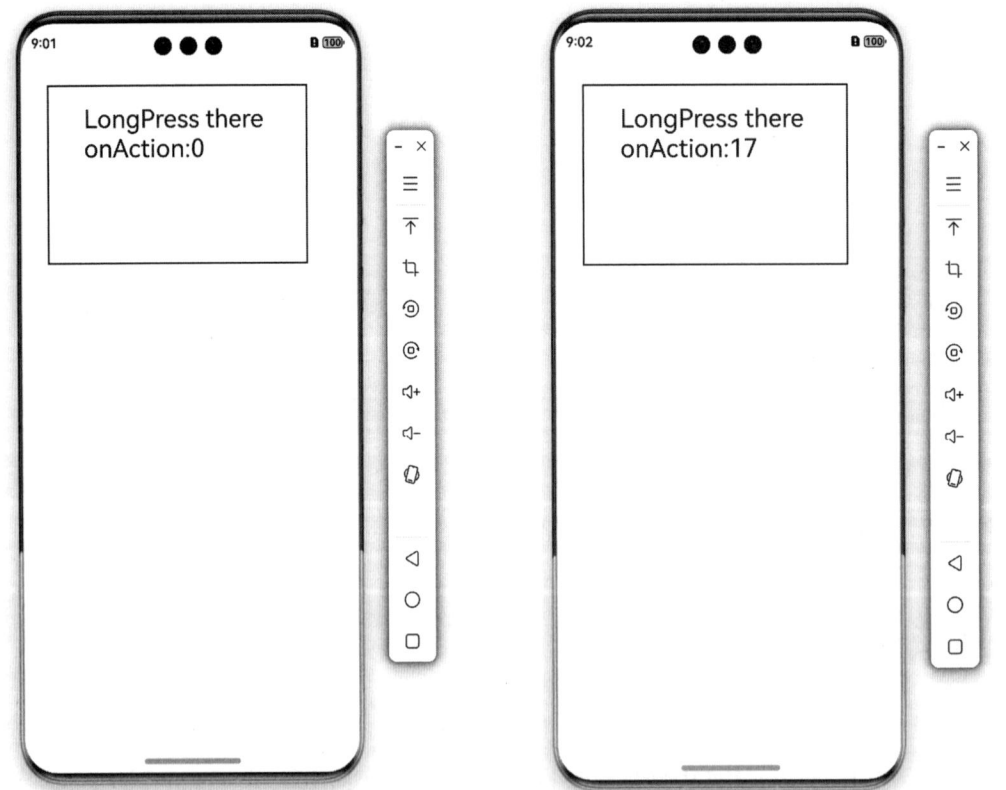

图 7-22　LongPressGesture 页面　　　　图 7-23　LongPressGesture 页面（更新 countInfo 并输出）

4. 拖动手势

拖动手势在组件被拖动且滑动的最小距离达到设定的最小值时触发，使用接口 **PanGesture(value?: { fingers?: number, direction?: PanDirection, distance?: number } | PanGestureOptions)** 可实现组件的拖动手势绑定，这是一个可重载的接口，分别为

1）{fingers?: number, direction?: PanDirection, distance?: number} 字面量：
  - fingers：用于指定触发拖动的最少手指数，默认值为 1，取值范围最小为 1，最大为 10。当设置的值小于 1 或不设置时，会被转化为默认值。
  - direction：用于指定触发拖动的手势方向，默认值为 PanDirection.All，支持逻辑与和逻辑或运算。
  - distance：用于指定触发拖动手势事件的最小拖动距离，默认值为 5。

2）PanGestureOptions 类：除了提供与上述字面量参数相同的属性外，PanGestureOptions 类还额外提供了一系列实用的属性及接口，以便开发者对拖动手势的各项参数进行调整。

当拖动手势被识别成功时，会触发 **onActionStart(event: (event: GestureEvent) => void)** 回调函数。当拖动手势移动时，会触发 **onActionUpdate(event: (event: GestureEvent) => void)** 回调函数。当 fingerList 为多根手指时，该回调监听每次只会更新一根手指的位置信息。当拖动手势被识别成功且手指抬起时，会触发 **onActionEnd(event: (event: GestureEvent) => void)** 回调函数。当拖动手势被识别成功且接收到触摸取消事件时，会触发 **onActionCancel(event: () => void)** 回调函数。

下面基于示例工程，实现拖动手势，主要分为三步。

第一步，创建 PanGestureExample 页面，内部实现两个 Column 组件，第一个响应单指左右拖动手势，并跟随手势偏移原点坐标，第二个响应单指上下左右拖动手势。代码如下。

```
// entry/src/main/ets/pages/Gesture/PanGestureExample.ets

@Entry
@Component
struct PanGestureExample {
  @State offsetX: number = 0;
  @State offsetY: number = 0;
  @State positionX: number = 0;
  @State positionY: number = 0;
  @State status: String = "";
  @State directType: String = "single finger left | right";
  @State outInfo: string = "single finger all";
  build() {
    Column() {
      Column() {
        Text('PanGesture offset:\nX: ' + this.offsetX + '\n' + 'Y: ' + this.
          offsetY + '\n' + 'status: ' + this.status + '\n' + 'directType: ' +
          this.directType);
      }
```

```
      .height(200)
      .width(300)
      .padding(20)
      .border({ width: 3 })
      .margin(50)
      .translate({ x: this.offsetX, y: this.offsetY, z: 0 })  // 以组件左上角为坐标
                                                              // 原点进行移动
      // 左右拖动触发该手势事件
      .gesture(
        PanGesture({ direction: PanDirection.Left | PanDirection.Right })
          .onActionStart((event: GestureEvent) => {
            this.status = 'Pan start';
          })
          .onActionUpdate((event: GestureEvent) => {
            if (event) {
              this.status = 'Pan updateing';
              this.offsetX = this.positionX + event.offsetX;
              this.offsetY = this.positionY + event.offsetY;
            }
          })
          .onActionEnd((event: GestureEvent) => {
            this.positionX = this.offsetX;
            this.positionY = this.offsetY;
            this.status = 'Pan end';
          })
      )
      Column() {
        Text(this.outInfo);
      }
      .height(200)
      .width(300)
      .padding(20)
      .border({ width: 3 })
      .margin(50)
      // 上下左右拖动触发该手势事件
      .gesture(
        PanGesture({ direction: PanDirection.All })
          .onActionStart((event: GestureEvent) => {
          })
          .onActionUpdate((event: GestureEvent) => {
            if (event) {
              this.outInfo = ('single finger all update offset:\nX: ' +
                event.offsetX + '\n' + 'Y: ' + event.offsetY );
            }
          })
          .onActionEnd((event: GestureEvent) => {
            this.outInfo = ('single finger all');
          })
      )
    }
  }
}
```

第二步，在 main_pages.json 文件中增加 PanGestureExample 页面路由配置，代码如下。

```
// entry/src/main/resources/base/profile/main_pages.json
{
  "src": [
    "pages/Gesture/PanGestureExample"
  ]
}
```

第三步，在 Index.ets 文件中增加一个按钮，单击该按钮可跳转至 PanGestureExample 页面，代码如下。

```
// entry/src/main/ets/pages/Index.ets
import router from '@ohos.router';
@Entry
@Component
struct Index {
  build() {
    Column({ space: 10 }) {
      Row() {
        Button('SizeChange')
          .onClick(() => {
            router.pushUrl({ url:"pages/Gesture/PanGestureExample" })
          }).fontSize(12)
      }.height('4%')
    }
  }
}
```

完成上述代码之后，编译示例工程，并运行示例 App。在 Index 页面中，单击"Pan"按钮，进入 PanGestureExample 页面（如图 7-24 所示），当在第一个 Column 组件中单指左右拖动时，该组件的原点坐标也跟着变化，当在第二个 Column 组件中单指上下左右拖动时，输出相对于起始点的坐标偏移（如图 7-25 所示）。

5. 捏合手势

捏合手势在组件上有捏合动作时触发，触发捏合手势的手指数最小为 2，最大为 5，最小识别距离为 5vp。使用接口 **PinchGesture(value?: { fingers?: number, distance?: number })** 可实现组件的捏合手势绑定，参数说明如下：

- fingers：触发捏合的最小手指数，默认为 2，最小为 2，最大为 5。当触发手势手指多于 fingers 数目时，只有先落下的与 fingers 相同数目的手指才参与手势计算。
- distance：最小识别距离，默认值为 5，当识别距离的值小于等于 0 时，会被转为默认值。

当捏合手势被识别成功时，会触发 **onActionStart(event: (event: GestureEvent) => void)** 回调函数。当捏合手势移动时，会触发 **onActionUpdate(event:(event: GestureEvent) => void)** 回调函数。当捏合手势被识别成功且手指抬起时，会触发 **onActionEnd(event:(event: GestureEvent) => void)** 回调函数。当捏合手势被识别成功且接收到触摸取消事件时，会触发 **onActionCancel(event: () => void)** 回调函数。

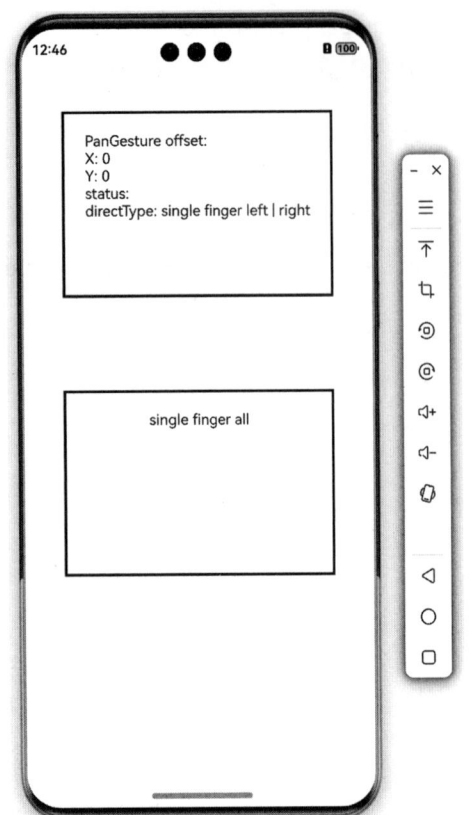
图 7-24　PanGestureExample 页面

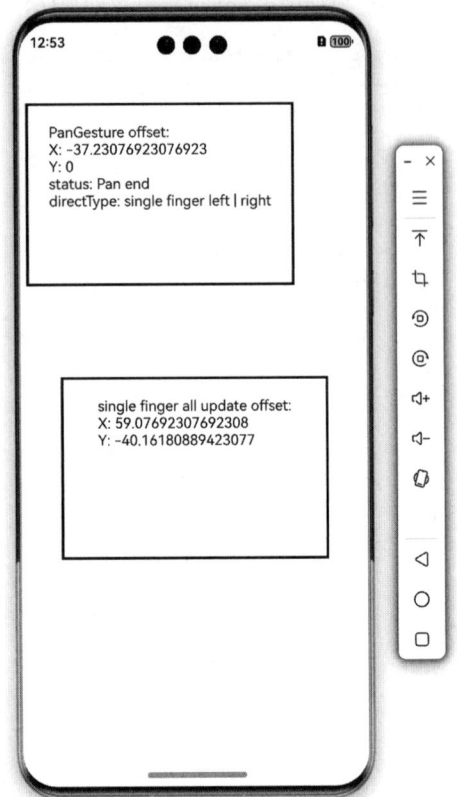
图 7-25　PanGestureExample 页面（拖动后结果展示）

下面基于示例工程，实现捏合手势，主要分为三步。

第一步，创建 PinchGestureExample 页面，内部实现一个 Column 组件，该 Column 组件绑定三指捏合手势，在 onActionUpdate 回调函数中，实现缩放 Column 组件并更新 scaleValue、pinchX 和 pinchY 等信息。代码如下。

```
// entry/src/main/ets/pages/Gesture/PinchGestureExample.ets

@Entry
@Component
struct PinchGestureExample {
  @State scaleValue: number = 1
  @State pinchValue: number = 1
  @State pinchX: number = 0
  @State pinchY: number = 0

  build() {
    Column() {
      Column() {
```

```
        Text('PinchGesture scale:\n' + this.scaleValue)
        Text('PinchGesture center:\n(' + this.pinchX + ',' + this.pinchY + ')')
      }
      .height(200)
      .width(300)
      .padding(20)
      .border({ width: 3 })
      .margin({ top: 100 })
      .scale({ x: this.scaleValue, y: this.scaleValue, z: 1 })

      // 三指捏合触发该手势事件
      .gesture(
        PinchGesture({ fingers: 3 })
          .onActionStart((event: GestureEvent) => {
            console.info('Pinch start')
          })
          .onActionUpdate((event: GestureEvent) => {
            if (event) {
              this.scaleValue = this.pinchValue * event.scale
              this.pinchX = event.pinchCenterX
              this.pinchY = event.pinchCenterY
            }
          })
          .onActionEnd((event: GestureEvent) => {
            this.pinchValue = this.scaleValue
            console.info('Pinch end')
          })
      )
    }.width('100%')
  }
}
```

第二步，在 main_pages.json 文件中增加 PinchGestureExample 页面路由配置，代码如下。

```
// entry/src/main/resources/base/profile/main_pages.json
{
  "src": [
    "pages/Gesture/PinchGestureExample"
  ]
}
```

第三步，在 Index.ets 文件中增加一个按钮，单击该按钮可跳转至 PinchGestureExample 页面，代码如下。

```
// entry/src/main/ets/pages/Index.ets
import router from '@ohos.router';
@Entry
@Component
struct Index {
  build() {
    Column({ space: 10 }) {
      Row() {
```

```
      Button('SizeChange')
        .onClick(() => {
          router.pushUrl({ url:"pages/Gesture/PinchGestureExample" })
        }).fontSize(12)
    }.height('4%')
   }
  }
}
```

完成上述代码之后，编译示例工程，并运行示例App。在Index页面中，单击"Pinch"按钮，进入PinchGestureExample页面（如图7-26所示），当使用三指捏合时，Column组件会跟着缩放（如图7-27所示）。

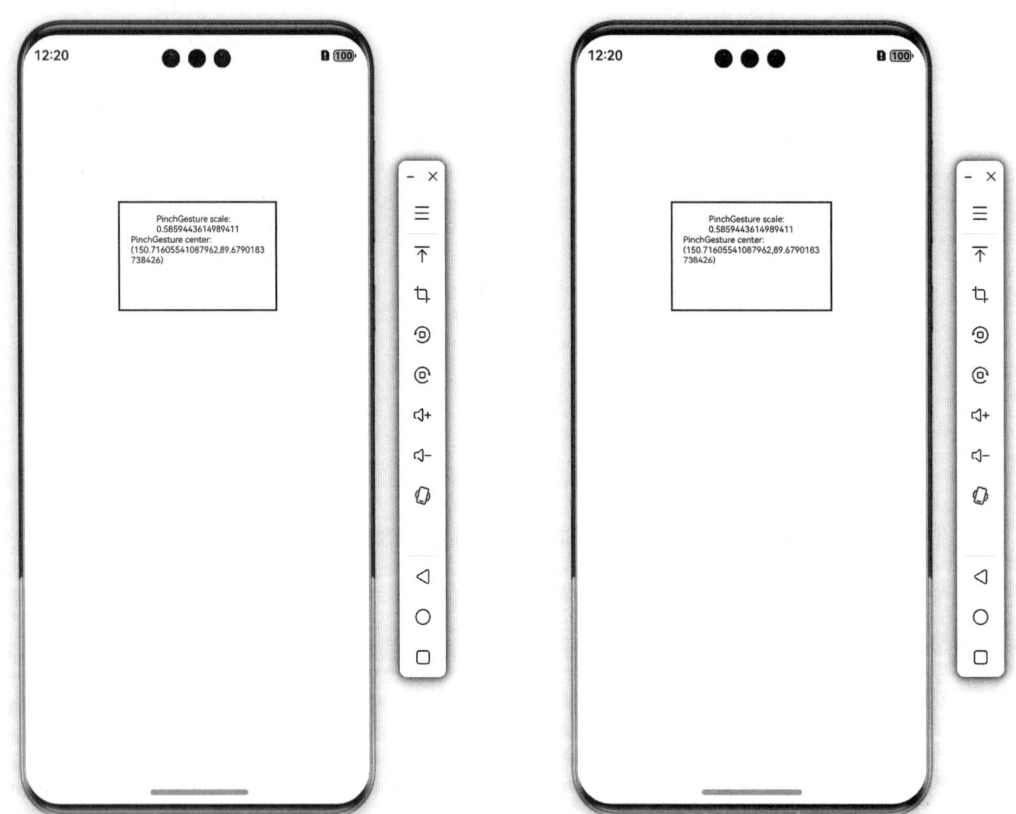

图7-26 PinchGestureExample页面　　　　图7-27 PinchGestureExample页面（使用三指捏合）

7.5 状态管理

在ArkUI中，UI是程序状态的运行结果，其中应用的运行时状态是参数。当参数改变时，UI作为结果也将进行相应的改变。这些运行时的状态变化所带来的UI重新渲染，在

ArkUI 中被统称为状态管理。

自定义组件拥有变量,变量必须被装饰器装饰才可以成为状态变量,状态变量的改变会引起 UI 的渲染刷新。如果不使用状态变量,则 UI 只能在初始化时渲染,后续将不会再刷新,故状态管理是 UI 渲染的根基。本部分内容将介绍几种装饰器来实现组件的状态管理。

7.5.1 @State(组件内状态)

@State 装饰的变量是组件内部的状态数据,其修改会触发所在组件的 build() 方法,以刷新该组件的 UI,在使用 @State 装饰器装饰状态变量时需要关注以下约束:

1)初始化要求:@State 装饰的变量必须初始化,不能为 null。

2)支持的数据类型:@State 支持装饰多种类型,包括 Object、class、string、number、boolean、enum 等类型,以及这些类型组成的 array。如:

- 当装饰的数据类型为 boolean、string、number 类型时,可以观察到数值的变化。
- 当装饰的数据类型为 class 或者 Object 时,可以观察到自身赋值的变化和其属性赋值的变化。
- 当装饰的对象是 array 时,可以观察到数组本身的赋值和添加、删除、更新数组的变化。

3)视图更新限制:嵌套类型以及数组中的对象属性无法触发视图更新。

本部分的示例说明了 @State 装饰的变量用法及达到的效果,主要分为三步。

第一步,创建 StatusPage 页面,内部实现一个 Button 组件,单击 Button 可使 index 加 1,同时将 index 拼接到 message 字符串中,并通过 Text 组件显示,代码如下:

```
// entry/src/main/ets/pages/StatusPages/StatusPage.ets
import {router } from '@kit.ArkUI';

@Entry
@Component
struct StatusPage {
  // @State 变量
  @State message: string = "state index = 0";
  @State index:number = 0;
  build() {
    Column() {
      // message 改变时会重绘
      Text(this.message)
        .fontSize(40)
        .fontWeight(FontWeight.Bold)

      Button('State index ++')
        .onClick(() => {
          this.index ++;
          this.message = 'state index = ' + this.index;
        })
```

```
    }.width("100%")
  }
}
```

第二步，在 main_pages.json 文件中增加 StatusPage 页面路由配置，代码如下。

```
// entry/src/main/resources/base/profile/main_pages.json
{
  "src": [
    "pages/StatusPages/StatusPage"   // 新增
  ]
}
```

第三步，在 Index.ets 文件中增加一个按钮，单击该按钮可跳转至 StatusPage 页面，代码如下。

```
// entry/src/main/ets/pages/Index.ets
@Entry
@Component
struct Index {
  build() {
    Column({ space: 10 }) {
      // ...
      Row() {
        Button('StatusPages')
          .onClick(() => {
            router.pushUrl({
              url: 'pages/StatusPages/StatusPage'
            });
          }).fontSize(12)
      }.height('4%')
    }
  }
}
```

完成上述的代码之后，编译并运行示例工程，在示例 App 的 Index 页面中单击"StatusPage"按钮，跳转至 StatusPage 页面（如图 7-28 所示），这时单击"State Index++"按钮，message 会更新并触发 Text 组件的 UI 重绘（如图 7-29 所示）。如果 message 变量没有被 @state 装饰，则该 Text 组件的 UI 不会重绘，读者可以试着改下代码。

7.5.2　@State 和 @Prop（父子单向同步）

在页面较为复杂的情况下，会把页面中的能力拆分成多个不同的组件，并且将这些组件存放在不同的文件中。这样做的好处是，页面代码的可读性会更好，而且这些组件能够被其他页面或者组件复用，提高了研发效率。

当父子组件之间需要将数据从父组件同步到子组件时，可利用 @Prop 装饰器达成这一目的。具体的实现为在父组件中的变量用 @State 装饰，在子组件中的变量使用 @Prop 装饰，在父组件中使用子组件时，通过参数建立同步关系。当使用 @State 或 @Prop 装饰器装饰状态变量时需要关注以下约束：

1）支持的数据类型：@State 或 @Prop 支持装饰多种类型，包括 Object、class、string、number、boolean、enum 等类型，以及这些类型组成的 array，例如：
- 当装饰的类型是允许的类型，即 Object、class、string、number、boolean、enum 等类型，赋值可单向同步。
- 当装饰的类型是 Object 或者 class 复杂类型时，第一层的属性变化可单向同步。
- 当装饰的类型是 array 时，数组本身的赋值和数组项的添加、删除和更新可单向同步。

2）场景约束：@Prop 装饰器不能在被 @Entry 装饰的自定义组件中使用。

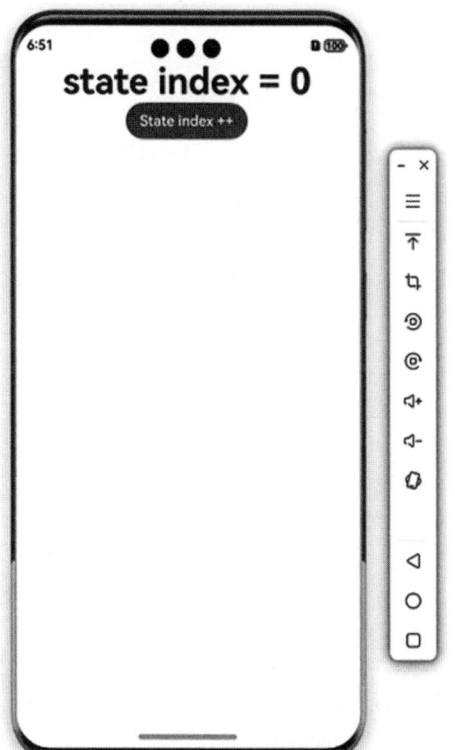

图 7-28　StatusPage 页面

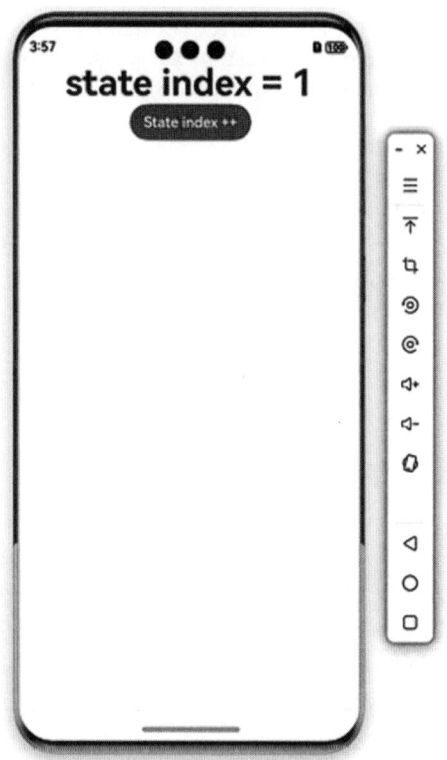

图 7-29　StatusPage 页面（message 更新）

本部分的示例说明了 @Prop 装饰的变量用法及达到的效果，分为两步。

第一步，在 ets/pages/StatusPages/ 目录下，新建 CustomTextComponent 组件，实现可接收外部的字符串参数，以 'CustomTextComponent：' 和接收的外部字符串参数作为新的字符串，代码如下：

```
// entry/src/main/ets/pages/StatusPages/CustomTextComponent.ets
@Component
export default struct CustomTextComponent {
  @Link message: string;
  build() {
    Row() {
      // 标识
      Text('CustomTextComponent: ')
        .fontSize(20)
      Text(this.message)
        .fontSize(20)
    }
  }
}
```

第二步，在 StatusPage.ets 文件中新增对 CustomTextComponent 的调用，代码如下。

```
// entry/src/main/ets/pages/StatusPages/StatusPage.ets
import { router } from '@kit.ArkUI';
import CustomTextComponent from './CustomTextComponent';

@Entry
@Component
struct StatusPage {
  @State message: string = "state index = 0";
  @State index:number = 0;
  build() {
    Column() {
      // ...
      Divider()
        .vertical(false)
        .color(Color.Gray)
        .strokeWidth(10)

      CustomTextComponent({message:this.message});
    }.width("100%")
  }
}
```

完成上述的代码之后，编译并运行示例工程，在示例 App 的 Index 页面中单击 "StatusPage" 按钮，跳转至 StatusPage 页面（如图 7-30 所示），这时单击 "State Index++" 按钮，CustomTextComponent 组件的 UI 更新重绘（如图 7-31 所示）。

7.5.3 @State 和 @Link（父子双向同步）

当父子组件之间需要将数据双向同步时，可利用 @Link 装饰器达成这一目的。具体的实现为在父组件中的变量用 @State 装饰，在子组件中的变量使用 @Link 装饰，在父组件中使用子组件时，通过参数建立同步关系。在使用 @State 或 @Link 装饰器装饰状态变量时需要关注以下约束：

1）支持的数据类型：@State 或 @Link 支持装饰多种类型，包括 Object、class、string、number、boolean、enum 等类型，以及这些类型组成的 array。如：
- 当装饰的数据类型为 boolean、string、number 类型时，数值的变化可双向同步。
- 当装饰的数据类型为 class 或者 Object 时，赋值和属性赋值的变化可双向同步。
- 当装饰的对象是 array 时，数组添加、删除、更新数组单元的变化可双向同步。

2）场景约束：@Link 装饰器不能在被 @Entry 装饰的自定义组件中使用。

 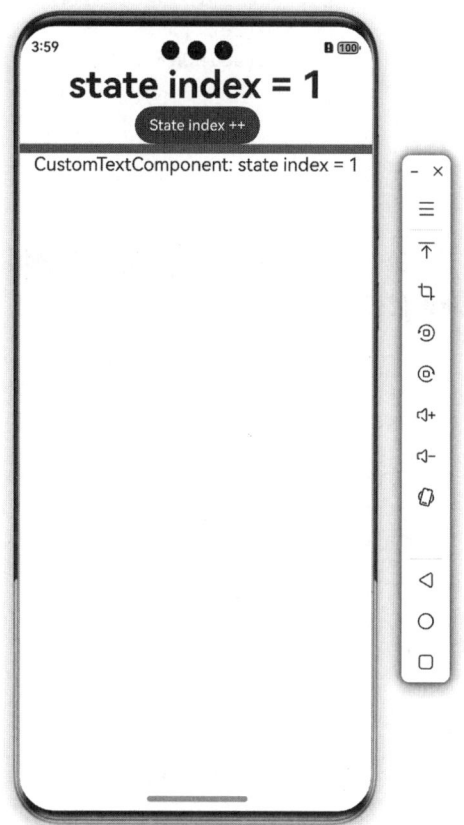

图 7-30　StatusPage 页面（增加 CustomText-Component 组件）　　图 7-31　StatusPage 页面（CustomText-Component 组件更新）

本部分的示例说明了 @Link 装饰的变量用法及达到的效果，分为两步。

第一步，在 ets/pages/StatusPages/ 目录下，新建 ZeroTextComponent 组件，该组件可与父组件双向同步 message 和 index 变量，在该组件中使用 Text 组件对 message 进行展示，并实现一个按钮，当单击该按钮时将组件中的 index 变量值清零。代码如下：

```
// entry/src/main/ets/pages/StatusPages/ZeroTextComponent.ets
@Component
```

```
export default struct ZeroTextComponent {
  @Link message: string;
  @Link index :number;
  build() {
    Column() {
      Text(this.message)
        .fontSize(30)
        .fontWeight(FontWeight.Lighter)

      Button('ZeroTextComponent Zero index')
        .onClick(() => {
          this.index = 0;
          this.message = 'state index = ' + this.index;
        })
    }
  }
}
```

第二步，在 StatusPage 页面中增加 ZeroTextComponent 组件，在 StatusPage.ets 文件中新增代码如下。

```
// entry/src/main/ets/pages/StatusPages/StatusPage.ets
import {router } from '@kit.ArkUI';
import ZeroTextComponent from './ZeroTextComponent';

@Entry
@Component
struct StatusPage {
  @State message: string = "state index = 0";
  @State index:number = 0;
  build() {
    Column() {
      //...
      Divider()
        .vertical(false)
        .color(Color.Gray)
        .strokeWidth(10)

      ZeroTextComponent({message:this.message,index:this.index});
    }.width("100%")
  }
}
```

完成上述的代码之后，编译并运行示例工程，在示例 App 的 Index 页面中单击"StatusPage"按钮，跳转至 StatusPage 页面（如图 7-32 所示），这时单击"State Index++"按钮，ZeroTextComponent 组件的 UI 更新重绘（如图 7-33 所示），单击"ZeroTextComponent Zero index"按钮，将 index 清零并更新 message，对父组件及 CostumTextComponent 组件中的 UI 进行了重绘，这时 StatusPage 页面为 index=0 的状态（如图 7-34 所示）。

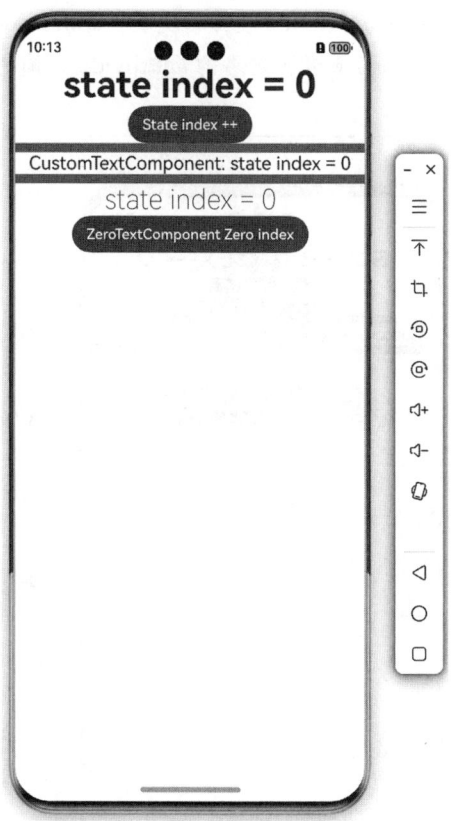 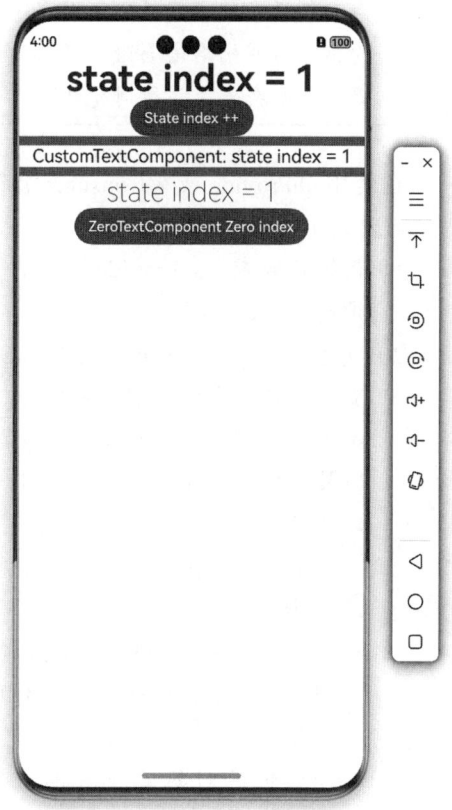

图 7-32　StatusPage 页面（增加 ZeroText-Component 组件）　　　图 7-33　StatusPage 页面（ZeroText-Component 组件更新）

7.5.4　@Provide 和 @Consume（多级双向同步）

在处理复杂的组件嵌套结构时，如果通过 @State 和 @Link 来实现父子组件之间变量的双向同步，代码可能会变得相当冗长和烦琐。为了简化这种情况下的数据同步，可以使用 @Provide 和 @Consume 这两个装饰器。这两个装饰器特别适用于需要将状态数据在多个层级之间传递和同步的场景，它们允许后代（子）组件直接访问和修改祖先（父）组件提供的数据，从而避免了在多层嵌套中逐级传递数据的麻烦。

具体的实现为在祖先（父）组件中的变量用 @Provide 装饰，后代（子）组件中的变量需与祖先（父）组件中的变量同名且使用 @Consume 装饰，祖先（父）组件调用后代（子）组件时会自动隐式建立关系。

注意　@Provide 和 @Consume 在通过相同的变量名或者相同的变量别名绑定时，@Provide 装饰的变量和 @Consume 装饰的变量是一对多的关系，不允许在同一个自定义组件内，包括在其子组件中声明多个同名或者同别名的 @Provide 装饰的变量。@Provide 的属性名或别名需要唯一且确定，如果声明多个同名或者同别名的 @Provide 装饰的变量，则会发生运行时报错。

在使用 @Provide 或 @Consume 装饰变量时，需要关注以下约束：

1）初始化要求：@Provide 装饰的变量必须初始化，不能为 null。
2）支持的数据类型：@Provide 或 @Consume 支持装饰多种类型，包括 Object、class、string、number、boolean、enum 等类型，以及这些类型组成的 array。如：
- 当装饰的数据类型为 boolean、string、number 类型时，数值的变化可双向同步。
- 当装饰的数据类型为 class 或者 Object 时，赋值和属性赋值的变化可双向同步。
- 当装饰的对象是 array 时，数组的添加、删除、更新数组单元可双向同步。

本部分的示例说明了 @Provide 或 @Consume 装饰变量的用法及达到的效果，分为两步。

第一步，在 ets/pages/StatusPages/ 目录下，新建 AnyComponents.ets 文件，在该文件中实现多个组件，即 ComponentA、ComponentB、ComponentC，在 ComponentC 中使用 @Consume 修饰变量 provideIndex，它可与 StatusPage 中的变量 provideIndex 双向同步。代码如下。

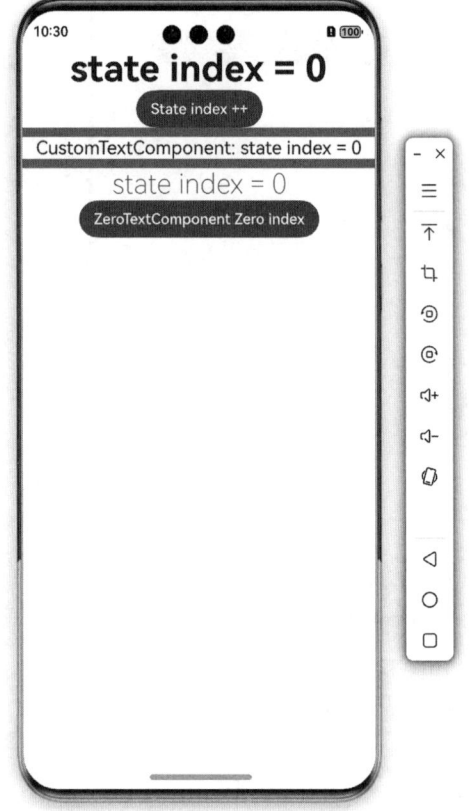

图 7-34　StatusPage 页面（index 清零）

```
// ets/pages/StatusPages/AnyComponents.ets
@Component
export struct ComponentC {
  @Consume provideIndex: number;
  build() {
    Column() {
      // 展示 provideIndex 值
      Text(`ComponentC provideIndex(${this.provideIndex})`)
        .fontSize(20)
        .fontWeight(FontWeight.Lighter)
      // 更改 provideIndex 值
```

```
      Button('ComponentC provideIndex ++')
        .onClick(() => {
          this.provideIndex ++;
        })
    }
    .width('100%')
  }
}

@Component
export struct ComponentB {
  build() {
    Column({ space: 5 }) {
      ComponentC().backgroundColor(Color.Pink)
      ComponentC().backgroundColor(Color.Orange)
    }
  }
}

@Component
export struct ComponentA{
  build() {
    Column() {
      ComponentB()
    }
  }
}
```

第二步，在 StatusPage 页面中使用 ComponentA 组件，同时增加一个按钮，按钮的标题展示了 provideIndex 的当前值，单击该按钮可更改 provideIndex 的值，StatusPage 页面的新增代码如下。

```
// entry/src/main/ets/pages/StatusPages/StatusPage.ets
import { ComponentA } from './AnyComponents';

@Entry
@Component
struct StatusPage {
  // 使用 @Provide 装饰 provideIndex
  @Provide provideIndex: number = 0;

  build() {
    Column() {
      // ...
      Divider()
        .vertical(false)
        .color(Color.Gray)
        .strokeWidth(10)
      // 展示 provideIndex 值，单击可更改
      Button(`StatusPage provideIndex(${this.provideIndex}) ++`)
```

```
        .onClick(() => {
          this.provideIndex ++;
        })
      // 使用 ComponentA
      ComponentA()
    }.width("100%")
  }
}
```

完成上述的代码之后,编译并运行示例工程,在示例 App 的 Index 页面中单击"StatusPage"按钮,跳转至 StatusPage 页面。如图 7-35 所示,页面中展示了 ComponentC (ComponentA 中使用 ComponentB, ComponentB 中使用 ComponentC),这时单击"StatusPage provideIndex(0)++"按钮,StatusPage 和 ComponentC 中与 provideIndex 有关的 UI 组件都会重新绘制,这时 StatusPage 页面如图 7-36 所示,其中 StatusPage 页面中的 Button 及 ComponentC 中的 Text 组件均展示最新值。如果单击"ComponentC provideIndex ++"按钮也会得到相同的效果。

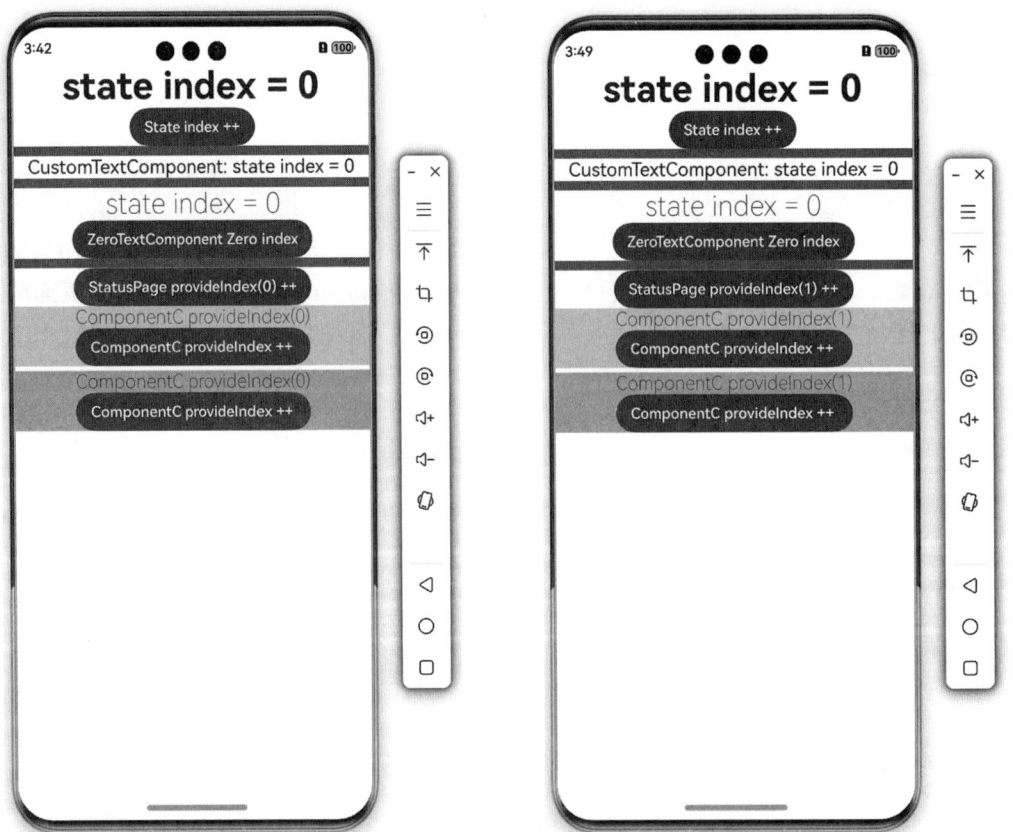

图 7-35 StatusPage 页面(增加 ComponentA 组件)   图 7-36 StatusPage 页面(provideIndex 变更触发刷新)

本部分内容介绍了四种状态管理方式，这四种方式各自具备独特的组件状态同步策略，并且依据其特性在应用场景上有着明确的区分，以满足不同的开发需求和业务场景。在此部分中，将对这四种状态管理方式进行对比与阐释，以便读者更好地理解它们之间的差异。

状态管理对比如图 7-37 所示，以页面作为祖先（父）组件，其中有四个变量，分别为 A、B、C、D，数据的同步及走向如箭头指示。

变量 A 被页面中的组件 N 使用并被 @State 修饰，当变量 A 变化时，组件 N 会重新绘制。

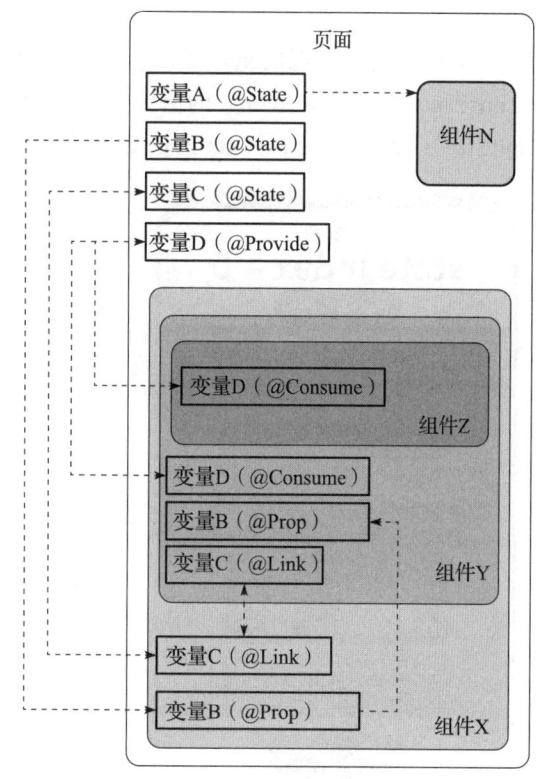

变量 B 在页面中使用，同时组件 X 和 Y 也依赖变量 B 的取值，在页面中变量 B 被 @State 修饰，在组件 X 和 Y 中变量 B 被 @Prop 修饰，但组件 Y 中的变量 B 的关系需要在组件 X 中主动建立，当页面中的变量 B 被修改时，组件 X 和 Y 中的变量 B 也会随之发生变更。

变量 C 在页面中使用，同时组件 X 和 Y 也依赖变量 C 的取值，在页面中变量 C 被 @State 修饰，在组件 X 和 Y 中变量 C 被 @Link 修饰，但组件 Y 中的变量 C 的关系需要在组件 X 中主动建立，当页面、组件 X 或 Y 中的某一个变量 C 被修改后，其他页面或组件中的变量 C 也会随之发生变更。

变量 D 在页面中使用，同时组件 Y 和 Z 也依赖变量 D 的取值，在页面中变量 D 被 @Provide 修饰，在组件 Y 和 Z 中变

图 7-37　状态管理对比

量 D 被 @Consume 修饰，变量 D 的关系在组件 Y 和 Z 创建时会自动隐式建立，当页面、组件 Y 和 Z 中的某一变量 D 被修改后，其他页面或组件中的变量 D 也会随之发生变更。

注意，在自定义组件的 build() 或 @Builder 方法里，不允许直接更改状态变量。下面的代码是一个示例，当单击 Button 后 this.fontSize 更改时，会触发 Text(`${this.count++}`) 语句的重绘，这时 this.count 的值将会改变。

```
@Component
struct ErrorUseStateCase {
  @State fontSize: number = 16;
  @State count: number = 1;
  build() {
    Column() {
      // 应避免在 build() 或 @Builder 方法里直接改变状态变量
```

```
      Text(`${this.count++}`)
        .fontSize(this.fontSize)
        .backgroundColor(Color.Pink)
      Button("change fontSize").onClick(() =>{
        this.fontSize = 26;
      })
    }
  }
}
```

将上述代码实现的组件（ErrorUseStateCase 组件）添加到 StatusPage 页面中，在进入 StatusPage 页面时 this.count 的值变为了 2（如图 7-38 所示的最下方区域），当单击"change fontSize"按钮时，this.count 的值变为了 3（如图 7-39 所示的最下方区域）。

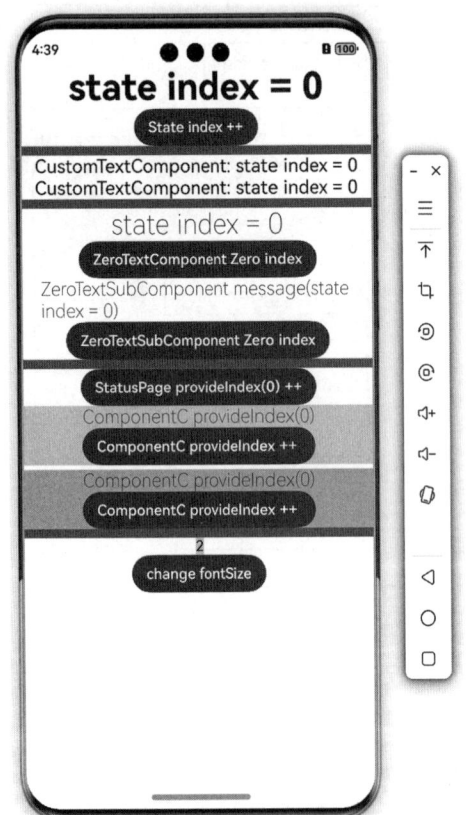

图 7-38　StatusPage 页面（增加 ErrorUseStateCase 组件）

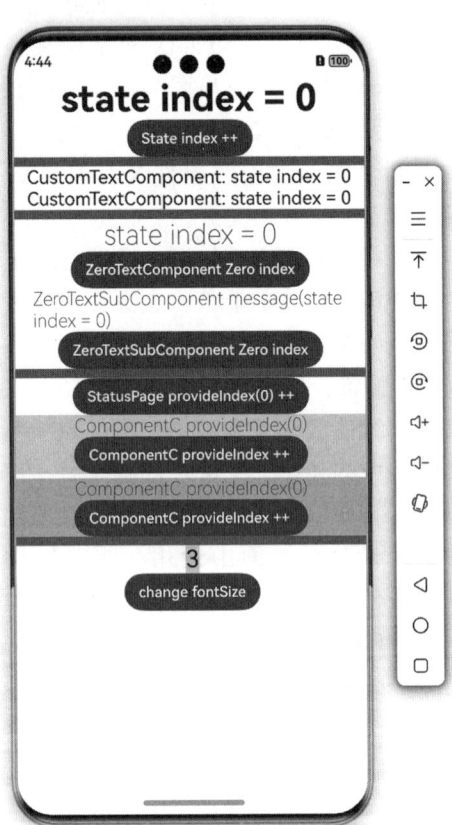

图 7-39　StatusPage 页面（点击 "change fontSize" 按钮）

7.6　渲染控制

ArkUI 通过自定义组件的 build() 函数和 @Builder 装饰器中的声明式描述语句构建 UI。

在声明式描述语句中，开发者除使用系统组件外，还可利用渲染控制语句辅助 UI 构建，主要包括条件渲染语句和循环渲染语句。

7.6.1 条件渲染语句

在声明式描述语句中，条件渲染语句使用 if 语句来实现，if 语句在用于渲染控制时支持 if、else 和 else if 语句的组合。常用的使用方式及约束如下所示：

```
// if、else if 后的条件语句建议使用状态变量（值改变可实时渲染 UI）或常规变量（值改变不实时渲染 UI）
if (条件语句) {
  // 构建组件代码，每个分支内部构建函数须遵循规则并创建一个或多个组件，否则会产生语法错误
} else if (条件语句) {      // 可缺省
  // 构建组件代码，每个分支内部构建函数须遵循规则并创建一个或多个组件，否则会产生语法错误
} else {                    // 可缺省
  // 构建组件代码，每个分支内部构建函数须遵循规则并创建一个或多个组件，否则会产生语法错误
}
```

当 if、else if 后的状态判断中的状态变量值变化时，条件渲染语句更新。步骤如下：
- 评估 if 和 else if 的状态判断条件，若分支无变化，则无须后续操作；若有变化，则执行以下两步。
- 删除此前构建的所有子组件。
- 执行新分支的构建函数，将获取到的组件添加到 if 父容器中。若缺少适用的 else 分支，则不构建内容。

下面将实现在页面中使用 if 语句控制显示内容及内容的颜色，基于示例工程，实现示例主要分为三步。

第一步，创建 ConditionalRendering 页面，代码如下。

```
// entry/src/main/ets/pages/base/ConditionalRendering.ets
@Entry
@Component
struct ConditionalRendering {
  @State count: number = 0;

  build() {
    Column({ space: 10 }) {
      Text(`count=${this.count}`)
      // 控制显示 Text 组件
      if (this.count % 2 == 0) {
        Text(`count is a complex number`)
          .fontColor(Color.Green)
      } else {
        Text(`count is a singular`)
          .fontColor(Color.Red)
      }

      Button('increase count')
```

```
      .onClick(() => {
        this.count++;
      })

      Button('decrease count')
        .onClick(() => {
          this.count--;
        })
  }.width('100%')
}
}
```

第二步,在 main_pages.json 文件中增加 ConditionalRendering 页面路由配置,代码如下。

```
// entry/src/main/resources/base/profile/main_pages.json
{
  "src": [
    "pages/base/ConditionalRendering"
  ]
}
```

第三步,在 Index.ets 文件中增加一个按钮,单击该按钮可跳转至 ConditionalRendering 页面,代码如下。

```
// entry/src/main/ets/pages/Index.ets
import router from '@ohos.router';
@Entry
@Component
struct Index {
  build() {
    Column({ space: 10 }) {
      Row() {
        Button('ConditionalRendering')
          .onClick(() => {
            router.pushUrl({ url:"pages/base/ConditionalRendering" })
          }).fontSize(12)
      }.height('4%')
    }
  }
}
```

完成上述代码之后,编译示例工程,并运行示例 App。条件控制组件的展示如图 7-40 所示。在 Index 页面中,单击"ConditionalRendering"按钮,进入 ConditionalRendering 页面,如图 7-40 左图所示,Text 组件显示"count is a complex number"。当单击"increase count"按钮时,显示"count is a complex number"的 Text 组件被移除,换为显示"count is a singular"的 Text 组件(如图 7-40 右图所示)。

第 7 章 UI 布局及交互 ❖ 239

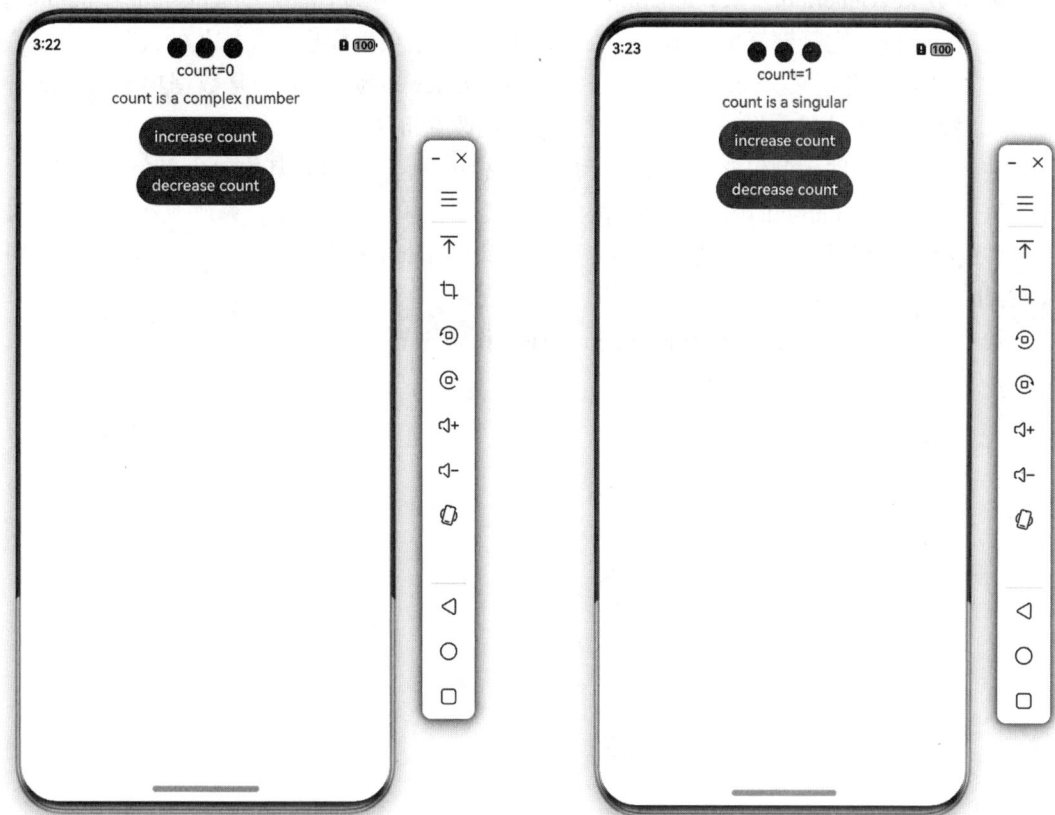

图 7-40 条件控制组件的展示（左图为 ConditionalRendering 页面，右图为点击"increase count"按钮后的 ConditionalRendering 页面）

7.6.2 循环渲染语句

提到循环控制，很容易就会想到 for 语句，但是在声明式描述语句中，并不支持 for 语句，而使用了更适合 UI 渲染控制的 ForEach 语句，该语句的定义如下：

```
ForEach (arr: Array<any>, itemGenerator: (item: any, index: number) => void,
  keyGenerator?: (item: any, index: number) => string)
```

- 参数 arr：arr 是必填参数，类型为 Array<Object>。它是数据源，可为空数组，此时不会创建子组件，也可以是返回数组的函数，但此函数不能改变包括数组本身在内的任何状态变量，像 Array.splice()、Array.sort()、Array.reverse() 等这些改变原数组的函数都不适用。
- 参数 itemGenerator：itemGenerator 是必填参数，类型为 (item: Object, index: number) => void。它是组件生成函数，为 arr 数组中的每个组件创建对应组件。item 参数是 arr 数据项，index 参数（可选）是数据项索引。生成的组件类型需符合 ForEach 父容器要求。

- 参数 keyGenerator：keyGenerator 是可选参数，类型为 (item: Object, index: number) => string。它是键值生成函数，为 arr 的每个数组项生成唯一且持久的键值，返回值由开发者自定义。item 参数是 arr 数据项，index 参数（可选）是数据项索引。缺省时框架有默认键值生成函数，且此函数不能改变组件状态。

在前文中，实践示例包含了一段关于显示优先级的示例代码，其中包含多个 Text 组件，并为每个组件设定了不同的内容及显示优先级，代码书写时较为冗余，修改成本也较高。对于这种成组的、有明确渲染规则的内容，可以使用 ForEach 来控制渲染。在本部分中，使用 ForEach 优化这部分代码，主要分为三步。

第一步，创建 DisplayPriorityForEach 页面，代码如下。

```
// entry/src/main/ets/pages/base/DisplayPriorityForEach.ets
// 扩展新样式
@Extend(Text)
function defaultStyle() {
  .width(100)
  .height(60)
  .fontSize(16)
  .textAlign(TextAlign.Center)
  .backgroundColor(Color.Pink)
}

class PriorityTextInfo {
  text: string = '';
  priority: number = 0;
}


@Entry
@Component
struct DisplayPriorityForEach {
  // 显示容器大小
  private container: string[] = ['90%','60%','30%'];
  // 统一设置内容及优先级
  private priorityText: PriorityTextInfo[] = [
    { text: '1\n(priority:2)', priority: 2 },
    { text: '2\n(priority:2)', priority: 2 },
    { text: '3\n(priority:3)', priority: 3 },
    { text: '4\n(priority:4)', priority: 4 }
  ];

  private priorityText1: PriorityTextInfo[] = [
    { text: '1\n(priority:1)', priority: 1 },
    { text: '2\n(priority:2)', priority: 2 },
    { text: '3\n(priority:3)', priority: 3 },
    { text: '4\n(priority:4)', priority: 4 }
  ];
  @State currentIndex: number = 0;
```

```
  build() {
    Column({ space: 10 }) {
      // 切换父级容器大小
      Button(`内容区width占比${this.container[this.currentIndex]}`).
        backgroundColor(Color.Pink)
        .onClick(() => {
          this.currentIndex = (this.currentIndex + 1) % this.container.length;
        })

      Row({ space: 10 }) {
        // 使用priorityText数据
        ForEach(this.priorityText, (item:PriorityTextInfo) => {
          // 使用displayPriority给子组件绑定显示优先级
          Text(item.text)
            .defaultStyle()
            .displayPriority(item.priority)
        })
      }
      .width(this.container[this.currentIndex])
      .backgroundColor(Color.Gray)

      Row({ space: 10 }) {
        // 使用priorityText1数据
        ForEach(this.priorityText1, (item:PriorityTextInfo) => {
          // 使用displayPriority给子组件绑定显示优先级
          Text(item.text)
            .defaultStyle()
            .displayPriority(item.priority)
        })
      }
      .width(this.container[this.currentIndex])
      .backgroundColor(Color.Gray)
    }.width("100%").margin({ top: 50 })
  }
}
```

第二步，在 main_pages.json 文件中增加 DisplayPriorityForEach 页面路由配置，代码如下。

```
// entry/src/main/resources/base/profile/main_pages.json
{
  "src": [
    "pages/base/DisplayPriorityForEach"
  ]
}
```

第三步，在 Index.ets 文件中增加一个按钮，单击可跳转至 DisplayPriorityForEach 页面，代码如下。

```
// entry/src/main/ets/pages/Index.ets
import router from '@ohos.router';
@Entry
```

```
@Component
struct Index {
  build() {
    Column({ space: 10 }) {
      Row() {
        Button('DisplayPriorityForEach')
          .onClick(() => {
            router.pushUrl({ url:"pages/base/DisplayPriorityForEach" })
          }).fontSize(12)
      }.height('4%')
    }
  }
}
```

完成上述代码之后,编译示例工程,并运行示例 App。在 Index 页面中,单击"DisplayPriorityForEach"按钮,进入 DisplayPriorityForEach 页面,如图 7-41 所示为使用 ForEach 实现的显示优先级约束示例。

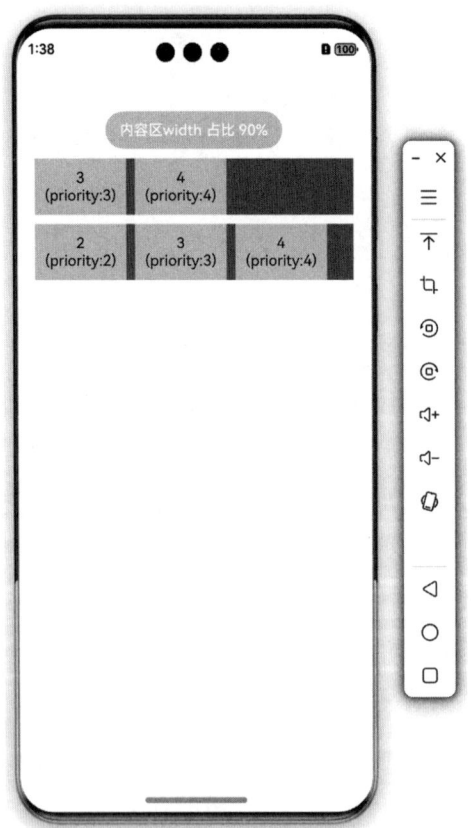

图 7-41　显示优先级约束示例(使用 ForEach 实现)

第 8 章 Chapter 8

数据持久化

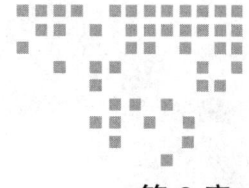

数据持久化，是 App 存储数据的常用手段，将 App 产生的内存数据通过文件或数据库的形式保存到设备上。在鸿蒙系统中，有多种方案支持数据持久化，包括首选项、键值数据库、关系数据库及文件读写等，开发者可以根据需要选择合适的数据存储方式，来满足 App 的数据持久化需要。

8.1 准备

本章的内容以实例的方式进行讲解，在客户端上，需要新建一个全新的工程，基于该工程，完成数据持久化的实践，下面介绍示例工程的准备工作。

8.1.1 创建示例工程

在 DevEco Studio 的菜单栏依次单击 "File → New → Create Project → Empty Ability"，在接下来出现的如图 8-1 所示的创建新工程界面中单击 "Next" 按钮。

在 "Project name" 文本框中输入工程名 "DataSave"，如图 8-2 所示，其他项使用默认值即可，之后单击 "Finish" 按钮。

8.1.2 主体 UI 框架

本章主要对首选项数据存储、键值数据库存储、关系数据库存储及文件读写这四种数据持久化方式进行介绍。在对应的示例工程中，先实现功能的调用入口，首先在 Index.ets 文件中预先实现与该示例相关的 UI 框架，然后在每节中完成具体的代码实现。Index.ets 文件的实现方式如下。

244 ❖ 高级篇

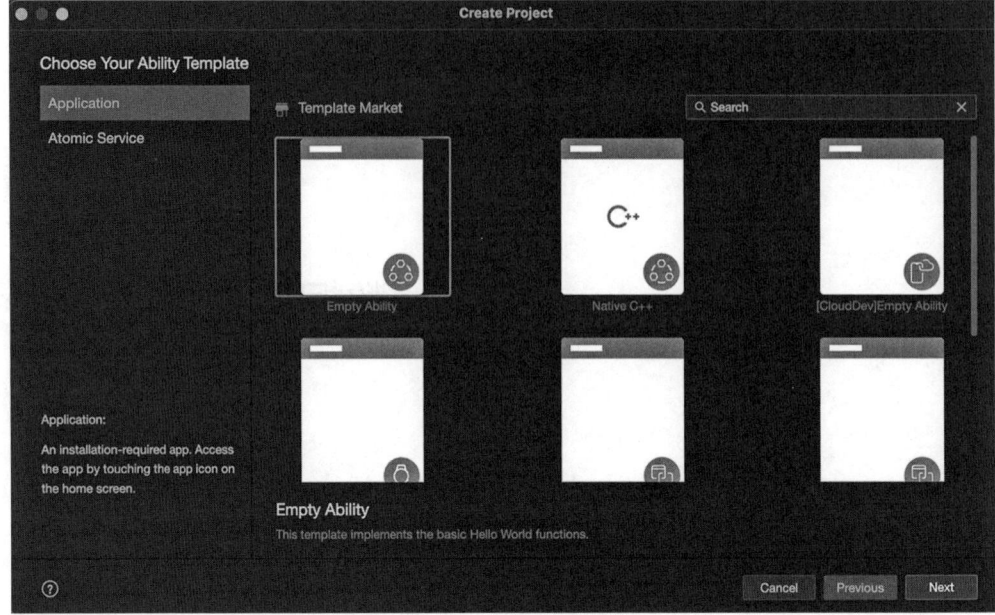

图 8-1 创建新工程

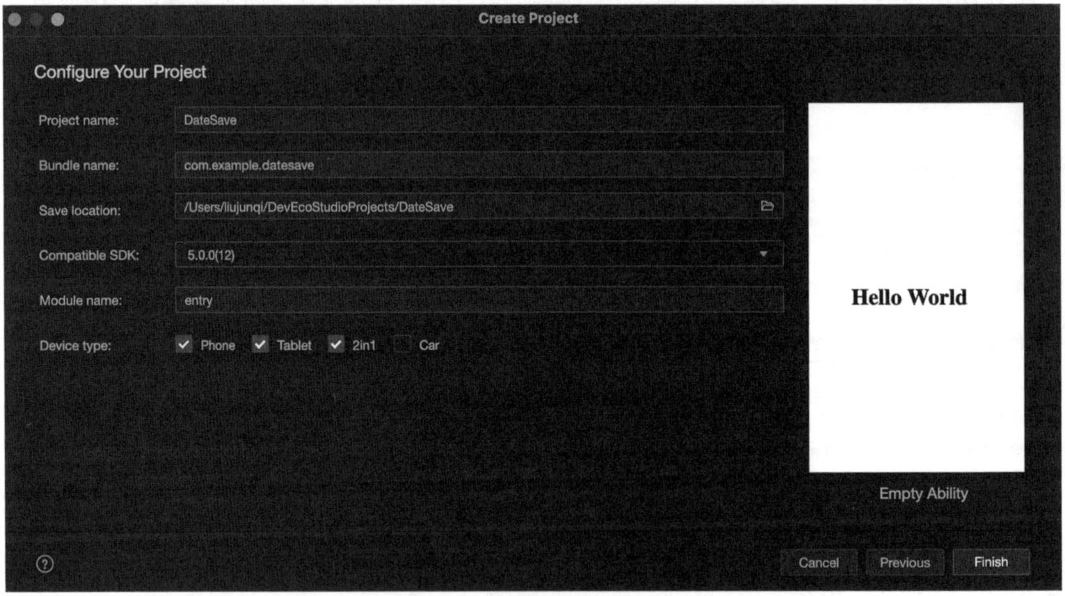

图 8-2 输入工程名

```
// entry/src/main/ets/pages/Index.ets
@Entry
@Component
struct Index {
```

```
build() {
  Column({space:10}) {
    Row() {
      // 使用首选项写入数据
      Button('writeData')
        .onClick(() => {
        }).fontSize(12)
      // 使用首选项读取数据
      Button('readData')
        .onClick(() => {
        }).fontSize(12)
      // 使用首选项删除数据
      Button('deleteData')
        .onClick(() => {
        }).fontSize(12)
      // 使用首选项对数据进行持久化
      Button('flushData')
        .onClick(() => {
        }).fontSize(12)
    }.height('4%')
    Row() {
      // 使用键值数据库写入数据
      Button('putKVData')
        .onClick(() => {
        }).fontSize(12)
      // 使用键值数据库读取数据
      Button('getKVData')
        .onClick(() => {
        }).fontSize(12)
      // 使用键值数据库删除数据
      Button('deleteKVData')
        .onClick(() => {
        }).fontSize(12)
    }.height('4%')
    Row() {
      // 使用关系数据库插入数据
      Button('insertR')
        .onClick(() => {
        }).fontSize(12)
      // 使用关系数据库查询数据
      Button('queryR')
        .onClick(() => {
        }).fontSize(12)
      // 使用关系数据库更新数据
      Button('updateR')
        .onClick(() => {
        }).fontSize(12)
      // 使用关系数据库删除数据
      Button('deleteR')
        .onClick(() => {
```

```
        }).fontSize(12)
      }.height('4%')
      Row() {
        // 创建文件
        Button('cFile')
          .onClick(() => {
        }).fontSize(12)
        // 读写文件
        Button('rwFile')
          .onClick(() => {
        }).fontSize(12)
        // 以流式读写文件
        Button('rwSFile')
          .onClick(() => {
        }).fontSize(12)
        // 查看文件列表
        Button('fileList')
          .onClick(() => {
        }).fontSize(12)
      }.height('4%')
    }
  }
}
```

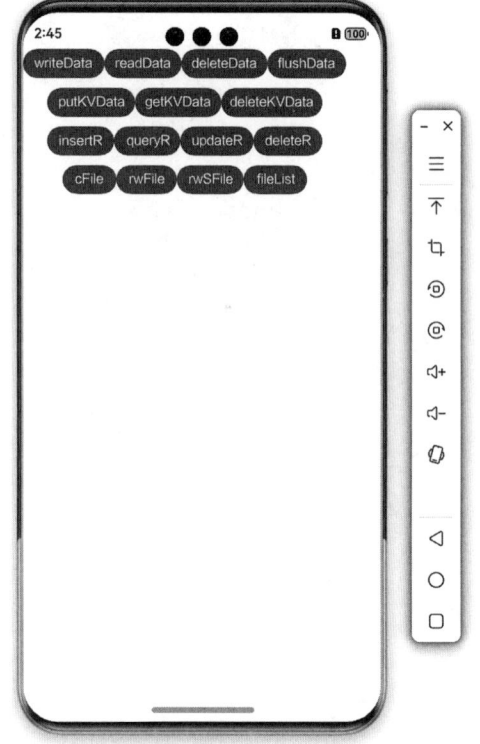

UI 框架实现的效果如图 8-3 所示，之后每节中的示例可基于该 UI 框架进行调用。

图 8-3　UI 框架实现的效果

8.2　首选项数据存储

首选项（Preferences，类似于 iOS 平台的 NSUserDefaults，Android 平台的 SharedPreferences）为 App 提供了 Key-Value 键值的数据处理能力，支持 App 持久化轻量级数据及对这些数据进行修改和查询，通常用于保存 App 的配置信息。

首选项存储的数据通过文本的形式保存在设备中，因为在 App 使用过程中会将文本数据全量加载到内存中，所以访问速度快、效率高。但是随着存放数据量的增加，首选项占用的内存会变大，因此首选项并不适合存放过多的数据。通常，首选项用于 App 的设置项存储，比如字体大小、是否开启夜间模式等。

8.2.1　约束原则

在使用首选项进行数据存储时，需要遵循以下三个原则：
- Key 键为 string 类型，要求非空且长度不超过 80 个字节。
- 如果 Value 值为 string 类型，则必须为 UTF-8 编码格式，它可以为空或长度不超过 8192 个字节。
- 存储的数据量应该是轻量级的，建议存储的数据不超过 10000 条。

8.2.2 接口说明

以下是首选项数据存储提供的相关接口。

```
// 获取 Preferences 实例。该接口存在异步接口
getPreferencesSync(context: Context, options: Options): Preferences
```

```
// 将数据写入 Preferences 实例，可通过 flush 将 Preferences 实例持久化。该接口存在异步接口
putSync(key: string, value: ValueType): void
```

```
// 检查 Preferences 实例是否包含名为给定 Key 的存储键值对。给定的 Key 值不能为空。该接口存在异步接口
hasSync(key: string): boolean
```

```
// 获取键对应的值，如果值为 null 或者非默认值类型，返回默认数据 defValue。该接口存在异步接口
getSync(key: string, defValue: ValueType): ValueType
```

```
// 从 Preferences 实例中删除名为给定 Key 的存储键值对。该接口存在异步接口
deleteSync(key: string): void
```

```
// 将当前 Preferences 实例的数据异步存储到用户首选项持久化文件中
flush(callback: AsyncCallback<void>): void
```

```
// 订阅数据变更，订阅的数据发生变更后，在执行 flush 方法后，触发 callback 回调
on(type: 'change', callback: Callback<string>): void
```

```
// 取消订阅数据变更
off(type: 'change', callback?: Callback<string>): void
```

```
// 从内存中移除指定的 Preferences 实例。若 Preferences 实例有对应的持久化文件，则同时删除其持久化文件
deletePreferences(context: Context, options: Options, callback: AsyncCallback<void>): void
```

8.2.3 开发实践

在本示例工程中实现 AppPreferences 类，封装 Preferences 类的相关操作，再基于该类实现数据的读写、删除等操作。

1. 初始化 Preferences

使用首选项进行数据存储需要先导入依赖，获取 Preferences 实例，之后再对数据项进行操作。AppPreferences 是一个单例类，为 App 中的与首选项相关的操作提供支持，代码如下所示。

```
// entry/src/main/ets/utils/AppPreferences.ets
import dataPreferences from '@ohos.data.preferences';
import util from '@ohos.util';

class AppPreferences {
  private static instance: AppPreferences;
  private preferences: dataPreferences.Preferences | null = null;

  private constructor() {
```

```
    // 私有构造函数，防止外部实例化
  }
  public static getAppPreferences(): AppPreferences {
    if (!AppPreferences.instance) {
      AppPreferences.instance = new AppPreferences();
    }
    return AppPreferences.instance;
  }
  // 提供初始化方法
  initPreferences(context:Context) {
    let options: dataPreferences.Options = { name: 'myStore' };
    this.preferences = dataPreferences.getPreferencesSync(context, options);
  }
}

export default AppPreferences;
```

在 EntryAbility.ets 文件中初始化 AppPreferences，之后可直接使用 AppPreferences。

```
// entry/src/main/ets/entryability/EntryAbility.ets
// 导入 AppPreferences 模块
import AppPreferences from '../uitls/AppPreferences'

class EntryAbility extends UIAbility {
  onWindowStageCreate(windowStage: window.WindowStage) {
    // 初始化
    AppPreferences.getAppPreferences().initPreferences(this.context);
  }
}
```

2. 写入数据

Preferences 类提供了 putSync() 方法，该方法具有缓存数据的能力。如需要持久化存储该数据，应该在调用 putSync() 方法后，再调用 flush() 方法，将缓存的数据存储到持久化文件中。

putSync() 方法的参数包括数据项的 key 和 value，如果对应 key 的 value 已经存在，则会使用新的 value 覆盖其值。

下面的代码实现数据项的写入，先在 AppPreferences 类中增加 writeData() 方法。

```
// entry/src/main/ets/utils/AppPreferences.ets
class AppPreferences {
  // ...
  writeData() {
    if (this.preferences!.hasSync('normalString')) {
      console.info("AppPreferences The key 'normalString' is already existed.");
    } else {
      console.info("AppPreferencesThe key 'normalString' does not exist.");
      // 此处以此键值对不存在时写入数据为例
      this.preferences!.putSync('normalString', 'stringValue');
```

```
        //当字符串有特殊字符时，需要将字符串转为 Uint8Array 类型再存储
        let uInt8Array1 = new util.TextEncoder().encodeInto("~!@#￥%……&*()—+?");
        this.preferences!.putSync('uInt8String', uInt8Array1);
      }
    }
  }
```

之后在 Index.ets 文件中，增加响应“writeData”按钮的单击事件，调用 AppPreferences 类的 writeData 方法。

```
//entry/src/main/ets/pages/Index.ets
//导入 AppPreferences
import AppPreferences from '../utils/AppPreferences'

Button('writeData')
    .onClick(() => {
      AppPreferences.getAppPreferences().writeData();
    }).fontSize(12)
```

编译并执行示例，单击“writeData”按钮，这时会在控制台输出日志“AppPreferences The key 'normalString' does not exist.”，同时会写入数据。再次单击“writeData”按钮时，这时会在控制台输出日志“AppPreferences The key 'normalString' is already existed.”。上述写入数据日志输出如图 8-4 所示

```
AppPreferences The key 'normalString' does not exist.
AppPreferences The key 'normalString' is already existed.
```

图 8-4　写入数据日志输出

这时重新启动 App，之后单击“writeData”按钮，这时会在控制台输出日志“AppPreferences The key 'normalString' does not exist.”，如需要持久化存储，则在执行写数据操作后使用 flush() 方法，这在后文中有介绍。

3. 读取数据

Preferences 类提供了 getSync() 方法获取数据，getSync() 方法的参数为数据项的 key 和该 key 的默认值。如果该 key 的 value 为 null 或者非默认值类型，则返回默认数据。

下面的代码实现数据项的读取，先在 AppPreferences 类中增加 readData 方法。

```
//entry/src/main/ets/utils/AppPreferences.ets
class AppPreferences {
  //...
  readData() {
    if (this.preferences!.hasSync('normalString')) {
      //如没有读到 value，默认为空字符串
      let val = this.preferences!.getSync('normalString', '');
      console.info("AppPreferences The 'normalString' value is " + val);
      //当获取的值为带有特殊字符的字符串时，需要将获取到的 Uint8Array 转换为字符串
      let uInt8Array2 : dataPreferences.ValueType = this.preferences!.
        getSync('uInt8String', new Uint8Array(0));
      let textDecoder = util.TextDecoder.create('utf-8');
      val = textDecoder.decodeWithStream(uInt8Array2 as Uint8Array);
      console.info("AppPreferences The 'uInt8String' value is " + val);
```

```
      } else {
        console.info("AppPreferences key 'normalString' does not exist.");
      }
    }
  }
}
```

之后在 Index.ets 文件中，增加响应"readData"按钮的单击事件，调用 AppPreferences 类的 readData 方法。

```
// entry/src/main/ets/pages/Index.ets
Button('readData')
  .onClick(() => {
    AppPreferences.getAppPreferences().readData();
  }).fontSize(12)
```

编译并执行示例，先单击"writeData"按钮之后再单击"readData"按钮，这时会在控制台输出日志"AppPreferences The 'normalString' value is stringValue"和"AppPreferences The 'uInt8String' value is ~!@#￥%……&*()——+?"。上述读数据日志输出如图 8-5 所示。

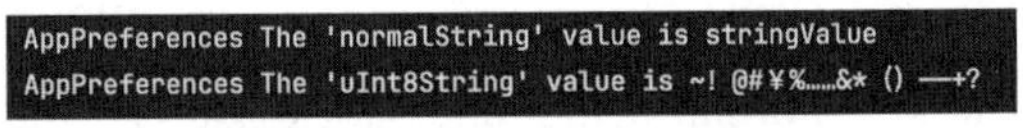

图 8-5　读数据日志输出

4. 删除数据

Preferences 类提供了 deleteSync() 方法来删除指定的 key，deleteSync() 方法的参数为数据项的 key，下面的代码实现数据项的删除，先在 AppPreferences 类中增加 deleteData 方法。

```
// entry/src/main/ets/utils/AppPreferences.ets
class AppPreferences {
  //...
  deleteData() {
    // 先判断是否存在该 value
    if (this.preferences!.hasSync('normalString')) {
      // 如存在，则输出日志，同时删除该 value
      console.info("AppPreferences The key 'normalString' is existed.");
      this.preferences!.deleteSync('normalString');
      // 判断该 value 是否存在，如不存在则输出日志
      if (!this.preferences!.hasSync('normalString')) {
        console.info("AppPreferences The key 'normalString' does not exist.");
      }
    }
  }
}
```

之后在 Index.ets 文件中，增加响应"deleteData"按钮的单击事件，调用 AppPreferences 类的 deleteData 方法。

```
// entry/src/main/ets/pages/Index.ets
Button('deleteData')
  .onClick(() => {
```

```
      AppPreferences.getAppPreferences().deleteData();
    }).fontSize(12)
```

编译并执行示例,单击"writeData"按钮之后单击"deleteData"按钮,按照 deleteData 方法中的逻辑,先在控制台输出日志"AppPreferences The key 'normalString' is existed.",之后删除该 value,最后输出"AppPreferences The key 'normalString' does not exist."。上述删除数据日志输出如图 8-6 所示。

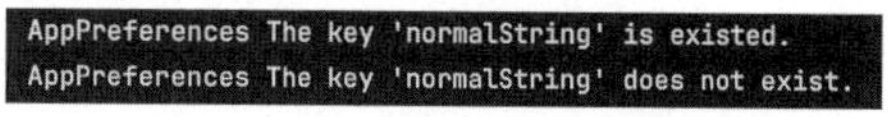

图 8-6　删除数据日志输出

5. 数据持久化

对 Preferences 实例进行数据的操作(增加、删除、更新)后,数据处于缓存的状态,如需要对数据持久化存储,则使用 flush() 方法实现。

下面的代码实现数据持久化,先在 AppPreferences 类中增加 flushData 方法。

```
// entry/src/main/ets/utils/AppPreferences.ets
class AppPreferences {
  // ...
  flushData() {
    this.preferences!.flush((err: BusinessError) => {
      if (err) {
        console.error(`AppPreferences flush Failed . Code:${err.code},
          message:${err.message}`);
        return;
      }
      console.info('AppPreferences flush Succeeded.');
    })
  }
}
```

之后在 Index.ets 文件中,增加响应"flushData"按钮的单击事件,调用 AppPreferences 类的 flushData 方法。

```
// entry/src/main/ets/pages/Index.ets
Button('flushData')
  .onClick(() => {
      AppPreferences.getAppPreferences().flushData();
    }).fontSize(12)
```

编译并执行示例,单击"writeData"按钮之后单击"flushData"按钮,重新启动 App,单击"readData"按钮,这时会在控制台输出日志"AppPreferences The 'normalString' value is stringValue"和"AppPreferences The 'uInt8String' value is ~!@# ¥%……&*()——+?"。如果没有单击"flushData"按钮,则 value 在 App 重启后失效。

6. 订阅数据变更

在应用订阅数据变更时需要指定 observer 作为回调方法。在订阅的 Key 值发生变更后,执行 flush() 方法时,observer 被触发回调。示例代码如下所示。

下面的代码实现数据变更的订阅，先在 AppPreferences 类中增加 listenDataChange 方法。

```
// entry/src/main/ets/utils/AppPreferences.ets
class AppPreferences {
  // ...
  listenDataChange() {
    let observer = (key: string) => {
      console.info('AppPreferences The key ' + key + ' changed.');
    }
    this.preferences!.on('change', observer);
  }
}
```

之后在 EntryAbility.ets 文件中增加对 AppPreferences 类的 listenDataChange 方法的调用。

```
// entry/src/main/ets/entryability/EntryAbility.ets

class EntryAbility extends UIAbility {
  onWindowStageCreate(windowStage: window.WindowStage) {
    // 启动监听
    AppPreferences.getAppPreferences().listenDataChange();
  }
}
```

编译并执行示例，单击"writeData"按钮或"deleteData"按钮，之后单击"flushData"按钮，触发 change 监听，输出日志"AppPreferences The key normalString changed."，监听数据变化日志输出如图 8-7 所示。

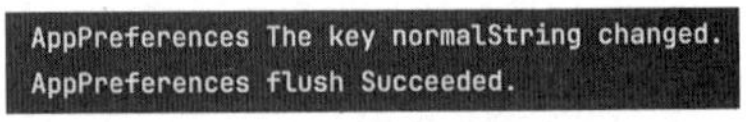

图 8-7 监听数据变化日志输出

8.3 键值数据库存储

键值数据库（KV-Store）是一种非关系数据库，其数据以"键值"对的形式进行组织、索引和存储，其中"键"作为唯一标识符。它用于数据关系很少的业务数据存储，支持跨设备之间的数据同步，比如搜索历史、用户昵称等，比较适合 App 中的全局性数据存储。

8.3.1 基本概念和约束原则

在使用键值数据库进行跨设备数据同步前，需要了解以下概念。

1. 数据库类型

键值数据库分为单版本数据库和多设备协同数据库两种。

- 单版本数据库：单版本数据库是指数据在本地是以单个条目为单位的方式保存，当数据在本地被用户修改时，不管它是否已经被同步出去，均直接在这个条目上进行修改。如图 8-8 所示，多个设备全局只保留一份数据，数据不分设备，在设备之间修改相同的 key 会覆盖，仅保留时间最新的记录。

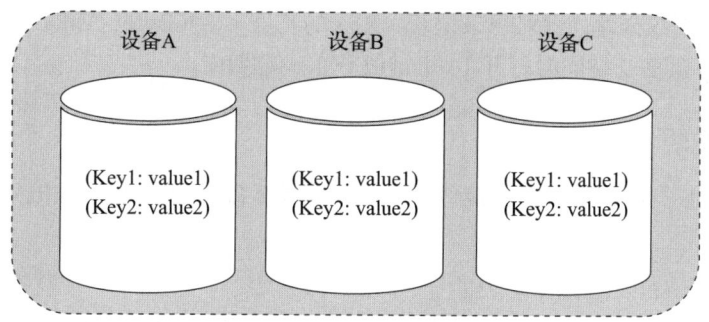

图 8-8 单版本数据库

- 多设备协同数据库：多设备协同数据库建立在单版本数据库之上，如图 8-9 所示，在应用程序存入的键值数据中的 Key 前面拼接了本设备的 DeviceID 标识符，这样能保证每个设备产生的数据被严格隔离。数据以设备的维度管理，不存在冲突，支持按照设备的维度查询数据。

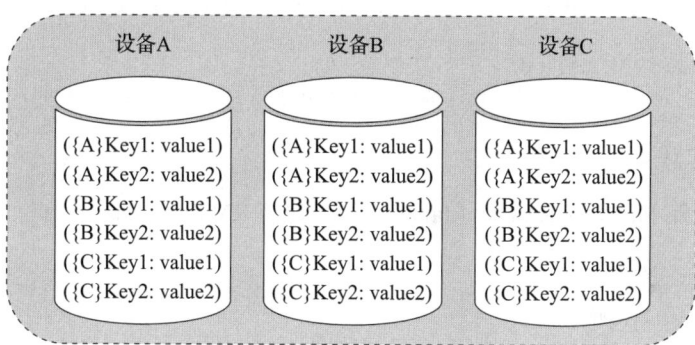

图 8-9 多设备协同数据库

2. 同步方式

数据管理服务提供了两种同步方式——手动同步和自动同步。

- 手动同步：调用 sync 接口来触发，需要指定同步的设备列表和同步模式。同步模式分为 PULL_ONLY（将远端数据拉取到本端）、PUSH_ONLY（将本端数据推送到远端）和 PUSH_PULL（将本端数据推送到远端，同时也将远端数据拉取到本端）。
- 自动同步：分布式数据库自动将本端数据推送到远端，同时也将远端数据拉取到本端，以完成数据同步，同步时机包括设备上线、应用程序更新数据等，应用不需要主动调用 sync 接口。

3. 约束原则

在使用键值数据库进行数据存储时，需要遵循以下三个原则：

- 单版本数据库，针对每条记录，Key 的长度 ≤ 1KB，Value 的长度 < 4MB。

- 多设备协同数据库,针对每条记录,Key 的长度 ≤ 896Byte,Value 的长度 < 4MB。
- 每个 App 最多支持同时打开 16 个键值分布式数据库。

8.3.2 接口说明

以下是键值数据库提供的相关接口,大部分为异步接口。下面以 callback 形式为例进行说明。

```
// 创建一个 KVDataManager 对象实例,用于管理数据库对象
createKVDataManager(config: KVDataManagerConfig): KVDataManager

// 指定 options 和 storeId,创建并得到指定类型的 KVStore 数据库
getKVStore<T>(storeId: string, options: Options, callback: AsyncCallback<T>): void

// 添加指定类型的键值对到数据库
put(key: string, value: Uint8Array|string|number|boolean, callback: AsyncCallback
  <void>): void
// 获取指定键的值
get(key: string, callback: AsyncCallback<Uint8Array|string|boolean|number>): void

// 从数据库中删除指定键值的数据
delete(key: string, callback: AsyncCallback<void>): void
```

8.3.3 开发实践

在本示例工程中,实现 KVDataManager 类,封装 KV-Store 相关操作,再基于该类实现数据的读写、删除等操作。

1. 初始化 KV-Store

在使用 KV-Store 进行数据存储时,需要先导入依赖,获取 Preferences 实例,之后再对数据项进行操作。KV-Store 在 KVDataManager 类中封装,KVDataManager 是一个单例类,为 App 中的与键值数据库相关的操作提供支持,在 App 启动时初始化。

```
// entry/src/main/ets/utils/KVDataManager.ets
// 导入模块
import distributedKVStore from '@ohos.data.distributedKVStore';
import { BusinessError } from '@ohos.base';

// 用于 KV-Store 的读写测试
const KV_TEST_KEY = 'kv_test_key';
const KV_TEST_STRING_VALUE = 'kv_test_string_value';

// KVDataManager 类实现
class KVDataManager {
  private static instance: KVDataManager;
  private kvManager: distributedKVStore.KVManager | undefined = undefined;
  private kvStore: distributedKVStore.SingleKVStore | undefined = undefined;
  private constructor() {
```

```
    // 私有构造函数，防止外部实例化
}

public static getKVDataManager(): KVDataManager {
    if (!KVDataManager.instance) {
        KVDataManager.instance = new KVDataManager();
    }
    return KVDataManager.instance;
}
// 初始化 KVManager 实例和 KVStroe 实例
init(kvManagerConfig:distributedKVStore.KVManagerConfig) {
    try {
        // 创建 KVManager 实例
        this.kvManager = distributedKVStore.createKVManager(kvManagerConfig);
        console.info('KVDataManager Succeeded in creating KVDataManager.');
        this.initKVStore();
    } catch (e) {
        let error = e as BusinessError;
        console.error(`KVDataManager Failed to create KVDataManager. Code:
            ${error.code},message:${error.message}`);
    }
}
// 初始化 KVStore，内部调用
private initKVStore() {
    try {
        const options: distributedKVStore.Options = {
            // 数据库文件不存在时是否创建数据库
            createIfMissing: true,
            // 数据库文件是否加密
            encrypt: false,
            // 是否备份数据库文件
            backup: false,
            // 数据库文件是否自动同步，当一个节点更新数据后，这个更新会自动被同步到其他节点，
            // 以保持数据的同步
            autoSync: false,
            // 存储类型，单版本数据库或多设备协同数据库
            kvStoreType: distributedKVStore.KVStoreType.SINGLE_VERSION,
            // 安全级别，主要分 4 级 S1~S4
            securityLevel: distributedKVStore.SecurityLevel.S1
        };
        this.kvManager!.getKVStore<distributedKVStore.SingleKVStore>('storeId',
            options, (err, store: distributedKVStore.SingleKVStore) => {
            if (err) {
                console.error(`KVDataManager Failed to get KVStore: Code:${err.code},
                    message:${err.message}`);
                return;
            }
            console.info('KVDataManager Succeeded in getting KVStore.');
            this.kvStore = store;
            // 请确保获取到键值数据库实例后，再进行相关数据操作
        });
```

```
      } catch (e) {
        let error = e as BusinessError;
        console.error(`KVDataManager An unexpected error occurred. Code:${error.code},
          message:${error.message}`);
      }
    }
  }
}
export default KVDataManager;
```

在 EntryAbility.ets 文件中初始化 KVDataManager 实例。

```
// entry/src/main/ets/entryability/EntryAbility.ets
// 导入 KVDataManager 模块
import KVDataManager from '../utils/KVDataManager'
// KVManagerConfig
import distributedKVStore from '@ohos.data.distributedKVStore';

export default class EntryAbility extends UIAbility {
  onCreate(want: Want, launchParam: AbilityConstant.LaunchParam): void {
    // ...
    let context = this.context;
    const kvManagerConfig: distributedKVStore.KVManagerConfig = {
      context: context,
      bundleName: 'com.example.testdatasave'
    };
    KVDataManager.getKVDataManager().init(kvManagerConfig);
  }
}
```

2. 写入数据

KV-Store 提供了 put() 方法来向键值数据库中插入数据，参数包括数据项的 key 和 value。当 Key 值存在时，put() 方法会修改其值，否则新增一条数据。

下面的代码实现数据项的写入，先在 KVDataManager 类中增加 putData() 方法。

```
// entry/src/main/ets/utils/KVDataManager.ets
class KVDataManager {
  // ...
  putData() {
    try {
      if (this.kvStore !== undefined) {
        // kvStore = this.kvStore as distributedKVStore.SingleKVStore;
        this.kvStore!.put(KV_TEST_KEY, KV_TEST_STRING_VALUE, (err) => {
          if (err !== undefined) {
            console.error(`KVDataManager Failed to put data. Code:${err.code},
              message:${err.message}`);
            return;
          }
          console.info('KVDataManager Succeeded in putting data.');
        });
      }
```

```
    } catch (e) {
      let error = e as BusinessError;
      console.error(`KVDataManager An unexpected error occurred. Code:
        ${error.code}, message:${error.message}`);
    }
  }}
```

之后在 Index.ets 文件中,增加响应 "putKVData" 按钮的单击事件,调用 KVDataManager 类的 putData 方法。

```
// entry/src/main/ets/pages/Index.ets
// 导入 KVDataManager 模块
import KVDataManager from '../utils/KVDataManager'

Button('putKVData')
  .onClick(() => {
    KVDataManager.getKVDataManager().putData();
  }).fontSize(12)
```

编译并执行示例,单击 "putKVData" 按钮,这时会在控制台输出日志 "KVDataManager Succeeded in putting data.",如图 8-10 所示。

3. 读取数据

KV-Store 提供了 get() 方法来获取指定键的值,参数为数据项的 key。

图 8-10　写入数据日志输出

下面的代码实现数据项的读取,先在 KVDataManager 类中增加 getData 方法。

```
// entry/src/main/ets/utils/KVDataManager.ets
class KVDataManager {
  // ...
  getData() {
    try {
      if (this.kvStore !== undefined) {
        // kvStore = this.kvStore as distributedKVStore.SingleKVStore;
        this.kvStore!.get(KV_TEST_KEY, (err, data) => {
          if (err != undefined) {
            console.error(`KVDataManager Failed to get data. Code:${err.code},
              message:${err.message}`);
            return;
          }
          console.info(`KVDataManager Succeeded in getting data. Data:${data}`);
        });
      }
    } catch (e) {
      let error = e as BusinessError;
      console.error(`KVDataManager Failed to get data. Code:${error.code},
        message:${error.message}`);
    }
  }
}
```

之后在 Index.ets 文件中，增加响应“ getKVData”按钮的单击事件，调用 KVDataManager 类的 getData 方法。

```
// entry/src/main/ets/pages/Index.ets
  Button('getKVData')
    .onClick(() => {
      KVDataManager.getKVDataManager().getData();
    }).fontSize(12)
```

编译并执行示例，单击“getKVData”按钮，这时会在控制台输出日志“KVDataManager Succeeded in getting data. Data:kv_test_string_value”，如图 8-11 所示

```
KVDataManager Succeeded in getting data. Data:kv_test_string_value
```

图 8-11　读取数据日志输出

4. 删除数据

KV-Store 提供了 delete() 方法来删除指定键值的数据，参数为数据项的 key。

下面的代码实现数据项的删除，先在 KVDataManager 类中增加 deleteData() 方法。

```
// entry/src/main/ets/utils/KVDataManager.ets
class KVDataManager {
  // ...
  deleteData() {
    try {
      if (this.kvStore !== undefined) {
        this.kvStore!.delete(KV_TEST_KEY, (err) => {
          if (err !== undefined) {
            console.error(`KVDataManager Failed to delete data. Code:${err.code},
              message:${err.message}`);
            return;
          }
          console.info('KVDataManager Succeeded in deleting data.');
        });
      }
    } catch (e) {
      let error = e as BusinessError;
      console.error(`KVDataManager An unexpected error occurred. Code:${error.code},
        message:${error.message}`);
    }
  }
}
```

之后在 Index.ets 文件中，增加响应“ deleteKVData”按钮的单击事件，调用 KVDataManager 类的 deleteData 方法。

```
// entry/src/main/ets/pages/Index.ets
  Button('deleteKVData')
    .onClick(() => {
      KVDataManager.getKVDataManager().deleteData();
    }).fontSize(12)
```

编译并执行示例，单击"deleteData"按钮，这时会在控制台输出日志"KVDataManager Succeeded in deleting data."，如图 8-12 所示。

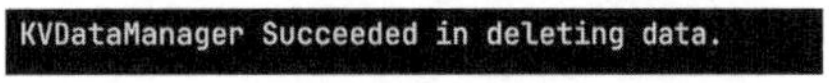

图 8-12 删除数据日志输出

8.4 关系数据库存储

关系数据库（RelationalStore），以行和列的形式存储数据，用于应用中的关系数据的处理，包括一系列的增、删、改、查等接口，开发者可以自己定义 SQL 语句来满足复杂业务场景的需要。

在鸿蒙系统中，关系数据库以 SQLite 作为持久化存储引擎，支持复杂关系数据的场景，比如一个班级的学生信息，包括姓名、学号、年龄、性别等。当数据之间有较强的对应关系且关系复杂时，可以使用关系数据库来持久化保存数据。

8.4.1 约束原则

在使用关系数据库存储时，需要遵循以下三个原则：
- 为保证数据的准确性，数据库在同一时间内只能支持一个写操作。
- ArkTS 侧支持的基本数据类型，如 number、string、二进制类型数据、boolean。
- 为保证成功插入并读取数据，建议一条数据不要超过 2M。若超出该大小，则会插入成功，读取失败。

8.4.2 接口说明

以下是关系数据库提供的相关接口，大部分为异步接口。下面以 callback 形式进行说明。

```
// 获得一个相关的 RdbStore，操作关系数据库，用户可以根据自己的需求配置 RdbStore 的参数，
// 然后通过 RdbStore 调用相关接口可以执行相关的数据操作
getRdbStore(context: Context, config: StoreConfig, callback:
  AsyncCallback<RdbStore>): void

// 执行包含指定参数但不返回值的 SQL 语句
executeSql(sql: string, bindArgs: Array<ValueType>, callback: AsyncCallback<void>):void

// 向目标表中插入一行数据
insert(table: string, values: ValuesBucket, callback: AsyncCallback<number>):void

// 根据 RdbPredicates 的指定实例对象更新数据库中的数据
update(values: ValuesBucket, predicates: RdbPredicates, callback:
  AsyncCallback<number>):void

// 根据 RdbPredicates 的指定实例对象从数据库中删除数据
delete(predicates: RdbPredicates, callback: AsyncCallback<number>):void

// 根据指定条件查询数据库中的数据
query(predicates: RdbPredicates, columns: Array<string>, callback:
```

```
AsyncCallback<ResultSet>):void
```

```
// 删除数据库
deleteRdbStore(context: Context, name: string, callback: AsyncCallback<void>): void
```

8.4.3 开发实践

在本示例工程中,实现 RDataManager 类,封装关系数据库的相关操作,再基于该类实现数据的读写、删除等操作。

1. 初始化 RdbStore

在使用关系数据库实现数据持久化时,需要获取一个 RdbStore,其中包括建库、建表、升降级等操作。RdbStore 在 RDataManager 类中封装,RDataManager 类是一个单例类,提供与关系型数据库相关的操作的支持,在 App 启动时初始化 RdbStore。

```
// entry/src/main/ets/utils/RDataManager.ets
// 导入模块
import relationalStore from '@ohos.data.relationalStore';
import { BusinessError } from '@ohos.base';
import { ValuesBucket } from '@ohos.data.ValuesBucket';

class RDataManager {
  private static instance: RDataManager;
  private store: relationalStore.RdbStore | undefined = undefined;
  private constructor() {
    // 私有构造函数,防止外部实例化
  }

  public static getRDataManager(): RDataManager {
    if (!RDataManager.instance) {
      RDataManager.instance = new RDataManager();
    }
    return RDataManager.instance;
  }

  // App 创建数据库与其上下文 (Context) 有关,同样的数据库名称,不同的应用上下文,会产生多个数据库
  init(context:Context) {
    const STORE_CONFIG :relationalStore.StoreConfig= {
      name: 'my_student.db',                              // 数据库文件名
      securityLevel: relationalStore.SecurityLevel.S1,    // 数据库安全级别
      // encrypt: false, // 可选参数,指定数据库是否加密,默认不加密
      // customDir: 'customDir/subCustomDir'
          // 可选参数,数据库自定义路径。数据库将在如下的目录结构中被创建:context.databaseDir +
          // '/rdb/' + customDir,其中 context.databaseDir 是应用沙盒对应的路径,
          // '/rdb/' 表示创建的是关系数据库,customDir 表示自定义的路径。当此参数不填时,
          // 默认在本应用沙盒目录下创建 RdbStore 实例
    };

    // 表结构:STUDENT (ID, NAME, AGE, SEX)
```

```
      const SQL_CREATE_TABLE = 'CREATE TABLE IF NOT EXISTS STUDENT (ID INTEGER
        PRIMARY KEY AUTOINCREMENT, NAME TEXT NOT NULL, AGE INTEGER, SEX TEXT NOT
        NULL)';                                           // 建表 Sql 语句
      relationalStore.getRdbStore(context, STORE_CONFIG, (err, store) => {
        if (err) {
          console.error(`RDataManager Failed to get RdbStore. Code:${err.code},
            message:${err.message}`);
          return;
        }
        console.info('RDataManager Succeeded in getting RdbStore.');
        // 当数据库创建时，数据库默认版本为 0
        if (store.version === 0) {
          try {
            store.executeSql(SQL_CREATE_TABLE);  // 创建数据表
          } catch (e) {
            let error = e as BusinessError;
            console.error(`RDataManager Failed to create table. Code:${error.code},
              message:${error.message}`);
            return;
          }
          // 设置数据库的版本，入参为大于 0 的整数
          store.version = 1;
        }
        this.store = store;
      });
      // 请确保获取到 RdbStore 实例后，再进行数据库的增、删、改、查等操作
    }
  }
export default RDataManager;
```

> **注意** 当应用首次获取数据库（调用 getRdbStore）后，在应用沙盒内会产生对应的数据库文件。在使用数据库的过程中，在与数据库文件相同的目录下可能会产生以 -wal 和 -shm 结尾的临时文件。此时，若开发者希望移动数据库文件到其他地方使用查看，则需要同时移动这些临时文件，当应用被卸载完成后，在设备上产生的数据库文件及临时文件也会被移除。

在 EntryAbility.ets 文件中初始化 RDataManager 实例。

```
// entry/src/main/ets/entryability/EntryAbility.ets
// 导入 RDataManager 模块
import RDataManager from '../utils/RDataManager'

export default class EntryAbility extends UIAbility {
  onWindowStageCreate(windowStage: window.WindowStage): void {
    // ...
    RDataManager.getRDataManager().init(this.context);
  }
}
```

2. 写入数据

RdbStore 提供了 insert() 方法来向数据库写入数据，参数包括表名及数据项，下面的代码实现数据项的写入，先在 RDataManager 类中增加 insertData 方法。

```
// entry/src/main/ets/utils/RDataManager.ets
class RDataManager {
  // ...
  insertData() {
    let value1 = 'junqi';
    let value2 = 18;
    let value3 = 'boy';
    const valueBucket1: ValuesBucket = {
      'NAME': value1,
      'AGE': value2,
      'SEX': value3
    };

    if (this.store !== undefined) {
      (this.store as relationalStore.RdbStore).insert('STUDENT', valueBucket1,
        (err: BusinessError, rowId: number) => {
        if (err) {
          console.error(`RDataManager Failed to insert data. Code:${err.code},
            message:${err.message}`);
          return;
        }
        console.info(`RDataManager Succeeded in inserting data. rowId:${rowId}`);
      })
    }
  }
}
```

之后在 Index.ets 文件中，增加响应"insertR"按钮的单击事件，调用 RDataManager 类的 insertData 方法。

```
// entry/src/main/ets/pages/Index.ets
// 导入 RDataManager 模块
import RDataManager from '../utils/RDataManager'

Button('insertR')
  .onClick(() => {
    RDataManager.getRDataManager().insertData();
  }).fontSize(12)
```

编译并执行示例，单击"insertR"按钮，这时会在控制台输出日志"RDataManager Succeeded in inserting data. rowId:1"，如图 8-13 所示。

3. 查询数据

RdbStore 提供了 query() 方法来查找数据，返回一个结果集（ResultSet，查询之后的结果集

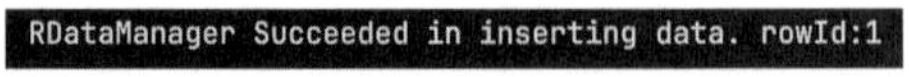

图 8-13 写入数据日志输出

合，可以对数据进行访问)。

下面的代码实现数据项的查询，先在 RDataManager 类中增加 queryData 方法。

```
// entry/src/main/ets/utils/RDataManager.ets
class RDataManager {
// ...
  queryData() {
    let predicates = new relationalStore.RdbPredicates('STUDENT');
    predicates.equalTo('NAME', 'junqi');
    if (this.store !== undefined) {
      (this.store as relationalStore.RdbStore).query(predicates, ['ID', 'NAME',
        'AGE', 'SEX'],
        (err: BusinessError, resultSet) => {
          if (err) {
            console.error(`RDataManager Failed to query data. Code:${err.code},
              message:${err.message}`);
            return;
          }
          console.info(`RDataManager ResultSet column names: ${resultSet.
            columnNames}, column count: ${resultSet.columnCount}`);
          // resultSet 是一个数据集合的游标，默认指向第 -1 个记录，有效的数据从 0 开始
          while (resultSet.goToNextRow()) {
            const id = resultSet.getLong(resultSet.getColumnIndex('ID'));
            const name = resultSet.getString(resultSet.getColumnIndex('NAME'));
            const age = resultSet.getLong(resultSet.getColumnIndex('AGE'));
            const sex = resultSet.getLong(resultSet.getColumnIndex('SEX'));
            console.info(`RDataManager id=${id}, name=${name}, age=${age},
              sex=${sex}`);
          }
          // 释放数据集的内存
          resultSet.close();
        })
    }
  }
}
```

> **注意** 当完成查询数据操作，不再使用结果集（ResultSet）时，应该及时调用 close 方法关闭结果集，释放系统为其分配的内存。

之后在 Index.ets 文件中，增加响应"queryR"按钮的单击事件，调用 RDataManager 类的 queryData 方法。

```
// entry/src/main/ets/pages/Index.ets
Button('queryR')
  .onClick(() => {
    RDataManager.getRDataManager().queryData();
  }).fontSize(12)
```

编译并执行示例，单击"queryR"按钮，这时会在控制台输出日志，包括字段信息、

结果条数和结果详情，查询数据日志输出如图 8-14 所示。

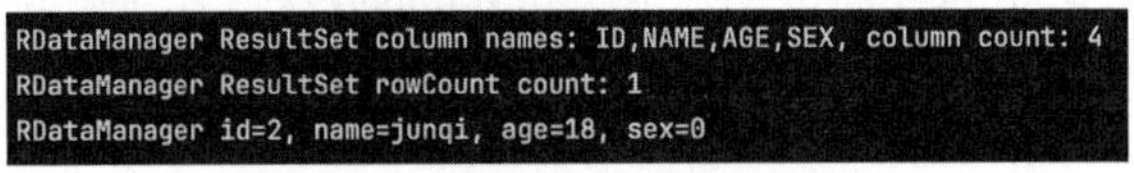

```
RDataManager ResultSet column names: ID,NAME,AGE,SEX, column count: 4
RDataManager ResultSet rowCount count: 1
RDataManager id=2, name=junqi, age=18, sex=0
```

图 8-14　查询数据日志输出

4. 更新数据

RdbStore 提供了 update() 方法来更新数据。在更新数据时，需要指定数据的更新条件及更新的数据内容。

下面的代码实现数据项的更新，先在 RDataManager 类中增加 updateData 方法。

```
// entry/src/main/ets/utils/RDataManager.ets
class RDataManager {
// ...
  updateData() {
    // 修改数据
    let value1 = 'junqi';
    let value2 = 28;
    let value3 = 'boy';

    const valueBucket1: ValuesBucket = {
      'NAME': value1,
      'AGE': value2,
      'SEX': value3
    };

    // 修改数据
    let predicates = new relationalStore.RdbPredicates('STUDENT');
      // 创建表 'STUDENT' 的 predicates
    predicates.equalTo('NAME', 'junqi'); // 匹配表 'STUDENT' 中 'NAME' 为 'junqi' 的字段
    if (this.store !== undefined) {
      (this.store as relationalStore.RdbStore).update(valueBucket1, predicates,
        (err: BusinessError, rows: number) => {
          if (err) {
            console.error(`RDataManager Failed to update data. Code:${err.code},
              message:${err.message}`);
            return;
          }
          console.info(`RDataManager Succeeded in updating data. row count: ${rows}`);
      })
    }
  }
}
```

之后在 Index.ets 文件中，增加响应 "updateR" 按钮的单击事件，调用 RDataManager 类的 updateData 方法。

```
// entry/src/main/ets/pages/Index.ets
Button('updateR')
```

```
.onClick(() => {
  RDataManager.getRDataManager().updateData();
}).fontSize(12)
```

编译并执行示例，单击"updateR"按钮，这时会在控制台输出日志"RDataManager Succeeded in updating data. row count: 1"，如图 8-15 所示。这时单击"queryR"按钮，age 已经变更为更新后的值，如图 8-16 所示。

图 8-15　更新数据日志输出

图 8-16　age 变为更新后的值

5. 删除数据

RdbStore 提供了 delete() 方法来删除数据。在删除数据时，需要指定数据的删除条件。下面的代码实现数据项的删除，先在 RDataManager 类中增加 deleteData 方法。

```
// entry/src/main/ets/utils/RDataManager.ets
class RDataManager {
// ...
  deleteData() {
    // 删除数据
    let predicates = new relationalStore.RdbPredicates('STUDENT');
    predicates.equalTo('NAME', 'junqi');
    if (this.store !== undefined) {
      (this.store as relationalStore.RdbStore).delete(predicates,
        (err: BusinessError, rows: number) => {
        if (err) {
          console.error(`RDataManager Failed to delete data. Code:${err.code},
            message:${err.message}`);
          return;
        }
        console.info(`RDataManager Delete rows: ${rows}`);
      })
    }
  }
}
```

之后在 Index.ets 文件中，增加响应"deleteR"按钮的单击事件，调用 RDataManager 类的 deleteData 方法。

```
// entry/src/main/ets/pages/Index.ets
Button('deleteR')
  .onClick(() => {
    RDataManager.getRDataManager().deleteData();
  }).fontSize(12)
```

编译并执行示例，单击"deleteR"按钮，这时会在控制台输出日志"RDataManager Delete rows: 1"，如图 8-17 所示，这时单击"queryR"按钮，已经没有数据项了，如图 8-18 所示。

图 8-17　删除数据日志输出

图 8-18　点击"queryR"后，没有数据项

8.5　文件读写

前面介绍了一些特定格式数据的存取，如需要读写自定义格式数据，可以使用文件读写功能。在鸿蒙系统中提供了文件基础服务（Core File Kit），可访问和管理应用文件和用户文件，实现高效地读写、管理及查找各类文件，满足各种文件管理的需求。

8.5.1　基本概念

在学习文件读写之前，先了解一些与文件有关的基本概念。

1. 应用沙盒

一种以安全防护为目的的隔离机制（在 iOS、Android 等系统中也有该机制），为每个应用在内部存储空间中映射出一个专属的目录集合，并限制应用可见的数据范围，避免数据受到恶意路径穿越访问。

应用沙盒可保护应用数据安全，使本应用的文件不为其他应用可见，同时限制应用对其他应用或用户数据目录的访问。

2. 应用文件目录

设备上的应用所使用及存储的数据以文件、键值对、数据库等形式保存在一个应用专属的目录内，该专属目录被称为应用文件目录。

应用可以在该目录下保存和处理自己的应用文件，应用仅能保存文件到该目录下，根据目录的使用规范和注意事项选择将数据保存到不同的子目录中。

3. 应用沙盒目录

应用沙盒目录是由应用文件目录与一部分系统文件（应用运行必需的少量系统文件）所在的目录（系统文件目录）组成的集合，代表应用可见的所有目录范围。

在不同权限与角色的进程下，可见的文件路径不同，应用仅能看到自己的应用文件以及少量的系统文件，系统文件及其目录对于应用是只读的。

4. 应用沙盒路径

应用沙盒路径是在应用视角下，应用沙盒目录下的某个文件或某个具体目录的路径。在不同权限与角色的进程下，可见的文件路径不同。

5. 应用文件路径

应用文件路径是应用文件目录下的某个文件或某个具体目录的路径，具备不同的属性和特征。

6. 系统文件目录

系统文件目录是应用沙盒目录的一部分，包含应用运行所必需的少量系统文件。应用的可见范围由鸿蒙系统预置，应用对其是只读的。

7. 关系说明

图 8-19 为上述的目录及路径之间的关系说明，在实际研发时，经常使用应用文件路径进行文件的读写。

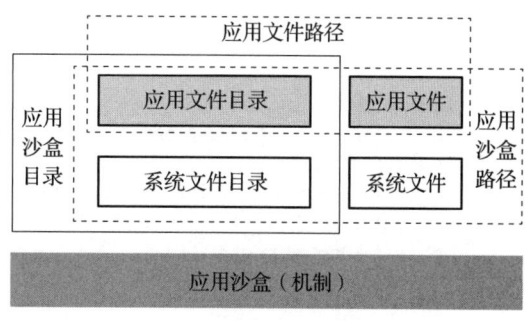

图 8-19　关系说明

8.5.2　接口说明

在鸿蒙系统中，为开发者提供基础的文件操作接口，包括对应用文件目录下的应用文件进行查看、创建、读写、删除、移动、复制、获取属性等访问操作，接口说明如表 8-1 所示。

表 8-1　接口说明

接口名	功能	接口类型	接口名	功能	接口类型
access	检查文件是否存在	方法	stat	获取文件详细属性信息	方法
close	关闭文件	方法	unlink	删除单个文件	方法
copyFile	复制文件	方法	write	将数据写入文件	方法
createStream	基于文件路径打开文件流	方法	Stream.close	关闭文件流	方法
listFile	列出文件夹下所有文件名	方法	Stream.flush	刷新文件流	方法
mkdir	创建目录	方法	Stream.write	将数据写入流文件	方法
moveFile	移动文件	方法	Stream.read	从流文件读取数据	方法
open	打开文件	方法	File.fd	获取文件描述符	属性
read	从文件读取数据	方法	OpenMode	设置文件打开标签	属性
rename	重命名文件或文件夹	方法	Filter	设置文件过滤配置项	类型
rmdir	删除整个目录	方法			

8.5.3　开发实践

在本示例工程中，实现 FileManager 类，封装与文件读写相关的操作，再基于该类实现数据的读写、删除等操作。

1. 获取应用文件路径

在对应用文件开始访问前，开发者需要获取应用文件路径。在 FileManager 类中初始化该路径,在文件操作时使用。

```
// entry/src/main/ets/utils/FileManager.ets
// 导入相关依赖
import fs, { ReadOptions, WriteOptions, Filter, ListFileOptions } from
  '@ohos.file.fs';
import common from '@ohos.app.ability.common';
import buffer from '@ohos.buffer';

class FileManager {
  private static instance: FileManager;
  // 获取应用文件路径
  private  context = getContext(this) as common.UIAbilityContext;
  private  filesDir = this.context.filesDir;
  private constructor() {
    // 私有构造函数,防止外部实例化
  }
  public static getFileManager(): FileManager {
    if (!FileManager.instance) {
      FileManager.instance = new FileManager();
    }
    return FileManager.instance;
  }
}
export default FileManager;
```

2. 新建并读写一个文件

以下示例代码说明了如何新建一个文件并对其读写。先在 FileManager 类中增加 createFile 方法。

```
// entry/src/main/ets/utils/FileManager.ets

class FileManager {
  // ...
  createFile() {
    // 新建并打开文件
    console.info("FileManager filesDir: " + this.filesDir);
    let file = fs.openSync(this.filesDir + '/test.txt', fs.OpenMode.READ_WRITE |
      fs.OpenMode.CREATE);
    // 写入一段内容至文件
    let writeLen = fs.writeSync(file.fd, "english, 中文");
    console.info("FileManager The length of str is: " + writeLen);
    // 从文件读取一段内容
    let arrayBuffer = new ArrayBuffer(256);
    let readOptions: ReadOptions = {
      offset: 0,
      length: arrayBuffer.byteLength
    };
    let readLen = fs.readSync(file.fd, arrayBuffer, readOptions);
    let buf = buffer.from(arrayBuffer, 0, readLen);
```

```
      console.info("FileManager the content of file: " + buf.toString() + " The
        length of str is: " + readLen);
      // 关闭文件
      fs.closeSync(file);
    }
  }
export default FileManager;
```

之后在 Index.ets 文件中，增加响应"cFile"按钮的单击事件，调用 FileManager 类的 createFile 方法。

```
// entry/src/main/ets/pages/Index.ets
// 导入 FileManager 模块
import FileManager from '../utils/FileManager'

Button('cFile')
  .onClick(() => {
    FileManager.getFileManager().createFile();
  }).fontSize(12)
```

编译并执行示例，单击"cFile"按钮，这时会在控制台输出应用文件目录、写入的数据长度、从文件中读出写入的内容及长度，如图 8-20 所示。

```
FileManager filesDir: /data/storage/el2/base/haps/entry/files
FileManager The length of str is: 14
FileManager the content of file: english,中文 The length of str is: 14
```

图 8-20　新建并读写一个文件日志输出

3. 读取文件内容并写入到另一个文件

以下示例代码说明了如何从一个文件中读写内容到另一个文件，先在 FileManager 类中增加 readWriteFile 方法。

```
// entry/src/main/ets/utils/FileManager.ets
import fs, { ReadOptions, WriteOptions, Filter, ListFileOptions } from
  '@ohos.file.fs';
import common from '@ohos.app.ability.common';
import buffer from '@ohos.buffer';


class FileManager {
  // ...
  readWriteFile() {
    // 打开文件
    let srcFile = fs.openSync(this.filesDir + '/test.txt', fs.OpenMode.READ_
      WRITE | fs.OpenMode.CREATE);
    let destFile = fs.openSync(this.filesDir + '/destFile.txt', fs.OpenMode.
      READ_WRITE | fs.OpenMode.CREATE);
    // 读取源文件内容并写入至目的文件
    let bufSize = 8; // 这个值设定为 8 仅为示例使用，实际应用时跟据需要来设定
```

```
    let readSize = 0;
    let arrayBuffer = new ArrayBuffer(bufSize);
    let readOptions: ReadOptions = {
      offset: readSize,
      length: bufSize
    };
    let readLen = fs.readSync(srcFile.fd, arrayBuffer, readOptions);
    while (readLen > 0) {
      readSize += readLen;
      //使用读写接口时,需注意可选项参数 offset 的设置。对于已存在且读写过的文件,
      // 文件偏移指针默认在上次读写操作的终止位置
      let writeOptions:WriteOptions = {
        length: readLen;
        //offset: 0; //默认为 0
      };
      let buf = buffer.from(arrayBuffer, 0, readLen);
      console.info("FileManager reWrite: " + buf.toString() + " The readLen is: " +
        readLen);
      fs.writeSync(destFile.fd, arrayBuffer, writeOptions);
      readOptions.offset = readSize;
      readLen = fs.readSync(srcFile.fd, arrayBuffer, readOptions);
    }
    //关闭文件
    fs.closeSync(srcFile);
    fs.closeSync(destFile);
  }
}
export default FileManager;
```

之后在 Index.ets 文件中,增加响应"rwFile"按钮的单击事件,调用 FileManager 类的 readWriteFile 方法。

```
// entry/src/main/ets/pages/Index.ets
Button('rwFile')
  .onClick(() => {
    FileManager.getFileManager().readWriteFile();
  }).fontSize(12)
```

编译并执行示例,单击"rwFile"按钮,这时会在控制台输出日志,原文件长度为 14 (如图 8-20 所示),缓存区长度设为 8,从原文件中分两次读数据写到目标文件中,如图 8-21 所示。

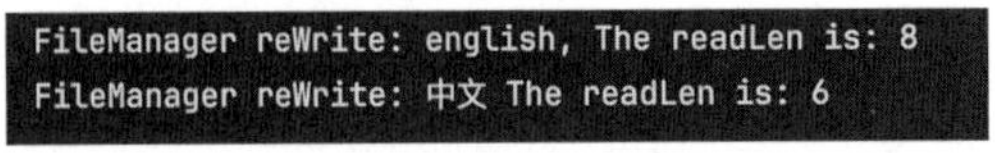

```
FileManager reWrite: english, The readLen is: 8
FileManager reWrite: 中文 The readLen is: 6
```

图 8-21 读写文件并写入另一个文件日志输出

4. 以流的形式读写文件

以下示例代码说明了如何使用流接口进行文件读写,先在 FileManager 类中增加

readWriteFileWithStream 方法。

```
// entry/src/main/ets/utils/FileManager.ets

class FileManager {
  //...
  async readWriteFileWithStream(): Promise<void> {
    // 打开文件流
    let inputStream = fs.createStreamSync(this.filesDir + '/test.txt', 'r+');
    let outputStream = fs.createStreamSync(this.filesDir + '/destFile.txt', "w+");
    // 以流的形式读取源文件内容并写入目的文件
    let bufSize = 8;
    let readSize = 0;
    let arrayBuffer = new ArrayBuffer(bufSize);
    let readOptions: ReadOptions = {
      offset: readSize,
      length: bufSize
    };
    let readLen = await inputStream.read(arrayBuffer, readOptions);
    readSize += readLen;
    while (readLen > 0) {
      await outputStream.write(arrayBuffer);
      let buf = buffer.from(arrayBuffer, 0, readLen);
      console.info("FileManager reWriteStream: " + buf.toString() +
        " The readLen is: " + readLen);
      readOptions.offset = readSize;
      readLen = await inputStream.read(arrayBuffer, readOptions);
      readSize += readLen;
    }
    // 关闭文件流
    inputStream.closeSync();
    outputStream.closeSync();
  }
}
export default FileManager;
```

> **注意** 流的异步接口应严格遵循异步接口使用规范，避免同步、异步接口混用。流接口不支持并发读写。

之后在 Index.ets 文件中，增加响应"rwSFile"按钮的单击事件，调用 FileManager 类的 readWriteFileWithStream 方法。

```
// entry/src/main/ets/pages/Index.ets
Button('rwSFile')
  .onClick(() => {
    FileManager.getFileManager().readWriteFileWithStream();
  }).fontSize(12)
```

编译并执行示例，单击"rwSFile"按钮，这时会在控制台输出日志，原文件长度为 14

（如图 8-20 所示），缓存区长度设为 8，从原文件中分两次读数据写到目标文件中，如图 8-22 所示。

```
FileManager reWriteStream: english, The readLen is: 8
FileManager reWriteStream: 中文 The readLen is: 6
```

图 8-22　以流的形式读写文件日志输出

5. 查看文件列表

在一些特定的产品需求中，需要获取 App 中的文件列表信息，以进行文件的管理。以下示例代码说明了如何查看文件列表，先在 FileManager 类中，增加 getListFile 方法。

```
// entry/src/main/ets/utils/FileManager.ets

class FileManager {
  // ...
  getListFile() {
    let listFileOption: ListFileOptions = {
      recursion: false,
      listNum: 0,
      filter: {
        suffix: [".png", ".jpg", ".txt"],
        displayName: ["*"],
        fileSizeOver: 0,
        lastModifiedAfter: new Date(0).getTime()
      }
    };
    let files = fs.listFileSync(this.filesDir, listFileOption);
    for (let i = 0; i < files.length; i++) {
      console.info(`FileManager The name of file: ${files[i]}`);
    }
  }
}
export default FileManager;
```

之后在 Index.ets 文件中，增加响应 "fileList" 按钮的单击事件，调用 FileManager 类的 getListFile 方法。

```
// entry/src/main/ets/pages/Index.ets
Button('fileList')
  .onClick(() => {
    FileManager.getFileManager().getListFile();
  }).fontSize(12)
```

编译并执行示例，单击 "fileList" 按钮，这时会在控制台输出日志，文件列表日志输出如图 8-23 所示。

```
FileManager The name of file: test.txt
FileManager The name of file: destFile.txt
```

图 8-23　文件列表日志输出

第 9 章 Chapter 9

基础能力

在 App 的研发过程中，一些基础能力会经常被用到，如剪贴板、日志、定时器、地理位置信息等。这些能力鸿蒙系统均支持，本章的内容将围绕这些基础能力展开。

9.1 准备

本章内容通过实例的方式进行讲解。在客户端，需要新建一个全新的工程，以配合本章内容。基于该工程，进行这些基础能力的实践操作。下面介绍客户端示例工程的准备工作。

9.1.1 创建示例工程

在 DevEco Studio 的菜单栏上依次选择"File → New → Create Project → Empty Ability"，在接下来出现的如图 9-1 所示的创建新工程界面中单击"Next"按钮。

在"Project name"文本框中输入工程名"BaseUtils"，如图 9-2 所示，其他项使用默认，之后单击"Finish"按钮。

9.1.2 主体 UI 框架

本章主要讲解剪贴板、日志、定时器、地理位置、公共事件这 5 类基础能力（服务）的使用。在对应的示例工程中先实现功能的调用入口，首先在 Index.ets 文件中实现与该示例相关的 UI 框架，然后在每节中完成具体的代码实现。Index.ets 文件的实现方式如下。

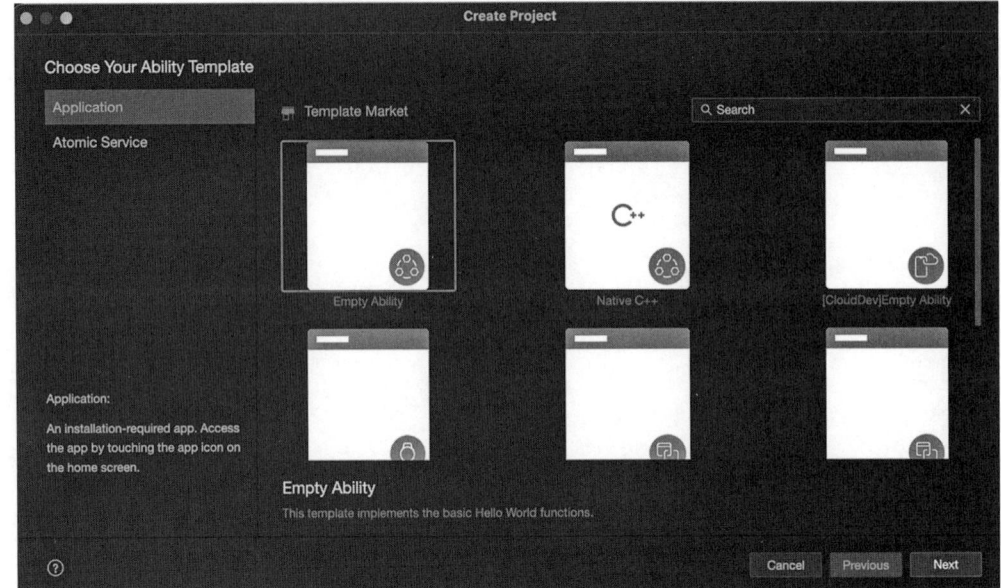

图 9-1 创建新工程

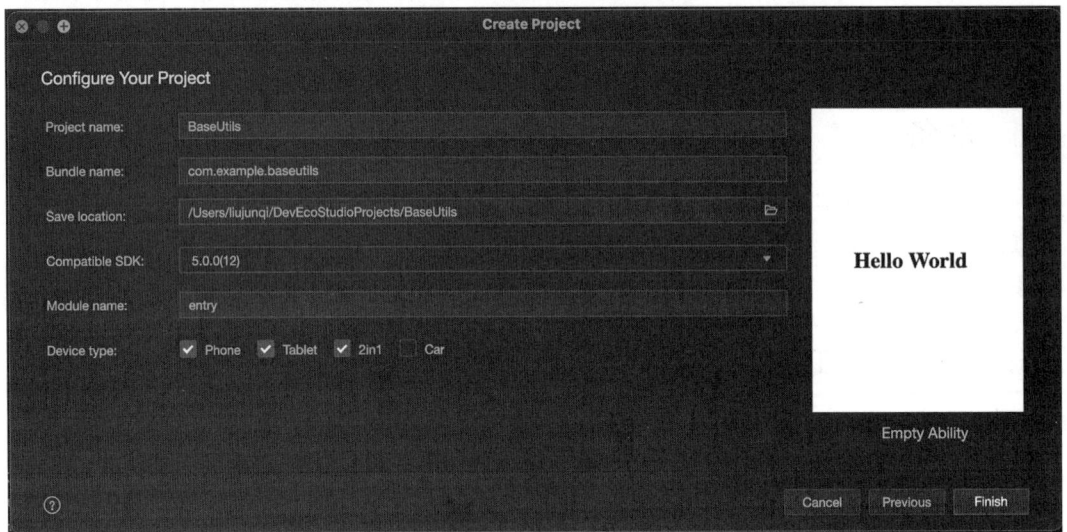

图 9-2 输入工程名

```
// entry/src/main/ets/pages/Index.ets
import hilog from '@ohos.hilog';
import { BusinessError } from '@kit.BasicServicesKit';
import { commonEventManager } from '@kit.BasicServicesKit';


@Entry
```

```
@Component
struct Index {
  timeoutID = 0;
  timeoutCount = 0;
  intervalID = 0;
  intervalCount = 0;
  nid = 1;
  @State eventText:string = 'recv event';

  build() {
    Column({ space: 10 }) {
      // 剪贴板
      Row() {
        Button('setPasteData')
          .onClick(() => {

          }).fontSize(12)
        Button('getPasteData')
          .onClick(() => {

          }).fontSize(12)
      }.height('4%')
      // HiLog
      Row() {
        Button('printHiLog')
          .onClick(() => {

          }).fontSize(12)
      }.height('4%')
      // 定时器
      Row() {
        Button('setTimeout')
          .onClick(() => {

          }).fontSize(12)
        Button('clearTimeout')
          .onClick(() => {

          }).fontSize(12)
        Button('setInterval')
          .onClick(() => {

          }).fontSize(12)
        Button('clearInterval')
          .onClick(() => {

          }).fontSize(12)
      }.height('4%')
      // 地理位置
      Row() {
        Button('singleRequest')
          .onClick(() => {
```

```
            }).fontSize(12)
            Button('continuousRequest')
              .onClick(() => {

            }).fontSize(12)
            Button('stopCRequest')
              .onClick(() => {

            }).fontSize(12)
          }.height('4%')
          // 公共事件
          Row() {
            Button('sendEvent')
              .onClick(() => {

            }).fontSize(12)
            Text(this.eventText).backgroundColor(Color.Grey);
          }.height('4%')
        }
      }
    }
```

UI 框架实现的效果如图 9-3 所示，之后每节中的示例可基于该 UI 框架进行调用。

9.2 剪贴板

当开发与输入有关的应用，比如浏览器、备忘录、笔记、邮件等富文本编辑类应用时，若对内容有复制和粘贴需求，可以使用跨设备剪贴板，以提升用户体验。

在鸿蒙系统中，剪贴板支持本地剪贴板和跨设备剪贴板，本地剪贴板提供设备内的内容复制和粘贴，跨设备剪贴板在本地剪贴板的基础之上提供跨设备的内容复制和粘贴。剪贴板支持对文本、HTML、URI、Want、PixelMap 等内容的操作。

9.2.1 接口说明

剪贴板功能由 pasteboard 模块提供。该模块可获取系统剪贴板对象、构建自定义剪贴板内容对象、写入和读取系统剪贴板数据、获取

图 9-3　UI 框架实现的效果

剪贴板条目个数及内容等，相关接口如下。

```
// 获取系统剪贴板对象
getSystemPasteboard(): SystemPasteboard

// 构建一个自定义类型的剪贴板内容对象
createData(mimeType: string, value: ValueType): PasteData

// 将数据写入系统剪贴板，使用 Promise 异步回调
setData(data: PasteData): Promise<void>

// 读取系统剪贴板内容，使用 callback 异步回调
// 应用使用自定义控件后台访问剪贴板需要申请 ohos.permission.READ_PASTEBOARD。
getData( callback: AsyncCallback<PasteData>): void

// 获取剪贴板内容中条目的个数
getRecordCount(): number

// 获取剪贴板内容中首个条目的数据类型
getPrimaryMimeType(): string

// 获取首个条目的纯文本内容
getPrimaryText(): string
```

9.2.2　开发示例

下面的示例实现在剪贴板中写入"hello world"字符串及读取剪贴板数据并将其输出到控制台。在 utils 目录下创建 BUPasteboard.ets 文件，输入以下代码。

```
// entry/src/main/ets/utils/BUPasteboard.ets
import pasteboard from '@ohos.pasteboard';
import { BusinessError } from '@ohos.base';

// 设置剪贴板数据
export async function setPasteData(): Promise<void> {
  let text: string = 'hello world';
  let pasteData: pasteboard.PasteData = pasteboard.createData(pasteboard.
    MIMETYPE_TEXT_PLAIN, text);
  let systemPasteBoard: pasteboard.SystemPasteboard = pasteboard.getSystemPasteboard();
  await systemPasteBoard.setData(pasteData).catch((err: BusinessError) => {
    console.info(`BUPasteboard Failed to set pastedata. Code: ${err.code},
      message: ${err.message}`);
  });
}

// 获取剪贴板数据
export async function getPasteData(): Promise<void> {
  let systemPasteBoard: pasteboard.SystemPasteboard = pasteboard.getSystemPasteboard();
  systemPasteBoard.getData((err: BusinessError, data: pasteboard.PasteData) => {
    if (err) {
      console.info(`BUPasteboard Failed to get pastedata. Code: ${err.code},
```

```
      message: ${err.message}`);
      return;
    }
    // 对剪贴板数据进行处理，获取类型、个数等
    let recordCount: number = data.getRecordCount(); // 获取剪贴板内 record 的个数
    let types: string = data.getPrimaryMimeType();   // 获取剪贴板内数据的类型
    let primaryText: string = data.getPrimaryText(); // 获取剪贴板内数据的内容
    console.info(`BUPasteboard primaryText ${primaryText}`);
  });
}
```

之后在 Index.ets 文件中增加对其调用，代码如下。

```
// entry/src/main/ets/pages/Index.ets
// 导入 BULocaltionManager 模块
import BULocaltionManager from '../utils/BULocationManager';

@Entry
@Component
struct Index {
  build() {
    Column() {
      Row() {
        // 设置数据
        Button('setPasteData')
          .onClick(() => {
            setPasteData();
          }).fontSize(12)
        // 获取数据
        Button('getPasteData')
          .onClick(() => {
            getPasteData();
          }).fontSize(12)
      }.height('4%')
    }
  }
}
```

在上述代码开发完成后，编译示例工程，并运行示例 App，单击"setPasteData"按钮，之后再单击"getPasteData"按钮，获取到的剪贴板内容如图 9-4 所示。

注意，剪贴板能力属于受限开放权限的能力。在 App 中使用剪贴板需要在 entry/src/main/ 目录中的 module.json5 文件中增加 ohos.permission.READ_PASTEBOARD 权限请求配置，同时需要向华为 AGC 运营人员发送邮件，请求将 App 加入使用剪贴板的白名单中，才可以正常使用。其中邮箱地址为 agconnect@huawei.com，邮件内容包括 APP ID、剪贴板权限信息（ohos.permission.READ_PASTEBOARD）、使用该权限的场景和功能信息。具体内容超过了本书的范围，在这里不做过多介绍。

图 9-4　获取到的剪贴板内容

9.2.3 跨设备剪贴板的要求

当用户拥有多台设备时，可以通过跨设备剪贴板的功能，在一个设备的应用上复制一段文本，粘贴到另一个设备的应用中，高效地完成多设备间的内容共享。

跨设备剪贴板的功能将由系统自动完成跨设备的数据传递，上一节中的示例可实现跨设备剪贴板的能力，但是需要备以下 4 个条件。

- 双端设备需要登录同一华为账号。
- 双端设备需要打开 Wi-Fi 和蓝牙开关。
- 双端设备在这个过程中需解锁、亮屏。
- 跨设备复制的数据在两分钟内有效。

9.3 日志

在应用开发过程中，可在关键代码处输出日志信息。在运行应用后，通过查看日志信息来分析应用执行情况（如应用是否正常运行、代码运行时序、运行逻辑分支是否正常等）。

鸿蒙系统提供两种 API，以供开发者调用并输出日志信息，即 HiLog 与 console。两个 API 在使用时略有差异，本章重点介绍 HiLog 的用法。

9.3.1 接口说明

在 HiLog 中定义了 5 种日志级别，从高到低依次为 Fatal、Error、Warn、Info 和 Debug。下面为对不同级别的说明。

- Fatal：重大致命异常，表明程序或功能即将崩溃，故障无法恢复。
- Error：程序或功能发生了错误，该错误会影响功能的正常运行或用户的正常使用，可以恢复但恢复代价较高，如重置数据等。
- Warn：发生了较为严重的非预期情况，但是对用户影响不大，程序可以自动恢复或通过简单的操作就可以恢复。
- Info：用来记录业务关键流程节点，还原业务的主要运行过程；用来记录非正常情况信息，但这些情况都是可以预期的（如无网络信号、登录失败等）。这些日志都应该由该业务内处于支配地位的模块来记录，以避免在多个被调用的模块或低级函数中重复记录。
- Debug：比 Info 级别更详细的流程记录，通过该级别的日志可以更详细地分析业务流程和定位分析问题。Debug 级别的日志在正式发布版本中默认不会被打印，只有在调试版本或打开调试开关的情况下才会被打印。

基于以上 5 种级别，HiLog 模块提供了对应的接口，以支持输出不同级别的日志，接口如下所示。

```
// 输出 Fatal 级别日志。表示出现致命错误、不可恢复错误
fatal(domain: number, tag: string, format: string, ...args: any[])

// 输出 Error 级别日志。表示存在错误
error(domain: number, tag: string, format: string, ...args: any[])

// 输出 Warn 级别日志。表示存在警告
warn(domain: number, tag: string, format: string, ...args: any[])

// 输出 Info 级别日志。表示普通的信息
info(domain: number, tag: string, format: string, ...args: any[])

// 输出 Debug 级别日志。仅用于应用 / 服务调试。
// 在 DevEco Studio 的 terminal 窗口或 cmd 里，通过命令 hdc shell hilogcat 将可打印日志的
// 等级设置为 Debug
debug(domain: number, tag: string, format: string, ...args: any[])

// 在打印日志前调用该接口，检查指定领域标识、日志标识和级别的日志是否可以打印
// 其中 domain、tag 及 level 参数要和具体日志打印接口使用的 domain、tag 及 level 保持一致
isLoggable(domain: number, tag: string, level: LogLevel)
```

在上面的代码中，fatal、error、warn、info 及 debug 接口的参数相同，下面进行统一说明。

- domain：用于指定输出日志所对应的业务领域，取值范围为 0x0000～0xFFFF，开发者可以根据需要进行自定义。
- tag：用于指定日志标识，可以为任意字符串，建议标识调用所在的类或者业务行为。
- format：用于日志格式化输出字符串，可设置多个参数，格式如 "%s World"，其中 "%s" 为变参标识，取值在 args 参数中定义。日志格式化参数按 "%{private flag} specifier" 格式打印。隐私标识符说明："private" 表示打印结果不可见，输出为 <private>；"public" 表示结果可见且明文显示参数；在无隐私标识符时默认为 "private"。格式说明符说明："d/i" 支持打印 number 和 bigint 类型；"s" 支持打印 string、undefined、boolean 和 null 类型。
- args：可以为 0 个或多个参数，是格式字符串中参数类型对应的参数列表。参数的数量、类型必须与格式字符串中的标识一一对应。

 使用 HiLog 日志打印最多能打印 4096 字节，若超出限制，文本将被截断。

9.3.2 开发示例

在下面的示例中，在页面中增加一个 printHiLog 按钮，在按钮中增加一个单击事件，在单击按钮时，增加对 loggable 的状态获取及不同级别的 log 输出。

在 Index.ets 文件中，响应 printHiLog 按钮的单击事件，增加代码如下。

```
// entry/src/main/ets/pages/Index.ets
import hilog from '@ohos.hilog';


@Entry
@Component
struct Index {
  build() {
    Column() {
      Row() {
        Button('printHiLog')
          // 实现代码
          .onClick(() => {
            // 获取当前 Debug 级别的日志是否可用
            let debugIsLoggable = hilog.isLoggable(0xFF00, "testTag", hilog.
              LogLevel.DEBUG);
            // 输出是否可用的信息
            hilog.info(0xFF00, "testTag", "debugIsLoggable %{public}s",
              debugIsLoggable);
            // Debug 级别
            hilog.debug(0xFF00, "testTag", "%{public}s World %{public}d",
              "hello", 3);
            // Info 级别
            hilog.info(0xFF00, "testTag", "%{public}s World %{public}d",
              "hello", 4);
            // Warn 级别
            hilog.warn(0xFF00, "testTag", "%{public}s World %{public}d",
              "hello", 5);
            // Error 级别
            hilog.error(0xFF00, "testTag", "%{public}s World %{public}d",
              "hello", 6);
            // Fatal 级别
            hilog.fatal(0xFF00, "testTag", "%{public}s World %{public}d",
              "hello", 7);
          }).fontSize(12)
      }.height('4%')
    }
  }
}
```

之后，将 Build Mode 配置为 debug。如图 9-5 所示，单击 DevEco Studio 的左上角的 Product 按钮，将 Build Mode 更改为 debug，编译并运行 App。单击 printHiLog 按钮执行，这时 Debug 级别的日志是可以输出的，不同级别的日志输出如图 9-6 所示。

之后再将 Build Mode 改为 release，如图 9-7 所示。单击 DevEco Studio 的左上角的 Product 按钮，将 Build Mode 更改为 release，编译并运行 App。单击 printHiLog 按钮执行，这时 Debug 级别的日志不会输出，如图 9-8 所示。

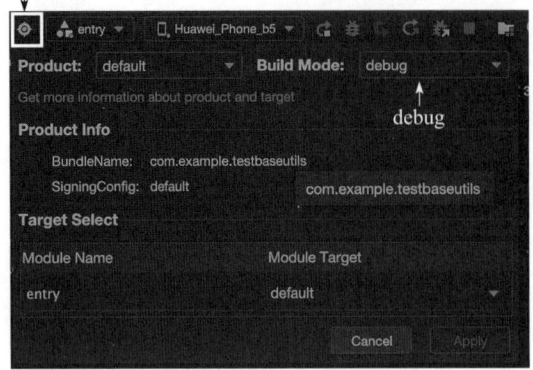
图 9-5　将 Build Mode 配置为 debug

图 9-6　不同级别的日志输出

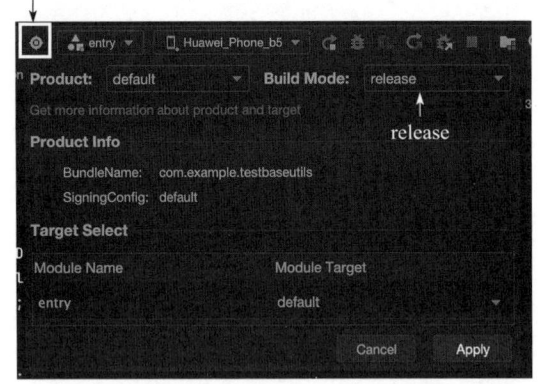
图 9-7　将 Build Mode 配置为 release

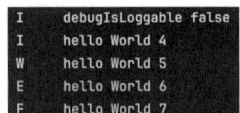
图 9-8　Debug 级别的日志不会输出

9.3.3　日志分析

DevEco Studio 提供了日志输出控制及分析工具，这些工具为日常调试工作提供了支持。本小节将对其进行介绍。

1. 查看实时日志

在 DevEco Studio 的"Log > HiLog"窗口查看设备当前所有应用实时打印的日志信息，日志信息的组成如图 9-9 所示，对应的 HiLog 默认显示的日志为 6 个部分，日志组成说明如表 9-1 所示。

图 9-9　日志信息的组成

表 9-1 日志组成说明

第一列	第二列	第三列	第四列	第五列	第六列
Timestamp	PID-TID	Domain/Tag	PackageName	LogLevel	Message
时间戳	进程 ID 和线程 ID	业务领域/日志标识	应用包名	日志级别	日志内容

开发者可以通过设置包名、日志级别和搜索关键词来筛选日志信息，还可以使用自定义日志显示格式、导出日志、显示最新日志等。

2. 日志输出控制

在 HiLog 窗口左侧有日志输出控制的按钮，图 9-10 为日志控制区及各个按钮的说明。

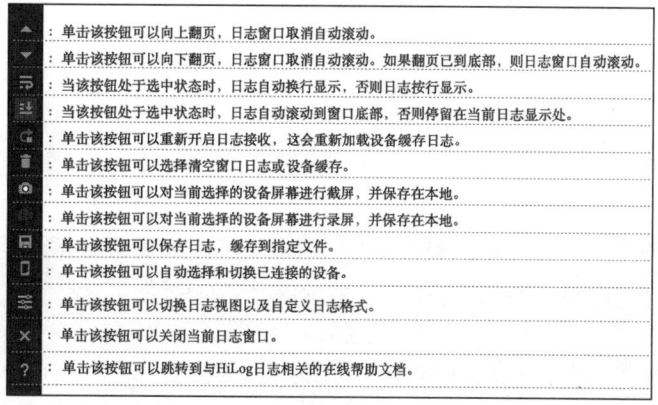

图 9-10 日志控制区及各个按钮的说明

3. 关键字过滤日志

在 HiLog 窗口中，支持按关键字过滤日志。在 HiLog 搜索框中输入希望过滤的信息，即可过滤所有包含此信息的日志。过滤日志如图 9-11 所示，输入"com."过滤日志。在这个过程中，可以选择过滤是否区分大小写或者是否按照正则表达式匹配过滤。

图 9-11 过滤日志

4. 使用默认的配置过滤日志

HiLog 提供多种默认的过滤模式，开发者不需要反复输入关键字以过滤日志信息，只需要切换相应的过滤项，即可快速过滤所需的日志。默认过滤配置如图 9-12 所示。

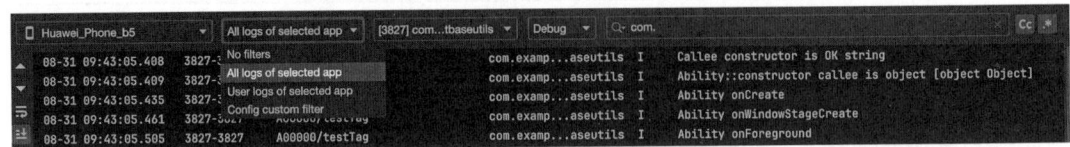

图 9-12　默认过滤配置

其中，可以选择：
- All logs of selected app：按照应用进程过滤日志。
- User logs of selected app：按照应用进程过滤用户输出的日志。

当选择 All logs of selected app 或 User logs of selected app 时，进程过滤下拉框处于可选状态，可选择相应的选项过滤想查看的进程日志。进程选择器如图 9-13 所示。

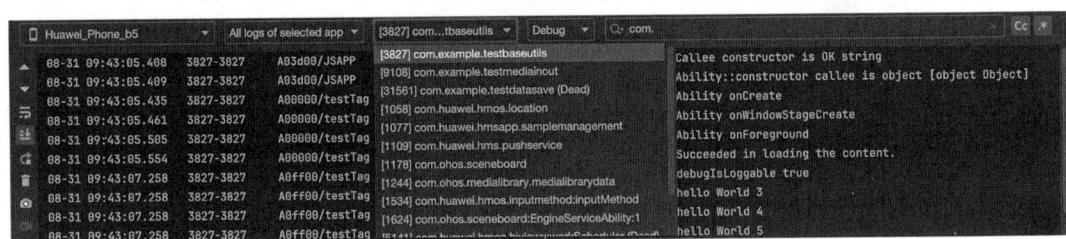

图 9-13　进程选择器

在进程选择窗口中，可输入 PID 或应用名的关键字搜索进程。在进程选择窗口展示时，输入关键字，可过滤掉其他进程（如图 9-14 所示）。

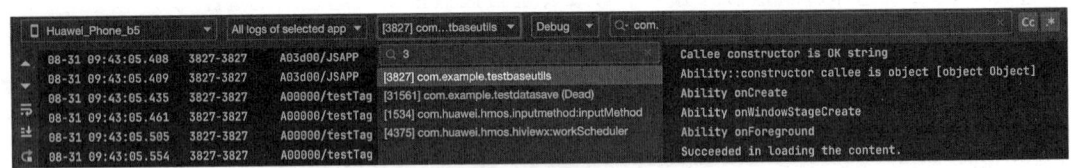

图 9-14　过滤进程

5. 按日志级别过滤日志

HiLog 提供日志级别过滤，以过滤某一级别及以上的日志。在示例 App 中，单击 printHiLog 两次，并按 tag 过滤其他日志，可以看到的不同级别输出日志如图 9-15 所示。

如选择 Warn 级别，则过滤展示 Warn 级别与 Warn 级别以上的日志信息，即展示 Warn、Error、Fatal 这 3 个级别的日志（如图 9-16 所示）。

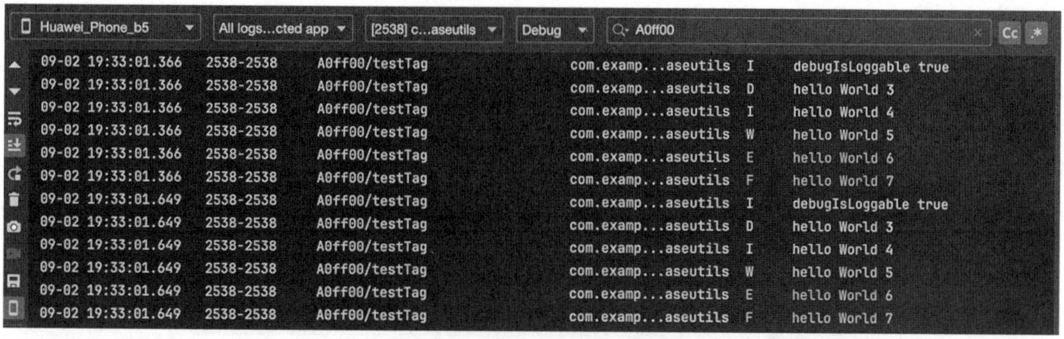

图 9-15 不同级别输出日志

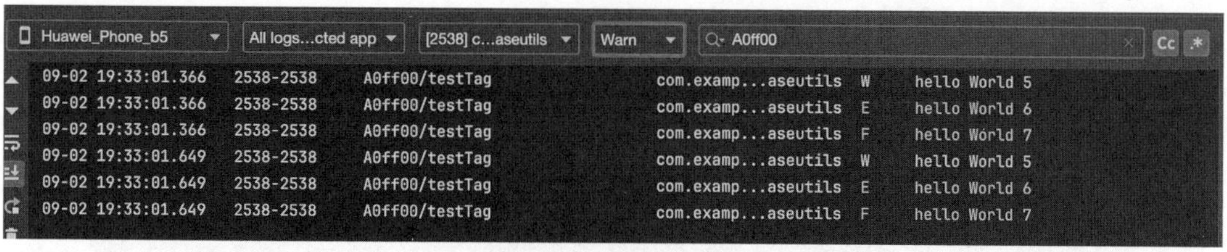

图 9-16 按日志级别过滤日志

6. 按自定义过滤项过滤日志

除了上述默认过滤项外，Hilog 还支持自定义过滤项及保存此过滤配置以供重复使用。如图 9-17 所示，选择 Config custom filter 时将弹出自定义过滤配置窗口（如图 9-18 所示）。

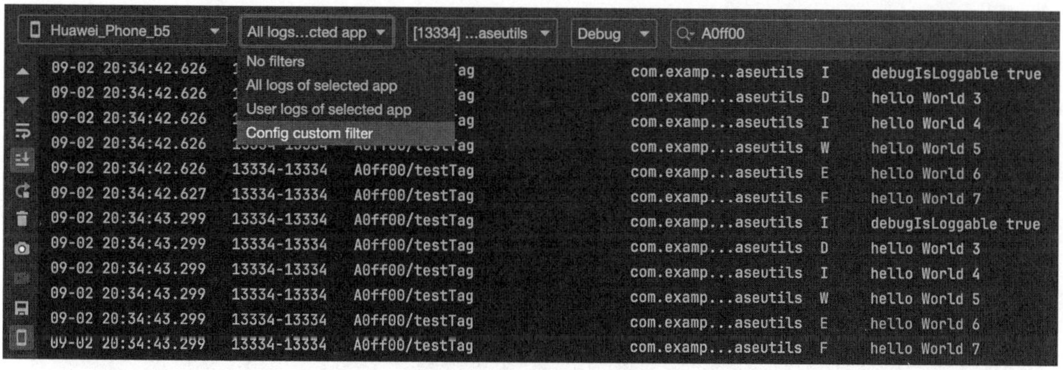

图 9-17 选择 Config custom filter

在自定义过滤配置窗口中，包括先前介绍的过滤选项，增加了 Set to all projects 和 Package name 配置项。

- Set to all projects：当前工程及其他所有工程均可用。
- Package name：按应用包名过滤日志。

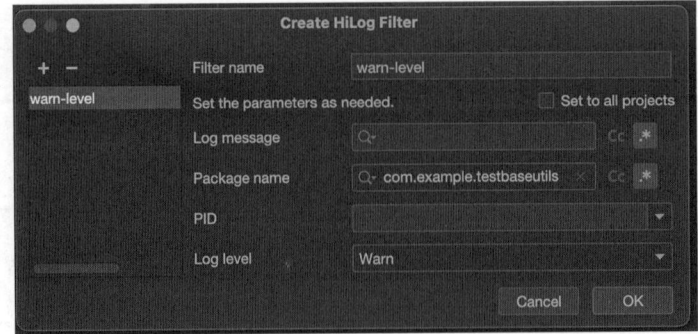

图 9-18 自定义过滤配置窗口

配置完后，将自动切换至新过滤配置，其过滤日志如图 9-19 所示。切换至此自定义配置时，日志级别过滤窗口和关键字过滤窗口将在此自定义配置过滤出的日志的基础上再进行过滤。

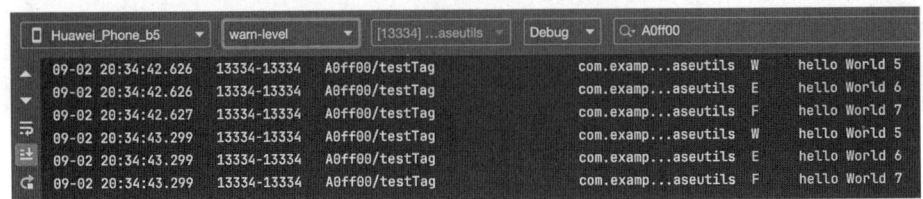

图 9-19 切换至新过滤配置过滤日志

7. 自定义日志显示格式

在 HiLog 窗口中，支持开发者自定义日志格式，实现每条日志只显示用户关注的信息。在 HiLog 窗口左侧，单击 HiLog Format 按钮，将弹出自定义格式窗口（如图 9-20 所示）。

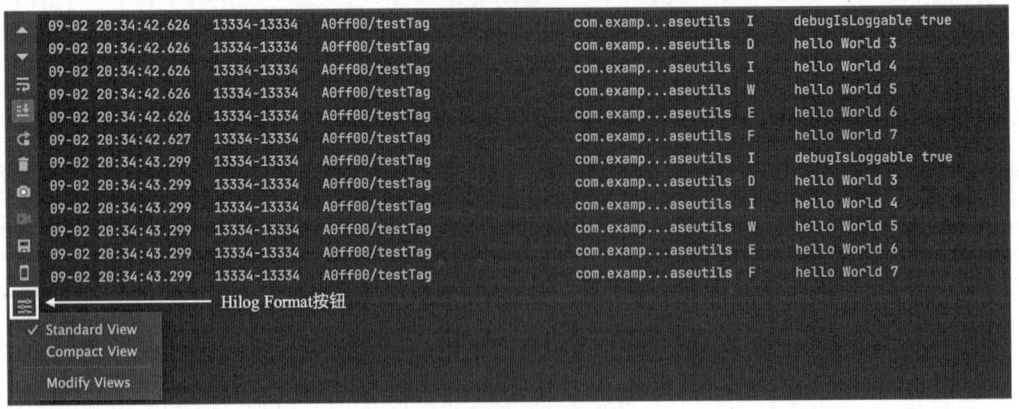

图 9-20 自定义格式窗口

其中有 3 个选项：

- Standard View：默认显示所有信息。

- Compact View：默认显示日志级别与日志信息。
- Modify Views：进入"Hilog Format"窗口（如图 9-21 所示）后，可以按照需要自定义日志格式。

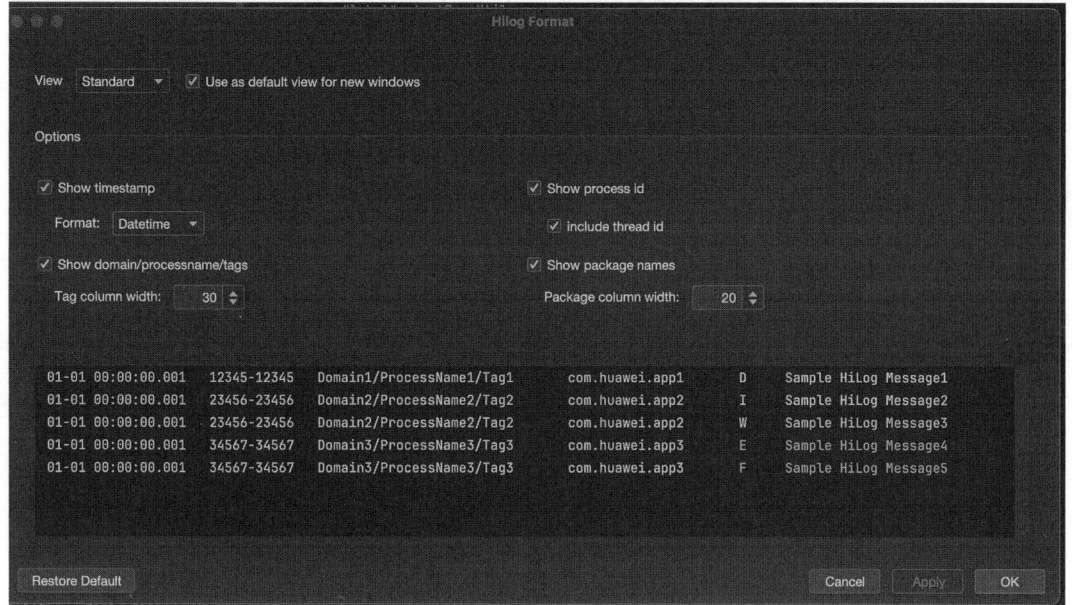

图 9-21 "Hilog Format"窗口

可配置的选项包括：

- Use as default view for new windows：新建的 HiLog 窗口以 Standard 模式显示还是以 Compact 模式显示，新建后开发者可自行切换其显示模式。
- Show timestamp：是否显示日期时间。
- Format:Datetime/Time：显示日期时间 / 只显示时间。
- Show process id：是否显示 PID-TID。
- Include thread id：是否显示 TID。
- Show domain processname/tags：是否显示 domain/tags。
- Tag column width：domain/tags 列的最大宽度，超长信息将会缩略显示并以 ToolTip 形式显示完整信息。
- Show package names：是否显示应用包名。
- Package column width：包名列的最大宽度，超长信息将会缩略显示并以 ToolTip 形式显示完整信息。

8. 超长日志自动换行

当日志的消息过长时，日志窗口可能不能完整显示日志消息，而是需要拖动滚动条以查看信息。此时开发者可以单击 Soft-Warp 按钮来控制日志消息自动换行。图 9-22 和图 9-23 分别为未开启自动换行和开启自动换行的日志输出。

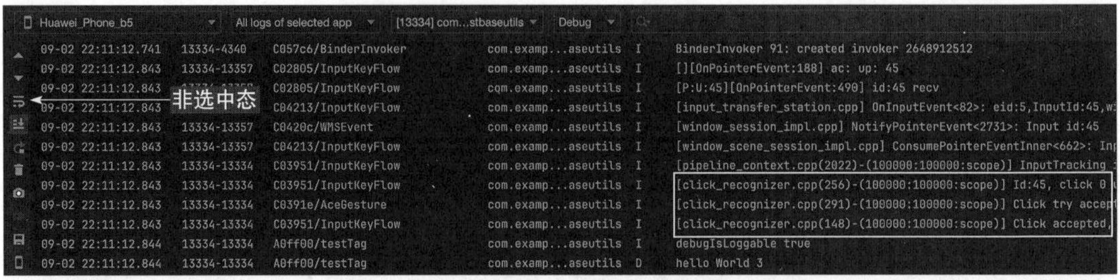

图 9-22　未开启自动换行的日志输出

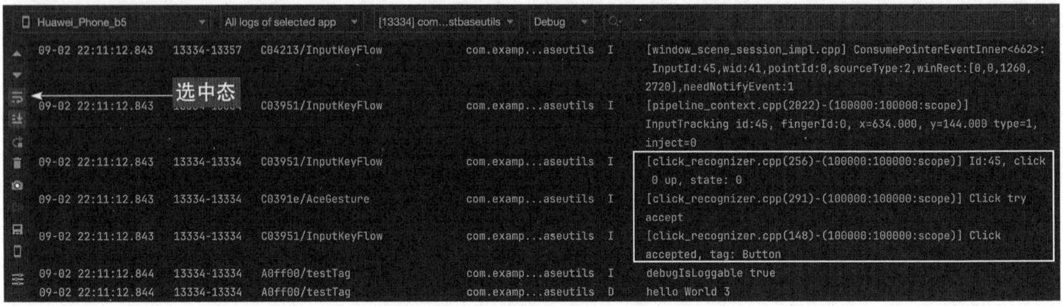

图 9-23　开启自动换行的日志输出

9.4　定时器

定时器是研发过程中常用的 API。例如：在游戏开发场景中，可以使用定时器来控制游戏角色的动画播放速度和行动间隔；在数据同步场景中，可利用定时器来定期检查并同步本地数据与服务器数据；在界面更新场景中，通过定时器来定时刷新界面上的动态信息，如倒计时显示等。鸿蒙系统提供了两种定时器 API，它们可适用于不同的研发场景。

9.4.1　setTimeout

setTimeout API 实现设置一个定时器，该定时器在定时器到期后执行一个函数，在回调被执行后自动删除，或使用 clearTimeout 接口手动删除，函数的定义如下。

```
setTimeout(handler: Function | string, delay?: number, ...arguments: any[]): number
```

接口的参数说明如下。

- handler：定时器到期后执行函数。若类型为 string，则打印 Error 信息。
- delay：延迟的毫秒数，函数的调用会在该延迟之后发生。如果省略该参数，则 delay 取默认值 0，这意味着"马上"执行。

- ...arguments：附加参数，一旦定时器到期，它们就会作为参数传递给 handler。

接口的返回值：该定时器的 ID，可用于取消该定时器。

在定时器创建后，可通过调用 clearTimeout 取消建立的定时器。clearTimeout 的定义如下。

```
clearTimeout(timeoutID?: number): void
```

其中，参数 timeoutID 是要取消定时器的 ID，是由 setTimeout 返回的。如果省略该参数，则不取消任何定时任务，无任何处理。

下面的代码实现创建一个 1 秒后执行的定时器，该定时器支持取消。

```
// entry/src/main/ets/pages/Index.ets
@Entry
@Component
struct Index {
  // 记录定时器的 ID
  timeoutID = 0;
  // 在定时器函数中对其进行计数
  timeoutCount = 0;
  build() {
    Column() {
      Row() {
        // 启动定时器的按钮
        Button('setTimeout')
          .onClick(() => {
            this.timeoutCount = 0;
            // 1 秒后只执行一次
            this.timeoutID = setTimeout(() => {
              this.timeoutCount ++;
              console.log('timeout 1s count:' + this.timeoutCount);
            }, 1000);
          }).fontSize(12)
        // 取消定时器的按钮
        Button('clearTimeout')
          .onClick(() => {
            clearTimeout(this.timeoutID);
          }).fontSize(12)
      }.height('4%')
    }
  }
}
```

9.4.2 setInterval

setInterval API 可重复调用一个函数（重复定时任务），在每次调用之间具有固定的时间延迟，删除该定时器需手动调用 clearInterval 接口，接口的定义如下。

```
setInterval(handler: Function | string, delay: number, ...arguments: any[]): number
```

接口的参数说明如下。
- handler：要重复调用的函数。若类型为 string，则打印 Error 信息。
- delay：延迟的毫秒数，函数的调用会在该延迟之后发生。
- ...arguments：附加参数，一旦定时器到期，它们就会作为参数传递给 handler。

接口的返回值：该定时器的 ID，可用于取消该定时器。

在重复定时任务创建后，可通过调用 clearInterval 取消建立的重复定时任务。clearInterval 的定义如下。

```
clearInterval(intervalID?: number): void
```

其中，参数 interval ID 为要取消的重复定时器的 ID，是由 setInterval 返回的。如果省略该参数，则不取消任何定时任务，无任何处理。

下面的代码实现重复定时任务的执行及取消。

```
// entry/src/main/ets/pages/Index.ets
@Entry
@Component
struct Index {
  timeoutID = 0;
  timeoutCount = 0;
  intervalID = 0;
  intervalCount = 0;

  build() {
    Column() {
      Row() {
        // 启动重复定时任务的按钮
        Button('setInterval')
          .onClick(() => {
            this.intervalCount = 0;
            // 每一秒执行一次，直到取消
            this.timeoutID = setInterval(() => {
              this.intervalCount ++;
              console.log('Interval 1s count:' + this.intervalCount);
            }, 1000);
          }).fontSize(12)
        // 取消重复定时任务的按钮
        Button('clearInterval')
          .onClick(() => {
            clearInterval(this.intervalCount);
          }).fontSize(12)
      }.height('4%')
    }
  }
}
```

上面代码开发完成后，编译示例工程，并运行示例App。单击setInterval按钮，重复定时任务执行，控制台输出如图9-24所示。单击clearInterval按钮可取消当前重复定时任务的执行。

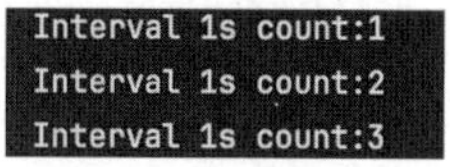

图9-24 重复定时任务执行的控制台输出

9.5 地理位置

移动设备的最大特征是用户可随身携带，这意味着设备在什么地方，用户也在什么地方。这样可以根据设备所在的位置，为用户提供个性化的服务，如查看所在城市的天气、新闻轶事、出行打车、旅行导航、外卖等。

鸿蒙系统为开发者提供了Location Kit，以支持与地理位置相关的研发。Location Kit使用多种定位技术，如GNSS定位、基站定位、WLAN/蓝牙定位提供服务，通过这些定位技术，无论用户设备是在室内还是在户外，都可以准确地确定设备位置。

9.5.1 接口说明

Location Kit为开发者提供了多种接口，包括获取当前位置及位置变化订阅等。常用的接口如下所示。

```
// 开启位置变化订阅，并发起定位请求
on(type: 'locationChange', request: LocationRequest | ContinuousLocationRequest,
  callback: Callback<Location>): void

// 关闭位置变化订阅，并删除对应的定位请求
off(type: 'locationChange', callback?: Callback<Location>): void

// 获取当前位置，使用callback回调异步返回结果
getCurrentLocation(request: CurrentLocationRequest | SingleLocationRequest,
  callback: AsyncCallback<Location>): void

// 获取当前位置，使用Promise方式异步返回结果
getCurrentLocation(request?: CurrentLocationRequest | SingleLocationRequest):
  Promise<Location>
// 获取最近一次定位结果
// 对于位置敏感的应用业务，建议获取设备实时位置信息。如果不需要设备实时位置信息，
// 并且希望尽可能地节省耗电，开发者可以考虑获取最近的历史位置
getLastLocation(): Location
```

9.5.2 约束与限制

位置能力是系统为应用提供的一项基础服务。应用需在使用的业务场景中主动向系统发起位置能力请求，并在业务场景结束时主动结束该请求。在此过程中，系统会将实时定位结果上报给应用。在应用内部，可以使相关接口与不同模块进行对接。

若要使用设备的位置能力，用户需要进行确认并主动开启位置开关。若位置开关未开

启，系统不会向任何应用提供定位服务。由于设备位置信息属于用户敏感数据，因此即使用户已开启位置开关，应用在获取设备位置前仍须向用户申请位置访问权限。只有在用户确认允许后，系统才会向应用提供定位服务。

1. 打开设备定位服务

在系统层面，鸿蒙系统提供了定位服务的开关管理，设备的初始状态默认为关闭。在使用定位服务之前需要先打开该服务，具体的操作如图 9-25 所示。打开"设置"，进入"隐私和安全"页面，点击"位置"选项进入"位置"页面，在该页面的第一行有"访问我的位置"开关，点击即可打开定位服务。

图 9-25　打开定位服务

2. 应用权限申请

在应用层面，鸿蒙系统提供了三类获取地理位置信息的权限，分别支持精准定位、模糊定位以及在切换至后台后仍可进行定位，这三种权限需要单独申请。

- ohos.permission.LOCATION：用于获取精准位置，精准度在米级别。
- ohos.permission.APPROXIMATELY_LOCATION：用于获取模糊位置，精确度为 5 公里。
- ohos.permission.LOCATION_IN_BACKGROUND：用于在应用切换到后台后仍然需要获取定位信息的场景。

如果应用需要访问设备的位置信息，则需要申请 ohos.permission.APPROXIMATELY_LOCATION，以获取模糊位置，精确度为 5 公里。如果需要获取精准位置，且精准度在米级别，则需要同时申请 ohos.permission.APPROXIMATELY_LOCATION 和 ohos.permission.LOCATION。

下面的代码为应用申请获取精准位置定位的权限，共分为三步。

第一步，在资源目录的 string.json5 文件中增加权限请求的声明内容。

```
// entry/src/main/resources/base/element/string.json5
{
  "string": [
    {
      "name": "location_permission",
      "value": "允许应用在前台运行时获取位置信息"
    },
    {
      "name": "fuzzy_location_permission",
      "value": "允许应用获取设备模糊位置信息"
    }
  ]
}
```

第二步，在 entry/src/main/ 目录中的 module.json5 文件中增加权限请求配置。

```
// entry/src/main/module.json5
"requestPermissions": [
  {
    "name": "ohos.permission.LOCATION",
    "reason": "$string:location_permission",
    "usedScene": {
      "abilities": [
        "EntryAbility"
      ],
      "when": "inuse"
    }
  },
  {
    "name": "ohos.permission.APPROXIMATELY_LOCATION",
    "reason": "$string:fuzzy_location_permission",
    "usedScene": {
      "abilities": [
        "EntryAbility"
      ],
      "when": "inuse"
    }
  }
]
```

第三步，打开 EntryAbility.ets 文件，完成基本的权限请求代码。关于应用权限的完整流程将在第 13 章介绍。

```typescript
// entry/src/main/ets/entryability/EntryAbility.ets
import { AbilityConstant, UIAbility, Want ,abilityAccessCtrl} from '@kit.AbilityKit';
import { hilog } from '@kit.PerformanceAnalysisKit';
import {window } from '@kit.ArkUI';
import { BusinessError } from '@kit.BasicServicesKit';

export default class EntryAbility extends UIAbility {
  onCreate(want: Want, launchParam: AbilityConstant.LaunchParam): void {
    hilog.info(0x0000, 'testTag', '%{public}s', 'Ability onCreate');
    let atManager = abilityAccessCtrl.createAtManager()
    try {
      atManager.requestPermissionsFromUser(this.context, ['ohos.permission.
        INTERNET','ohos.permission.LOCATION','ohos.permission.APPROXIMATELY_
        LOCATION']).then((data) => {

      }).catch((err: BusinessError) => {

      })
    } catch(err) {

    }
  }
}
```

编译示例工程，并运行示例 App。在应用启动时，弹框询问用户是否授权应用访问地理信息（如图 9-26 所示），用户可以选择是否关闭精确位置，图 9-27 所示为关闭精确位置的授权。

图 9-26 地理位置信息获取授权选择

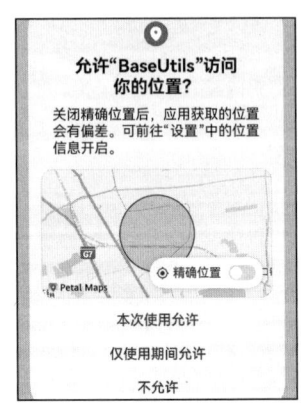

图 9-27 关闭精确位置的授权

9.5.3 开发示例

本小节将实现一个位置信息管理的单例 BULocationManager 类，在该类中实现单次定位、持续定位等功能。先在 utils 文件夹下创建 BULocationManager.ets 文件，下面的代码对 BULocationManager 类进行初始化。

```
// entry/src/main/ets/utils/BULocationManager.ets
// 导入 geoLocationManager 模块。
import geoLocationManager from '@ohos.geoLocationManager';
import { BusinessError } from '@ohos.base';

class BULocationManager {
  private static instance: BULocationManager;
  private constructor() {
    // 私有构造函数，防止外部实例化
  }

  public static getLocationManager(): BULocationManager {
    if (!BULocationManager.instance) {
      BULocationManager.instance = new BULocationManager();
    }
    return BULocationManager.instance;
  }
}

export default BULocationManager;
```

1. 单次定位

单次定位主要用于对地理位置信息变化不太敏感的场景，比如天气预报类的应用，在拉取天气信息之前获取一次地理信息就可以支持功能的运行。

使用 SingleLocationRequest 类可实现单次定位的请求，SingleLocationRequest 的实例在初始化时，需要指定两个参数：

1）locatingPriority：LocatingPriority 枚举类型，可以取以下值。

- PRIORITY_ACCURACY：精度优先，如果对位置返回精度要求较高，则可使用该值作为参数，这样系统会将一段时间内精度较好的结果返回给应用。
- PRIORITY_LOCATING_SPEED：速度优先，如果对定位速度要求较高，则可使用该值作为参数，系统会将最先获取的定位结果返回给应用。

2）locatingTimeoutMs：超时时长。上述两种方式都会同时使用 GNSS 定位和网络定位技术，以确保在室内和户外场景下都能获取位置结果，但设备硬件资源消耗较大且功耗也大。此外，由于设备环境、状态以及系统功耗管控策略等因素，定位返回时延会有较大波动，因此建议将单次定位超时时间设置为 10 秒。

以下代码以速度优先为例，实现单次定位请求，先在 BULocationManager.ets 文件中增加 singleRequest 方法。

```
// entry/src/main/ets/utils/BULocationManager.ets
class BULocationManager {
  // ...
  singleRequest() {
    let request: geoLocationManager.SingleLocationRequest = {
      // 速度优先
      'locatingPriority': geoLocationManager.LocatingPriority.PRIORITY_
```

```
      LOCATING_SPEED,
    // 10 秒
      'locatingTimeoutMs': 10000
    }
    try {
      geoLocationManager.getCurrentLocation(request).then((result) => {
        // 调用 getCurrentLocation 获取当前设备位置，通过 promise 接收上报的位置
        console.log('BULocationManager currentlocation: ' + JSON.stringify(result));
      })
        .catch((error:BusinessError) => {
          console.info('BULocationManager error=' + JSON.stringify(error));
        });
    } catch (err) {
      console.info("BULocationManager singleRequest errCode:" + JSON.stringify(err));
    }
  }
}
```

之后在 Index.ets 文件中增加对其调用，代码如下。

```
// entry/src/main/ets/pages/Index.ets
// 导入 BULocationManager 模块
import BULocationManager from '../utils/BULocationManager';

@Entry
@Component
struct Index {
  build() {
    Column() {
      Row() {
        // 单次定位
        Button('singleRequest')
          .onClick(() => {
            BULocationManager.getLocationManager().singleRequest();
          }).fontSize(12)
      }.height('4%')
    }
  }
}
```

在上面代码开发完成后，编译示例工程，并运行示例 App。单击 singleRequest 按钮，获取当前地理位置信息，在控制台输出的单次定位信息如图 9-28 所示。

```
BULocaltionManager currentlocation: {"latitude":40,"longitude":116,"altitude":43.5,"accuracy":0,"speed":0,
"timeStamp":1726206886829,"direction":45,"timeSinceBoot":80817804296619,"additionSize":0,"additions":[],
"additionsMap":{},"altitudeAccuracy":0,"speedAccuracy":0,"directionAccuracy":0,"uncertaintyOfTimeSinceBoot":0,
"sourceType":1}
```

图 9-28　单次定位信息

这些字段的含义如下所示：

- latitude：表示纬度信息，正值表示北纬，负值表示南纬。

- longitude：表示经度信息，正值表示东经，负值表示西经。
- altitude：表示位置海拔，单位为 m。
- accuracy：表示位置精度，单位为 m。
- speed：表示速度，单位为 m/s。
- timeStamp：表示 UTC 格式的位置时间戳。
- direction：表示方向信息。
- timeSinceBoot：表示自启动以来的位置时间戳。
- additions：表示额外信息数组，可为空。
- additionsMap：表示额外信息映射，从字符串到字符串。
- additionSize：表示额外描述性信息的数量，可为空。
- altitudeAccuracy：表示垂直位置精度，单位为 m。
- speedAccuracy：表示速度精度，单位为 m/s。
- directionAccuracy：表示方向精度，单位为°。
- uncertaintyOfTimeSinceBoot：表示自启动以来时间戳的时间不确定性，单位为 ns。
- sourceType：表示位置的来源类型，可为空。

2. 持续定位

持续定位主要用于对地理位置信息变化较敏感的场景，比如导航类的应用，这类应用需要实时获取地理位置信息，以计算及更新导航状态。

使用 ContinuousLocationRequest 类可实现持续定位更新，在初始化该类的实例时，需要指定两个参数：

1) locationScenario：UserActivityScenario 枚举类型，可以取以下值。
   - NAVIGATION：导航场景，需要高定位精度和实时性。
   - SPORT：运动场景，需要高定位精度。
   - TRANSPORT：交通场景，需要高定位精度和实时性。
   - DAILY_LIFE_SERVICE：日常生活场景，对定位精度要求低。
2) interval：上报位置信息的时间间隔，单位是 s，默认值为 1s。如果对位置上报时间间隔无特殊要求，可以不填写该字段。

以下代码以导航场景为例，实现持续定位请求及停止持续定位请求。先在 BULocationManager.ets 文件中增加 continuousRequest 方法和 stopCRequest 方法。

```
// entry/src/main/ets/utils/BULocationManager.ets

continuousRequest() {
  let request: geoLocationManager.ContinuousLocationRequest= {
    'interval': 1,
    'locationScenario': geoLocationManager.UserActivityScenario.NAVIGATION
  }
  let locationCallback = (location:geoLocationManager.Location):void => {
```

```
      console.log('BULocationManager locationChange data: ' + JSON.stringify(location));
    };
    try {
      geoLocationManager.on('locationChange', request, locationCallback);
    } catch (err) {
      console.info("BULocationManager continuousRequest errCode:" + JSON.stringify(err));
    }
  }
  stopCRequest() {
    geoLocationManager.off('locationChange');
  }
```

之后在 Index.ets 文件中增加对其调用，代码如下。

```
// entry/src/main/ets/pages/Index.ets
// 导入 BULocationManager 模块
import BULocationManager from '../utils/BULocationManager';

@Entry
@Component
struct Index {
  build() {
    Column() {
      Row() {
        // 持续定位
        Button('continuousRequest')
          .onClick(() => {
            BULocationManager.getLocationManager().continuousRequest();
          }).fontSize(12)
        // 停止持续定位
        Button('stopCRequest')
          .onClick(() => {
            BULocationManager.getLocationManager().stopCRequest();
          }).fontSize(12)        }.height('4%')
      }
    }
  }
}
```

在上面代码开发完成后，编译示例工程，并运行示例 App。单击 continuousRequest 按钮，应用侧可持续收到地理位置信息，在控制台输出的持续定位信息如图 9-29 所示。单击 stopCRequest 按钮可停止持续定位。

```
BULocaltionManager locationChange data: {"latitude":40,"longitude":116,"altitude":43.5,"accuracy":0,"speed":0,
"timeStamp":1726208892081,"direction":45,"timeSinceBoot":82823056631867,"additionSize":0,"additions":[],
"additionsMap":{},"altitudeAccuracy":0,"speedAccuracy":0,"directionAccuracy":0,"uncertaintyOfTimeSinceBoot":0,
"sourceType":1}
BULocaltionManager locationChange data: {"latitude":40,"longitude":116,"altitude":43.5,"accuracy":0,"speed":0,
"timeStamp":1726208893095,"direction":45,"timeSinceBoot":82824071104659,"additionSize":0,"additions":[],
"additionsMap":{},"altitudeAccuracy":0,"speedAccuracy":0,"directionAccuracy":0,"uncertaintyOfTimeSinceBoot":0,
"sourceType":1}
```

图 9-29 持续定位信息

9.6 公共事件

事件通常是对特定操作的一种抽象和封装，可以由系统、组件或应用程序发起。公共事件以广播的形式传播，这意味着事件发布者无须知道具体的接收者是谁，只要将事件发布出去，符合订阅条件的多个事件接收者就可以接收到该事件消息，从而实现一种一对多的通信模式，方便系统、应用程序之间进行信息传递和交互。

在鸿蒙系统中，公共事件模块为应用程序提供发布、订阅及退订公共事件的能力。系统和应用程序均可发布公共事件，接收者可以是应用程序自身或者其他应用程序。根据事件发布者的不同，公共事件分为系统公共事件和自定义公共事件。

系统公共事件由系统发布。系统将收集到的事件信息，依据系统策略发送给订阅该事件的用户的应用程序。常见的系统公共事件包括终端用户能感知到的亮灭屏事件，以及由系统关键服务发布的公共事件，如 USB 插拔、网络连接、HAP 安装与卸载等。

自定义公共事件则是由应用程序定义的、期望特定订阅者接收的公共事件，往往与应用程序的业务逻辑相关。通过调用系统接口自定义一些公共事件，可实现 App 的事件通信能力。

9.6.1 接口说明

公共事件模块为开发者提供多种接口，包括创建订阅者、发布公共事件、订阅公共事件及取消订阅公共事件等，定义如下所示。

```
// 以回调的形式发布公共事件
publish(event: string, options: CommonEventPublishData, callback:
  AsyncCallback<void>): void

// 以回调形式创建订阅者
createSubscriber(subscribeInfo: CommonEventSubscribeInfo, callback:
  AsyncCallback<CommonEventSubscriber>): void

// 以同步的形式创建订阅者
createSubscriberSync(subscribeInfo: CommonEventSubscribeInfo): CommonEventSubscriber

// 以回调形式订阅公共事件
subscribe(subscriber: CommonEventSubscriber, callback: AsyncCallback<
  CommonEventData>): void

// 以回调形式取消订阅公共事件
unsubscribe(subscriber: CommonEventSubscriber, callback?: AsyncCallback<void>): void
```

9.6.2 使用示例

下面的示例实现公共事件从发送到接收的完整流程，共分为两部分。首先实现一个公共事件的管理类 BUCommonEventManager，之后在 Index.ets 文件中增加发送携带参数的事件，接收该事件并以文本的方式展示。

1. 公共事件管理类的实现

在 utils 目录中，新建 BUCommonEventManager.ets 文件，实现公共事件的订阅、发布、取消订阅等能力的封装，代码如下。

```
// entry/src/main/ets/utils/BUCommonEventManager.ets
import { AsyncCallback } from '@kit.BasicServicesKit';
import { BusinessError } from '@kit.BasicServicesKit';
import { commonEventManager } from '@kit.BasicServicesKit';
// event
export const eventName = 'event_name';

class BUCommonEventManager {
  // 发布公共事件，传入 event 及参数
  static publishEvent(event:string,param:Record<string,object>,callback?:
    AsyncCallback<void>) {
    let options: commonEventManager.CommonEventPublishData = {
      parameters:param   // 指定参数
    }

    try {
      // 发布
      commonEventManager.publish(event,options, (err: BusinessError) => {
        if (callback) {
          callback(err);
        }
        // 输出调试信息
        if (err) {
          console.info(`BUCommonEventManager publish failed, code is ${err.code},
            message is ${err.message}`);
        } else {
          console.info("BUCommonEventManager publish success");
        }
      });
    } catch (error) {
      let err: BusinessError = error as BusinessError;
      if (callback) {
        callback(err);
      }
      // 输出调试信息
      console.info(`BUCommonEventManager publish failed, code is ${err.code},
        message is ${err.message}`);
    }
  }
  // 创建订阅者
  static createSubscriber(event:string,callback: AsyncCallback<commonEventManager.
    CommonEventSubscriber>) {
    try {
      let subscribeInfo:commonEventManager.CommonEventSubscribeInfo = {
        events: [event]
      };
```

```
        commonEventManager.createSubscriber(subscribeInfo,callback);
      } catch (error) {
        let err: BusinessError = error as BusinessError;
        callback(err,undefined);
        console.info(`BUCommonEventManager createSubscriber failed, code is
          ${err.code}, message is ${err.message}`);
      }
    }
    //订阅公共事件
    static subscribe(subscriber: commonEventManager.CommonEventSubscriber,
      callback: AsyncCallback<commonEventManager.CommonEventData>){
      try {
        commonEventManager.subscribe(subscriber, callback);
      } catch (error) {
        let err: BusinessError = error as BusinessError;
        console.info(`BUCommonEventManager subscribe failed, code is ${err.code},
          message is ${err.message}`);
      }
    }

    static unsubscribe(subscriber: commonEventManager.CommonEventSubscriber) {
      try {
        commonEventManager.unsubscribe(subscriber, (err: BusinessError) => {
          if (err) {
            console.error(`BUCommonEventManager unsubscribe err =
              ${JSON.stringify(err)}`);
          } else {
            console.info(`BUCommonEventManager unsubscribe success`);
          }
        })
      } catch (error) {
        let err: BusinessError = error as BusinessError;
        console.info(`BUCommonEventManager unsubscribe failed, code is
          ${err.code}, message is ${err.message}`);
      }
    }
  }
  export default BUCommonEventManager;
```

2. UI 交互实现

在 Index.ets 文件中实现对 BUCommonEventManager 的调用。具体步骤如下：首先，当页面即将展示时，创建订阅者并订阅公共事件；其次，实现一个按钮，单击该按钮后可以发送公共事件，并且在接收到公共事件后以文本的方式显示其内容；最后，当页面即将离开时，取消订阅公共事件。代码如下，注释中的序号与以上步骤对应。

```
// entry/src/main/ets/pages/Index.ets
// 导入 BUCommonEventManager 及事件 name
import BUCommonEventManager from '../utils/BUCommonEventManager';
import { eventName } from '../utils/BUCommonEventManager';
```

```
@Entry
@Component
struct Index {
  // 用于保存创建成功的订阅者对象,后续使用其完成订阅及退订的动作
  private subscriber:commonEventManager.CommonEventSubscriber | undefined;
  // 用于订阅公共事件的回调
  private subscribeCallback = (err: BusinessError, data:commonEventManager.
    CommonEventData) => {
    if (err) {
      console.info(`subscribe failed, code is ${err.code}, message is ${err.message}`);
    } else {
      // 解析参数
      if (data.parameters != undefined) {
        this.eventText = 'recv event ' + data.parameters['nid'];
      }
    }
  }
  // 用于创建订阅者的回调,订阅者创建成功后,订阅公共事件
  private createSubscriberCallback = (err: BusinessError, commonEventSubscriber:
    commonEventManager.CommonEventSubscriber) => {
    if(!err) {
      console.info("createSubscriber success");
      // 后续使用其完成订阅及退订的动作
      this.subscriber = commonEventSubscriber;
      BUCommonEventManager.subscribe(this.subscriber,this.subscribeCallback);
    } else {
      console.info(`createSubscriber failed, code is ${err.code}, message is
        ${err.message}`);
    }
  }
  aboutToDisappear(): void {
    // 3. 取消订阅
    if (this.subscriber != undefined) {
      BUCommonEventManager.unsubscribe(this.subscriber);
    }
  }

  aboutToAppear() {
    // 1. 创建订阅
    BUCommonEventManager.createSubscriber(eventName,this.createSubscriberCallback);
  }

  build() {
    Column() {
      // ...
      // 2. 发送及接收事件
      Row() {
        Button('sendEvent')
          .onClick(() => {
            let para:Record<string,object> = {};
            let paraObj: Object = '666';
```

```
                para['nid'] = paraObj;
                BUCommonEventManager.sendEvent(eventName,para)
                this.nid ++;
            }).fontSize(12)
        // 接收到事件时，会更新该变量
        Text(this.eventText).backgroundColor(Color.Grey);
      }.height('4%')
    }
  }
}
```

在上述代码开发完成后，对示例工程进行编译并运行。单击"sendEvent"按钮，发送名为 event_name（常量 eventName 中的值）的公共事件，并携带参数 'nid'='666'。订阅方在收到该事件后，解析参数 'nid'，并将其值更新至 eventText 类成员字段中，最后在 Text 组件中进行展示。接收及展示公共事件携带的参数如图 9-30 所示。

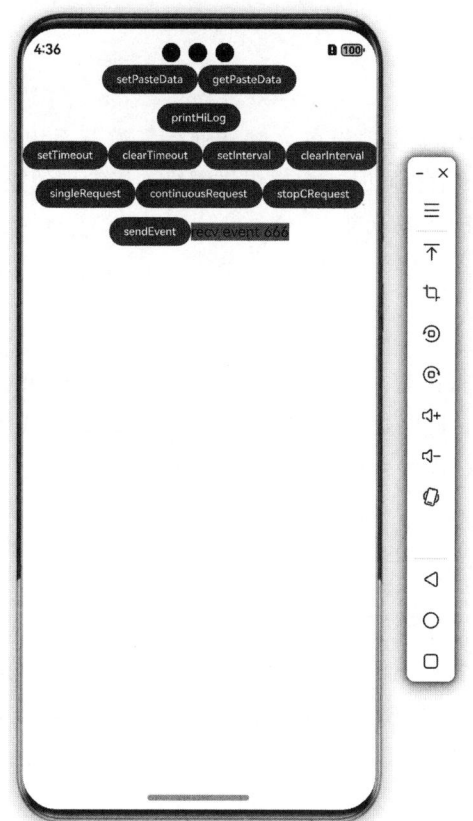

图 9-30　接收及展示公共事件携带的参数

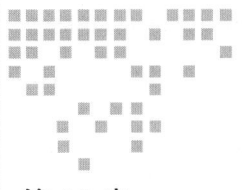

Chapter 10 第 10 章

网络通信

在 App 中，网络能力用于实现设备之间的通信。鸿蒙系统支持 HTTP、WebSocket 和 Socket 等不同层级的数据传输。同时，它也提供网络连接管理的能力，支持订阅网络状态变化、查询网络连接信息及 DNS 解析等。

10.1 准备

本章以实例的方式进行讲解。在客户端上，新建一个全新的工程，基于该工程，完成网络请求相关能力的实践，同时也需要服务端的支持，服务端代码以 Python（V3）语言实现。在执行服务端代码前，需要提前安装好 Python 的运行环境。下面介绍客户端的示例工程的准备工作。

10.1.1 创建示例工程

在 DevEco Studio 的菜单栏上依次单击"File → New → Create Project → Empty Ability"，在接下来出现的如图 10-1 所示的创建新工程界面中单击"Next"按钮。

在"Project name"文本框中输入工程名"NetWork"，如图 10-2 所示，其他项使用默认，之后单击"Finish"按钮。

10.1.2 增加网络权限

与网络相关的实现需要配置 ohos.permission.GET_NETWORK_INFO（获取网络连接信息）和 ohos.permission.INTERNET（允许程序打开网络套接字，进行网络连接）的访问权限。具体配置为在 module.json5 配置文件中的 requestPermissions 标签中声明权限。

第 10 章 网络通信 ❖ 305

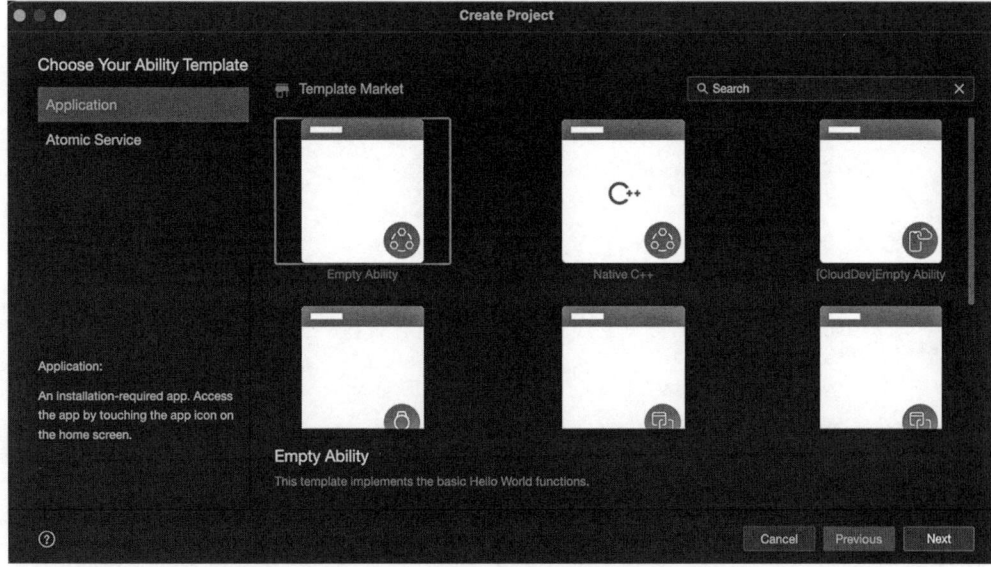

图 10-1 创建新工程

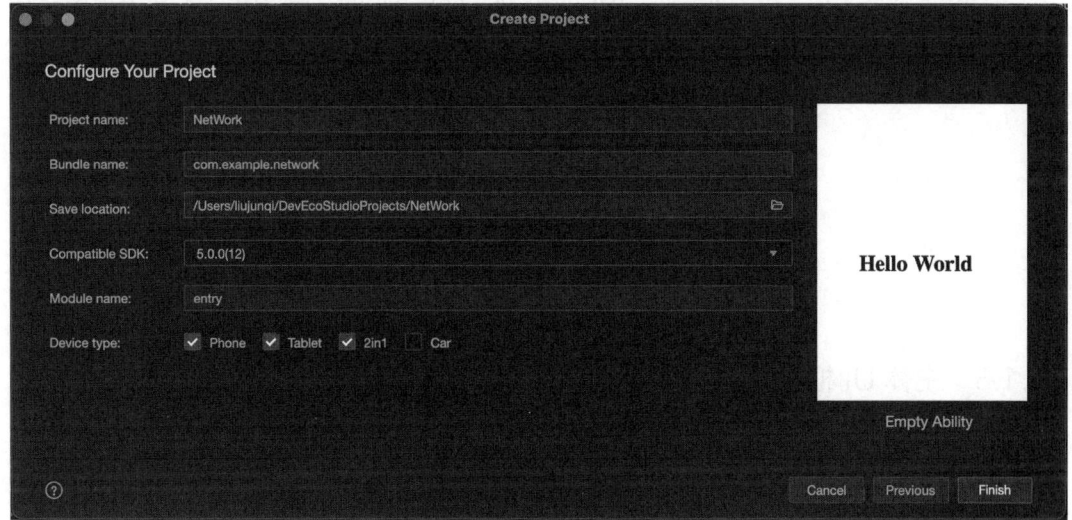

图 10-2 输入工程名

```
// entry/src/main/module.json5
{
  "module": {
    ...
    // 权限请求
    "requestPermissions":[
      {
        "name" : "ohos.permission.GET_NETWORK_INFO",
```

```
          "reason": "$string:net_info_reason",
          "usedScene": {
            "abilities": [
              "EntryAbility"
            ],
            "when":"inuse"
          }
        },
        {
          "name" : "ohos.permission.INTERNET",
          "reason": "$string:use_net_reason",
          "usedScene": {
            "abilities": [
              "EntryAbility"
            ],
            "when":"inuse"
          }
        }
      ],
    }
}
```

在 string.json 文件中增加 use_net_reason 和 net_info_reason 字符串定义，在申请网络权限时该字符串作为原因说明被使用。

```
// entry/resources/base/element/string.json
{
  "name": "net_info_reason",
  "value": "get net info"
},
{
  "name": "use_net_reason",
  "value": "network link"
}
```

10.1.3　主体 UI 框架

本章的内容主要介绍 HTTP、WebSocket、Socket 这三种网络数据通信方式和网络连接管理能力。先在 Index.ets 文件中提前实现与该示例有关的 UI 框架，然后在每节中完成具体的代码编写。Index.ets 文件的实现如下。

```
// entry/src/main/ets/pages/Index.ets
import http from '@ohos.net.http';
import { BusinessError } from '@ohos.base';
import util from '@ohos.util';
import webSocket from '@ohos.net.webSocket';
import socket from '@ohos.net.socket';

@Entry
@Component
struct Index {
```

```
  build() {
    Column({space: 10}) {
      // HTTP 数据请求相关的示例触发按钮
      Row() {
        Button('http request')
          .onClick(() => {

          }).fontSize(12)
        Button('http requestInStream')
          .onClick(() => {

          }).fontSize(12)
      }.height('4%')
      // WebSocket 相关的示例触发按钮
      Row() {
        Button('webSocket')
          .onClick(() => {

          }).fontSize(12)
      }.height('4%')
      // Socket 连接相关的示例触发按钮
      Row() {
        Button('socket tcp')
          .onClick(() => {

          }).fontSize(12)
        Button('socket udp')
          .onClick(() => {

          }).fontSize(12)
      }.height('4%')
      // 网络连接管理相关的示例触发按钮
      Row() {
        Button('startMonitorNetworkChanges')
          .onClick(() => {

          }).fontSize(12)
        Button('getNetType')
          .onClick(() => {

          }).fontSize(12)
      }.height('4%')
    }
    .height('100%')
    .width('100%')
  }
}
```

UI 框架实现的效果如图 10-3 所示，本章的示例围绕 HTTP、WebSocket、Socket 及网络连接管理展开。

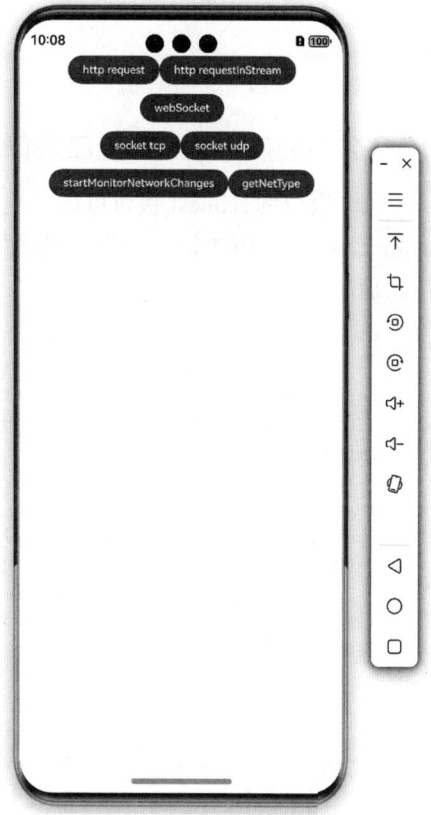

图 10-3　UI 框架实现的效果

10.2　HTTP 数据请求

HTTP 协议是常用的客户端与服务端通信的协议，在鸿蒙系统中也提供了支持。

10.2.1　http 模块接口说明

HTTP 数据请求功能主要由 http 模块提供，在使用该功能时，需要申请 ohos.permission.INTERNET 权限，http 模块提供的主要接口如下。

```
createHttp()                          // 创建一个 http 请求
request()                             // 根据 URL 地址，发起 HTTP 网络请求
requestInStream()                     // 根据 URL 地址，发起 HTTP 网络请求并返回流式响应
destroy()                             // 中断请求任务
on(type: 'headersReceive')            // 订阅 HTTP Response Header 事件
off(type: 'headersReceive')           // 取消订阅 HTTP Response Header 事件
once('headersReceive')                // 订阅 HTTP Response Header 事件，但是只触发一次
on('dataReceive')                     // 订阅 HTTP 流式响应数据接收事件
off('dataReceive')                    // 取消订阅 HTTP 流式响应数据接收事件
on('dataEnd')                         // 订阅 HTTP 流式响应数据接收完毕事件
off('dataEnd')                        // 取消订阅 HTTP 流式响应数据接收完毕事件
on('dataReceiveProgress')             // 订阅 HTTP 流式响应数据接收进度事件
off('dataReceiveProgress')            // 取消订阅 HTTP 流式响应数据接收进度事件
on('dataSendProgress')                // 订阅 HTTP 网络请求数据发送进度事件
off('dataSendProgress')               // 取消订阅 HTTP 网络请求数据发送进度事件
```

10.2.2　使用 request 接口进行数据通信

http 模块的 request 接口可以实现根据 URL 地址发起 HTTP 网络请求。下面以向 www.baidu.com 发送 GET 请求为例，说明如何使用 request 接口，示例中的注释部分的序号为使用的顺序。

```
// entry/src/main/ets/pages/Index.ets
// 1. 从 @ohos.net.http 中导入 http 命名空间
import http from '@ohos.net.http';
// 2. 从 @ohos.base 模块导入 BusinessError 类型
import { BusinessError } from '@ohos.base';

struct Index {
  // 3. 定义一个字段 httpRequest，并调用 createHttp() 方法初始化。
  // 每一个 httpRequest 对应一个 HTTP 请求任务，不可复用
  httpRequest:http.HttpRequest = http.createHttp();
  // ...
  Button('http request')
        .onClick(() => {
          // 4. 响应 Button 的单击事件
          // 5. 用于订阅 HTTP 响应头，调用该对象的 on() 方法，订阅 http 响应头事件
          this.httpRequest.on('headersReceive', (header) => {
            console.info('HttpRequest header: ' + JSON.stringify(header));
          });
          // 6. 调用该对象的 request() 方法，传入 http 请求的 url 地址和可选参数，发起网络请求
```

```
      this.httpRequest.request(
        // 填写 HTTP 请求的 URL 地址
        "www.baidu.com",
        {
          method: http.RequestMethod.GET, // 可选，默认为 http.RequestMethod.GET
          // 根据业务需要添加 header 字段
          header: {
            'Accept': 'text/html,application/xhtml+xml,application/xml;
              q=0.9,*/*;q=0.8'
          },
        }, (err: BusinessError, data: http.HttpResponse) => {
          //7. 按照实际业务需要，解析返回结果
          if (!err) {
            //8.data.result 为 HTTP 响应内容，可根据业务需要进行解析
            console.info('HttpRequest Result:' + JSON.stringify(data.result));
            console.info('HttpRequest code:' + JSON.stringify(data.responseCode));
            //9.data.header 为 HTTP 响应头，可根据业务需要进行解析
            console.info('HttpRequest header:' + JSON.stringify(data.header));
            console.info('HttpRequest cookies:' + JSON.stringify(data.cookies));
            //10. 取消订阅 HTTP 响应头事件
            this.httpRequest.off('headersReceive');
            //11. 当该请求使用完毕时，调用 destroy 方法主动销毁
            this.httpRequest.destroy();
          } else {
            //12. 处理异常
            console.error('HttpRequest error:' + JSON.stringify(err));
            //13. 取消订阅 HTTP 响应头事件
            this.httpRequest.off('headersReceive');
            //14. 当本次请求使用完毕时，调用 destroy 方法主动销毁
            this.httpRequest.destroy();
          }
        }
      );
    }).fontSize(12)
}
```

在上述的代码完成之后，编译示例工程，并运行示例 App，单击"http request"按钮，向 www.baidu.com 发送请求。图 10-4 是服务端返回的数据在 Log 视图中的输出。

图 10-4　服务端返回的数据在 Log 视图中的输出

10.2.3　使用 requestInStream 接口进行数据通信

http 模块的 requestInStream 接口可以实现根据 URL 地址发起 HTTP 网络请求并返回流式响应。下面以向自定义服务发送流式请求为例，说明如何使用 requestInStream 接口。代

码示例中的注释部分的序号为使用的顺序。

```
// entry/src/main/ets/pages/Index.ets
// 1. 从 @ohos.net.http 中导入 http 命名空间
import http from '@ohos.net.http';
// 2. 从 @ohos.base 模块导入 BusinessError 类型
import { BusinessError } from '@ohos.base';
// 3. 从 @ohos.util 中导入 util 命名空间
import util from '@ohos.util';

struct Index {
  // 4. 定义一个字段 httpStreamRequest,并调用 createHttp() 方法初始化
  httpStreamRequest:http.HttpRequest = http.createHttp();
  // ...
Button('http requestInStream')
  .onClick(() => {
        // 5. 响应 Button 的单击事件
        // 6. 订阅 HTTP 响应头,调用该对象的 on() 方法,订阅 http 响应头事件
        // HTTP 流式响应数据接收事件,打印接收到的数据

    this.httpStreamRequest.on("dataReceive", (data: ArrayBuffer) => {
      // str = this.textDecoder.decodeWithStream(data);
      console.info("httpStreamRequest dataReceive length: " + JSON.stringify
        (data.byteLength));
      // 将 ArrayBuffer 转换为 Uint8Array
      const textDecoder = util.TextDecoder.create("utf-8", { ignoreBOM: true });
      const uint8Array = new Uint8Array(data);
      const jsonString = textDecoder.decodeWithStream(uint8Array);
      console.info("httpStreamRequest dataReceive data: " + jsonString);
    });
    // HTTP 流式响应数据接收完毕事件
    this.httpStreamRequest.on("dataEnd", () => {
      console.info("httpStreamRequest Receive dataEnd !");
    });
    // 7. 设置可选参数
    let streamInfo: http.HttpRequestOptions = {
      method: http.RequestMethod.GET,   // 可选,默认为 http.RequestMethod.GET
      // 开发者根据自身业务需要添加 header 字段
      header: {
        'Content-Type': 'application/json'
      }
    }
        // 8. 调用该对象的 requestInStream() 方法,传入 http 请求的 url 地址和可选参数,
        // 发起网络请求
    this.httpStreamRequest.requestInStream(
      'http://192.168.3.8:5000/stream', // 连接的测试服务器,需要根据测试环境进行修改
      streamInfo,
      (err: BusinessError, data: number) => {
      // 9. 按照实际业务需要,解析返回结果
      if (!err) {
        console.info("httpStreamRequest requestInStream OK! ResponseCode is "
          + JSON.stringify(data));
      } else {
        console.info("httpStreamRequest requestInStream ERROR : err = " + JSON.
```

```
            stringify(err));
        }
        // 10. 取消订阅 HTTP 响应头事件
        this.httpStreamRequest.off("dataReceiveProgress");
        this.httpStreamRequest.off("dataEnd");
        this.httpStreamRequest.off("dataReceive");
        // 11. 当本次请求使用完毕时，调用 destroy 方法主动销毁
        this.httpStreamRequest.destroy();
      })
    }).fontSize(12)
```

下面使用 Python 语言，实现从服务端返回流式数据的功能。服务端在接收到客户端的请求以后，会模拟生成流式数据，并分多次发送给客户端。

```python
# streamServer.py
from flask import Flask, Response, request
import time
import json

app = Flask(__name__)

@app.route('/stream', methods=['GET'])
def stream_data():
  def generate_data():
    for i in range(10):    # 模拟生成流式数据
      yield json.dumps({'value': i}) + '\n'
      time.sleep(1)        # 间隔 1 秒发送一次数据
  return Response(generate_data(), mimetype='application/json')

if __name__ == '__main__':
  # host 需要根据测试环境进行修改
  app.run(host='192.168.3.8', port=5000, debug=True)
```

服务端和客户端的代码完成之后，运行 streamServer.py，编译示例工程，并运行示例 App，单击 "http requestInStream" 按钮，向 192.168.3.8 发送请求，并接收数据。图 10-5 是服务端返回的流式数据在 Log 视图中的输出。

10.3 WebSocket 连接

使用 WebSocket 与服务器进行通信，需要先通过 createWebSocket() 方法创建 WebSocket 对象，然后通过 connect() 方法连接到服务器。当连接成功后，客户端会收到 open 事件的回调，之后客户

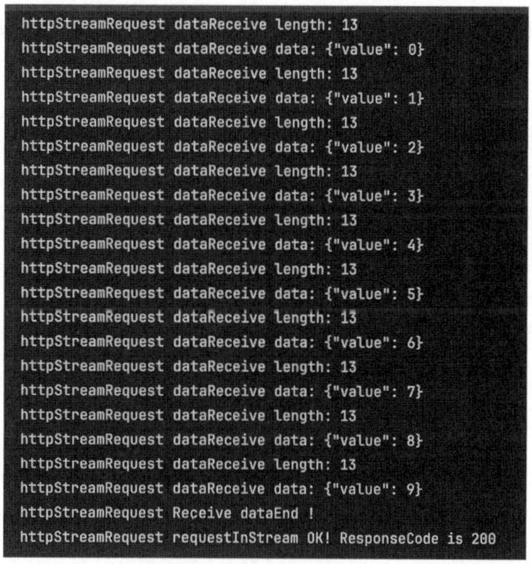

图 10-5 服务端返回的流式数据在 Log 视图中的输出

端就可以通过 send() 方法与服务器进行通信。当服务器发信息给客户端时，客户端会收到 message 事件的回调。当客户端不要此连接时，需要通过调用 close() 方法来主动断开连接，之后客户端会收到 close 事件的回调。若在上述任一过程中发生错误，客户端则会收到 error 事件的回调。

10.3.1　webSocket 模块接口说明

WebSocket 连接功能主要由 webSocket 模块提供，在使用该功能时，需要申请 ohos.permission.INTERNET 权限。webSocket 模块主要提供的接口如下。

```
createWebSocket()           // 创建一个 WebSocket 连接
connect()                   // 根据 URL 地址，建立一个 WebSocket 连接
send()                      // 通过 WebSocket 连接发送数据
close()                     // 关闭 WebSocket 连接
on(type: 'open')            // 订阅 WebSocket 的打开事件
off(type: 'open')           // 取消订阅 WebSocket 的打开事件
on(type: 'message')         // 订阅 WebSocket 的接收到服务器消息事件
off(type: 'message')        // 取消订阅 WebSocket 的接收到服务器消息事件
on(type: 'close')           // 订阅 WebSocket 的关闭事件
off(type: 'close')          // 取消订阅 WebSocket 的关闭事件
on(type: 'error')           // 订阅 WebSocket 的 Error 事件
off(type: 'error')          // 取消订阅 WebSocket 的 Error 事件
```

10.3.2　webSocket 通信示例

使用 webSocket 进行通信的主要流程包括导入 webSocket 模块、创建并初始化 WebSocket 对象、订阅相关 webSocket 的事件（可选）、向指定的 URL 发起 webSocket 连接。在使用完 webSocket 连接之后，主动将其断开。以下给出的代码实现了使用 webSocket 进行通信，代码中的注释序号标识了使用这些步骤的先后顺序。

```
// entry/src/main/ets/pages/Index.ets
// 1. 从 @ohos.net.webSocket 中导入 webSocke 命名空间
import webSocket from '@ohos.net.webSocket';
// 2. 从 @ohos.base 模块导入 BusinessError 类型
import { BusinessError } from '@ohos.base';

struct Index {
  // 3. 定义一个字段 wSocket，并调用 createWebSocket () 方法初始化
  wSocket = webSocket.createWebSocket();
  // ...
  Button('webSocket')
  .onClick(() => {
      // 4. 响应 Button 的单击事件
      // 5. 订阅 webSocket 事件
      // 当 WebSocket 连接打开时的处理逻辑
      this.wSocket.on('open', (err: BusinessError, value: Object) => {
```

```
      console.info("webSocket on open, status:" + JSON.stringify(value));
    // 6. 建立连接
    // WebSocket 的 URL 格式通常为：ws://[host][:port][path]，其中：
    // ws:// 表示使用未加密的 WebSocket 连接 (类似于 HTTP)
    // [host] 是服务器的域名或 IP 地址
    // [:port] 是可选的端口号，如果省略，则默认为 80 (对于 ws:// )
    // [path] 是服务器上的路径或端点
    // 例如，ws://example.com:8080/somePath
    this.wSocket.connect("ws://192.168.3.8:8000/", (err: BusinessError,
      value: boolean) => {
      if (!err) {
        console.info("webSocket Connected successfully");
      } else {
        console.info("webSocket Connection failed. Err:" + JSON.stringify(err));
      }
    });
      // 7. 当收到 on('open') 事件时，可以通过 send() 方法与服务器进行通信
      this.wSocket.send("Hello, server!", (err: BusinessError, value: boolean) => {
        if (!err) {
          console.info("webSocket Message sent successfully");
        } else {
          console.info("webSocket Failed to send the message. Err:" + JSON.
            stringify(err));
        }
      });
    });
// 当接收到服务器消息时的处理逻辑
this.wSocket.on('message', (err: BusinessError, value: string | ArrayBuffer) => {
  console.info("webSocket on message, message:" + value);
    // 8. 当收到服务器的 `bye` 消息时 (此消息字段仅为示意，具体字段需要与服务器协商)，主动断开连接
    if (value === 'bye') {
      this.wSocket.close((err: BusinessError, value: boolean) => {
        if (!err) {
          console.info("webSocket Connection closed successfully");
        } else {
          console.info("webSocket Failed to close the connection. Err: " +
            JSON.stringify(err));
        }
      });
    }
});
// 当 WebSocket 连接关闭时的处理逻辑
this.wSocket.on('close', (err: BusinessError, value: webSocket.CloseResult) => {
  // 9. 关闭连接
  console.info("webSocket on close, code is " + value.code + ", reason is " +
    value.reason);
});
// 当 WebSocket 连接发生错误时的处理逻辑
```

```
      this.wSocket.on('error', (err: BusinessError) => {
        console.info("webSocket on error, error:" + JSON.stringify(err));
      });

}).fontSize(12)
```

接着实现 webSocket 的服务端能力,当客户端连接时,首先接收客户端的消息,并回复一条初始消息,然后模拟多次发送数据,最后发送 bye 消息让客户端断开连接。服务端在运行阶段向控制台输出日志。

```python
# websocketServer.py
import asyncio
import websockets
import logging

# 设置日志级别和格式
logging.basicConfig(level=logging.INFO, format='%(asctime)s - %(name)s - 
    %(levelname)s - %(message)s')

async def handle_connections(websocket, path):
    try:
        # 接收客户端发送的消息
        message = await websocket.recv()
        logging.info(f"Received from client: {message}")

        # 向客户端发送消息
        await websocket.send("Hello, client!")
        logging.info("Sent: Hello, client!")

        # 模拟多次发送数据
        for i in range(5):
            await websocket.send(f"Message {i}")
            logging.info(f"Sent: Message {i}")

        # 发送特定消息让客户端断开连接
        await websocket.send("bye")
        logging.info("Sent: bye")
    except Exception as e:
        logging.error(f"Error: {e}")
# 192.168.3.8 需要改成本机地址
start_server = websockets.serve(handle_connections, "192.168.3.8", 8000)

asyncio.get_event_loop().run_until_complete(start_server)
asyncio.get_event_loop().run_forever()
```

完成服务端和客户端的代码之后,运行 websocketServer.py。编译示例工程,并运行示例 App,单击"webSocket"按钮,向 192.168.3.8 发送请求并接收数据。图 10-6 为 webSocket 网络数据在 Log 视图中的输出,图 10-7 为 webSocket 服务端控制台日志输出。

```
webSocket Connected successfully
[websocket_exec.cpp 288] websocket run service start
webSocket on open, status:{"status":101,"message":"Switching Protocols"}
webSocket Message sent successfully
webSocket on message, message:Hello, client!
webSocket on message, message:Message 0
webSocket on message, message:Message 1
webSocket on message, message:Message 2
webSocket on message, message:Message 3
webSocket on message, message:Message 4
webSocket on message, message:bye
webSocket on close, code is 1000, reason is The link is down
webSocket Connection closed successfully
[websocket_exec.cpp 311] websocket run service end
```

图 10-6　webSocket 网络数据在 Log 视图中的输出

```
2024-07-24 21:21:26,992 - websockets.server - INFO - server listening on 192.168.3.8:8000
2024-07-24 21:21:31,954 - websockets.server - INFO - connection open
2024-07-24 21:21:31,959 - root - INFO - Received from client: Hello, server!
2024-07-24 21:21:31,960 - root - INFO - Sent: Hello, client!
2024-07-24 21:21:31,960 - root - INFO - Sent: Message 0
2024-07-24 21:21:31,960 - root - INFO - Sent: Message 1
2024-07-24 21:21:31,960 - root - INFO - Sent: Message 2
2024-07-24 21:21:31,960 - root - INFO - Sent: Message 3
2024-07-24 21:21:31,960 - root - INFO - Sent: Message 4
2024-07-24 21:21:31,960 - root - INFO - Sent: bye
2024-07-24 21:21:31,961 - websockets.server - INFO - connection closed
```

图 10-7　webSocket 服务端控制台日志输出

10.4　Socket 连接

Socket 连接在 App 中应用广泛，常用于即时通信，如实现实时消息收发、文件传输、远程控制、数据同步、实时监测与监控、获取远程数据、网络游戏交互、物联网应用中与设备的通信和数据交换等。

10.4.1　接口说明

Socket 连接在基于 TCP 和 UDP 这两种协议的网络通信方式中常见。在 TCP 下，Socket 连接提供可靠的、面向连接的数据传输服务，而在 UDP 下，Socket 连接提供不可靠的、无连接的数据报服务。这两种不同的协议使得 Socket 连接在不同的应用场景中发挥着重要作用。

在鸿蒙系统中使用 socket 模块实现 TCP 和 UDP 通信，对应的相关接口如下。

Socket 连接主要由 socket 模块提供。具体接口说明如下表。

```
constructUDPSocketInstance()    // 创建一个 UDPSocket 对象
constructTCPSocketInstance()    // 创建一个 TCPSocket 对象
listen()                        // 绑定、监听并启动服务，接收客户端的连接请求。(TCP 支持)
bind()                          // 绑定 IP 地址和端口，或是绑定本地套接字路径
send()                          // 发送数据
```

```
close()                              // 关闭连接
getState()                           // 获取 Socket 状态
connect()                            // 连接到指定的 IP 地址和端口，或是连接到本地套接字（TCP 支持）
getRemoteAddress()                   // 获取对端 Socket 地址（仅 TCP 支持，需要先调用 connect 方法）
setExtraOptions()                    // 设置 Socket 连接的其他属性
on(type: 'message')                  // 订阅 Socket 连接的接收消息事件
off(type: 'message')                 // 取消订阅 Socket 连接的接收消息事件
on(type: 'close')                    // 订阅 Socket 连接的关闭事件
off(type: 'close')                   // 取消订阅 Socket 连接的关闭事件
on(type: 'error')                    // 订阅 Socket 连接的 Error 事件
off(type: 'error')                   // 取消订阅 Socket 连接的 Error 事件
on(type: 'listening')                // 订阅 UDPSocket 连接的数据包消息事件（仅 UDP 支持）
off(type: 'listening')               // 取消订阅 UDPSocket 连接的数据包消息事件（仅 UDP 支持）
on(type: 'connect')                  // 订阅 Socket 的连接事件（仅 TCP/LocalSocket 支持）
off(type: 'connect')                 // 取消订阅 Socket 的连接事件（仅 TCP/LocalSocket 支持）
```

10.4.2 使用 TCP 进行通信

在鸿蒙系统中使用 socket 模块进行 TCP 通信的主要流程：导入 socket 模块；创建并初始化 TCPSocket 连接对象；订阅与 TCPSocket 相关的事件（可选）；连接到指定的 IP 地址和端口；发送数据和接收数据；当数据接收完成后关闭链接。下面的代码使用 socket 模块实现 TCP 通信，代码中注释部分的序号为使用的顺序。

```
// entry/src/main/ets/pages/Index.ets
// 1. 从 @ohos.net.socket' 中导入 socket 命名空间
import socket from '@ohos.net.socket';
// 2. 从 @ohos.base 模块导入 BusinessError 类型
import { BusinessError } from '@ohos.base';

// 3. 创建 SocketInfo 类，用于接收消息，实现 socket.SocketMessageInfo 接口
class SocketInfo implements socket.SocketMessageInfo {
  message: ArrayBuffer = new ArrayBuffer(1);
  remoteInfo: socket.SocketRemoteInfo = {} as socket.SocketRemoteInfo;
}

struct Index {
  // 4. 定义一个字段 tcpSocket，并调用 constructTCPSocketInstance() 方法初始化
  tcpSocket = socket.constructTCPSocketInstance();
  // ...
  Button('socket tcp')
  .onClick(() => {
    // 5. 响应 Button 的单击事件
      // 6. 订阅 socket 事件
      // 当收到消息时处理逻辑
    this.tcpSocket.on('message', (value: SocketInfo) => {
      console.log("socket tcp on message");
      let buffer = value.message;
      let dataView = new DataView(buffer);
      let str = "";
      for (let i = 0; i < dataView.byteLength; ++i) {
```

```
      str += String.fromCharCode(dataView.getUint8(i));
    }
    console.log("socket tcp on connect received:" + str);
  });
  // 当建立连接时处理逻辑
  this.tcpSocket.on('connect', () => {
    console.log("socket tcp on connect");
  });
  // 当连接关闭时处理逻辑
  this.tcpSocket.on('close', () => {
    console.log("socket tcp on close");
  });
  // 7. 与服务端建立连接
  let ipAddress : socket.NetAddress = {} as socket.NetAddress;
  ipAddress.address = "192.168.3.8";        // 地址
  ipAddress.port = 6688;                    // 端口

  let tcpConnect : socket.TCPConnectOptions = {} as socket.TCPConnectOptions;
  tcpConnect.address = ipAddress;
  tcpConnect.timeout = 6000;

  this.tcpSocket.connect(tcpConnect, (err: BusinessError) => {
    if (err) {
      console.log("socket tcp connect fail");
      return;
    }
    console.log("socket tcp connect success");
    // 8. 连接成功，发送数据
    let tcpSendOptions : socket.TCPSendOptions = {} as socket.TCPSendOptions;
    tcpSendOptions.data = 'Hello, server!';
    this.tcpSocket.send(tcpSendOptions, (err: BusinessError) => {
      if (err) {
        console.log("socket tcp send fail");
        return;
      }
      console.log("socket tcp send success");
    })
  });

  // 9. 连接使用完成后，10 秒主动关闭。取消相关事件的订阅
  setTimeout(() => {
    this.tcpSocket.close((err: BusinessError) => {
      console.log("socket tcp close socket.");
    });
    this.tcpSocket.off('message');
    this.tcpSocket.off('connect');
    this.tcpSocket.off('close');
  }, 10 * 1000);
  }).fontSize(12)
}.height('4%')
}
```

基于 TCP 通信的服务端的实现如下代码所示。首先导入 socket 模块，接着创建一个 TCP 套接字并绑定特定的 IP 地址和端口，然后开始监听连接。当有客户端连接时，服务器接收客户端发送的数据，若有数据则打印至控制台，并向客户端发送 "Hello, client!" 的响应消息。无论通信过程中是否出现异常，最后都会关闭与客户端的连接以及服务器套接字，并释放资源。

```python
#socketTCPServer.py
import socket

# 创建一个 TCP 套接字
server_socket = socket.socket(socket.AF_INET, socket.SOCK_STREAM)

# 绑定 IP 地址和端口
server_address = ('192.168.3.8', 6688)
server_socket.bind(server_address)

# 开始监听连接
server_socket.listen(1)

# 等待客户端连接
client_socket, client_address = server_socket.accept()
print(f"Connected from {client_address}")

try:
    # 接收客户端发送的数据
    data = client_socket.recv(1024)
    if data:
        print("Received:", data.decode('utf-8'))

        # 向客户端发送响应
        response = "Hello, client!"
        client_socket.send(response.encode('utf-8'))
        print("Sent Hello, client!:", data.decode('utf-8'))
except Exception as e:
    print(f"Error occurred: {e}")
finally:
    # 关闭与客户端的连接
    client_socket.close()
    server_socket.close()
print("Cloced!")
```

服务端和客户端的代码完成之后，先运行 socketTCPServer.py。编译示例工程，并运行示例 App，单击 "socket tcp" 按钮，这时客户端会向 192.168.3.8 的 6688 端口发送请求，并接收服务端发送的数据。图 10-8 是客户端使用 TCP 协议通信产生的数据在 Log 视图中的输出，图 10-9 为 socketTCP 服务端控制台日志输出。

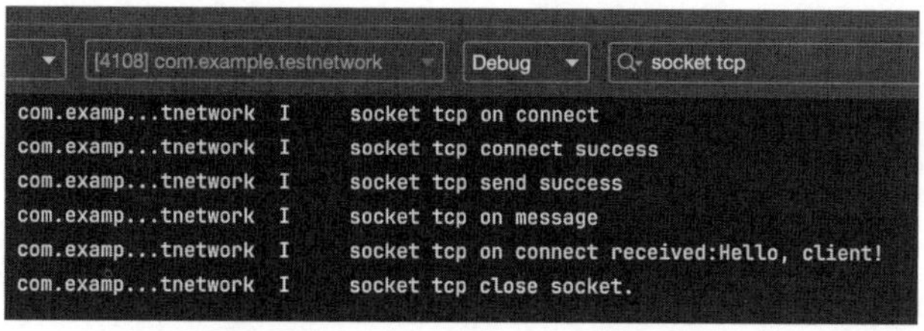

图 10-8 客户端使用 TCP 协议通信产生的数据在 Log 视图中的输出

```
Connected from ('192.168.3.8', 52961)
Received: Hello, server!
Sent Hello, client!: Hello, server!
Cloced!
```

图 10-9 socketTCP 服务端控制台日志输出

10.4.3 使用 UDP 进行通信

在鸿蒙系统中使用 socket 模块进行 UDP 通信的主要流程：导入 socket 模块；创建并初始化 UDPSocket 连接对象；订阅与 UDPSocket 相关的事件（可选）；绑定到一个本地地址和端口；连接，然后向某个 IP 及端口发送数据和接收数据；当数据接收完成后关闭连接。下面的代码实现了使用 socket 进行 UDP 通信的主要流程，代码中注释部分的序号为使用的顺序。

```
//entry/src/main/ets/pages/Index.ets
//1. 从@ohos.net.socket'中导入 socket 命名空间
import socket from '@ohos.net.socket';
//2. 从@ohos.base 模块导入 BusinessError 类型
import { BusinessError } from '@ohos.base';

//3. 复用 SocketInfo 类，上一节中有说明
struct Index {
  //4. 定义一个字段 udpSocket，并调用 constructUDPSocketInstance() 方法初始化
  udpSocket = socket.constructUDPSocketInstance();
  //...
  Button('socket udp')
  .onClick(() => {
    //4. 响应 Button 的单击事件
    //接收消息
    let messageView = '';
    this.udpSocket.on('message', (value: socket.SocketMessageInfo) => {
      for (let i: number = 0; i < value.message.byteLength; i++) {
        let uint8Array = new Uint8Array(value.message)
        let messages = uint8Array[i]
        let message = String.fromCharCode(messages);
        messageView += message;
      }
      console.log("socket udp on message message: " + JSON.stringify(messageView));
      console.log("socket udp remoteInfo: " + JSON.stringify(value.remoteInfo));
    });
```

```
// 5. 绑定IP及端口，默认IP
let bindAddr: socket.NetAddress = {
  address: "0.0.0.0",
  port: 5566,
  family: 1
}
this.udpSocket.bind(bindAddr, (err: BusinessError) => {
  if (err) {
    console.log("socket udp bind fail" + JSON.stringify(err));
  }
  else
  {
    console.log("socket udp bind success");
  }
});
// 6. 发送数据
let sendOptions: socket.UDPSendOptions = {
  data: 'Hello, server!',
  address: {
    address: '192.168.3.8',
    port: 5678
  }
}
this.udpSocket.send(sendOptions, (err: BusinessError) => {
  if (err) {
    console.log("socket udp  send fail");
  }
  else {
    console.log("socket udp send success");
  }
});
// 连接使用完毕后，主动关闭。取消相关事件的订阅
setTimeout(() => {
  // 7. 关闭连接和取消事件订阅
  this.udpSocket.close((err: BusinessError) => {
    console.log("socket udp close socket.");
  });
  this.udpSocket.off('message');
}, 10 * 1000);
}).fontSize(12)
// ...
}
```

基于UDP通信的服务端的实现如下代码所示。首先导入socket模块，创建一个UDP套接字并绑定特定的IP地址和端口。输出的提示信息表示服务器正在监听。当有客户端发送数据时，服务器接收数据并打印客户端IP地址和数据内容，接着准备响应消息"Hello, client!"并发送回客户端，同时打印发送状态，最后关闭套接字并释放资源。

```
# socketUDPServer.py
import socket
```

```
# 创建 UDP 套接字
udp_server_socket = socket.socket(socket.AF_INET, socket.SOCK_DGRAM)

# 绑定服务器地址和端口
server_address = ('192.168.3.8', 5678)  # 替换为实际的服务器地址和端口
udp_server_socket.bind(server_address)

print("udp server listening...")

# 接收数据
data, client_address = udp_server_socket.recvfrom(1024)
print(f"from {client_address} recved data: {data.decode('utf-8')}")

# 发送响应
response = "Hello, client!"
udp_server_socket.sendto(response.encode('utf-8'), client_address)
print("sent Hello, client! to client")
udp_server_socket.close()
```

服务端和客户端的代码完成之后，运行 socketUDPServer.py。之后编译示例工程，并运行示例 App，单击"socket udp"按钮，这时客户端向 192.168.3.8 的 6688 端口发送请求，并接收服务端发送的数据。图 10-10 是客户端使用 UDP 协议通信产生的数据在 Log 视图中输出，图 10-11 是 socket UDP 服务端控制台日志输出。

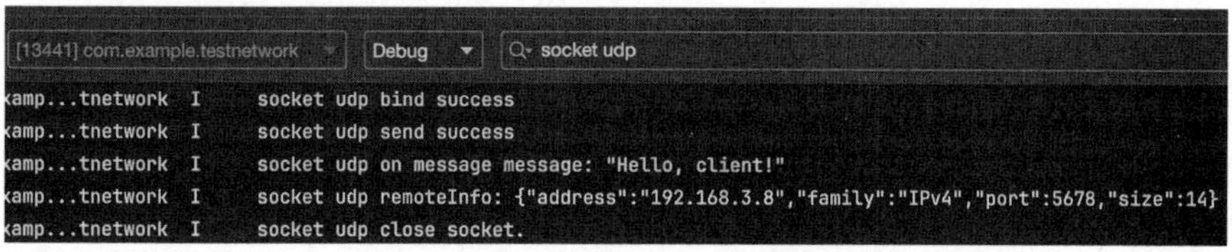

图 10-10　客户端使用 UDP 协议通信产生的数据在 Log 视图中输出

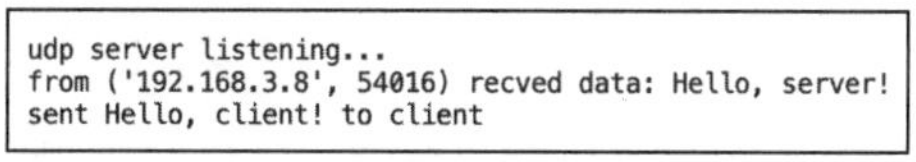

图 10-11　socketUDP 服务端控制台日志输出

10.5　网络连接管理

在客户端与服务端进行通信之前，通常需要获取当前设备的网络连接状态。若当前网络不可用，就进行相应提示。而且，业务处理逻辑会因网络类型的不同而有所差异。在鸿蒙系统里，这可以通过网络连接管理模块来实现。

10.5.1　接口说明

鸿蒙的网络管理能力由 ohos.net.connection 模块提供，它支持对多种网络能力进行管

理，包括状态获取、状态报告、解析域名、订阅网络事件及通知等。

常用的接口如下所示。

```
// 检查默认数据网络是否被激活
hasDefaultNetSync(): boolean;

// 使用异步的方式检查默认数据网络是否被激活
hasDefaultNet(callback: AsyncCallback<boolean>): void;

// 获取当前系统默认激活的数据网络的信息
getDefaultNetSync(): NetHandle;

// 使用异步的方式获取当前系统默认激活的数据网络的信息
getDefaultNet(callback: AsyncCallback<NetHandle>): void;

// 获取 netHandle 对应的网络的能力信息
getNetCapabilitiesSync(netHandle: NetHandle): NetCapabilities;

// 使用异步的方式获取 netHandle 对应的网络的能力信息
getNetCapabilities(netHandle: NetHandle, callback: AsyncCallback<NetCapabilities>): void;

// 返回一个 NetConnection 对象，netSpecifier 指定关注的网络的各项特征，timeout 是超时
// 时间（单位是毫秒），netSpecifier 是 timeout 的必要条件，两者都没有则表示关注默认网络
createNetConnection(netSpecifier?: NetSpecifier, timeout?: number): NetConnection;

// 使用对应网络解析域名，获取所有 IP，使用 callback 回调
getAddressesByName(host: string, callback: AsyncCallback<Array<NetAddress>>): void;

// 使用对应网络解析域名，获取一个 IP，调用 callback
getAddressByName(host: string, callback: AsyncCallback<NetAddress>): void;

// 订阅网络可用事件
on(type: 'netAvailable', callback: Callback<NetHandle>): void;

// 订阅网络能力变化事件
on(type: 'netCapabilitiesChange', callback: Callback<NetCapabilityInfo>): void;

// 订阅网络连接信息变化事件
on(type: 'netConnectionPropertiesChange', callback: Callback<{ netHandle:
  NetHandle, connectionProperties: ConnectionProperties }>): void;

// 订阅网络阻塞状态事件
on(type: 'netBlockStatusChange', callback: Callback<{ netHandle: NetHandle,
  blocked: boolean }>): void;

// 订阅网络丢失事件
on(type: 'netLost', callback: Callback<NetHandle>): void;

// 订阅网络不可用事件
on(type: 'netUnavailable', callback: Callback<void>): void;
```

```
// 订阅指定网络状态变化的通知
register(callback: AsyncCallback<void>): void;

// 取消订阅默认网络状态变化的通知
unregister(callback: AsyncCallback<void>): void;
```

10.5.2　接收指定网络的状态变化通知

在用户使用 App 的过程中，由于用户所处位置的不同，因此网络状态也会随之变化。通常情况下，对网络状态变化的管理是以单例模式实现的，这样可以支持 App 中的各个模块复用该管理功能。网络状态变化管理模块会在 App 启动时便开启监听网络状态，在 App 运行期间，将网络状态的变化实时地通知给相关的模块，以便这些模块能够及时做出相应的调整和处理。

在下面的示例中，创建一个 NetManager 类，这是一个单例，支持监听设备的网络变化。

```
// entry/src/main/ets/utils/NetManager.ets
import connection from '@ohos.net.connection';
import { BusinessError } from '@ohos.base';

class NetManager {
  private static instance: NetManager;
  netConnetion: connection.NetConnection | null = null;

  private constructor() {
    // 私有构造函数，防止外部实例化
  }

  public static getInstance(): NetManager {
    if (!NetManager.instance) {
      NetManager.instance = new NetManager();
    }
    return NetManager.instance;
  }

  startMonitorNetworkChanges() {
    if (this.netConnetion == null) {
      // 指定超时时间为10s（默认值为0）
      let timeout = 10 * 1000,
      let netSpecifier: connection.NetSpecifier = {
        netCapabilities: {
          bearerTypes: [connection.NetBearType.BEARER_WIFI],
          // 指定网络能力为 Internet
          networkCap: [connection.NetCap.NET_CAPABILITY_INTERNET]
        },
      };
      this.netConnetion = connection.createNetConnection(netSpecifier, timeout);
      // 订阅指定网络状态变化的通知
```

```
      this.netConnetion!.register((err: BusinessError) => {
        if (err) {
          console.log("NetManager log register error: " + JSON.stringify(err));
        } else {
          console.log("NetManager log register success");
        }
      });

      // 订阅事件,如果当前指定网络可用,通知用户
      this.netConnetion!.on('netAvailable', (data: connection.NetHandle) => {
        console.log("NetManager log net is available, netId is " + data.netId);
        // 在这里添加根据网络能力变化进行相应处理的代码
      });

      this.netConnetion!.on('netCapabilitiesChange', (data: connection.
        NetCapabilityInfo) => {
        console.log("NetManager log net capabilities changed: " + JSON.stringify(data));
        // 在这里添加根据网络能力变化进行相应处理的代码
      });

      // 订阅事件,如果当前指定网络不可用,通知用户
      this.netConnetion!.on('netUnavailable', () => {
        console.log("NetManager log net is unavailable");
      });

      this.netConnetion!.on('netLost', (data: connection.NetHandle) => {
        console.log("NetManager log net is netLost");
      });
    }
  }

  stopMonitorNetworkChanges() {
    // 当不使用该网络时,可以调用该对象的 unregister() 方法,取消订阅
    this.netConnetion!.unregister((err: BusinessError) => {
      console.log("NetManager log net unregister error" + JSON.stringify(err));
    });
    this.netConnetion = null;
  }
}

export default NetManager;
```

在 NetManager 类完成之后,在 Index.ets 文件中增加启动监听网络状态调用。

```
// entry/src/main/ets/pages/Index.ets
// 导入 NetManager 模块
import NetManager from '../utils/NetManager'
struct Index {
// ...
  build() {
    // ...
```

```
      Row() {
        // 开始网络状态监听
        Button('startMonitorNetworkChanges')
          .onClick(() => {
            NetManager.getInstance().startMonitorNetworkChanges();
          }).fontSize(12)
      }.height('4%')
    }
  }
```

在上述的代码完成之后，编译示例工程，并运行示例 App，单击"startMonitorNetwork-Changes"按钮，在 WiFi 网络环境中，打开及关闭 WiFi，图 10-12 是监听当前网络变化的输出日志。

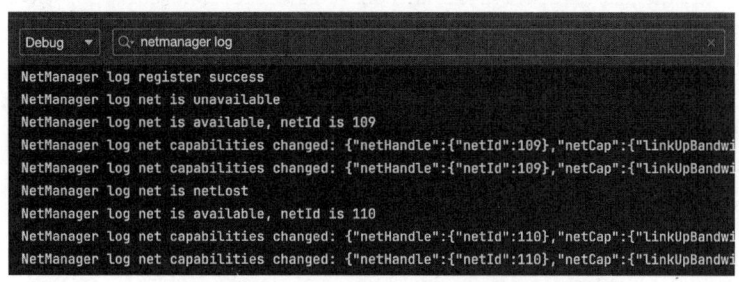

图 10-12　监听当前网络状态变化的输出日志

10.5.3　主动获得系统激活的网络类型

在 App 的功能实现时，一些依赖网络通信的工作会受到系统当前激活的网络类型的影响。比如，在线视频播放时，当前设备在使用移动网络时的视频质量要低于 WiFi 网络；预加载策略，当前设备在使用移动网络时预加载能力会关闭，或者预加载的任务数低于在 WiFi 网络中的数量。

在下面的示例中，基于 NetManager 类，增加主动获取系统激活的网络类型。

```
// entry/src/main/ets/utils/NetManager.ets
import connection from '@ohos.net.connection';
import { BusinessError } from '@ohos.base';

class NetManager {
  ..
  // 根据网络连接情况来判断网络类型
  static getNetBearerType() : String {
    // 是否连接网络
    const isHasDefaultNet = connection.hasDefaultNetSync()
    if (isHasDefaultNet) {
      return NetManager.getConNetCapabilities();
    } else {
      return '无网络';
```

```
      }
    }
    // 获取网络类型
    static getConNetCapabilities() {
      // 获取网络数据句柄
      const netHandle = connection.getDefaultNetSync()
      // 获取 netHandle 对应的网络的能力信息
      const netCap = connection.getNetCapabilitiesSync(netHandle)
      // 根据数组中的情况判断网络类型
      if (netCap.bearerTypes.includes(connection.NetBearType.BEARER_CELLULAR)) {
        return '蜂窝网络'
      } else if (netCap.bearerTypes.includes(connection.NetBearType.BEARER_WIFI)) {
        return 'WiFi 网络'
      } else if (netCap.bearerTypes.includes(connection.NetBearType.BEARER_ETHERNET)) {
        return '以太网网络'
      } else {
        return '未知网络'
      }
    }
}
export default NetManager
```

在 NetManager 类完成之后,在 Index.ets 文件中增加获取当前活动的网络类型的调用。

```
// entry/src/main/ets/pages/Index.ets
// 导入 NetManager 模块
import NetManager from '../utils/NetManager'
struct Index {
// ...
  build() {
    // ...
    Row() {
      // 主动当前活动网络类型
      Button('getNetType')
        .onClick(() => {
          console.log("NetManager log net Type:" + NetManager.getNetBearerType());
        }).fontSize(12)
    }.height('4%')
  }
}
```

上述的代码完成之后,编译示例工程,并运行示例 App,单击"getNetType"按钮,可直接获取当前系统激活的网络类型,如以太网、WiFi、蜂窝网络等。

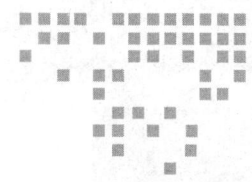

第 11 章　Chapter 11

网页浏览

在移动互联网时代，网页是信息的重要载体，大部分公开的信息均是以网页来承载的。因为网页的内容生成、内容展现及交互是基于标准实现的，所以在 App 中以网页的形式加载内容具备较好的扩展性和兼容性，内容的更新具备较好的灵活性和时效性。

鸿蒙系统提供了 ArkWeb 组件（本章以 Web 组件代指 ArkWeb 组件），用于在应用程序中显示网页内容，为开发者提供网页加载、交互、通信等能力。本章围绕 Web 组件的使用展开。

11.1 准备

本章以实例的方式进行讲解，新建一个全新的工程，基于该工程，完成网页加载及通信、交互等能力。

11.1.1 创建示例工程

在 DevEco Studio 的菜单栏上，依次单击"File → New → Create Project → Empty Ability"，在接下来出现的如图 11-1 所示的创建新工程界面中单击"Next"按钮。

在"Project name"文本框中输入工程名"WebView"，如图 11-2 所示，其他项使用默认，之后单击"Finish"按钮。

11.1.2 增加网络权限

在本章的内容中，会使用 Web 组件加载远端网页（存在其他设备中的网页），故需要配置 ohos.permission.INTERNET 网络访问权限，否则，远端设备中的网页将无法加载。在 module.json5 配置文件的 requestPermissions 标签中通过声明来设置网络权限。

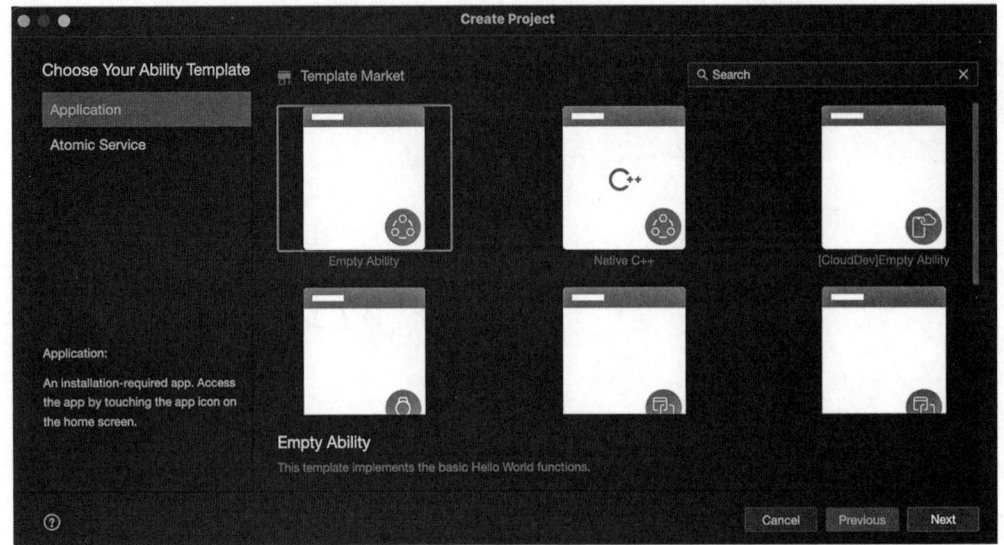

图 11-1 创建新工程

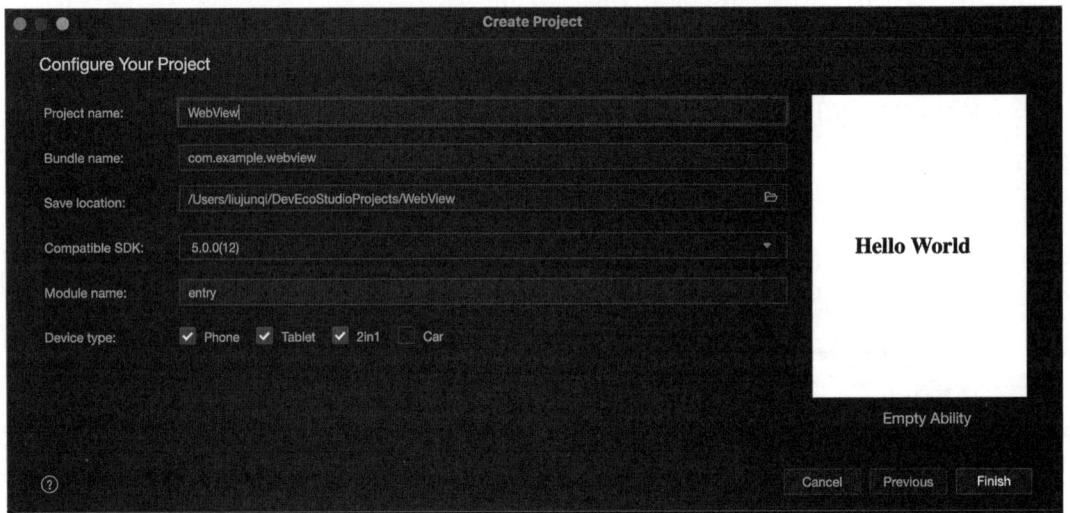

图 11-2 输入工程名

```
// entry/src/main/module.json5
{
  "module": {
    // ...
    // 权限请求
    "requestPermissions":[
      {
        "name" : "ohos.permission.INTERNET",
        "reason": "$string:use_net_reason",
        "usedScene": {
```

```
      "abilities": [
        "EntryAbility"
      ],
      "when":"inuse"
    }
  }
  ]
}
```

在 string.json 文件中增加 use_net_reason 字符串定义,在申请网络权限时该字符串作为原因说明被使用。

```
// entry/src/main/resources/base/element/string.json
{
  "name": "use_net_reason",
  "value": "webview 加载服务端网页 "
}
```

11.1.3 主体 UI 框架

整个实例会加载远端网页、本地网页和 html 数据,同时支持对当前浏览的网页进行前进、后退、刷新、通信等操作。下面先将实例的 UI 框架实现,修改 Index.ets 文件如下代码所示。

注意,本章的代码默认在 Index.ets 文件中实现,如无单独说明,则代码默认写在 entry/src/main/ets/pages/Index.ets 文件中。

```
// entry/src/main/ets/pages/Index.ets
import web_webview from '@ohos.web.webview';
import business_error from '@ohos.base';
import router from '@ohos.router';
import call from '@ohos.telephony.call';


@Entry
@Component
struct Index {
  webviewController: web_webview.WebviewController = new web_webview.
    WebviewController();
  // 数据通路
  ports: web_webview.WebMessagePort[] = [];
  @State sendFromEts: string = '发送这条消息从应用侧至网页侧';
  @State receivedFromHtml: string = '显示从网页侧发至应用侧的消息';

  build() {
    Column({ space: 8 }) {
      Row() {
        Button('远端网页')
          .onClick(() => {

          }).fontSize(12)
        Button('本地网页')
          .onClick(() => {
```

```
      }).fontSize(12)
      Button('HTMLData')
        .onClick(() => {

        }).fontSize(12)
    }.height('4%')

    Row() {
      Button(' 页面跳转 ')
        .onClick(() => {

        }).fontSize(12)
      Button(' 跨应用跳转 ')
        .onClick(() => {

        }).fontSize(12)
    }.height('4%')

    Row() {
      Button(' 加载 App 与网页通信网页 ').fontSize(12)
        .onClick(() => {

        }).fontSize(12)
      Button(' 调用 JS 代码 ').fontSize(12)
        .onClick(() => {

        }).fontSize(12)
      Button(' 传递 JS 代码 ').fontSize(12)
        .onClick(() => {

        }).fontSize(12)
    }.height('4%')

    Row() {
      Button(' 加载网页调用 App 网页 ')
        .onClick(() => {

        }).fontSize(12)
      Button(' 注册 ')
        .onClick(() => {

        }).fontSize(12)
      Button(' 刷新 ')
        .onClick(() => {

        }).fontSize(12)
    }.height('4%')

    Column() {
      // 展示接收到的来自网页侧的内容
      Text(this.receivedFromHtml).height('30%')
      // 输入框的内容发送到网页侧
      TextInput({ placeholder: ' 发送这个消息从应用侧到网页侧 ' })
        .onChange((value: string) => {
```

```
        this.sendFromEts = value;
    }).height('35%')
    Row() {
      Button(' 加载双向通信网页 ')
        .onClick(() => {

        }).fontSize(12)
      Button(' 创建数据通路 ')
        .onClick(() => {

        }).fontSize(12)
      Button(' 发送数据 ')
        .onClick(() => {

        }).fontSize(12)
    }.height('35%')
  }.height('12%')

  Row() {
    // 创建 Web 组件，默认加载空网页
    Web({ src: '', controller:
      this.webviewController })
  }.height('60%')

  Row() {
    Button(' 后退 ')
      .onClick(() => {

      }).fontSize(12)
    Button(' 前进 ')
      .onClick(() => {

      }).fontSize(12)
    Button(' 刷新 ')
      .onClick(() => {

      }).fontSize(12)
    Button('UA')
      .onClick(() => {

      }).fontSize(12)
  }.height('4%')
  }
 }
}
```

UI 框架效果如图 11-3 所示。

图 11-3　UI 框架效果

11.2　使用 Web 组件加载网页

本节会介绍如何使用 Web 组件加载不同类型的网页内容。根据网页数据来源，可以分为三种常用场景——加载远端网页、加载本地网页、加载 HTML 格式的文本数据。

11.2.1 加载远端网页

开发者在创建 Web 组件时，可指定默认加载的网页。在默认网页加载完成后，如果开发者需要变更此 Web 组件显示的远端网页，可以通过调用 loadUrl 接口加载指定的远端网页，loadUrl 接口的参数是远端网页的 URL。

基于示例工程，在实现用户单击远端网页的按钮时，通过 Web 组件的 loadUrl 接口加载 developer.huawei.com 网页。

```
Button(' 远端网页 ')
  .onClick(() => {
    try {
      //单击按钮时，通过 loadUrl，加载 developer.huawei.com
      this.webviewController.loadUrl('developer.huawei.com');
    } catch (error) {
      let e: business_error.BusinessError = error as business_error.BusinessError;
      console.error(`ErrorCode: ${e.code},  Message: ${e.message}`);
    }
  })
```

编译示例工程，并运行示例 App，单击"远端网页"按钮，展现 developer.huawei.com 网页，加载远端网页如图 11-4 所示。

11.2.2 加载本地网页

本地的网页，常用于 App 的关于页面、用户手册页面中，通过加载本地网页向用户展现 App 的相关内容。加载本地网页可使用 Web 组件的 loadUrl 接口，这时传入的参数类型为 Resouce。

下面的示例展示了加载本地网页的方法，如图 11-5 所示，右击"rawfile"目录，然后依次单击"New→File"，之后输入文件名"local"，在项目工程的 entry/src/main/resources/rawfile 目录（本章的示例 html 文件默认存放该录中）中，创建 local.html 文件。

local.html 文件内容如下，在该网页中展示 Hello World。

```
<!-- local.html -->
<!DOCTYPE html>
<html>
<head>
  <meta charset="UTF-8">
```

图 11-4　加载远端网页

```
    <meta name="viewport" content="width=device-width, initial-scale=1.0">
</head>
<body>
    <p>Hello World</p>
</body>
</html>
```

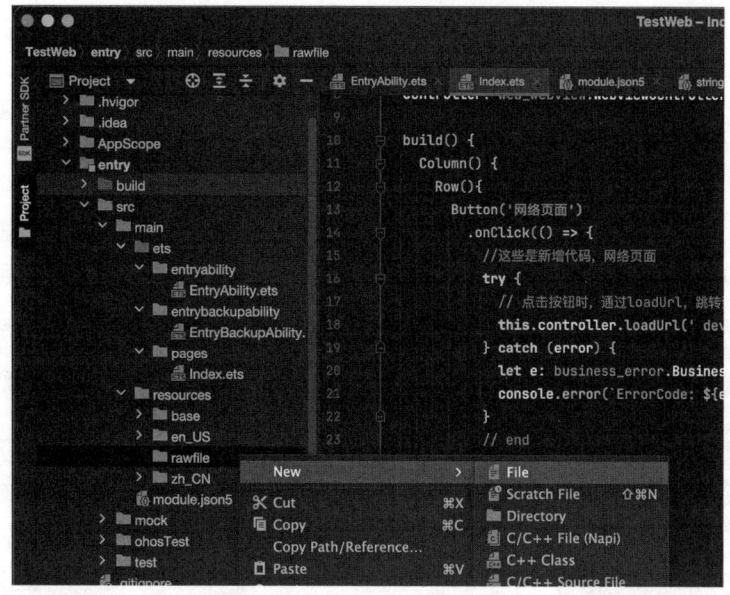

图 11-5　加载本地网页

在 Index.ets 文件中，增加对加载 local.html 文件的调用。

```
Button(' 本地网页 ')
  .onClick(() => {
    try {
      // 单击按钮时，通过 loadUrl，加载 local.html
      this.webviewController.loadUrl($rawfile("local.html"));
    } catch (error) {
      let e: business_error.BusinessError = error as business_error.BusinessError;
      console.error(`ErrorCode: ${e.code},  Message: ${e.message}`);
    }
  })
```

编译示例工程，并运行示例 App 之后，单击"本地网页"按钮，Web 组件加载展示 local.html，展示本地网页如图 11-6 所示。

11.2.3　加载 HTML 格式的文本数据

当开发者不需要加载整个网页，只需要显示一些网页片段时，可通过 Web 组件的 loadData() 接口实现加载 HTML 格式的文本数据。在 Index.ets 文件中增加以下代码。

```
Button('HTMLData')
```

```
  .onClick(() => {
    try {
      // 单击按钮时，通过 loadData，加载 HTML 格式的文本数据
      this.webviewController.loadData(
        "<html><body bgcolor=\"yellow\"></body></html>",  // htmldata
        "text/html",
        "UTF-8"
      );
    } catch (error) {
      let e: business_error.BusinessError = error as business_error.BusinessError;
      console.error(`ErrorCode: ${e.code},  Message: ${e.message}`);
    }
  })
```

编译示例工程，并运行示例 App，之后单击"HTMLData"按钮，加载 <html><body bgcolor=\"yellow\"></body></html>，网页的背景色变为黄色，展示 HTMLData 如图 11-7 所示。

图 11-6　展示本地网页

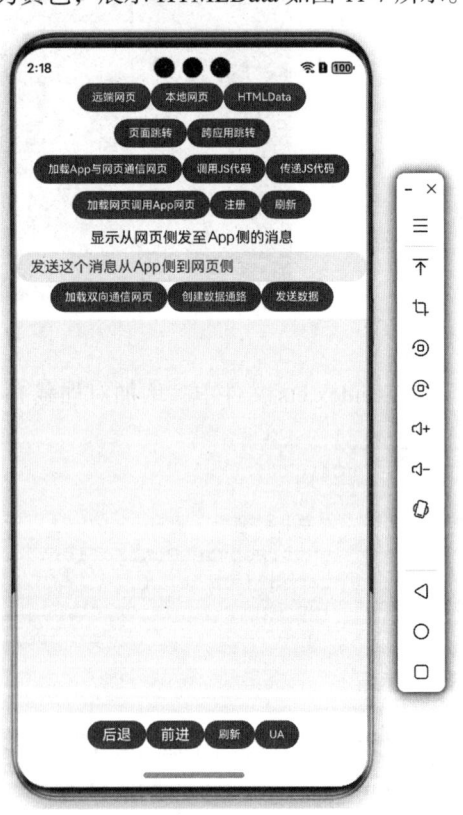

图 11-7　展示 HTMLData（见彩插）

11.3　管理网页跳转及浏览记录导航

Web 组件能够在用户单击网页链接时自动打开并加载目标网址，同时记录访问历史，

并提供接口进行历史记录控制。

11.3.1 历史记录导航

当网页中的链接被单击时，Web 组件默认会自动打开并加载目标网址，同时会自动记录已经访问的网页地址。如需要对浏览的历史进行操作，可以通过 forward() 和 backward() 接口向前/向后浏览上一个/下一个历史记录。

下面的示例为 Web 组件历史记录的前进与后退控制，在 Index.ets 文件中实现。

```
Button('后退')
  .onClick(() => {
    //如果可以后退,则后退
    if (this.webviewController.accessBackward()) {
      this.webviewController.backward();
    }
  })
Button('前进')
  .onClick(() => {
    //如果可以前进,则前进
    if (this.webviewController.accessForward()) {
      this.webviewController.forward();
    }
  })
```

上面的代码并没有加载网页，编译示例工程，并运行示例 App 后，单击"远端网页"按钮，进行网页浏览及单击链接进入其他页面，之后再单击"前进"或"后退"按钮，可按历史记录实现网页加载导航。

上面的代码中，在单击"前进"或"后退"按钮时，先对当前的可操作状态进行判断，之后再执行具体的代码。如果当前历史中存在可后退的记录，则 accessBackward() 接口会返回 true。如果当前历史中存在可前进的记录，则 accessForward() 接口会返回 true。在 App 中，通常会使用 accessBackward() 和 accessForward() 来更新按钮的可交互状态。

11.3.2 网页刷新

网页在加载过程中，因网络问题存在加载不成功的情况，或者网页打开长时间后，内容有更新。这时需要调用 refresh() 接口来主动请求更新该网页。

在 Index.ets 文件中增加以下代码，可实现网页刷新控制。

```
Button('刷新')
  .onClick(() => {
    this.webviewController.refresh();
  })
```

11.3.3 页面跳转

当网页中需要打开 App 中的页面时（如页面调起 App 中的登录），可以通过使用 Web

组件的 onLoadIntercept() 接口来实现。onLoadIntercept 接口主要用于处理网页资源加载被拦截时的相关逻辑，在加载网页中的资源时，Web 组件会依次调用该接口，在 App 中响应，并根据资源信息实现具体的网页资源加载及拦截逻辑。

在下面的示例中，单击网页中的超链接可跳转到 App 的页面，具体分为四步。

第一步，在 rawfile 目录下新建 page_route.html 文件，并实现代码，page_route.html 文件可以是远端网页，在本示例中以本地网页的方式加载，代码如下。

```html
<!-- page_route.html -->
<!DOCTYPE html>
<html>
<head>
  <meta charset="UTF-8">
  <meta name="viewport" content="width=device-width, initial-scale=1.0">
</head>
<body>
  <a href="jumptopage://pages/SettingCenterPage">设置中心</a>
</body>
</html>
```

第二步，新建 SettingCenterPage.ets 文件，代码如下。

```
// entry/src/main/ets/pages/SettingCenterPage.ets
@Entry
@Component
struct SettingCenterPage {
  @State message: string = '这是设置中心页面';
  build() {
    Column() {
      Text(this.message)
        .fontSize(26)
    }
  }
}
```

第三步，在示例的 main_pages.json 文件中，增加 SettingCenterPage 页面的路由配置，代码如下。

```
// entry/src/main/resources/base/profile/main_pages.json
{
  "src": [
    "pages/Index",
    "pages/SettingCenterPage" // 新增
  ]
}
```

第四步，在 Index.ets 文件中增加两处代码，分别是加载 page_route.html、响应 Web 的 onLoadIntercept 事件并通过页面路由的方式实现页面跳转，代码如下。

```
// 第一处代码，加载页面跳转网页
Button('页面跳转')
  .onClick(() => {
```

```
// 资源文件 page_route.html 存放路径 src/main/resources/rawfile
    this.webviewController.loadUrl($rawfile("page_route.html"));
  })

// 第二处代码
Web({ src: '', controller: this.webviewController})
  .onLoadIntercept((event) => {
    if (event) {
      let url: string = event.data.getRequestUrl();
      // 如果是页面跳转指令
      if (url.indexOf('jumptopage://') === 0) {
        // 跳转其他界面
        router.pushUrl({ url:url.substring(13) })
        return true;
      }
    }
    return false;
  })
```

在上述的代码完成之后，编译示例工程，并运行示例App，单击"页面跳转"按钮，加载 page_route.html 网页。之后单击网页中的"设置中心"链接，页面跳转至 SettingCenterPage 页面，页面跳转如图 11-8 所示。

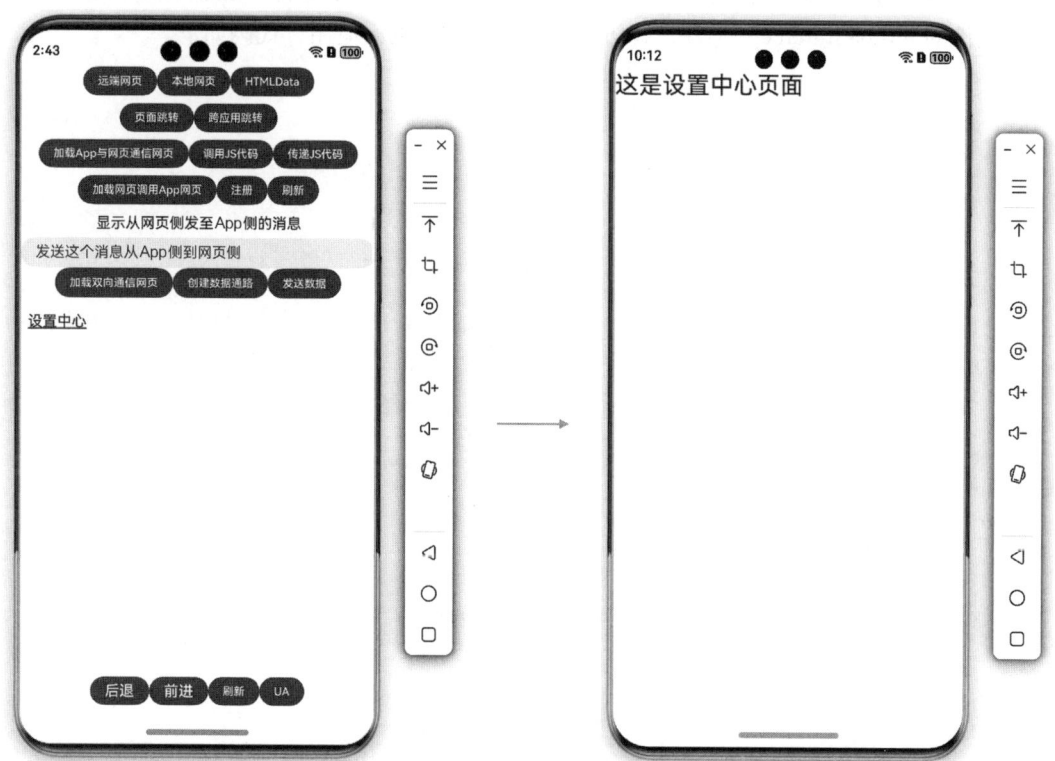

图 11-8　页面跳转

11.3.4 跨应用跳转

当网页中的链接需要跳转到其他应用时,也是通过响应 Web 组件的 onLoadIntercept() 接口来实现。

在下面的示例中,点击网页中的超链接,可跳转至电话应用中,具体分为两步。

第一步,在 rawfile 目录下新建 call.html 文件,在 call.html 文件中实现 tel 协议,该协议可指定电话号码,用于调起电话应用拨打电话,代码如下。

```html
<!-- call.html -->
<!DOCTYPE html>
<html>
<head>
  <meta charset="UTF-8">
  <meta name="viewport" content="width=device-width, initial-scale=1.0">
</head>
<body>
  <a href="tel://xxxxxxxxxx">拨打电话</a></body>
</html>
```

第二步,在 Index.ets 文件中增加两处代码,响应按钮单击事件,加载 call.html 和响应 Web 组件的 onLoadIntercept 事件,解析电话号码,调起电话应用,代码如下。

```
// 第一处代码
Button(' 跨应用跳转 ')
  .onClick(() => {
    try {
      // 单击按钮时,通过 loadUrl,加载 call.html
      this.webviewController.loadUrl($rawfile("call.html"));
    } catch (error) {
      let e: business_error.BusinessError = error as business_error.BusinessError;
      console.error(`ErrorCode: ${e.code},  Message: ${e.message}`);
    }
  })

// 第二处代码
Web({ src: '', controller: this.webviewController})
  .onLoadIntercept((event) => {
    if (event) {
      let url: string = event.data.getRequestUrl();
      // 如果是 tel 协议
      if (url.indexOf('tel://') === 0) {
        // 跳转拨号界面
        call.makeCall(url.substring(6), (err) => {
          if (!err) {
            console.info('make call succeeded.');
```

```
            } else {
                console.info('make call fail, err is:' + JSON.stringify(err));
            }
        });
        return true;
    }
    return false;
})
```

上述的代码完成之后，编译示例工程，并运行示例App，单击"跨应用跳转"按钮，加载call.html网页。之后单击网页中的"拨打电话"链接，在示例App中调起电话App，跨应用跳转如图11-9所示。注意，在现阶段下，该功能需要在真机环境才有效。

11.4 应用侧与网页的通信

在App开发过程中，经常需要应用侧（App中非网页部分）与网页（或网页侧，即App中的网页部分，与应用侧对应）的通信，Web组件提供了多种通信的方式，本节将一一介绍。

11.4.1 应用侧通过Java Script与网页通信

在应用侧，如需要与当前加载的网页进行通信，可以通过Web组件提供的runJavaScript()方法来实现，主要分为两种。

- 第一种：在网页侧实现函数，在应用侧调用，常见于应用侧调用网页中的能力。
- 第二种：应用侧向网页传递Java Script代码，在网页侧调用，常见于在应用侧扩展网页中的能力。

图11-9 跨应用跳转

下面的示例将通过以上两种方式实现应用侧与网页的通信，共分为两部分。

第一部分，在rawfile目录下新建app_to_page.html文件，展现一组文字，默认为黑色。在文件中提供改变字体颜色的函数appJSCallFun()，该函数可由应用侧调用，同时实现一个按钮，在按钮点击时执行 changeColor() 函数，其中 changeColor() 函数的实现代码由应用侧传递，整体代码如下。

```html
<!-- app_to_page.html -->
<!DOCTYPE html>
<html>
<head>
  <meta charset="UTF-8">
  <meta name="viewport" content="width=device-width, initial-scale=1.0">
</head>
<body>
<button type="button" onclick="callArkTS()">调用 App 传递的 JS 代码</button>
<h1 id="text">这是一个测试网页，默认字体为黑色，单击 App 中的调用 JS 代码按钮单击后文字会变成绿色，App 中的传递 JS 代码按钮单击后，单击调用 App 传递的 JS 代码按钮文字会变成红色</h1>
<script>
  // 函数可由 App 调用
  function appJSCallFun() {
    document.getElementById('text').style.color = 'green';
  }
  // changeColor 函数代码由 App 传递。
  function callArkTS() {
    changeColor();
  }
</script>
</body>
</html>
```

第二部分，在 Index.ets 文件中增加三处代码。

第一处为加载 app_to_page.html 网页（第一部分中创建的网页），当"加载 App 与网页通信网页"按钮被单击时，Web 组件加载该网页。

```
Button('加载 App 与网页通信网页')
  .onClick(() => {
    this.webviewController.loadUrl($rawfile("app_to_page.html"));
  })
```

第二处为调用网页中的 appJSCallFun() 函数（当"调用 JS 代码"按钮被单击时调用），实现前面提到的第一种通信方式。

```
Button('调用 JS 代码')
  .onClick(() => {
    this.webviewController.runJavaScript('appJSCallFun()');
  })
```

第三处为向网页传递 JS 代码（当"传递 JS 代码"按钮被单击时调用），实现前面提到的第二种通信方式。

```
    Button('传递 JS 代码')
      .onClick(() => {
        this.webviewController.runJavaScript(`function changeColor(){document.
          getElementById('text').style.color = 'red'}`);
      })
}.height('4%')
```

上述的代码完成之后，编译示例工程，并运行示例 App，单击"加载 App 与网页通信网页"按钮，加载 app_to_page.html 网页文件，加载网页如图 11-10 所示。这时可分别使用上述的两种方式与网页进行通信。

- 第一种方式：单击"调用 JS 代码"按钮，在应用侧调用网页的 JavaScript 函数，网页中的文字颜色会变为绿色，调用 JS 与网页通信如图 11-11 所示。
- 第二种方式：单击"传递 JS 代码"按钮，应用侧向网页传递 JavaScript 代码，之后单击网页中"调用 App 传递的 JS 代码"按钮，在网页中执行应用侧传递的代码，网页中的文字颜色会变为红色，传递 JS 与网页通信如图 11-12 所示。

图 11-10　加载网页

图 11-11　调用 JavaScript 与网页通信（见彩插）

11.4.2 网页调用应用侧实例方法

Web 组件支持将应用侧代码注册到网页中，注册完成之后，网页中使用注册的对象名称就可以调用应用侧的函数，实现在网页中调用应用侧的能力。

将应用侧代码注册到网页中有两种方式。
- 第一种：在 Web 组件初始化完成后，调用 javaScriptProxy() 接口。
- 第二种：在 Web 组件初始化完成后，调用 registerJavaScriptProxy() 接口。

本小节的示例将通过以上两种方式实现将应用侧代码注册到网页中，并由网页调用，共分为两部分。

第一部分，在 rawfile 目录下新建 page_to_app.html 文件，调用应用侧注册的实例方法，代码如下：

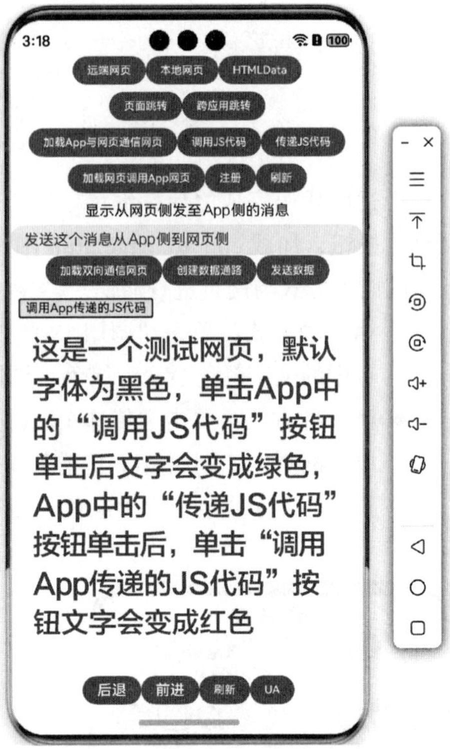

图 11-12 传递 JavaScript 与网页通信（见彩插）

```html
<!-- page_to_app.html -->
<!DOCTYPE html>
<html>
<head>
  <meta charset="UTF-8">
  <meta name="viewport" content="width=device-width, initial-scale=1.0">
  <style>
    .button-container {
      display: flex;
      flex-direction: column;
    }
  </style>
</head>
<body>
<div class="button-container">
  <button type="button" onclick="callArkTSClass()">调用 javaScriptProxy 注册的实例方法 </button>
  <button type="button" onclick="callArkTSClassR()">调用 registerJavaScriptProxy 注册的实例方法 </button>
</div>
<p id="outstr"></p>
<script>
  function callArkTSClass() {
    let str = appSideClassObjName.hello();
    document.getElementById("outstr").innerHTML = str;
  }
```

```
    function callArkTSClassR() {
      let str = appSideClassObjNameR.helloR();
      document.getElementById("outstr").innerHTML = str;
    }
  </script>
  </body>
</html>
```

第二部分将通过两种不同的注册方式实现将应用侧实例方法注册到网页中。

下面的代码使用第一种注册方式 javaScriptProxy() 接口,在 Web 组件初始化时将 AppSideClass 的 hello() 方法注册到网页里,使该函数能够在网页中被调用。基于示例的 UI 框架,需要添加四处代码,以下为在 Index.ets 文件中的代码实现。

```
// 第一处代码,定义 AppSideClass 类
class AppSideClass {
  constructor() {
  }
  hello(): string {                    // 可响应网页侧的调用
    return '来自应用侧的 hello';
  }
  helloR(): string {                   // 可响应网页侧的调用
    return '来自应用侧的 hello R';
  }
}

struct Index {
  // 第二处代码,在 Index 页面中增加属性
  @State appSideClassObj: AppSideClass = new AppSideClass();

// 第三处代码,增加调用
Button('加载网页调用 App 网页')
  .onClick(() => {
    this.webviewController.loadUrl($rawfile("page_to_app.html"));
  })

// 第四处代码
Web({ src: '', controller: this.webviewController})
  // 将对象注入到 web 端
  .javaScriptProxy({
    object: this.appSideClassObj,       // 实例
    name: "appSideClassObjName",        // name 在网页侧调用时使用
    methodList: ["hello"],              // 可响应的函数列表
    controller: this.webviewController
  })
}
```

使用 javaScriptProxy() 接口的注册方式在 Web 组件创建时就会自动调用,而 registerJavaScriptProxy() 接口的注册方式则需要手动调用。下面的代码使用 registerJavaScriptProxy() 接口将 AppSideClass 的 helloR() 方法注册到网页里,使该函数能够在网页中被调用。这需要

分两步，分别为注册和刷新。基于前面的代码，在 Index.ets 文件中增加注册及刷新的实现。

```
Button(' 注册 ')
  .onClick(() => {
    try {
      this.webviewController.registerJavaScriptProxy(this.appSideClassObj,
        "appSideClassObjNameR", ["helloR"]);
    } catch (error) {
      let e: business_error.BusinessError = error as business_error.BusinessError;
      console.error(`ErrorCode: ${e.code},  Message: ${e.message}`);
    }
  })
Button(' 刷新 ')
  .onClick(() => {
    try {
      this.webviewController.refresh();
    } catch (error) {
      let e: business_error.BusinessError = error as business_error.BusinessError;
      console.error(`ErrorCode: ${e.code},  Message: ${e.message}`);
    }
  })
```

上述代码完成之后，编译示例工程，并运行示例 App，单击"加载网页调用 App 网页"按钮，加载 page_to_app.html 网页，这时网页中包含两个按钮，如图 11-13 所示，单击这两个按钮，可以调用自动注册及手动注册的应用侧实例方法。

- 调用自动注册的应用侧实例方法：单击网页中的"调用 javaScriptProxy 注册的实例方法"按钮，这时调用应用侧的 hello 函数，获取输出的内容，在网页中展示"来自应用侧的 hello"，调用自动注册的实例方法效果如图 11-14 所示。
- 调用手动注册的应用侧实例方法：先依次单击应用侧的"注册"和"刷新"按钮。之后单击网页中的"调用 register-JavaScriptProxy 注册的实例方法"按钮，这时调用应用侧的 hello R 函数，获取输出的内容，在网页中展示"来自应用侧的 hello R"，调用手动注册的实例方法效果如图 11-15 所示。

图 11-13　加载网页（网页中包含两个按钮）

图 11-14　调用自动注册的实例方法效果　　　　图 11-15　调用手动注册的实例方法效果

11.4.3　建立应用侧与网页之间的数据通路

前面两节介绍的通信方式为单向方式，本小节介绍双向的通信方式。应用侧和网页之间可以用 createWebMessagePorts() 接口创建消息端口来实现双向的通信。

在下面的示例中，应用侧通过 createWebMessagePorts() 接口创建消息端口，再把其中一个端口通过 postMessage() 接口发送到网页，便可以在网页和应用侧之间互相发送消息。

在应用侧需要实现五个组件，分别为：

- 文本框：展示接收到的来自网页侧的内容。
- 输入框：输入内容，输入框中的内容可发至网页侧。
- 加载双向通信网页按钮：加载与应用侧匹配的、实现双向通讯的网页，该网页的文件名为 communication.html。
- 创建数据通路按钮：初始化数据通路的端口，用于双向通信。
- 发送数据按钮：应用侧使用数据通路，向网页侧发送数据（网页侧向应用侧发送数据及相关按钮在 communication.html 中实现）。

```
struct Index {
  ports: web_webview.WebMessagePort[] = [];
  @State sendFromEts: string = '发送这条消息从应用侧至网页侧';
  @State receivedFromHtml: string = '显示从网页侧发至应用侧的消息';
  build() {
    // 数据通路
    Column() {
      // 展示接收到的来自网页侧的内容
      Text(this.receivedFromHtml).height('30%')
      // 输入框的内容发送到网页侧
      TextInput({placeholder: '发送这个消息从应用侧到网页侧'})
        .onChange((value: string) => {
          this.sendFromEts = value;
        }).height('35%')
      Row() {
        // 该内容可以放在 onPageEnd 生命周期中调用
        Button('加载双向通信网页')
          .onClick(() => {
            this.webviewController.loadUrl($rawfile("communication.html"))
          }).fontSize(12)
        Button('创建数据通路')
          .onClick(() => {
            try {
              // 调用 webviewController 的方法创建 Web 消息端口，并将结果存储在 this.ports 中
              this.ports = this.webviewController.createWebMessagePorts();
              // 为 this.ports 中的第二个端口添加消息事件处理函数
              this.ports[1].onMessageEvent((result: web_webview.WebMessage) => {
                // 如果收到网页侧发出的数据
                let msg = '收到网页侧发出的消息：';
                // 如果数据的类型是字符串
                if (typeof (result) === 'string') {
                  console.info(`从网页侧收到字符串消息：${result}`);
                  msg = msg + result;
                } else {
                  console.info('不支持的数据类型');
                }
                // 更新 receivedFromHtml, Text 组件更新内容
                this.receivedFromHtml = msg;
              })
              // 使用 webviewController 向网页发送 '__init_port__' 消息，并附带第一个端口，
              // 网页侧收到后可记录该端口，用于通信
              this.webviewController.postMessage('__init_port__',
                [this.ports[0]], '*');
            } catch (error) {
              let e: business_error.BusinessError = error as business_error.
                BusinessError;
              console.error(`ErrorCode: ${e.code}, Message: ${e.message}`);
            }
          }).fontSize(12)
        // 使用应用侧的端口给另一个已经发送到 html 的端口发送消息
```

```
        Button(' 发送数据 ')
          .onClick(() => {
            try {
              // 如果 this.ports 存在且其中的第二个端口存在
              if (this.ports && this.ports[1]) {
                // 通过第二个端口发送 this.sendFromEts 消息
                this.ports[1].postMessageEvent(this.sendFromEts);
              } else {
                console.error(`端口没有初始化`);
              }
            } catch (error) {
              let e: business_error.BusinessError = error as business_error.
                BusinessError;
              console.error(`ErrorCode: ${e.code},  Message: ${e.message}`);
            }
          }).fontSize(12)
      }.height('35%')
    }.height('12%')
}
```

对应的网页代码，实现网页与应用之间的消息通信功能：
- 首先是在网页中创建一个用于输入消息的输入框，以及一个"发送消息到 App"的按钮。单击按钮时，调用 PostMsgToApp 函数，将输入框中的值发送给应用。
- 其次是为窗口添加 message 事件监听，当接收到来自应用的特定标识 __init_port__ 且其附带的 ports 数组的第一个元素不为空时，将该端口保存到 h5Port 变量，并为其添加 onmessage 事件监听。当应用通过该端口发送消息到网页时，根据消息类型进行处理。
- 最后是实现 PostMsgToApp 函数，用于向应用发送消息，但只有在 h5Port 存在时，才执行发送操作，否则输出错误提示。

```html
<!-- communication.html -->
<!DOCTYPE html>
<html>
<head>
  <meta charset="UTF-8">
  <meta name="viewport" content="width=device-width, initial-scale=1.0">
  <style>
    #msgFrom{
      width: 300px;
    }
  </style>
</head>
<body>
<div>
  <input type="button" value=" 发送消息到 App" onclick="PostMsgToApp(msgFrom.
    value);"/><br/>
  <input id="msgFrom" type="text" value=" 这条消息是从网页侧到应用侧 "/><br/>
```

```html
    </div>
    <p class="output">显示从应用侧发送的消息</p>
</body>
<script>
    // 声明一个变量h5Port，用于存储从应用侧发送过来的端口
    var h5Port;
    // 获取网页中class为"output"的元素
    var output = document.querySelector('.output');
    // 为窗口添加message事件监听
    window.addEventListener('message', function (event) {
        // 如果接收到的数据为'__init_port__'
        if (event.data === '__init_port__') {
            // 并且事件的ports数组的第一个元素不为空
            if (event.ports[0] !== null) {
                // 将第一个端口保存到h5Port变量中
                h5Port = event.ports[0];
                // 为h5Port添加onmessage事件监听，用于接收从ets侧发送过来的消息
                h5Port.onmessage = function (event) {
                    // 当应用侧有发送过来新的消息时
                    var msg = '收到消息从应用侧:';
                    var result = event.data;
                    if (typeof(result) === 'string') {
                        console.info(`从应用侧收到的字符串消息：${result}`);
                        msg = msg + result;
                    } else {
                        console.info('不支持');
                    }
                    output.innerHTML = msg;
                }
            }
        }
    })
    // 定义PostMsgToApp函数，用于通过h5Port向应用侧发送消息
    function PostMsgToApp(data) {
        // 如果h5Port存在
        if (h5Port) {
            // 使用postMessage方法发送数据
            h5Port.postMessage(data);
        } else {
            // 输出错误提示
            console.error('数据通路为空，请初始化');
        }
    }
</script>
</html>
```

上述的代码完成之后，编译示例工程，并运行示例App单击"加载双向通信网页"按钮，加载communication.html。之后依次单击应用侧的"创建数据通路"按钮和"发送数据"按钮，这时网页的下方会显示"收到消息从应用侧：发送这条消息从应用侧至网页

侧"。单击网页中的"发送消息到 App"按钮，应用侧会显示"收到网页侧发出的消息：这条消息是从页面侧到应用侧"。其中消息内容可以在应用侧及网页中的输入框中修改。

数据通路如图 11-16 所示，分别为网页初始状态、应用侧向网页发数据和网页向应用侧发数据后的状态。

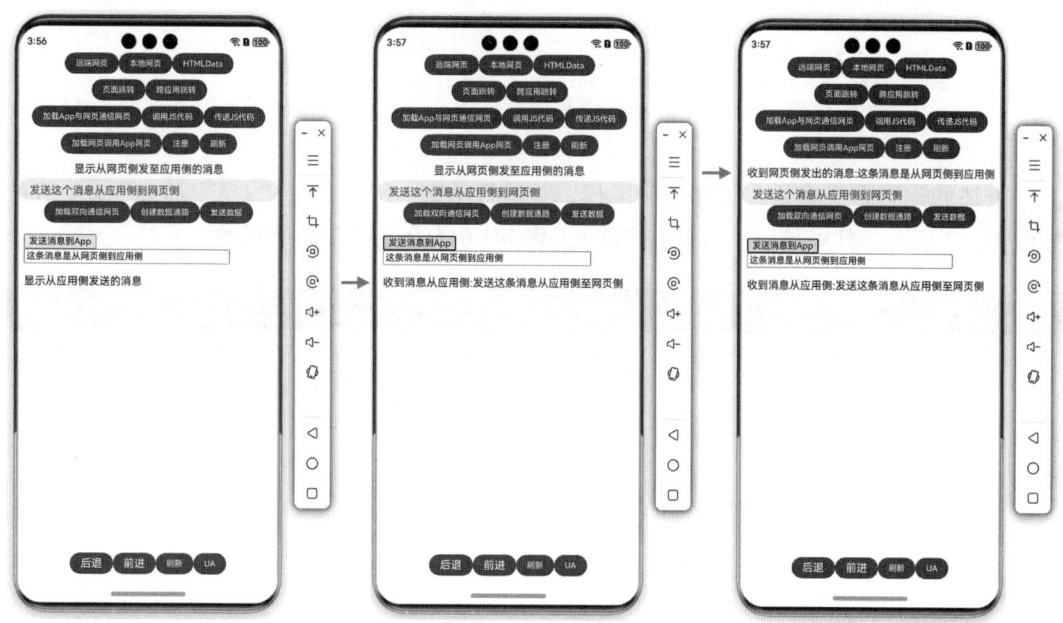

图 11-16　数据通路

11.5　默认 UserAgent 定义

UserAgent（UA）信息常被网页获取，用于识别客户端的浏览内核的信息，以进行适配。从 API version 11 起，Web 组件默认的 UserAgent 定义如下：Mozilla/5.0 ({deviceType}; {OSName} {OSVersion}) AppleWebKit/537.36 (KHTML, like Gecko) Chrome/114.0.0.0 Safari/537.36 ArkWeb/{ArkWeb VersionCode} {Mobile}，其中的字段说明如表 11-1 所示。

表 11-1　UA 字段说明

字段	含义	备注
deviceType	设备类型	通过系统参数 const.product.devicetype 映射得到
OSName	发行版操作系统名称	通过系统参数 const.product.os.dist.name 得到
OSVersion	发行版操作系统版本	通过系统参数 const.ohos.fullname 解析版本号得到
ArkWeb VersionCode	ArkWeb 版本号	—
Mobile（可选）	是否是手机设备	—

下面的示例实现 UA 增加 App 信息，具体的实现：首先读取 Web 组件默认的 UA 信息，之后再给 UA 增加 App 的信息，最后更新 Web 组件的 UA 信息。

```
Button('UA')
  .onClick(() => {
    const userAgent = this.webviewController.getUserAgent();
    console.info(`ArkWebUA is ${userAgent}`);
    const customUA = userAgent + ' testWeb/1.0';
    this.webviewController.setCustomUserAgent(customUA);
    console.info(`CustomUA is ${this.webviewController.getCustomUserAgent()}`);
  })
```

上述的代码完成之后，编译示例工程，并运行示例 App，单击"UA"按钮，UA 信息如图 11-17 所示，其中最后一条日志中的 testWeb/1.0 为自定义 UA 所新增。

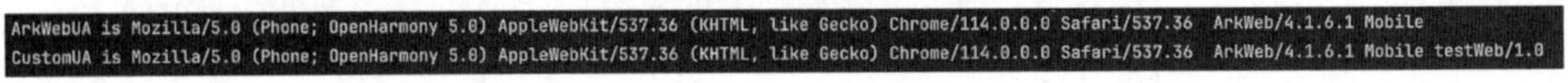

```
ArkWebUA is Mozilla/5.0 (Phone; OpenHarmony 5.0) AppleWebKit/537.36 (KHTML, like Gecko) Chrome/114.0.0.0 Safari/537.36 ArkWeb/4.1.6.1 Mobile
CustomUA is Mozilla/5.0 (Phone; OpenHarmony 5.0) AppleWebKit/537.36 (KHTML, like Gecko) Chrome/114.0.0.0 Safari/537.36 ArkWeb/4.1.6.1 Mobile testWeb/1.0
```

图 11-17　UA 信息

第 12 章 多媒体使用

现阶段,在智能移动设备中麦克风与摄像头等设备已然广泛普及。这使得图像、音频以及视频等多媒体内容的创作与使用变得轻而易举。App 不仅是多媒体内容的生产者,更是内容的消费者,借助丰富多样的多媒体资源来充实自身内容,为用户带来更精彩的体验。

鸿蒙系统在多媒体内容处理方面为开发者提供了较好的支持。本章内容将详细阐述如何在鸿蒙系统中使用图像、音频以及视频内容,包括从基础的资源加载、编辑处理及功能整合等多方面的知识。

12.1 准备

本章以实例的方式进行讲解。在客户端中,新建一个全新的工程,基于该工程,完成图像、音频及视频等相关能力的实践。

12.1.1 创建示例工程

在 DevEco Studio 的菜单栏上,依次单击"File → New → Create Project → Empty Ability",在接下来出现的如图 12-1 所示的创建新工程界面中单击"Next"按钮。

在"Project name"文本框中输入工程名"Multimedia",如图 12-2 所示,其他项使用默认,之后单击"Finish"按钮。

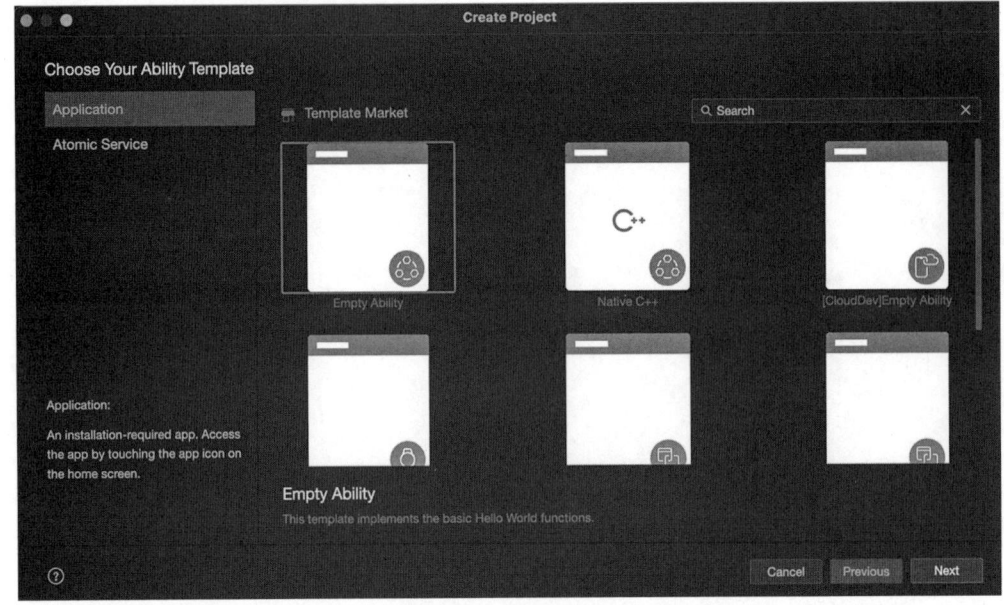

图 12-1　创建新工程

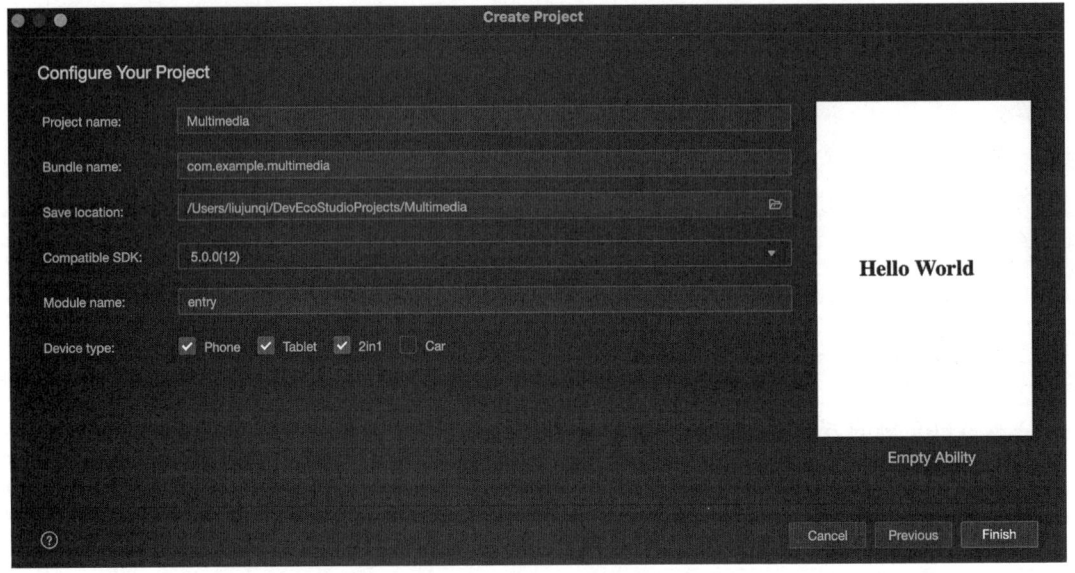

图 12-2　输入工程名

12.1.2　主体 UI 框架

整个示例会实现图片的加载、展示、编辑等操作，支持从媒体库中选择图像及视频和使用相机选择器拍照及录制视频，也会实现音频及视频播放的能力封装。先在 Index.ets 文件中提前实现与该示例有关的 UI 框架，然后在每节中完成具体的代码编写。Index.ets 文件的代码如下。

```
// entry/src/main/ets/pages/Index.ets
import { router } from '@kit.ArkUI';

@Entry
@Component
struct Index {
  build() {
    Column({ space: 10 }){
      Row() {
        // 图像编辑，图像展现及处理相关示例
        Button('ImageEdit')
          .onClick(() => {

          }).fontSize(12)
      }.height('4%')

      Row() {
        // 照片选择，从相册
        Button('PhotoSelect')
          .onClick(() => {

          }).fontSize(12)
      }.height('4%')

      Row() {
        // 拍照
        Button('CameraSelect')
          .onClick(() => {

          }).fontSize(12)
      }.height('4%')

      Row() {
        // 音频播放，使用 AVPlayer
        Button('AVAudioPlay')
          .onClick(() => {

          }).fontSize(12)
      }.height('4%')

      Row() {
        // 视频播放，使用 Vidoe 组件
        Button('VideoPlay')
          .onClick(() => {

          }).fontSize(12)
        // 视频播放，使用 AVPlayer
```

```
            Button('AVVideoPlay')
              .onClick(() => {

              }).fontSize(12)
          }.height('4%')
        }
        .height('100%')
        .width('100%')
      }
    }
```

UI 框架的实现效果如图 12-3 所示，之后在每节中实现具体的示例代码。

12.2 图像基础操作

在应用研发的过程中，图像处理属于较为常见的操作行为，像查看照片、编辑照片以及分享照片这些应用场景，都离不开相应的图像处理功能。鸿蒙系统提供了一系列与图像处理相关的组件和类，借助这些组件和类，开发者能够更加便捷、高效地开展图像处理工作，从而实现多样化的图像功能，以满足不同应用场景下用户对于图像的操作需求。

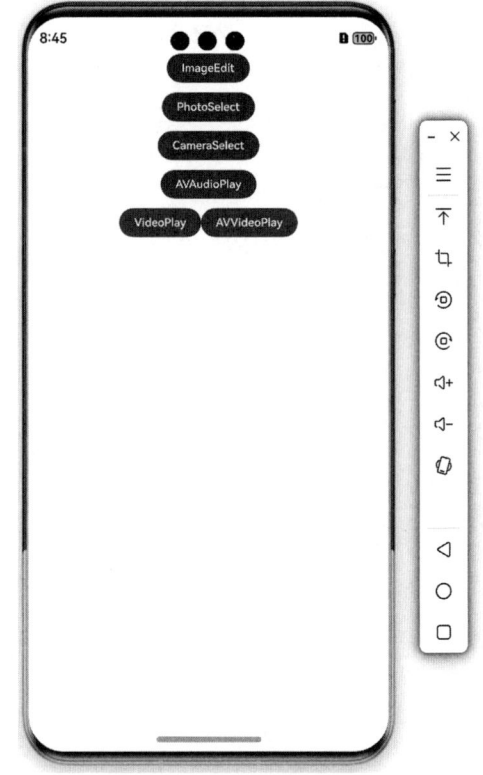

图 12-3 UI 框架的实现效果

12.2.1 Image 组件

在应用的开发过程中，常常存在需要在应用界面上展示图片的情况，比如在按钮中显示 icon 图标、展示从网络获取的图片、呈现本地存储的图片等。若要在应用中实现图片的显示功能，可以使用 Image 组件来完成。Image 组件支持多种常见的图片格式，包括了 png、jpg、bmp、svg、gif 以及 heif 等。

在使用 Image 组件时，需要传入图片源信息，接口定义如下所示。

```
Image(src: PixelMap | ResourceStr | DrawableDescriptor)
```

该接口通过图片数据源获取图片，支持本地图片和网络图片的渲染展示。其中，src 是图片的数据源，因为数据源不同，所以使用的方式略有不同，如下所示为当 src 为 ResourceStr 时，使用不同数据源的说明。

- 加载本地资源：如 Image('images/test.jpg')，路径以 ets 为相对根目录。
- Resource 资源：如 Image($r('app.media.test'))。
- rawfile 资源：如 Image($rawfile('test.jpg'))，路径以 rawfile 为相对根目录。

- 加载网络资源：如 Image('https://www.example.com/example.jpg')，引入网络图片需申请权限 ohos.permission.INTERNET。
- 媒体库的文件：如 Image('file://media/Photo/1167/IMG_1733391477_1107/IMG_20241205_173617.jpg')，支持加载通过图库选择器选择的图片路径。
- base64：格式为 data:image/[png|jpeg|bmp|webp|heif]; base64, [base64 data]，其中 [base64 data] 为 Base64 字符串数据。

1. 属性设定

Image 组件除了支持组件的通用属性设定之外，还提供了一些与图片显示相关的属性，给 Image 组件设置属性可以使图片更灵活地显示，从而达到一些自定义的效果。

1）设置图片缩放类型：通过 objectFit 属性设置图片在 Image 组件中展示的缩放类型，参数为 ImageFit 枚举，主要为以下 6 种类型，缩放类型及效果如图 12-4 所示。
- None：保持图像的原始尺寸，并将其显示在中心位置。
- Contain：此模式会保持图像的宽高比并进行缩放（缩小或放大），以确保图像能完整显示在组件内。
- Cover：保持图像宽高比并进行缩放操作，以确保图像的两边都大于或等于组件的宽高。
- Auto：实现自适应显示功能。
- Fill：对图像进行缩放（放大或缩小），但不保持宽高比，图像填满整个组件。
- ScaleDown：保持图像宽高比并进行显示，图像只会缩小或者保持原有大小。

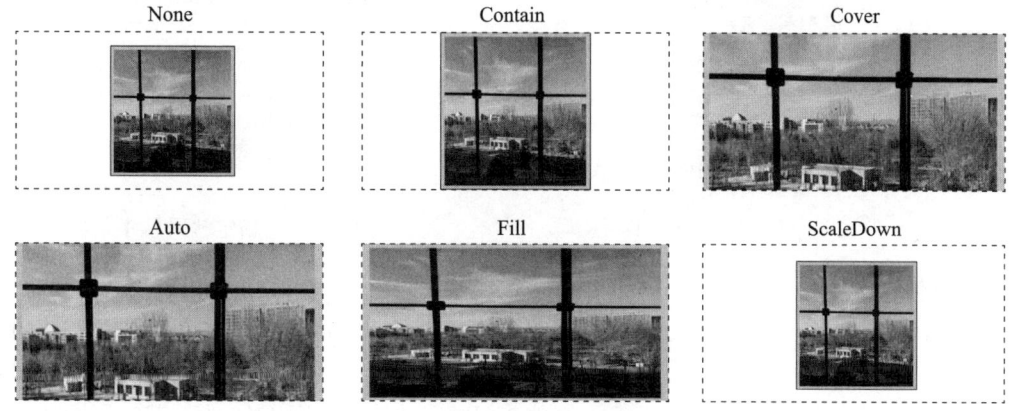

图 12-4　缩放类型及效果

2）设置图片重复样式：通过 objectRepeat 属性设置图片的重复样式方式，参数为 ImageRepeat 枚举，主要分为以下四种类型，重复样式及效果如图 12-5 所示。
- X：只在水平轴上重复绘制图片。
- Y：只在垂直轴上重复绘制图片。

- X&Y：在两个轴上重复绘制图片。
- NoRepeat：不重复绘制图片。

3）设置图片渲染模式：通过 renderMode 属性设置图片的渲染模式为原色（Original）或黑白（Template），渲染模式效果如图 12-6 所示。

4）设置图片解码尺寸：通过 sourceSize 属性设置图片解码尺寸。指定解码尺寸如图 12-7 所示是该示例将图片解码尺寸设为 100vp*100vp 时的效果。

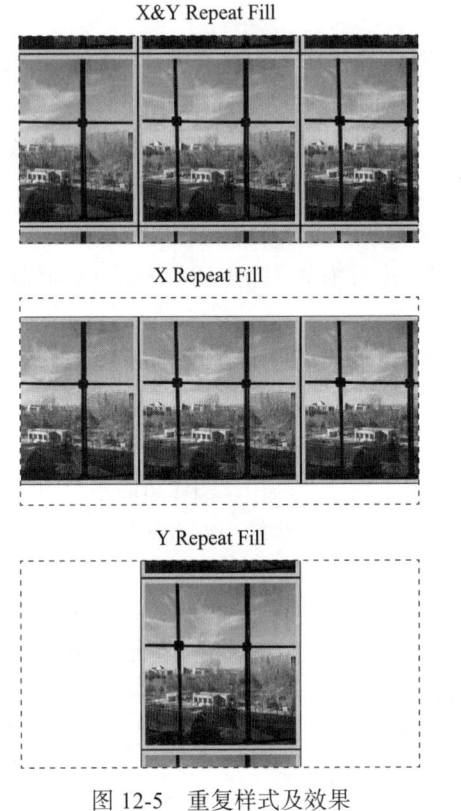

图 12-5 重复样式及效果

图 12-6 渲染模式效果（见彩插）

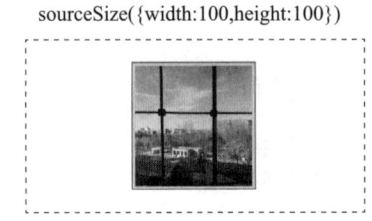

图 12-7 指定解码尺寸

2. 事件绑定

在 Image 加载图片成功时，可绑定 onComplete 事件，在图片加载成功后获取图片的必要信息。如果图片加载失败，也可以通过绑定 onError 事件来捕获异常。图 12-8 为加载图片成功之后，通过绑定及响应 onComplete 事件获取的图片信息，图 12-9 为加载一个无效的网络图片时，通过绑定及响应 onError 事件获取的 error 信息。

12.2.2 PixelMap

在上节内容中提到，Image 组件参数可以是 PixelMap 类的对象。PixelMap 类对象是图片解码后的像素图，使用该对象可进行图像的基本处理，之后再在 Image 组件中展示。

图 12-8　绑定及响应 onComplete 事件　　　图 12-9　绑定及响应 onError 事件

PixelMap 类支持对图像进行操作，包括获取图像信息、裁剪、缩放、旋转、翻转、设置透明度等。

1）获取图像信息：PixelMap 类提供了 getImageInfo(): Promise<ImageInfo> 及 getImageInfo(callback: AsyncCallback<ImageInfo>): void 等方法，这些方法可获取图像信息，其中 ImageInfo 包含以下属性：

- size：类型为 Size，表示图片大小。
- density：类型为 number，表示像素密度，单位是 ppi。
- stride：类型为 number，表示跨距，也就是内存中每行像素所占的空间。
- pixelFormat：类型为 PixelMapFormat，表示像素格式，包含常见的 RGBA_8888、RGB_565、RGB_888 等。
- alphaType：类型为 AlphaType，表示透明度。
- mimeType：类型为 string，表示图片真实格式（MIME type）。
- isHdr：类型为 boolean，表示图片是否为高动态范围（HDR）。

2）裁剪：PixelMap 类提供了 crop(region: Region): Promise<void> 及 crop(region: Region, callback: AsyncCallback<void>): void 等方法，这些方法可实现按照输入的区域尺寸进行图像裁剪，图 12-10 的右侧图为基于原图（图 12-10 的左侧图）裁剪右侧 50% 后的效果。

图 12-10　裁剪图片

3）缩放：PixelMap 类提供了 scale(x: number, y: number): Promise<void> 及 scale(x: number, y: number, callback: AsyncCallback<void>): void 等方法，这些方法可实现 X 或 Y 轴的按比率缩放，图 12-11 的右侧图为基于原图（图 12-11 的左侧图）横向（X 轴）放大 2 倍后的效果。

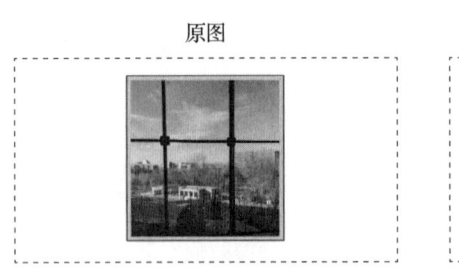

图 12-11　横向放大图片

4）旋转：PixelMap 类提供了 rotate(angle: number): Promise<void> 及 rotate(angle: number, callback: AsyncCallback<void>): void 等方法，这些方法可实现对图像旋转一定的角度，图 12-12 的右侧图为基于原图（图 12-12 的左侧图）旋转 60° 后的效果。

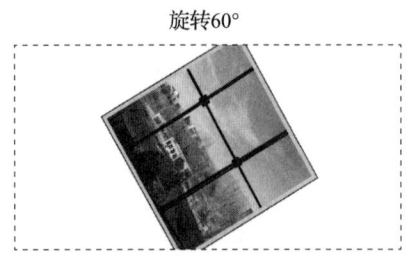

图 12-12　旋转图片

5）翻转：PixelMap 类提供了 flip(horizontal: boolean, vertical: boolean): Promise<void> 及 flip(horizontal: boolean, vertical: boolean, callback: AsyncCallback<void>): void 等方法，这些方法可实现图像的水平及垂直方向翻转，图 12-13 的右侧图为基于原图（图 12-13 的左侧图）上下翻转后的效果。

图 12-13　上下翻转图片

6）设置透明度：PixelMap 类提供了 opacity(rate: number): Promise<void> 及 opacity(rate: number, callback: AsyncCallback<void>): void 等方法，这些方法可实现设定图像的透明度，其中 rate 的取值为 0~1（相当于百分比），图 12-14 的右侧图为基于原图（图 12-14 的左侧图）设定背景色为红色、透明度为 68% 时的效果。

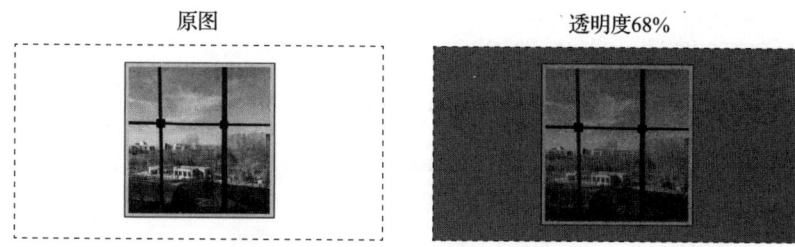

图 12-14　设定图片透明度（见彩插）

12.2.3　图像操作示例

在本小节的内容中，对 Image 组件的使用进行了介绍，包括不同资源的加载、展示、加载状态及编辑等，本节内容以示例的方式实现，主要分为三步。

第一步，在示例工程中创建 ImageEdit 页面，在该页面中，实现了与本小节内容相关的图片展示及处理的能力。

```
// entry/src/main/ets/pages/ImageEdit.ets
import { image } from '@kit.ImageKit'
// 默认 Style 扩展
@Extend(Image)
function defaultStyle() {
  .width(320)
  .height(160)
  .border({ width: 1 })
  .borderStyle(BorderStyle.Dashed)
}

@Entry
@Component
struct ImageEdit {
  // 原图
  @State pixelMap: image.PixelMap | null = null;
  @State pixelMapWidth: number = 0;
  @State pixelMapHeight: number = 0;
  // 对原图进行翻转
  @State pixelMapFlip: image.PixelMap | null = null;
  // 对原图进行缩放
  @State pixelMapScale: image.PixelMap | null = null;
  // 对原图进行旋转
  @State pixelMapRotate: image.PixelMap | null = null;
  // 对原图进行裁剪
```

```
@State pixelMapCrop: image.PixelMap | null = null;
// 对原图设定透明度
@State pixelMapOpacity: image.PixelMap | null = null;
@State infoText: string = '';
@State widthValue: number = 0;
@State heightValue: number = 0;
@State componentWidth: number = 0;
@State componentHeight: number = 0;
@State errorInfo: string = '';
private scroller: Scroller = new Scroller();

async getImagePixelMap(resource: Resource): Promise<image.PixelMap> {
  const data: Uint8Array = await getContext(this).resourceManager.
    getMediaContent(resource);
  const arrayBuffer: ArrayBuffer = data.buffer.slice(data.byteOffset,
    data.byteLength + data.byteOffset);
  const imageSource: image.ImageSource = image.createImageSource(arrayBuffer);
  const options: image.DecodingOptions = {
    editable: true,
  };
  let pixelMap: PixelMap = await imageSource.createPixelMap(options);
  return pixelMap;
}

async getPixelMap() {
  let imagePixelMap = await this.getImagePixelMap($r('app.media.test'));
  return imagePixelMap;
}

async onPageShow() {
  this.pixelMap = await this.getPixelMap();
  await this.pixelMap?.getImageInfo().then(info => {
    this.pixelMapWidth = info.size.width;
    this.pixelMapHeight = info.size.height;
  })
  this.infoText = `图片分辨率: ${this.pixelMapWidth}x${this.pixelMapHeight}`;

  this.pixelMapFlip = await this.getPixelMap();
  this.pixelMapFlip?.flip(false, true);

  this.pixelMapScale = await this.getPixelMap();
  this.pixelMapScale?.scale(1.5, 1.0);

  this.pixelMapRotate = await this.getPixelMap();
  this.pixelMapRotate?.rotate(60);

  this.pixelMapCrop = await this.getPixelMap();
  let opts: image.Region = { size: { height: this.pixelMapHeight,
    width: this.pixelMapWidth / 2 }, x: 0, y: 0 };
```

```
      this.pixelMapCrop?.crop(opts)

      this.pixelMapOpacity = await this.getPixelMap();
      this.pixelMapOpacity.opacity(0.68);
  }

  build() {
    Scroll(this.scroller) {
      Column({ space: 8 }) {

        Row() {
          Text(this.infoText).fontSize(18)
        }.height(44)

        Text('Image("image/test.jpg")').fontSize(18)
        Image("image/test.jpg")
          .defaultStyle()
          .objectFit(ImageFit.None)

        Text('Image($r(\'app.media.test\'))').fontSize(18)
        Image($r('app.media.test'))
          .defaultStyle()
          .objectFit(ImageFit.None)

        Text('Image($rawfile(\'test.jpg\'))').fontSize(18)
        Image($rawfile('test.jpg'))
          .defaultStyle()
          .objectFit(ImageFit.None)

        Text('None').fontSize(18)
        Image(this.pixelMap)
          .defaultStyle()
          .objectFit(ImageFit.None)
          .objectRepeat(ImageRepeat.NoRepeat)

        Text('Contain').fontSize(18)
        Image(this.pixelMap)
          .defaultStyle()
          .objectFit(ImageFit.Contain)
          .objectRepeat(ImageRepeat.NoRepeat)

        Text('Cover').fontSize(18)
        Image(this.pixelMap)
          .defaultStyle()
          .objectFit(ImageFit.Cover)
          .objectRepeat(ImageRepeat.NoRepeat)

        Text('Auto').fontSize(18)
        Image(this.pixelMap)
```

```
    .defaultStyle()
    .objectFit(ImageFit.Auto)
    .objectRepeat(ImageRepeat.NoRepeat)

Text('Fill').fontSize(18)
Image(this.pixelMap)
    .defaultStyle()
    .objectFit(ImageFit.Fill)
    .objectRepeat(ImageRepeat.NoRepeat)

Text('ScaleDown').fontSize(18)
Image(this.pixelMap)
    .defaultStyle()
    .objectFit(ImageFit.ScaleDown)
    .objectRepeat(ImageRepeat.NoRepeat)

Text('X&Y Repeat Fill').fontSize(18)
Image(this.pixelMap)
    .defaultStyle()
    .objectFit(ImageFit.None)
    .objectRepeat(ImageRepeat.XY)

Text('X Repeat Fill').fontSize(18)
Image(this.pixelMap)
    .defaultStyle()
    .objectFit(ImageFit.None)
    .objectRepeat(ImageRepeat.X)

Text('Y Repeat Fill').fontSize(18)
Image(this.pixelMap)
    .defaultStyle()
    .objectFit(ImageFit.None)
    .objectRepeat(ImageRepeat.Y)

Text('renderMode - Original 原色').fontSize(18)
Image(this.pixelMap)
    .defaultStyle()
    .objectFit(ImageFit.None)
    .renderMode(ImageRenderMode.Original)

Text('renderMode - Template 黑白').fontSize(18)
Image(this.pixelMap)
    .defaultStyle()
    .objectFit(ImageFit.None)
    .renderMode(ImageRenderMode.Template)

Text('sourceSize({width:100,height:100})').fontSize(18)
Image($r('app.media.test'))
    .objectFit(ImageFit.None)
```

```
      .width(320)
      .height(160)
      .sourceSize({ width: 100, height: 100 })
      .border({ width: 1 })
      .borderStyle(BorderStyle.Dashed)
      .renderMode(ImageRenderMode.Original)

    Text('onComplete').fontSize(18)
    Image($r('app.media.test'))
      .defaultStyle()
      .objectFit(ImageFit.None)
      .renderMode(ImageRenderMode.Original)
      .onComplete(msg => {
        if (msg) {
          this.widthValue = msg.width
          this.heightValue = msg.height
          this.componentWidth = msg.componentWidth
          this.componentHeight = msg.componentHeight
        }
      })
      .overlay('\nwidth: ' + String(this.widthValue) + '\nheight: ' +
        String(this.heightValue) + '\ncomponentW: ' +
        String(this.componentWidth) + '\ncomponentH: ' + String(this.
        componentHeight), {
        align: Alignment.TopStart,
        offset: { x: 3, y: 0 }
      })

    Text('onError').fontSize(18);
    Image('http://www.example.com/demo.jpg')
      .defaultStyle()
      .objectFit(ImageFit.None)
      .renderMode(ImageRenderMode.Original)
      .onError((error: ImageError) => {
        if (error) {
          this.errorInfo = `loadImage error: ${JSON.stringify(error)}`;
        }
      })
      .overlay(this.errorInfo, {
        align: Alignment.TopStart,
        offset: { x: 3, y: 0 }
      })

    Text(' 裁剪图片 ').fontSize(18)
    Image(this.pixelMapCrop)
      .defaultStyle()
      .objectFit(ImageFit.None)
      .objectRepeat(ImageRepeat.NoRepeat)

    Text(' 横向放大 ').fontSize(18)
```

```
                Image(this.pixelMapScale)
                  .defaultStyle()
                  .objectFit(ImageFit.None)
                  .objectRepeat(ImageRepeat.NoRepeat)

                Text('旋转60度').fontSize(18)
                Image(this.pixelMapRotate)
                  .defaultStyle()
                  .objectFit(ImageFit.None)
                  .objectRepeat(ImageRepeat.NoRepeat)

                Text('上下翻转').fontSize(18)
                Image(this.pixelMapFlip)
                  .defaultStyle()
                  .objectFit(ImageFit.None)
                  .objectRepeat(ImageRepeat.NoRepeat)

                Text('透明度68%').fontSize(18)
                Image(this.pixelMapOpacity)
                  .defaultStyle()
                  .objectFit(ImageFit.None)
                  .objectRepeat(ImageRepeat.NoRepeat)
                  .backgroundColor(Color.Red)
            }.width("100%")
        }
        .height("100%")
        .align(Alignment.TopStart)
        .layoutWeight(1)
        .scrollable(ScrollDirection.Vertical)
        .scrollBar(BarState.On)
        .scrollBarWidth(10)
    }
}
```

第二步，在 main_pages.json 文件中增加 ImageEdit 页面路由配置，代码如下。

```
// entry/src/main/resources/base/profile/main_pages.json
{
  "src": [
    "pages/ImageEdit"
  ]
}
```

第三步，在 Index 页面中增加响应 ImageEdit 按钮单击事件，并跳转至 ImageEdit 页面，代码如下。

```
// entry/src/main/ets/pages/Index.ets
Button('ImageEdit')
  .onClick(() => {
    router.pushUrl({ url:"pages/ImageEdit" })
  }).fontSize(12)
```

完成上述代码，编译示例工程，并运行示例 App，单击 ImageEdit 按钮进入 ImageEdit 页面，如图 12-15 所示，向下可以滚动视图，实现的效果对应本部分中的内容。

12.3 选取照片及视频

在 App 的研发进程中，常常会涉及对图片及视频加以使用的情形。例如，当用户有分享图片、视频、二维码识别等需求时，就要求用户能够自主地从其所使用的设备当中挑选出合适的图片及视频资源。

鸿蒙系统提供了两组可快速选择图片及视频资源的选择器，它们分别是图库选择器和相机选择器。其中，图库选择器的主要功能在于让用户能够方便快捷地从设备的图库当中选取所需的图片以及视频；相机选择器的主要功能在于为用户提供了拍摄一张照片或者录制一段视频的能力，以便满足开发者在不同场景下的需求。

12.3.1 图库选择器

在鸿蒙系统中，相册管理模块提供相册管理能力，包括创建相册以及访问、修改相册中的媒体数据信息等。PhotoViewPicker 作为该模块中的子能力，提供了三个不同的方法来满

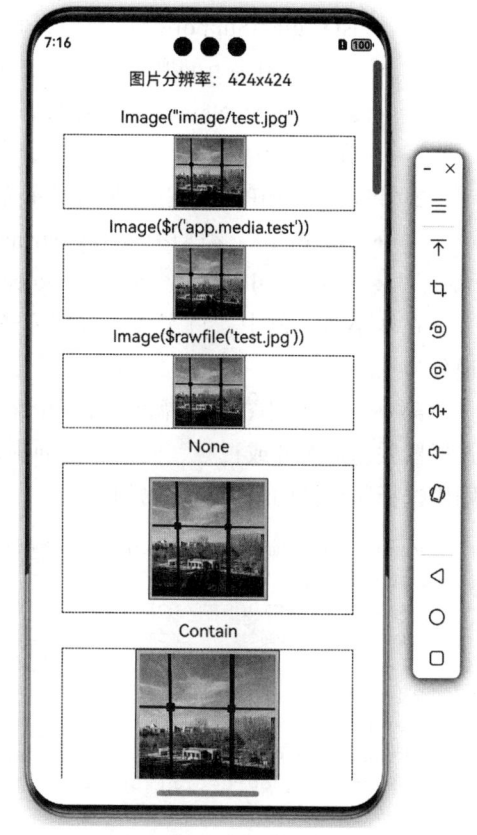

图 12-15 ImageEdit 页面

足在应用开发过程中的图片、视频资源选取的需求，这三种方法包括：

- select(option?: PhotoSelectOptions) : Promise<PhotoSelectResult> 方法：在使用时，传入可选参数，拉起 photoPicker 界面以供用户选图或视频，操作完成后，返回含结果信息的 PhotoSelectResult 对象。
- select(option: PhotoSelectOptions, callback: AsyncCallback<PhotoSelectResult>) 方法：void 方法，在使用该方法时传入 PhotoSelectOptions 对象和 callback，拉起 photoPicker 界面以供用户选图或视频，callback 接收含结果信息的 PhotoSelectResult 对象。
- select(callback: AsyncCallback<PhotoSelectResult>) : void 方法，在使用该方法时传入 callback，拉起 photoPicker 界面以供用户选图或视频，callback 接收含结果信息的 PhotoSelectResult 对象。

在使用上述的三个方法时，PhotoSelectOptions 和 PhotoSelectResult 的定义如下：

1）PhotoSelectOptions 用于对图库选择操作进行一些特定设置。包含的属性及说明如下：
- isEditSupported：类型为 boolean，非必填项。用于指定是否支持编辑照片，若值为 true 则表示支持，若值为 false 则表示不支持，默认值为 true。
- isOriginalSupported：类型为 boolean，非必填项。用于指定是否显示选择原图按钮，若值为 true 则表示显示，若值为 false 则表示不显示，默认值为 false。
- subWindowName：类型为 string，非必填项。用于指定子窗口名称，该接口支持在元服务中使用。

2）PhotoSelectResult 用于存储图库选择后的结果集。包含的属性及说明如下：
- photoUris：类型为 Array<string>，返回的是图库选择后的媒体文件的 uri 数组。
- isOriginalPhoto：类型为 boolean，用于标识选择的媒体文件是否为原图。

在本小节示例中，将实现通过图库选择器选取图片或视频，并在页面中展示，具体实现分为三步。

第一步，实现图库选择器页面 PhotoSelect，在该页面中实现两个按钮，用于调用图库选择器并选择图片或视频，同时，页面中还包含一个 Image 及 Video 组件，用于向用户展示图库选择器选择的结果，代码如下。

```
// entry/src/main/ets/pages/PhotoSelect.ets
import { photoAccessHelper } from '@kit.MediaLibraryKit';
import { BusinessError } from '@kit.BasicServicesKit';
import { common } from '@kit.AbilityKit';

@Entry
@Component
struct PhotoSelect {
  @State resourceUri: string = '';
  @State pickIsImage : boolean = true;
  controller: VideoController = new VideoController();   // 视频控制器
  mContext = getContext(this) as common.Context;

  selectImage() {
    const photoSelectOptions = new photoAccessHelper.PhotoSelectOptions();
    photoSelectOptions.MIMEType = photoAccessHelper.PhotoViewMIMETypes.IMAGE_TYPE;
    photoSelectOptions.maxSelectNumber = 1;
    const photoViewPicker = new photoAccessHelper.PhotoViewPicker();
    photoViewPicker.select(photoSelectOptions).then(photoSelectResult => {
      // file://media/Photo/...
      this.resourceUri = photoSelectResult.photoUris[0];
      this.pickIsImage = true;

      console.info(`selectImage PhotoViewPicker.select successfully, imageUri:
        ${this.resourceUri}`);
    }).catch((err: BusinessError) => {
      console.error(`selectImage PhotoViewPicker.select failed with err:
        ${JSON.stringify(err)}`);
```

```
    })
  }

  selectVideo() {
    const photoSelectOptions = new photoAccessHelper.PhotoSelectOptions();
    photoSelectOptions.MIMEType = photoAccessHelper.PhotoViewMIMETypes.VIDEO_TYPE;
    photoSelectOptions.maxSelectNumber = 1;
    const photoViewPicker = new photoAccessHelper.PhotoViewPicker();
    photoViewPicker.select(photoSelectOptions).then(photoSelectResult => {
      // file://media/Photo/...
      this.resourceUri = photoSelectResult.photoUris[0];
      this.pickIsImage = false;
      console.info(`selectVideo PhotoViewPicker.select successfully, imageUri:
        ${this.resourceUri}`);
    }).catch((err: BusinessError) => {
      console.error(`selectVideo PhotoViewPicker.select failed with err:
        ${JSON.stringify(err)}`);
    })
  }


  build() {
    Column({ space:10 }) {
      Button('select image')
        .height(40)
        .width('100%')
        .onClick(() => {
          this.selectImage();
        })

      Button('select video')
        .height(40)
        .width('100%')
        .onClick(() => {
          this.selectVideo();
        })
      // 根据选择的媒体类型，使用不同的组件加载
      if (this.pickIsImage) {
        Image(this.resourceUri)
          .width('100%')
          .margin({ top: 12 })
      } else {
        Video({
          src: this.resourceUri,
          currentProgressRate: PlaybackSpeed.Speed_Forward_1_00_X,
          controller: this.controller
        }).width("100%")
          .height("33%")
          .autoPlay(true)
          .controls(true)
```

```
        }
      }
      .height('100%')
      .width('100%')
      .padding(16)
  }
}
```

第二步,在 main_pages.json 文件中增加 PhotoSelect 页面路由配置,代码如下。

```
// entry/src/main/resources/base/profile/main_pages.json
{
  "src": [
    "pages/PhotoSelect"
  ]
}
```

第三步,在 Index 页面中增加响应 PhotoSelect 按钮单击事件,并跳转至 PhotoSelect 页面,代码如下。

```
// entry/src/main/ets/pages/Index.ets
Button('PhotoSelect')
  .onClick(() => {
    router.pushUrl({ url:"pages/PhotoSelect" })
  }).fontSize(12)
```

完成上述代码,编译示例工程,并运行示例 App,单击 PhotoSelect 按钮进入 PhotoSelect 页面,PhotoSelect 页面及操作如图 12-16 所示,依次选择图片及视频的效果。

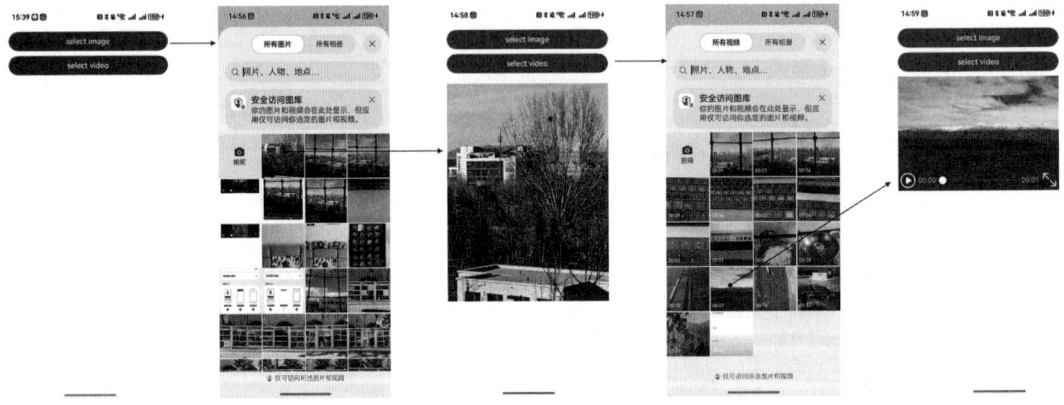

图 12-16　PhotoSelect 页面及操作

12.3.2　相机选择器

如果要选择的图片及视频需要即时获取,那么可以使用 cameraPicker 模块来实现该能力。cameraPicker 模块提供相机拍照与录制的能力。

cameraPicker 模块提供 pick(context: Context, mediaTypes: Array<PickerMediaType>, picker-Profile: PickerProfile): Promise<PickerResult> 方法，该方法可拉起相机选择器，指定媒体类型进入相应的模式。操作结束后，通过 Promise 形式获取结果。在使用该方法时会用到以下三种类型：

1）PickerMediaType（相机选择器的媒体类型枚举），包含两种媒体类型：
- PHOTO：代表拍照模式。
- VIDEO：代表录制模式。

2）PickerProfile（相机选择器的配置信息），主要属性如下：
- cameraPosition（类型为 camera.CameraPosition）：指定相机的位置。
- saveUri（类型为 string）：保存配置信息的 uri。
- videoDuration（类型为 number）：录制的最大时长。

3）PickerResult（相机选择器的处理结果），主要属性如下：
- resultCode（类型为 number）：表示处理的结果，若操作成功则返回 0，若操作失败则返回 −1。
- resultUri（类型为 string）：返回的 uri 地址。若 saveUri 为空，则 resultUri 为公共媒体路径；若 saveUri 不为空且具备写权限，则 resultUri 与 saveUri 相同；若 saveUri 不为空且不具备写权限，则无法获取到 resultUri。

在本小节示例中，将通过相机选择器拍取图片或视频，并在页面中展示，具体实现分为三步。

第一步，实现相机选择器页面 CameraSelect，在该页面中实现一个按钮，用于调用相机选择器来录制图片或视频，同时，页面中还包含一个 Image 及 Video 组件，用于展示相机选择器选择的结果，代码如下。

```
// entry/src/main/ets/pages/CameraSelect.ets

import { BusinessError } from '@kit.BasicServicesKit';
import { cameraPicker } from '@kit.CameraKit';
import { camera } from '@kit.CameraKit';
import { common } from '@kit.AbilityKit';

@Entry
@Component
struct CameraSelect {
  @State resourceUri: string = '';
  @State pickIsImage : boolean = true;
  controller: VideoController = new VideoController()  // 视频控制器
  mContext = getContext(this) as common.Context;

  async pickPhotoOrVideo() {
    try {
      let pickerProfile: cameraPicker.PickerProfile = {
```

```
            cameraPosition: camera.CameraPosition.CAMERA_POSITION_BACK
          };
          let pickerResult: cameraPicker.PickerResult = await cameraPicker.
            pick(this.mContext,
            [cameraPicker.PickerMediaType.PHOTO, cameraPicker.PickerMediaType.VIDEO],
              pickerProfile);
          console.log("pickPhotoOrVideo pickerResult is:" + JSON.stringify(pickerResult));
          this.resourceUri = pickerResult.resultUri;
          this.pickIsImage = pickerResult.mediaType == cameraPicker.PickerMediaType.PHOTO;
        } catch (error) {
          let err = error as BusinessError;
          console.error(`pickPhotoOrVideo call failed. error code: ${err.code}`);
        }
      }

      build() {
        Column({ space:10 }) {
          Button('pick photo or video')
            .height(40)
            .width('100%')
            .onClick(() => {
              this.pickPhotoOrVideo();
            })
          // 如果选择了照片，则通过 Image 组件展示
          if (this.pickIsImage) {
            Image(this.resourceUri)
              .width('100%')
              .margin({ top: 12 })
          } else {    // 如果选择的是视频，则使用 Video 组件
            Video({
              src: this.resourceUri,
              currentProgressRate: PlaybackSpeed.Speed_Forward_1_00_X,
              controller: this.controller
            }).width("100%").height("33%")
              .autoPlay(true)
              .objectFit(ImageFit.Auto)
              .controls(true)
          }
        }
        .height('100%')
        .width('100%')
        .padding(16)
      }
    }
```

第二步，在 main_pages.json 文件中增加 CameraSelect 页面路由配置，代码如下。

```
// entry/src/main/resources/base/profile/main_pages.json
{
  "src": [
    "pages/CameraSelect"
  ]
}
```

第三步，在 Index 页面中增加响应 CameraSelect 按钮单击事件，跳转至 CameraSelect 页面，代码如下。

```
// entry/src/main/ets/pages/Index.ets
Button('CameraSelect')
  .onClick(() => {
    router.pushUrl({ url:"pages/CameraSelect" })
  }).fontSize(12)
```

完成上述代码，编译示例工程，并运行示例 App，单击 CameraSelect 按钮，进入 CameraSelect 页面，CameraSelect 页面及操作如图 12-17 所示，依次为拍照选择及录像选择的效果。

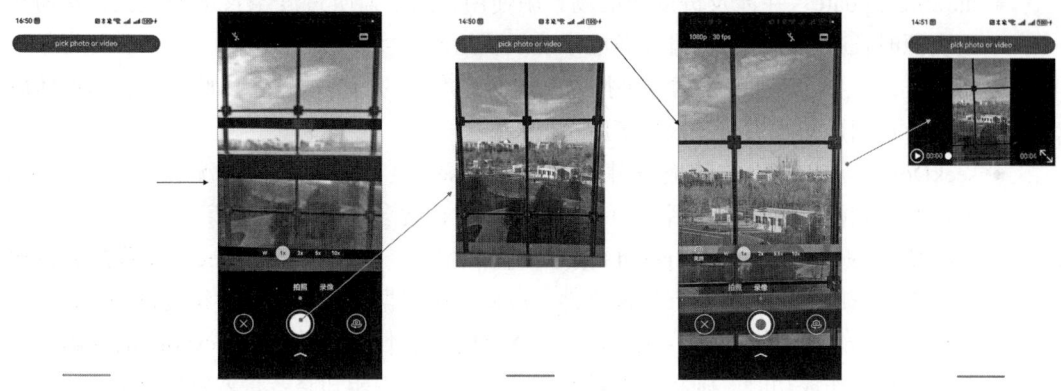

图 12-17　CameraSelect 页面及操作

12.4　音频播放

鸿蒙系统提供了多种音频播放的 API，以满足不同开发需求。不同的 API 适用于不同的音频数据格式、音频资源来源、音频使用场景。其中，AudioRenderer 支持 PCM 格式的音频播放，适用于专业媒体播放应用的研发。AudioHaptic 支持音振协同播放，适用于来电铃声随振、键盘按键反馈以及消息通知反馈等场景。OpenSL ES 是一套跨平台标准化的 Native API，仅支持 PCM 格式，适用于跨平台或 Native 层音频输出场景。SoundPool 专为低时延的急促简短音效播放而设计，适用于相机快门音、按键音以及游戏射击音等场景。AVPlayer 集成了流媒体与本地资源解析、媒体资源解封装、音频解码以及音频输出等一系列功能，适用于对 mp3、mp4 等常见格式音频文件进行流畅播放，为开发者在音频播放开发过程中提供了高效便捷的解决方案。

在本节中，将重点介绍 AVPlayer 的使用，需要注意的是 AVPlayer 不支持直接播放 PCM 格式文件，如对 PCM 音频播放有需求，可使用 AudioRenderer、OpenSL ES。

1. 使用说明

使用 AVPlayer 进行音频播放，主要需要以下七步。

第一步，创建 AVPlayer 实例。调用 createAVPlayer() 函数来创建 AVPlayer 实例，完成此操作后，AVPlayer 会初始化并进入 idle 状态。

第二步，设置监听事件。根据业务需求设置相应的监听事件，这些监听事件将搭配全流程场景使用，以实现对播放器的各种状态和操作的监控。主要支持的监听事件如下：

- stateChange：必要事件，用于监听播放器的 state 属性的改变情况，通过它可以及时掌握 AVPlayer 在不同操作下的状态转换。
- error：必要事件，用于监听播放器出现的错误信息，以便在发生问题时能迅速做出响应。
- durationUpdate：在涉及进度条的场景中使用，用于监听进度条长度的变化，从而实现资源时长的刷新，确保进度条能准确反映播放进度。
- timeUpdate：用于进度条的相关操作，监听进度条的当前位置，以此来刷新当前播放时间，让用户知晓当前播放到了哪个时刻。
- seekDone：API 调用的响应事件，用于监听 seek() 请求的完成情况。当使用 seek() 函数跳转到指定播放位置后，如果该操作成功，就会上报此事件。
- speedDone：用于监听 setSpeed() 请求的完成情况。在使用 setSpeed() 设置播放倍速后，若操作成功，则将会上报该事件，以便应用根据此信息进行后续处理。
- volumeChange：用于监听 setVolume() 请求的完成情况。当通过 setVolume() 调节播放音量且操作成功时，则将会上报此事件，以便应用能知晓音量调整的结果。

第三步，设置资源。有多种式方式设定，如 url、fdSrc 来指定播放的资源，完成此设置后，AVPlayer 会进入 initialized 状态。

第四步，准备播放。调用 prepare() 函数，此时 AVPlayer 会进入 prepared 状态，在这个状态下，可以获取播放资源的时长（duration），并设置缩放模式、音量等与播放相关的参数。

第五步，播放控制。使用 play()、pause()、seek()、stop() 等接口，对当前资源进行播放、暂停、跳转、停止等常见的播放控制操作，以满足用户在播放资源过程中的各种需求。

第六步，更换资源（可选）。若有更换播放资源的需求，则调用 reset() 函数来重置资源，完成此操作后，AVPlayer 会重新进入 idle 状态，此时便允许更换资源。

第七步，退出播放。当需要退出播放时，调用 release() 函数来销毁 AVPlayer 实例，AVPlayer 会进入 released 状态，从而完成整个播放流程并退出播放状态。

AVPlayer 的内部也有一套明确的状态管理机制，通过不同的操作和条件会在多种状态之间进行切换。开发者可以通过 state 属性主动获取 AVPlayer 的当前状态，也可以通过监听 stateChange 事件来获取上报的当前状态，实现对资源播放的管理。AVPlayer 各状态的详细说明如下，播放音频状态变化图如图 12-18 所示。

- 闲置状态（idle）：当 AVPlayer 刚被创建，即执行 createAVPlayer() 操作之后，或者调用了 reset() 方法时，会进入 idle 状态。首次创建 createAVPlayer() 时，所有属性都为默认值。若调用 reset() 方法，url、fdSrc、dataSrc、loop 属性会被重置，而其他用户设置的属性将被保留。
- 资源初始化状态（initialized）：在 idle 状态下，设置 url 或 fdSrc 属性后，AVPlayer 会进入 initialized 状态。此时，可以对窗口（视频播放需要）、音频等静态属性进行配置。
- 已准备状态（prepared）：当处于 initialized 状态时，调用 prepare() 方法，AVPlayer 便会进入 prepared 状态。在此状态下，意味着播放引擎的资源已准备就绪。
- 正在播放状态（playing）：若在 prepared、paused 或 completed 状态下调用 play() 方法，AVPlayer 会进入 playing 状态。
- 暂停状态（paused）：在 playing 状态下调用 pause() 方法，AVPlayer 会进入 paused 状态。
- 播放至结尾状态（completed）：当媒体资源播放至结尾时，如果用户未设置循环播放（loop=true），那么 AVPlayer 会进入 completed 状态。在此状态下，若调用 play() 方法会进入 playing 状态并实现重播，调用 stop() 方法则会进入 stopped 状态。
- 停止状态（stopped）：在 prepared、playing、paused 或 completed 状态下调用 stop() 方法，AVPlayer 会进入 stopped 状态。此时，播放引擎只会保留属性，但会释放内存资源。在此状态下，可以调用 prepare() 方法重新准备，也可以调用 reset() 方法重置，或者调用 release() 方法彻底销毁。
- 销毁状态（released）：当调用 release() 方法后，会销毁与当前 AVPlayer 关联的播放引擎，AVPlayer 进入 released 状态，整个流程就此结束，且无法再进行状态转换。
- 错误状态（error）：当播放引擎发生不可逆的错误时，AVPlayer 会转换至当前状态。进入 error 状态时，会触发 on('error') 监听事件，通过该事件可以获取详细错误信息。处于 error 状态时，播放服务进入不可播放控制的状态。

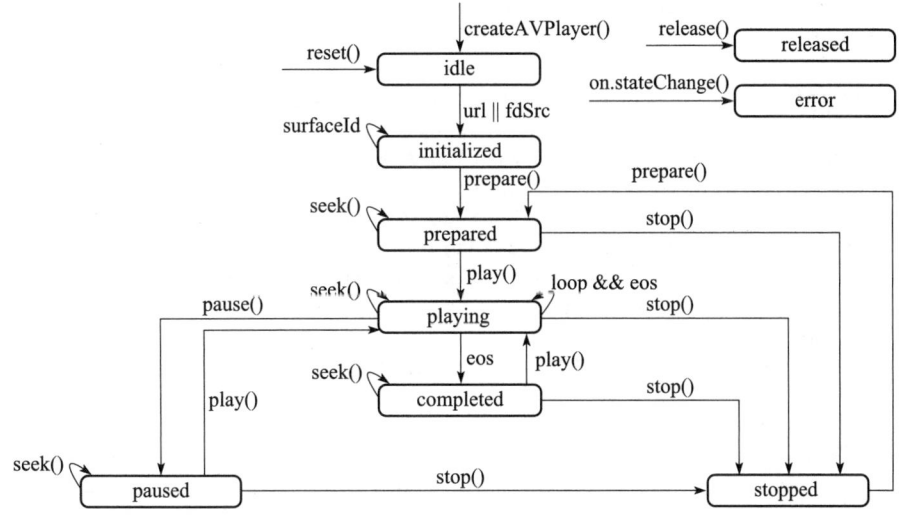

图 12-18　AVPlayer 播放音频状态变化图

2. 播放音频示例

下面代码通过 **AVPlayer** 实现音频播放功能，主要分为六步。

第一步，在 entry/src/main/resources/rawfile 中增加音频资源，文件名为 test.mp3。

第二步，在示例工程中创建 **AVAudioPlayManager** 类，在该类中实现音频的播放、状态变化的监听及跳转，以及音频播放控制的方法。

```
// entry/src/main/ets/Audio/AVAudioPlayManager.ets
import { media } from '@kit.MediaKit';
import { resourceManager } from '@kit.LocalizationKit';
import { emitter } from '@kit.BasicServicesKit';
import { common } from '@kit.AbilityKit';
const AudioEventID = 1;
export class AudioEventInfo {
  eventId: number = 0
  priority: emitter.EventPriority = 0
}

export let audioEvent: AudioEventInfo = {
  eventId: AudioEventID,
  priority: emitter.EventPriority.HIGH
};
export default class AVAudioPlayManager {
  private avPlayer: media.AVPlayer | null = null;
  private mgr: resourceManager.ResourceManager = {} as resourceManager.
    ResourceManager;
  private currentTime: number = 0;
  private durationTime: number = 0;
  private speedSelect: media.PlaybackSpeed = media.PlaybackSpeed.SPEED_
    FORWARD_1_00_X;
  private fileDescriptor: resourceManager.RawFileDescriptor | null = null;
  private fileSrc: string = 'test.mp3';

  async initPlayer(callback: (avPlayer: media.AVPlayer) => void): Promise<void> {
    try {
      this.avPlayer = await media.createAVPlayer();
      await this.setAVPlayerCallback(callback);
      let context = getContext(this) as common.UIAbilityContext;
      this.mgr = context.resourceManager;
      this.fileDescriptor = await this.mgr.getRawFd(this.fileSrc);
      this.avPlayer.fdSrc = this.fileDescriptor;
    } catch (e) {
      console.error(`AVAPM initPlayer initPlayer err: ${e}`);
    }
  }
  // 注册 AVPlayer 回调函数
  async setAVPlayerCallback(callback: (avPlayer: media.AVPlayer) => void):
    Promise<void> {
      if (this.avPlayer === null) {
```

```
      return;
    }
    // seek 操作结果回调函数
    this.avPlayer.on('seekDone', (seekDoneTime) => {
      console.info(`AVAPM setAVPlayerCallback AVPlayer seek succeeded,
        seek time is ${seekDoneTime}`);
    });
    // error 回调监听函数，当 avPlayer 在操作过程中出现错误时调用 reset 接口触发重置流程
    this.avPlayer.on('error', (err) => {
      if (this.avPlayer === null) {
        return;
      }
      console.error(`AVAPM setAVPlayerCallback Invoke avPlayer failed,
        code is ${err.code}, message is ${err.message}`);
      this.avPlayer.reset();
    });

    // 状态机变化回调函数
    this.avPlayer.on('stateChange', async (state, reason) => {
      if (this.avPlayer === null) {
        return;
      }
      switch (state) {
        case 'idle':                     // 成功调用 reset 接口后触发该状态
          this.avPlayer.release();       // 销毁实例对象
          this.avPlayerChoose(callback);
          console.info('AVAPM setAVPlayerCallback AVPlayer state idle called.');
          break;
        case 'initialized':              // AVPlayer 设置播放源后触发该状态
          console.info('AVAPM setAVPlayerCallback AVPlayer state initialized called.');
          console.info(`AVAPM setAVPlayerCallback this.avPlayer.surfaceId =
            ${this.avPlayer.surfaceId}`);
          this.avPlayer.prepare();
          break;
        case 'prepared':                 // prepare 调用成功后上报该状态
          console.info('AVAPM setAVPlayerCallback AVPlayer state prepared called.');
          this.durationTime = this.avPlayer.duration;
          this.currentTime = this.avPlayer.currentTime;
          this.avPlayer.play();          // 开始播放
          console.info(`AVAPM setAVPlayerCallback this.speedSelect =
            ${this.speedSelect}`);
          if (this.avPlayer) {
            this.avPlayer.setSpeed(this.speedSelect);
          }
          callback(this.avPlayer);
          break;
        case 'playing':                  // play 成功调用后触发该状态
          console.info('AVAPM setAVPlayerCallback AVPlayer state playing called.');
          // 通知 UI 层播放状态
```

```
            let eventDataTrue: emitter.EventData = {
              data: {
                'flag': true
              }
            };
            let innerEventTrue: emitter.InnerEvent = {
              eventId: AudioEventID,
              priority: emitter.EventPriority.HIGH
            };
            emitter.emit(innerEventTrue, eventDataTrue);
            break;
          case 'completed':                        // 播放结束后触发该状态
            console.info('AVAPM setAVPlayerCallback AVPlayer state completed called.');
            // 通知 UI 层播放状态
            let eventDataFalse: emitter.EventData = {
              data: {
                'flag': false
              }
            };
            let innerEvent: emitter.InnerEvent = {
              eventId: AudioEventID,
              priority: emitter.EventPriority.HIGH
            };
            emitter.emit(innerEvent, eventDataFalse);
            break;
          case 'paused':                           // pause 成功调用后触发该状态
            console.info('AVAPM setAVPlayerCallback AVPlayer state paused called.');
            break;
          case 'stopped':                          // stop 接口成功调用后触发该状态
            console.info('AVAPM setAVPlayerCallback AVPlayer state stopped called.');
            this.avPlayer.reset();          // 调用 reset 接口初始化 avplayer 状态
            break;
          case 'released':                         // release 接口成功调用后触发该状态
            console.info('AVAPM setAVPlayerCallback AVPlayer state released called.');
            break;
          default:
            console.info('AVAPM setAVPlayerCallback AVPlayer state unknown called.');
            break;
        }
    });
    // 播放进度时间更新
    this.avPlayer.on('timeUpdate', (time: number) => {
      this.currentTime = time;
      console.info(`AVAPM setAVPlayerCallback timeUpdate success,
        and new time is = ${this.currentTime}`);
    });
  }
  // 总时长
  getDurationTime(): number {
    return this.durationTime;
  }
```

```
// 当前播放进度
getCurrentTime(): number {
  return this.currentTime;
}
// 播放
audioPlay(): void {
  if (this.avPlayer) {
    this.avPlayer.play();
  }
}
// 暂停
audioPause(): void {
  if (this.avPlayer) {
    this.avPlayer.pause();
  }
}
// 调整播放进度
audioSeek(seekTime: number): void {
  if (this.avPlayer) {
    this.avPlayer.seek(seekTime, media.SeekMode.SEEK_PREV_SYNC);
  }
}
// 设置播放速度
setSpeed(speed:media.PlaybackSpeed) {
  if (this.avPlayer) {
    this.speedSelect = speed;
    this.avPlayer.setSpeed(this.speedSelect);
  }
}
// 重置 avPlayer
async audioReset(): Promise<void> {
  if (this.avPlayer) {
    this.avPlayer.reset();
  }
}
// 释放 avPlayer
async audioRelease(): Promise<void> {
  if (this.avPlayer) {
    this.avPlayer.release();
  }
}

async avPlayerChoose(callback: (avPlayer: media.AVPlayer) => void): Promise<void> {
  try {
    // 创建 avPlayer 实例对象
    this.avPlayer = await media.createAVPlayer();
    this.fileDescriptor = null;
    // 创建状态机变化回调函数
    await this.setAVPlayerCallback(callback);
    this.fileDescriptor = await this.mgr.getRawFd(this.fileSrc);
```

```
            this.avPlayer.fdSrc = this.fileDescriptor;
        } catch (e) {
            console.info('AVAPM avPlayerChoose trycatch avPlayerChoose');
            this.audioReset();
        }
    }
}
```

第三步，在示例工程中创建 AudioOperate 组件，该组件实现对音频播放控制，如进度展示、播放或暂停等 UI 元素的展现及交互事件响应。

```
// entry/src/main/ets/Audio/AudioOperate.ets
import avAuidoPlayManager from '../Audio/AVAudioPlayManager';
// 计算时长毫秒转为分：秒
function timeConvert(time: number): string {
    let min: number = Math.floor(time / 60000);
    let second: number = Math.ceil((time % 60000) / 1000);
    let secondStr :string = (second < 10 ? '0' : '') + second
    let retStr = `${min}:${secondStr}`;
    return retStr;
}

@Component
export struct AudioOperate {
    @State speedSelect: number = 0; // Speed Magnification Selection
    @Link currentTime: number;
    @Link durationTime: number;
    @Link isSwiping: boolean;
    @Link avAuidoPlayManager: avAuidoPlayManager;
    @Link playStatus: boolean;

    build() {
        Row() {
            Row() {
                Button(this.playStatus ? '暂停' : '播放')
                    .onClick(() => {
                        if (this.playStatus) {
                            this.avAuidoPlayManager.audioPause();
                            this.playStatus = false;
                        } else {
                            this.avAuidoPlayManager.audioPlay();
                            this.playStatus = true;
                        }
                    })

                // 当前播放进度，在进度条的左边展示
                Text(timeConvert(this.currentTime))
                    .fontColor(Color.Black)
                    .fontWeight(FontWeight.Regular)
                    .margin({ left: 16})
```

```
        }
        Row() {
          Slider({
            value: this.currentTime,
            min: 0,
            max: this.durationTime,
            style: SliderStyle.OutSet
          })
            .id('Slider')
            .showTips(false)
            .onChange((value: number, mode: SliderChangeMode) => {
              if (mode == SliderChangeMode.Begin) {
                this.isSwiping = true;
                this.avAuidoPlayManager.audioPause();
              }
              this.avAuidoPlayManager.audioSeek(value);
              this.currentTime = value;
              if (mode == SliderChangeMode.End) {
                this.isSwiping = false;
                this.playStatus = false;
                this.avAuidoPlayManager.audioPlay();
              }
            })
        }
        .layoutWeight(1)

        // 总时长，在进度条的右边展示
        Text(timeConvert(this.durationTime))
          .fontColor(Color.Black)
          .fontWeight(FontWeight.Regular)
      }
      .justifyContent(FlexAlign.Center)
      .padding({ left: 18, right: 18 })
      .width('100%')
    }
  }
```

第四步，在示例工程中创建了 AVAudioPlay 页面，在该页面创建 AVAudioPlayManager 并为其创建播放区，展示 AudioOperate 组件，实现视频播放的功能整合。

```
// entry/src/main/ets/pages/AVAudioPlay.ets
import { media } from '@kit.MediaKit';
import { emitter } from '@kit.BasicServicesKit';
import avAuidoPlayManager, { audioEvent } from '../Audio/AVAudioPlayManager';
import { AudioOperate } from '../Audio/AudioOperate';

const SET_INTERVAL = 100;

@Entry
```

```
@Component
struct AVVideoPlay {
  @State avAuidoPlayManager: avAuidoPlayManager = new avAuidoPlayManager();
  @State isSwiping: boolean = false;
  @State playStatus: boolean = true; // Pause Playback
  @State speedSelect: number = 0;
  @State durationTime: number = 0;
  @State currentTime: number = 0;
  @State showControls:boolean = true;

  aboutToAppear() {
    this.playStatus = true;
  }

  aboutToDisappear() {
    this.avAuidoPlayManager.audioRelease();
    emitter.off(audioEvent.eventId);
  }

  onPageHide() {
    this.avAuidoPlayManager.audioPause();
    this.playStatus = false;
  }

  onPageShow() {
    // 订阅播放状态
    emitter.on(audioEvent, (res) => {
      if (res.data) {
        this.playStatus = res.data.flag;
      }
    });
    // 初始化播放器
    this.avAuidoPlayManager.initPlayer((avPlayer: media.AVPlayer) => {
      this.durationTime = this.avAuidoPlayManager.getDurationTime();
      setInterval(() => { // Update the current time.
        if (!this.isSwiping) {
          this.currentTime = this.avAuidoPlayManager.getCurrentTime();
        }
      }, SET_INTERVAL);
    })
  }

  build() {
    Column() {
      Row().height(18);
      // 播放控制条
      AudioOperate({
        playStatus: $playStatus,
        avAuidoPlayManager: $avAuidoPlayManager,
```

```
        currentTime: $currentTime,
        durationTime: $durationTime,
        isSwiping: $isSwiping
      })
        .width('100%')
        .visibility(this.showControls ? Visibility.Visible :Visibility.Hidden)
      // 控制是否显示播放控制条
      Row() {
        Text('showControls').margin(8)
        Toggle({ type: ToggleType.Switch , isOn:this.showControls})
          .margin({left: 200, right: 10})
          .onChange((isOn: boolean) => {
            this.showControls = isOn;
          }).margin(8)
      }
      // 调整倍速
      Row() {
        Button('0.75X speed').onClick(() => {
          this.avAuidoPlayManager.setSpeed(media.PlaybackSpeed.SPEED_FORWARD_0_75_X)
        }).margin(8)
        Button('1X speed').onClick(() => {
          this.avAuidoPlayManager.setSpeed(media.PlaybackSpeed.SPEED_FORWARD_1_00_X)
        }).margin(8)
        Button('2X speed').onClick(() => {
          this.avAuidoPlayManager.setSpeed(media.PlaybackSpeed.SPEED_FORWARD_2_00_X)
        }).margin(8)
      }
    }
    .backgroundColor(Color.Gray)
  }
}
```

第五步，在 main_pages.json 文件中增加 AVAudioPlay 页面路由配置，代码如下。

```
// entry/src/main/resources/base/profile/main_pages.json
{
  "src": [
    "pages/AVAudioPlay"
  ]
}
```

第六步，在 Index 页面中增加响应 AVAudioPlay 按钮单击事件，跳转至 AVAudioPlay 页面，代码如下。

```
// entry/src/main/ets/pages/Index.ets
Button('AVAudioPlay')
  .onClick(() => {
    router.pushUrl({ url:"pages/AVAudioPlay" })
  }).fontSize(12)
```

完成上述代码，编译示例工程，并运行示例App，单击AVAudioPlay按钮，进入AVAudioPlay页面，如图12-19所示。

12.5 视频播放

HarmonyOS提供了Video组件与AVPlayer两种视频播放方案。Video组件实现了基础播放能力的封装，操作简便，设置数据源与基础信息即可播放，但扩展力弱，不适用于高要求或需深度定制拓展的场景。AVPlayer则提供完备的API接口，功能强大，可精准解析流媒体与本地资源、解封装、视频解码与渲染出色，适用于端到端的播放场景，如可直接流畅播放mp4、mkv等格式视频。

12.5.1 Video组件播放视频

Video组件用于播放视频文件，并可控制其播放状态，常用于短视频和应用内部视频的列表页面。它支持自动播放，用户单击视频区域控制播放状态，同时显示播放进度条，通过拖动播放进度条指定视频播放的具体位置。

图12-19　AVAudioPlay页面

1．使用说明

Video组件在使用时需要传入类型为VideoOptions的参数，接口定义如下所示，在该参数中包含了视频的各类信息。

```
Video(value: VideoOptions)
```

VideoOptions对象包含了以下几个参数：

1）src参数：类型为string | Resource，非必填项，用于指定视频播放源路径，支持本地、网络路径，可通过file://data/storage读取应用沙盒资源，也可引用resources下video或rawfile文件夹中的媒体资源，接口支持的视频格式有mp4、mkv、webm、TS。

2）currentProgressRate参数：类型为number | string | PlaybackSpeed，非必填项，用于设置视频播放倍速，number类型取值限于0.75、1.0、1.25、1.75、2.0。PlaybackSpeed是一个枚举类型，包含了以下几种播放倍速的设置选项，默认值1.0（即PlaybackSpeed.Speed_Forward_1_00_X）。

- Speed_Forward_0_75_X：表示以0.75倍速播放视频。

- Speed_Forward_1_00_X：表示以 1 倍速播放视频。
- Speed_Forward_1_25_X：表示以 1.25 倍速播放视频。
- Speed_Forward_1_75_X：表示以 1.75 倍速播放视频。
- Speed_Forward_2_00_X：表示以 2 倍速播放视频。

3) previewUri 参数：类型为 string | PixelMap | Resource，非必填项，用于指定视频未播放时的预览图片路径，不设置则默认无预览图。

4) controller 参数：类型为 VideoController，非必填项，用于控制视频播放状态。VideoController 提供了以下方法。

- start() 方法：用于启动视频播放，一旦调用该方法，视频便会开始播放。
- pause() 方法：用于暂停视频播放，暂停时会显示当前帧画面。当再次播放该视频时，会从暂停时的当前位置继续播放下去。
- stop() 方法：用于停止视频播放，并显示当前帧画面，而当后续再次播放此视频时，会从头开始播放。
- setCurrentTime(value: number) 方法：通过传入指定的数值作为视频播放进度位置，来设置视频播放到相应的位置。参数 value 类型为 number，是必填项，表示视频播放进度位置，单位为 s。
- requestFullscreen(value: boolean) 方法：根据传入的布尔值来决定是否请求视频进行全屏播放。参数 value 类型为 boolean，是必填项，用于指定是否以全屏（填充满应用窗口）的方式播放视频。
- exitFullscreen() 方法：用于使正在全屏播放的视频退出全屏状态，恢复到之前的播放窗口大小。
- setCurrentTime(value: number, seekMode: SeekMode) 方法：通过 value 参数指定视频播放的进度位置和通过 seekMode 参数指定跳转模式，将视频跳转到相应的播放进度位置。
- value：参数类型为 number，是必填项，表示视频播放进度位置，单位为 s。
- seekMode：参数类型为 SeekMode，是必填项，用于指定跳转模式。在取值为 PreviousKeyframe 时表示跳转到前一个最近的关键帧；在取值为 NextKeyframe 时表示跳转到后一个最近的关键帧；在取值为 ClosestKeyframe 时表示跳转到最近的关键帧；在取值为 Accurate 时表示精准跳转，不论是否为关键帧。

同时，Video 组件除了支持通用属性外，还支持以下属性：
- muted：类型为 boolean，用于判定是否静音，默认值为 false。
- autoPlay：类型为 boolean，用于确定是否自动播放，默认值为 false。
- controls：类型为 boolean，用于控制视频播放的控制栏是否显示，默认值为 true。
- objectFit：类型为 ImageFit，用于设置视频显示模式，默认值为 Cover。
- loop：类型为 boolean，用于判断是否单个视频循环播放，默认值为 false。

2. 播放视频示例

下面代码实现了视频播放的相关功能，主要分为四步。

第一步，在 entry/src/main/resources/rawfile 目录中，增加视频（harmonyos-next-pv-video-popup.mp4）及封面（preview.png）文件。

第二步，在示例工程中创建了 VideoPlay 页面，在该页面中使用 Video 组件播放视频，并监听其播放的各阶段事件以输出日志，同时还实现多个按钮控制播放栏来显示、调整播放状态及倍速等交互操作。

```
// entry/src/main/ets/pages/VideoPlay.ets

@Entry
@Component
struct VideoPlay {
  @State videoRes: Resource = $rawfile('harmonyos-next-pv-video-popup.mp4')
    // 添加的视频
  @State previewImageRes: Resource = $rawfile('preview.png') // 添加的封面
  @State playbackSpeed: PlaybackSpeed = PlaybackSpeed.Speed_Forward_1_00_X
    // 播放速度
  @State showControls: boolean = true                        // 显示控制栏
  controller: VideoController = new VideoController()       // 视频控制器

  build() {
    Column({ space: 10 }) {
      Video({                                                 // Video 组件
        src: this.videoRes,
        previewUri: this.previewImageRes,
        currentProgressRate: this.playbackSpeed,
        controller: this.controller
      }).width("100%").height("33%")
        .autoPlay(false)                                      // 控制是否自动播放
        .controls(this.showControls)
        .loop(true)
        .onStart(() => {
          console.info('VideoPlay onStart')
        })
        .onPause(() => {
          console.info('VideoPlay onPause')
        })
        .onFinish(() => {
          console.info('VideoPlay onFinish')
        })
        .onError(() => {
          console.info('VideoPlay onFinish')
        })
        .onPrepared((e) => {
          console.info('VideoPlay onPrepared is ' + e.duration)
        })
        .onSeeking((e) => {
```

```
        console.info('VideoPlay onSeeking is ' + e.time)
      })
      .onSeeked((e) => {
        console.info('VideoPlay onSeeked is ' + e.time)
      })
      .onUpdate((e) => {
        console.info('VideoPlay onUpdate is ' + e.time)
      })
    // 控制是否显示播放控制条
    Row() {
      Text('showControls').margin(8)
      Toggle({ type: ToggleType.Switch , isOn:this.showControls})
        .margin({left: 200, right: 10})
        .onChange((isOn: boolean) => {
          this.showControls = isOn;
        }).margin(8)
    }
    Row() {
      Button('start').onClick(() => {
        this.controller.start()         // 开始播放
      }).margin(8)
      Button('pause').onClick(() => {
        this.controller.pause()         // 暂停播放
      }).margin(8)
      Button('stop').onClick(() => {
        this.controller.stop()          // 结束播放
      }).margin(8)
      Button('seek to 18s').onClick(() => {
        this.controller.setCurrentTime(18, SeekMode.Accurate)   // 精准跳转到视频
                                                                // 的 60s 位置
      }).margin(8)
    }
    // 调整倍速
    Row() {
      Button('0.75X speed').onClick(() => {
        this.playbackSpeed = PlaybackSpeed.Speed_Forward_0_75_X // 0.75 倍速播放
      }).margin(8)
      Button('1X speed').onClick(() => {
        this.playbackSpeed = PlaybackSpeed.Speed_Forward_1_00_X // 原倍速播放
      }).margin(8)
      Button('2X speed').onClick(() => {
        this.playbackSpeed = PlaybackSpeed.Speed_Forward_2_00_X // 2 倍速播放
      }).margin(8)
    }
  }
 }
}
```

第三步，在 main_pages.json 文件中增加 VideoPlay 页面路由配置，代码如下。

// entry/src/main/resources/base/profile/main_pages.json

```
{
  "src": [
    "pages/VideoPlay"
  ]
}
```

第四步,在 Index 页面中增加响应 VideoPlay 按钮单击事件,跳转至 VideoPlay 页面,代码如下。

```
// entry/src/main/ets/pages/Index.ets
Button('VideoPlay')
  .onClick(() => {
    router.pushUrl({ url:"pages/VideoPlay" })
  }).fontSize(12)
```

完成上述代码,编译示例工程,并运行示例 App,单击 VideoPlay 按钮,VideoPlay 页面如图 12-20 所示,可在该界面进行视频播放的控制、进度调整、播放倍速的设定等。

12.5.2　AVPlayer 播放视频

相对于 Video 组件,AVPlayer 在使用时较为复杂,可定制的方法也更多。

1. 使用说明

使用 AVPlayer 进行视频播放,主要需要以下八步。

第一步,创建 AVPlayer 实例。调用 createAVPlayer() 函数来创建 AVPlayer 实例,完成此操作后,AVPlayer 会初始化并进入 idle 状态。

第二步,设置监听事件。根据业务需求设置相应的监听事件,这些监听事件将搭配全流程场景使用,以实现对播放器的各种状态和操作的监控。主要支持的监听事件与播放音频时(12.5.1 小节)事件相同,同时增加了播放视频时特有的事件。

图 12-20　VideoPlay 页面

- startRenderFrame:用于视频播放场景,监听视频播放首帧渲染时间。当 AVPlayer 首次起播并进入 playing 状态后,等到首帧视频画面被渲染到显示画面时,就会上报此事件。通常应用可以利用此事件上报的时机,进行视频封面移除操作,实现封面与视频画面的顺利衔接。

- videoSizeChange：用于视频播放过程，监听视频播放的宽高信息，基于这些信息可以对显示窗口的大小、比例进行调整，以提供更好的观看体验。

第三步，设置资源。有多种方式设定，如通过 url、fdSrc 来指定播放资源，完成此设置后，AVPlayer 会进入 initialized 状态。

第四步，创建及关联内容绘制区。在使用 AVPlayer 进行视频播放并涉及与视频内容绘制相关的操作时，需要在外部设定用于展示视频内容的区域。通常会借助 XComponent 组件来创建绘制区，以获取 surfaceId 的值，并利用该值将 AVPlayer 的视频内容与相应的内容绘制区建立起关联，使得视频能够在设定好的区域内播放。

第五步，准备播放。调用 prepare() 函数，此时 AVPlayer 会进入 prepared 状态，在这个状态下，可以获取播放资源的 duration（时长），并设置缩放模式、音量等播放相关的参数。

第六步，视频播放控制。使用 play()、pause()、seek()、stop() 等接口，对当前视频进行播放、暂停、跳转、停止等常见的视频播放控制操作，以满足用户在观看视频过程中的各种需求。

第七步，更换资源（可选）。若有更换播放资源的需求，则调用 reset() 函数来重置资源，完成此操作后，AVPlayer 会重新进入 idle 状态，此时便允许更换资源。

第八步，退出播放。当需要退出播放时，调用 release() 函数销毁 AVPlayer 实例，AVPlayer 会进入 released 状态，从而完成整个播放流程并退出播放状态。

AVPlayer 在播放资源时，状态管理机制也适用（可参考 12.4 节中使用说明部分内容）。

2. 播放视频示例

下面代码通过 AVPlayer 实现视频播放功能，主要分为六步。

第一步，复用 12.5.1 小节中的资源。

第二步，在示例工程中创建 AVVideoPlayManager 类，在该类中实现视频的播放、状态变化的监听及跳转，以及视频播放控制的方法。

```
// entry/src/main/ets/Video/AVVideoPlayManager.ets
import { media } from '@kit.MediaKit';
import { resourceManager } from '@kit.LocalizationKit';
import { emitter } from '@kit.BasicServicesKit';
import { common } from '@kit.AbilityKit';
const VideoEventID = 2;

export class VideoEventInfo {
  eventId: number = 0
  priority: emitter.EventPriority = 0
}

export let videoEvent: VideoEventInfo = {
  eventId: VideoEventID,
  priority: emitter.EventPriority.HIGH
};
```

```typescript
export default class AVVideoPlayManager {
  private avPlayer: media.AVPlayer | null = null;
  private surfaceID: string = '';   // surfaceID用于播放画面显示
  private mgr: resourceManager.ResourceManager = {} as resourceManager.
    ResourceManager;
  private currentTime: number = 0;
  private durationTime: number = 0;
  private speedSelect: media.PlaybackSpeed = media.PlaybackSpeed.SPEED_
    FORWARD_1_00_X;
  private fileDescriptor: resourceManager.RawFileDescriptor | null = null;
  private fileSrc: string = 'harmonyos-next-pv-video-popup.mp4';

  async initPlayer(surfaceId: string, callback: (avPlayer: media.AVPlayer) =>
    void): Promise<void> {
    this.surfaceID = surfaceId;
    try {
      this.avPlayer = await media.createAVPlayer();
      await this.setAVPlayerCallback(callback);
      let context = getContext(this) as common.UIAbilityContext;
      this.mgr = context.resourceManager;
      this.fileDescriptor = await this.mgr.getRawFd(this.fileSrc);
      this.avPlayer.fdSrc = this.fileDescriptor;
    } catch (e) {
      console.error(`AVVPM initPlayer initPlayer err: ${e}`);
    }
  }
  // 注册AVPlayer回调函数
  async setAVPlayerCallback(callback: (avPlayer: media.AVPlayer) => void):
    Promise<void> {
    if (this.avPlayer === null) {
      return;
    }
    // seek操作结果回调函数
    this.avPlayer.on('seekDone', (seekDoneTime) => {
      console.info(`AVVPM setAVPlayerCallback AVPlayer seek succeeded,
        seek time is ${seekDoneTime}`);
    });
    // error回调监听函数,当avPlayer在操作过程中出现错误时调用reset接口触发重置流程
    this.avPlayer.on('error', (err) => {
      if (this.avPlayer === null) {
        return;
      }
      console.error(`AVVPM setAVPlayerCallback Invoke avPlayer failed,
        code is ${err.code}, message is ${err.message}`);
      this.avPlayer.reset();
    });
    // 状态机变化回调函数
    this.avPlayer.on('stateChange', async (state, reason) => {
      if (this.avPlayer === null) {
        return;
      }
```

```
switch (state) {
  case 'idle':                          // 成功调用 reset 接口后触发该状态
    this.avPlayer.release();            // 销毁实例对象
    this.avPlayerChoose(callback);
    console.info('setAVPlayerCallback AVPlayer state idle called.');
    break;
  case 'initialized':                   // AVPlayer 设置播放源后触发该状态
    console.info('setAVPlayerCallback AVPlayer state initialized called.');
    // 设置显示画面
    this.avPlayer.surfaceId = this.surfaceID;
    console.info(`AVVPM setAVPlayerCallback this.avPlayer.surfaceId =
      ${this.avPlayer.surfaceId}`);
    this.avPlayer.prepare();
    break;
  case 'prepared':                      // prepare 调用成功后上报该状态
    console.info('setAVPlayerCallback AVPlayer state prepared called.');
    this.durationTime = this.avPlayer.duration;
    this.currentTime = this.avPlayer.currentTime;
    this.avPlayer.play();               // 开始播放
    console.info(`AVVPM setAVPlayerCallback this.speedSelect =
      ${this.speedSelect}`);
    if (this.avPlayer) {
      this.avPlayer.setSpeed(this.speedSelect);
    }
    callback(this.avPlayer);
    break;
  case 'playing':                       // play 成功调用后触发该状态
    console.info('setAVPlayerCallback AVPlayer state playing called.');
    // 通知 UI 层播放状态
    let eventDataTrue: emitter.EventData = {
      data: {
        'flag': true
      }
    };
    let innerEventTrue: emitter.InnerEvent = {
      eventId: VideoEventID,
      priority: emitter.EventPriority.HIGH
    };
    emitter.emit(innerEventTrue, eventDataTrue);
    break;
  case 'completed':                     // 播放结束后触发该状态
    console.info('AVVPM setAVPlayerCallback AVPlayer state completed called.');
    // 通知 UI 层播放状态
    let eventDataFalse: emitter.EventData = {
      data: {
        'flag': false
      }
    };
    let innerEvent: emitter.InnerEvent = {
      eventId: VideoEventID,
      priority: emitter.EventPriority.HIGH
```

```
        };
        emitter.emit(innerEvent, eventDataFalse);
        break;
      case 'paused':                    // pause 成功调用后触发该状态
        console.info('AVVPM setAVPlayerCallback AVPlayer state paused called.');
        break;
      case 'stopped':                   // stop 接口成功调用后触发该状态
        console.info('AVVPM setAVPlayerCallback AVPlayer state stopped called.');
        this.avPlayer.reset();          // 调用 reset 接口初始化 avplayer 状态
        break;
      case 'released':                  // release 接口成功调用后触发该状态
        console.info('AVVPM setAVPlayerCallback AVPlayer state released called.');
        break;
      default:
        console.info('AVVPM setAVPlayerCallback AVPlayer state unknown called.');
        break;
    }
  });
  // 播放进度时间更新
  this.avPlayer.on('timeUpdate', (time: number) => {
    this.currentTime = time;
    console.info(`AVVPM setAVPlayerCallback timeUpdate success,
      and new time is = ${this.currentTime}`);
  });
}
// 总时长
getDurationTime(): number {
  return this.durationTime;
}
// 当前播放进度
getCurrentTime(): number {
  return this.currentTime;
}
// 播放
videoPlay(): void {
  if (this.avPlayer) {
    this.avPlayer.play();
  }
}
// 暂停
videoPause(): void {
  if (this.avPlayer) {
    this.avPlayer.pause();
  }
}
// 调整播放进度
videoSeek(seekTime: number): void {
  if (this.avPlayer) {
    this.avPlayer.seek(seekTime, media.SeekMode.SEEK_PREV_SYNC);
  }
}
```

```
    // 设置播放速度
    setSpeed(speed:media.PlaybackSpeed) {
      if (this.avPlayer) {
        this.speedSelect = speed;
        this.avPlayer.setSpeed(this.speedSelect);
      }
    }
    // 重置 avPlayer
    async videoReset(): Promise<void> {
      if (this.avPlayer) {
        this.avPlayer.reset();
      }
    }
    // 释放 avPlayer
    async videoRelease(): Promise<void> {
      if (this.avPlayer) {
        this.avPlayer.release();
      }
    }

    async avPlayerChoose(callback: (avPlayer: media.AVPlayer) => void): Promise<void> {
      try {
        // 创建 avPlayer 实例对象
        this.avPlayer = await media.createAVPlayer();
        this.fileDescriptor = null;
        // 创建状态机变化回调函数
        await this.setAVPlayerCallback(callback);
        this.fileDescriptor = await this.mgr.getRawFd(this.fileSrc);
        this.avPlayer.fdSrc = this.fileDescriptor;
      } catch (e) {
        console.info('AVVPM avPlayerChoose trycatch avPlayerChoose');
        this.videoReset();
      }
    }
  }
```

第三步，在示例工程中创建 VideoOperate 组件，该组件实现视频播放控制，如进度展示、播放或暂停等 UI 元素的展现及交互事件响应。

```
// entry/src/main/ets/Video/VideoOperate.ets
import avVideoPlayManager from './AVVideoPlayManager';
// 计算时长毫秒转为分·秒
function timeConvert(time: number): string {
  let min: number = Math.floor(time / 60000);
  let second: number = Math.ceil((time % 60000) / 1000);
  let secondStr :string = (second < 10 ? '0' : '') + second
  let retStr = `${min}:${secondStr}`;
  return retStr;
}

@Component
```

```
export struct VideoOperate {
  @State speedSelect: number = 0; // Speed Magnification Selection
  @Link currentTime: number;
  @Link durationTime: number;
  @Link isSwiping: boolean;
  @Link avVideoPlayManager: avVideoPlayManager;
  @Link playStatus: boolean;

  build() {
    Row() {
      Row() {
        Button(this.playStatus ? '暂停' : '播放')
          .onClick(() => {
            if (this.playStatus) {
              this.avVideoPlayManager.videoPause();
              this.playStatus = false;
            } else {
              this.avVideoPlayManager.videoPlay();
              this.playStatus = true;
            }
          })

        // 当前播放进度，在进度条的左边展示
        Text(timeConvert(this.currentTime))
          .fontColor(Color.Black)
          .fontWeight(FontWeight.Regular)
          .margin({ left: 16 })
      }

      Row() {
        Slider({
          value: this.currentTime,
          min: 0,
          max: this.durationTime,
          style: SliderStyle.OutSet
        })
          .showTips(false)
          .onChange((value: number, mode: SliderChangeMode) => {
            if (mode == SliderChangeMode.Begin) {
              this.isSwiping = true;
              this.avVideoPlayManager.videoPause();
            }
            this.avVideoPlayManager.videoSeek(value);
            this.currentTime = value;
            if (mode == SliderChangeMode.End) {
              this.isSwiping = false;
              this.playStatus = false;
              this.avVideoPlayManager.videoPlay();
            }
          })
      }
```

```
        .layoutWeight(1)

      // 总时长，在进度条的右边展示
      Text(timeConvert(this.durationTime))
        .fontColor(Color.Black)
        .fontWeight(FontWeight.Regular)
    }
    .justifyContent(FlexAlign.Center)
    .padding({ left: 18, right: 18 })
    .width('100%')
  }
}
```

第四步，在示例工程中创建了 AVVideoPlay 页面，在该页面创建 AVVideoPlayManager 并为其创建播放区，展示 VideoOperate 组件，实现视频播放的功能整合。

```
// entry/src/main/ets/pages/AVVideoPlay.ets
import { media } from '@kit.MediaKit';
import { display } from '@kit.ArkUI';
import { emitter } from '@kit.BasicServicesKit';
import avViderPlayManager, { videoEvent } from '../Video/AVVideoPlayManager';
import { VideoOperate } from '../Video/VideoOperate';

const PROPORTION = 0.98; // Screen Percentage
const SET_INTERVAL = 100;

@Entry
@Component
struct AVVideoPlay {
  @State avViderPlayManager: avViderPlayManager = new avViderPlayManager();
  @State isSwiping: boolean = false;
  @State playStatus: boolean = true; // Pause Playback
  @State durationTime: number = 0;
  @State currentTime: number = 0;
  @State surfaceW: number = 0;
  @State surfaceH: number = 0;
  @State percent: number = 0;
  @State windowWidth: number = 300;
  @State windowHeight: number = 200;
  @State isCalcWHFinished: boolean = false;
  @State showControls: boolean = true;
  private surfaceId: string = '';
  private xComponentController: XComponentController = new XComponentController();

  aboutToAppear() {
    this.windowWidth = display.getDefaultDisplaySync().width;
    this.windowHeight = display.getDefaultDisplaySync().height;
    this.playStatus = true;
  }

  aboutToDisappear() {
```

```
    this.avViderPlayManager.videoRelease();
    emitter.off(videoEvent.eventId);
  }

  onPageHide() {
    this.avViderPlayManager.videoPause();
    this.playStatus = false;
  }

  onPageShow() {
    emitter.on(videoEvent, (res) => {
      if (res.data) {
        this.playStatus = res.data.flag;
      }
    });
  }

  setVideoWH(): void {
    if (this.percent >= 1) { //Horizontal video
      this.surfaceW = Math.round(this.windowWidth * PROPORTION);
      this.surfaceH = Math.round(this.surfaceW / this.percent);
    } else { //Vertical video
      this.surfaceH = Math.round(this.windowHeight * PROPORTION);
      this.surfaceW = Math.round(this.surfaceH * this.percent);
    }
  }
  //提供用于图形绘制和媒体数据写入的Surface，XComponent负责将其嵌入到视图中，
  //支持应用自定义Surface位置和大小，给AVViderPlayManager使用。
  @Builder
  CoverXComponent() {
    XComponent({
      id: 'xComponent',
      type: XComponentType.SURFACE,
      controller: this.xComponentController
    })
      .visibility(Visibility.Visible)
      .onLoad(() => {
        this.surfaceId = this.xComponentController.getXComponentSurfaceId();
        this.avViderPlayManager.initPlayer(this.surfaceId, (avPlayer: media.
          AVPlayer) => {
          this.percent = avPlayer.width / avPlayer.height;
          this.setVideoWH();
          this.isCalcWHFinished = true;
          this.durationTime = this.avViderPlayManager.getDurationTime();
          setInterval(() => { //更新进度时间
            if (!this.isSwiping) {
              this.currentTime = this.avViderPlayManager.getCurrentTime();
            }
          }, SET_INTERVAL);
        })
      })
```

```
      .height(this.isCalcWHFinished ? `${this.surfaceH}px` : '100%')
      .width(this.isCalcWHFinished ? `${this.surfaceW}px` : '100%')
  }

  build() {
    Column() {
      // 视频显示
      this.CoverXComponent()
      // 播放控制条
      VideoOperate({
        playStatus: $playStatus,
        avVideoPlayManager: $avViderPlayManager,
        currentTime: $currentTime,
        durationTime: $durationTime,
        isSwiping: $isSwiping
      })
        .width('100%')
        .visibility(this.showControls ? Visibility.Visible :Visibility.Hidden)
      // 控制是否显示播放控制条
      Row() {
        Text('showControls').margin(8)
        Toggle({ type: ToggleType.Switch , isOn:this.showControls})
          .margin({left: 200, right: 10})
          .onChange((isOn: boolean) => {
            this.showControls = isOn;
          }).margin(8)
      }
      // 调整倍速
      Row() {
        Button('0.75X speed').onClick(() => {
          this.avViderPlayManager.setSpeed(media.PlaybackSpeed.SPEED_FORWARD_0_75_X)
        }).margin(8)
        Button('1X speed').onClick(() => {
          this.avViderPlayManager.setSpeed(media.PlaybackSpeed.SPEED_FORWARD_1_00_X)
        }).margin(8)
        Button('2X speed').onClick(() => {
          this.avViderPlayManager.setSpeed(media.PlaybackSpeed.SPEED_FORWARD_2_00_X)
        }).margin(8)
      }
    }
    .backgroundColor(Color.Gray)
  }
}
```

第五步，在 main_pages.json 文件中增加 AVVideoPlay 页面路由配置，代码如下。

```
// entry/src/main/resources/base/profile/main_pages.json
{
  "src": [
    "pages/AVVideoPlay"
  ]
}
```

第六步，在 Index 页面中增加响应 AVVideoPlay 按钮单击事件，跳转至 AVVideoPlay 页面，代码如下。

```
// entry/src/main/ets/pages/Index.ets
Button('AVVideoPlay')
  .onClick(() => {
    router.pushUrl({ url:"pages/AVVideoPlay" })
  }).fontSize(12)
```

完成上述代码，编译示例工程，并运行示例 App，单击 AVVideoPlay 按钮，AVVideoPlay 页面如图 12-21 所示，在该页面中可对视频的播放进行控制、调整进度及设置倍速等。

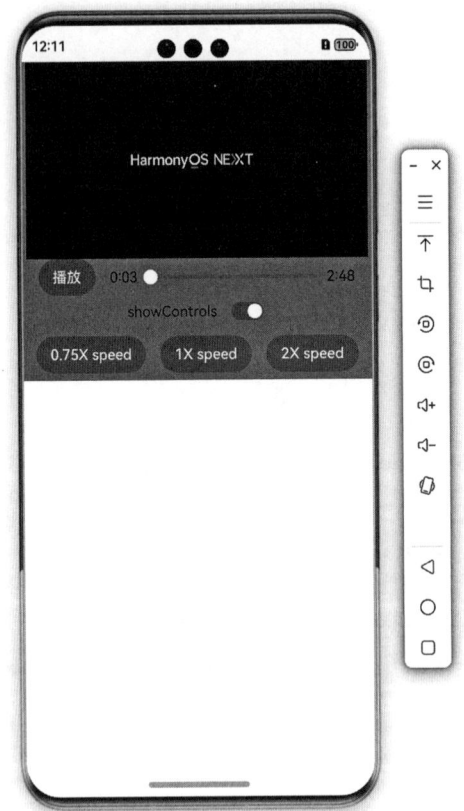

图 12-21　AVVideoPlay 页面

第 13 章 Chapter 13

安全管理

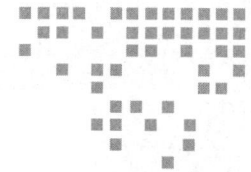

在数字化时代，移动设备已深度融入我们的生活，其便携性虽带来诸多便利，如随时拍照、摄像、录音及获取地理信息，但也潜藏风险，信息安全关乎个人隐私与社会稳定。

随着技术和产品的发展，数据泄露及乱用、恶意软件等威胁纷至沓来，在 App 内需要尽早构建完善的安全管理体系，平衡便利与安全，让 App 安全可控地为用户提供服务，保障用户资产和研发资产免受侵害。

13.1 准备

本章内容通过实例的方式进行讲解。在客户端，新建一个全新的工程，以配合本章内容。基于该工程，进行这些与安全相关的实践操作。下面介绍客户端示例工程的准备工作。

13.1.1 创建示例工程

在 DevEco Studio 的菜单栏中，依次单击"File → New → Create Project → Empty Ability"，在接下来出现的如图 13-1 所示的创建新工程界面中单击"Next"按钮。

在"Project name"文本框中输入工程名"Security"，如图 13-2 所示，其他项使用默认，之后单击"Finish"按钮。

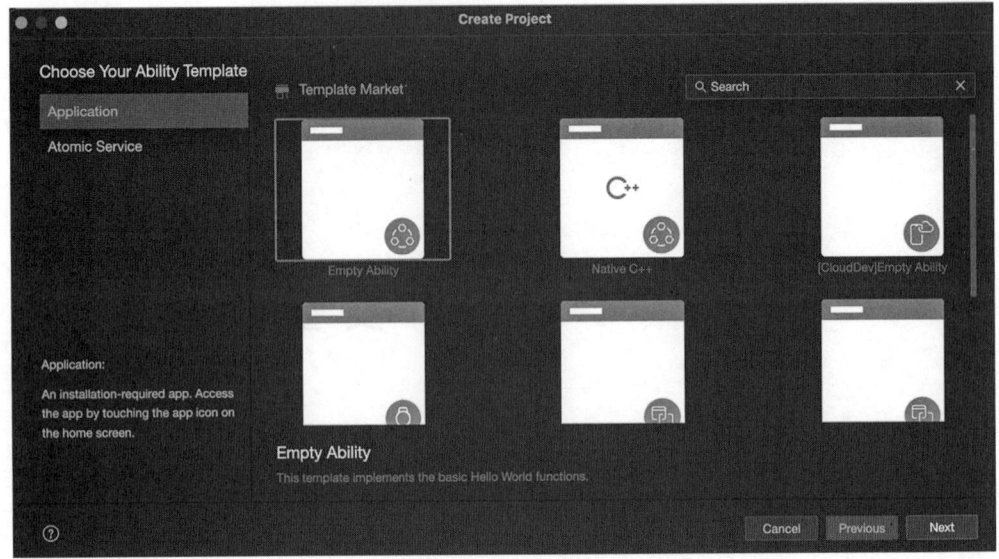

图 13-1　创建新工程

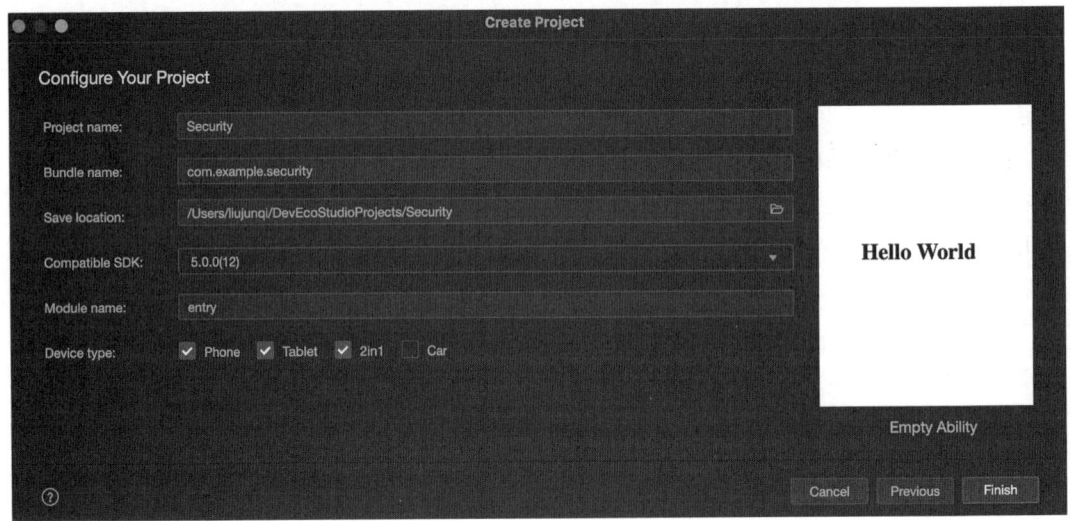

图 13-2　输入工程名

13.1.2　主体 UI 框架

在本章的内容中，应用授权管控及安全访问机制需要实例操作，首先在 Index.ets 文件中实现与该示例相关的 UI 框架，然后在每节中完成具体的代码实现。Index.ets 文件的实现方式如下：

```
// entry/src/main/ets/pages/Index.ets
import { router } from '@kit.ArkUI';
```

```
@Entry
@Component
struct Index {

  build() {
    Column( {space: 20} ){
      Row(){
        // 地理位置信息
        Button('LocationPermission')
          .onClick(() => {
          })
      }

      Row(){
        // 安全访问机制
        Button('SecurityControl')
          .onClick(() => {
          })
      }
    }
    .height('100%')
    .width('100%')
  }
}
```

UI 框架的实现效果如图 13-3 所示，之后每节中的示例可基于该 UI 框架进行调用。

图 13-3　UI 框架的实现效果

13.2　用户资产保护

在移动设备中，移动支付、购物、IM 等业务广泛普及，用户数据是需要重点保护的资产，特别是与用户隐私相关的数据，保护工作变得越来越重要。隐私保护不仅是尊重个人权利、提升用户信任、保障个人信息安全的关键举措，更是法律法规的明确要求。个人信息一旦泄露并被滥用，可能引发个人诈骗、身份盗用、恶意广告等不良后果。

在鸿蒙系统中构建了一套全面且精细的访问控制体系，涵盖了应用沙盒、应用权限管控以及安全访问机制等多方面内容，从不同维度对系统资源和数据的访问进行严格管控，在本节中，以用户资产保护为中心，重点介绍相关的机制与原则。

13.2.1　应用沙盒

在鸿蒙系统中，每个运行的应用程序都被部署在独立且受保护的沙盒内。这一沙盒机制犹如一道坚固的安全隔离墙，有效遏制了应用程序的不当行为。例如，它能够防止应用间发生非法的数据访问以及对设备进行恶意篡改等操作。每个应用都被赋予了独一无二的身份标识（tokenID），系统借助这一身份标识来精准识别并限制应用的访问行为。应用沙盒严格限制了只有特定的目标受众才能访问应用内的数据，同时明确了应用自身可访问的数据范围，从而在数据访问的源头建立起了第一道防线，保障了数据的安全性与完整性。

13.2.2 应用权限管控

在鸿蒙系统中提供了一种允许应用访问系统资源（如通讯录等）和系统能力（如访问摄像头、麦克风等）的通用权限访问方式，来保护系统数据（如用户个人数据）或功能，避免它们被不当或恶意使用。

根据授权方式的不同，应用申请的权限类型可分为系统授权（system_grant）和用户授权（user_grant）。

1. 系统授权的权限

在系统授权类型的权限许可下，应用被允许访问的数据不会涉及用户或设备的敏感信息，应用被允许执行的操作对系统或者其他应用产生的影响是可控的。如果在应用中申请了system_grant权限，那么系统会在用户安装应用时，自动把相应权限授予应用。下面为一些常用的系统授权的权限列表。

- ohos.permission.USE_BLUETOOTH：允许应用查看蓝牙的配置。
- ohos.permission.GET_BUNDLE_INFO：允许查询应用的基本信息。
- ohos.permission.PRINT：允许应用获取打印框架的能力。
- ohos.permission.DISCOVER_BLUETOOTH：允许应用配置本地蓝牙、查找远端设备且与之配对连接。
- ohos.permission.ACCELEROMETER：允许应用读取加速度传感器的数据。
- ohos.permission.ACCESS_BIOMETRIC：允许应用使用生物特征识别能力进行身份认证。
- ohos.permission.ACCESS_NOTIFICATION_POLICY：允许在本设备上应用访问通知策略。
- ohos.permission.GET_NETWORK_INFO：允许应用获取数据网络信息。
- ohos.permission.GET_WIFI_INFO：允许应用获取WiFi信息。
- ohos.permission.GYROSCOPE：允许应用读取陀螺仪传感器的数据。
- ohos.permission.INTERNET：允许使用Internet网络。
- ohos.permission.KEEP_BACKGROUND_RUNNING：允许Service Ability在后台持续运行。
- ohos.permission.NFC_TAG：允许应用读写Tag卡片。
- ohos.permission.PRIVACY_WINDOW：允许应用将窗口设置为隐私窗口，禁止截屏录屏。
- ohos.permission.PUBLISH_AGENT_REMINDER：允许应用使用后台代理提醒。
- ohos.permission.SET_WIFI_INFO：允许应用配置WiFi设备。
- ohos.permission.VIBRATE：允许应用控制马达振动。

- ohos.permission.CLEAN_BACKGROUND_PROCESSES：允许应用根据包名清理相关后台进程。
- ohos.permission.COMMONEVENT_STICKY：允许应用发布黏性公共事件。
- ohos.permission.MODIFY_AUDIO_SETTINGS：允许应用修改音频设置。
- ohos.permission.RUNNING_LOCK：允许应用获取运行锁，保证应用在后台的持续运行。
- ohos.permission.SET_WALLPAPER：允许应用设置壁纸。
- ohos.permission.ACCESS_CERT_MANAGER：允许应用进行查询证书及私有凭据等操作。
- ohos.permission.hsdr.HSDR_ACCESS：允许应用访问安全检测与响应框架。
- ohos.permission.READ_CLOUD_SYNC_CONFIG：允许接入云空间的应用查询，应用云同步相关配置信息。
- ohos.permission.STORE_PERSISTENT_DATA：允许应用存储持久化的数据，该数据直到设备恢复出厂设置或重装系统才会被清除。
- ohos.permission.ACCESS_EXTENSIONAL_DEVICE_DRIVER：允许应用使用外接设备增强功能。
- ohos.permission.READ_ACCOUNT_LOGIN_STATE：允许应用读取用户账号的登录状态。
- ohos.permission.ACCESS_SERVICE_NAVIGATION_INFO：允许应用访问导航信息服务。
- ohos.permission.PROTECT_SCREEN_LOCK_DATA：允许应用在锁屏后保护本应用的敏感数据不被访问。应用获取此权限后，系统将给用户新建一个高安全级别（el5）的目录。应用可以在此目录下存放数据，这部分数据在锁屏后无法被访问。

系统授权类型的权限申请需要在模块的 /src/main/ 目录中的 module.json5 文件中增加 requestPermissions 标签并配置相关权限及声明，各属性的具体要求如下。

1）name 属性：指需要使用的权限名称，数据类型为字符串。这个属性是必填项，所填写的内容必须是系统已经定义好的权限，具体的取值范围需要参照应用权限列表来确定。

2）reason 属性：指申请权限的原因，数据类型为字符串，且需要进行多语种适配，填写时要采用 string 类型资源引用的格式。

3）usedScene 属性：指应用上架校验，包含了 abilities 和 when 这两个子项，整体的数据类型为对象。usedScene 属性本身是必填的，包含的子项具体情况如下。

- abilities 子项：指使用权限的 UIAbility 或者 ExtensionAbility 组件的名称，该子项是可选填写的，可以配置成由多个 UIAbility 或者 ExtensionAbility 名称组成的字符串数组。

- when 子项：指调用时机，取值为"inuse"（使用时）或者"always"（始终）这两个固定值。

下面为申请获取数据网络信息及使用 Internet 网络权限的示例。

```
// entry/src/main/module.json5
{
  "module": {
    // ...
    // 权限请求
    "requestPermissions":[
      {
        "name" : "ohos.permission.GET_NETWORK_INFO",
        "reason": "$string:net_info_reason",
        "usedScene": {
          "abilities": [
            "EntryAbility"
          ],
          "when":"inuse"
        }
      },
      {
        "name" : "ohos.permission.INTERNET",
        "reason": "$string:use_net_reason",
        "usedScene": {
          "abilities": [
            "EntryAbility"
          ],
          "when":"inuse"
        }
      }
    ],
  }
}
```

2. 用户授权的权限

在用户授权类型的权限许可下，应用被允许访问的数据将会涉及用户或设备的敏感信息，应用被允许执行的操作可能会对系统或者其他应用产生严重的影响。该类型权限的申请不仅需要在安装包中申请权限，还需要在应用动态运行时，通过发送弹窗的方式请求用户授权。在用户手动允许授权后，应用才会真正获取相应权限，从而成功访问操作目标对象。

- ohos.permission.ACCESS_BLUETOOTH：允许应用接入蓝牙并使用蓝牙能力，例如配对、连接外围设备等。
- ohos.permission.MEDIA_LOCATION：允许应用访问用户媒体文件中的地理位置信息。
- ohos.permission.APP_TRACKING_CONSENT：允许应用读取开放匿名设备标识符。
- ohos.permission.ACTIVITY_MOTION：允许应用读取用户的运动状态。
- ohos.permission.CAMERA：允许应用使用相机。
- ohos.permission.DISTRIBUTED_DATASYNC：允许不同设备间的数据交换。

- ohos.permission.LOCATION_IN_BACKGROUND：允许应用在后台运行时获取设备位置信息。
- ohos.permission.LOCATION：允许应用获取设备位置信息。
- ohos.permission.APPROXIMATELY_LOCATION：允许应用获取设备模糊位置信息。
- ohos.permission.MICROPHONE：允许应用使用麦克风。
- ohos.permission.READ_CALENDAR：允许应用读取日历信息。
- ohos.permission.WRITE_CALENDAR：允许应用添加、移除或更改日历活动。
- ohos.permission.READ_HEALTH_DATA：允许应用读取用户的健康数据。
- ohos.permission.ACCESS_NEARLINK：允许应用接入星闪并使用星闪能力，例如配对、连接外围设备等。

对于 user_grant 类型权限，在配置文件声明权限后还需要向用户请求授权，经过用户允许后才能获得权限，在这一过程中要注意避免出现二次弹框或者让用户到设置中打开权限等不好的体验。技术上的实现需要使用程序访问控制管理模块（@ohos.abilityAccessCtrl），该模块实现程序的权限管理能力，包括鉴权、授权等，主要包含以下接口及类型。

1）GrantStatus：授权状态的枚举类型，定义了 PERMISSION_DENIED（-1，表示未授权）、PERMISSION_GRANTED（0，表示已授权）等状态。

2）checkAccessToken(tokenID: number, permissionName: Permissions): Promise<GrantStatus>：
- 作用：用于校验应用是否授予权限。通过 Promise 异步回调获取结果。
- 参数 tokenID：校验的目标应用身份标识。
- 参数 permissionName：校验的权限名称，为上述列表中的某一项。

3）checkAccessTokenSync(tokenID: number, permissionName: Permissions): GrantStatus：作用、参数及返回值与 checkAccessToken 相同，区别在于同步返回结果。

4）requestPermissionsFromUser(context: Context, permissionList: Array<Permissions>, requestCallback: AsyncCallback<PermissionRequestResult>): void：
- 作用：用于 UIAbility 拉起弹框请求用户授权。通过 Callback 异步回调获取结果。
- 参数 context：请求权限的 UIAbility 的 Context。
- 参数 permissionList：权限名列表。
- 参数 requestCallback：结果回调。

5）requestPermissionsFromUser(context: Context, permissionList: Array<Permissions>): Promise<PermissionRequestResult>：
- 作用：用于 UIAbility 拉起弹框，请求用户授权。通过 Promise 异步回调获取结果。
- 参数 context：请求权限的 UIAbility 的 Context。
- 参数 permissionList：权限名列表。

6）requestPermissionOnSetting(context: Context, permissionList: Array<Permissions>): Promise<Array<GrantStatus>>：

- 作用：用于 UIAbility 二次拉起权限，设置弹框，通过 Promise 异步回调获取结果。
- 参数 context：请求权限的 UIAbility 的 Context。
- 参数 permissionList：权限名列表。

7）SwitchType：全局开关类型，定义了相机全局开关（CAMERA）、麦克风全局开关（MICROPHONE）、位置全局开关（LOCATION）等类型。

8）requestGlobalSwitch(context: Context, type: SwitchType): Promise<boolean>：
- 作用：用于 UIAbility 或 UIExtensionAbility 拉起全局开关并设置弹框，通过 Promise 异步回调获取结果。
- 参数 context：请求权限的 UIAbility 的 Context。
- 参数 type：请求的全局开关类型。

3. 用户授权的权限请求流程及实践

对于用户授权类型的权限申请，需要在配置文件声明权限和通过代码实现向用户请求授权，经过用户允许后才能获得权限，在申请的过程中需要用户的交互，结果会受到用户选择的影响，用户授权的权限请求流程如图 13-4 所示。

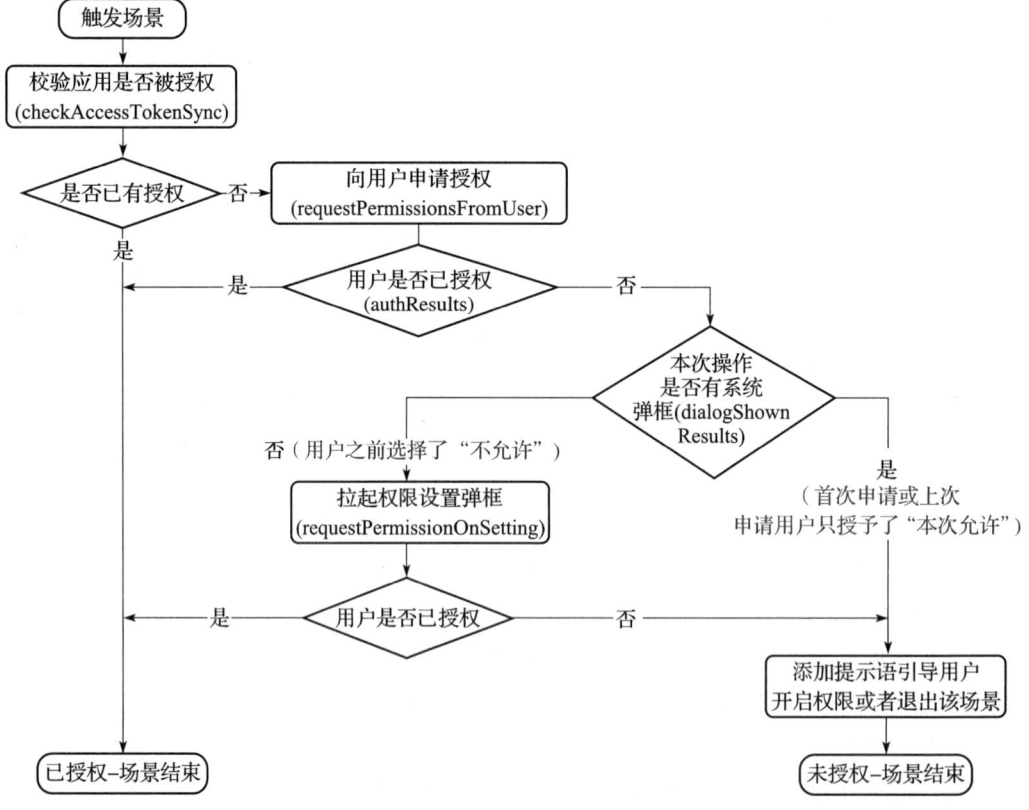

图 13-4　用户授权的权限请求流程

当用户触发需要使用权限的场景时，首先需要判断当前是否已经授权。如果已经授权，则可以直接访问该数据，并进行操作，否则需要向用户申请授权，具体的流程说明如下（本部分中的内容所提到的接口均是程序访问控制管理模块提供的接口，这些接口在前文中有介绍，在本部分中提到的接口默认为该模块）。

第一阶段：校验应用是否被授权，调用 checkAccess-TokenSync() 接口，如果已授权则可直接使用授权数据。如果没有授权，则进入向用户申请授权流程。

第二阶段：使用用户权限请求弹框请求用户授权，调用 requestPermissionsFromUser() 接口，这时系统会弹框询问用户授权的方式。权限请求弹框如图 13-5 所示，用户有三种操作。

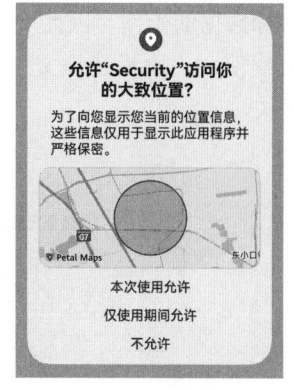

图 13-5　权限请求弹框

- 本次使用允许：单击后将会对应用授予临时权限，若临时权限被取消（退出或非后台任务在切后台 10 秒后），则在再次调用 requestPermissionsFromUser() 接口时将会拉起该权限设置弹框。
- 仅使用期间允许：单击后应用直接获取该权限，在再次调用 requestPermissionsFromUser() 接口时无法拉起该权限设置弹框。
- 不允许：单击后应用无法获取该权限，且在再次调用 requestPermissionsFromUser() 接口时无法拉起该权限设置弹框。

当用户选择本次使用允许或仅使用期间允许时，结果对象的 authResults 字段取值为 0，这时可直接使用授权数据；当用户选择不允许时，结果对象的 authResults 字段取值为 −1，这时需要再判断返回结果对象的 dialogShownResults 字段，以确定实际的状态。

- 当 dialogShownResults 为 true 时：表示有弹框表明已经向用户展示了请求授权的弹窗但是用户拒绝了授权，这就需要在页面内的合适位置添加提示语并引导用户开启权限或者退出该场景。
- 当 dialogShownResults 为 false 时：表示当前应用没有被授权且没有向用户展示请求授权的弹框，这时再使用权限设置弹框引导用户授予权限。

图 13-6　权限设置弹框

第三阶段：使用权限设置弹框引导用户授予权限。如在第二阶段没有获得用户授权，则可使用 requestPermission-OnSetting() 接口直接拉起设置弹框，权限设置弹框如图 13-6 所示。当用户选择仅使用期间允许或本次使用允许时，该变量取值为 PERMISSION_GRANTED，这时可直接使用授权数据；当用户选择不允许时，该变量取值为 PERMISSION_

DENIED，这时该场景的权限申请结束，需要在页面内的合适位置添加提示语并引导用户开启权限或者退出该场景。

用户可以在系统设置的隐私和安全页面中，打开超级隐私模式或者关闭相机、麦克风、位置的全局开关（如图 13-7 所示）。此时，即使应用已经被授权相关权限，也不能完成访问目标数据的操作。因此应用需要检测到这种状态，并通过适当的方式（如拉起全局开关的弹窗或使用一段描述性文字来引导用户开启全局开关等）来提醒用户并辅助开启对应的全局开关。

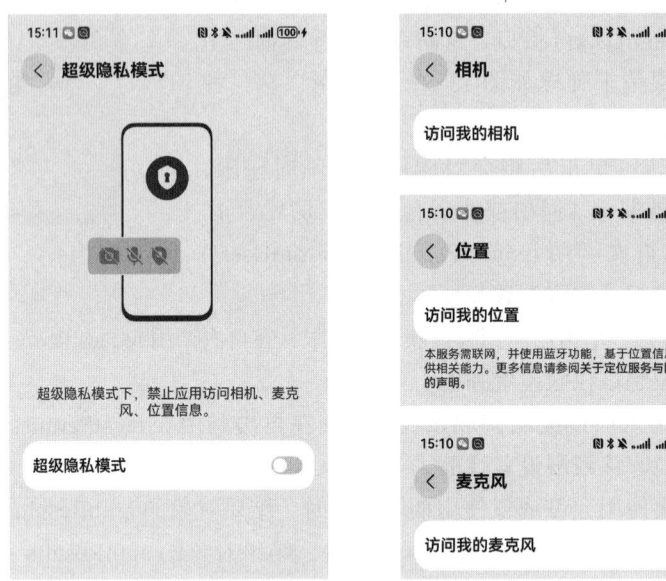

图 13-7　超级隐私模式及全局开关设置

具体的流程为在调用接口前判断全局开关是否被关闭，如果全局开关被关闭，则需要调用 requestGlobalSwitch() 接口来打开它，之后才能使用目标数据，图 13-8 为含全局开关的用户授权的权限请求流程。

注意，获取位置、相机和麦克风这三种场景的开关状态的使用方法不同。

- 位置：isLocationEnabled() 查询位置服务是否已经打开，返回 true 表示已开启，false 表示已关闭。
- 相机：isCameraMuted() 查询相机当前的禁用状态，返回 true 表示被禁用，false 表示未被禁用。
- 麦克风：isMicrophoneMute() 查询麦克风当前静音状态，返回 true 表示静音，false 表示非静音。

下面以地理信息的权限申请为示例，实现如图 13-8 中所示的完整的用户授权权限请求流程，主要分为三步。

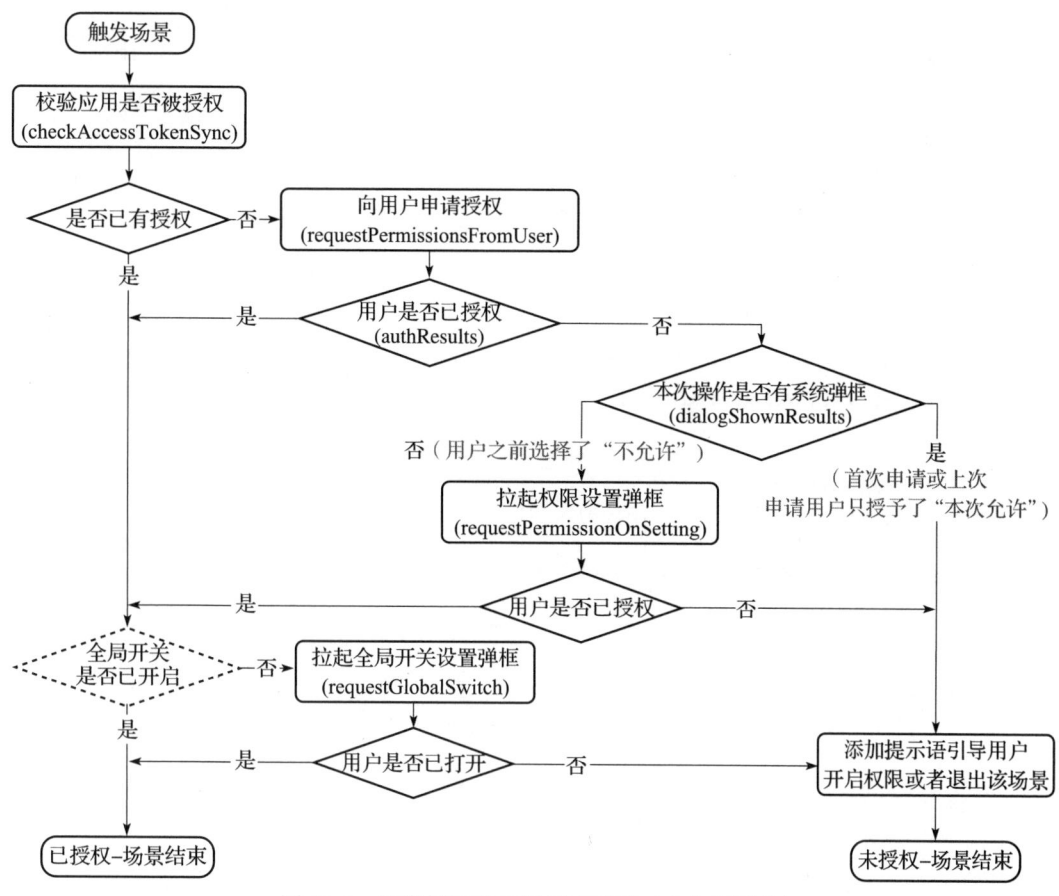

图 13-8 用户授权的权限请求流程（含全局开关）

第一步，实现地理信息权限申请页面 LocationPermission，在该页面中实现展示当前地理信息、获取地理信息权限提示、获取地理信息权限按钮及图 13-8 的流程逻辑，代码如下。

```
// entry/src/main/ets/pages/LocationPermission.ets

import { abilityAccessCtrl, bundleManager, common } from '@kit.AbilityKit';
import { BusinessError } from '@kit.BasicServicesKit';
import { geoLocationManager } from '@kit.LocationKit';


@Entry
@Component
struct LocationPermission {
  @State isShowPermissions: boolean = false;
  @State latitude: number = 0;
  @State longitude: number = 0;
  @State currentLocation: string = '';
  @State permissionsMessage: string = "需获取定位权限才能获取当前位置。";
  @State locationServiceMessage: string = "需打开全局定位权限才能获取当前位置。";
```

```
@State isShowLocation: boolean = false;
private context: common.UIAbilityContext = getContext(this) as common.
  UIAbilityContext;

build() {
  Column({ space: 10 }) {
    Text(' 当前位置: ')
      .fontSize(20)
      .width('88%')
    // 输出位置信息
    Text(this.currentLocation)
      .width('88%')
    // 需要用户许可
    if (this.isShowPermissions) {
      Text() {
        Span(this.permissionsMessage)
        Span(' 打开定位权限 ')
          .fontColor(Color.Blue)
          .onClick(() => {
            this.checkPermissionGrant();
          })
      }
      .width('88%')
    }
    // 需要打开全局定位服务
    if (this.isShowLocation) {
      Text() {
        Span(this.locationServiceMessage)
        Span(' 打开全局定位服务 ')
          .fontColor(Color.Blue)
          .onClick(() => {
            this.requestGlobalSwitch();
          })
      }
      .width('88%')
    }

    Button(' 获取当前位置 ')
      .onClick(() => {
        this.currentLocation = '';
        this.checkPermissionGrant();
      })
  }.width("100%")
}

// 验证应用是否已被授予权限。
checkPermissionGrant(): void {
  let hasPermission = false;
  let tokenID: number = 0;
  // 获取 tokenID
  try {
    let bundleInfo: bundleManager.BundleInfo =
```

```
        bundleManager.getBundleInfoForSelfSync(bundleManager.BundleFlag.GET_
            BUNDLE_INFO_WITH_APPLICATION);
      let appInfo: bundleManager.ApplicationInfo = bundleInfo.appInfo;
      tokenID = appInfo.accessTokenId;
    } catch (error) {
      const err: BusinessError = error as BusinessError;
      console.error(`Failed to get bundle info. Code is ${err.code},
        message is ${err.message}`);
    }

    try {
      let atManager = abilityAccessCtrl.createAtManager();
      let approximatelyLocation = atManager.checkAccessTokenSync(tokenID,
        'ohos.permission.APPROXIMATELY_LOCATION');
      hasPermission = approximatelyLocation === abilityAccessCtrl.GrantStatus.
        PERMISSION_GRANTED;
    } catch (error) {
      const err: BusinessError = error as BusinessError;
      console.error(`Failed to check access token. Code is ${err.code},
        message is ${err.message}`);
    }
    if (hasPermission) {
      this.requestGlobalSwitch();
    } else {
      this.requestPermissions();
    }
  }


  // 弹出权限设置对话框
  private openPermissionsSetting(): void {
    let atManager = abilityAccessCtrl.createAtManager();
    atManager.requestPermissionOnSetting(this.context, ['ohos.permission.
      APPROXIMATELY_LOCATION']).then((data: Array<abilityAccessCtrl.
      GrantStatus>) => {
      if (data[0] === abilityAccessCtrl.GrantStatus.PERMISSION_DENIED) {
        this.isShowPermissions = true;
        return;
      } else {
        this.isShowPermissions = false;
      }
      this.requestGlobalSwitch();
    }).catch((err: BusinessError) => {
      console.error('requestPermissionOnSetting error:' + JSON.stringify(err));
    });
  }


  // 向用户请求位置权限
  requestPermissions(): void {
    let atManager = abilityAccessCtrl.createAtManager();
    try {
```

```
      atManager.requestPermissionsFromUser(this.context, ['ohos.permission.
        APPROXIMATELY_LOCATION']).then((data) => {
        if (data.authResults[0] === -1) {
          if (data.dialogShownResults && (data.dialogShownResults[0])) {
            this.isShowPermissions = true;
          } else {
            this.openPermissionsSetting();
            return;
          }
        } else {
          this.isShowPermissions = false;
        }
        if (data.authResults[0] !== 0) {
          return;
        }
        this.requestGlobalSwitch();
      }).catch((err: Error) => {
        console.error('requestPermissionsFromUser err:' + JSON.stringify(err));
      });
    } catch (err) {
      console.error('requestPermissionsFromUser err:' + JSON.stringify(err));
    }
  }

  // 获取当前位置开关状态, 并打开全局开关设置
  requestGlobalSwitch(): void {
    let atManager = abilityAccessCtrl.createAtManager();
    let isLocationEnabled = geoLocationManager.isLocationEnabled();
    if (!isLocationEnabled) {
      atManager.requestGlobalSwitch(this.context, abilityAccessCtrl.SwitchType.
        LOCATION).then((data: boolean) => {
        if (data) {
          this.isShowLocation = false;
          this.getLocation();
        } else {
          this.isShowLocation = true;
        }
      }).catch((err: BusinessError) => {
        console.error('error data:' + JSON.stringify(err));
      });
    } else {
      this.isShowLocation = false;
      this.getLocation();
    }
  }
  // 获取位置信息
  getLocation(): void {
    let request: geoLocationManager.SingleLocationRequest = {
      'locatingTimeoutMs': 10000,
      'locatingPriority': geoLocationManager.LocatingPriority.PRIORITY_
        LOCATING_SPEED
    };
```

```
    geoLocationManager.getCurrentLocation(request).then((location) => {
      this.latitude = location.latitude;
      this.longitude = location.longitude;
      let reverseGeocodeRequest: geoLocationManager.ReverseGeoCodeRequest = {
        'locale': 'zh',
        'latitude': this.latitude,
        'longitude': this.longitude,
        'maxItems': 1
      };
      // 将经纬度转为地理位置信息
      geoLocationManager.getAddressesFromLocation(reverseGeocodeRequest).
        then((data) => {
        if (data[0].placeName) {
          this.currentLocation = data[0].placeName;
        }
      }).catch((err: BusinessError) => {
        console.error('GetAddresses From Location err:' + JSON.stringify(err));
      });
    }).catch((err: BusinessError) => {
      console.error('GetCurrentLocation err:' + JSON.stringify(err));
    })
  }
}
```

第二步，在 main_pages.json 文件中增加 LocationPermission 页面路由配置，代码如下。

```
// entry/src/main/resources/base/profile/main_pages.json
{
  "src": [
    "pages/LocationPermission"
  ]
}
```

第三步，在 Index 页面中响应 LocationPermission 按钮事件，跳转至 LocationPermission 页面，代码如下。

```
// entry/src/main/ets/pages/Index.ets
Button('LocationPermission')
    .onClick(() => {
    router.pushUrl({ url:"pages/LocationPermission" })
  }).fontSize(12)
```

完成上述代码，编译示例工程，并运行示例 App，单击 LocationPermission 按钮，进入 LocationPermission 页面，以下列举常见的三种情况，读者可以选择性地组合这几种授权选项，以进一步了解完整流程。

- 单击"获取当前位置"按钮，图 13-9 为全局位置开关打开，用户授权。用户单击了本次使用允许或仅使用期间允许后，如全局位置开关是打开的状态，这时再单击"获取当前位置"按钮，则在页面中显示当前位置。

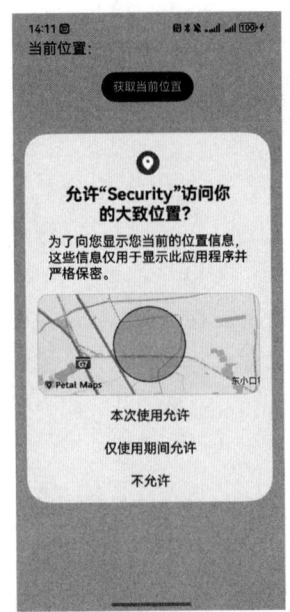

图 13-9　全局位置开关打开，用户授权

- 单击"获取当前位置"按钮，图 13-10 为全局位置开关关闭，用户授权。用户单击了本次使用允许或仅使用期间允许后，如全局位置开关是关闭的状态，会再出现打开全局开关的弹框，授权之后再单击"获取当前位置"按钮，则在页面中显示当前位置。

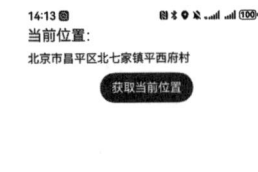

图 13-10　全局位置开关关闭，用户授权

- 单击"获取当前位置"按钮,图 13-11 为全局位置开关打开,权限设置弹框授权。用户单击不允许后,则调用权限设置弹框,授权之后再单击"获取当前位置"按钮,则在页面中显示了当前位置。

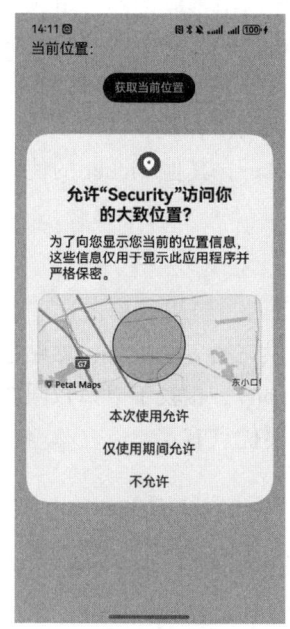

图 13-11　全局位置开关打开,权限设置弹框授权

13.2.3　安全访问机制

在权限管控机制下存在这样一种情况:当用户进行授权后,App 便会获得针对相应类型数据(或功能)的长期使用权限。这种方式比较适合那些对特定数据有着强烈依赖的 App,例如导航 App。

然而,对于那些在 App 中并非高频使用,只是在实现某个特定功能时才会用到的数据来说,上述长期授权的方式就不太适合了。鉴于此,鸿蒙系统提供了安全访问机制,这一机制主要通过系统 Picker 和安全控件这两种系统机制来实现,以支持 App 在临时需要使用相关数据的场景中进行操作。

安全访问机制改变了传统应用获取隐私数据的方式,实现了从管理"权限"到管理"数据"的转变。在特定场景下,让应用可临时访问受限资源,实现精准权限管控,为用户隐私保护提供更灵活高效的方案。

1. 系统 Picker

系统 Picker 是拉起系统资源的一种方式,由于系统 Picker 已经获取了对应权限的预授权,开发者在使用系统 Picker 时,无须再次申请权限也可临时受限访问对应的资源。使用系统 Picker 组件拉起系统应用的场景主要有相机 Picker、文件 Picker、音频 Picker 和照片 Picker 等。

系统 Picker 由独立进程运行，当应用拉起 Picker 后，用户可在 Picker 提供的交互界面上进行操作，操作完成后，应用能够获取 Picker 返回的特定资源或结果。例如，当应用需要读取用户图片时，可借助照片 Picker 来实现。用户在 Picker 界面中选择所需的图片资源后，该图片资源将直接返回给应用，而无须授予应用读取整个图片文件目录的权限，这种方式在满足应用特定数据需求的同时，最大限度地减少了对用户数据的潜在威胁。

在本书的第 12 章中介绍了如何使用了相机 Picker 和照片 Picker，其他 Picker 的使用方式与其基本相似，这里就不做过多介绍了。

2. 安全控件

安全控件是由系统提供的 UI 控件，应用可将其集成在界面内。当用户单击这些控件时，应用将获得临时授权，从而得以执行相关操作。目前系统提供三类安全控件：粘贴控件（PasteButton）、保存控件（SaveButton）、位置控件（LocationButton）。相较于申请权限的方式，安全控件可基于场景化授权，简化开发者和用户的操作，主要优点有：

- 用户可掌握授权时机，授权范围最小化。
- 授权场景可匹配用户真实意图。
- 减少弹窗打扰。
- 开发者不必向应用市场申请权限，简化操作。

在第 9 章的内容中，介绍了剪贴板操作。如果剪贴板需要获取到其他 App 中产生的数据（比如在 App 中启动时判断剪贴板内容，之后再根据内容确定执行 App 中的动作），需要申请 ohos.permission.READ_PASTEBOARD 权限，该权限为受限类型的权限，需要在应用市场中申请对应的权限证书，且在使用时需要用户授权，剪贴板权限申请如图 13-12 所示。如果仅是需要粘贴其他 App 中产生的数据，但只是特定的场景需要（比如输入验证码），则使用粘贴控件（PasteButton），以支持用户选择性地粘贴剪贴板中的内容。

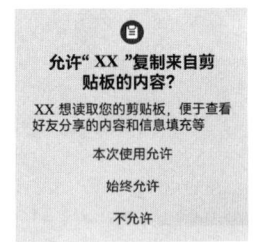

图 13-12　剪贴板权限申请

同样，在应用中，将文件保存至媒体库时，需要申请 ohos.permission.WRITE_IMAGEVIDEO 权限，该权限为受限类型的权限，需要在应用市场中申请对应的权限证书，且在使用时需要用户授权，向媒体库写文件时权限申请如图 13-13 所示。如果在 App 中仅是需要用户选择保存文件的功能，则使用保存控件（SaveButton），以支持用户选择保存文件。这种方式开发成本较低且不需要申请 ohos.permission.WRITE_IMAGEVIDEO 权限。

图 13-13　向媒体库写文件时权限申请

注意，当用户首次点击保存控件时，系统也会弹窗请求用户授权，保存控件写文件时权限申请如图 13-14 所示。如果用户点击"取消"按钮，则弹窗消失，应用无授权，当用户再次单击保存控件时，将会重新弹窗。如果用户点击"允许"按钮，则弹窗消失，应用将被授予临时保存权限，此后，单击该应用的保存控件将不会弹窗。

在 13.2.2 小节中，介绍了地理信息获取的完整流程，如果不是需要持续性地使用地理信息，应该使用位置控件（LocationButton）获取地理信息。

图 13-14　保存控件写文件时权限申请

注意，当用户首次点击应用中的位置控件时，系统将弹窗请求用户授权，位置控件获取位置时权限申请如图 13-15 所示。如果用户点击"取消"按钮，则弹窗消失，应用无授权，当用户再次点击位置控件时，将会重新弹窗。如果用户点击"允许"按钮，则弹窗消失，应用将被授予临时位置权限，此后，点击该应用的位置控件将不会弹窗。精准定位的临时授权会持续到灭屏、应用切后台、应用退出等任一情况发生，然后恢复到临时授权之前的授权状态。

下面以上述三个控件的使用为示例，主要分为三步。

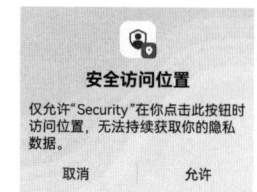

图 13-15　位置控件获取位置时权限申请

第一步，实现安全控件页面 SecurityControl，在该页面中实现粘贴控件、保存控件及位置控件，代码如下。

```
// entry/src/main/ets/pages/SecurityControl.ets
import { BusinessError } from '@kit.BasicServicesKit';
import { pasteboard } from '@kit.BasicServicesKit';
import { photoAccessHelper } from '@kit.MediaLibraryKit';
import { fileIo } from '@kit.CoreFileKit';
import { common } from '@kit.AbilityKit';
import { promptAction } from '@kit.ArkUI';
import { geoLocationManager } from '@kit.LocationKit';


// 获取当前位置信息
function getCurrentLocationInfo() {
  const requestInfo: geoLocationManager.LocationRequest = {
    'priority': geoLocationManager.LocationRequestPriority.FIRST_FIX,
    'scenario': geoLocationManager.LocationRequestScenario.UNSET,
    'timeInterval': 1,
    'distanceInterval': 0,
    'maxAccuracy': 0
  };
  try {
    geoLocationManager.getCurrentLocation(requestInfo)
      .then((location: geoLocationManager.Location) => {
        promptAction.showToast({ message: JSON.stringify(location) });
      })
      .catch((err: BusinessError) => {
        console.error(`Failed to get current location. Code is ${err.code},
```

```
          message is ${err.message}`);
      });
  } catch (err) {
    console.error(`Failed to get current location. Code is ${err.code},
      message is ${err.message}`);
  }
}

async function savePhotoToGallery(context: common.UIAbilityContext) {
  let helper = photoAccessHelper.getPhotoAccessHelper(context);
  try {
    let uri = await helper.createAsset(photoAccessHelper.PhotoType.IMAGE, 'jpg');
    let file = await fileIo.open(uri, fileIo.OpenMode.READ_WRITE | fileIo.
      OpenMode.CREATE);
    context.resourceManager.getMediaContent($r('app.media.startIcon').id, 0)
      .then(async value => {
        let media = value.buffer;
        await fileIo.write(file.fd, media);
        await fileIo.close(file.fd);
        promptAction.showToast({ message: '已保存至相册！' });
      });
  }
  catch (error) {
    const err: BusinessError = error as BusinessError;
    console.error(`Failed to save photo. Code is ${err.code}, message is
      ${err.message}`);
  }
}


@Entry
@Component
struct SecurityControl {
  @State pasteButtonCallSystemPasteboardMessage: string = '';
  @State systemPasteboardMessage: string = '';

  build() {
    Column( {space: 50} ){
      Row({ space: 10 }) {
        PasteButton()
          .onClick((event: ClickEvent, result: PasteButtonOnClickResult) => {
            if (PasteButtonOnClickResult.SUCCESS === result) {
              let systemPasteBoard: pasteboard.SystemPasteboard = pasteboard.
                getSystemPasteboard();
              systemPasteBoard.getData((err: BusinessError, data: pasteboard.
                PasteData) => {
                if (err) {
                  this.pasteButtonCallSystemPasteboardMessage = `error:
                    ${err.code}, message: ${err.message}`;
                  return;
                }
                let primaryText: string = data.getPrimaryText(); // 获取剪贴板内
                                                                 // 数据的内容
```

```
              if (primaryText == undefined) {
                this.pasteButtonCallSystemPasteboardMessage = 'no data';
              } else {
                this.pasteButtonCallSystemPasteboardMessage = primaryText;
              }
            });
          }
        })
        TextInput({ placeholder: '请输入验证码', text: this.
          pasteButtonCallSystemPasteboardMessage }).width("60%")
      }
      .width('88%')

      Row({ space: 10 }) {
        Image($r('app.media.startIcon'))
          .height(200)
          .width(200)

        SaveButton()
          .onClick(async (event: ClickEvent, result: SaveButtonOnClickResult) => {
            if (result === SaveButtonOnClickResult.SUCCESS) {
              const context: common.UIAbilityContext = getContext(this) as
                common.UIAbilityContext;
              savePhotoToGallery(context);
            } else {
              promptAction.showToast({ message: '设置权限失败!' })
            }
          })
      }.width("88%")

      Row({ space: 10 }) {
        LocationButton({
          icon: LocationIconStyle.LINES,
          text: LocationDescription.CURRENT_LOCATION,
          buttonType: ButtonType.Normal
        })
          .onClick((event: ClickEvent, result: LocationButtonOnClickResult) => {
            if (result === LocationButtonOnClickResult.SUCCESS) {
              // 免去权限申请和权限请求等环节，获得临时授权，获取位置信息授权
              getCurrentLocationInfo();
            } else {
              promptAction.showToast({ message: '获取位置信息失败!' })
            }
          })
      }
      .width('88%')
    }
    .height('100%')
    .width('100%')
  }
}
```

第二步，在 main_pages.json 文件中增加 SecurityControl 页面路由配置，代码如下。

```
// entry/src/main/resources/base/profile/main_pages.json
{
  "src": [
    "pages/SecurityControl"
  ]
}
```

第三步，在 Index 页面中响应 SecurityControl 按钮的单击事件，跳转至 SecurityControl 页面，代码如下。

```
// entry/src/main/ets/pages/Index.ets
Button('SecurityControl')
    .onClick(() => {
      router.pushUrl({ url:"pages/SecurityControl" })
    }).fontSize(12)
```

完成上述代码，编译示例工程，并运行示例 App，单击 SecurityControl 按钮，进入 SecurityControl 页面，如图 13-16 所示。单击"粘贴"按钮，可将剪贴板中的内容更新到文本输入框内（先从其他 App 中拷贝一段文本）。单击"下载"按钮，可将左侧的图存储到相册。单击"当前位置"按钮，可获取当前的地理信息。

13.2.4 隐私保护

隐私作为用户的一项基本权利，在鸿蒙系统中得到了高度重视，不限于上述的这些保护举措，目标是降低个人信息遭受滥用的可能性，从而为用户的财产安全与切身利益筑牢了坚实防线。从更高的层面来看，完善的隐私保护措施在促进用户与企业之间构建良好关系方面发挥着极为关键的作用，无论是对于用户个人权益的保障，还是对于企业长远发展过程中的信誉维护以及业务稳定推进，都有着不可忽视的积极价值。

对于与应用研发相关的人员来说，清晰地理解这些基本信息是开展后续工作的重要前提。必须深入了解隐私保护所涵盖的各项内容，包括指导性的建议、切实可行的操作方法以及经过实践检验的最佳应用范例等，以便在应用开发过程中能够全面、有效地落实隐私保护机制，确保用户隐私得到妥善处理。

图 13-16 SecurityControl 页面

1. 隐私保护原则

应用开发者在产品设计阶段就需要考虑用户的隐私保护，提高应用的安全性。鸿蒙系统应用开发需要遵从隐私保护规则，在应用上架应用市场时，应用市场会根据规则进行校验，如不满足条件则无法上架。隐私保护原则包含以下 6 项。

- 数据收集和使用公开透明原则：应用在采集个人数据时，应清晰地告知用户，并确保了解用户的个人信息将被如何使用。
- 数据收集和使用最小化原则：应用对个人数据的收集应与数据处理的目的相关，且是适当、必要的。开发者应尽可能对数据进行匿名或化名处理，以降低对数据主体的风险，仅可以收集和处理与特定目的相关且必需的个人数据，不能进行与特定目的不相关的数据收集与处理。
- 数据处理选择和控制原则：个人数据处理须征得用户同意，用户对个人数据拥有充分控制权。
- 数据安全保障原则：从技术层面上，保障数据处理活动的安全性，如个人数据的加密存储、安全传输等，系统应默认开启或采用安全保护措施。
- 本地化处理原则：应用中使用的数据优先本地处理，在上传云服务时须遵循最小化原则，且不能默认选择上传。
- 未成年人数据保护原则：针对未成年人设计的应用或识别出用户为未成年人的应用，开发者应结合目标市场的国家相关法律，专项分析未成年人的个人数据保护问题，且在收集未成年人数据前，须征得监护人同意。

2. 隐私保护的常用方法

保护隐私的常用方法有以下 5 种，可以通过技术手段及应用的使用流程设计来实现。

- 使用隐私声明并获取用户同意：应用在采集个人数据时，应清晰、明确地告知用户，并确保告知用户的个人信息将被如何使用。例如在应用启动的时候，可以使用隐私声明弹窗来说明敏感数据的使用和收集，在获得用户同意后才能获取用户数据。
- 减少应用的敏感信息授权及访问：以位置信息为例，如果应用本身不是强位置关联应用（如导航应用），而是仅在部分场景前台使用位置信息（如定位地点、打卡、分享等）时，推荐使用安全控件 LocationButton 来获取位置信息，其他情况优先使用模糊定位，之后才是使用精准位置。
- 动态申请敏感权限：敏感权限涉及个人数据的访问与敏感能力的操作，申请时需注意合理范围、最小化申请并明确地解释用途，在使用时动态申请权限。
- 减少使用存储权限：使用系统提供的 Picker 选择器，支持多种不同类型的文件访问，可在满足用户数据访问需求同时，降低数据泄露风险，避免全量数据授权，细化授权颗粒度。
- 数据加密处理：从技术上保证数据处理任务的安全性，包括个人数据的加密存储、安全传输等安全机制，应默认开启或采取安全保护措施等。

13.3 研发资产保护

在 App 的研发过程中，代码无疑是最重要的资产之一。代码是应用的核心，如果保护不当，极有可能造成严重的知识产权损失的情况，并且会使 App 面临严重的安全攻击威胁。因此，App 在面向用户发布之前，务必要进行加固处理，以降低应用代码通过技术手段被获取而带来的风险。常用的技术手段为代码混淆和应用加密，这些在鸿蒙生态中均有支持。

13.3.1 代码混淆

代码混淆属于软件安全领域的一项技术，其主要目的在于提升代码的复杂与模糊程度，进而加大攻击者对代码进行分析和理解的难度。具体而言，代码混淆具备多方面的重要作用。

- 保护知识产权：代码混淆能够为软件代码的知识产权保驾护航。它可有效避免他人轻而易举地对软件代码进行复制与窃取。通过实施混淆操作，代码会难以被逆向工程破解或被他人直接复制，如此一来，便有力地维护了软件开发者的知识产权。
- 防止逆向工程：逆向工程是指对软件展开分析，企图洞悉其工作原理以及实现细节的过程。而代码混淆技术能够显著提升逆向工程的实施难度，使攻击者难以透彻理解代码内容，更难以对代码进行修改。这样就能确保应用程序免遭恶意修改或破坏，保障其正常运行。
- 提高安全性：借助代码混淆手段，可以对代码中的漏洞以及安全风险加以控制。即便代码本身存在一些漏洞，经过混淆处理后的代码也会让攻击者在利用这些漏洞时面临更大的困难，从而切实增强了应用程序的整体安全性。
- 降低反盗版和欺诈风险：代码混淆在抵制盗版和防范欺诈方面也发挥着重要作用。在实际应用中，攻击者常常会设法破解软件的许可验证系统，或者通过修改代码来绕过付费机制。而经过混淆的代码会极大地增加这些不法行为的实施难度，进而有效降低应用程序被盗版或被篡改的风险。

1. 混淆开启

在 DevEco Studio 中提供了代码混淆功能。若想使用这一功能，需要对模块的 build-profile.json5 文件里的相关配置进行修改。开启代码混淆功能配置如图 13-17 所示，在该文件中，存在用于控制代码混淆功能开启与否的配置项 enable，其默认值为 false，也就是说，在默认情况下，代码混淆功能是处于未开启状态的。如需开启代码混淆功能则需要将 enable 的值改为 true，以实现相应的代码保护目的。

当开启代码混淆后，在编译模式为 Release 时，该模块的编译产物为代码混淆版本。

2. 混淆配置

在上述配置中，仅开启了代码混淆的默认配置，在 DevEco Studio 5.0.3.600 版本之前，默认是仅混淆参数名和局部变量名。但在 DevEco Studio 5.0.3.600 版本及之后，默认开启了属性、顶层作用域名称、文件或文件夹名称、直接导入或导出的类或对象的名称和属性名这四项推荐的混淆选项，开发者可以根据需要进一步修改混淆配置。

在工程的每个模块的 build-profile.json5 中，可以配置当前模块是否开启混淆以及开启混淆时按照哪个混淆配置文件进行混淆，混淆文件路径配置如图 13-18 所示，每个模块下都有 obfuscation-rules.txt 文件（在模块的根目录下），混淆开启时会加载 obfuscation-rules.txt 中的配置，完成指定的混淆功能。

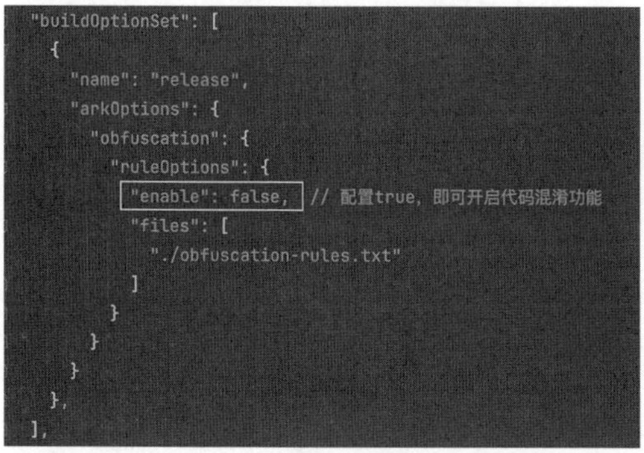

```
"buildOptionSet": [
  {
    "name": "release",
    "arkOptions": {
      "obfuscation": {
        "ruleOptions": {
          "enable": false,  // 配置true，即可开启代码混淆功能
          "files": [
            "./obfuscation-rules.txt"
          ]
        }
      }
    }
  },
],
```

图 13-17　开启代码混淆功能配置

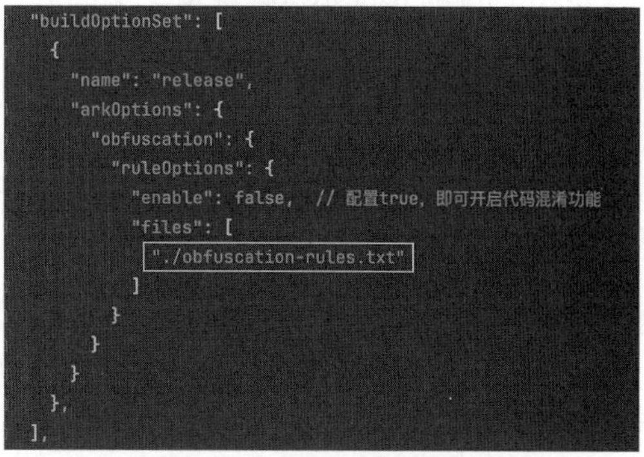

```
"buildOptionSet": [
  {
    "name": "release",
    "arkOptions": {
      "obfuscation": {
        "ruleOptions": {
          "enable": false,  // 配置true，即可开启代码混淆功能
          "files": [
            "./obfuscation-rules.txt"
          ]
        }
      }
    }
  },
],
```

图 13-18　混淆文件路径配置

obfuscation-rules.txt 中的默认配置如图 13-19 所示，obfuscation-rules.txt 中默认添加了 -enable-property-obfuscation、-enable-toplevel-obfuscation、-enable-filename-obfuscation、-enable-export-obfuscation 开关，开发者可以根据需要进行配置，DevEco Studio 支持的开关选项包括混淆选项及保留选项。其中，混淆选项用于指定哪些类型的代码可以被混淆，而保留选项则用于指定哪些类型的代码需要保留原样而不被混淆。

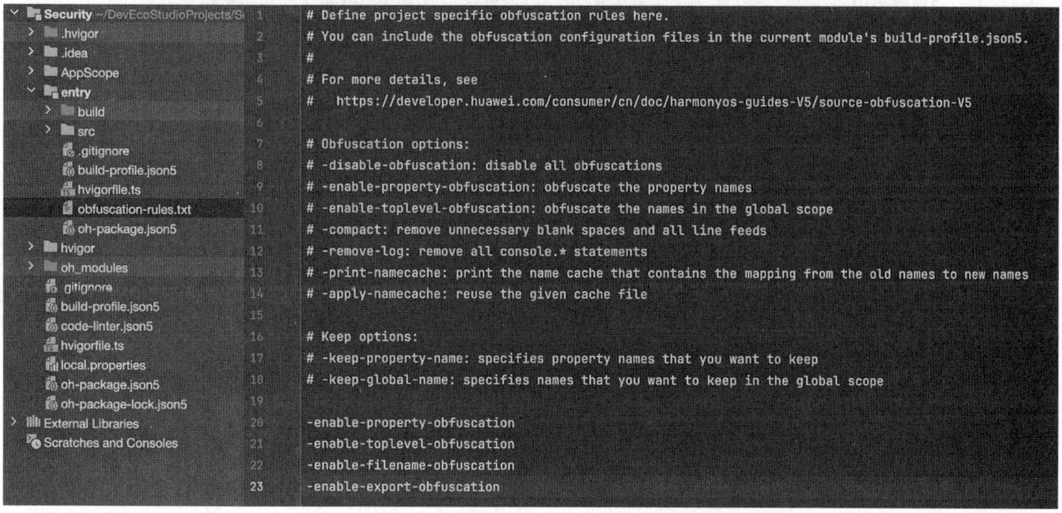


```
# Define project specific obfuscation rules here.
# You can include the obfuscation configuration files in the current module's build-profile.json5.
#
# For more details, see
#   https://developer.huawei.com/consumer/cn/doc/harmonyos-guides-V5/source-obfuscation-V5

# Obfuscation options:
# -disable-obfuscation: disable all obfuscations
# -enable-property-obfuscation: obfuscate the property names
# -enable-toplevel-obfuscation: obfuscate the names in the global scope
# -compact: remove unnecessary blank spaces and all line feeds
# -remove-log: remove all console.* statements
# -print-namecache: print the name cache that contains the mapping from the old names to new names
# -apply-namecache: reuse the given cache file

# Keep options:
# -keep-property-name: specifies property names that you want to keep
# -keep-global-name: specifies names that you want to keep in the global scope

-enable-property-obfuscation
-enable-toplevel-obfuscation
-enable-filename-obfuscation
-enable-export-obfuscation
```

图 13-19　obfuscation-rules.txt 中的默认配置

DevEco Studio 支持的混淆选项及描述如下。

1）-disable-obfuscation：关闭所有混淆，如果使用这个选项，那么构建出来的 HAP、HSP 或 HAR 将不会被混淆。

2）-enable-property-obfuscation：开启属性混淆。如果使用这个选项，那么所有的属性名都会被混淆，除了下面的场景。

- 被 import/export 直接导入或导出的类、对象的属性名不会被混淆。例如下面例子中的 data 不会被混淆。

```
export class Example {
  data: string;
}
```

- ArkUI 组件中的属性名不会被混淆。例如下面例子中的 message 和 data 不会被混淆。

```
@Component struct UIExample {
  @State message: string = "hello";
  data: number[] = [];
  ...
}
```

- 被保留选项指定的属性名不会被混淆。
- SDK API 列表中的属性名不会被混淆。SDK API 列表是在构建时从 SDK 中自动提取出来的一个名称列表（systemApiCache.json 文件中的部分内容如图 13-20 所示），其缓存文件为 systemApiCache.json，路径为工程目录下的 build/default/cache/{...}/release/obfuscation。

图 13-20　systemApiCache.json 文件中的部分内容

- 字符串字面量属性名不会被混淆。例如下面例子中的 name 和 age 不会被混淆。

```
let person = {"name": "abc"};
```

```
person["age"] = 22;
```

如果想混淆字符串字面量属性名，需要在该选项的基础上再使用 -enable-string-property-obfuscation 选项。

```
-enable-property-obfuscation
-enable-string-property-obfuscation
```

3）-enable-toplevel-obfuscation：开启顶层作用域（位于最外层的命名空间中的名称，如全局函数名、类名、全局变量等）名称混淆。如果使用这个选项，那么所有的顶层作用域的名称都会被混淆，除了下面的场景。
- 被 import/export 的名称不会被混淆。
- 当前文件找不到声明的名称不会被混淆。
- 被保留选项指定的顶层作用域名称不会被混淆。
- SDK API 列表中的顶层作用域名称不会被混淆。

4）-enable-filename-obfuscation：开启文件或文件夹名称混淆。
- 除以下场景中的所有文件或文件夹名称都会被混淆：oh-package.json5 文件中 main、types 字段配置的文件或文件夹名称；模块内 module.json5 文件中 srcEntry 字段配置的文件或文件夹名称；被 -keep-file-name 指定的文件或文件夹名称；非 ECMAScript 模块引用方式及非路径引用方式涉及的名称。
- 以下 directory 和 filename 都会混淆。

```
import func from '../directory/filename';
import { foo } from '../directory/filename';
const module = import('../directory/filename');
```

- 注意，由于系统会在应用运行时加载某些指定的文件，针对这类文件，开发者需要手动在 -keep-file-name 选项中配置相应的白名单，防止指定文件被混淆导致的运行失败。

5）-enable-export-obfuscation：开启直接导入或导出的类或对象的名称和属性名混淆，除了以下场景外都会被混淆。
- 在远程 HAR（真实路径在 oh_modules 中的包）中导出的类或对象的名称和属性名。
- 被保留选项指定的名称与属性名。
- SDK API 列表中的名称。
- 注意，在混淆导入或导出的类中属性名称需同时开启 -enable-property-obfuscation 与 -enable-export-obfuscation 选项。在编译 HSP 等特定场景下需在混淆配置文件中保留相关接口，如下所示。

```
// (HSP 中入口文件 Index.ets 导出配置)：
export { add, customApiName } from './src/main/ets/utils/Calc'

// 在依赖此 HSP 的模块中配置：
```

```
-keep-global-name
add
customApiName
```

6）-compact：去除不必要的空格符和所有的换行符，如果使用这个选项，那么所有代码会被压缩到一行。注意，release 模式构建的应用栈信息仅含代码行号，开启此功能后无法依据行号定位到源码具体位置。

DevEco Studio 支持的保留选项及描述如下。

1）-keep-property-name：指定想保留的属性名，支持使用名称类通配符（下一节介绍），该选项在开启 -enable-property-obfuscation 时生效，下面为指定保留属性名的例子（官方建议保留）。

```
-keep-property-name
age
firstName
lastName
```

- 为了保障混淆的正确性，建议保留所有不通过点语法访问的属性。

```
// 通过 key 访问
var obj = {x0: 0, x1: 0, x2: 0};
for (var i = 0; i <= 2; i++) {
  console.info(obj['x' + i]);              // x0, x1, x2 应该被保留
}

// 定义新属性
Object.defineProperty(obj, 'y', {});       // y 应该被保留
console.info(obj.y);

// 通过 key 访问
obj.s = 0;
let key = 's';
console.info(obj[key]);                    // s 应该被保留

obj.u = 0;
console.info(obj.u);                       // u 可以被正确地混淆

// 通过 key 访问
obj.t = 0;
console.info(obj['t']); // 在开启字符串字面量属性名混淆时 t 和 't' 会被正确地混淆，但是建议保留

// 通过 key 访问
obj['v'] = 0;
console.info(obj['v']); // 在开启字符串字面量属性名混淆时 'v' 会被正确地混淆，但是建议保留
```

- so 库的 API（例如示例中的 foo），如果要在 ArkTS、TypeScript、JavaScript 文件中使用，需手动保留 API 名称。

```
import testNapi from 'library.so'
testNapi.foo()        // foo 需要保留，示例如：-keep-property-name foo
```

- 使用到的 json 文件中的字段,需要手动保留。

  ```
  const jsonData = ('./example.json')
  let jsonStr = JSON.parse(jsonData)
  let jsonObj = jsonStr.jsonProperty        // jsonProperty 需要被保留
  ```

- 使用到的数据库相关的字段,需要手动保留。

  ```
  const dataToInsert = {
    studentID: 'STUDENT_ID',               // studentID 需要被保留
  };
  ```

2)-keep-global-name:指定要保留的顶层作用域的名称,支持使用名称类通配符。

```
-keep-global-name
Person
printPersonName
```

- namespace 中导出的名称也可以通过 -keep-global-name 保留。

  ```
  export namespace Ns {
    export const age = 18;                 // -keep-global-name age 保留变量 age
    export function myFunc () {};          // -keep-global-name myFunc 保留函数 myFunc
  }
  ```

- 当以命名导入的方式导入 so 库的 API 时,若同时开启 -enable-toplevel-obfuscation 和 -enable-export-obfuscation 选项,需要手动保留 API 的名称。

  ```
  import { testNapi, testNapi1 as myNapi } from 'library.so'
      // testNapi 和 testNapi1 应该被保留
  ```

3)-keep-file-name:指定要保留的文件或文件夹的名称(不需要写文件后缀),支持使用名称类通配符。

```
-keep-file-name
index
entry
```

- 在使用 require 引入文件路径时,路径应该被保留。

  ```
  const module1 = require('./file1')       // file1 应该被保留
  ```

- 对于动态引用方式,由于无法识别 import 函数中的参数是否为路径,因此这种情况下的路径应该被保留。

  ```
  const moduleName = './file2'             // file2 应该被保留
  const module2 = import(moduleName)
  ```

- 在使用动态路由进行路由跳转时,传递给路由的路径应该被保留。在系统路由表中的路径(route_map.json 文件中的 pageSourceFile 字段对应的路径)被添加到白名单中。

```
// resources/base/profile/route_map.json
{
  "routerMap": [
    {
      "name": "PageOne",
      "pageSourceFile": "src/main/ets/pages/directory/PageOne.ets",
      // 路径都应该被保留
      "buildFunction": "PageOneBuilder",
      "data": {
        "description" : "this is PageOne"
      }
    }
  ]
}
```

4) -keep-dts：指定路径的 .d.ts 文件（存储类型声明信息，相当于头文件）中的名称（例如变量名、类名、属性名等）会被添加至 -keep-global-name 和 -keep-property-name 白名单中。请注意，filepath 仅支持绝对路径，并且可以指定为一个目录。在这种情况下，该目录中所有 .d.ts 文件中的名称都将被保留。

5) -keep：指定相对路径中的所有名称（例如变量名、类名、属性名等）不被混淆。这个路径可以是文件或文件夹，若是文件夹，则文件夹下的文件及子文件夹中的文件都不被混淆。路径仅支持相对路径，./ 与 ../ 基于混淆配置文件所在目录，支持使用路径类通配符。

```
-keep
./src/main/ets/fileName.ts      // fileName.ts 中的名称不混淆
../folder                        // folder 目录下文件及子文件夹中的名称都不混淆
../oh_modules/json5              // 引用的三方库 json5 里所有文件中的名称都不混淆
```

注意，被 -keep 所保留的文件在依赖链路上的文件中导出的名称及其属性都会被保留。

3. 保留选项通配符简介

上一节的内容中提到了名称类通配符及路径类通配符，这两类通配符将在本小节中进行介绍。

名称类通配符包括 ? 和 * 两种。

- ?：匹配任意单个字符，例如通配符表达式 AB?，它可以匹配像 ABC 这样的字符串，相当于是 ? 代表了 C 这个单个字符，但它不可以匹配 AB 这种后面没有单个字符的情况。
- *：匹配任意数量（包括零个）的任意字符。比如通配符表达式 AB*，它可以匹配 AB 本身，也可以匹配像 aABb 这种在 AB 前后有其他字符的情况，还可以匹配 cAB、ABc 等，只要字符串中包含 AB 就行，无论 AB 前后有多少字符或者有没有字符。

路径类通配符包括?、*、** 及!四种。

- ?：匹配任意单个字符，除了路径分隔符 /，如 ../a? 可以匹配 ../ab 等，但不可以匹配 ../a/。
- *：匹配任意数量的任意字符，除了路径分隔符 /，如 ../a*/c 可以匹配 ../ab/c，但不可以匹配 ../ab/d/s/c。
- **：匹配任意数量的任意字符，如 ../a**/c 可以匹配 ../ab/c，也可以匹配 ../ab/d/s/c。
- !：表示非，只能写在某个路径最前端，用来排除在用户配置的白名单中已有的某种情况，!../a/b/c.ets 表示除 ../a/b/c.ets 以外。

13.3.2 应用加密

为了保护应用代码的安全以及开发者的核心资产，在鸿蒙生态中提供了端到端的应用代码保护机制，该机制以系统安全为基础，构建内核级应用生命周期内的代码安全保护能力。

开发者向应用市场提交上架申请，上传应用包后可选择是否加密。应用加解密流程如图 13-21 所示，在研发阶段至应用市场（审前）阶段，开发者在提交应用包时，可以选择应用是否加密。如果选择加密，在经过应用市场审核后，应用市场会对上架应用做代码加密。应用下载安装至磁盘后仍处于加密状态，有效地保护应用程序，当应用程序启动时按需解密。从应用研发到分发至用户使用的其他环节均无须二次调整与适配。

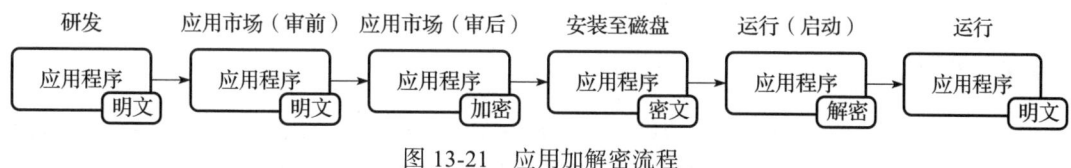

图 13-21　应用加解密流程

注意

由于应用加密特性对应用冷启动时延有影响，因此当前阶段的应用加密是通过白名单的方式受限开放，需要向华为运营人员发送申请邮件。

邮箱地址：codeProtect@huawei.com。

邮件标题：[申请使用 HarmonyOS 应用软件包加密]-[公司名称]-[Developer ID]。

邮件正文：说明要开启软件包加密的需求即可。

第 14 章

Module 化及复用

在基于 Stage 模型的开发框架中，共有 4 种类型的 Module，第 5 章重点介绍了 Entry 类型的 Module，本章将重点探讨 Feature、Static Library 及 Share Library 类型 Module 的创建与使用。

14.1 准备

本章内容通过实例的方式进行讲解。在客户端，新建一个全新的工程，以配合本章内容。基于该工程，进行共享包的相关实践操作。下面介绍客户端示例工程的准备工作。

14.1.1 创建示例工程

在 DevEco Studio 的菜单栏中，依次选择 "File → New → Create Project → Empty Ability"，在接下来出现的如图 14-1 所示的创建新工程界面中单击 "Next" 按钮。

在 "Project name" 文本框中输入工程名 "UseLibrary"，如图 14-2 所示，其他项使用默认，之后单击 "Finish" 按钮。

14.1.2 主体 UI 框架

本章内容涉及模块之间的功能调用，包括对 Feature、Static Library 及 Share Library 类型 Module 提供的能力的调用，因此先在 entry/src/main/ets/pages/ 目录中增加两个空文件 SSLibraryPage.ets 和 DSLibraryPage.ets，分别用于实现调用 Static Library 及 Share Library 类型的 Module 提供的能力时的交互入口代码。之后在 Index.ets 文件中实现如下代码。

第 14 章 Module 化及复用

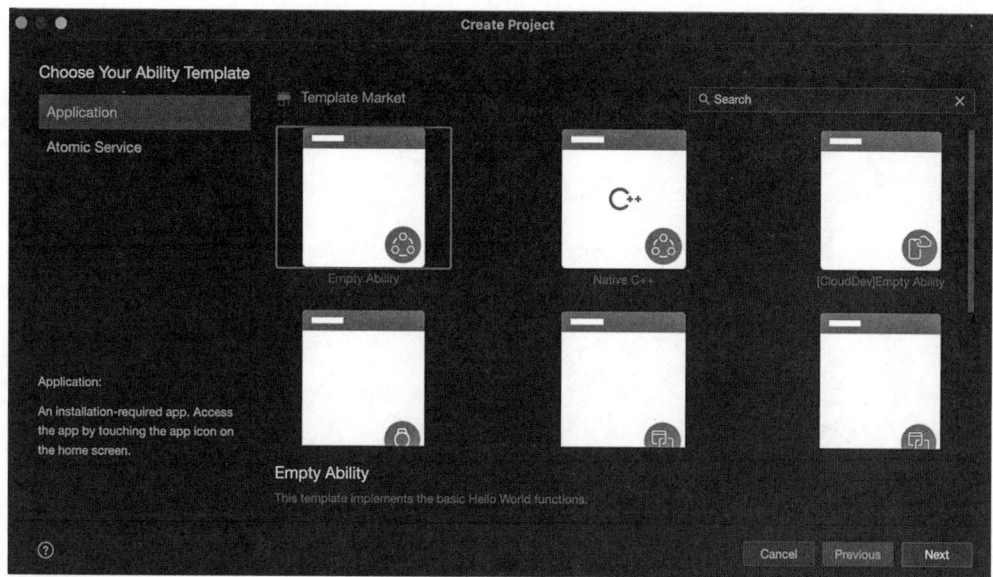

图 14-1 创建新工程

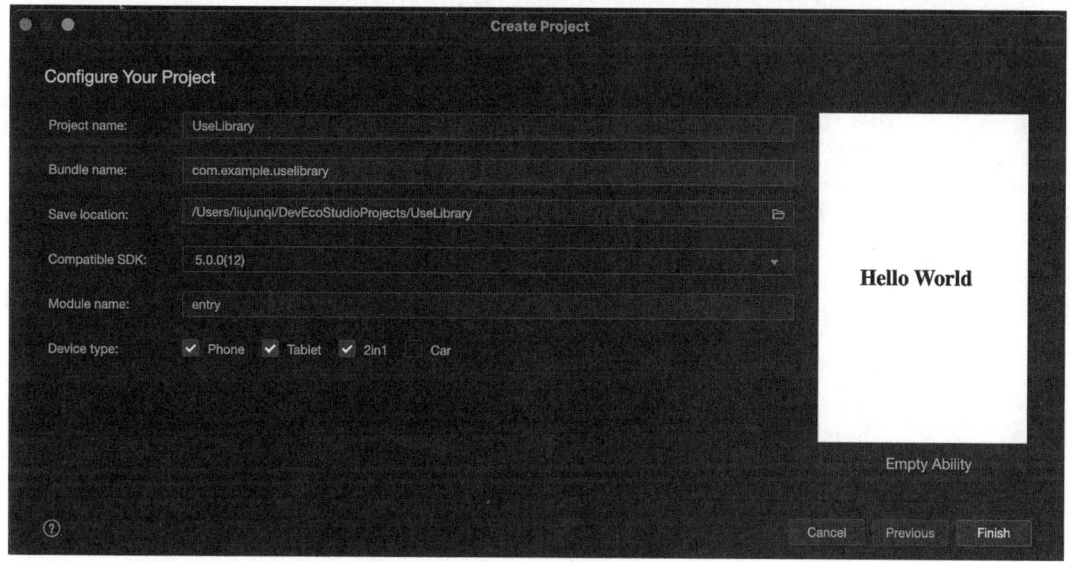

图 14-2 输入工程名

```
// entry/src/main/ets/pages/Index.ets
import router from '@ohos.router';
import { BusinessError } from '@kit.BasicServicesKit';
import { common } from '@kit.AbilityKit';

@Entry
@Component
```

```
struct Index {
  @State resultMessage: string = '';
  build() {
    Column() {
      // Feature 类型的 Module 示例
      Row() {
        Button('HelloworldfeatureAbility')
          .fontSize(18)
          .fontWeight(FontWeight.Bold)
          .onClick(() => {

          })
      }
      .height('20%')
      Divider()
        .vertical(false)
        .color(Color.White)
        .strokeWidth(10)
      // Static Library 类型的 Module 示例页面
      Row() {
        Button("SSLibraryPage")
          .onClick(() => {
            router.pushUrl({ url:"pages/SSLibraryPage" })
          })
      }
      .height('20%')
      Divider()
        .vertical(false)
        .color(Color.White)
        .strokeWidth(10)
      // Share Library 类型的 Module 示例页面
      Row() {
        Button("DSLibraryPage")
          .onClick(() => {
            router.pushUrl({ url:"pages/DSLibraryPage" })
          })
      }
      .height('20%')
    }.width("100%")
  }
}
```

增加这两个页面的跳转路由配置，修改 main_pages.json 文件内容如下。

```
// entry/src/main/resources/base/profile/main_pages.json
{
  "src": [
    "pages/Index",
    "pages/SSLibraryPage",
    "pages/DSLibraryPage"
  ]
}
```

UI 框架实现的效果如图 14-3 所示，之后每节中的示例可基于该 UI 框架进入对应的页面。

14.2 Feature 类型的 Module

5.1.2 小节介绍了 Feature 类型的 Module 为应用的动态特性模块，编译后生成 Feature 类型的 HAP，与 Entry 类型的 HAP 不同。在 App 中有且只有一个 Entry 类型的 HAP，可没有或有多个 Feature 类型的 HAP。

14.2.1 约束限制

在 App 中创建了 Feature 类型的 Module，这意味着在 App 中有多个 Module，打包文件包含多个 HAP。同一 App 中的所有 HAP 的配置文件中的 bundleName、versionCode、versionName、minCompatibleVersionCode、debug、minAPIVersion、targetAPIVersion、apiReleaseType 需要相同，同一设备类型的所有 HAP 对应的 moduleName 标签必须唯一。在 HAP 打包生成 App 包时，会对上述参数配置进行校验。同一 App 中的所有 HAP 的签名证书要保持一致。

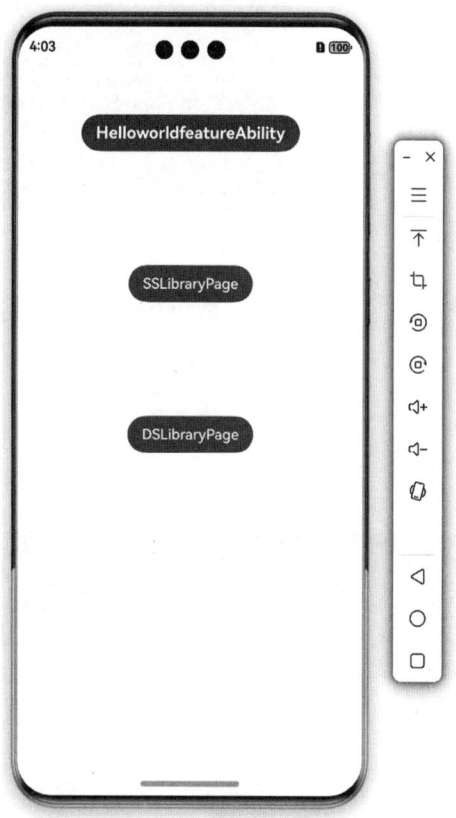

图 14-3　UI 框架实现的效果

14.2.2 Feature 类型 Module 的基本使用

本小节将基于示例工程，介绍如何使用 DevEco Studio 来创建 Feature 类型的 Module，同时讲解所创建 Module 的工程结构和 Feature 类型 Module 的编译方法。

1. 创建 Feature 类型的 Module

创建 Feature 类型的 Module 须在"New Project Module"流程进行，进入"New Project Module"流程有两种方式。第一种方式为在工程目录顶部右击"UseLibrary 单在弹出的菜单栏中依次选择 New → Module"，进入 New Project Module 流程，如图 14-4 所示。第二种方式为选择工程目录中的任意文件，然后在菜单栏中依次选择"File → New → Module"，进入"New Project Module"流程，如图 14-5 所示。

之后在"New Project Module"流程中，在"Choose Your Ability Template"界面选择 Empty Ability，并单击"Next"按钮（如图 14-6 所示），进入"Configure New Module"界面。

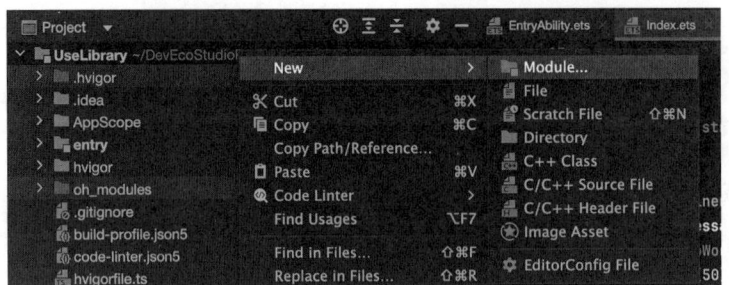

图 14-4　从工程目录顶部右击工程名进入

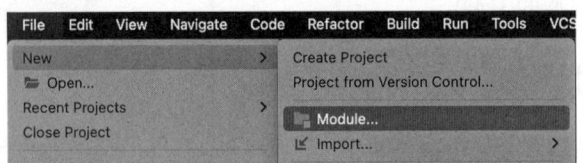

图 14-5　从菜单栏进入

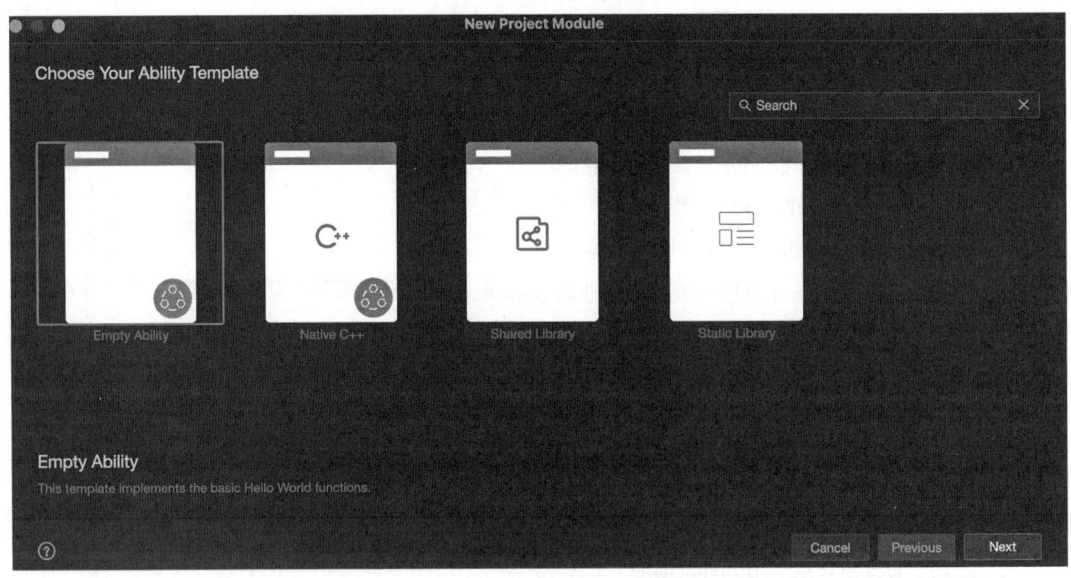

图 14-6　选择 Module 类型

在"Configure New Module"界面中，输入 Module 信息如图 14-7 所示，设置新添加的模块信息，其中包含以下 3 个选项。

- Module name：新增模块的名称，在这里输入"helloworldfeature"。
- Module type：支持选择 feature 及 entry，对应创建不同类型的 Module，在这里使用默认选项。
- Device type：支持的设备类型，在这里使用默认选项。

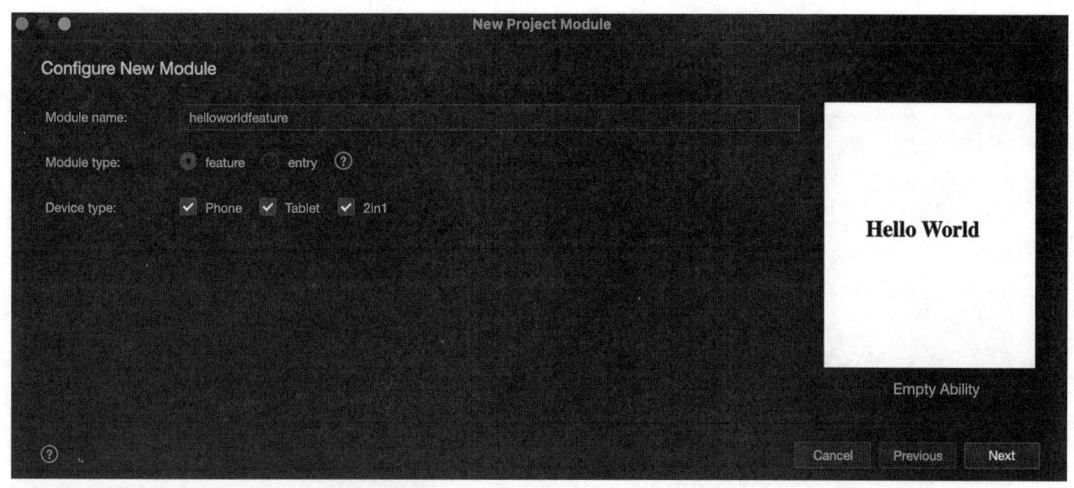

图 14-7 输入 Module 信息

设置完成后，单击 Next 按钮进入"Configure Ability"界面（如图 14-8 所示），使用默认选项，单击"Finish"按钮完成创建。

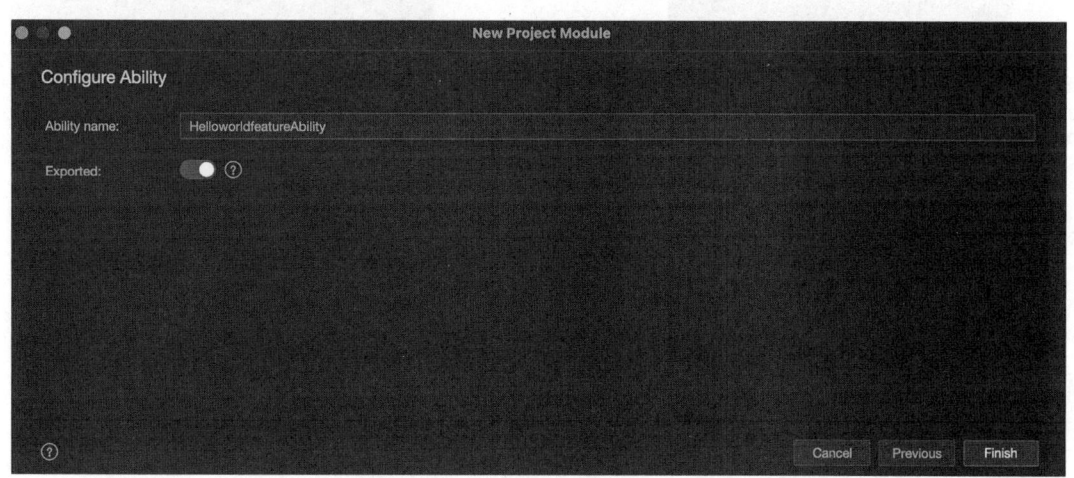

图 14-8 "Configure Ability"界面

2. Feature 类型 Module 的工程结构介绍

Feature 类型的 Module 创建完成后，会在工程目录中生成 Module 的相关文件。在 DevEco Studio 的工程区，单击新建的 helloworldfeature Module 工程结构，如图 14-9 所示，展开的工程目录结构与 entry 类型的 Module 的组成及含义相同。具体可参考 5.2.1 小节 entry 目录部分，这里不再赘述。

3. 编译 Feature 类型的 Module

Module 创建成功后，先选中模块名（helloworldfeature），然后在 DevEco Studio 菜单栏

中依次选择 Build → Make Module ${libraryName} 进行编译构建，编译模块如图 14-10 所示。

之后在该 Module 的 /build/default/outputs/default/ 中看到 .hap 文件，如图 14-11 所示。

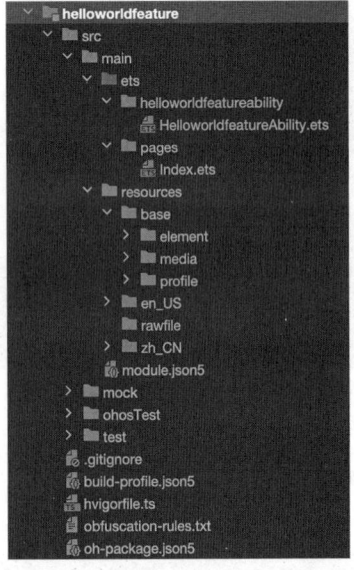

图 14-9　helloworldfeature Module 工程结构

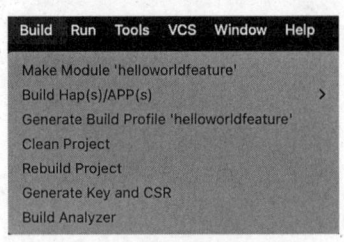

图 14-10　编译模块

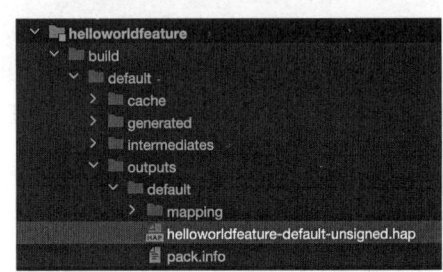

图 14-11　生成 .hap 文件

14.2.3　开发

Feature 类型的 Module 与 Entry 类型的 Module 的开发流程及标准相同，也不支持导出接口和 ArkUI 组件给其他 Module 使用。在 App 中，使用 Feature 类型 Module 的推荐方式是使用 Ability 调用。本小节基于示例工程，实现对 helloworldfeature Module 中 HelloworldfeatureAbility 的调用。

主要修改 entry 模块中的 Index.ets 文件，响应 HelloworldfeatureAbility 按钮的单击事件，调起 HelloworldfeatureAbility，代码如下。

```
// entry/src/main/ets/pages/Index.ets

import { BusinessError } from '@kit.BasicServicesKit';
import { common } from '@kit.AbilityKit';

@Entry
@Component
struct Index {
  build() {
    Column() {
      Row() {
        // 响应 HelloworldfeatureAbility 按钮的单击事件
        Button('HelloworldfeatureAbility')
          .fontSize(18)
          .fontWeight(FontWeight.Bold)
```

```
      .onClick(() => {
        let context = getContext(this) as common.UIAbilityContext;
        if(context){
          context.startAbility({
            bundleName: 'com.example.uselibrary',
            abilityName: 'HelloworldfeatureAbility'
          }).then(() => {
            console.info('start HelloworldfeatureAbility  success')
          }).catch((error: BusinessError) => {
            console.error('start HelloworldfeatureAbility failed, error: ' +
              JSON.stringify(error))
          })
        }
      })
    }
    .height('20%')
  }
}
```

之后编译示例工程，并运行示例 App，Index 页面如图 14-12 所示。单击"HelloworldfeatureAbility"按钮，调起 HelloworldfeatureAbility（如图 14-13 所示），该 Ability 中默认显示"Hello World"。

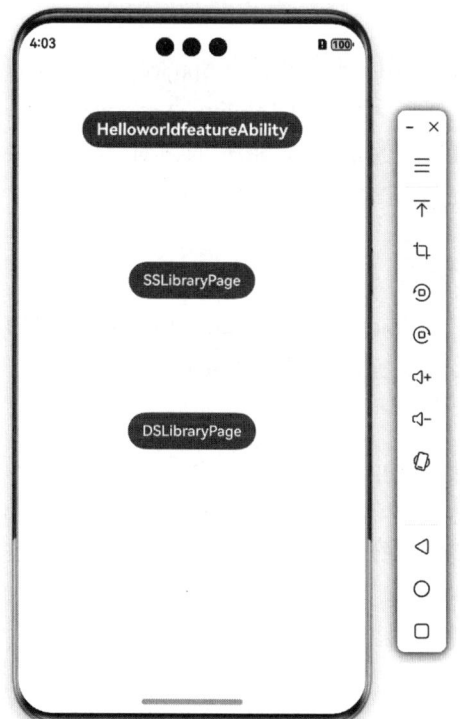

图 14-12　Index 页面

图 14-13　调起 HelloworldfeatureAbility

14.2.4 调试

Feature 类型的 Module 通过 DevEco Studio 直接调试。在工具区单击 Open 'Edit Run/Debug configurations' dialog 下拉菜单，如图 14-14 所示，之后选择该 Module 的配置，单击调试按钮即可调试 Feature 类型的 Module。

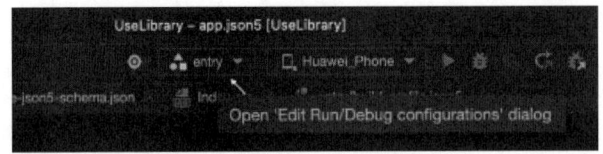

图 14-14　Open 'Edit Run/Debug configurations' dialog 下拉菜单

14.3　Static Library 类型的 Module

Static Library 类型的 Module 在编译后生成静态共享包（HAR），可以包含代码、C++ 库、资源和配置文件。通过 HAR 可以实现多个模块或多个工程共享 ArkUI 组件、资源等相关代码。HAR 不同于 HAP，不能独立安装运行在设备上，只能作为应用模块的依赖项被引用。

14.3.1　约束限制

Static Library 类型的 Module 可被其他类型的 Module 调用，不支持引用 AppScope 目录中的资源，不支持在配置文件（module.json5，5.3.2 小节中介绍）中配置 UIAbility、ExtensionAbility 及 pages 标签。也就是说，在该 Module 中关于 Ability 的能力是缺失的，且不支持以 Ability 方式启动。但它可以包含 pages 页面，可以通过命名路由的方式实现页面跳转。

14.3.2　Static Library 类型 Module 的基本使用

本小节将基于示例工程，介绍如何使用 DevEco Studio 来创建 Static Library 类型的 Module，同时会讲解所创建 Module 的工程结构和 Static Library 类型的 Module 的编译方法。

1. 创建 Static Library 类型的 Module

创建 Static Library 类型的 Module 须按照"New Project Module"流程进行。进入"New Project Module"流程之后，在"Choose Your Ability Template"界面中，选择"Static Library"，并单击"Next"按钮，选择 Module 类型（如图 14-15 所示），进入"Configure New Module"界面。

在"Configure New Module"界面（如图 14-16 所示）中，设置新添加的模块信息，其中有以下 3 个选项。

- Module name：新增模块的名称，在这里输入"sslibrary"。
- Device type：支持的设备类型，在这里使用默认选项。

- Enable native：是否创建一个用于调用 C++ 代码的模块，在这里打开该选项。

设置完成后，单击 Finish 按钮完成创建。

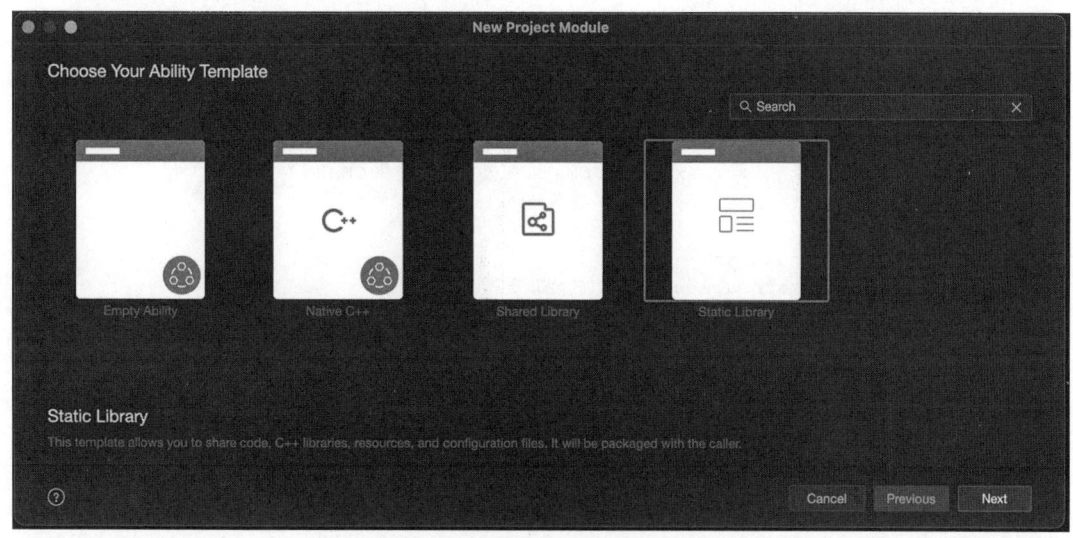

图 14-15　选择 Module 类型

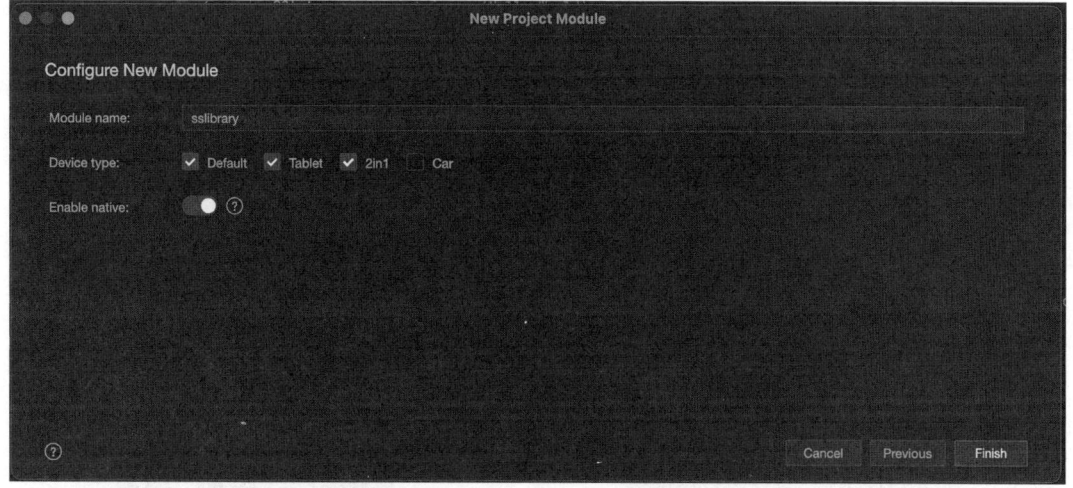

图 14-16　"Configure New Module"界面

2. Static Library 类型 Module 的工程结构介绍

创建完成后，会在工程目录中生成库模块及相关文件。在 DevEco Studio 的工程区，单击新建的 sslibrary，展开工程目录结构，如图 14-17 所示。

基于图 14-17 所示，下面简单介绍 sslibrary Module 的工程结构，对应的相关字段说明如下。

```
sslibrary                           // sslibrary 根目录
├── libs                            // 存放用户自定义引用的 Native 库，一般为 .so 文件，包括生成的 Native 库
└── src
    └── main
        ├── cpp
        │   ├── types               // 用于存放 C++ API 描述文件，子目录按照 so 维度进行划分
        │   │   └── libsslibrary
        │   │       ├── index.d.ts          // 描述 C++ 接口的方法名、入参、返回参数等信息
        │   │       └── oh-package.json5    // 描述 so 三方包声明文件入口和 so 包名信息
        │   ├── CMakeLists.txt      // CMake 配置文件，提供 CMake 构建脚本
        │   └── napi_init.cpp       // 共享包 C++ 代码源文件
        ├── ets                     // ArkTS 源码目录
        │   └── components
        │       └── MainPage.ets    // 初始工程默认实现
        ├── resources               // 资源目录，用于存放资源文件，如图片、多媒体、字符串等
        └── module.json5            // 模块配置文件，包含当前 sslibrary 的配置信息
├── build-profile.json5             // Hvigor 编译构建所需的配置文件，包含编译选项
├── hvigorfile.ts                   // Hvigor 构建脚本文件，包含构建当前模块的插件、自定义任务等
├── Index.ets                       // sslibrary 的入口文件，定义 sslibrary 对外提供的函数、组件等
└── oh-package.json5                // 描述文件，定义 sslibrary 的基本信息、依赖项等
```

3. 编译 Static Library 类型的 Module

Module 创建成功后，先选中然后在 DevEco Studio 菜单栏中依次选择 "Build → Make Module ${libraryName}" 进行编译构建，编译模块如图 14-18 所示。

之后在该 Module 的 /build/default/outputs/default/ 中看到 .har 文件，如图 14-19 所示。

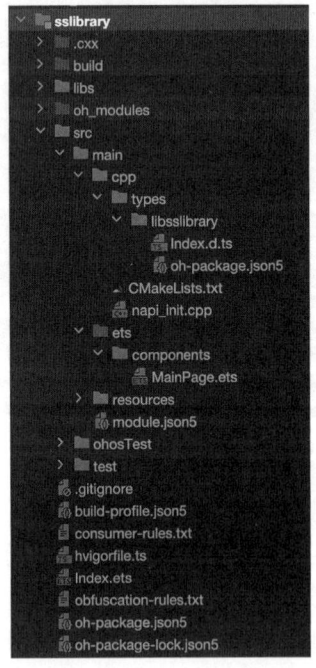

图 14-17　sslibrary Module 工程结构

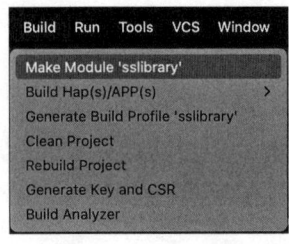

图 14-18　编译模块

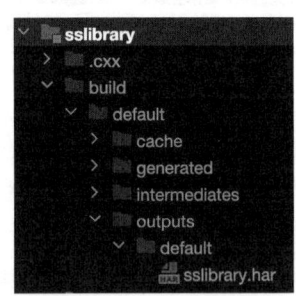

图 14-19　生成 .har 文件

14.3.3 开发

Static Library 类型的 Module 在打包编译为 HAR 前，需要将可被其他 Module 复用的能力导出，本小节介绍如何在 Static Library 类型的 Module 中导出 ArkUI 组件、接口、资源，以供其他应用或当前应用的其他模块引用。

Static Library 类型 Module 的 Index.ets（如 sslibrary Module 的文件路径为 sslibrary/Index.ets）文件是导出声明文件的入口，需要导出的接口统一在 Index.ets 文件中配置。Index.ets 文件是 DevEco Studio 默认自动生成的，用户也可以自定义，在 Module 的 oh-package.json5 文件中的 main 字段配置入口声明文件，配置如下所示。

```
// sslibrary/oh-package.json5
{
  "main": "Index.ets"
}
```

1. 导出及使用 ArkTS 类和函数

本小节的示例实现在 sslibrary 模块中创建 ArkTS 类及函数，并将其导出，供主工程 entry 模块使用，主要分为五步。

第一步，编写要导出的类及函数。在 sslibrary/src/main/ets/ 目录下，创建新的文件 SSLETSClassAndFun.ets，在该文件中，通过一个 SSLConsoleLog 类实现控制台日志输出，并实现一个函数 sslButtonTitle()，返回值为一个字符串。

```
// sslibrary/src/main/ets/SSLETSClassAndFun.ets
export class SSLConsoleLog {
  static info(msg: string) {
    console.info(msg);
  }
}

export function sslButtonTitle() {
  return 'SSLConsoleLog out log';
}
```

第二步，声明导出信息。在 Index.ets 文件中，声明导出的类及函数信息如下所示。

```
// sslibrary/Index.ets
export { SSLConsoleLog } from './src/main/ets/SSLETSClassAndFun';
export { sslButtonTitle } from './src/main/ets/SSLETSClassAndFun';
```

第三步，编译 sslibrary 模块。在菜单项选择"Build → Make module 'sslibrary'"，生成 sslibrary.har 文件。

第四步，配置对 sslibrary.har 的依赖。使用 HAR 前需要先配置对 HAR 的依赖，在需要引入第三方包的模块的 oh-package.json5 中设置本地 HAR 包。以 entry 模块为例，在 entry/oh-package.json5 文件中增加对 sslibrary.har 的依赖。这时 DevEco Studio 会提示配置变更需要同步，单击右上角的"Sync Now"，同步依赖关系的变动，增加对 HAR 的依赖如图 14-20 所示。

```
// entry/oh-package.json5
"dependencies": {
  "sslibrary": "file:../sslibrary/build/default/outputs/default/sslibrary.har"
}
```

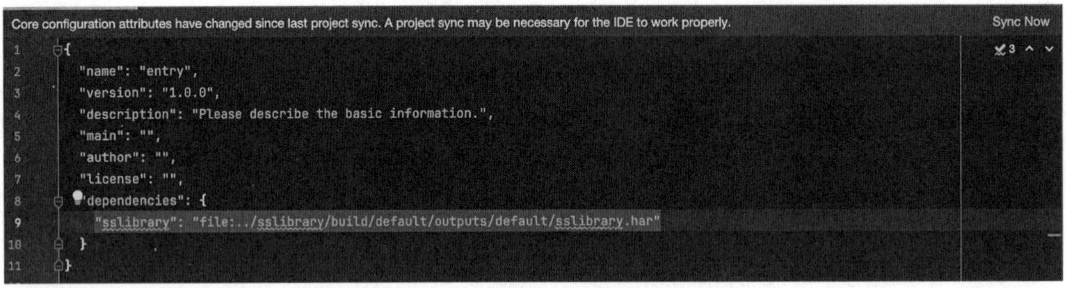

图 14-20　增加对 HAR 的依赖

第五步，导入及使用 sslibrary 模块中导出的类及函数。在 entry 模块中的 SSLibraryPage.ets 文件中，增加对 sslibrary 导出的类和函数的导入以及使用导出的类及函数。

```
// entry/src/main/ets/pages/SSLibraryPage.ets
// 导入
import { SSLConsoleLog } from "sslibrary"
import { sslButtonTitle } from "sslibrary"

@Entry
@Component
struct SSLibraryPage {
  build() {
    Column() {
      Row() {
        Flex({ justifyContent: FlexAlign.Center }) {
          // 引用 HAR 的 ts 类和方法
          Button(sslButtonTitle())
            .onClick(() => {
              // 引用 HAR 的类和方法
              SSLConsoleLog.info('SSLConsoleLog.info called console.info');
            })
        }
      }
      .height('20%')
    }
  }
}
```

之后编译并运行示例工程，进入示例 App。单击 SSLibraryPage 按钮，进入 SSLibraryPage 页面，这时在页面中展示了一个按钮，按钮的标题是通过调用 sslibrary 库中的 sslButtonTitle 函数获取的，如图 14-21 所示。单击该按钮，调用 SSLConsoleLog 输出日志（如图 14-22 所示）。

2. 导出及使用 ArkUI 组件

Static Library 类型的 Module 可以导出 ArkUI 组件。本小节的示例实现在 sslibrary 模块中创建 ArkUI 组件，并将其导出，供 entry 模块使用，主要分为六步。

第一步，编写要导出的组件。在 sslibrary/src/main/ets/ 目录下，创建新的文件 SSLArkUIText.ets，在该文件中实现一个 Text 组件，并展示一段字符串 'SSLArkUIText from sslibrary'。

```
// sslibrary/src/main/ets/SSLArkUIText.ets
@Component
export struct SSLArkUIText {
  @State message: string = 'SSLArkUIText
     from sslibrary';
  build() {
    Row() {
      Text(this.message)
        .fontSize(30)
        .fontWeight(FontWeight.Bold)
    }
  }
}
```

图 14-21　调用 sslButtonTitle 函数获取按钮的标题

图 14-22　单击按钮调用 SSLConsoleLog 输出日志

第二步，声明导出信息。在 Index.ets 文件中，声明导出的 SSLArkUIText 组件信息。

```
// sslibrary/Index.ets
export { SSLArkUIText } from './src/main/ets/SSLArkUIText'
```

第三步，编译 sslibrary 模块。在菜单项中选择"Build → Make module 'sslibrary'"，生成 sslibrary.har 文件。

第四步，配置对 sslibrary.har 的依赖。之前的示例中已经建立了依赖关系，但 sslibrary 库导出的新的能力需要重新同步。这时可选择菜单"File → Sync and Refresh Project"，主动同步 sslibrary.har 的变更，主动同步及刷新工程如图 14-23 所示。

```
// oh-package.json5
"dependencies": {
  "sslibrary": "file:../sslibrary/build/default/outputs/default/sslibrary.har"
}
```

第五步，导入 sslibrary 类模块中导出的类及函数。在 entry 模块的 SSLibraryPage.ets 文件中，增加对 sslibrary 导出的 SSLArkUIText 组件的导入。

```
// entry/src/main/ets/pages/SSLibraryPage.ets
import { SSLArkUIText } from "sslibrary"
```

第六步，使用导出的类及函数，示例如下。

```
// SSLibraryPage.ets

@Entry
@Component
struct SSLibraryPage {
  build() {
    Column() {
      Row() {
        // 引用 HAR 的 ArkUI
        SSLArkUIText();
      }
      .height('20%')
    }
  }
}
```

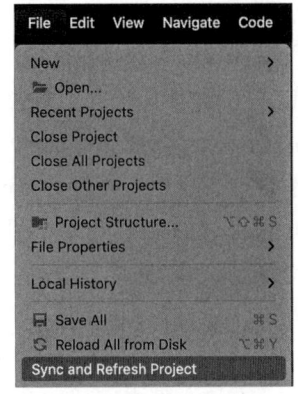

图 14-23 主动同步及刷新工程

之后编译并运行示例工程，进入示例 App。进入 SSLibraryPage 页面，如图 14-24 所示，这时在页面中存在 SSLArkUIText 组件，展示了字符串 'SSLArkUIText from sslibrary'。

3. 导出及使用 native 方法

Static Library 类型的 Module 可以包含 C++ 编写的 so。本小节的示例在 sslibrary 模块中，使用 C++ 实现加法并导出示例，供主工程 entry 模块使用，主要分为六步。

第一步，在 C++ 侧实现 Add 函数，因在"New Project Module"流程的"Configure New Module"界面中，打开了 Enable native 选项，在创建 sslibrary 工程文件时，默认实现了 libsslibrary（编译 C++ 及生成 so）的工程配置。Add 函数的实现主体代码如下。

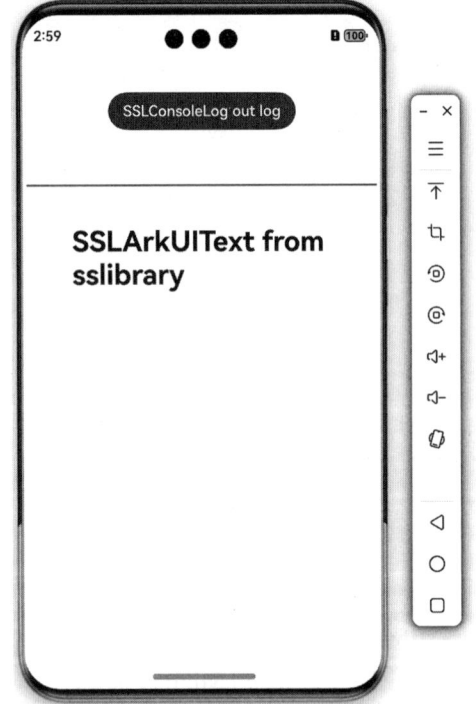

图 14-24 SSLibraryPage 页面

```
// sslibrary/src/main/cpp/napi_init.cpp
#include "napi/native_api.h"

static napi_value Add(napi_env env, napi_callback_info info)
```

```cpp
{
    size_t argc = 2;
    napi_value args[2] = {nullptr};

    napi_get_cb_info(env, info, &argc, args, nullptr, nullptr);

    napi_valuetype valuetype0;
    napi_typeof(env, args[0], &valuetype0);

    napi_valuetype valuetype1;
    napi_typeof(env, args[1], &valuetype1);

    double value0;
    napi_get_value_double(env, args[0], &value0);

    double value1;
    napi_get_value_double(env, args[1], &value1);

    napi_value sum;
    napi_create_double(env, value0 + value1, &sum);

    return sum;
}

EXTERN_C_START
static napi_value Init(napi_env env, napi_value exports)
{
    napi_property_descriptor desc[] = {
        // 第一个参数 "add" 为 ArkTS 侧对应方法的名称
        { "add", nullptr, Add, nullptr, nullptr, nullptr, napi_default, nullptr }
    };
    napi_define_properties(env, exports, sizeof(desc) / sizeof(desc[0]), desc);
    return exports;
}
EXTERN_C_END

static napi_module demoModule = {
    .nm_version = 1,
    .nm_flags = 0,
    .nm_filename = nullptr,
    .nm_register_func = Init,
    .nm_modname = "sslibrary",
    .nm_priv = ((void*)0),
    .reserved = { 0 },
};

extern "C" __attribute__((constructor)) void RegisterSslibraryModule(void)
{
    napi_module_register(&demoModule);
}
```

第二步，封装调用 Add 函数的函数。在 sslibrary/src/main/ets/ 目录下，创建文件 SSLNative-Caller.ets，在该文件中先要增加对 libsslibrary.so（libsslibrary 工程编译产物）的导入，之后再调用 Add 函数。

```
// sslibrary/src/main/ets/SSLArkUIText.ets
import naAPI from 'libsslibrary.so';

export function sslNativeAdd(a: number, b: number): number {
  let result: number = naAPI.add(a, b);
  return result;
}
```

第三步，声明导出信息。在 sslibrary/Index.ets 文件中，声明导出的类及函数信息。

```
// Index.ets
export { sslNativeAdd } from './src/main/ets/SSLNativeCaller';
```

第四步，编译 sslibrary 模块。

第五步，配置对 sslibrary.har 的依赖。基于之前的配置主动同步依赖关系。

第六步，导入及使用 sslibrary 模块中导出的类及函数。在 entry 模块的 SSLibraryPage.ets 文件中，增加对 sslibrary 导出的 sslNative Add 函数的导入和使用。

```
// entry/src/main/ets/pages/SSLibraryPage.ets
import { sslNativeAdd } from "sslibrary"
@Entry
@Component
struct SSLibraryPage {
  @State resultMessage: string = '';
  build() {
    Column() {
      Row() {
        Column() {
          // 引用 HAR 的 native 方法
          Button("call HAR nativeAdd")
            .id('nativeAdd')
            .onClick(() => {
              this.resultMessage = '1 + 2 = ' + sslNativeAdd(1, 2);
            })
          Text(this.resultMessage);
        }
      }
      .height('20%')
    }
  }
}
```

之后编译并运行示例工程，进入示例 App。进入 SSLibraryPage 页面，如图 14-25 所示，这时在页面中展示了 call HAR nativeAdd 按钮。单击该按钮，在该按钮下方显示文本 "1 + 2 = 3"，其中结果 3 是调用 sslNativeAdd 函数所得（如图 14-26 所示）。

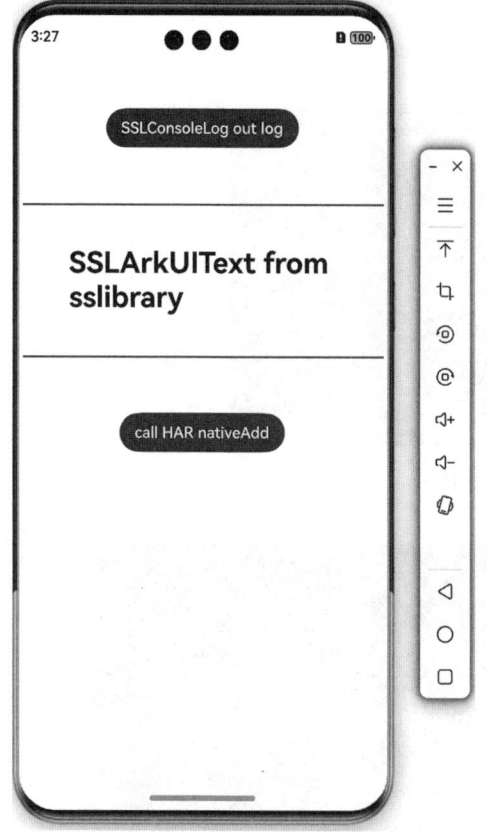
图 14-25　SSLibraryPage 页面

图 14-26　调用 sslNativeAdd 函数展示结果

4. 导出资源及使用

在 Static Library 类型的 Module 中的资源可以被其他模块使用。本小节的示例实现在 sslibrary 模块中的字符串资源和图片资源，供主工程 entry 模块使用。本小节将介绍如何在 Static Library 类型的 Module 中导出资源，并被其他模块使用，主要分为五步。

第一步，在 string.json 中增加 string_har 字符串资源。

```
// sslibrary/src/main/resources/base/element/string.json
{
  "name": "string_har",
  "value": "string in har"
}
```

第二步，在 sslibrary/src/main/resources/base/media 目录中增加图片资源。由于在默认的 Static Library 类型的 Module 工程中没有 Media 目录，因此右击 sslibrary/src/main/resources/base 目录，在弹出的菜单中依次选择 "New → Resource Directory"（新建资源目录如图 14-27 所示），进入 "New Resource Directory" 流程，选择 Resource type 为 Media，其他为默认，

单击"OK"按钮，如图 14-28 所示。这时 Media 目录创建完成。之后向该目录中复制一张 PNG 图片，命名为 icon_har.png（sslibrary/src/main/resources/base/media/icon_har.png）。

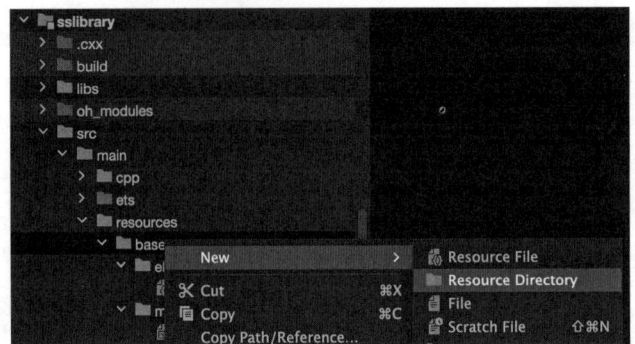

图 14-27　新建资源目录

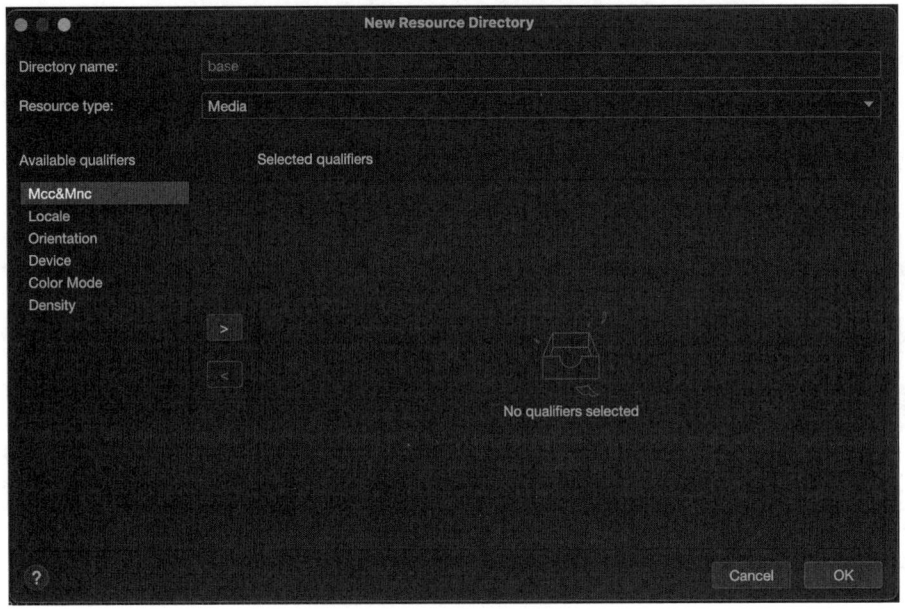

图 14-28　选择创建 Media 目录

第三步，执行 make Module 'sslibrary'，字符串及图片会被打包到 sslibrary.har 中。注意，这时可在 har 中查看字符串及图片，双击 sslibrary.har，进入 package/src/main/resources/base/element 目录，单击 string.json，可看到 string_har 字符串的定义，如图 14-29 所示。进入 package/src/main/resources/base/media/ 目录，单击 icon_har.png，可看到该图片的内容，如图 14-30 所示。

第四步，配置对 HAR 的依赖。基于之前的配置主动同步依赖关系。

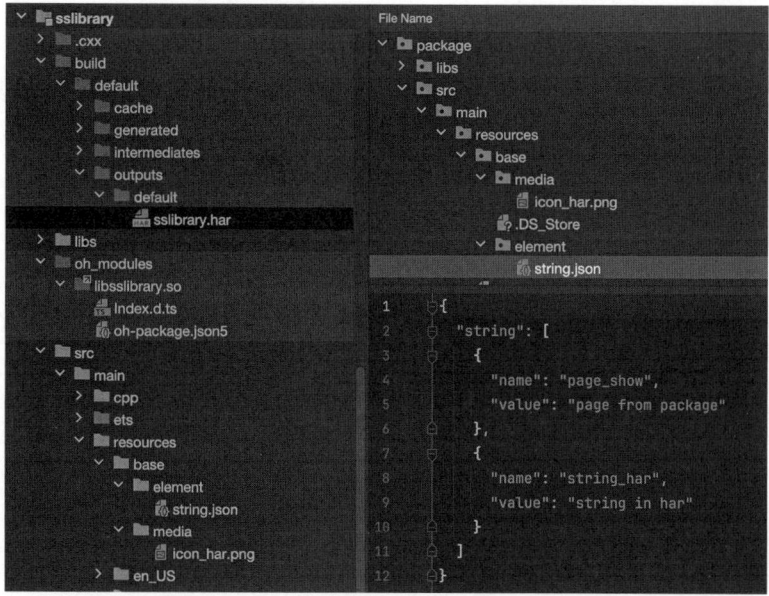

图 14-29　查看 HAR 包中的字符串

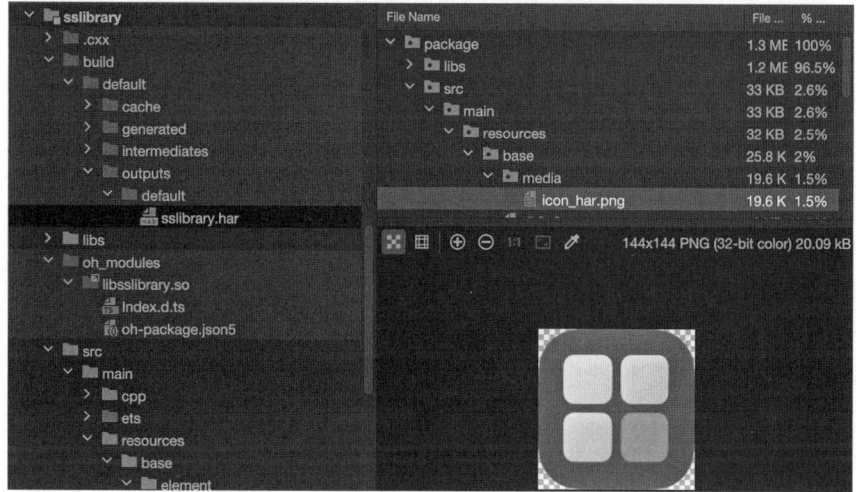

图 14-30　查看 HAR 包中的图片

第五步，使用资源。在 entry 模块的 SSLibraryPage.ets 文件中，增加对 string_har 和 icon_har.png 的使用。

```
// entry/src/main/ets/pages/SSLibraryPage.ets
@Entry
@Component
struct SSLibraryPage {
  build() {
```

```
        Column() {
          Row() {
            Column() {
              // 引用 HAR 的字符串资源
              Text($r('app.string.string_har'))
                .fontSize(22)
                .margin({ top: '10%' })

              List() {
                ListItem() {
                  // 引用 HAR 的图片资源
                  Image($r('app.media.icon_har'))
                    .id('iconHar')
                    .borderRadius('48px')
                }
                .margin({ top: '5%' })
                .width('168px')
              }
              .alignListItem(ListItemAlign.Center)
            }
            .height('20%')
          }
        }
      }
    }
```

之后编译并运行示例工程，进入示例 App。进入 SSLibraryPage 页面，如图 14-31 所示，这时在页面下方会展示 string in har 字符串及 icon_har 图片。

5. 页面路由跳转及返回

在其他 Module 中如需跳转到 HAR 中的页面，需要使用命名路由来实现，即为该页面定一个名称，之后在其他的模块中使用该名称并跳转至该页面。

本小节的示例在 sslibrary 模块中实现 SSLIndex 页面，在 entry 模块中通过命名路由打开，主要分为四步。

第一步，编写 SSLIndex 组件。在 sslibrary/src/main/ets/pages 目录下，创建文件 SSLIndex.ets，在该文件中，实现展示字符串、通过路由的方式返回到上一页及回到 entry 模块的 pages/Index 页面，并且为该页面进行路由命名，代码如下：

图 14-31　SSLibraryPage 页面

```
// sslibrary/src/main/ets/pages/SSLIndex.ets
import router from '@ohos.router';
// 路由命名
@Entry({ routeName: 'SSLIndex' })
@Component
struct SSLIndex {
  @State message: string = 'Hello from SSLIndex';

  build() {
    Row() {
      Column() {
        Text(this.message)
          .fontSize(50)
          .fontWeight(FontWeight.Bold)
        Row().height("1%");
        Button("back")
          .onClick(() => {
            router.back();
          })
        Row().height("1%");
        Button("goHome")
          .onClick(() => {
            router.back({ // 返回 HAP 的页面
              url: 'pages/Index' // 路径为：`entry/src/main/ets/pages/Index.ets`
            })
          })
      }
      .width('100%')
    }
    .height('100%')
  }
}
```

第二步，编译 sslibrary 模块。

第三步，配置对 HAR 的依赖。基于之前的配置主动同步依赖关系。

第四步，在 entry 模块中增加对 SSLIndex 页面以路由命名方式的调用。其中 router.pushNamedRoute 方法的参数 name 的内容为 SSLIndex。SSLIndex 为在 SSLIndex 页面中自定义的路由命名，代码如下。

```
// entry/src/main/ets/pages/SSLibraryPage.ets

import { router } from '@kit.ArkUI'
import 'sslibrary/src/main/ets/pages/SSLIndex';

@Entry
@Component
struct SSLibraryPage {
  @State resultMessage: string = '';
  build() {
    Column() {
      Row() {
        // 通过命名路由的方式
        Button("page route to SSLIndex")
```

```
          .onClick(() => {
            try {
              router.pushNamedRoute({
                name:'SSLIndex'
              }).then(() => {
                console.log('push SSLIndex page success');
              })
            } catch(err) {
              console.error(`pushUrl SSLIndex failed, code is ${err.code},
                message is ${err.message}`);
            }
          })
      }
      .height('10%')
    }
  }
}
```

之后编译并运行示例工程，进入 SSLibraryPage 页面，如图 14-32 所示。单击"page route to SSLIndex"按钮，进入 SSLIndex 页面（如图 14-33 所示）。这时单击"back"按钮可回到 SSLibraryPage 页面，单击"goHome"按钮可回到 entry 模块的 Index 页面。

图 14-32　进入 SSLibraryPage 页面

图 14-33　进入 SSLIndex 页面

14.3.4 调试 Static Library 类型的 Module

前面的示例在 entry 模块中使用的是已经打包好的 HAR 库。当需要对 HAR 进行调试时，就要对 entry 模块的 sslibrary 依赖方式进行调整。具体而言，要把对 HAR 的依赖改为对工程目录的依赖。以下代码为 entry 模块的 oh-package.json5 文件，将 sslibrary 的依赖改为直接依赖其工程目录路径，之后同步依赖关系的变化，这样便可以在 entry 模块中对 sslibrary 进行调试。

```
// entry/oh-package.json5
"dependencies": {
  "sslibrary": "file:../sslibrary"
}
```

14.4 Share Library 类型的 Module

Share Library 类型的 Module 在编译后生成动态共享包（HSP），包含代码、C++ 库、资源和配置文件，通过 HSP 可以实现代码和资源的共享。HSP 不支持独立发布，而是跟随其宿主应用的 App 包一起发布。

HSP 分为应用内 HSP 和集成态 HSP 两种。应用内 HSP 与特定应用包名（bundleName）强耦合，仅限该应用使用。集成态 HSP 不与特定应用包名耦合，可被不同的应用使用。本节主要介绍应用内 HSP 的创建与使用。

14.4.1 约束限制

Share Library 类型的 Module 可被其他类型的 Module 调用，不支持在配置文件（module.json5，第 5.3.2 小节介绍过）中配置 UIAbility、ExtensionAbility。也就是说，该 Module 缺失关于 Ability 的能力，且不支持以 Ability 方式启动。

14.4.2 创建 Share Library 类型的 Module

本小节将基于示例工程，介绍如何使用 DevEco Studio 来创建 Share Library 类型的 Module，同时讲解所创建 Module 的工程结构和 Share Library 类型的 Module 的编译方法。

1. 创建 Share Library 类型的 Module 模块

创建 Share Library 类型的 Module 需按照"New Project Module"流程进行，进入"New Project Module"流程之后，在"Choose Your Ability Template"界面中，选择"Shared Library"，并单击"Next"按钮（如图 14-34 所示），进入"Configure New Module"界面。

在"Configure New Module"界面中（如图 14-35 所示），设置新添加的模块信息，其中有以下 3 个选项。

- Module name：新增模块的名称，在这里输入"dslibrary"。
- Device type：支持的设备类型，在这里使用默认选项。

- Enable native:是否创建一个用于调用 C++ 代码的模块,在这里打开该选项。

设置完成后,单击 Finish 按钮完成创建。

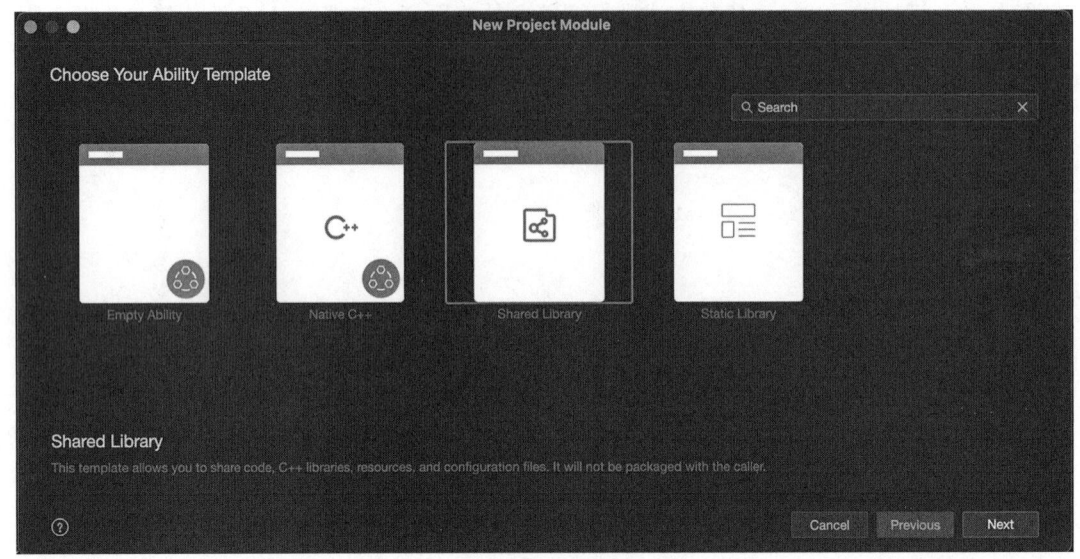

图 14-34　选择 Module 类型

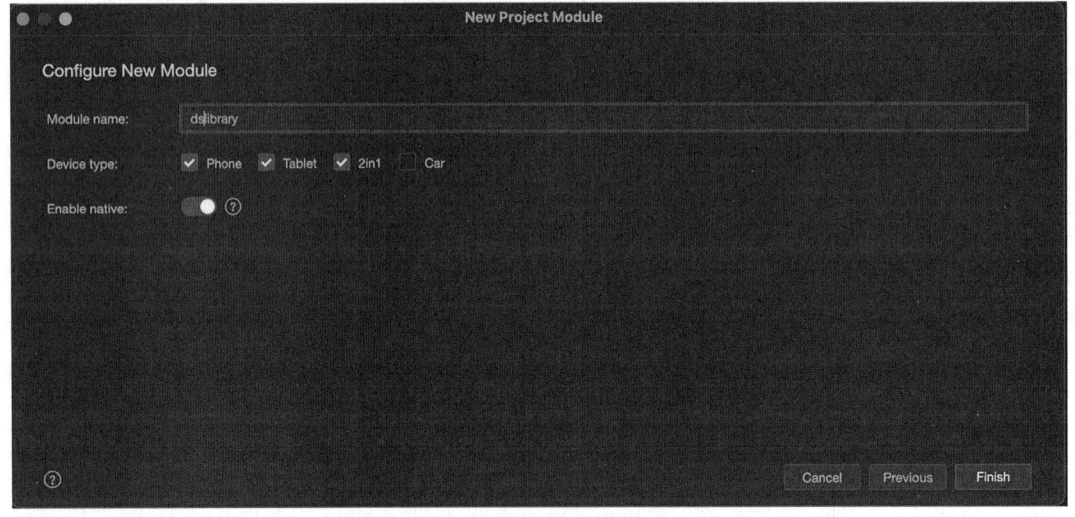

图 14-35　"Configure New Module"界面

2. Share Library 类型 Module 的工程结构介绍

创建完成后,会在工程目录中生成库模块及相关文件。在 DevEco Studio 的工程区,单击新建的 dslibrary,展开工程目录结构,如图 14-36 所示。

基于图 14-36,下面简单介绍 dslibrary Module 的工程结构,相关字段说明如下。

```
dslibrary                           // dslibrary 根目录
├── libs                            // 存放用户自定义引用的 Native 库,一般为 .so 文件,包括生成的 Native 库
└── src
    └── main
        ├── cpp
        │   ├── types               // 用于存放 C++ API 描述文件,子目录按照 so 维度进行划分
        │   │   └── libdslibrary
        │   │       ├── index.d.ts                  // 描述 C++ 接口的方法名、入参、返回参数等信息
        │   │       └── oh-package.json5            // 描述 so 第三方包声明文件入口和 so 包名信息
        │   ├── CMakeLists.txt      // CMake 配置文件,提供 CMake 构建脚本
        │   └── napi_init.cpp       // 共享包 C++ 代码源文件
        ├── ets                     // ArkTS 源码目录
        │   └── page
        │       └── Index.ets       // 初始工程默认实现,可删除
        ├── resources               // 资源目录,用于存放资源文件,如图片、多媒体、字符串等
        └── module.json5            // 模块配置文件,包含 dslibrary 的配置信息
├── build-profile.json5             // Hvigor 编译构建所需的配置文件,包含编译选项
├── hvigorfile.ts                   // Hvigor 构建脚本文件,包含构建当前模块的插件、自定义任务等
├── Index.ets                       // dslibrary 的入口文件,定义 dslibrary 对外提供的函数、组件等
└── oh-package.json5                // 描述文件,定义 dslibrary 的基本信息、依赖项等
```

3. 编译 Share Library 类型的 Module

开发完库模块后,先选中模块名(dslibary),然后在 DevEco Studio 菜单栏中依次选择 Build → Make Module ${libraryName} 进行编译构建,编译模块如图 14-37 所示。

在打包 HSP 时,会同时默认打包 HAR,之后在该 Module 的 /build/default/outputs/default/ 中看到 .har 和 .hsp 文件,如图 14-38 所示。

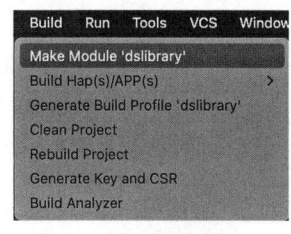

图 14-37　编译模块

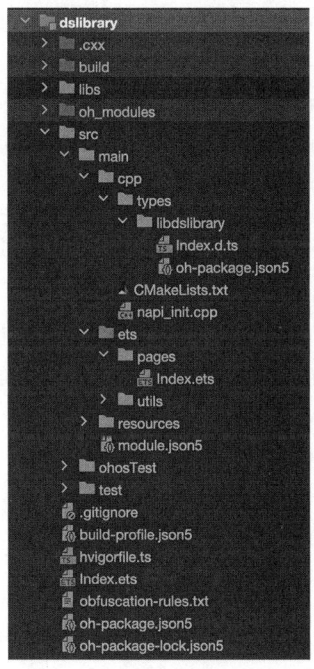

图 14-36　dslibrary Module 工程结构

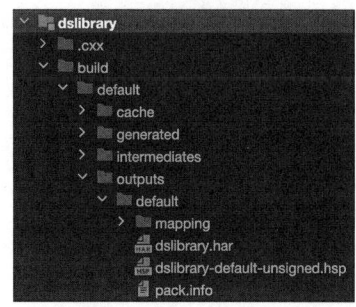

图 14-38　生成 .hsp 和 .har 文件

本小节将以引用本地 HSP 作为示例。引用本地 HSP 需要将 dslibrary 打包为 tgz 格式，打包 tgz 格式的包需要在 release 模式下编译生成。在 DevEco Studio 的工具区，单击"Product"按钮，更改编译模式如图 14-39 所示，将 Build Mode 改为 Release。之后在菜单项中选择"Build → Make module 'dslibrary'"，在 dslibrary/build/default/outputs/default/ 目录下生成了 dslibrary_default.tgz 文件，tgz 包文件路径如图 14-40 所示。

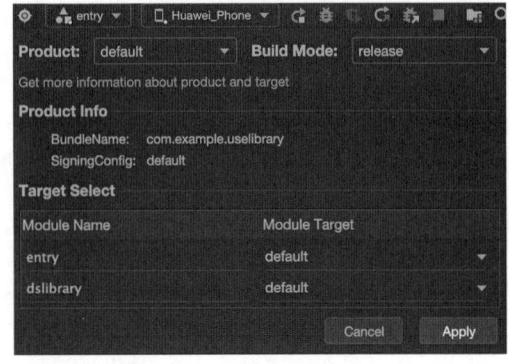

图 14-39　更改编译模式

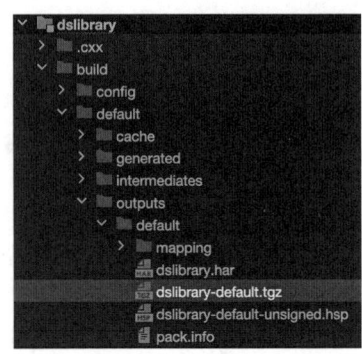

图 14-40　tgz 包文件路径

14.4.3　开发

在将 Share Library 类型的 Module 打包编译为 HSP 前，需要将可被其他 Module 复用的能力导出。本小节将介绍如何在 Static Library 类型的 Module 中导出 ArkUI 组件、接口、资源，以供其他应用或当前应用的其他模块引用。

同样，在 Share Library 类型的 Module 中，Index.ets（路径为 dslibrary/Index.ets）文件是导出声明文件的入口，需要导出的接口统一在 Index.ets 文件中配置。

1. 导出及使用 ArkTS 类和函数

本小节的示例实现在 dslibrary 模块中创建 ArkTS 类和函数并将其导出，供主工程 entry 模块使用，主要分为五步。

第一步，编写要导出的类及函数。在 dslibrary/src/main/ets/ 目录下创建文件 DSLETSClassAndFun.ets，在该文件中，使用 DSLConsoleLog 类实现控制台日志输出，并实现一个 dslButtonTitle() 函数，返回值为一个字符串。

```
// dslibrary/src/main/ets/DSLETSClassAndFun.ets
export class DSLConsoleLog {
  static info(msg: string) {
    console.info(msg);
  }
}

export function dslButtonTitle() {
```

```
        return 'DSLConsoleLog out log';
    }
```

第二步，声明导出信息。在 Index.ets 文件中，声明导出的类及函数信息如下。

```
// dslibrary/Index.ets
export { DSLConsoleLog } from './src/main/ets/DSLETSClassAndFun';
export { DSLButtonTitle } from './src/main/ets/DSLETSClassAndFun';
```

第三步，编译库模块。

第四步，在 entry 模块中配置对 HSP 的依赖。在 entry 的 oh-package.json5 文件中增加对 dslibrary-default.tgz 的依赖，之后同步依赖关系的变动。

```
// entry/oh-package.json5
"dependencies": {
    "dslibrary": "file:../dslibrary/build/default/outputs/default/dslibrary-default.tgz"
}
```

第五步，在 entry 模块的 DSLibraryPage.ets 文件中，增加对 dslibrary 导出的类及函数的导入和使用。

```
// entry/src/main/ets/pages/DSLibraryPage.ets
// 导入
import { DSLConsoleLog } from "dslibrary"
import { DSLButtonTitle } from "dslibrary"

@Entry
@Component
struct DSLibraryPage {
  build() {
    Column() {
      Row() {
        Flex({ justifyContent: FlexAlign.Center }) {
          // 引用 HSP 的 ts 类和方法
          Button(dslButtonTitle())
            .onClick(() => {
              // 引用 HSP 的类和方法
              DSLConsoleLog.info('DSLConsoleLog.info called console.info');
            })
        }
      }
      .height('20%')
    }
  }
}
```

之后编译并运行示例工程，进入示例 App。进入 DSLibraryPage 页面，如图 14-41 所示，这时在页面中展示了一个按钮，该按钮的标题是通过调用 dslibrary 库中的 dslButtonTitle 函数获取的。单击该按钮,调用 DSLConsoleLog 输出日志(如图 14-42 所示)。

2. 导出及使用 ArkUI 组件

在 Share Library 类型的 Module 中可以导出 ArkUI 组件。本小节的示例实现在 dslibrary 模块中创建 ArkUI 组件并将其导出,供主工程 entry 模块使用,主要分为五步。

第一步,编写要导出的组件。在 dslibrary/src/main/ets/ 目录下,创建 DSLArkUIText.ets 文件,在该文件中实现一个 Text 组件,展示一段字符串 'DSLArkUIText from dslibrary'。

```
// dslibrary/src/main/ets/DSLArkUIText.ets
@Component
export struct DSLArkUIText {
  @State message: string = 'DSLArkUIText
    from dslibrary';
  build() {
    Row() {
      Text(this.message)
        .fontSize(30)
        .fontWeight(FontWeight.Bold)
    }
  }
}
```

图 14-41　DSLibraryPage 页面

第二步,声明导出信息。在 Index.ets 文件中,声明导出的 DSLArkUIText 组件信息如下所示。

图 14-42　单击按钮调用 DSLConsoleLog 输出日志

```
// dslibrary/Index.ets
export { DSLArkUIText } from './src/main/ets/DSLArkUIText'
```

第三步,编译库模块。

第四步,配置对 HSP 的依赖。主动同步对 HSP 的依赖。

第五步,导入在 dslibrary 类模块中导出的组件。在 entry 模块的 DSLibraryPage.ets 文件中,增加对 dslibrary 导出的 DSLArkUIText 组件的导入及使用。

```
// entry/src/main/ets/pages/DSLibraryPage.ets
import { DSLArkUIText } from "dslibrary"

@Entry
@Component
struct DSLibraryPage {
  build() {
    Column() {
      Row() {
```

```
      // 引用 HSP 的 ArkUI
      DSLArkUIText();
    }
    .height('20%')
  }
 }
}
```

之后编译并运行示例工程，进入 DSLibraryPage 页面，如图 14-43 所示。这时在页面中存在 DSLArkUIText 组件，展示了字符串 'DSLArkUIText from dslibrary'。

3. 导出及使用 native 方法

Share Library 类型的 Module 可以包含 C++ 编写的 so。本小节的示例实现在 dslibrary 模块中用 C++ 实现乘法函数 Multi 并导出，供主工程 entry 模块使用，主要分为六步。

第一步，用 C++ 实现乘法函数 Multi。因为在"New Project Module"流程的"Configure New Module"界面中打开了 Enable native 选项，所以在创建 dslibrary 工程文件时，默认实现了 libdslibrary（编译 C++ 及生成 so）的工程配置。Multi 函数的主体代码如下。

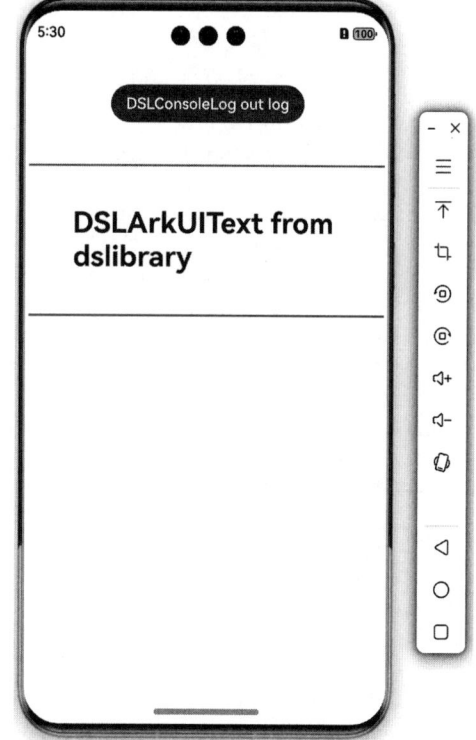

图 14-43　DSLibraryPage 页面

```cpp
// dslibrary/src/main/cpp/napi_init.cpp
#include "napi/native_api.h"

static napi_value Multi(napi_env env, napi_callback_info info)
{
  size_t argc = 2;
  napi_value args[2] = {nullptr};

  napi_get_cb_info(env, info, &argc, args, nullptr, nullptr);

  napi_valuetype valuetype0;
  napi_typeof(env, args[0], &valuetype0);

  napi_valuetype valuetype1;
  napi_typeof(env, args[1], &valuetype1);

  double value0;
  napi_get_value_double(env, args[0], &value0);

  double value1;
```

```c
    napi_get_value_double(env, args[1], &value1);

    napi_value sum;
    napi_create_double(env, value0 * value1, &sum);

    return sum;
}

EXTERN_C_START
static napi_value Init(napi_env env, napi_value exports)
{
    napi_property_descriptor desc[] = {
        // 第一个参数 "multi" 为 ArkTS 侧对应方法的名称
        { "multi", nullptr, Multi, nullptr, nullptr, nullptr, napi_default, nullptr }
    };
    napi_define_properties(env, exports, sizeof(desc) / sizeof(desc[0]), desc);
    return exports;
}
EXTERN_C_END

static napi_module demoModule = {
    .nm_version = 1,
    .nm_flags = 0,
    .nm_filename = nullptr,
    .nm_register_func = Init,
    .nm_modname = "dslibrary",
    .nm_priv = ((void*)0),
    .reserved = { 0 },
};

extern "C" __attribute__((constructor)) void RegisterDslibraryModule(void)
{
    napi_module_register(&demoModule);
}
```

第二步，编写要导出的函数。在 dslibrary/src/main/ets/ 目录下，创建文件 DSLNativeCaller.ets，在该文件中，先要增加对 libdslibrary.so 的导入，之后再调用 multi 函数。

```
// dslibrary/src/main/ets/DSLNativeCaller.ets
import naAPI from 'libdslibrary.so';

export function dslNativeMulti(a: number, b: number): number {
    let result: number = naAPI.multi(a, b);
    return result;
}
```

第三步，声明导出信息。在 Index.ets 文件中，声明导出的类及函数信息如下所示。

```
// dslibrary/Index.ets
export { dslNativeMulti } from './src/main/ets/DSLNativeCaller';
```

第四步，编译库模块。

第五步，配置对 HSP 的依赖。基于之前的配置主动同步依赖关系。

第六步，导入及使用 dslibrary 模块中导出的函数。在 entry 模块的 DSLibraryPage.ets 文件中，增加对 dslibrary 导出的函数导入及使用。

```
// entry/src/main/ets/pages/DSLibraryPage.ets
import { dslNativeMulti } from "dslibrary"

@Entry
@Component
struct DSLibraryPage {
  @State resultMessage: string = '';
  build() {
    Column() {
      Row() {
        Column() {
          //引用 HSP 的 native 方法
          Button("call HSP nativeMulti")
            .id('nativeMulti')
            .onClick(() => {
              this.resultMessage = '1 * 2 = ' + dslNativeMulti(1, 2);
            })
          Text(this.resultMessage);
        }
      }
      .height('20%')
    }
  }
}
```

之后编译并运行示例工程，进入 DSLibraryPage 页面，如图 14-44 所示。这时在页面中展示了"call HSP nativeMulti"按钮，单击该按钮，在其下方展示文本"1 * 2 = 2"，其中结果 2 是调用 dslNativeMulti 函数所得，如图 14-45 所示。

4. 资源导出及使用

Share Library 类型 Module 中的资源可以被其他模块使用。本小节的示例实现在 dslibrary Module 中封装一个资源管理类，其他调用方通过这个资源管理类可以直接使用 dslibrary 模块里的字符串资源以及图片资源，主要分为七步。

第一步，增加字符串资源。在 dslibrary/src/main/resources/base/element/string.json 中增加 string_hsp 字符串资源。

```
// dslibrary/src/main/resources/base/element/string.json
{
  "name": "string_hsp",
  "value": "string in hsp"
}
```

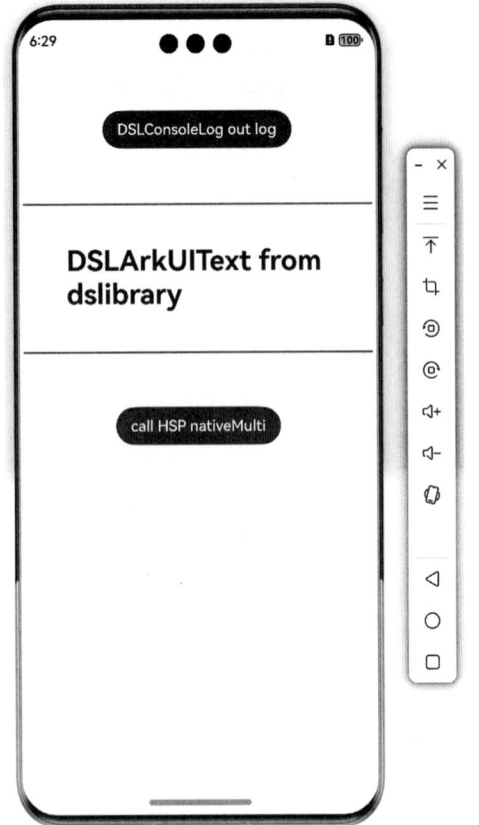 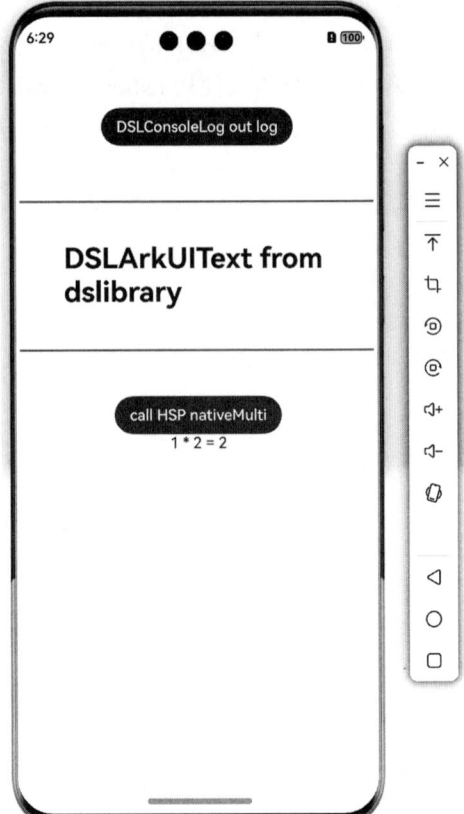

图 14-44　DSLibraryPage 页面　　　　　图 14-45　调用 dslNativeMulti 函数展示结果

第二步，增加图片资源。向 dslibrary/src/main/resources/base/media 目录中复制一张 PNG 图片，命名为 icon_hsp.png。

第三步，实现资源管理类。在 dslibrary/src/main/ets/ 目录下，创建 DSLResManager.ets 文件，在该文件中实现获取字符串资源及图片资源的方法，如以下代码所示。

```
// dslibrary/src/main/ets/DSLResManager.ets
export class DSLResManager{
  static getIcon_Hsp_Pic(): Resource{
    return $r('app.media.icon_hsp');
  }

  static getString_Hsp(): Resource{
    return $r('app.string.string_hsp');
  }
}
```

第四步，声明导出信息。在 dslibrary/Index.ets 文件中，声明导出的 DSLResManager 类的信息如下所示。

```
// dslibrary/Index.ets
export { DSLResManager } from './src/main/ets/DSLResManager'
```

第五步,执行 make Module 'dslibrary' 命令,将字符串及资源打包到 dslibrary-default.tgz 中。

第六步,配置对 HSP 的依赖。基于之前的配置主动同步依赖关系。

第七步,导入在 dslibrary 类模块中导出的 DSLResManager 类并使用。在 entry 模块的 DSLibraryPage.ets 文件中,增加对 dslibrary 导出的类及函数的导入和使用。

```
// entry/src/main/ets/pages/DSLibraryPage.ets
import { DSLResManager } from "dslibrary"
@Entry
@Component
struct DSLibraryPage {
  build() {
    Column() {
      Row() {
        Column() {
          // 引用 HSP 的字符串资源
          Text(DSLResManager.getString_Hsp())
            .fontSize(22)
            .margin({ top: '10%' })

          List() {
            ListItem() {
              // 引用 HSP 的图片资源
              Image(DSLResManager.getIcon_Hsp_Pic())
                .id('iconHsp')
                .borderRadius('48px')
            }
            .margin({ top: '5%' })
            .width('168px')
          }
          .alignListItem(ListItemAlign.Center)
        }
      }
      .height('33%')
    }
  }
}
```

之后编译并运行示例工程,进入 DSLibraryPage 页面,如图 14-46 所示,这时在页面下方展示 "string in hsp" 字符串及 icon_hsp 图片。

在跨包访问 HSP 内资源时,实现一个资源管理类来封装对外导出的资源,这具有明显优势。对于 HSP 开发者而言,由管理类来实现资源的管理,这样可以控制所需导出的资源,无须对外暴露的资源可不必导出。而对于使用方来说，无须感知 HSP 内部的资源名称，即使 HSP 内部的资源名称发生变化，他们也无须随之进行修改。

5. 页面路由跳转及返回

在 App 的其他模块需要打开 HSP 中的某个页面时，可以使用页面路由来实现跳转。

本小节的示例在 dslibrary 模块中实现 DSL-Index 页面，在主工程 entry 模块中通过路由打开，主要分为五步。

第一步，编写 DSLIndex 页面。在 dslibrary/src/main/ets/pages 目录下，创建文件 DSLIndex.ets，在该文件中，实现一个展示字符串、通过路由返回到上一页及回到 entry 模块的 pages/Index 页面，代码如下。

图 14-46　DSLibraryPage 页面

```
// dslibrary/src/main/ets/pages/
// DSLIndex.ets
import router from '@ohos.router';
@Entry
@Component
struct DSLIndex {
  @State message: string = 'Hello from DSLibary';

  build() {
    Row() {
      Column() {
        Text(this.message)
          .fontSize(50)
          .fontWeight(FontWeight.Bold)
        Row().height("1%");
        Button("back")
          .onClick(() => {
            router.back();
          })
        Row().height("1%");
        Button("goHome")
          .onClick(() => {
            router.back({ // 返回 HAP 的页面
              url: 'pages/Index' // 路径为 entry/src/main/ets/pages/Index.ets
            })
          })
      }
      .width('100%')
    }
```

```
        .height('100%')
    }
}
```

第二步，配置路由信息。在 dslibrary/src/main/resources/base/profile/main_pages.json 文件中，声明 DSLIndex 文件的路由路径如下所示。

```
// main_pages.json
{
  "src": [
    "pages/DSLIndex"
  ]
}
```

第三步，编译库模块。

第四步，配置对 HSP 的依赖。基于之前的配置主动同步依赖关系。

第五步，增加页面路由调用。代码如下，其中，在 router.pushUrl 方法的入参中，url 的内容为 '@bundle:com.example.uselibrary/dslibrary/ets/pages/DSLIndex'。url 内容的模板格式为 '@bundle: 包名（bundleName）/ 模块名（moduleName）/ 路径 / 页面所在的文件名（不加 .ets 后缀）'。

```
// DSLibraryPage.ets

@Entry
@Component
struct DSLibraryPage {
  build() {
    Column() {
      Row() {
        Column() {
          // 通过路由的方式
          Button("page route to DSLIndex")
            .onClick(() => {
              router.pushUrl({
                url: '@bundle:com.example.uselibrary/dslibrary/ets/pages/
                  DSLIndex'
              }).then(() => {
                console.log('push page success');
              }).catch((err: BusinessError) => {
                console.error(`pushUrl failed, code is ${err.code}, message
                  is ${err.message}`);
              })
            })
        }
      }
      .height('10%')
    }
  }
}
```

之后编译并运行示例工程，进入 DSLibraryPage 页面，如图 14-47 所示。单击"page route to DSLIndex"按钮，进入 DSLIndex 页面（如图 14-48 所示），这时单击 back 按钮可回到 DSLibraryPage 页面，单击"goHome"按钮可回到 entry 模块的 Index 页面。

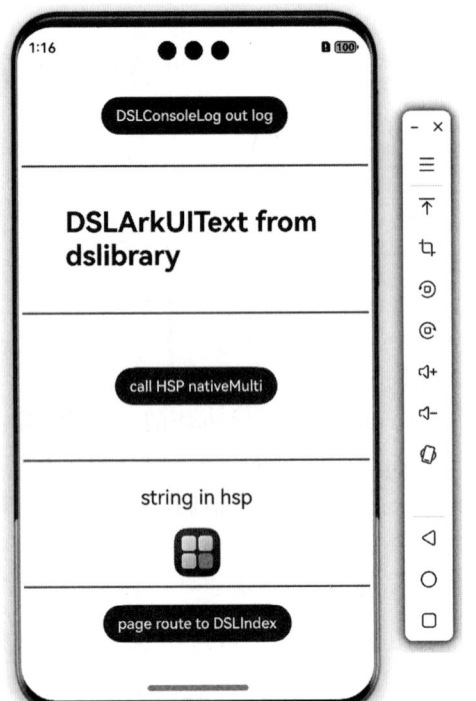

图 14-47　DSLibraryPage 页面

图 14-48　进入 DSLIndex 页面

14.4.4　调试 Share Library 类型的 Module

在前面的示例中，entry 模块使用的是已经打包好的 HSP 库。当需要对 HSP 进行调试时，就得对 entry 模块的 dslibrary 依赖方式进行调整。具体而言，要把对 HSP 的依赖改为对工程目录依赖。如下代码为 entry 模块的 oh-package.json5 文件，将 dslibrary 的依赖改为直接依赖其工程目录路径，之后同步依赖关系的变化，这样便可以在 entry 模块中对 dslibrary 进行调试。

```
// entry/oh-package.json5
"dependencies": {
  "dslibrary": "file:../dslibrary"
}
```

14.5　App 组成及程序包概览

在本章的内容里面，Module、HAP、HAR、HSP 等概念被多次提及，并且这些概念和第 5 章的内容存在着一定的关联。对于初学者而言，由于这些概念相互之间存在联系，因此很容易在学习过程中将它们混淆。

鉴于此情况，借助本章的示例工程，对上述这些概念再次进行统一且较为系统的说明，以便帮助初学者能够更加清晰、准确地理解这些概念的含义以及它们之间的相互关系。

14.5.1 开发态 App 结构

图 14-49 是示例工程的一级结构图，其中与 Module 相关的有 4 个目录，分别是：

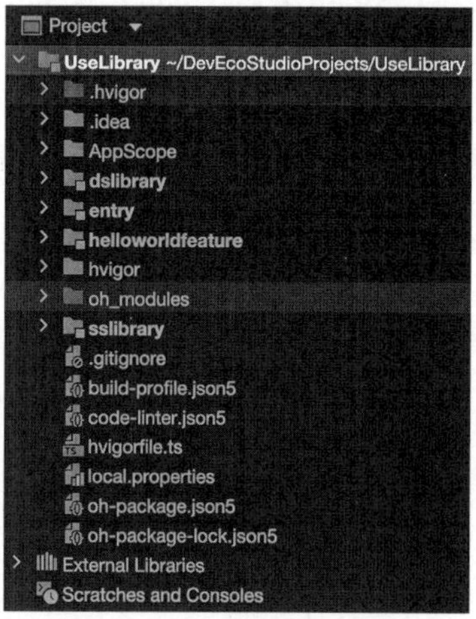

- dslibrary：存放 dslibrary 模块配置、资源、代码等文件。dslibrary 模块是一个 Share Library 类型的 Module。在一个 App 中，可以有 0 个或多个 Share Library 类型的 Module。
- entry：存放 entry 模块配置、资源、代码等文件。entry 模块是一个 Entry 类型的 Module。在一个 App 中，有且只能有一个 Entry 类型的 Module。

图 14-49　示例工程的一级结构图

- helloworldfeature：存放 helloworldfeature 模块配置、资源、代码等文件。helloworldfeature 模块是一个 Feature 类型的 Module。在一个 App 中，可以有 0 个或多个 Feature 类型的 Module。
- sslibrary：存放 sslibrary 模块配置、资源、代码等文件。sslibrary 模块是一个 Static Library 类型的 Module。在一个 App 中，可以有 0 个或多个 Static Library 类型的 Module。

14.5.2 编译态 App 结构

在 DevEco Studio 的菜单中，选择"Build → Build Hap(s)/APP(s) → Build APP(s)"，可以将示例工程打包（如图 14-50 所示）。单击后在 build/outputs/default 目录下可看到打包好的应用文件。

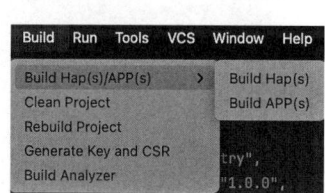

图 14-50　将示例工程打包

如图 14-51 所示，打包好的 UserLibrary-default-unsigned.app 文件中包含的内容如下：

- entry-default.hap（HAP）：对应的是 entry 模块的编译产物。
- dslibrary-default.hsp（HSP）：对应的是 dslibrary 模块的编译产物。
- helloworldfeature-default.hap（HAP）：对应的是 helloworldfeature 模块的编译产物。

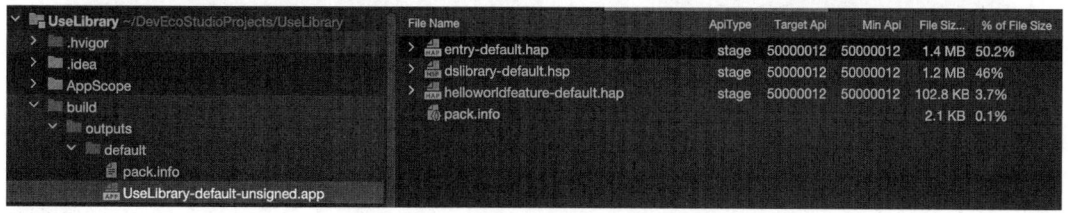

图 14-51　打包好的文件中包含的内容

而 sslibrary 模块的编译产物是 HAR，在打包时 HAR 中的内容会随调用方打包，如图 14-52 所示，在 entry-default.hap 中，包含了 libsslibrary.so、icon_har.png 等内容。

14.5.3 发布态包结构

当应用发布上架到应用市场时，需要将这个 .app 后缀的文件用于上架，这个 .app 文件被称为 App Pack 或应用包（Application Package）。

在 Build APP(s) 时，DevEco Studio 会在应用包中生成一个 pack.info 文件，其内容如图 14-53 底部所示。pack.info 文件描述了 App Pack 中每个 HAP 和 HSP 的属性，包含 App 中的 bundleName 和 versionCode 信息，以及 Module 中的 name、type 和 abilities 等信息。

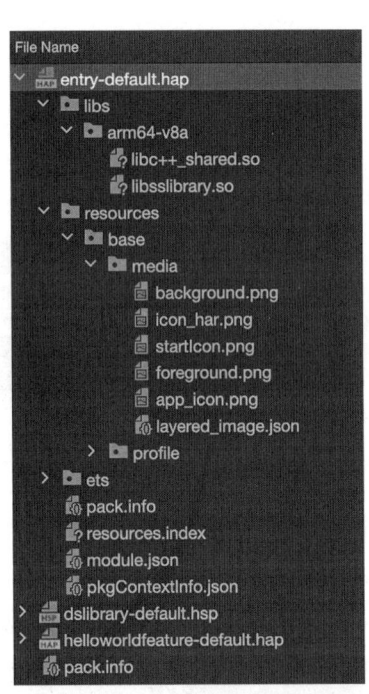

图 14-52　在 entry-default.hap 中包含的内容　　　图 14-53　pack.info 内容

在应用市场中会对该应用包进行重签名，以保证应用的来源合法、正常安装。重签名不会改变应用本身的签名，不影响后续应用升级。在应用签名、云端分发、端侧安装时，都是以 HAP/HSP 为单位进行签名、分发和安装的。图 14-54 为 App 编译发布与上架部署流程图，可以看出，应用包在上传到云端后，会拆分 HAP/HSP，并重新签名，之后再分发签名的 HAP/HSP。

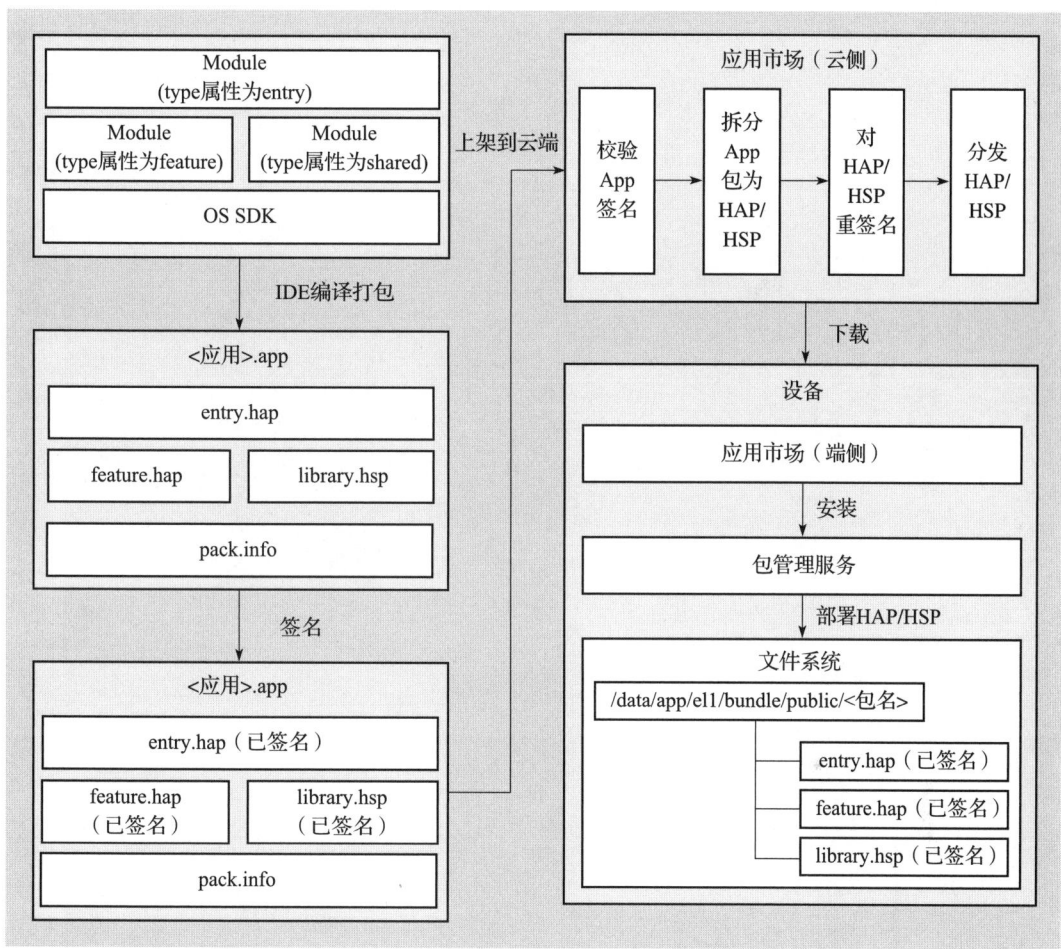

图 14-54　App 编译发布与上架部署流程图

项目实践篇

- 第 15 章　App 发布与管理
- 第 16 章　项目实践

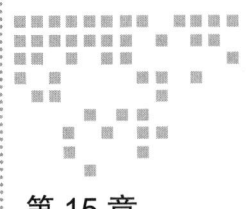

第 15 章

App 发布与管理

本书的前面部分的内容已经能够为开发者开展基本的 App 开发工作提供支持。而在本章,则将重点聚焦如何发布与管理 App 这一关键环节。

谈到 App 的发布与管理,就绕不开 AGC(AppGallery Connect,网址:https://developer.huawei.com/consumer/cn/service/josp/agc/index.html)。AGC 是华为打造的一站式服务平台,为开发者提供从 App 创建、研发、分发、运营推广到数据分析的全生命周期服务,帮助应用在市场中脱颖而出。

15.1 真机调试及打包配置

在 App 的从研发到发布的过程中,与 AGC 有关的配置包括 APP ID、密钥、证书请求文件、数字证书以及 Profile 文件这五项。研发阶段及配置依赖如图 15-1 所示,这五项配置在研发的不同阶段相互关联并发挥着各自的作用,以下将阐述各项配置的具体作用。

- APP ID:应用开发与发布的关键要素,是识别应用的唯一标识。
- 密钥:格式为 .p12,包含非对称加密中使用的公钥和私钥,存储在密钥库文件中,公钥和私钥用于数字签名和验证。
- 证书请求文件:格式为 .csr,全称为 Certificate Signing Request,包含密钥对中的公钥、公共名称、组织名称、组织单位等信息,用于向 AppGallery Connect 申请数字证书。
- 数字证书:格式为 .cer,由华为 AppGallery Connect 颁发。数字证书按照用途分为真机调试类型的数字证书和发布类型的数字证书。
- Profile 文件:格式为 .p7b,包含 HarmonyOS 应用 / 服务的包名、数字证书信息、描述应用/服务允许申请的证书权限列表，以及允许应用/服务调试的设备列表等内容。Profile 文件按照用途分为真机调试类型的 Profile 文件和发布类型的 Profile 文件，其中发布类型的 Profile 文件中的设备列表为空。

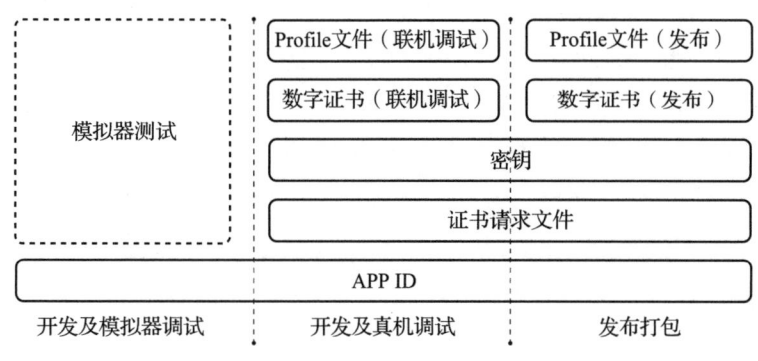

图 15-1　研发阶段及配置依赖

15.1.1　准备

本小节的内容介绍如何申请 APP ID、密钥和证书请求文件，同时说明设备如何打开开发者选项的具体方法与步骤。

1. 申请 APP ID

APP ID 在应用的整个生命周期中都有着特定的需求和作用。在项目初始阶段，于模拟器中开展测试工作时，可暂时采用一个临时的 APP ID 来满足测试需求。然而，当应用涉及权限申请流程，或者已经处于准备发布乃至发布完成后的阶段，APP ID 的取值就必须保持固定，不能随意变动，以确保应用在权限管理、数据关联以及与应用商店和用户设备交互等多方面的稳定性与一致性。申请 APP ID 主要分为五步。

第一步，登录 AGC，选择"证书、APP ID 和 Profile"（如图 15-2 所示）。

第二步，在左侧导航栏选择"证书、APP ID 和 Profile → APP ID"，进入"APP ID"页面，点击"新建"按钮（如图 15-3 所示），进入"设置应用开发基础信息"页面。

图 15-2　登录 AGC，选择"证书、APP ID 和 Profile"

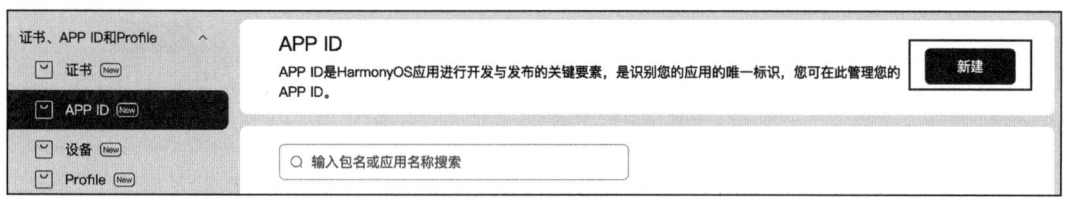

图 15-3　新增 APP ID 入口

第三步，在"设置应用开发基础信息"页面（如图 15-4 所示）填写应用基础信息，之后点击"下一步"按钮，进入"开放能力接入"页面。

- **应用类型**：选择 HarmonyOS 应用。
- **应用名称**：应用在 AppGallery 上显示的名称，最多 30 个字符。
- **应用包名**：为 7~128 个字符，一旦创建，就无法更改。此处的应用包名必须与 DevEco Studio 工程中配置的 Bundle name 一致。HarmonyOS 应用包名需遵守规范（在本书的 2.6.1 小节中有介绍，在这里就不再重复介绍了）。

图 15-4 "设置应用开发基础信息"页面

第四步，在"开放能力接入"页面（如图 15-5 所示），为应用选择所属的项目（华为向开发者提供了一系列包含华为账号、性能管理、App Linking 等开放能力，通过项目来配置这些能力的开关）。如需将应用添加到已有项目，则点击下拉框进行选择；如需将应用添加到新项目，则直接在输入框中填写新项目名称。之后点击"确认"按钮，这时页面中展示开放平台能力。

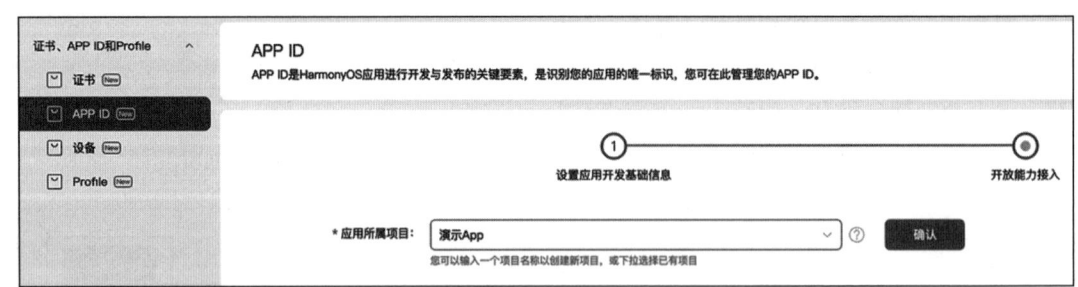

图 15-5 "开放能力接入"页面

第五步，选择需要使用的开放平台能力，如图 15-6 所示，华为为开发者提供了用户认证与登录（华为账号、认证服务等）、游戏服务、视频编辑、导航、3D 建模、云存储与计算

（云空间、云托管等）、机器学习、定位与位置服务、地图服务、情景感知、通信服务、音频编辑、设备状态检测、安全检测、身份验证、钥匙环、性能管理、推送与应用内消息、远程配置、App Linking、应用内购买与支付、华为钱包等丰富多样的服务能力，以助力开发者高效构建功能强大、安全便捷的应用。点击"确认"按钮之后，APP ID 创建完成。

图 15-6　选择需要使用的开放平台能力

证书申请成功后，在该页面（APP ID 页面）可查看已创建的 APP ID、应用名称与包名信息，APP ID 列表如图 15-7 所示。

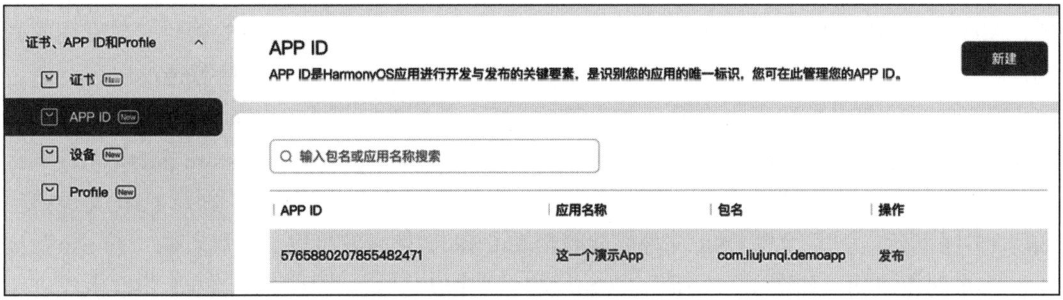

图 15-7　APP ID 列表

2. 申请密钥和证书请求文件

在 HarmonyOS 应用开发中，密钥与证书请求文件对保障应用安全至关重要。密钥包含非对称加密所需的公钥与私钥，存储于 .p12 格式的密钥库文件中，用于数字签名与验证，是生成证书请求文件及应用签名的关键基础。证书请求文件（CSR，格式为 .csr）涵盖公钥及发行者信息，如公共名称、组织名称等，它是向 AppGallery Connect 等证书颁发机构申请数字证书的第一步，二者相互配合，构成了 HarmonyOS 应用安全发布的核心环节，有力确保了应用的安全性与可信性。

申请密钥和证书请求文件主要分为四步。

第一步，在 DevEco Studio 的菜单中，选择 "Build → Generate Key and CSR"，进入 "Generate Key and CSR" 流程，图 15-8 为 "Generate Key" 界面填写 Key store file 信息部分。

第二步，分为两种情况。

- 第一种情况：如果之前已经生成过 p12 文件，可以点击 "Choose Existing"，选择已有的密钥库文件，之后输入该文件的密码。
- 第二种情况：如果没有密钥库文件，点击 "New"，创建一个新的 p12 文件。这时进入 "Create Key Store" 界面，如图 15-9 所示，在该页面中，在 "Key store file" 选项中设置密钥库文件存储路径，并填写 p12 文件名；在 "Password" 选项中设置密钥库密码，密码必须是大写字母、小写字母、数字和特殊符号中的两种以上字符的组合，长度至少为 8 位；在 "Confirm password" 选项中再次输入密钥库密码，点击 "OK" 按钮，回到 "Generate Key and CSR" 流程。

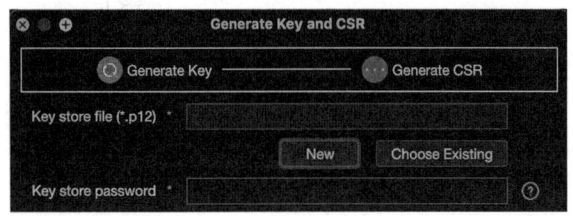

图 15-8 "Generate Key" 界面填写 Key store file 信息

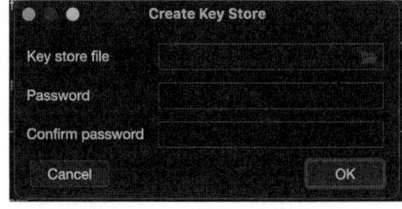

图 15-9 "Create Key Store" 界面

第三步，在 "Generate Key and CSR" 流程继续输入密钥附加信息，如图 15-10 所示，其中，Alias 是密钥的别名信息，用于标识密钥名称；Password 是密钥对应的密码，与密钥库密码保持一致，无须手动输入；Advance setting 包括证书有效期、基本信息等选填内容，请记住该别名，后续签名配置需要使用。之后点击 "Next" 按钮，进入 "Generate CSR" 界面。

第四步，在 "Generate CSR" 界面中，Key store file(*.p12)、Key store password、Key alias、Key password 这四个选项会在 Generate Key 界面中设置内容预填，选择 CSR 文件路径如图 15-11 所示。只需设置 CSR 文件存储路径和 CSR 文件名就可以，之后点击 "Finish" 按钮，CSR 创建成功，如图 15-12 所示。CSR 文件创建成功后，将在存储路径下获取生成密钥库文件（.p12）和证书请求文件（.csr）。这时可以使用密钥库文件及证书请求文件申请证书。

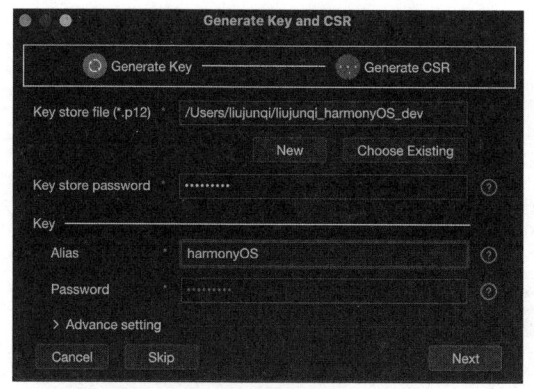

图 15-10　输入附加信息

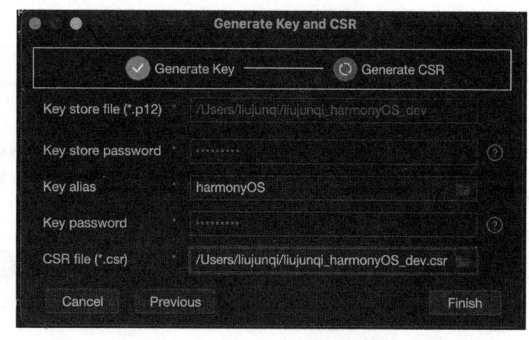

图 15-11　选择 CSR 文件路径

3. 设备打开开发者选项

开发者选项是真机调试的关键选项,当选项没有被打开时,该设备不支持真机调试。具体的打开方式为,在手机或平版上查看"设置→系统"里有无开发者选项,查看开发者选项状态如图 15-13 所示。若没有该选项,则在"设置→设备名称"处,连续七次点击版本号,出现"开启'开发者选项'"提示后,点击确认,若有 PIN 码就输入,随后设备会自动重启,开启开发者选项如图 15-14 所示。

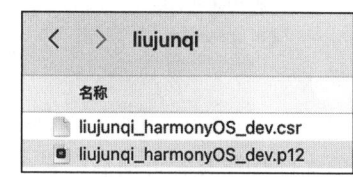

图 15-12　CSR 创建成功

图 15-13　查看开发者选项状态

图 15-14　开启开发者选项

打开开发者选项后，设备与开发者计算机连接，在设备的开发者选项页面，开启 USB 调试（如图 15-15 所示）并在设备上授权确认（如图 15-16 所示）。设备连接后，点击 DevEco

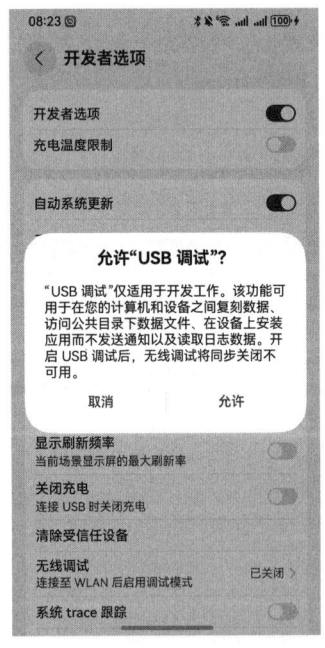

图 15-15　开启 USB 调试

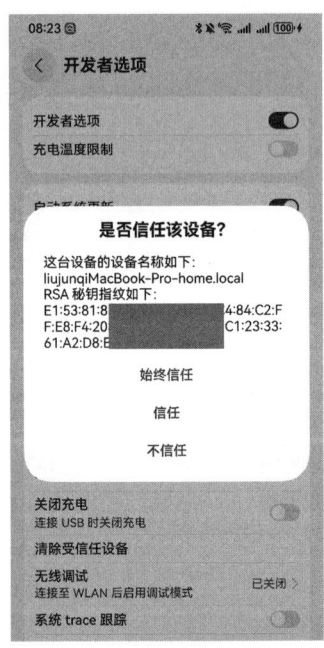

图 15-16　在设备上授权确认

Studio 的右上角工具区域中的第二个下拉菜单，联机设备如图 15-17 所示，真机连接成功之后，设备才能与开发者计算机联机调试。

15.1.2 配置真机调试环境

真机设备可为开发者提供更真实的运行环境，真机调试配置支持两种方式，分别为手动配置及自动配置。如果您只需要使用一台调试设备，则建议使用 DevEco Studio 提供的自动签名，无须配置调试证书及 Profile 文件，直接阅读第 4 步的内容即可。如果您使用多台调试设备或者会在断网情况下调试，则需要手动签名，此时需要申请、下载调试证书及 Profile 文件。

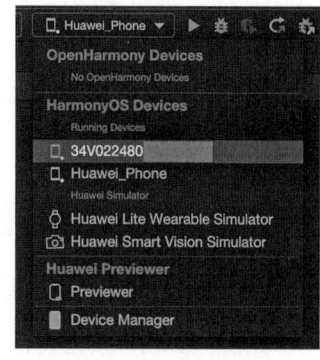

图 15-17　联机设备

1. 申请调试证书

申请调试证书主要分为三步。

第一步，登录 AGC，选择"证书、APP ID 和 Profile"。

第二步，在左侧导航栏选择"证书、APP ID 和 Profile→证书"，进入"证书"页面，点击"新增证书"按钮，选择新增证书入口如图 15-18 所示。

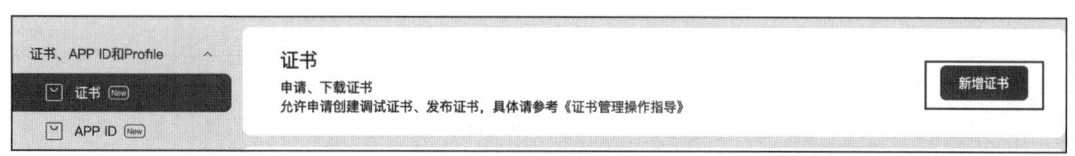

图 15-18　选择新增证书入口

第三步，在弹出的"新增证书"界面中填写要申请的证书信息（如图 14-19 所示），其中，证书名称选项不超过 100 个字符；证书类型选项选择"发布证书"；选取证书请求文件（CSR）选项点击"选取"按钮，选择之前生成的 .csr 文件，调试证书信息填写示例如图 15-20 所示，之后点击"提交"按钮，这时发布证书创建成功。

图 15-19　填写证书信息

图 15-20　调试证书信息填写示例

证书申请成功后,在该页面(证书页面)展示证书名称等信息,证书管理如图 15-21 所示。点击"下载"按钮,将生成的证书保存至本地,以供后续发布签名使用。

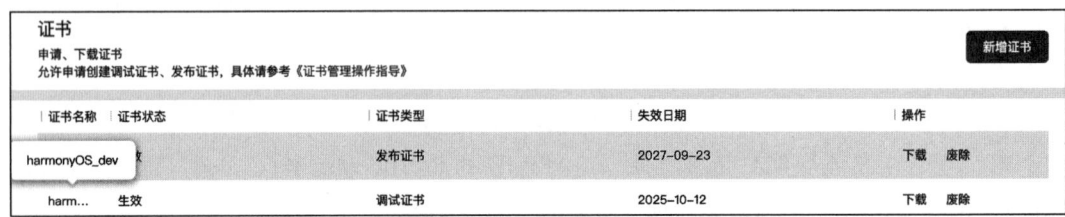

图 15-21　证书管理

注意　证书申请成功即为"生效"状态。若证书状态变为"失效"或"已吊销",则表示当前证书已不可用,且通过此证书申请的 Profile 也会全部失效或吊销。您需要重新申请证书与 Profile。

证书一旦废除将不可恢复,且通过此证书申请的 Profile 也会全部失效,请谨慎操作。

2. 申请调试 Profile

当开发完成、需要发布应用至华为应用市场时,需要申请、下载调试 Profile,用于后续真机调试 App。申请调试 Profile 主要分为四步。

第一步,登录 AppGallery Connect,选择"证书、APP ID 和 Profile"。

第二步,在左侧导航栏选择"证书、APP ID 和 Profile → Profile",进入"Profile"页面,点击右上角的"添加"按钮,"添加"按钮位置示意图如图 15-22 所示,进入"添加 Profile"页面(如图 15-23 所示)。

第三步,在"添加 Profile"页面,填写 Profile 信息。其中,应用名称在 APP ID 创建时配置,在该页面只需选择就可以;Profile 名称自定义,有 100 个字符的限制;类型选择"发布";选择证书点击"选择"按钮后,弹出"选择证书"弹框(如图 15-24 所示),选择之前建的发布证书;选择设备点击"选择"按钮之后弹出"选择设备"弹框(如图 15-25 所示),选择 Profile 关联的设备,最后点击"添加"按钮,Profile 文件创建完成。

第 15 章 App 发布与管理 ❖ 479

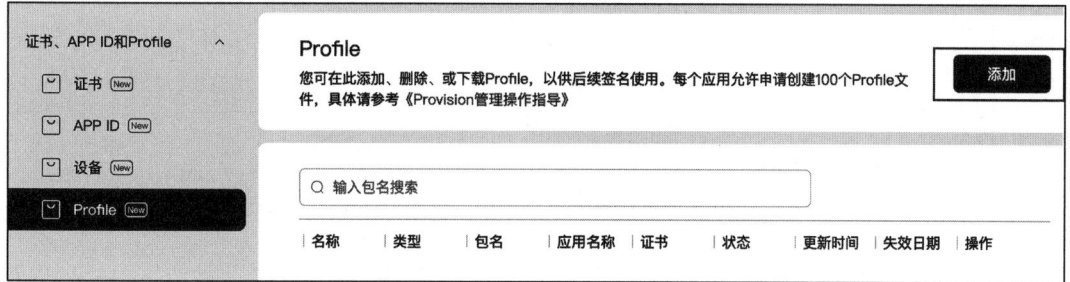

图 15-22 "添加"按钮位置示意图

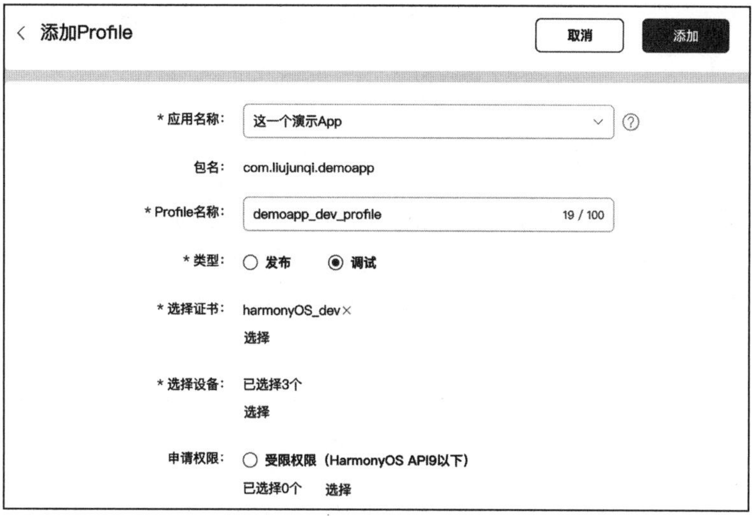

图 15-23 添加 Profile 页面

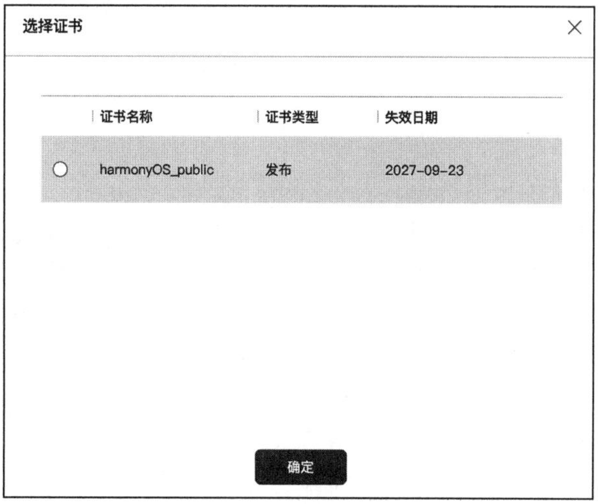

图 15-24 选择证书

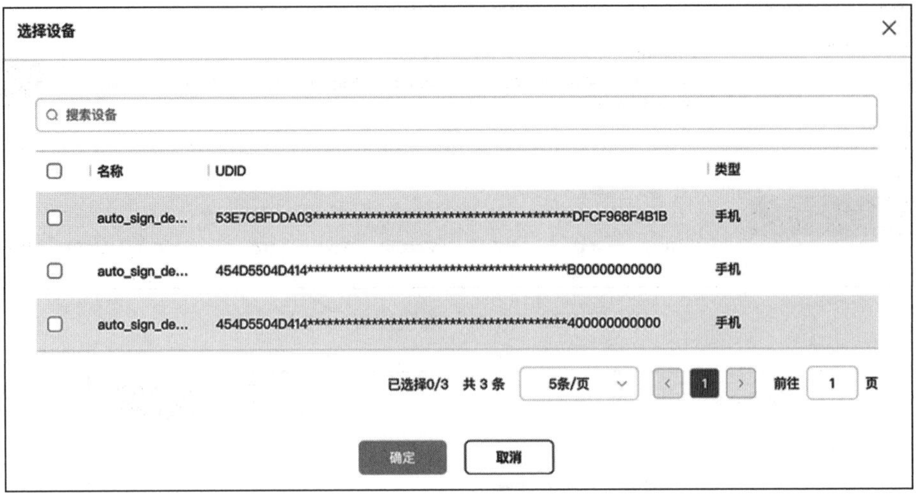

图 15-25　选择设备

第四步，发布 Profile 申请成功后，在该页面（Profiles 页面）展示已经申请成功的 Profile 文件名称、类型等信息，证书管理如图 15-26 所示。点击"下载"按钮，将生成的 Profile 保存至本地，以供后续发布签名使用。若 Profile 状态变为"失效"或"已吊销"，则表示当前 Profile 已不可用，需要重新申请 Profile。

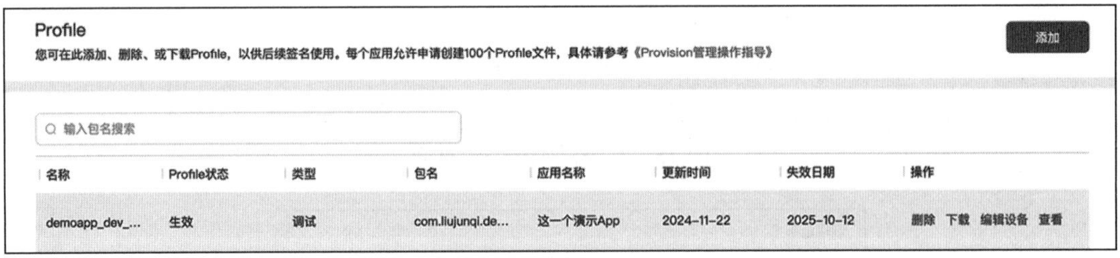

图 15-26　证书管理

3. 手动配置签名

手动配置签名，基于前面申请的数字证书及 Profile 文件，主要分为两步。

第一步，在 File 菜单项点击 Project Structure 选项（如图 15-27 所示），进入 Project Structure 界面（如图 15-28 所示）。

第二步，在 Project Structure 界面，选择"Project → Signing Configs → default"，勾选"Support HarmonyOS"，取消勾选"Automatically generate signature"。之后依次配置以下配置项，点击"OK"按钮，这时配置签名工作完成，之后可选择真机设备进行联机调试。

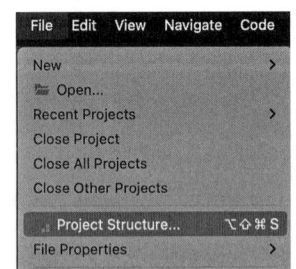

图 15-27　Project Structure 选项

- Store file：选择密钥库文件（.p12 文件）。
- Store password：输入密钥库密码。
- Key alias：输入密钥的别名信息。
- Key password：输入密钥的密码。
- Sign alg：签名算法，固定为 SHA256withECDSA。
- Profile file：选择申请的调试 Profile 文件（.p7b 文件）。
- Certpath file：选择申请的调试数字证书文件（.cer 文件）。

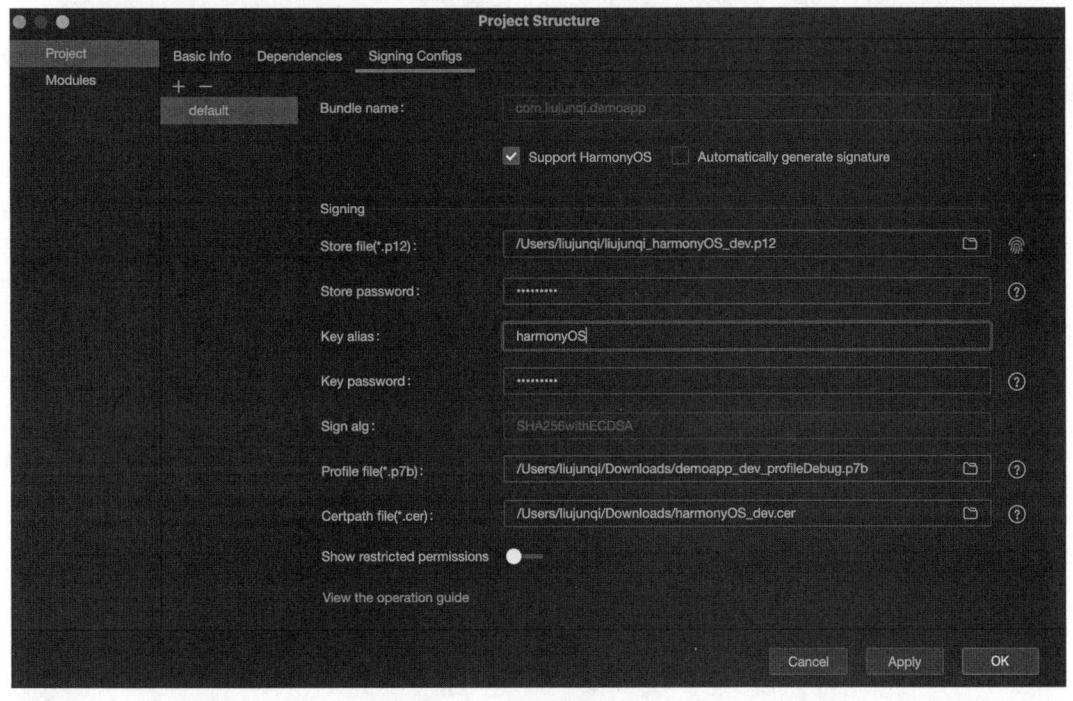

图 15-28　Project Structure 界面

4. 自动配置签名

DevEco Studio 为开发者提供了自动签名方案，自动签名需要先连接真机设备，确保 DevEco Studio 与真机设备已连接，之后在"Project Structure"界面选择"Project → Signing Configs → default"，勾选"Support HarmonyOS"和"Automatically generate signature"选项。如果未登录（如图 15-29 所示），请先单击"Sign In"按钮进行登录。登录成功后点击"OK"按钮，即完成了自动签名工作，之后可选择真机设备进行联机调试。

签名完成后，App 的配置如图 15-30 所示，并在本地生成密钥（.p12）、证书请求文件（.csr）、数字证书（.cer）及 Profile 文件（.p7b），数字证书在 AppGallery Connect 网站的"证书、APP ID 和 Profile"页签中可以查看，AGC 中自动生成证书信息如图 15-31 所示。

482 ❖ 项目实践篇

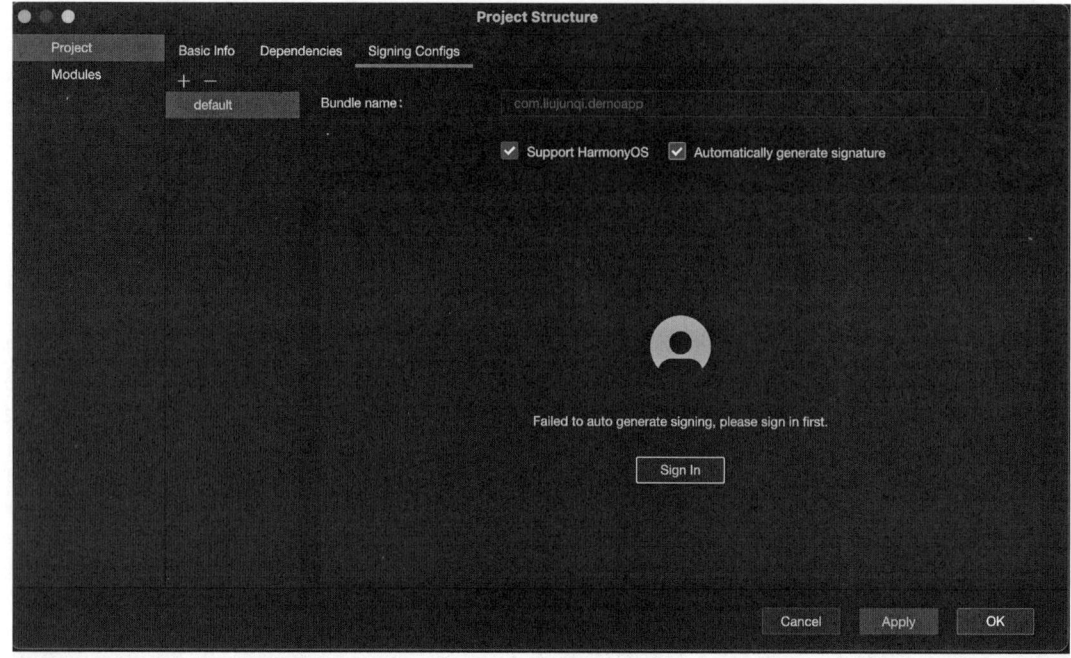

图 15-29　未登录

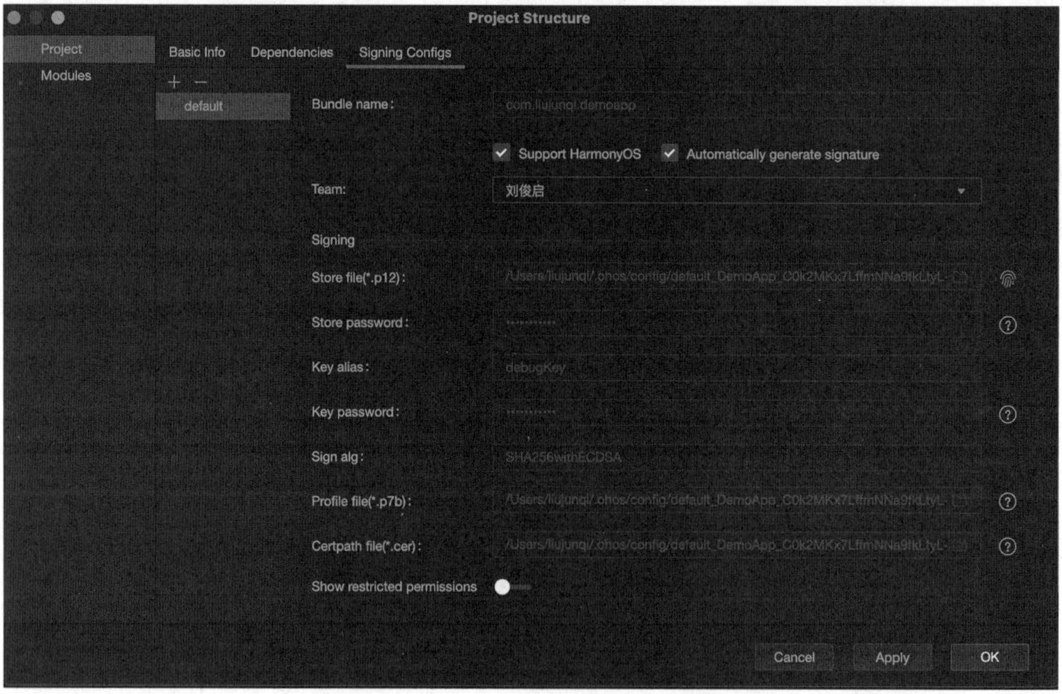

图 15-30　签名完成后，App 的配置

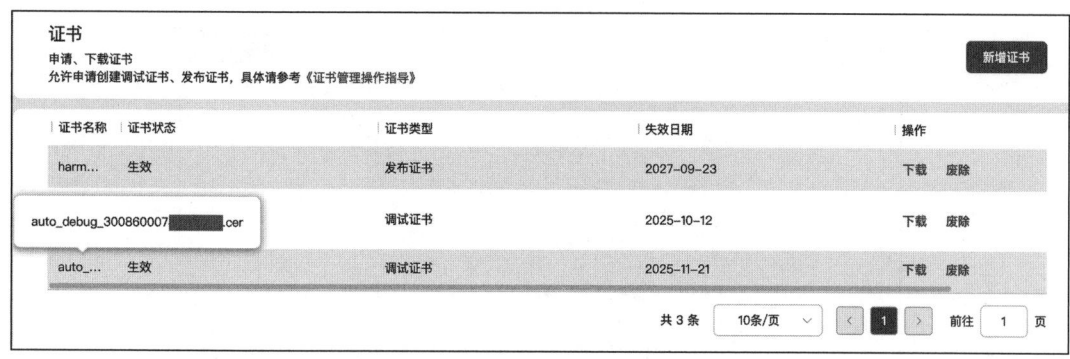

图 15-31　AGC 中自动生成证书信息

15.1.3　配置发布打包环境

数字证书用于存储 HarmonyOS 应用或元服务配置签名信息，可保障软件代码的完整性和发布者身份的真实性。证书格式为 .cer，包含公钥、证书指纹等信息。证书的申请依赖密钥和证书请求文件，根据应用的场景，分为调试证书和发布证书。

1. 申请发布证书

申请发布证书与申请调试证书的步骤相同，区别在于，第三步的填写证书类型需要选择"发布证书"。图 15-32 为填写发布证书信息示例。

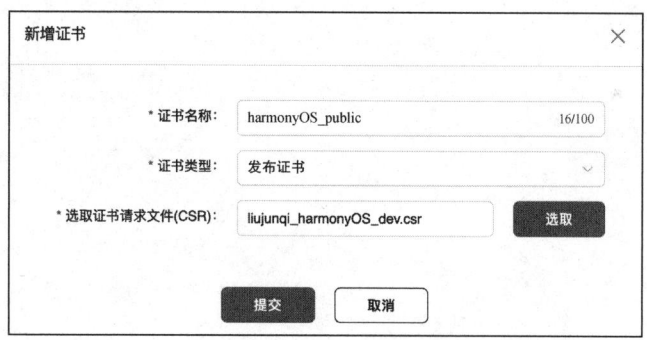

图 15-32　填写发布证书信息示例

2. 申请发布 Profile

申请发布 Profile 与申请调试 Profile 的步骤相同，区别在于，第三步的类型选项应该选择"发布"，发布 Profile 不需要选择设备。图 15-33 为填写发布 Profile 信息示例。

3. 配置发布签名信息及打包

当密钥、发布证书及发布 Profile 文件申请成功时，就可以使用私钥（.p12）文件、发布证书（.cer）文件和 Profile（.p7b）文件，在 DevEco Studio 中配置 App 的签名信息，构建携带发布签名信息的 App，这分为配置签名及打包两部分。

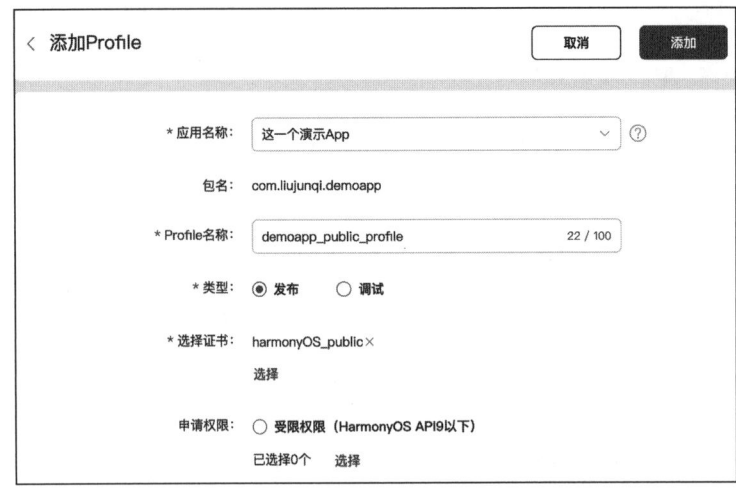

图 15-33　填写发布 Profile 信息示例

配置签名与配置真机调试的步骤相同，配置签名的"Project Structure"界面如图 15-34 所示，区别有两处，分别是：
- Profile File：选择申请的发布 Profile 文件（.p7b 文件）。
- Certpath File：选择申请的发布数字证书文件（.cer 文件）。

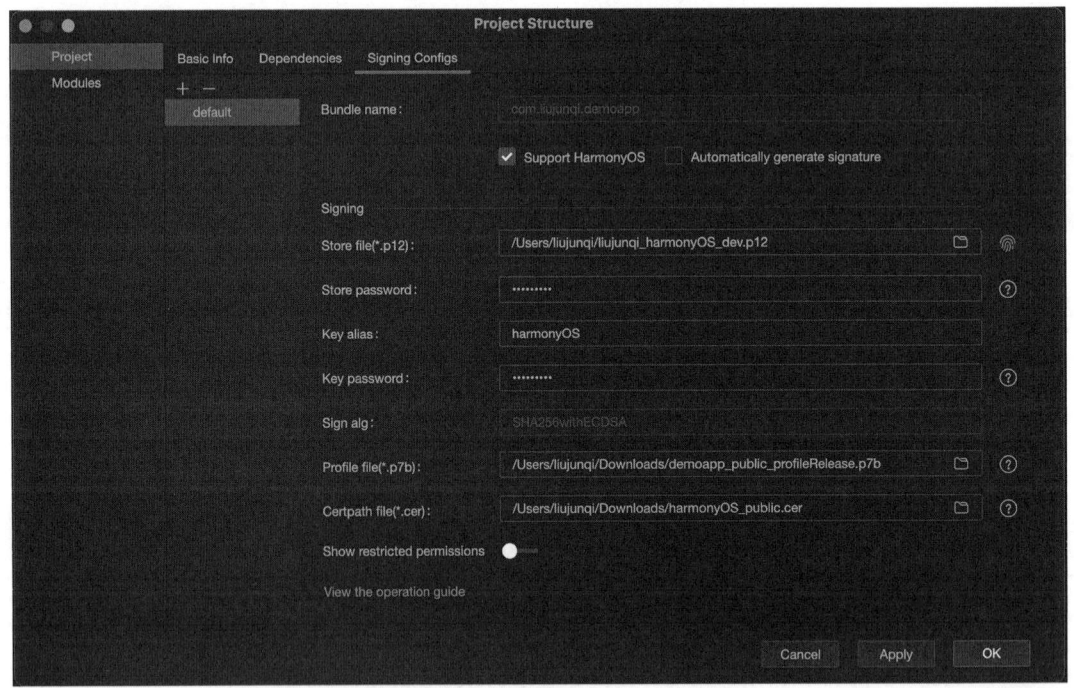

图 15-34　配置签名的"Project Structure"界面

配置完成后，就可以进行打包工作。单击" Build → Build Hap(s)/APP(s) → Build APP(s)"，
DevEco Studio 默认构建的应用包为 Release 类型，符合上架要求，无须进行另外的设置，
编译打包如图 15-35 所示。

编译构建完成后，可以在工程目录 DemoApp/
build/outputs/default（如图 15-36 所示）下，获取
带签名的应用包。之后可使用该应用包并提交到
AGC。注意，在打包 App 时，DevEco Studio 会将
工程目录下的所有 HAP/HSP 模块打包到 App 中，
因此，如果在工程目录中有不需要打包到 App 的
HAP/HSP 模块，请手动删除该模块，再进行编译
构建，以生成 App。

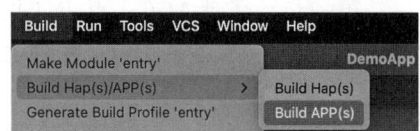

图 15-35　编译打包

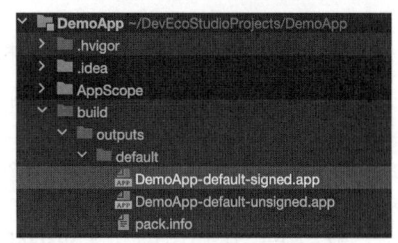

图 15-36　获取带签名的应用包的目录

15.2　发布 HarmonyOS 应用

完成 HarmonyOS 应用开发、调试与测试后，便可以在 AGC 正式提交应用上架申请。
在 HarmonyOS 应用审核通过并上架后，用户可在华为应用市场搜索到您的 HarmonyOS
应用。

15.2.1　创建应用

在应用发布至华为应用市场的过程中，需要在 AGC 中创建应用，同时需遵循一系列要
求与准备相应事项。

首先，应用必须契合华为应用市场的审核标准，联运应用还得符合联运服务要求。在
DevEco Studio 中，需要使用发布证书与发布 Profile 配置工程签名信息，并构建带发布签名
的 App。应用包的大小不超 4GB，HAP 包的大小因设备类型而异，手机或平板不超 4GB，
智能手表或大屏不超 2GB，运动手表不超 20MB。

同时，所有 HAP 包应为非免安装类型（即需保证 AppScope/app.json5 文件的 bundleType
字段值为 app），应用包名要与创建应用时的包名一致，且发布版本不能含调试信息
（module.json5 文件中的 debug 字段值不为 true）。

此外，还需提前筹备多项信息，包括应用图标、截图、视频等素材以及确定发布国家
和地区，若是开放式测试版本，则要创建测试用户列表，依据设备类型规划应用付费情况，
并准备隐私权限的相关说明、网址及证书，游戏应用需有版号，普通应用需完成备案并备好
证件信息。

读者先了解有哪些信息需要关注，因为 App 上架审核的标准会受到政策、安全、隐私、
生态等因素的影响，长期来看，它是处于变化的状态，因此建议读者先创建应用的方式，再
按照实际的要求进行相关内容的填写及提交。本章的内容基于 HarmonyOS NEXT 版本的

App 提交过程而构建,为读者实际的操作提供参考。

创建 App 主要分为三步。

第一步,登录 AGC,点击"我的应用"选项,"我的应用"界面如图 15-37 所示,在"HarmonyOS"页签,点击应用列表右侧的"新建发布"按钮。

图 15-37 "我的应用"界面

第二步,在弹出的"发布 HarmonyOS 应用 / 元服务"窗口(如图 15-38 所示)中选择应用信息,其中各参数如下说明。

- 应用包名:在下拉列表中选择待发布应用。若未创建应用(如图 15-39 所示),点击"新增"按钮,可跳转至"APP ID"页面创建(参考 15.1.1 节中的申请 APP ID 段内容)。
- 应用名称:华为应用市场详情页的展示名,选择包名后,自动关联生成 APP ID 时的名称且可修改。
- 支持设备:支持手机、手表、大屏和路由器。"手机"、"大屏"与"手表"可多选,"路由器"为单选,"手机"包含手机和平板。发布前支持的设备可在应用信息页面修改,发布后仅能增加设备类型,不可删除已选的设备。
- 默认语言:华为应用市场客户端应用详情页描述的默认语言,依实际情况选定。若无本地化语言信息,则将以此默认语言展示应用信息。

图 15-38 "发布 HarmonyOS 应用 / 元服务"窗口

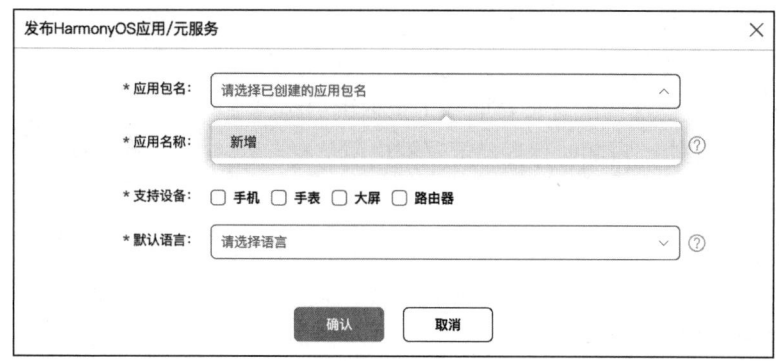

图 15-39　未创建应用

第三步，当应用信息填写完成之后（如图 15-40 所示），点击"确认"按钮，这时 App 已经创建成功。AGC 默认跳转至"应用信息"界面，开始配置应用信息。如果您尚未签署华为智慧分发平台合作协议，此时则会弹出华为智慧分发平台合作协议对话框，您需按提示进行协议签署，否则，页面将跳转回 AGC 首页，您将无法继续发布 HarmonyOS 应用。

图 15-40　应用信息填写完成

15.2.2　配置应用信息

应用创建完成之后，"我的应用"选项下，点击"编辑"按钮（如图 15-41 所示），在左

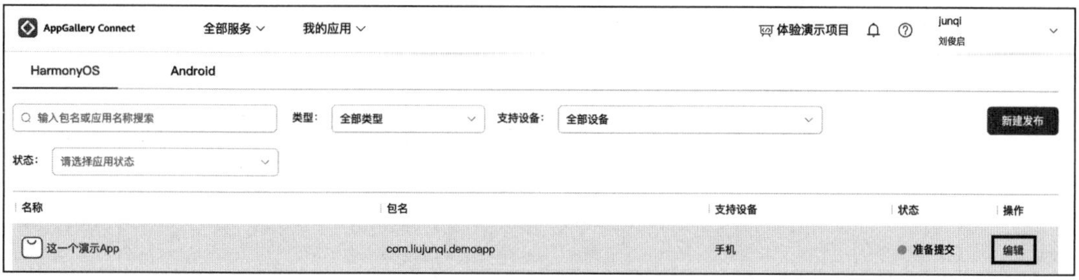

图 15-41　"编辑"按钮

边的侧边栏点击"应用信息",编辑应用信息入口如图 15-42 所示,对应用信息进行配置。应用信息的配置包括支持设备、可本地化基础信息、应用分类及开发者服务信息。这些配置项在同一个页面中展示,在应用信息的填写过程中,可随时保存已配置的应用信息。

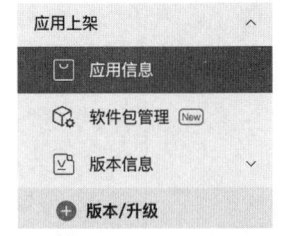

图 15-42　编辑应用信息入口

1. 配置支持设备

在"基本信息"区域的"支持设备"栏配置 HarmonyOS 应用支持的设备信息,包括"手机""手表"及"大屏""基本信息"区域如图 15-43 所示。

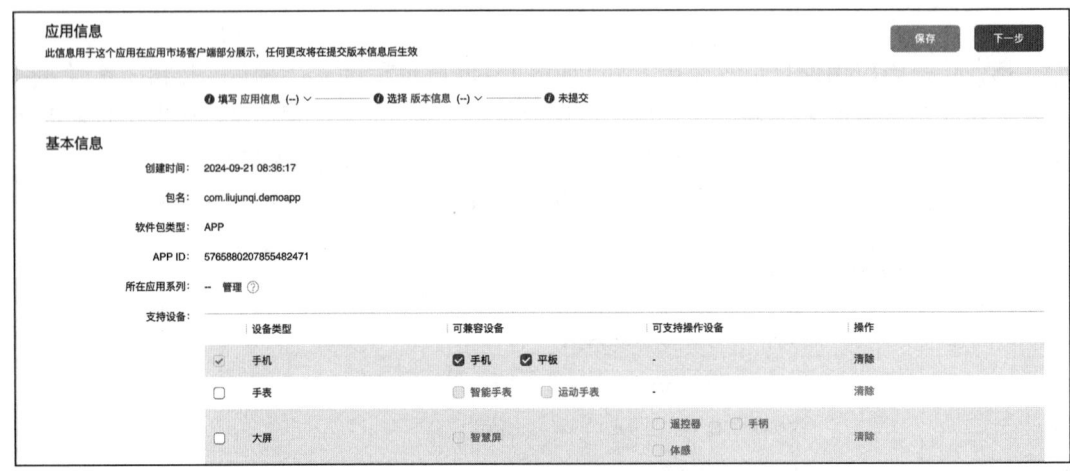

图 15-43　"基本信息"区域

2. 配置可本地化基础信息

在"可本地化基础信息"区域,配置应用发布后向用户呈现的信息,包括语言、应用名称、应用图标等,"可本地化基础信息"区域如图 15-44 所示。

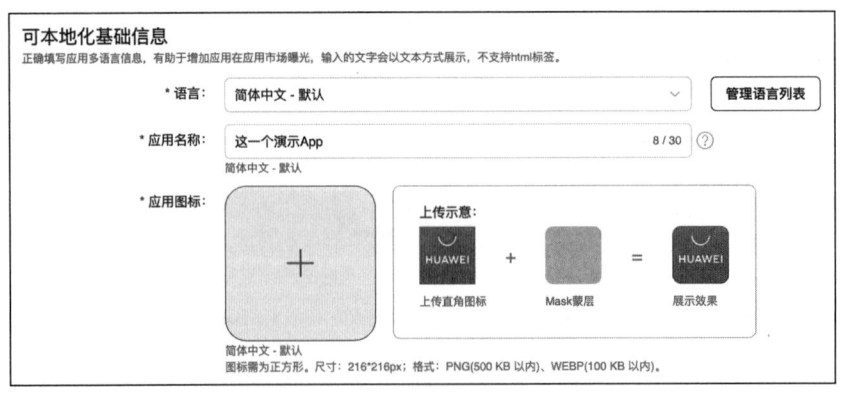

图 15-44　"可本地化基础信息"区域

语言选项默认显示创建应用时设置的默认语言。如需为当前应用添加其他语言，就点击"管理语言列表"，弹出"语言选择"弹窗（如图15-45所示），在其中勾选语言，并点击"确认"按钮。

之后填写应用名称、应用图标信息，图标需要为正方形，尺寸为216*216px。

3. 设置应用分类

在"应用分类标签"区域（如图15-46所示）选择应用归属的具体分类及标签。

应用分类如图15-47所示，可以选择一个二级分类。点击"管理标签"，可选择与应用相关的标签，"管理标签"弹窗如图15-48所示，最多可选择5个。选择完成后，在"应用分类标签"区域设置主标签（如图15-49所示），必须将其中一个标签设置为主标签，主标签须与您的二级分类相关联。

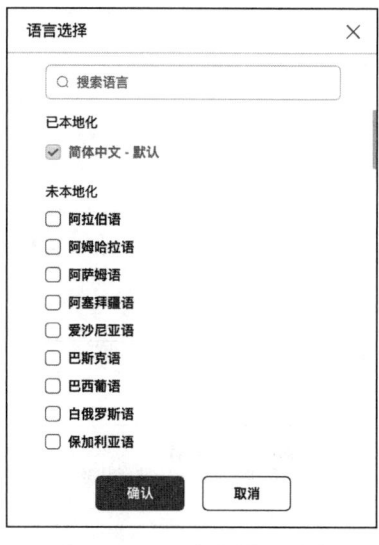

图15-45 "选择语言"弹窗

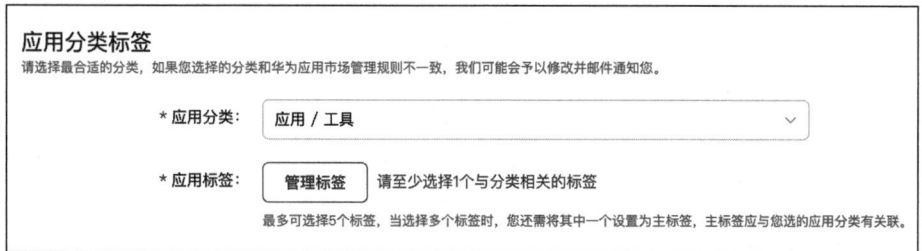

图15-46 "应用分类标签"区域

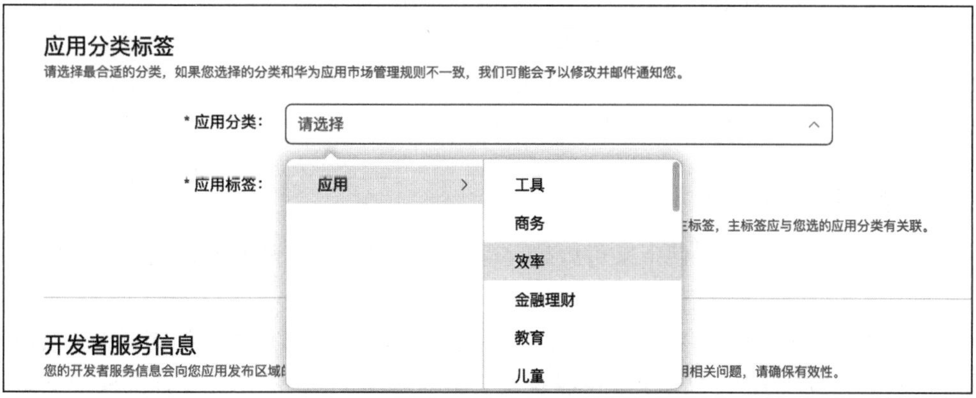

图15-47 应用分类

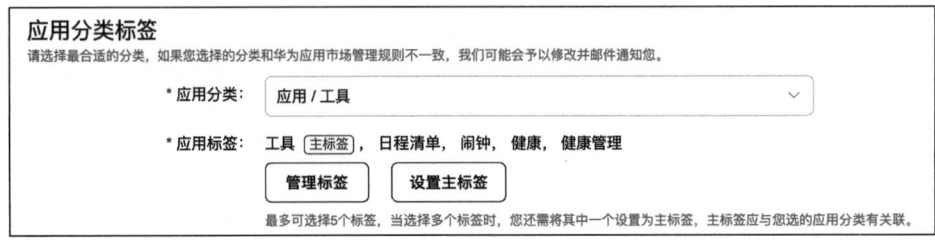

图 15-48 "管理标签"弹窗

图 15-49 设置主标签

> **注意** 请选择最合适的分类，如果您选择的分类和华为应用市场管理规则不一致，那么华为运营人员可能会予以修改并以邮件的方式通知您。

4. 配置开发者服务信息

在"开发者服务信息"区域配置开发者服务信息，该信息会向应用发布区域的用户公开，其中客服联系方式可能会提供给用户，用于咨询与应用相关的问题，因此，请确保有效性。

"开发者服务信息"区域如图 15-50 所示，只读显示的信息包括供应商名称、供应商名称（英文）、开发者名称、开发者名称（英文）；选填的信息包括官网、客服电话号码、客服邮箱、客服 QQ 及 App 内问题反馈路径。

15.2.3 配置版本信息

当应用创建成功之后，接下来可以提交应用包、配置发布国家或地区、备案信息、版权信息等版本信息，正式将应用提交至 AGC 审核。提交新版本入口如图 15-51 所示，在 AGC 的侧边栏的版本信息选项之内，点击"准备提交"，开始新版本的提交流程，在该流程中有多类信息需要配置，"新版本 - 准备提交"页面如图 15-52 所示，在该页面中支持随时保存，当信息一次填写不完时，可先进行保存。

第 15 章　App 发布与管理　491

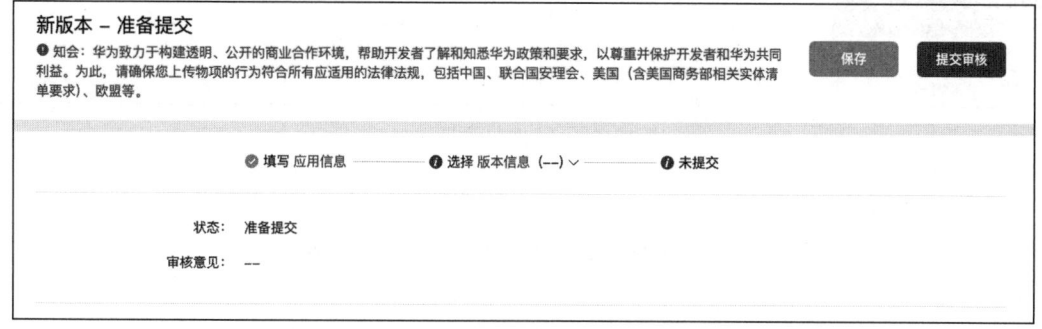

图 15-50　"开发者服务信息"区域 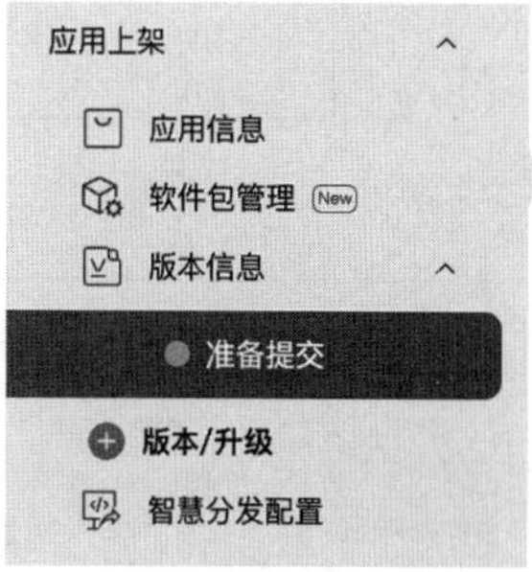　　　　图 15-51　提交新版本入口

图 15-52　"新版本–准备提交"页面

1. 上传软件包

在新版本的准备提交流程中，需要选择对应版本软件包并提交 AGC 审核，软件版本选择如图 15-53 所示，点击"版本选取"按钮，进入"版本选取"窗口。如果没有上传软件包（如图 15-54 所示），则可以点击"上传"按钮，或者点击 AGC 页面中的"侧边栏→软件包管理"选项，软件包管理入口如图 15-55 所示，再点击"上传"按钮。

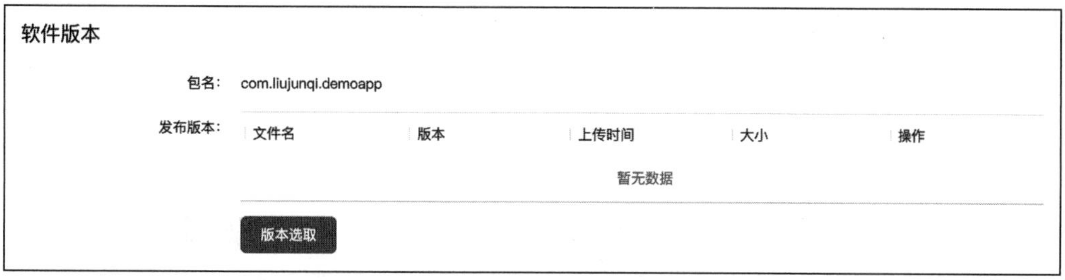

图 15-53　软件版本选择

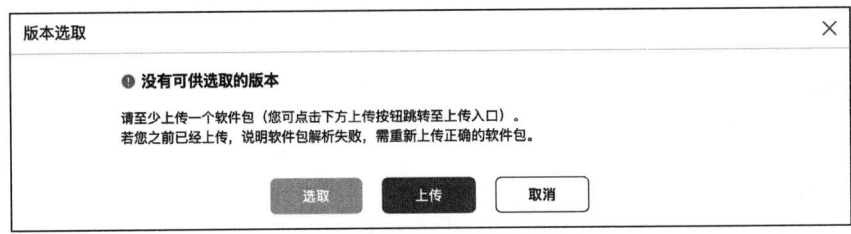

图 15-54　没有上传软件包

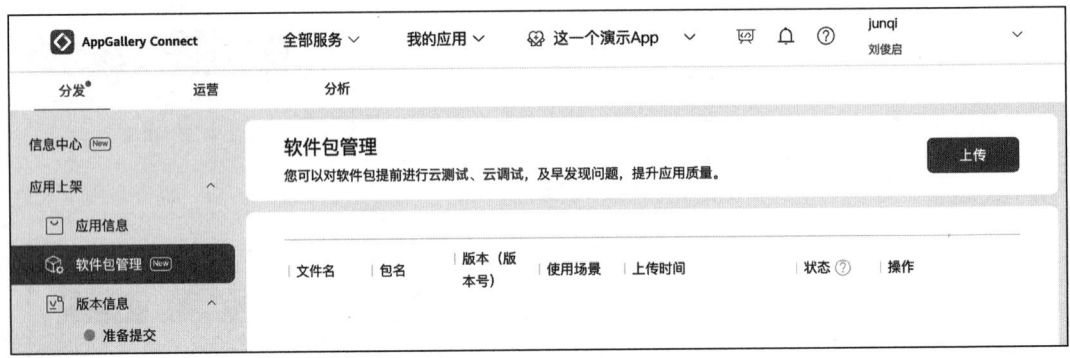

图 15-55　软件包管理入口

在上传包窗口（如图 15-56 所示）中，如上传的软件包仅需要做测试发布，则可以选择"仅测试"。如软件包需要在全网正式发布，则选择"测试和正式上架"。之后点击"+"按钮，可上传之前打包好的应用的软件包（15.1.3 小节介绍打包相关配置及流程）。

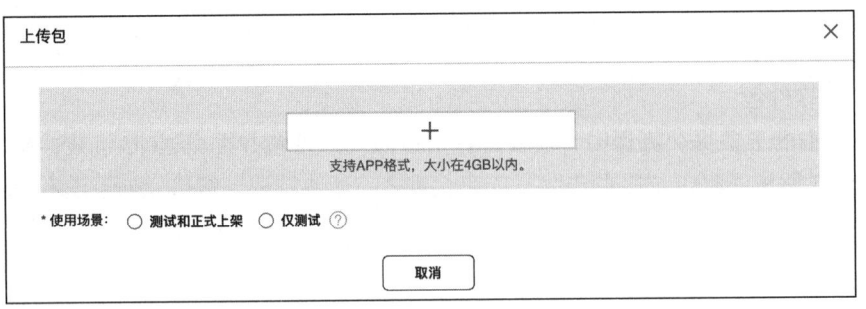

图 15-56　上传包窗口

上传成功提示如图 15-57 所示，在"软件包管理"页面可看到该软件包的记录（如图 15-58 所示），在"状态"栏查看检测结果，软件包检测结果详情如图 15-59 所示。

- 已达标：表示软件包检测通过，可以提交上架。点击"报告"按钮，

图 15-57　上传成功提示

可查看详细的检测报告。
- 待优化：表示软件包已达到上架标准，但存在部分提示问题，可予以优化。点击"报告"按钮，可查看详细的检测报告。
- 不通过：表示软件包不满足上架基本要求，不允许上架。点击"报告"按钮或错误码链接可查看详细的原因与修改建议，请修改后重新打包上传。

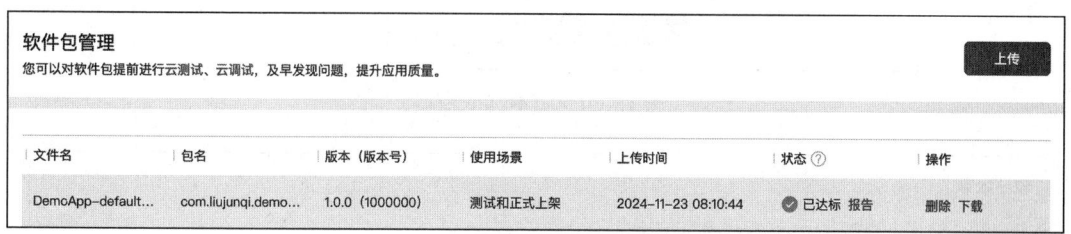

图 15-58　软件包的记录

图 15-59　软件包检测结果详情

这时回到软件版本选择（如图 15-53 所示），点击"版本选取"按钮，在"版本选取"窗口中（如图 15-60 所示），选择已经上传的应用包，软件包上传完成（如图 15-61 所示）。

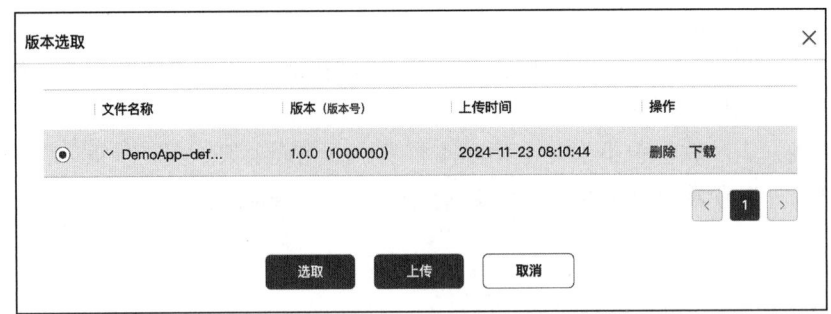

图 15-60　版本选取窗口

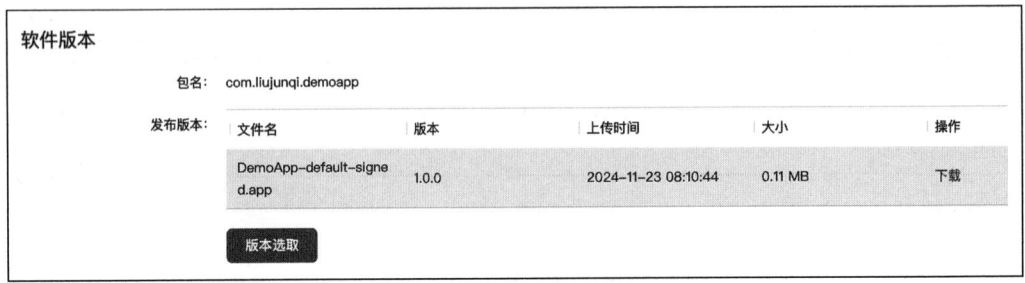

图 15-61　软件包上传完成

在 13.3.2 小节中介绍了应用加密的申请流程，App 在提交至 AGC 时，需要在软件包上传完成后再进行设置，版本选取成功如图 15-62 所示，点击"加密（推荐）"选项，可开启应用加密。

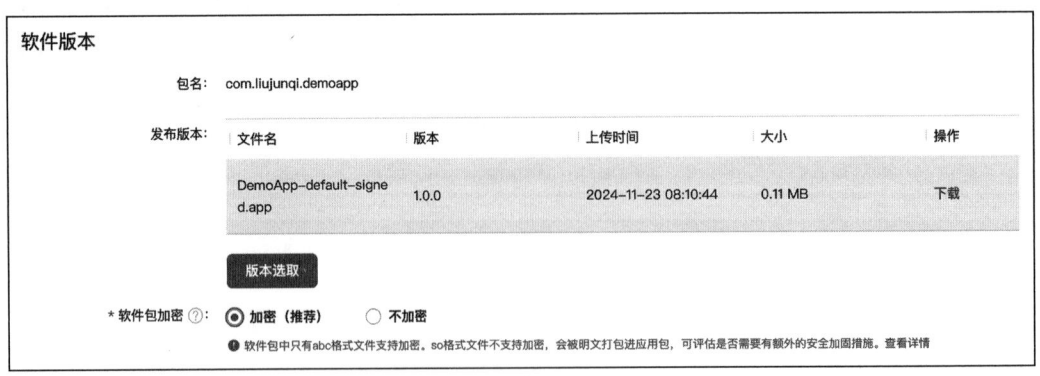

图 15-62　版本选取成功

2. 配置发布国家或地区

在"发布国家或地区"区域（如图 15-63 所示）中，配置应用需要发布的国家或地区。具体的做法为勾选提供的国家或地区的选项，华为应用市场会根据选择的国家或地区自动发布您的应用。

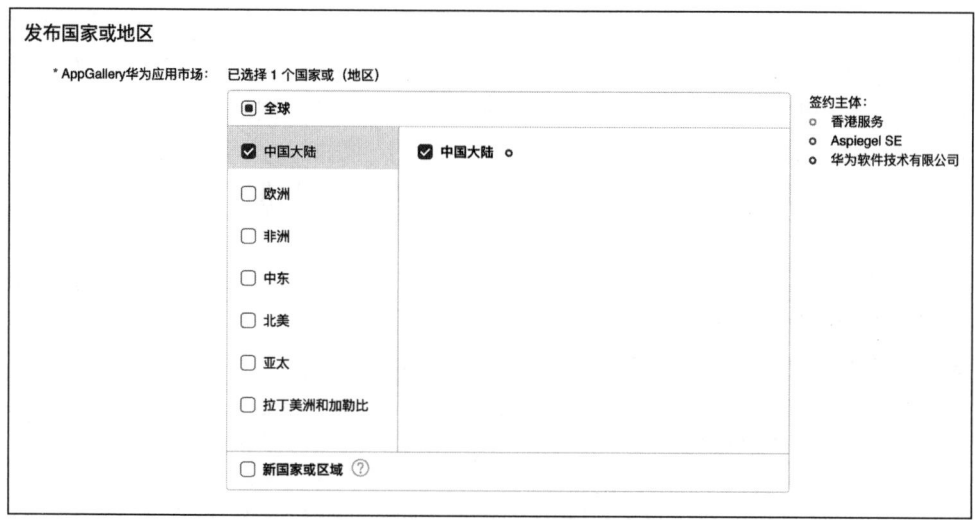

图 15-63 "发布国家或地区"区域

3. 配置可本地化基础信息

在"可本地化基础信息"区域（如图 15-64 所示）中，配置语言、应用介绍、应用一句话简介、新版本特性、应用截屏和视频等信息。

图 15-64 "可本地化基础信息"区域

在"语言"处显示您在应用信息页面（15.2.2 小节）设置的所有语言。如果在应用信息页面配置了多语言,则可以在当前"语言"下拉列表中切换语言(如图15-65所示),分别为每种语言完善对应的可本地化基础信息。如果您没有为各种语言版本添加本地化图片文件,则系统将使用默认语言版本的图片文件。以下的内容可按不同的语言分别进行配置。

- 应用介绍:简单描述该应用的功能、产品定位等,要求8000字以内。
- 应用一句话简介(小编推荐):简单介绍该应用,突出应用的主要特色,以帮助提升应用下载率,要求17字以内。
- 新版本特性:描述新版本的特性,要求500字以内。该信息将在华为应用市场客户端更新页中展示,对应用下载有帮助。
- 其他素材:在各设备页签上传对应的截图或视频等其他素材。

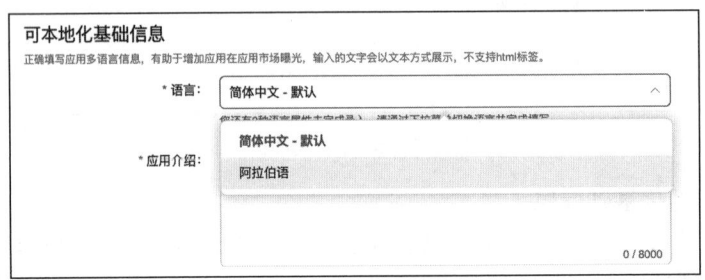

图 15-65　切换语言

4. 配置付费情况

在"付费情况"区域配置应用是否需要用户付费才能下载。当前仅智能手表应用支持付费能力,其他设备类型的HarmonyOS应用仅支持免费下载。配置付费情况如图15-66所示,Phone类型的App的付费情况选项暂时只支持免费。

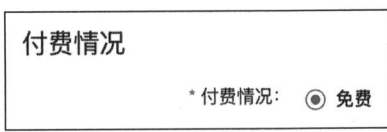

图 15-66　配置付费情况

5. 配置应用内资费类型

在"应用内资费"区域配置应用内资费类型,也就是用户在使用应用过程中的付费类型,例如因使用道具、开通会员等产生的付费情况。内容资费类型如图15-67所示,应用内资费支持多选,开发者可以根据应用的实际情况进行选择,以便准确地使用付费模式。

图 15-67　内容资费类型

6. 配置内容分级

内容分级是应用的必填信息,其主要作用是便于开发者向用户清晰地说明应用的适用对象。AGC 提供一组问卷，它由开发者进行选择，随后，AGC 会根据问卷的回答情况来确定应用适合的年龄分级。年龄分级作为应用的重要属性，会在华为应用市场中直接展示给用户。这样做有助于用户快速找到适合其年龄等级的应用，进一步为未成年人用户打造纯净的使用环境。

在"内容分级"区域（如图 15-68 所示）点击"设置"按钮，在弹出的填写问卷弹窗（如图 15-69 所示）中，点击"填写调查问卷"按钮，进入调查问卷界面（如图 15-70 所示），根据实际情况完成问卷填写。

图 15-68 "内容分级"区域

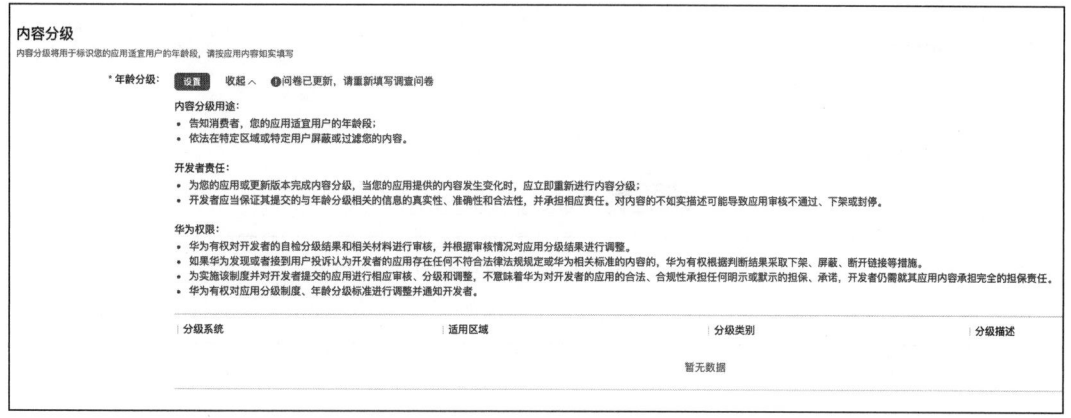

图 15-69 填写问卷弹窗

填写完问卷中的所有问题后，点击"验证"按钮（如图 15-71 所示），查看应用适用的最低年龄分级结果。注意，如果在点击"验证"按钮后，年龄分级结果显示为"拒绝评级"，那么请查看页面中拒绝评级的详细原因，并在修改不当内容后重新上传符合规范的应用。

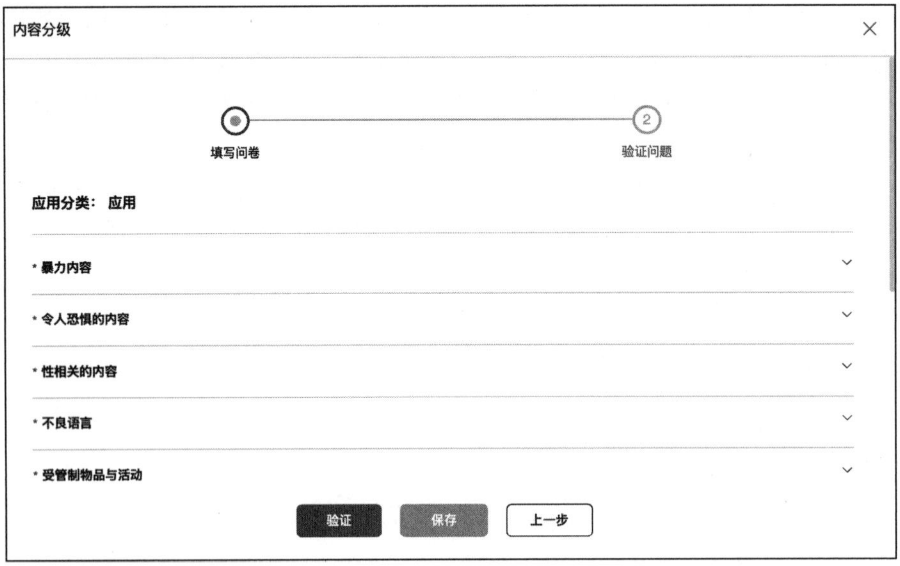

图 15-70　调查问卷界面

图 15-71　"验证"按钮

验证通过之后，AGC 给出应用适用的年龄分级结果（如图 15-72 所示）。这时可根据 App 的需求，选择预期的年龄分级，然后点击"提交"按钮。

对于支持儿童分类的应用，如果最终选择的年龄分级为 3、7 或 12，点击"提交"按钮后，还需再次确认应用是否仅面向儿童（如图 15-73 所示），这时需要选择"是"或"否"，之后点击"确认"按钮，内容分级设置完成。

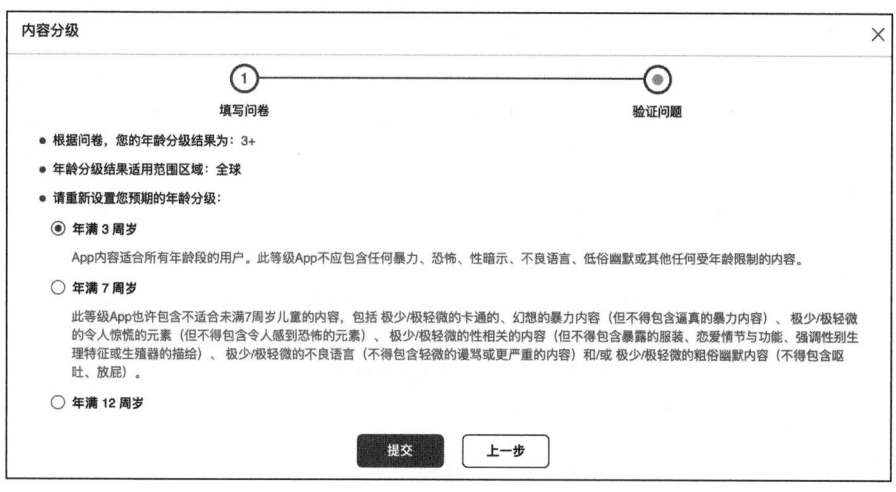

图 15-72　年龄分级结果

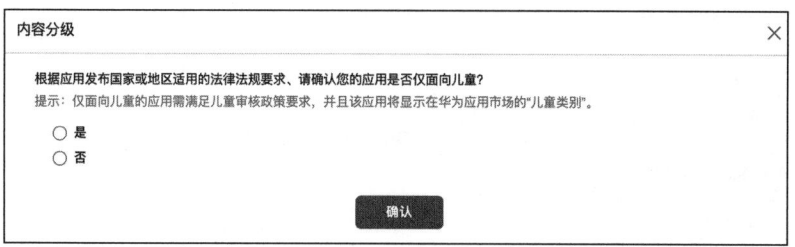

图 15-73　再次确认应用是否仅面向儿童

> **注意**　请务必据实回答年龄分级调查问卷中的问题。虚假填写应用内容会导致应用被下架或冻结。
>
> 年龄分级问卷会不定期更新。如果年龄分级问卷的内容发生变更，系统则会提醒"问卷已更新，请重新填写调查问卷"，您需重新填写年龄分级问卷，才可以提交应用上架申请。

7. 配置隐私声明

在"隐私声明"区域设置隐私声明链接，隐私声明填写如图 15-74 所示，开发者可以采用托管以及自定义这两种方式来管理隐私声明的内容。建议使用华为提供的标准化用户隐私保护协议，开发者可以基于 AGC 提供的标准隐私声明模板来生成自己的隐私声明。

具体的做法为申请开通标准化隐私声明托管服务。标准化隐私声明托管服务已经默认向元服务开放，发布元服务只能使用标准化模板生成隐私声明，HarmonyOS 应用的标准化隐私声明托管服务为受限开放，如有需求，需要向华为运营人员发送邮件并申请开通。邮件的格式如下：

- 申请邮箱地址：agconnect@huawei.com。
- 邮件标题：[托管隐私声明]-[应用名称]-[应用包名]-[APP ID]-[Developer ID]，其中，APP ID 在 AGC 的"我的应用"中查看（如图 15-75 所示），Developer ID 在"个人信息"中查看（如图 15-76 所示）。
- 邮件正文：请说明申请原因。

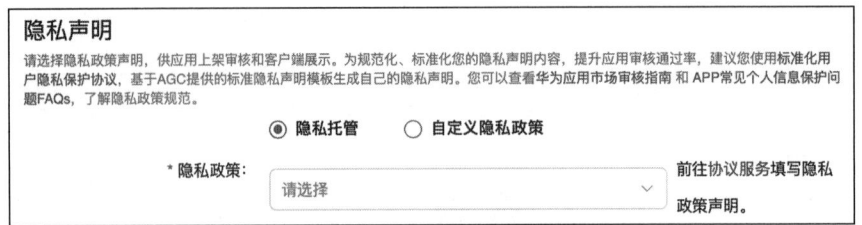

图 15-74　隐私声明填写

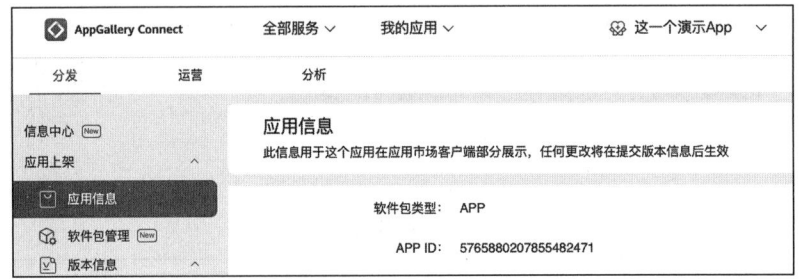

图 15-75　查看 APP ID

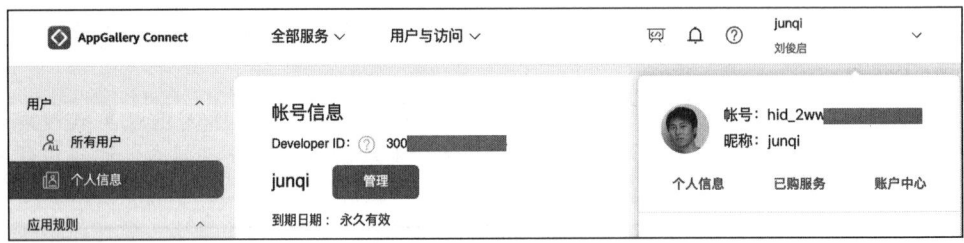

图 15-76　查看 Developer ID

当标准化隐私声明托管服务审核通过之后，可以点击图 15-74 中右侧的"协议服务"链接，来编辑隐私声明（或者点击 AGC 的左侧边栏的"协议服务"，如图 15-77 所示）。进入协议服务页面后，点击"新建协议"，在弹出的"新建协议"弹窗（如图 15-78 所示）中输入协议名称，点击"下一步"按钮，之后按照模板格式填写内容，内容模板如图 15-79 所示。填写完成后，在该页面中点击"生成协议"按钮。

这时，回到填写隐私声明流程，在隐私声明选项中可下拉选择刚刚生成的协议，隐私协议填写完成。

图 15-77　AGC 的左侧边栏的"协议服务" 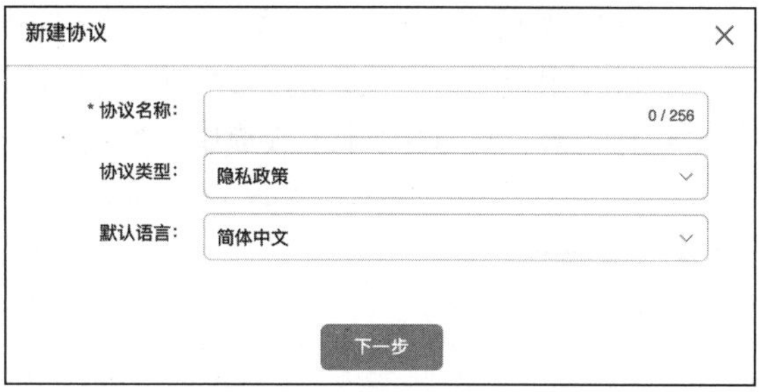　　　图 15-78　"新建协议"弹窗

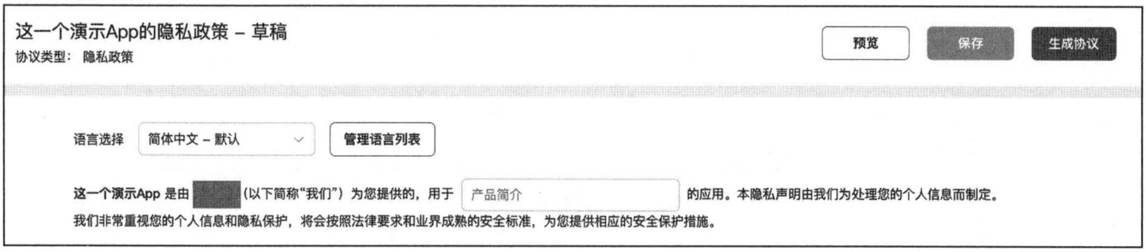

图 15-79　内容模板

8. 配置隐私标签信息

隐私标签选项分为"是"与"否"两个选项（如图 15-80 所示）。当前，隐私标签选项仅对发布至中国大陆的应用有效，华为应用市场的应用详情页会展示隐私标签，以便向用户告知该应用对个人数据的使用方式。

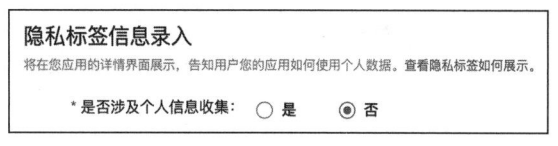

图 15-80　隐私标签选项

- 如果应用不涉及收集用户的信息数据，那么在"是否涉及个人信息收集"项中选择"否"。
- 如果应用涉及收集用户的信息数据，那么在"是否涉及个人信息收集"项中选择"是"，并可参考实际情况录入隐私标签信息。

9. 填写版权信息

在"版权信息"区域（如图 15-81 所示），上传发布 HarmonyOS 应用所需的资质材料。

版权信息根据应用的类型和发布区域要求略有不同。下面以应用发布范围包含中国大陆的例子作为说明。

- 电子版权证书：可选。可上传应用或游戏的 PDF 格式"电子版权证书"，大小不超过 5MB。
- 应用版权证书或代理证书：手机应用必选。可以是《计算机软件著作权登记证书》《APP 电子版权证书》或《软件著作权认证证书》（三者选一）。在 AGC 中提供电子版权认证申请通道，开发者按照要求提供相关的材料（主要是源码、App 截图及简易版使用说明，以文档的方式提供），申请认证。
- 免责函：从 AGC 中下载模版，根据实际情况填写及上传扫描件。

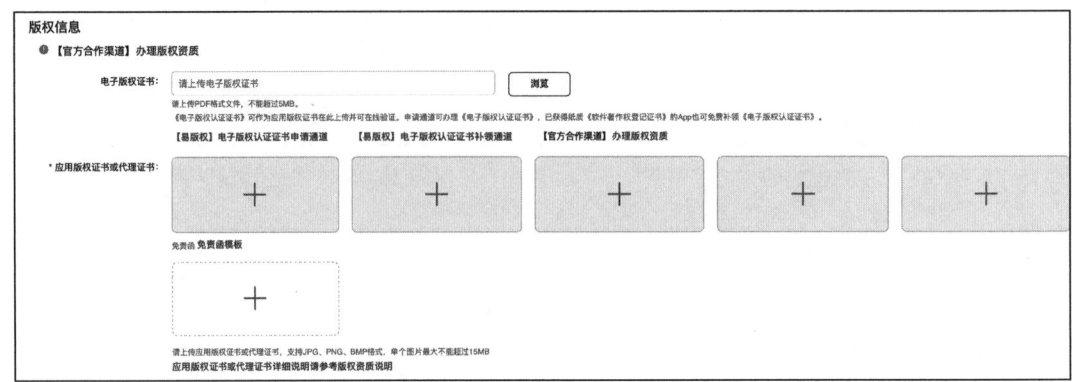

图 15-81 "版权信息"区域

10. 填写应用备案信息

在"备案信息"区域（如图 15-82 所示）实际填写应用的备案信息，根据 App 服务端的真实情况填写即可。

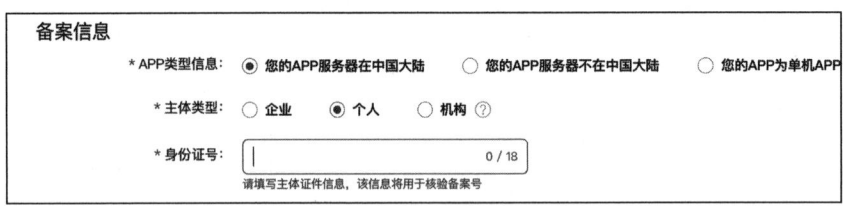

图 15-82 "备案信息"区域

11. 填写应用审核信息

在"应用审核信息"区域（如图 15-83 所示）填写与审核相关的信息。该部分信息仅会展示给审核人员。请填写对审核过程会有帮助的、有关 App 的额外信息，包括在测试中需要的 App 特别设置等。例如，在审核过程中涉及身份验证，还需提供测试账号，以供华为审核人员完成服务中登录、查看、购买等功能的审核。

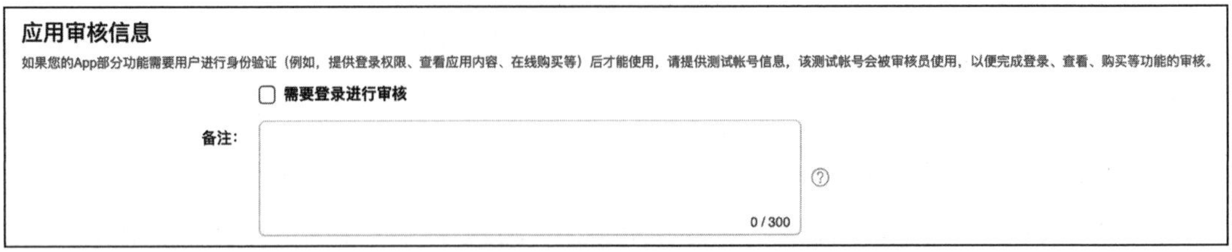

图 15-83 "应用审核信息"区域

12. 配置应用上架时间

在"上架"区域，如图 15-84 所示，可以配置"审核通过立即上架"，也可以选择"指定时间"。

图 15-84 "上架"区域

13. 提交审核

当上述的信息均配置完成，点击"提交审核"按钮，在弹出的窗口中确认版本号无误后，点击"确认"按钮。

提交成功后，在"版本信息"页面的"状态"中可查看审核状态，预审核状态和正在审核状态如图 15-85 和图 15-86 所示。对于 HarmonyOS 手机应用，如果您是中国大陆的开发者且应用发布地区包含中国大陆，当您提交应用审核后，华为将对您的应用进行隐私合规检测。若检测不通过，可能会导致上架申请被驳回，请及时关注版本信息界面的检测结果，并根据相关提示进行隐私整改。

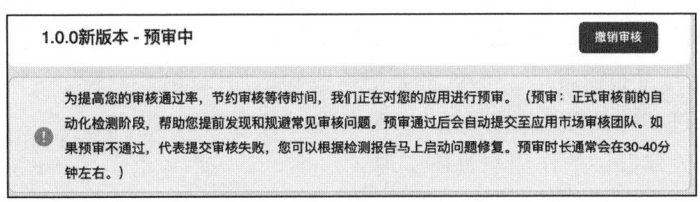

图 15-85 预审核状态

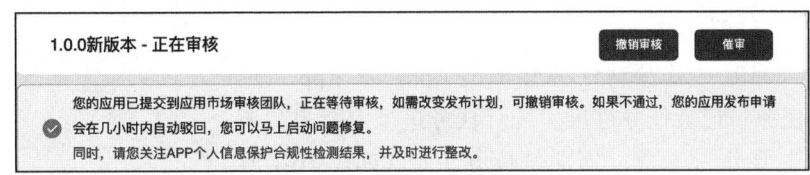

图 15-86 正在审核状态

14. 手动发布或撤销上线待上架应用

对于配置为"指定时间"上架的应用，在审核通过之后、指定上架时间到达之前，可随时手动发布版本上线。手动发布或撤销如图 15-87 所示，在版本信息页面右上角点击"手动发布"按钮即可发布当前版本。如果需要撤销本次发布，则点击"撤销上架"按钮即可。

图 15-87 手动发布或撤销

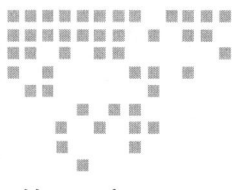

Chapter 16 第 16 章

项目实践

在本书前面的内容中，详细介绍了开发一款鸿蒙 App 必备的知识，包括 DevEco Studio 工具、ArkTS 语言、App 及 ArkUI 框架、UI 布局及交互、数据持久化、网络通信、多媒体、安全、Module 化与发布流程等。本章将会把这些知识加以整合，打造一个功能完备、架构完整的项目，通过实际的项目构建过程，深入理解各个知识点在鸿蒙 App 开发实践中的作用与具体实现。

16.1 项目介绍

本章的项目是一款运动任务管理类 App，该 App 为用户提供创建任务、记录任务进度、统计任务进度等能力。该 App 的页面主要分为三个，分别是待办页面（如图 16-1 所示）、记录页面（如图 16-2 所示）、及设置页面（如图 16-3 所示），它们为用户提供服务。用户在点击底部的待办、记录和设置选项时可切换页面。

在待办页面中为用户提供了添加任务的入口，点击右上角的按钮，进入任务配置页面。新建任务态的任务配置页面如图 16-4 所示，在任务配置页中依次输入运动方式、目标（目标选项可以设定单位，选择目标单位的任务配置页面如图 16-5 所示，包含分钟、步、次、米、组等）、时间、开始日期及结束日期。点击"保存"按钮，即可创建一个新的运动任务。

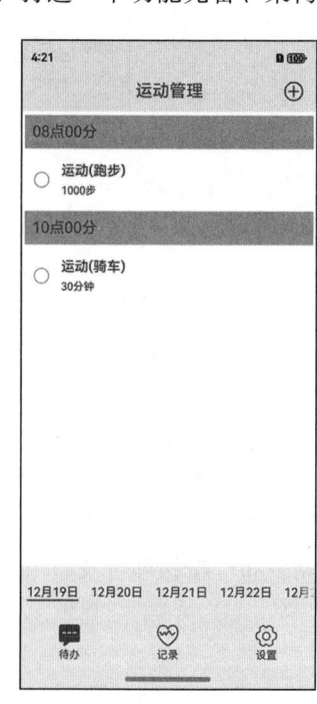

图 16-1　待办页面

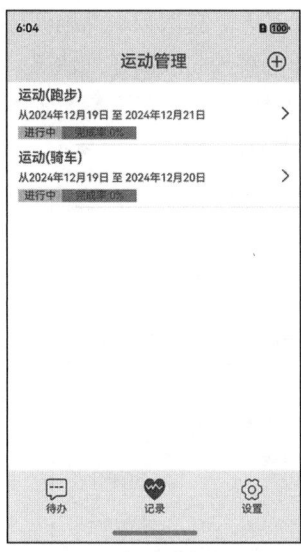

图 16-2　记录页面　　　图 16-3　设置页面　　　图 16-4　任务配置页面（新建任务态）

创建之后的任务会在待办页面中展示，当用户完成该任务时，可点击该任务项，标记为完成（如图 16-6 所示，可对比图 16-1 看一下效果）。

在待办页面，用户可切换日期（如图 16-7 所示），查看每天的任务项。切换的方法为点击底部的日期或左右滑动切换页面，当前日期切换为 12 月 20 日。

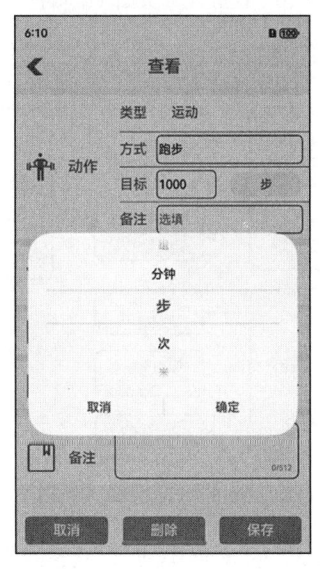
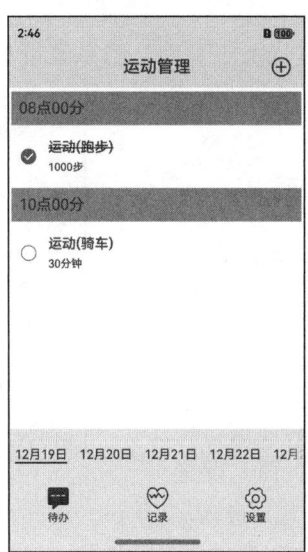
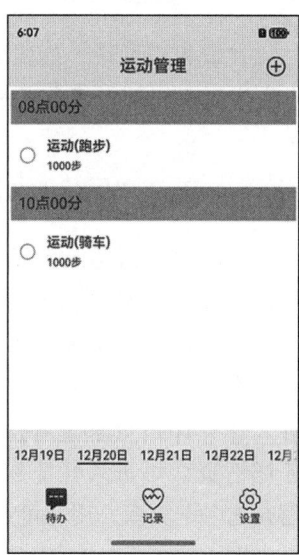

图 16-5　任务配置页面（选择目标单位）　图 16-6　待办页面（标记为完成）　图 16-7　待办页面（切换日期）

在记录页面中为用户提供任务的完成状态概览（如图 16-8 所示，跑步任务完成了 33.33%），用户可点击记录页面中的某个任务条目，进入任务详情页（如图 16-9 所示）查看该任务的详情。任务详情页显示当前任务的开始和结束日期、总天数、当前是第几天、总次数、当前完成的次数、完成状态等信息。用户还可以点击下方的日期，查看到期任务每天完成的详细情况。

在任务详情页提供了编辑该任务的入口，用户点击右上角的按钮可以进入任务配置页面编辑该任务，如图 16-10 所示，在该页面中，可以更改该任务或者删除该任务。

 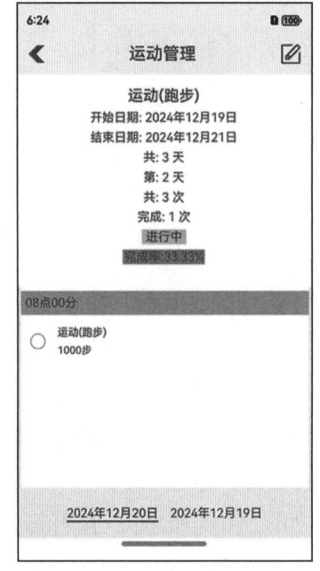 

图 16-8　记录页面（任务完成）　　图 16-9　任务详情页　　图 16-10　任务配置页面（编辑任务态）

在设置页面中，提供了进入关于页面、隐私政策页面及用户协议页面的入口，用户可点击进入不同的页面中来查看相关的内容。

16.2　页面关系及实现

App 的页面层级关系如图 16-11 所示，在根页面中可切换待办、记录、设置这三个页面。在待办页面中可进入任务配置页面。在记录页面中可点击某个任务条目，进入任务详情页来查看任务的详情，在任务详情页面可进入任务配置页面。设置页面有三个子页面，用户可点击入口进入。

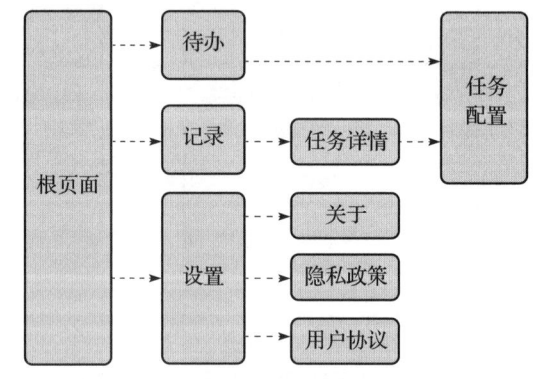

图 16-11　App 的页面层级关系

图 16-12 为 UI 页面实现代码所在的目录结构，其中在 Index.ets 文件中实现 App 的根页面，HomeToobar.ets 为主界面中共用的工具条。1_task、2_history、3_setting 目录分别存放待办、记录及设置页面的实现代码。taskConfig 目录存放任务配置页面的实现代码，包括任务的创建、查看及编辑等能力。

16.2.1 根页面实现

在根页面中,使用了 Tabs 组件实现了多选项卡的底部导航栏样式的页面布局。Tabs 组件的主要组成如图 16-13 所示,Tabs 组件主要包含两个关键部分,一个是 TabContent(内容页),用于展示具体的页面信息;另一个是 TabBar(导航页签栏,包含多个页签与内容页关联),用于方便用户进行选项卡的切换操作。

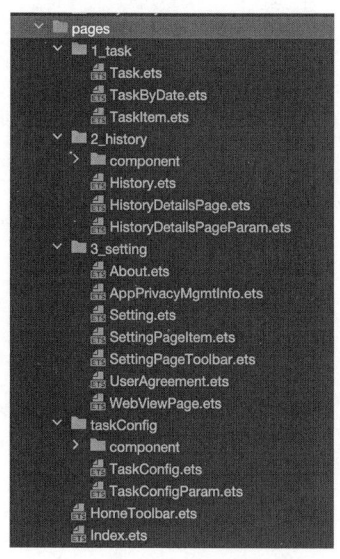

图 16-12　UI 页面实现代码所在的目录结构

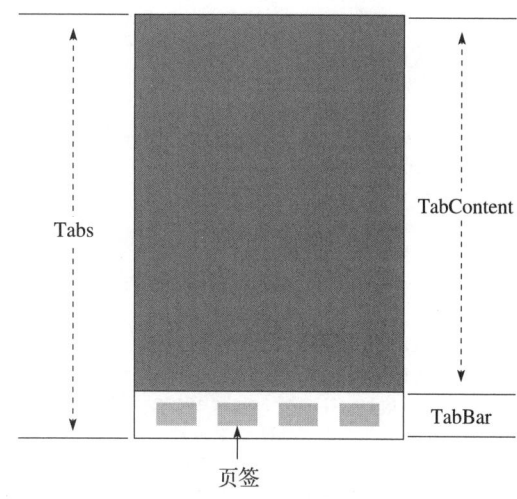

图 16-13　Tabs 组件主要组成

在根页面的 build() 函数中,将待办页面(Task)、记录页面(History)及设置页面(Setting)作为 TabContent,并添加至 Tabs 中,每个 TabContent 通过 tabBar 接口将页签关联 TabBar(如图 16-14 所示,相同颜色的 TabConent 与 TabBar 的页签为一组)。当用户点击任意一个

图 16-14　TabContent 与 TabBar 的页签关系(见彩插)

TabBar 时，展示与之对应的 TabContent。根页面的代码如下所示。

```
// entry/src/main/ets/pages/Index.ets
// 待办页面
import Task from './1_task/Task';
// 记录页面
import History from './2_history/History';
// 设置页面
import Setting from './3_setting/Setting';
// 状态栏管理
import StatusBarManager from '../utils/StatusBarManager';
// 一些 UI 相关的定义，也可以使用资源的方式
import GlabalUIDefine from '../utils/GlobalUIDefine';

@Entry
@Component
struct Index {
  @State private currentIndex: number = 0;
  private tabController: TabsController = new TabsController();
  // 三个页面，对应的底部 tab 的标题
  private tabTitles: string[] = ["待办", "记录", "设置"];
  // tab 标题选中及非选中的颜色
  private tabTextColors: string[] = [GlabalUIDefine.textMiddleColor,
    GlabalUIDefine.textMiddleColor];
  // tab 中的图标（非选中态）
  private tabIcons: Resource[] = [
    $r('app.media.tabs_index_0'),
    $r('app.media.tabs_index_1'),
    $r('app.media.tabs_index_2')]
  // tab 中的图标（选中态）
  private tabSelIcons: Resource[] = [
    $r('app.media.tabs_index_0_s'),
    $r('app.media.tabs_index_1_s'),
    $r('app.media.tabs_index_2_s')]

  // 页面内容
  build() {
    RelativeContainer() {
      // TabBar 在底部
      Tabs({ barPosition: BarPosition.End, controller: this.tabController }) {
        // 待办页面
        TabContent() {
          Task();
        }
        .tabBar(this.createTabBar(0))
        // 记录页面
        TabContent() {
          History();
        }
        .tabBar(this.createTabBar(1))
```

```
      TabContent() {
        Setting();
      }
      .tabBar(this.createTabBar(2))
    }
    .width("100%")
    .height("100%")
    .barHeight(65)
    .backgroundColor("#f4f4f4")
    .vertical(false)
    .layoutWeight(1)
    .padding({ bottom: StatusBarManager.navBarHeight })
    .onChange((index: number) => {
      this.currentIndex = index
    })
  }
  .width('100%')
  .height('100%')
}

@Builder
// 根据 index 创建 TabBar 中对应的页签,图标 + 标题
createTabBar(index: number) {
  Stack({ alignContent: Alignment.Center }) {
    Column() {
      Image(this.currentIndex === index ? this.tabSelIcons[index] :
        this.tabIcons[index])
        .width(28)
        .height(28)
        .objectFit(ImageFit.Fill)
        .margin({ bottom: 3 })

      Text(this.tabTitles[index])
        .fontColor(this.tabTextColors[this.currentIndex === index?1:0])
        .fontSize(GlabalUIDefine.textSSmillFontSize)
    }
    .backgroundColor(Color.Transparent)
    .justifyContent(FlexAlign.Center)
    .width(44)
    .height(44)
  }
  .width("100%")
  .height("100%")
}
}
```

16.2.2 待办页面实现

待办页面负责展示当前活动的任务项,支持用户选择某一日期来查看某一天的任务项和标记任务项的完成状态。待办页面的组成如图 16-15 所示,在待办页面中主要有三个区域,分别为工具条区、任务项列表区和日期选择区。

- 工具条区：显示标题并提供添加新任务按钮，由 HomeToolbar 组件实现。
- 任务项列表区：展示某一天的任务项，支持用户点击更改任务的完成状态，由 TaskByDate 组件实现。
- 日期选择区：提供最近 30 天（向后）的时间，用户可滑动及选择，查看所选的某天任务项。

待办页面的代码在 Task.ets 文件中实现，在 Task 组件中定义了 leater30DayTasks 属性，以记录最近 30 天内的任务项数据及完成状态。因为在用户交互或其他页面更改最近 30 天的任务项数据时需要更新页面，所以使用 @state 装饰符装饰（在第 7 章介绍）。在页面即将展现时，注册一个数据库更新事件（在第 9 章介绍），当其他页面对数据库操作时，更新 leater30DayTasks 属性，同时触发与 leater30DayTasks 相关的组件重绘。

在待办页面中，同样也使用 Tabs 组件实现了多选项卡的底部导航栏样式的页面布局，任务项列表区及日期选择区对应 Tabs 组件的 TabContent 及 TabBar。在 build() 函数中，通过使用 ForEach 循环依次将 TaskByDate 组件作为 TabContent 添加至 Tabs 中，并将 TaskByDate 组件对应的日期作为 TabBar 的页签（即日期选择区）。待办页面的代码如下所示。

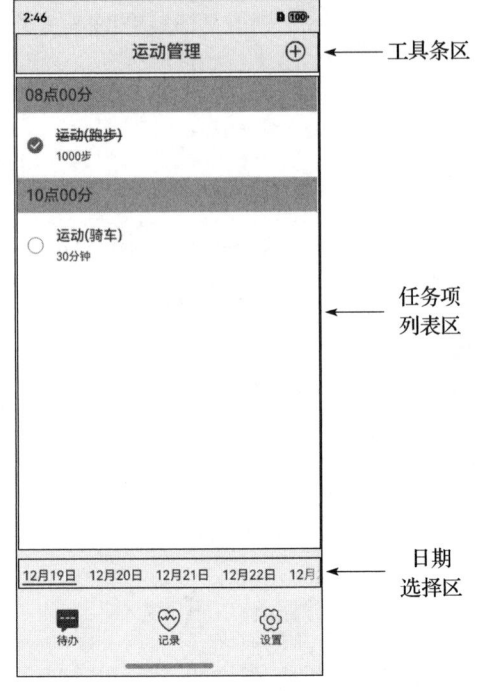

图 16-15　待办页面的组成

```
// entry/src/main/ets/pages/1_task/Task.ets
import { BusinessError, commonEventManager } from '@kit.BasicServicesKit';
// 工具条组件
import HomeToolbar from '../HomeToolbar';
// TaskByDate 组件
import TaskByDate from './TaskByDate';
// 日期工具类
import DateUtils from '../../utils/DateUtils';
// 任务项管理类
import TaskActionManager, { DayTasks } from '../../utils/TaskActionManager';
// 通用事件管理类
import CommonEventManager, { CommonEvent } from '../../utils/CommonEventManager';

@Entry // 因为作为 TabContent 组件的子组件，在当前项目中可以不需要，但是是按页面组件来设计
@Component
export default struct Task {
  // 最近 30 天的任务项数据
  @State leater30DayTasks: Record<string, DayTasks[]> = TaskActionManager.
```

```
    groupBy30DayTaskActionTime();
private tabDates: Date[] = DateUtils.get30day();
private tabTitles: string[] = DateUtils.get30dayStr(this.tabDates);
private controller: TabsController = new TabsController();
// 数据更新事件
private dbUpdateSubscriber: commonEventManager.CommonEventSubscriber | undefined;

aboutToDisappear(): void {
  if (this.dbUpdateSubscriber != undefined) {
    CommonEventManager.unsubscribe(this.dbUpdateSubscriber);
  }
}

async aboutToAppear() {
  this.updateData();
  // 创建一个通用事件 (CommonEvent.updateDB) 的订阅
  CommonEventManager.createSubscriber(CommonEvent.updateDB,
    this.createDbUpdateSubscriberCallback);
}

updateData() {
  this.leater30DayTasks = TaskActionManager.groupBy30DayTaskActionTime();
}

build() {
  Column() {
    // 工具条
    HomeToolbar({ title: "运动管理" })
    Tabs({ barPosition: BarPosition.End, controller: this.controller }) {
      // 使用 ForEach 循环创建多个 TabContent
      ForEach(this.tabTitles, (item: string, index: number) => {
        TabContent() {
          // 任务项列表
          TaskByDate({ day: this.tabDates[index], messageListGroup:
            this.leater30DayTasks[item] });
        }
        .tabBar(item)
      })
    }
    .vertical(false)
    .scrollable(true)
    .barMode(BarMode.Scrollable)
    .barHeight(60)
    .animationDuration(400)
    .width("100%")
    .height("100%")
    .barHeight(65)
    .backgroundColor("#f4f4f4")
    .vertical(false)
    .layoutWeight(1)
    .fadingEdge(true)
    .height('100%')
```

```
      .width('100%')
    }
  }
  // 订阅事件，回调
  private dbUpdateSubscribeCallback = (err: BusinessError,
    data: commonEventManager.CommonEventData) => {
    if (err) {
      console.error(`Task subscribe failed, code is ${err.code},
        message is ${err.message}`);
    } else {
      // 调用 updateData 方法
      this.updateData();
    }
  }

  private createDbUpdateSubscriberCallback =
    (err: BusinessError, commonEventSubscriber: commonEventManager.
      CommonEventSubscriber) => {
      if (!err) {
        this.dbUpdateSubscriber = commonEventSubscriber;
        CommonEventManager.subscribe(this.dbUpdateSubscriber,
          this.dbUpdateSubscribeCallback);
      } else {
        console.error(`Task createSubscriber failed, code is ${err.code},
          message is ${err.message}`);
      }
    }
}
```

任务项列表区由 TaskByDate 组件实现，在该组件中任务会按照时间分组，并以升序的形式展示。数据的处理在 Task 页面中实现并传入 TaskByDate 组件。TaskByDate 组件仅作为数据的展现。

在 TaskByDate 组件中通过 List（列表）组件展示每一项任务。列表组件组成如图 16-16 所示，列表组件在垂直方向上自动排列 ListItem-Group 或 ListItem。ListItemGroup 用于列表数据的分组展示，其子组件也是 ListItem。ListItem 表示单个列表项，可以包含单个子组件。当列表项数量达到一定程度且内容超出了屏幕大小

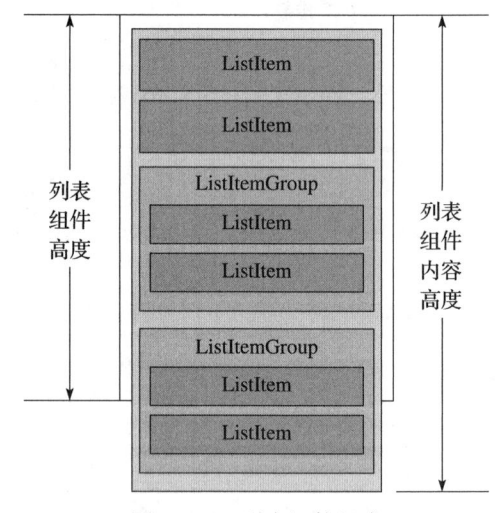

图 16-16 列表组件组成

时，自动支持滚动，这种方式较适合呈现同类数据类型或数据集合，像图片与文本组合，比如通讯录、音乐列表、购物清单等。

TaskByDate 组件的代码实现如下，每一个任务项条目由 TaskItem 组件负责展现及交互，TaskItem 组件的代码实现可参考配套代码。

```typescript
// entry/src/main/ets/pages/1_task/TaskByDate.ets
// TaskItem 组件
import TaskItem from './TaskItem';
// 任务项数据类
import TaskActionData from '../../utils/TaskActionData';
// 每一天的数据项
import { DayTasks } from '../../utils/TaskActionManager';
// 一些 UI 相关的定义，也可以使用资源的方式
import GlabalUIDefine from '../../utils/GlobalUIDefine';

@Component
export default struct TaskByDate {
  @Prop day: Date;
  @State messageList: TaskActionData[] = [];
  @Prop messageListGroup: DayTasks[];

  @Builder
  itemHead(text: string) {
    Text(text)
      .fontSize(GlabalUIDefine.textLargeFontSize)
      .fontColor(GlabalUIDefine.textLargeColor)
      .backgroundColor(0xAABBCC)
      .width("100%")
      .padding(10)
  }

  build() {
    Column() {
      List({ space: 1 }) {
        ForEach(this.messageListGroup, (item: DayTasks) => {
          // 按时间线分组
          ListItemGroup({ header: this.itemHead(item.timeLine) }) {
            // 该分组中的任务项
            ForEach(item.taskActions, (stTaskActionData: TaskActionData) => {
              ListItem() {
                TaskItem({ stTaskActionData: stTaskActionData })
              }
            })
          }
        })
        .divider({ strokeWidth: 1, color: Color.Blue }) // 每行之间的分界线
      }
      .width('98%')
      .sticky(StickyStyle.Header | StickyStyle.Footer)
      .scrollBar(BarState.Off)
    }.width('100%').height('100%').backgroundColor(GlabalUIDefine.
    pageBackupgroundColor).padding({ top: 5 })
  }
}
```

16.2.3 记录页面实现

记录页面实现了任务的查看及管理，在该页面中可查看任务的基本信息及完成状态，记录

页面的组成如图 16-17，在记录页中主要有两个区域，分别为工具条区、任务概览列表区。其中

- 工具条区：用于显示标题并提供添加新任务按钮，由 HomeToolbar 组件实现。
- 任务概览列表区：以列表的形式展示每个任务的基本信息及完成状态，点击任务条目后可进入任务详情页查看任务的详细信息。

记录页面的代码主要在 History.ets 文件中实现，在页面将要展示时，获取所有任务列表信息，在 History 页面的 build() 方法中，使用 List 组件展示所有任务的概览信息。每个任务与 HistoryListItem 组件关联，由该组件计算并展示任务的概览信息，HistoryListItem 组件的代码实现可参考配套代码。如下代码为所示记录页面的实现。

图 16-17 记录页面的组成

```
// entry/src/main/ets/pages/2_history/History.ets
// 系统基础服务
import { BusinessError, commonEventManager } from '@kit.BasicServicesKit';
// 页面路由，实现跳转到任务详情页面（本书第 6 章有介绍）
import router from '@ohos.router';
// 任务的概览信息展示
import HistoryListItem from './component/HistoryListItem';
// 工具条组件
import HomeToolbar from '../HomeToolbar';
// 任务类
import TaskData from '../../utils/TaskData';
// 任务数据库管理
import TaskDataManager from '../../utils/db/TaskDataManager';
// 通用事件管理，用于订阅数据库被更新事件，收到事件后之后更新数据
import CommonEventManager, { CommonEvent } from '../../utils/CommonEventManager';

@Entry // 因为作为 TabContent 组件的子组件，在当前项目中可以不需要，但是按页面组件来设计
@Component
export default struct History {
  @State taskList: TaskData[] = [];
  private dbUpdateSubscriber: commonEventManager.CommonEventSubscriber | undefined;

  aboutToDisappear(): void {
    if (this.dbUpdateSubscriber != undefined) {
      CommonEventManager.unsubscribe(this.dbUpdateSubscriber);
    }
  }

  async aboutToAppear() {
```

```
      this.updateData();
      CommonEventManager.createSubscriber(CommonEvent.updateDB,
        this.createDbUpdateSubscriberCallback);
    }

    updateData() {
      this.taskList = TaskDataManager.getTaskDataManager().queryData();
    }

    build() {
      Column() {
        HomeToolbar({ title: "运动管理" })

        List() {
          ForEach(this.taskList, (item: TaskData, index: number) => {
            ListItem() {
              // item 是 taskList 内的元素
              HistoryListItem({ stTaskData: item })
            }
            .onClick(() => {
              router.pushUrl({
                url: 'pages/2_history/HistoryDetailsPage',
                params: { sid: item.sid }
              })
            })
          })
          ListItem() {
            Divider().color('#0000').strokeWidth(0)
          }
        }
        .divider({
          strokeWidth: 0.8,
          color: '#f0f0f0',
          startMargin: 90,
          endMargin: 0
        }) // 每行之间的分界线
        .backgroundColor(Color.White)
        .width("100%")
        .height("100%")

      }
      .width("100%")
      .height("100%")
      .backgroundColor("#f0f0f0")
    }
    private dbUpdateSubscribeCallback = (err: BusinessError,
      data: commonEventManager.CommonEventData) => {
      if (err) {
        console.error(`Task subscribe failed, code is ${err.code},
          message is ${err.message}`);
      } else {
        this.updateData();
```

```
        }
      }

    private createDbUpdateSubscriberCallback =
      (err: BusinessError, commonEventSubscriber: commonEventManager.
        CommonEventSubscriber) => {
      if (!err) {
        this.dbUpdateSubscriber = commonEventSubscriber;
        CommonEventManager.subscribe(this.dbUpdateSubscriber,
          this.dbUpdateSubscribeCallback);
      } else {
        console.error(`Task createSubscriber failed, code is ${err.code},
          message is ${err.message}`);
      }
    }
}
```

在记录页面中点击某个任务，进入任务详情页面。任务详情页面负责展示任务的详细信息及进展状态，记录页面的组成如图 16-18 所示，在任务详情页面中有四个区域，分别为工具条区、任务详情区、历史任务项列表区和历史日期选择区。

- 工具条区：显示标题并提供返回及编辑按钮，在 HistoryDetailsPageToolbar.ets 文件中实现。
- 任务详情区：展示当前任务的详情及进展信息。
- 历史任务项列表区：显示当前任务的日期已经到期的每一个任务项的状态。
- 历史日期选择区：显示当前任务的已经到期的日期（如果任务开始时间为 1 月 1 日，结束时间为 1 月 8 日，今天是 1 月 6 日，则以 1 月 6 日至 1 月 1 日的倒序方式显示），支持用户选择，切换查看某一天的任务实际完成情况。

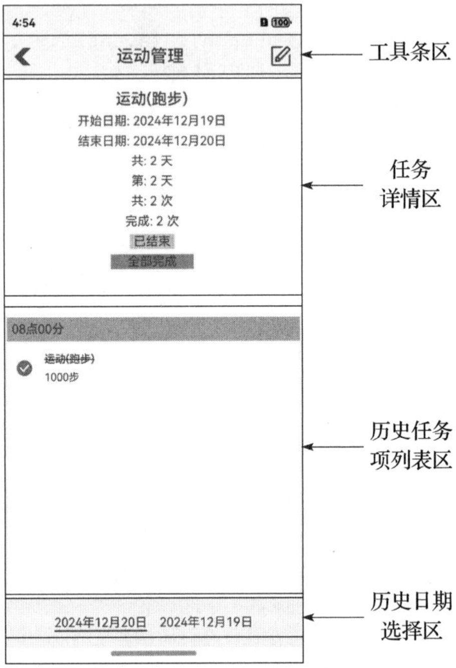

图 16-18 记录页面的组成

任务详情页面的代码主要在 HistoryDetailsPage.ets 文件中实现，在页面将要展示时，获取由记录页面传入的 sid，并根据 sid 获取任务信息并计算进度信息。在页面的 build() 方法中，以组件的方式引入工具条和调用 buildDetailsArea() 方法生成任务详情区。之后通过 Tabs 组件将历史任务项列表区和历史日期选择区关联，历史任务项列表区由 HistoryTaskByDate 组件负责展示，该组件的实现逻辑与 TaskByDate 组件相似，在这里不做过多介绍，读者可参考配套代码。如下代码为所示任务详情页面的实现。

```ts
// entry/src/main/ets/pages/2_history/HistoryDetailsPage.ets
// 系统基础服务
import { BusinessError, commonEventManager } from '@kit.BasicServicesKit';
// 页面路由，用于获取传入的参数
import router from '@ohos.router';
// 任务详情页
import HistoryDetailsPageParam from './HistoryDetailsPageParam';
// 工具条
import HistoryDetailsPageToolbar from './component/HistoryDetailsPageToolbar';
// 任务数据
import TaskData from '../../utils/TaskData';
// 任务数据的管理类
import TaskDataManager from '../../utils/db/TaskDataManager';
// 日期工具类
import DateUtils from '../../utils/DateUtils';
// HistoryTaskByDate 组件、用于显示任务项列表（一天一个）
import HistoryTaskByDate from './component/HistoryTaskByDate';
// 任务项数据的管理类
import TaskActionDataManager from '../../utils/db/TaskActionDataManager';
// 全局 UI 的定义
import GlabalUIDefine from '../../utils/GlobalUIDefine';
// 任务类型管理类，当前只支持运动
import TaskTypeManager, { TaskUIDataDescFlag } from '../../utils/TaskTypeManager';
// 通用事件管理，用于订阅数据库被更新事件，收到事件后之后更新数据
import CommonEventManager, { CommonEvent } from '../../utils/CommonEventManager';


@Entry
@Component
struct HistoryDetailsPage {
  // 日期选期区的时间
  @State tabDates: Date[] = [];
  // 日期选期区的标题
  @State tabTitles: string[] = [];
  // 任务的开始时间
  @State startDateStr: string = '';
  // 任务的结束时间
  @State endDateStr: string = '';
  // 第 xx 天
  @State dayTH: string = '';
  // 总 xx 天
  @State allDayTH: string = '';
  // 任务标题
  @State taskTitle: string = '';
  // 完成状态
  @State finishStatus: string = '已结束';        // 进行中
  // 任务的执行状态
  @State doStatus: string = '全部完成';         // 大部分完成，部分完成
  // 总任务项数
  @State allTaskNum: string = '';
  // 总完成任务项数
  @State allFinishTaskNum: string = '';
  // 当前任务 id
```

```typescript
  private sid: number = -1;
  // 当前任务组id，用于关联任务项
  private groupID: string = '';
  private controller: TabsController = new TabsController();
  // 当前任务数据
  private stTaskData: TaskData = new TaskData();
  // 订阅事件
  private dbUpdateSubscriber: commonEventManager.CommonEventSubscriber | undefined;

  aboutToDisappear(): void {
    if (this.dbUpdateSubscriber != undefined) {
      CommonEventManager.unsubscribe(this.dbUpdateSubscriber);
    }
  }

  async aboutToAppear() {
    this.sid = (router.getParams() as HistoryDetailsPageParam).sid;
    let stTaskData = TaskDataManager.getTaskDataManager().queryDataByID(this.sid);
    this.updatePage(stTaskData);
    CommonEventManager.createSubscriber(CommonEvent.updateDB,
      this.createDBReadySubscriberCallback);
  }

  updatePage(stTaskData: TaskData | undefined) {
    if (stTaskData != undefined) {
      this.stTaskData = stTaskData;
      this.tabDates = DateUtils.getQueryDateArray(stTaskData.startDate,
        stTaskData.endDate);
      this.tabTitles = DateUtils.getQueryDateStrArray(this.tabDates);
      this.groupID = stTaskData.taskGroupID;
      let date = new Date();
      let titles: Record<string, string> = {};
      titles = TaskTypeManager.getTaskTypeManager().genTitls(this.stTaskData.
        actionUIAndInfoData);
      this.taskTitle = this.stTaskData.title + '(' + titles[TaskUIDataDescFlag.
        priTitle] + ')';
      this.startDateStr = '开始日期：' + DateUtils.dateToStringNYN(this.
        stTaskData.startDate);
      this.endDateStr = '结束日期：' + DateUtils.dateToStringNYN(this.
        stTaskData.endDate);
      this.allDayTH =
        '共：' + DateUtils.getDaysDifference(this.stTaskData.startDate,
          this.stTaskData.endDate) + '天';
      let allNum: number = TaskActionDataManager.getTaskActionDataManager().
        queryDataCountByGroupID(this.groupID);
      this.allTaskNum = '共：' + allNum + '次';
      let finishNum: number = TaskActionDataManager.getTaskActionDataManager().
        queryFinishCountByGroupID(this.groupID);
      this.allFinishTaskNum = '完成：' + finishNum + '次';
      if (finishNum < allNum) {
        const result = parseFloat((finishNum * 100 / allNum).toFixed(2));
        this.doStatus = "完成率:" + result + '%';
      } else {
```

```
        this.doStatus = " 全部完成 ";
      }
      // 待调优
      if (date.getTime() > this.stTaskData.startDate.getTime() && date.
        getTime() < this.stTaskData.endDate.getTime()) {
        this.dayTH = ' 第：' + DateUtils.getDaysDifference(this.stTaskData.
          startDate, date) + ' 天 ';
        this.finishStatus = ' 进行中 ';
      } else if (date.getTime() > this.stTaskData.endDate.getTime()) {
        this.dayTH = ' 第：' + DateUtils.getDaysDifference(this.stTaskData.
          startDate, this.stTaskData.endDate) + ' 天 ';
        this.finishStatus = ' 已结束 ';
      } else if (date.getTime() < this.stTaskData.startDate.getTime()) {
        this.finishStatus = ' 未开始 ';
        this.dayTH = ' 第：0 天 ';
      }
    }
  }
}
// build 任务详情区
@Builder buildDetailsArea() {
  Column() {
    Text(this.taskTitle)
      .fontColor(GlabalUIDefine.textLargeColor)
      .textAlign(TextAlign.Center)
      .fontSize(GlabalUIDefine.textLargeFontSize)
      .fontWeight(500)
      .maxLines(1)
      .margin({ top: 16 })
      .textOverflow({ overflow: TextOverflow.Ellipsis })
      .width("100%")

    Text(this.startDateStr)
      .fontColor(GlabalUIDefine.textSmillColor)
      .textAlign(TextAlign.Center)
      .fontSize(GlabalUIDefine.textSmillFontSize)
      .width("100%")
      .maxLines(1)
      .textOverflow({ overflow: TextOverflow.Ellipsis })
      .margin({ top: 7 })

    Text(this.endDateStr)
      .fontColor(GlabalUIDefine.textSmillColor)
      .textAlign(TextAlign.Center)
      .fontSize(GlabalUIDefine.textSmillFontSize)
      .width("100%")
      .maxLines(1)
      .textOverflow({ overflow: TextOverflow.Ellipsis })
      .margin({ top: 7 })

    Text(this.allDayTH)
      .fontColor(GlabalUIDefine.textSmillColor)
      .textAlign(TextAlign.Center)
      .fontSize(GlabalUIDefine.textSmillFontSize)
```

```
        .width("100%")
        .maxLines(1)
        .textOverflow({ overflow: TextOverflow.Ellipsis })
        .margin({ top: 7 })

      Text(this.dayTH)
        .fontColor(GlabalUIDefine.textSmillColor)
        .textAlign(TextAlign.Center)
        .fontSize(GlabalUIDefine.textSmillFontSize)
        .width("100%")
        .maxLines(1)
        .textOverflow({ overflow: TextOverflow.Ellipsis })
        .margin({ top: 7 })

      Text(this.allTaskNum)
        .fontColor(GlabalUIDefine.textSmillColor)
        .textAlign(TextAlign.Center)
        .fontSize(GlabalUIDefine.textSmillFontSize)
        .width("100%")
        .maxLines(1)
        .textOverflow({ overflow: TextOverflow.Ellipsis })
        .margin({ top: 7 })

      Text(this.allFinishTaskNum)
        .fontColor(GlabalUIDefine.textSmillColor)
        .textAlign(TextAlign.Center)
        .fontSize(GlabalUIDefine.textSmillFontSize)
        .width("100%")
        .maxLines(1)
        .textOverflow({ overflow: TextOverflow.Ellipsis })
        .margin({ top: 7 })

      Text(this.finishStatus)
        .backgroundColor(Color.Pink)
        .fontColor(GlabalUIDefine.textSmillColor)
        .fontSize(GlabalUIDefine.textSmillFontSize)
        .width(58)
        .textAlign(TextAlign.Center)
        .maxLines(1)
        .textOverflow({ overflow: TextOverflow.Ellipsis })
        .margin({ top: 7 })

      Text(this.doStatus)
        .backgroundColor('#FC6EE0')
        .fontColor(GlabalUIDefine.textSmillColor)
        .fontSize(GlabalUIDefine.textSmillFontSize)
        .textAlign(TextAlign.Center)
        .width(108)
        .maxLines(1)
        .textOverflow({ overflow: TextOverflow.Ellipsis })
        .margin({ top: 7 })
    }
    .height(300)
```

```
  }

  build() {
    Column() {
      // 工具条
      HistoryDetailsPageToolbar({ title: " 运动管理 ", sid: this.sid });
      // 任务详情区
      this. buildDetailsArea();
      // 通过 Tabs 组件实现展示任务项列表区和日期选择区及其关联
      Tabs({ barPosition: BarPosition.End, controller: this.controller }) {
        // 使用 ForEach 循环创建多个 TabContent
        ForEach(this.tabTitles, (item: string, index: number) => {
          TabContent() {
            HistoryTaskByDate({ day: this.tabDates[index], groupID: this.groupID });
          }
          .tabBar(item)
        })
      }
      .vertical(false)
      .scrollable(true)
      .barMode(BarMode.Scrollable)
      .barHeight(60)
      .animationDuration(400)
      .width("100%")
      .height("100%")
      .barHeight(65)
      .backgroundColor("#f4f4f4")
      .vertical(false)
      .layoutWeight(1)
      .fadingEdge(true)
      .height('100%')
      .width('100%')

      Row().height(20);
    }
    // .padding({ left: '24vp', right: '24vp' })
  }

  private dbUpdateSubscribeCallback = (err: BusinessError,
    data: commonEventManager.CommonEventData) => {
    if (err) {
      console.error(`HistoryDetailsPage subscribe failed, code is ${err.code},
        message is ${err.message}`);
    } else {
      let stTaskData = TaskDataManager.getTaskDataManager().queryDataByID(this.sid);
      this.updatePage(stTaskData);
    }
  }

  private createDBReadySubscriberCallback =
    (err: BusinessError, commonEventSubscriber: commonEventManager.
```

```
      CommonEventSubscriber) => {
    if (!err) {
      this.dbUpdateSubscriber = commonEventSubscriber;
      CommonEventManager.subscribe(this.dbUpdateSubscriber,
        this.dbUpdateSubscribeCallback);
    } else {
      console.error(`HistoryDetailsPage createSubscriber failed,
        code is ${err.code}, message is ${err.message}`);
    }
  }
 )
}
```

16.2.4　设置页面实现

设置页面采用 Column 布局的方式，将关于页面、隐私政策页面及用户协议页面的入口添加至页面中。每个页面的入口由 SettingPageItem 组件实现，点击各 SettingPageItem 组件时可跳转到指定页面。设置页面的代码如下所示。

```
// entry/src/main/ets/pages/3_setting/Setting.ets
// 页面路由，跳转至关于、隐私政策、用户协议
import router from '@ohos.router'
// 工具条
import SettingPageToolbar from './SettingPageToolbar'
// 页面中的条目
import SettingPageItem from './SettingPageItem'

@Entry
@Component
export default struct Setting {
  @State imgPath: string = ""

  build() {
    Column() {
      // 工具条
      SettingPageToolbar({ title: "运动管理" });
      // 分隔栏
      Divider()
        .vertical(false)
        .color("#f3f3f3")
        .strokeWidth(10)
        .lineCap(LineCapStyle.Round)
      // 关于页面入口，点击可进入关于页面
      SettingPageItem({
        title: "关于运动管理",
      })
        .onClick(() => {
          router.pushUrl({
            url: 'pages/3_setting/UserManual'
          }, router.RouterMode.Single)
        })

      Divider()
```

```
          .vertical(false)
          .color("#f3f3f3")
          .strokeWidth(1)
          .lineCap(LineCapStyle.Round)

        // 隐私政策页面入口, 隐私政策可进入关于页面
        SettingPageItem({
          title: "隐私政策",
        })
          .onClick(() => {
            router.pushUrl({
              url: 'pages/3_setting/AppPrivacyMgmtInfo'
            }, router.RouterMode.Single)
          })
        Divider()
          .vertical(false)
          .color("#f3f3f3")
          .strokeWidth(1)
          .lineCap(LineCapStyle.Round)
        // 用户协议页面入口, 点击可进入用户协议页面
        SettingPageItem({
          title: "用户协议",
        }).onClick(() => {
          router.pushUrl({
            url: "pages/3_setting/UserAgreement"
          }, router.RouterMode.Single)

        })
        Divider()
          .vertical(false)
          .color("#f3f3f3")
          .strokeWidth(1)
          .lineCap(LineCapStyle.Round)
    }
    .width("100%")
    .height("100%")
    .backgroundColor("#f0f0f0")
  }
}
```

SettingPageItem 组件的代码如下，支持指定主标题。

```
// entry/src/main/ets/pages/3_setting/SettingPageItem.ets
import GlabalUIDefine from '../../utils/GlobalUIDefine'

@Component
export default struct SettingPageItem {
  title: string = ""
  build() {
    Row() {
      Text(this.title)
        .fontColor(GlabalUIDefine.textMiddleColor)
        .fontSize(GlabalUIDefine.textMiddleFontSize)
```

```
            .margin({ right: 10 })
          Blank()
          Image($r("app.media.icon_more"))
            .width(9)
            .height(16)
        }
        .width("100%")
        .height(60)
        .backgroundColor(GlabalUIDefine.pageBackupgroundColor)
        .padding({ left: 15, right: 15 })
      }
    }
```

1. 关于页面实现

关于页面在 About.ets 文件中实现，在页面中使用 WebViewPage 组件，加载本机的 html 文件。在 WebViewPage 组件中封装了基础的网页加载能力（第 11 章有介绍），关于页面的代码如下：

```
// entry/src/main/ets/pages/3_setting/About.ets
// 工具条
import SettingPageToolbar from './SettingPageToolbar';
// WebViewPage 组件
import WebViewPage from './WebViewPage';
// StatusBarManager 管理类，用于获取状态栏和导航栏高度
import StatusBarManager from '../../utils/StatusBarManager';

@Entry
@Component
struct About {
  build() {
    Column() {
      SettingPageToolbar({
        title: '关于健康管理'
      })
      // 本地文件
      WebViewPage({ url: $rawfile("About.html") });
    }
    .height('100%')
    .width('100%')
    .padding({ bottom: StatusBarManager.statusBarHeight + StatusBarManager.
       navBarHeight })
  }
}
```

2. 隐私政策页面实现

隐私政策页面在 AppPrivacyMgmtInfo.ets 文件中实现，在页面中使用 WebViewPage 组件，加载服务端的 html 文件。隐私政策 html 文件可以使用华为的隐私托管服务生成及存储。在项目的 AppPrivacyMgmtInfo.ets 文件中，先获取隐私托管的 html 文件的 url，之后再加载该页面，代码如下。

```
// entry/src/main/ets/pages/3_setting/AppPrivacyMgmtInfo.ets
// 隐私托管管理
import { privacyManager } from '@kit.StoreKit';
// 工具条
import SettingPageToolbar from './SettingPageToolbar';
// WebViewPage 组件
import WebViewPage from './WebViewPage';
// StatusBarManager 管理类,用于获取状态栏和导航栏高度
import StatusBarManager from '../../utils/StatusBarManager';


@Entry
@Component
struct AppPrivacyMgmtInfo {
  // 加载的页面url,如不使用隐私托管,应该设默认值
  @State result: string = '';
  @State isError: boolean = false;
  @State url: string = '';

  aboutToAppear(): void {
    this.query();
  }

  build() {
    Column() {
      SettingPageToolbar({
        title: '隐私政策'
      })
      // 如果出错了显示错误信息
      if (this.isError) {
        Text(this.result)
          .fontSize(15)
          .fontWeight(FontWeight.Bold)
      } else {
        WebViewPage({ url: this.url });
      }
    }
    .height('100%')
    .width('100%')
    .padding({ bottom: StatusBarManager.statusBarHeight + StatusBarManager.
      navBarHeight })
  }

  query() {
    this.isError = false;
    try {
      let appPrivacyManageInfo: privacyManager.AppPrivacyMgmtInfo =
        privacyManager.getAppPrivacyMgmtInfo();
      let privacyLinkInfoArray: privacyManager.AppPrivacyLink[] =
        appPrivacyManageInfo.privacyInfo;
      if (privacyLinkInfoArray.length == 0) {
        this.isError = true;
        this.result = `获取隐私协议出错`;
```

```
      } else {
        this.url = privacyLinkInfoArray[0]["url"];
      }
    } catch (error) {
      this.isError = true;
      this.result = `获取隐私协议出错, error code: ${error.code},
        error message: ${error.message}`;
    }
  }
}
```

3. 用户协议页面实现

用户协议页面在 UserAgreement.ets 文件中实现，在页面中使用 WebViewPage 组件，加载本机的 html 文件。用户协议页面的代码如下。

```
// entry/src/main/ets/pages/3_setting/UserAgreement.ets
// 工具条
import SettingPageToolbar from './SettingPageToolbar';
// WebViewPage 组件
import WebViewPage from './WebViewPage';
// StatusBarManager 管理类，用于获取状态栏和导航栏高度
import StatusBarManager from '../../utils/StatusBarManager';

@Entry
@Component
struct UserAgreement {
  build() {
    Column() {
      SettingPageToolbar({
        title: '用户协议'
      })
      WebViewPage({ url: $rawfile("useragreement.html") });
    }
    .height('100%')
    .width('100%')
    .padding({ bottom: StatusBarManager.statusBarHeight + StatusBarManager.
      navBarHeight })
  }
}
```

16.2.5 任务配置页面实现

在待办页面、记录页面及任务详情页面，都会有打开任务配置页面的入口。任务配置页面有两种状态，即新建任务态和编辑任务态，这两种状态的区别在于当前任务是否可以删除，即新建任务态无删除按钮、编辑任务态有删除按钮。

任务配置页面的组成如图 16-19 所示，在任务配置页面中有多个组件，组件与任务配置页面的数据双向同步。

- 动作组件：实现运动动作信息的输入，包括方式、目标及备注，动作组件在 ActionInfo.ets 文件中实现。

- 开始时间选择组件：实现任务的开始时间设定，支持设定多个时间，用户点击时间或"添加新时间"按钮可以选择时间，时间选择组件在 TimeSelectUtils.ets 文件中实现。
- 开始日期选择组件：实现任务的开始日期设定，用户点击该组件可选择日期，开始日期选择组件在 StartDateSelectUtils.ets 文件中实现。
- 结束日期选择组件：实现任务的结束日期设定，用户点击该组件可选择日期，结束日期选择组件在 EndDateSelectUtils.ets 文件中实现。
- 备注组件：实现任务的文本备注，在 CommentInfo.ets 文件中实现。

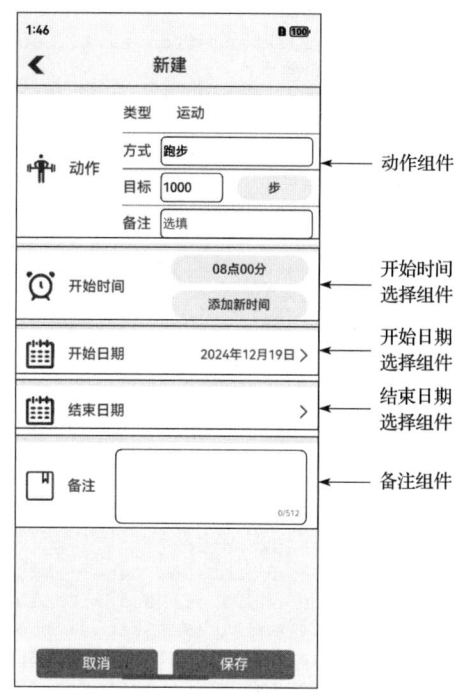

图 16-19　任务配置页面的组成

任务配置页面的代码主要在 TaskConfig.ets 文件中实现，在页面将要展示时，先解析是否有传入 sid 参数，如果有则说明是编辑任务态，使用该 sid 参数对应的任务信息更新上述组件。在用户点击保存时，对输入的内容进行合法性验证，并输出日志。如果任务信息有效，则将任务拆分为多个任务项，用于后续的打卡。任务拆分的示例为，如果开始日期为 2024 年 12 月 18 日，结束日期为 2024 年 12 月 19 日，开始时间分别为早上 8 点和晚上 8 点，则依次创建任务项（2024 年 12 月 18 日早上 8 点、2024 年 12 月 18 日晚上 8 点、2024 年 12 月 19 日早上 8 点、2024 年 12 月 19 日晚上 8 点）。如下代码为任务配置页面的实现。

```
// entry/src/main/ets/pages/taskConfig/TaskConfig.ets
// 页面路由
import router from '@ohos.router';
// 工具条
import TaskConfigToolbar from './component/TaskConfigToolbar';
// StatusBarManager 管理类
import StatusBarManager from '../../utils/StatusBarManager';
// 页面打开时传入的参数
import TaskConfigParam from './TaskConfigParam';
// 全局 UI 定义
import GlobalUIDefine from '../../utils/GlobalUIDefine';
// 动作组件
import ActionInfo from './component/ActionInfo';
// 开始时间选择组件
import TimeSelectUtils from './component/TimeSelectUtils';
// 开始日期选择组件
import StartDateSelectUtils from './component/StartDateSelectUtils';
// 结束日期选择组件
```

```
import EndDateSelectUtils from './component/EndDateSelectUtils';
// 备注组件
import CommentInfo from './component/CommentInfo';
// 任务数据类
import TaskData from '../../utils/TaskData';
// 任务数据管理类
import TaskDataManager from '../../utils/db/TaskDataManager';
// 任务工具类
import TaskActionUtils from '../../utils/TaskActionUtils';
// 任务管理类
import TaskActionManager from '../../utils/TaskActionManager';
// 日期工具类
import DateUtils from '../../utils/DateUtils';
// 任务项数据管理类
import TaskActionDataManager from '../../utils/db/TaskActionDataManager';
// 任务类型管理类
import TaskTypeManager from '../../utils/TaskTypeManager';
// 通用事件管理类
import CommonEventManager, { CommonEvent } from '../../utils/CommonEventManager';

@Entry
@Component
struct TaskConfig {
  @State startDate: Date = DateUtils.setDateToMidnight(new Date());
  @State endDate: Date = DateUtils.setDateTo23Hours(new Date());
  @State endDateSelStatus: boolean = false;
  @State recycleSelectBoxSelStatus: number = 0;
  @State chatText: string = '';
  @State actionType: string = '';
  @State actionInfo: boolean = false;
  @State bigType: string = '运动';
  @State actionUIAndInfoData: string = TaskTypeManager.toJson(TaskTypeManager.
    getTaskTypeManager().uiConfig());
  @State selectTimes: Date[] = DateUtils.genDefaultSelTims();
  @State selectTimesTitle: string[] = DateUtils.getSelTimsStr(this.selectTimes);
  private name = '新建';
  private isEdit: boolean = false;
  private sid = -1;
  private scroller: Scroller = new Scroller();
  private groupID: string = '';

  async aboutToAppear() {
    let stTaskData =
      TaskDataManager.getTaskDataManager().queryDataByID((router.getParams()
        as TaskConfigParam).sid);
    // 是否传入 sid
    if (stTaskData != undefined) {
      this.isEdit = true;
      this.sid = stTaskData.sid;
      this.groupID = stTaskData.taskGroupID;
      this.name = '查看';
      this.chatText = '';
      this.selectTimes = TaskActionUtils.jsonStrToTimes(stTaskData.selTimes);
```

```
    this.startDate = stTaskData.startDate;
    this.endDate = stTaskData.endDate;
    this.endDateSelStatus = true;
    this.bigType = stTaskData.taskType;
    this.actionUIAndInfoData = stTaskData.actionUIAndInfoData;
  }
}


buttonWidth(): string {
  return this.isEdit ? '28%' : '40%';
}

saveThisTask() {
  // 结束日期没有设定，报错
  if (!this.endDateSelStatus) {
    console.error('error no sel enddate');
    return;
  }
  // 开始日期晚于结束日期，报错
  if (this.startDate.getTime() > this.endDate.getTime()) {
    console.error('error start ' + this.startDate + 'end ' + this.endDate);
    return;
  }
  let stTaskData = new TaskData();
  stTaskData.title = this.bigType;
  stTaskData.selTimes = TaskActionUtils.timesToJSONStr(this.selectTimes);
  stTaskData.startDate = this.startDate;
  stTaskData.endDate = this.endDate;
  stTaskData.taskType = TaskTypeManager.getTaskTypeManager().taskBigType;
  stTaskData.actionUIAndInfoData = TaskTypeManager.toJson(TaskTypeManager.
    getTaskTypeManager().taskUIData);

  if (this.isEdit) {      // 编辑态
    stTaskData.sid = this.sid;
    stTaskData.taskGroupID = this.groupID;
    let stTaskActions = TaskActionManager.taskToTasks(stTaskData)
    TaskDataManager.getTaskDataManager().updateData(stTaskData);
    TaskActionDataManager.getTaskActionDataManager().
      deleteDataByGroupID(stTaskData.taskGroupID);
    TaskActionDataManager.getTaskActionDataManager().insertDatas(stTaskActions);
  } else {                // 新建
    let stTaskActions = TaskActionManager.taskToTasks(stTaskData)
    TaskDataManager.getTaskDataManager().insertData(stTaskData);
    TaskActionDataManager.getTaskActionDataManager().insertDatas(stTaskActions);
  }
  CommonEventManager.publishEvent(CommonEvent.updateDB, {});
  router.back();
}

cancelThisTask() {
  router.back();
}
```

```
deleteThisTask() {
  TaskDataManager.getTaskDataManager().deleteData(this.sid);
  TaskActionDataManager.getTaskActionDataManager().deleteDataByGroupID(this.
    groupID);
  CommonEventManager.publishEvent(CommonEvent.updateDB, {})
  router.back();
  router.back();
  router.clear();
}

build() {
  Column() {
    // 工具条
    TaskConfigToolbar({ title: this.name })

    Scroll(this.scroller) {
      Column() {
        Divider()
          .vertical(false)
          .color("#f3f3f3")
          .strokeWidth(10)
          .lineCap(LineCapStyle.Round)
        // 动作组件
        ActionInfo({ bigType: $bigType, actionUIAndInfoData:
          this.actionUIAndInfoData });

        Divider()
          .vertical(false)
          .color("#f3f3f3")
          .strokeWidth(10)
          .lineCap(LineCapStyle.Round)
        // 开始时间选择组件
        TimeSelectUtils({ selectTimes: $selectTimes });

        Divider()
          .vertical(false)
          .color("#f3f3f3")
          .strokeWidth(10)
          .lineCap(LineCapStyle.Round)
        // 开始日期选择组件
        StartDateSelectUtils({ startDate: $startDate })

        Divider()
          .vertical(false)
          .color("#f3f3f3")
          .strokeWidth(10)
          .lineCap(LineCapStyle.Round)
        // 结束日期选择组件
        EndDateSelectUtils({ endDate: $endDate, endDateSelStatus:
          $endDateSelStatus, startDate: this.startDate });

        Divider()
          .vertical(false)
```

```
                .color("#f3f3f3")
                .strokeWidth(10)
                .lineCap(LineCapStyle.Round)
            // 备注组件
            CommentInfo({ chatText: $chatText });
        }.width('100%')
    }
    .height(0)
    .align(Alignment.TopStart)
    .layoutWeight(1)
    .scrollable(ScrollDirection.Vertical)      // 滚动方向纵向
    .scrollBar(BarState.On)                    // 滚动条常驻显示
    .scrollBarColor(Color.Gray)                // 滚动条颜色
    .scrollBarWidth(10)                        // 滚动条宽度
    .friction(0.6)
    .edgeEffect(EdgeEffect.None)

    Row() {
        Flex({ direction: FlexDirection.Row, alignItems: ItemAlign.Center,
            justifyContent: FlexAlign.Center }) {
            Text("取消")
                .fontColor(GlabalUIDefine.buttonTextMiddleColor)
                .width(this.buttonWidth())
                .textAlign(TextAlign.Center)
                .height(36)
                .backgroundColor(GlabalUIDefine.buttonBackupgroundColor)
                .fontSize(GlabalUIDefine.buttonTextMiddleFontSize)
                .borderRadius(6)
                .margin({ left: 10, right: 10 })
                .onClick(() => {
                    this.cancelThisTask();
                })
            // 如果是编辑态才有删除按钮
            if (this.isEdit) {
                Text("删除")
                    .fontColor(Color.White)
                    .width(this.buttonWidth())
                    .textAlign(TextAlign.Center)
                    .height(36)
                    .backgroundColor(GlabalUIDefine.buttonBackupgroundColor)
                    .fontColor(GlabalUIDefine.buttonTextMiddleColor)
                    .fontSize(GlabalUIDefine.buttonTextMiddleFontSize)
                    .borderRadius(6)
                    .margin({ left: 10, right: 10 })
                    .onClick(() => {
                        this.deleteThisTask();
                    })
            }

            Text("保存")
                .fontColor(GlabalUIDefine.buttonTextMiddleColor)
                .width(this.buttonWidth())
                .textAlign(TextAlign.Center)
```

```
          .height(36)
          .backgroundColor(GlabalUIDefine.buttonBackupgroundColor)
          .fontSize(GlabalUIDefine.buttonTextMiddleFontSize)
          .borderRadius(6)
          .margin({ left: 10, right: 10 })
          .onClick(() => {
            this.saveThisTask();
          })
      }
    }
    .padding({ top: 10, bottom: 10 })
    .alignItems(VerticalAlign.Bottom)
    .backgroundColor("#f9f9f9")
    .width('100%');

    Divider()
      .vertical(false)
      .color("#f0f0f0")
      .strokeWidth(1)
      .lineCap(LineCapStyle.Round)
  }
  .width("100%")
  .height("100%")
  .padding({ top: StatusBarManager.statusBarHeight })
  .backgroundColor(GlabalUIDefine.toolBarBackupgroundColor)
  }
}
```

16.3 基础能力介绍及实现

上一节的内容介绍了项目中的 UI 页面及组件的实现。UI 页面及组件依赖基础能力的建设，这些能力分为基础数据类型、基础工具类、通用管理类、特定管理类这四种。基础功能的相关工程目录如图 16-20 所示，这些相关能力均在工程的 utils 目录中，本节对其中的关键基础能力进行介绍。

16.3.1 基础数据类型

基础数据类型主要有两个，分别为任务数据（TaskData）和任务项数据（TaskActiconData），这两个数据类型是项目中所依赖的基本数据类型。

1. 任务数据的定义及实现

任务数据在 TaskData.ets 文件中定义及实现，在该文件中定义了每个任务的基本信息，代码如下：

```
// entry/src/main/ets/utils/TaskData.ets
// 数据库存储，将对象属性转为键值对，进行数据库操作
```

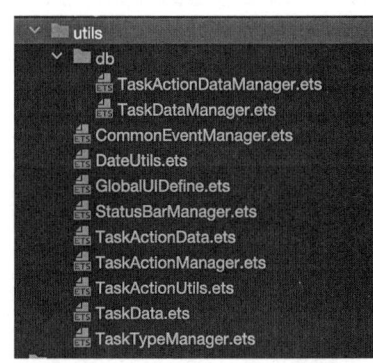

图 16-20　基础功能的相关工程目录

```
import { ValuesBucket } from '@ohos.data.ValuesBucket';
// 数据库存储，数据转换时依赖
import relationalStore from '@ohos.data.relationalStore';
// 日期工具类
import DateUtils from './DateUtils';
// 任务项相关工具类
import TaskActionUtils from './TaskActionUtils';

class TaskData {
  sid: number = 0;
  title: string = '';
  // 生成唯一 ID，与任务项关联，一个任务会拆分为多个任务项
  taskGroupID: string = TaskActionUtils.generateRandom64BitString();
  // 时间
  selTimes: string = '';
  // 开始日期
  startDate: Date = new Date();
  // 结束日期
  endDate: Date = new Date();
  // 类型
  taskType: string = '';
  // 任务 UI 及信息数据
  actionUIAndInfoData: string = '';
  // 存取数据时使用
  toDBObj(): ValuesBucket {
    const value: ValuesBucket = {
      'TASKTITLE': this.title,
      'TASKGROUPID': this.taskGroupID,
      'SELTIMES': this.selTimes,
      'STATRDATE': DateUtils.dateToString(this.startDate),
      'ENDDATE': DateUtils.dateToString(this.endDate),
      'TASKTYPE': this.taskType,
      'ACTIONUIANDINFODATA': this.actionUIAndInfoData
    };
    return value;
  }
  // 存取数据时使用
  from(dbSet: relationalStore.ResultSet) {
    this.sid = dbSet.getLong(dbSet.getColumnIndex('ID'));
    this.title = dbSet.getString(dbSet.getColumnIndex('TASKTITLE'));
    this.taskGroupID = dbSet.getString(dbSet.getColumnIndex('TASKGROUPID'));
    this.selTimes = dbSet.getString(dbSet.getColumnIndex('SELTIMES'));
    let d = DateUtils.stringToDate(dbSet.getString(dbSet.getColumnIndex('STATRDATE')));
    this.startDate = DateUtils.setDateToMidnight(d);
    let eD = DateUtils.stringToDate(dbSet.getString(dbSet.getColumnIndex('ENDDATE')));
    this.endDate = DateUtils.setDateTo23Hours(eD);
    this.taskType = dbSet.getString(dbSet.getColumnIndex('TASKTYPE'));
    this.actionUIAndInfoData = dbSet.getString(dbSet.getColumnIndex
      ('ACTIONUIANDINFODATA'));
  }
}

export default TaskData;
```

2. 任务项数据的定义及实现

任务项数据在 TaskActionData.ets 文件中定义及实现，在该文件中定义了每个任务项的基本信息，代码如下。

```
// entry/src/main/ets/utils/TaskActionData.ets
// 数据库存储，将对象属性转为键值对，进行数据库操作
import { ValuesBucket } from '@ohos.data.ValuesBucket';
// 数据库存储，数据转换时依赖
import relationalStore from '@ohos.data.relationalStore';
// 日期工具类
import DateUtils from './DateUtils';

class TaskActionData {
  sid: number = 0;
  // 标题
  title: string = '';
  // 文本内容
  text: string = '';
  // 分组 id，与 TaskData 类中的 taskGroupID 关联
  taskGroupID: string = '';
  // 时间
  taskActionTime: Date = new Date();
  // 该任务是否已经完成
  taskIsFinish: boolean = false;
  // 开始日期
  startDate: Date = new Date();
  // 存取数据时使用
  toDBObj(): ValuesBucket {
    const value: ValuesBucket = {
      'TASKTITLE': this.title,
      'TASKTEXT': this.text,
      'TASKGROUPID': this.taskGroupID,
      'TASKTASKTIME': DateUtils.timeToString(this.taskActionTime),
      'TASKISFINSH': this.taskIsFinish ? 1 : 0,
      'STATRDATE': DateUtils.dateToString(this.startDate)
    };
    return value;
  }
  // 存取数据时使用
  from(dbSet: relationalStore.ResultSet) {
    this.sid = dbSet.getLong(dbSet.getColumnIndex('ID'));
    this.title = dbSet.getString(dbSet.getColumnIndex('TASKTITLE'));
    this.text = dbSet.getString(dbSet.getColumnIndex('TASKTEXT'));
    this.taskGroupID = dbSet.getString(dbSet.getColumnIndex('TASKGROUPID'));
    this.taskActionTime = DateUtils.stringToTime(dbSet.getString(dbSet.
      getColumnIndex('TASKTASKTIME')));
    this.taskIsFinish = dbSet.getLong(dbSet.getColumnIndex('TASKISFINSH')) ==
      1 ? true : false;
    this.startDate = DateUtils.stringToDate(dbSet.getString(dbSet.
      getColumnIndex('STATRDATE')));
  }
}

export default TaskActionData;
```

16.3.2 基础工具类

基础工具类主要有两个，分别为时间日期工具类（DateUtils）和任务项工具类（TaskActionUtils），这两个工具类分别提供与时间日期相关的能力和与任务或任务项所依赖的基础数据处理能力，这两个基础工具类可以为其他 App 复用。

1. 时间日期工具类的定义及实现

时间日期工具类在 DateUtils.ets 文件中定义及实现，在该文件中提供了基础的时间日期的计算操作，代码如下。

```
// entry/src/main/ets/utils/DateUtils.ets
class DateUtils {
  // 将日期转换为字符串格式 "YYYY-MM-DD"
  static dateToString(date: Date): string {
    let year = date.getFullYear();
    let month = date.getMonth() + 1;
    let day = date.getDate();
    return `${year}-${month.toString().padStart(2, '0')}-${day.toString().
      padStart(2, '0')}`;
  }

  // 将字符串格式 "YYYY-MM-DD" 转换为日期
  static stringToDate(dateStr: string): Date {
    let parts = dateStr.split('-');
    let year = parseInt(parts[0], 10);
    let month = parseInt(parts[1], 10) - 1;
    let day = parseInt(parts[2], 10);
    return new Date(year, month, day);
  }

  // 将日期转换为字符串格式 "HH-MM"
  static timeToString(date: Date): string {
    let H = date.getHours();
    let M = date.getMinutes();
    return `${H.toString().padStart(2, '0')}-${M.toString().padStart(2, '0')}`;
  }

  // 将字符串格式 "HH-MM" 转换为时间
  static stringToTime(dateStr: string): Date {
    let parts = dateStr.split('-');
    let hours = Number(parts[0]);
    let minutes = Number(parts[1]);
    let T = new Date();
    T.setHours(hours);
    T.setMinutes(minutes);
    T.setSeconds(0);
    T.setMilliseconds(0);
    return T;
  }

  // 将日期转换为字符串格式 "YYYY 年 MM 月 DD 日 "
```

```typescript
static dateToStringNYN(date: Date): string {
  let year = date.getFullYear();
  let month = date.getMonth() + 1;
  let day = date.getDate();
  return `${year} 年 ${month.toString().padStart(2, '0')} 月 ${day.toString().
    padStart(2, '0')} 日 `;
}

// 将日期转换为字符串格式 "MM 月 DD 日 "
static dateToStringYN(date: Date): string {
  let month = date.getMonth() + 1;
  let day = date.getDate();
  return `${month.toString().padStart(2, '0')} 月 ${day.toString().
    padStart(2, '0')} 日 `;
}

// 将日期转换为字符串格式 "HH 点 MM 分 "
static timeToStringSF(date: Date): string {
  let H = date.getHours();
  let M = date.getMinutes();
  return `${H.toString().padStart(2, '0')} 点 ${M.toString().padStart(2, '0')} 分 `;
}

// 生成默认时间
static genDefaultSelTims(): Date[] {
  let newDate = new Date();
  newDate.setHours(8, 0, 0, 0);
  return [newDate];
}

// 将时间数组转成字符串数组
static getSelTimsStr(dates: Date[]): Array<string> {
  let defaultSelTimsStr: Array<string> = [];
  for (let index = 0; index < dates.length; index++) {
    defaultSelTimsStr[index] = DateUtils.timeToStringSF(dates[index]);
  }
  return defaultSelTimsStr;
}

// 获取最近 30 天日期
static get30day(): Array<Date> {
  let beginToday30Day: Array<Date> = [];
  for (let index = 0; index < 30; index++) {
    const newDate = new Date();
    newDate.setDate(newDate.getDate() + index);
    newDate.setHours(0, 0, 0, 0);
    beginToday30Day[index] = newDate
  }
  return beginToday30Day;
}
// 将最近 30 天日期转成字符串数组
static get30dayStr(dates: Date[]): Array<string> {
  let beginToday30DayStr: Array<string> = [];
```

```typescript
  for (let index = 0; index < dates.length; index++) {
    beginToday30DayStr[index] = DateUtils.getMonthAndDayString(dates[index]);
  }
  return beginToday30DayStr;
}
// 获取指定时间区间的日期
static getQueryDateArray(sT: Date, eT: Date): Array<Date> {
  let queryDateArray: Array<Date> = [];
  let today: Date = DateUtils.setDateTo23Hours(new Date());
  let day = 0;
  let currentDay = new Date();
  if (today.getTime() >= sT.getTime()) {
    currentDay.setDate(sT.getDate() + day);
    while (currentDay.getTime() < eT.getTime() && currentDay.getTime() <
      today.getTime()) {
      queryDateArray.push(new Date(currentDay));
      day++;
      currentDay.setDate(sT.getDate() + day);
    }
  }
  queryDateArray.reverse();
  return queryDateArray;
}

// 将最指定时间区间的日期转成字符串数组
static getQueryDateStrArray(dates: Date[]): Array<string> {
  let queryDateStrArray: Array<string> = [];
  for (let item of dates) {
    queryDateStrArray.push(DateUtils.dateToStringNYN(item));
  }
  return queryDateStrArray;
}
// 将时间设为零点
static setDateToMidnight(date: Date): Date {
  let newDate = new Date(date);
  newDate.setHours(0, 0, 0, 0);
  return newDate;
}
// 将时间设为 23:59:59.999
static setDateTo23Hours(date: Date): Date {
  let newDate = new Date(date);
  newDate.setHours(23, 59, 59, 999);
  return newDate;
}
// 只获取月和日
static getMonthAndDayString(date: Date): string {
  const month = date.getMonth() + 1; // 月份从 0 开始，所以要加 1
  const day = date.getDate();
  return `${month.toString().padStart(2, '0')}月 ${day.toString().
    padStart(2, '0')}日`;
};
// 对时间加 1 天
static addDayToDate(date: Date, day: number): Date {
```

```
    let newDate = new Date(date);
    newDate.setDate(newDate.getDate() + day);
    return newDate;
  };
  // 计算总天数
  static getDaysDifference(date1: Date, date2: Date): number {
    date1.setHours(0, 0, 0, 0);
    date2.setHours(0, 0, 0, 0);
    const timeDiff = Math.abs(date2.getTime() - date1.getTime());
    return Math.ceil(timeDiff / (1000 * 3600 * 24)) + 1;
  };
}

export default DateUtils;
```

2. 任务项工具类的定义及实现

任务项工具类在 TaskActionUtils.ets 文件中定义及实现，在该文件中提供了任务及任务项依赖的基础数据操作能力，代码如下。

```
// entry/src/main/ets/utils/TaskActionUtils.ets
// 时间日期工具类
import DateUtils from './DateUtils';
// json
import { JSON } from '@kit.ArkTS';

class TaskActionUtils {
  // 生成64位随机字符串
  static generateRandom64BitString(): string {
    let randomString = '';
    for (let i = 0; i < 16; i++) {
      const randomByte = Math.floor(Math.random() * 256);
      randomString += randomByte.toString(16).padStart(2, '0');
    }
    return randomString;
  }
  // 生成32位随机字符串
  static generateRandomU32BitNumber(): number {
    let randomString = '';
    for (let i = 0; i < 3; i++) {
      const randomByte = Math.floor(Math.random() * 256);
      randomString += randomByte.toString(16).padStart(2, '0');
    }
    const randomByte = Math.floor(Math.random() * 127);
    randomString = randomByte.toString(16).padStart(2, '0') + randomString;
    let num: number = Number(`0x${randomString}`);
    return num;
  }
  // 将时间数组转成json
  static timesToJSONStr(selTimes: Date[]): string {
    let times: string[] = [];
    for (let index = 0; index < selTimes.length; index++) {
      times[index] = DateUtils.timeToString(selTimes[index]);
```

```
    }
    let jsonString = JSON.stringify(times);
    return jsonString;
  }
  // 将 json 转为时间数据
  static jsonStrToTimes(jsonStr: string): Date[] {
    let times: Date[] = [];
    let jsonArray: [] = JSON.parse(jsonStr) as [];
    for (let index = 0; index < jsonArray.length; index++) {
      times[index] = DateUtils.stringToTime(jsonArray[index]);
    }
    return times;
  }
}

export default TaskActionUtils;
```

16.3.3 通用管理类

通用管理类主要有两个，分别为通用事件管理类（CommonEventManager）和状态栏管理类（StatusBarManager），实现对通用事件及状态栏的管理，这两个通用管理类可以被其他App 复用。

1. 通用事件管理类的定义及实现

通用事件管理类在 CommonEventManager.ets 文件中定义及实现，在该文件中提供事件的订阅及分发的能力，默认定义了数据库更新事件，代码如下。

```
// entry/src/main/ets/utils/CommonEventManager.ets
// 基础服务
import { AsyncCallback, BusinessError, commonEventManager } from '@kit.
  BasicServicesKit';

// 以枚举的方式定义通用事件名，统一管理
export enum CommonEvent {
  updateDB = 'event_update_db'
}

class CommonEventManager {
  // 分发事件
  static publishEvent(event: CommonEvent, param: Record<string, object>,
    callback?: AsyncCallback<void>) {
    let options: commonEventManager.CommonEventPublishData = {
      parameters: param
    }

    try {
      commonEventManager.publish(event, options, (err: BusinessError) => {
        if (callback) {
          callback(err);
        }
        if (err) {
```

```ts
        console.error(`CommonEventManager publish failed, code is ${err.code},
          message is ${err.message}`);
      }
    });
  } catch (error) {
    let err: BusinessError = error as BusinessError;
    if (callback) {
      callback(err);
    }
    console.error(`CommonEventManager publish failed, code is ${err.code},
      message is ${err.message}`);
  }
}
// 创建通用事件订阅者
static createSubscriber(event: string, callback: AsyncCallback<commonEventManager.
  CommonEventSubscriber>) {
  try {
    let subscribeInfo: commonEventManager.CommonEventSubscribeInfo = {
      events: [event]
    };
    commonEventManager.createSubscriber(subscribeInfo, callback);
  } catch (error) {
    let err: BusinessError = error as BusinessError;
    callback(err, undefined);
    console.error(`CommonEventManager createSubscriber failed, code is
      ${err.code}, message is ${err.message}`);
  }
}
// 订阅通用事件
static subscribe(subscriber: commonEventManager.CommonEventSubscriber,
  callback: AsyncCallback<commonEventManager.CommonEventData>) {
  try {
    commonEventManager.subscribe(subscriber, callback);
  } catch (error) {
    let err: BusinessError = error as BusinessError;
    console.error(`CommonEventManager subscribe failed, code is ${err.code},
      message is ${err.message}`);
  }
}
// 取消通用事件订阅
static unsubscribe(subscriber: commonEventManager.CommonEventSubscriber) {
  try {
    commonEventManager.unsubscribe(subscriber, (err: BusinessError) => {
      if (err) {
        console.error(`CommonEventManager unsubscribe err =
          ${JSON.stringify(err)}`);
      }
    })
  } catch (error) {
    let err: BusinessError = error as BusinessError;
    console.error(`CommonEventManager unsubscribe failed, code is ${err.code},
      message is ${err.message}`);
  }
```

```
    }
}

export default CommonEventManager;
```

2. 状态栏管理类的定义及实现

状态栏管理类在 StatusBarManager.ets 文件中定义及实现，在该文件中提供对应用的窗口进行沉浸式全屏设置，以及获取窗口相关状态栏和导航栏高度信息的能力，用于支持页面布局。代码如下。

```
// entry/src/main/ets/utils/StatusBarManager.ets
// 窗口管理的基础能力
import window from '@ohos.window';

export default class StatusBarManager {
  static statusBarHeight: number = 0;
  static navBarHeight: number = 0;
  // 全屏并获取状态栏及导航栏信息
  static immerseFullScreenSync(windowStage: window.WindowStage) {
    let windowClass: window.Window = windowStage.getMainWindowSync();
    let area = windowClass.getWindowAvoidArea(window.AvoidAreaType.TYPE_
      NAVIGATION_INDICATOR);
    StatusBarManager.navBarHeight = px2vp(area.bottomRect.height);
    area = windowClass.getWindowAvoidArea(window.AvoidAreaType.TYPE_SYSTEM);
    StatusBarManager.statusBarHeight = px2vp(area.topRect.height);
    // 全屏
    windowClass.setWindowLayoutFullScreen(true);
  }
}
```

16.3.4 特定管理类

特定管理类主要有三个，分别为任务数据管理类（TaskDataManager）、任务项数据管理类（TaskActionDataManager）和任务项管理类（TaskActionManager）。

1. 任务数据管理类的定义及实现

任务数据管理类在 TaskDataManager.ets 文件中定义及实现，在该文件中提供了基础的数据库存取的能力封装，包括对任务数据的增、删、改、查。代码如下。

```
// entry/src/main/ets/utils/db/TaskDataManager.ets
// 关系数据库
import relationalStore from '@ohos.data.relationalStore';
// 基础数据类型
import { BusinessError } from '@ohos.base';
// 任务数据类
import TaskData from '../TaskData';

class TaskDataManager {
  private static instance: TaskDataManager;
  private store: relationalStore.RdbStore | undefined = undefined;
```

```
private constructor() {
  // 私有构造函数，防止外部实例化
}

public static getTaskDataManager(): TaskDataManager {
  if (!TaskDataManager.instance) {
    TaskDataManager.instance = new TaskDataManager();
  }
  return TaskDataManager.instance;
}

async init(context: Context) {
  const STORE_CONFIG: relationalStore.StoreConfig = {
    name: 'task.db',                                              // 数据库文件名
    securityLevel: relationalStore.SecurityLevel.S1,              // 数据库安全级别
  };

  // 表结构: STUDENT (ID, TASKTITLE, TASKGROUPID, SELTIMES, STATRDATE, ENDDATE,
  // TASKTYPE, ACTIONUIANDINFODATA)
  const SQL_CREATE_TABLE = 'CREATE TABLE IF NOT EXISTS TASKLIST (ID INTEGER
    PRIMARY KEY AUTOINCREMENT, ' +
    'TASKTITLE TEXT NOT NULL, ' +
    'TASKGROUPID TEXT NOT NULL, ' +
    'SELTIMES TEXT NOT NULL, ' +
    'STATRDATE TEXT NOT NULL, ' +
    'ENDDATE TEXT NOT NULL, ' +
    'TASKTYPE TEXT NOT NULL, ' +
    'ACTIONUIANDINFODATA TEXT NOT NULL)'; // 建表 Sql 语句

  relationalStore.getRdbStore(context, STORE_CONFIG, (err, store) => {
    if (err) {
      console.error(`TaskDataManager Failed to get RdbStore. Code:${err.code},
        message:${err.message}`);
      return;
    }
    if (store.version === 0) {
      try {
        store.executeSql(SQL_CREATE_TABLE);
      } catch (e) {
        let error = e as BusinessError;
        console.error(`TaskDataManager Failed to create table. Code:${error.code},
          message:${error.message}`);
        return;
      }
      store.version = 1;
    }
    this.store = store;
  });
}

isReady(): boolean {
  return (this.store !== undefined);
}
```

```typescript
// 插入任务
insertData(value: TaskData) {
  let valueBucket1 = value.toDBObj();
  if (this.store !== undefined) {
    try {
      (this.store as relationalStore.RdbStore).insertSync('TASKLIST',
        valueBucket1);
    } catch (e) {
      let err = e as BusinessError;
      console.error(`TaskDataManager Failed to insert data. Code:${err.code},
        message:${err.message}`);
    }
  }
}
// 查询所有任务
queryData(): Array<TaskData> {
  let retArray = new Array<TaskData>();
  let predicates = new relationalStore.RdbPredicates('TASKLIST');
  predicates.orderByDesc('ENDDATE');
  if (this.store !== undefined) {
    let resultSet = (this.store as relationalStore.RdbStore).querySync(predicates);
    if (resultSet) {
      while (resultSet.goToNextRow()) {
        let stTask = new TaskData();
        stTask.from(resultSet);
        retArray.push(stTask);
      }
      resultSet.close();
    }
  }
  return retArray;
}
// 按 sid 查询任务
queryDataByID(sid: number): TaskData | undefined {
  let stTask: TaskData | undefined = undefined;
  let predicates = new relationalStore.RdbPredicates('TASKLIST');
  predicates.equalTo('ID', sid);
  if (this.store !== undefined) {
    let resultSet = (this.store as relationalStore.RdbStore).querySync(predicates);
    if (resultSet) {
      while (resultSet.goToNextRow()) {
        stTask = new TaskData();
        stTask.from(resultSet);
        break;
      }
      resultSet.close();
    }
  }
  return stTask;
}
// 按 groupID 查询任务
queryDataByGroupID(groupID: string): TaskData | undefined {
  let stTask: TaskData | undefined = undefined;
```

```
      let predicates = new relationalStore.RdbPredicates('TASKLIST');
      predicates.equalTo('TASKGROUPID', groupID);
      if (this.store !== undefined) {
        let resultSet = (this.store as relationalStore.RdbStore).querySync(predicates);
        if (resultSet) {
          while (resultSet.goToNextRow()) {
            stTask = new TaskData();
            stTask.from(resultSet);
            break;
          }
          resultSet.close();
        }
      }
      return stTask;
    }
    // 更新任务
    updateData(value: TaskData) {
      let valueBucket1 = value.toDBObj();
      let predicates = new relationalStore.RdbPredicates('TASKLIST');
        // 创建表 'TASKLIST' 的 predicates
      predicates.equalTo('ID', value.sid);
      if (this.store !== undefined) {
        (this.store as relationalStore.RdbStore).updateSync(valueBucket1, predicates);
      }
    }
    // 删除任务
    deleteData(sid: number) {
      // 删除数据
      let predicates = new relationalStore.RdbPredicates('TASKLIST');
      predicates.equalTo('ID', sid);
      if (this.store !== undefined) {
        (this.store as relationalStore.RdbStore).deleteSync(predicates);
      }
    }
}

export default TaskDataManager;
```

2. 任务项数据管理类的定义及实现

任务项数据管理类在 **TaskActionDataManager.ets** 文件中定义及实现，在该文件中提供了基础的数据库存取的能力封装，包括对任务项数据的增、删、改、查。代码如下：

```
// entry/src/main/ets/utils/db/TaskActionDataManager.ets
// 关系数据库
import relationalStore from '@ohos.data.relationalStore';
// 基础数据类型
import { BusinessError } from '@ohos.base';
// 任务项数据类
import TaskActionData from '../TaskActionData';
// 时间日期工具类
import DateUtils from '../DateUtils';
```

```
class TaskActionDataManager {
  private static instance: TaskActionDataManager;
  private store: relationalStore.RdbStore | undefined = undefined;

  private constructor() {
    // 私有构造函数,防止外部实例化
  }

  public static getTaskActionDataManager(): TaskActionDataManager {
    if (!TaskActionDataManager.instance) {
      TaskActionDataManager.instance = new TaskActionDataManager();
    }
    return TaskActionDataManager.instance;
  }
  // 初始化
  init(context: Context) {
    const STORE_CONFIG: relationalStore.StoreConfig = {
      name: 'task_action.db',                              // 数据库文件名
      securityLevel: relationalStore.SecurityLevel.S1,     // 数据库安全级别
    };

    const SQL_CREATE_TABLE = 'CREATE TABLE IF NOT EXISTS TASKTASKLIST
      (ID INTEGER PRIMARY KEY AUTOINCREMENT, ' +
      'TASKGROUPID TEXT NOT NULL, ' +
      'TASKTASKTIME TEXT NOT NULL, ' +
      'TASKISFINSH INTEGER, ' +
      'STATRDATE TEXT NOT NULL)';                          // 建表 Sql 语句
    relationalStore.getRdbStore(context, STORE_CONFIG, (err, store) => {
      if (err) {
        console.error(`TaskActionDataManager Failed to get RdbStore. Code:
          ${err.code}, message:${err.message}`);
        return;
      }
      if (store.version === 0) {
        try {
          store.executeSql(SQL_CREATE_TABLE);
        } catch (e) {
          let error = e as BusinessError;
          console.error(`TaskActionDataManager Failed to create table. Code:
            ${error.code},message:${error.message}`);
          return;
        }
        store.version = 1;
      }
      this.store = store;
    });
  }

  isReady(): boolean {
    return (this.store !== undefined);
  }
  // 插入多个任务项
  insertDatas(values: TaskActionData[]) {
```

```
      for (const value of values) {
        this.insertData(value);
      }
    }
    // 插入任务项
    insertData(value: TaskActionData) {
      let valueBucket1 = value.toDBObj();
      if (this.store !== undefined) {
        try {
          (this.store as relationalStore.RdbStore).insertSync('TASKTASKLIST',
            valueBucket1);
        } catch (e) {
          let err = e as BusinessError;
          console.error(`TaskActionDataManager Failed to insert data. Code:
            ${err.code}, message:${err.message}`);
        }
      }
    }
    // 查询某一天的任务项
    queryDataByDay(day: Date): Array<TaskActionData> {
      let retArray = new Array<TaskActionData>();
      let predicates = new relationalStore.RdbPredicates('TASKTASKLIST');
      let strDay = DateUtils.dateToString(day);
      predicates.equalTo('STATRDATE', strDay);
      if (this.store !== undefined) {
        let resultSet = (this.store as relationalStore.RdbStore).querySync(predicates);
        if (resultSet) {
          while (resultSet.goToNextRow()) {
            let stTaskAction = new TaskActionData();
            stTaskAction.from(resultSet);
            retArray.push(stTaskAction);
          }
          resultSet.close();
        }
      } else {
        console.error(`TaskActionDataManager undefined queryDataByDay.
          this.store:${this.store}`);
      }
      return retArray;
    }
    // 查询某个任务的某一天的任务项
    queryDataByDayGroupID(day: Date, groupID: string): Array<TaskActionData> {
      let retArray = new Array<TaskActionData>();
      let predicates = new relationalStore.RdbPredicates('TASKTASKLIST');
      let strDay = DateUtils.dateToString(day);
      predicates.equalTo('STATRDATE', strDay);
      predicates.equalTo('TASKGROUPID', groupID);
      if (this.store !== undefined) {
        let resultSet = (this.store as relationalStore.RdbStore).querySync(predicates);
        if (resultSet) {
          while (resultSet.goToNextRow()) {
            let stTaskAction = new TaskActionData();
            stTaskAction.from(resultSet);
```

```typescript
          retArray.push(stTaskAction);
        }
        resultSet.close();
      }
    }
    return retArray;
  }
  // 查询某任务的任务项个数
  queryDataCountByGroupID(groupID: string): number {
    let count = 0;
    let predicates = new relationalStore.RdbPredicates('TASKTASKLIST');
    predicates.equalTo('TASKGROUPID', groupID);
    if (this.store !== undefined) {
      let resultSet = (this.store as relationalStore.RdbStore).querySync(predicates);
      if (resultSet) {
        count = resultSet.rowCount;
        resultSet.close();
      }
    }
    return count;
  }
  // 查询某任务完成的任务项个数
  queryFinishCountByGroupID(groupID: string): number {
    let count = 0;
    let predicates = new relationalStore.RdbPredicates('TASKTASKLIST');
    predicates.equalTo('TASKGROUPID', groupID);
    predicates.equalTo('TASKISFINSH', 1);
    if (this.store !== undefined) {
      let resultSet = (this.store as relationalStore.RdbStore).querySync(predicates);
      if (resultSet) {
        count = resultSet.rowCount;
        resultSet.close();
      }
    }
    return count;
  }
  // 更新任务项
  updateData(value: TaskActionData) {
    let valueBucket1 = value.toDBObj();
    let predicates = new relationalStore.RdbPredicates('TASKTASKLIST');
    predicates.equalTo('ID', value.sid);
    if (this.store !== undefined) {
      (this.store as relationalStore.RdbStore).updateSync(valueBucket1, predicates);
    }
  }
  // 删除任务项
  deleteData(sid: number) {
    let predicates = new relationalStore.RdbPredicates('TASKTASKLIST');
    predicates.equalTo('ID', sid);
    if (this.store !== undefined) {
      (this.store as relationalStore.RdbStore).deleteSync(predicates);
    }
  }
```

```
// 删除某个任务的所有任务项
deleteDataByGroupID(groupID: string) {
  let predicates = new relationalStore.RdbPredicates('TASKTASKLIST');
  predicates.equalTo('TASKGROUPID', groupID);
  if (this.store !== undefined) {
    (this.store as relationalStore.RdbStore).deleteSync(predicates);
  }
}
}

export default TaskActionDataManager;
```

3. 任务项管理类的定义及实现

任务项管理类在 TaskActionManager.ets 文件中定义及实现，在该文件中提供任务或任务项数据相关转换的能力，代码如下。

```
// entry/src/main/ets/utils/TaskActionManager.ets
// 任务数据类
import TaskData from './TaskData';
// 任务项数据类
import TaskActionData from './TaskActionData';
// 时间日期管理类
import DateUtils from './DateUtils';
// 任务项工具类
import TaskActionUtils from './TaskActionUtils';
// 任务项数据管理类
import TaskActionDataManager from './db/TaskActionDataManager';

// 用于描述某一天中的任务项
export class DayTasks {
  timeLine: string = '';
  taskActions: TaskActionData[] = [];
}

class TaskActionManager {
  // 任务转任务项
  static taskToTasks(stTask: TaskData): TaskActionData[] {
    let stTaskActions: TaskActionData[] = [];
    let dayNum = DateUtils.getDaysDifference(stTask.startDate, stTask.endDate);
    let times = TaskActionUtils.jsonStrToTimes(stTask.selTimes);
    for (let i = 0; i < dayNum; i++) {
      for (let index = 0; index < times.length; index++) {
        let stTaskAction = new TaskActionData();
        stTaskAction.taskGroupID = stTask.taskGroupID;
        stTaskAction.startDate = DateUtils.addDayToDate(stTask.startDate, i);
        stTaskAction.taskActionTime = times[index];
        stTaskActions.push(stTaskAction);
      }
    }
    return stTaskActions;
  }
  // 任务项按天分组
```

```
  static groupByTaskActionTime(array: TaskActionData[]): DayTasks[] {
    let grouped: Record<string, TaskActionData[]> = {};
    for (let item of array) {
      if (!grouped[DateUtils.timeToStringSF(item.taskActionTime)]) {
        grouped[DateUtils.timeToStringSF(item.taskActionTime)] = [];
      }
      grouped[DateUtils.timeToStringSF(item.taskActionTime)].push(item);
    }
    let timeTables: DayTasks[] = [];
    let keys = Object.keys(grouped);
    // 按时间排序
    keys.sort();
    for (const key of keys) {
      let timeTable: DayTasks = {
        timeLine: key,
        taskActions: grouped[key]
      };
      timeTables.push(timeTable);
    }
    return timeTables;
  }
  // 最近 30 天的任务项分组数据
  static groupBy30DayTaskActionTime(): Record<string, DayTasks[]> {
    let grouped: Record<string, DayTasks[]> = {};
    let tabDates: Date[] = DateUtils.get30day();
    for (const day of tabDates) {
      let tasks = TaskActionDataManager.getTaskActionDataManager().
        queryDataByDay(day);
      let dayTasks = TaskActionManager.groupByTaskActionTime(tasks);
      grouped[DateUtils.getMonthAndDayString(day)] = dayTasks;
    }
    return grouped;
  }
}

export default TaskActionManager;
```

16.4 配置及资源

项目实现不仅靠代码，还靠配置与资源，这些都会对项目最终的成功实现产生影响。

16.4.1 配置

在本项目中，需要增加的配置分为两部分，即页面路由及网络访问权限。

1. 页面路由

在本项目中，有多处使用页面路由的情况，由一个页面跳转到另一页面，跳转的目的页面需要在 main_pages.json 文件中进行配置，如下所示。

```
// entry/src/main/resources/base/profile/main_pages.json
{
  "src": [
    "pages/Index",                              // 根页面
    "pages/taskConfig/TaskConfig",              // 任务配置页
    "pages/2_history/HistoryDetailsPage",       // 任务详情页
    "pages/3_setting/About",                    // 关于页
    "pages/3_setting/AppPrivacyMgmtInfo",       // 隐私政策页
    "pages/3_setting/UserAgreement",            // 用户协议页

  ]
}
```

2. 网络访问权限

因为在本项目的隐私政策页面中加载的 html 文件存储于服务端，所以需要在 module.json5 文件中配置网络访问权限，只有允许 App 使用 Internet 网络才可以加载，代码如下。

```
// entry/src/main/module.json5
{
  "module": {
    // ...
    "requestPermissions": [
      {
        "name" : "ohos.permission.INTERNET",
        "reason": "$string:use_net_reason",      // 用于加载用户手册及隐私协议
        "usedScene": {
          "abilities": [
            "EntryAbility"
          ],
          "when":"inuse"
        }
      }
    ]
  }
}
```

16.4.2　资源文件

项目中的资源文件主要为图片文件和 html 文件。

1. 图片文件

图片文件主要为图标，在 entry/src/main/resources/base/media 目录中，图片资源如图 16-21 所示。

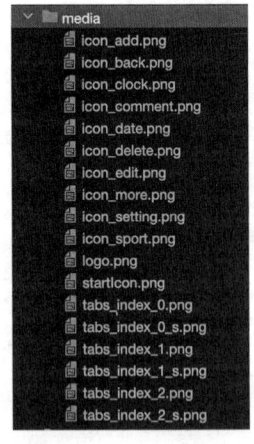

图 16-21　图片资源

2. html 文件

在项目中 html 文件有两个，它们在 entry/src/main/resources/rawfile 目录中。html 文件如图 16-22 所示，about.html 文件被关于页面使用，useragreement.html 被用户协议页面使用。

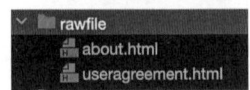

图 16-22　html 文件